Carlo Bourlet

PETIT COURS

d'ARITHMÉTIQUE

CLASSES PRÉPARATOIRES
ET ÉLÉMENTAIRES

HACHETTE & Cⁱᵉ

2 fr.

D'ARITHMÉTIQUE

COURS COMPLET DE MATHÉMATIQUES
A L'USAGE DE L'ENSEIGNEMENT SECONDAIRE ET DES DIVERS ENSEIGNEMENTS
Publié sous la direction de M. Carlo BOURLET

Carlo BOURLET

Professeur honoraire de Mathématiques spéciales au Lycée Saint-Louis
Professeur au Conservatoire des Arts et Métiers

PETIT COURS

D'ARITHMÉTIQUE

Contenant 3252 Exercices et Problèmes

RÉDIGÉ CONFORMÉMENT AUX PROGRAMMES DU 31 MAI 1902
À L'USAGE DES CLASSES PRÉPARATOIRES ET ÉLÉMENTAIRES
DE L'ENSEIGNEMENT SECONDAIRE
DES CLASSES ÉLÉMENTAIRES DE L'ENSEIGNEMENT DES JEUNES FILLES
DES CLASSES PRIMAIRES

PARIS

LIBRAIRIE HACHETTE ET Cie
79, BOULEVARD SAINT-GERMAIN, 79

1912

AVERTISSEMENT

On s'étonnera peut-être qu'un ouvrage aussi volumineux soit intitulé : Petit Cours d'Arithmétique, et cependant c'est bien un petit cours qui s'adresse aux petits. La grandeur d'un cours ne se mesure pas, en effet, au nombre des pages imprimées, mais à l'étendue des matières qu'il traite, et ce volume n'est que le développement strict des programmes des classes primaires et des classes préparatoires et élémentaires des lycées.

Mon premier objectif, en l'écrivant, a été de faire un livre exactement conforme aux Programmes dont j'ai suivi scrupuleusement les indications que, bien souvent, on néglige au grand détriment des jeunes élèves.

La Première partie s'adresse aux élèves des deux classes préparatoires. C'est l'étude des quatre opérations sur les nombres entiers, volontairement bornée aux petits nombres, les seuls que l'enfant puisse concevoir aisément.

La Seconde partie est destinée aux élèves des classes élémentaires (Huitième et Septième). Elle constitue à elle seule un petit cours complet, faisant parfaitement suite à la première partie et cependant formant un tout. De telle sorte que ces deux parties peuvent être séparées en deux petits ouvrages cohérents.

J'attire spécialement l'attention des professeurs sur les points suivants :

1° Le livre ne contient pas de théorie ; mais, chaque fois que cela a été possible, j'ai donné des explications simples, appuyées sur des exemples concrets.

Il est essentiel que l'enfant comprenne ce qu'il fait et, pour cela, qu'il ait bien saisi le sens des opérations, leur nature, leur raison d'être. Il faut limiter le rôle de la mémoire au strict nécessaire pour obliger l'enfant à raisonner.

2° J'ai donné une très large place au calcul mental qui habitue l'élève à réfléchir et à calculer vite et bien.

3° Les Exercices proposés sont excessivement nombreux, choisis avec soin, gradués et ordonnés.

On a quelquefois l'habitude, fâcheuse à mon avis, de mettre entre les mains de l'élève deux livres, l'un de Cours, l'autre d'Exercices, qui souvent ne se correspondent pas et presque toujours se correspondent mal. Rien n'est plus facile que de collectionner, au hasard, des exercices et problèmes, de les classer et de les entasser dans un livre ; mais, et j'en ai fait l'expérience, il est beaucoup plus difficile de préparer et de choisir, paragraphe par paragraphe, des exercices adaptés aux leçons, conformes à l'esprit du cours et exactement mis au point. C'est ce qui explique peut-être la scission coutumière, grâce à laquelle les discordances entre le Cours et les Exercices sont moins visibles.

Enfin, je conseillerais aux professeurs de faire faire les exercices proposés oraux livre en main. L'élève interrogé n'a pas ainsi à faire l'effort inutile de retenir l'énoncé et tous ses camarades pourront suivre et profiter de l'interrogation.

J'adresse, en terminant, mes plus vifs remerciements à mon collègue M. Collibœuf, professeur au lycée Henri IV, qui a bien voulu m'aider de ses conseils et me faire profiter de la grande expérience qu'il a acquise par de nombreuses années d'enseignement à de jeunes élèves des classes élémentaires.

CARLO BOURLET.

PREMIÈRE PARTIE

Classes préparatoires

EXTRAIT DES PROGRAMMES OFFICIELS

ARRÊTÉS LE 31 MAI 1902 POUR L'ENSEIGNEMENT SECONDAIRE

PREMIÈRE ANNÉE PRÉPARATOIRE

(3 heures par semaine)

Principes de la numération parlée et de la numération écrite; s'arrêter d'abord à 100, puis pousser jusqu'à 1000.

Le mètre, le litre, le franc, le gramme. Commencer à indiquer quelques-uns de leurs multiples. Exercices de mesure intuitive.

Calcul mental : Application des quatre règles à des nombres de 1 à 10, puis de 1 à 20, et enfin de 1 à 100. Étude de la table d'addition et de la table de multiplication.

Calcul écrit : L'addition, la soustraction bornées à des nombres de trois chiffres; la multiplication avec deux chiffres au plus au multiplicateur et la division avec un diviseur inférieur à 10.

Petits problèmes exécutés en classe, le plus souvent au tableau, quelquefois écrits, et ne comportant qu'une seule opération.

DEUXIÈME ANNÉE PRÉPARATOIRE

(3 heures par semaine)

Revision du Cours précédent.

Numération des nombres entiers.

Rappeler les principales unités du système métrique et leurs multiples.

Calcul mental : Insister beaucoup sur le calcul mental. Étude continuée de la table d'addition et de la table de multiplication. Étude des expressions : demi, moitié, tiers, quart. Continuation des exercices de mesure intuitive.

Calcul écrit : Les quatre opérations, toujours sur des nombres peu élevés; trois chiffres au plus au multiplicateur et deux au diviseur.

Petits problèmes simples, résolus le plus souvent en classe au tableau, quelquefois sur copie.

GÉOMÉTRIE INTUITIVE. — Simples exercices pour faire reconnaître et désigner les figures régulières les plus élémentaires : carré, rectangle, triangle, cercle. Différentes sortes d'angles.

De UN à CENT

1. — LES DIX PREMIERS NOMBRES

Un bâton . . . .   /
Un bâton et un bâton font **deux**
   bâtons . . . .   //
Deux bâtons et un bâton font **trois**
   bâtons . . . .   ///
Trois bâtons et un bâton font **quatre**
   bâtons . . . .   ////
Quatre bâtons et un bâton font **cinq**
   bâtons . . . .   /////
Cinq bâtons et un bâton font **six**
   bâtons . . . .   //////
Six bâtons et un bâton font **sept**
   bâtons . . . .   ///////
Sept bâtons et un bâton font **huit**
   bâtons . . . .   ////////
Huit bâtons et un bâton font **neuf**
   bâtons . . . .   /////////
Neuf bâtons et un bâton font **dix**
   bâtons . . . .   //////////

DU ZÉRO

Si l'on veut dire qu'il n'y a pas d'objets à un endroit, on dit qu'il y a en cet endroit **zéro** objet.

EXEMPLE : Dans un panier où il n'y a pas de pommes, il y a *zéro* pomme.

2. — DEUXIÈME DIZAINE

Dix bâtons forment une dizaine de bâtons.

		Font
Une dizaine et un bâton.		onze bâtons.
Une dizaine et deux bâtons		douze bâtons.
Une dizaine et trois bâtons		treize bâtons.
Une dizaine et quatre bâtons		quatorze bâtons.
Une dizaine et cinq bâtons		quinze bâtons.
Une dizaine et six bâtons		seize bâtons.
Une dizaine et sept bâtons		dix-sept bâtons.
Une dizaine et huit bâtons		dix-huit bâtons.
Une dizaine et neuf bâtons		dix-neuf bâtons.
Une dizaine et dix bâtons		vingt bâtons.

Réunissons les dix bâtons en un paquet.

Une dizaine et dix bâtons font deux paquets de dix bâtons.

Deux paquets de dix sont deux dizaines ou **vingt**.

Deux dizaines se nomment Vingt.

QUESTIONNAIRE :

1. Combien de billes y a-t-il dans une dizaine?

2. Qu'est-ce que c'est que : *onze, quinze, dix-sept, douze, dix-huit, treize?*

3. Combien font :
Dix et quatre, dix et neuf, dix et deux, dix et six, dix et un, dix et dix, trois et dix, cinq et dix, sept et dix, neuf et dix?

3. — TROISIÈME DIZAINE

Vingt bâtons c'est deux fois dix ou deux dizaines.

A vingt nous ajouterons des bâtons un à un jusqu'à ce que nous en ayons assez pour faire un nouveau paquet.

		Font
Deux dizaines et un bâton.		vingt et un bâtons.
Deux dizaines et deux bâtons		vingt-deux bâtons.
Deux dizaines et trois bâtons		vingt-trois bâtons.
Deux dizaines et quatre bâtons		vingt-quatre bât.
Deux dizaines et cinq bâtons.		vingt-cinq bâtons.
Deux dizaines et six bâtons.		vingt-six bâtons.
Deux dizaines et sept bâtons.		vingt-sept bâtons.
Deux dizaines et huit bâtons.		vingt-huit bâtons.
Deux dizaines et neuf bâtons.		vingt-neuf bâtons.
Deux dizaines et dix bâtons.		trente bâtons.

Deux dizaines et dix bâtons font trois paquets de dix. Trois paquets de dix sont trois dizaines ou **trente**.

Trois dizaines se nomment Trente.

QUESTIONNAIRE :

1. Combien y a-t-il de pommes dans deux *dizaines* de pommes?

2. Combien de dizaines d'allumettes font *dix* allumettes, *trente* allumettes, *vingt* allumettes?

3. Qu'est ce que c'est que : *Douze, vingt-deux, quinze, vingt-cinq, treize, vingt-trois, seize, vingt-six, onze, vingt et un?*

4. — QUATRIÈME DIZAINE

Trente, c'est trois fois dix ou trois dizaines.

		Font
Trois dizaines et un. . .		trente et un.
Trois dizaines et deux . .		trente-deux.
Trois dizaines et trois . .		trente-trois.
Trois dizaines et quatre. .		trente-quatre.
Trois dizaines et cinq . .		trente-cinq.
Trois dizaines et six. . .		trente-six.
Trois dizaines et sept . .		trente-sept.
Trois dizaines et huit . .		trente-huit.
Trois dizaines et neuf . .		trente-neuf.
Trois dizaines et dix. . .		quarante.

Trois dizaines et dix font quatre paquets de dix.

Quatre paquets de dix sont quatre dizaines ou quarante.

Quatre dizaines se nomment Quarante

QUESTIONNAIRE :

1. Combien y a-t-il de dizaines dans *trente* poires?

2. Qu'est-ce que c'est que : *Quinze, seize, vingt-sept, trente et un, vingt-quatre, trente-six, dix-huit, trente-deux, trente-huit, vingt-huit?*

3. Combien font : *Dix et dix, vingt et dix, trente et dix?*
Dix et un, dix et cinq, dix et dix et sept, dix et quatre, dix et dix et trois, vingt et dix et trois, vingt et dix et un, dix et dix et neuf, dix et vingt et quatre?

5. — CINQUIÈME DIZAINE

Quarante, c'est quatre fois dix ou quatre dizaines.

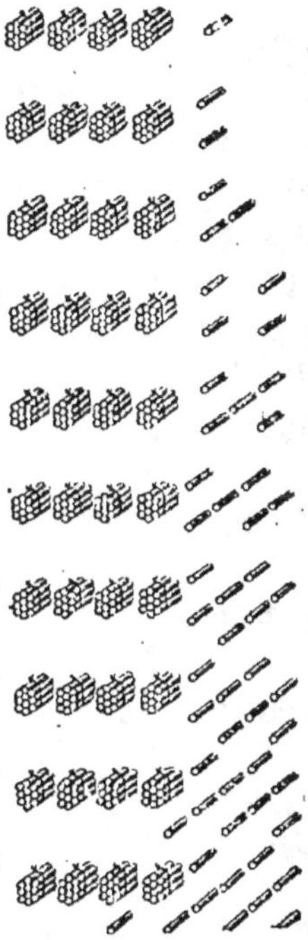

		Font
Quatre dizaines et un . . .		quarante et un.
Quatre dizaines et deux. . .		quarante-deux.
Quatre dizaines et trois. . .		quarante-trois.
Quatre dizaines et quatre . .		quarante-quatre.
Quatre dizaines et cinq. . .		quarante-cinq.
Quatre dizaines et six . . .		quarante-six.
Quatre dizaines et sept . . .		quarante-sept.
Quatre dizaines et huit . .		quarante-huit.
Quatre dizaines et neuf. . .		quarante-neuf.
Quatre dizaines et dix . . .		cinquante.

Quatre dizaines et dix bâtons font cinq paquets de dix.

Cinq paquets de dix sont cinq dizaines ou cinquante.

Cinq dizaines se nomment cinquante.

QUESTIONNAIRE :

1. Combien y a-t-il de dizaines dans : *vingt, trente, quarante?* Combien font *quarante et dix?*

2. Qu'est-ce que : *quarante-trois, vingt-deux, treize, quarante-six, quarante-huit, trente?*

3. Combien font :

Trente et dix et une pommes? trente et dix et sept pommes? trente et dix-sept pommes? trente et dix-neuf poires? trente et douze pêches? trente et quatorze? trente et quinze? Quatre bâtons et un bâton? quatre dizaines de bâtons et un bâton? trois pommes et une pomme? trois dizaines de pommes, et une pomme?*

6. — SIXIÈME DIZAINE

Cinquante, c'est cinq fois dix ou cinq dizaines.

		Font
Cinq dizaines et un . . .		cinquante et un.
Cinq dizaines et deux. . .		cinquante-deux.
Cinq dizaines et trois. . .		cinquante-trois.
Cinq dizaines et quatre . .		cinquante-quatre.
Cinq dizaines et cinq. . .		cinquante-cinq.
Cinq dizaines et six . . .		cinquante-six.
Cinq dizaines et sept. . .		cinquante-sept.
Cinq dizaines et huit. . .		cinquante-huit.
Cinq dizaines et neuf. . .		cinquante-neuf.
Cinq dizaines et dix . . .		soixante.

Cinq dizaines et dix bâtons font six paquets de dix. Six paquets de dix sont six dizaines ou **soixante.**

Six dizaines se nomment soixante.

---

1. Combien font :

Trois dizaines et quatre; cinq dizaines et six; quatre dizaines et deux; cinq dizaines et sept; deux dizaines et dix; cinq dizaines et dix?

2. Qu'est-ce que : *Cinquante-huit; cinquante-trois; cinquante-neuf?*

3. Combien font :

Quarante et dix et deux allumettes? quarante et dix et cinq aiguilles? vingt et dix et dix? trente et dix et dix? quarante-sept et un? vingt-neuf et un? trente-neuf et un? quarante-neuf et un? cinquante-neuf et un?

7. — SEPTIÈME DIZAINE

Soixante, c'est six fois dix ou six dizaines.

		Font
Six dizaines et un. . .		soixante et un.
Six dizaines et deux . .		soixante-deux.
Six dizaines et trois . .		soixante-trois.
Six dizaines et quatre. .		soixante-quatre.
Six dizaines et cinq. . .		soixante-cinq.
Six dizaines et six. . .		soixante-six.
Six dizaines et sept. . .		soixante-sept.
Six dizaines et huit. . .		soixante-huit.
Six dizaines et neuf. . .		soixante-neuf.
Six dizaines et dix. . .		soixante-dix.

Six dizaines et dix bâtons font sept paquets de dix. Sept paquets de dix sont sept dizaines ou **soixante-dix**.

Sept dizaines font soixante-dix.

QUESTIONNAIRE :

1. Combien font :

Quatre et quatre dizaines; cinq et deux dizaines; six et trois dizaines; six et sept dizaines; six et une dizaine; quarante et dix et dix; trente et dix et trois; soixante-sept et un; soixante-huit et un; soixante-trois et un; soixante-neuf et un; cinquante et dix et dix?

2. Qu'est-ce que : soixante-trois, soixante-huit, soixante-dix?

8. — HUITIÈME DIZAINE

Soixante-dix, c'est sept fois dix ou sept dizaines.

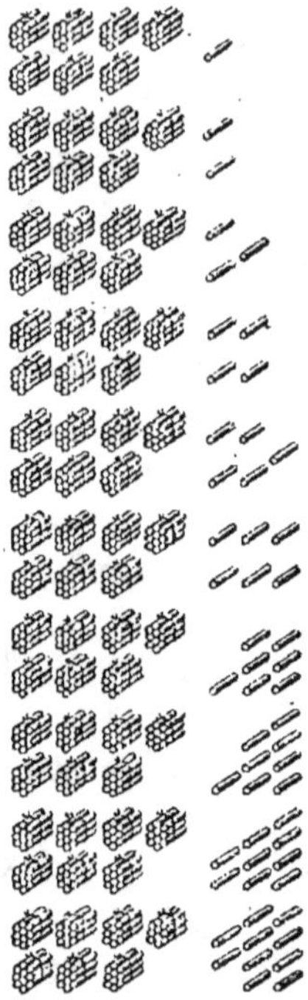

Sept dizaines et un. . ;		*Font* soixante et onze.
Sept dizaines et deux . . .		soixante-douze.
Sept dizaines et trois . .		soixante-treize.
Sept dizaines et quatre. .		soixante-quatorze.
Sept dizaines et cinq. . .		soixante-quinze.
Sept dizaines et six. . .		soixante-seize.
Sept dizaines et sept. .		soixante-dix-sept.
Sept dizaines et huit. . .		soixante-dix-huit.
Sept dizaines et neuf. . .		soixante-dix-neuf.
Sept dizaines et dix. . .		quatre-vingts.

Sept dizaines et dix bâtons font huit paquets de dix. Huit paquets de dix sont huit dizaines ou **quatre-vingts.**

Huit dizaines font Quatre-vingts.

QUESTIONNAIRE :

1. Combien font: *Six dizaines; sept dizaines; six dizaines et trois; sept dizaines et trois; six dizaines et sept; sept dizaines et sept; six dizaines et zéro; sept dizaines et rien; six dizaines d'épingles et une dizaine d'épingles et sept épingles; soixante et dix et sept; soixante et dix et quatre; soixante-dix-neuf et un?*

9. — NEUVIÈME DIZAINE

Quatre-vingts, c'est huit fois dix ou huit dizaines.

Font

Huit dizaines et un. .		quatre-vingt-un.
Huit dizaines et deux. .		quatre-vingt-deux.
Huit dizaines et trois . .		quatre-vingt-trois.
Huit dizaines et quatre. .		quatre-vingt-quatre.
Huit dizaines et cinq. . .		quatre-vingt-cinq.
Huit dizaines et six. . .		quatre-vingt-six.
Huit dizaines et sept. . .		quatre-vingt-sept.
Huit dizaines et huit. . .		quatre-vingt-huit.
Huit dizaines et neuf. .		quatre-vingt-neuf.
Huit dizaines et dix. . .		quatre-vingt-dix.

Huit dizaines et dix bâtons font neuf paquets de dix. Neuf paquets de dix sont neuf dizaines ou **quatre-vingt-dix.**

Neuf dizaines font quatre-vingt-dix.

QUESTIONNAIRE :

1. Qu'est-ce que : *quatre-vingt-trois; quatre-vingt-sept; soixante-treize; soixante-dix-sept; soixante-quinze; quatre-vingt-huit?*

2. Combien font : *Huit dizaines et deux; huit dizaines et six; sept dizaines et un; six dizaines et dix; sept dizaines et dix; soixante-dix et dix et trois; soixante-dix et une dizaine et cinq; soixante-dix et une dizaine et neuf; quatre-vingt-un et un; quatre-vingt-quatre et un; quatre-vingt-neuf et un?*

10. — DIXIÈME DIZAINE

Quatre-vingt-dix, c'est neuf fois dix ou neuf dizaines.

Font

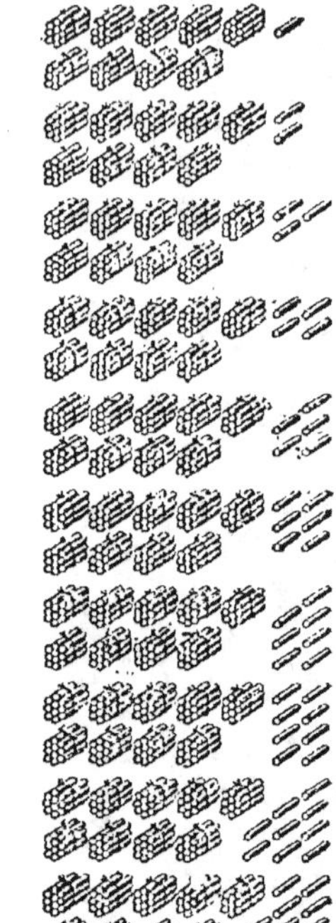

Neuf dizaines et un . . .		quatre-vingt-onze.
Neuf dizaines et deux . .		quatre-vingt-douze.
Neuf dizaines et trois. . .		quatre-vingt-treize.
Neuf dizaines et quatre. .		quatre-vingt-quatorze.
Neuf dizaines et cinq. . .		quatre-vingt-quinze.
Neuf dizaines et six. . .		quatre-vingt-seize.
Neuf dizaines et sept. . .		quatre-vingt-dix-sept.
Neuf dizaines et huit. . .		quatre-vingt-dix-huit.
Neuf dizaines et neuf. . .		quatre-vingt-dix-neuf.
Neuf dizaines et dix. . .		cent.

Neuf dizaines et dix bâtons font dix paquets de dix. Dix paquets de dix sont dix dizaines ou **cent**.

QUESTIONNAIRE :

1. Combien y a-t-il de *dizaines* dans *quatre-vingt-dix*?

2. Qu'est-ce que : *quatre-vingt-dix-sept; soixante-quatorze; quatre-vingt-quatorze; soixante-seize; quatre-vingt-seize; quatre-vingt-onze; quatre-vingt-dix-neuf?*

3. Combien font : *Neuf dizaines et huit; neuf dizaines et neuf; neuf dizaines et deux; neuf dizaines et trois; neuf dizaines et cinq; quatre-vingts et dix; quatre-vingts et dix et sept; quatre-vingts et une dizaine et quatre; quatre-vingt-dix et dix; quatre-vingt-dix-sept et un; quatre-vingt-onze et un; quatre-vingt-seize et un; quatre-vingt-dix-neuf et un; dix dizaines?*

11. — LA CENTAINE

Dix dizaines se nomment cent.

Cent, c'est dix fois dix.

Nous lions ensemble dix paquets de dix bâtons et nous en faisons un plus gros paquet.

Cette réunion de dix paquets se nomme une **centaine.**

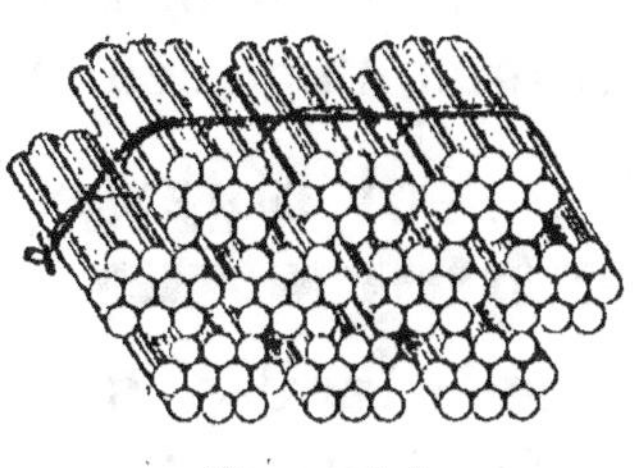

Une centaine.

Dix dizaines font une **centaine.**

En réunissant ainsi des objets : bâtons, billes, poires, gâteaux, cahiers, etc., nous avons formé des nombres.

Un **nombre** désigne donc la réunion de plusieurs objets.

Pour dire combien il y a de bâtons dans un paquet, d'objets dans une collection, je dis un nombre.

QUESTIONNAIRE :

1. Qu'est-ce que cent ?
2. Dans cent, combien de fois dix ?
3. Combien faut-il de dizaines pour faire une centaine ?
4. Qu'est-ce qu'un nombre ?
5. A quoi servent les nombres ?
6. Citez des nombres ?

12. — UNITÉS

On peut compter, comme les bâtons, des objets quelconques.

Un objet, un cahier, une plume, un livre, se nomme **une unité**.

Il peut y avoir plusieurs objets dans une unité.

Un paquet d'une dizaine est une unité.

Un paquet d'une centaine est une unité.

Un seul objet se nomme unité du premier ordre ou unité simple.

Une dizaine se nomme unité du second ordre.

Une centaine se nomme unité du troisième ordre.

EXEMPLES : — *Trente* est formé de *trois* dizaines, donc il contient *trois unités du second ordre*.

Cinquante est formé de *cinq* dizaines, il contient donc *cinq unités du second ordre*.

Vingt-trois est formé de *deux* dizaines et *trois*, il contient donc *deux unités du second ordre* et *trois unités simples*.

Soixante-douze est formé de *sept* dizaines et *deux*, il contient donc *sept unités du second ordre* et *deux unités simples*.

QUESTIONNAIRE :

1. Qu'est-ce que l'unité du second ordre? qu'est-ce que l'unité du troisième ordre?

2. Quelle espèce d'unité est la dizaine?

3. Combien y a-t-il d'unités du second ordre et d'unités du premier ordre dans : *Quarante-cinq ; vingt-sept ; trente-trois ; dix-sept ; douze ; onze ; quatorze ; soixante-deux ; soixante-dix-sept ; soixante-quinze ; soixante-seize ; quatre-vingt-un ; cinquante ; soixante-dix ; quatre-vingt-dix ; quatre-vingt-dix-huit ; quatre-vingt-treize ; quatre-vingt-onze?*

13. — ECRITURE DES NOMBRES

Le mot **zéro**   s'écrit. **0**
»   un   » **1**
»   deux   » **2**
»   trois   . » **3**
»   quatre   » **4**
»   cinq   » **5**
»   six   » **6**
»   sept   » **7**
»   huit   » **8**
»   neuf   » **9**

0. 1. 2. 3. 4. 5. 6. 7. 8. 9.

sont des **chiffres.**

Pour écrire en chiffres un nombre plus petit que cent, on écrit d'abord le nombre de dizaines et ensuite le nombre d'unités qui le composent.

Le chiffre des unités simples est au premier rang en commençant par la droite.

Le chiffre des dizaines est au second rang à gauche du premier.

De cette façon :

Les unités du premier ordre sont au premier rang.

Les unités du deuxième ordre sont au deuxième rang, de droite à gauche.

14. — ÉCRITURE DES NOMBRES *(Suite)*

PREMIER EXEMPLE. — Écrivons les nombres de dix à vingt.

						Dizaines.	Unités.
dix . . qui est *une* dizaine et *zéro* unité s'écrit	**10**	1	0
onze . .	»	*une*	»	*une*	»	**11**	1	1
douze. .	»	*une*	»	*deux* unités	»	**12**	1	2
treize. .	»	*une*	»	*trois*	»	**13**	1	3
quatorze	»	*une*	»	*quatre*	»	**14**	1	4
quinze. .	»	*une*	»	*cinq*	»	**15**	1	5
seize . .	»	*une*	»	*six*	»	**16**	1	6
dix-sept.	»	*une*	»	*sept*	»	**17**	1	7
dix-huit.	»	*une*	»	*huit*	»	**18**	1	8
dix-neuf	»	*une*	»	*neuf*	»	**19**	1	9
vingt. .	»	*deux*	»	*zéro*	»	**20**	2	0

D'après ce qui a été dit,

vingt et un. . . qui est *deux* dizaines et *une* unité s'écrit	**21**
trente.	»	*trois*	»	*zéro*	»	**30**
quarante-trois . . .	»	*quatre*	»	*trois* unités	»	**43**
soixante-neuf. . . .	»	*six*	»	*neuf*	»	**69**
soixante-dix	»	*sept*	»	*zéro*	»	**70**
soixante-douze . . .	»	*sept*	»	*deux*	»	**72**
quatre-vingts	»	*huit*	»	*zéro*	»	**80**
quatre-vingt-six. . .	»	*huit*	»	*six*	»	**86**
quatre-vingt-dix . .	»	*neuf*	»	*zéro*	»	**90**
quatre-vingt-onze. .	»	*neuf*	»	*une*	»	**91**
quatre-vingt-dix-neuf	»	*neuf*	»	*neuf*	»	**99**

Cent s'écrit 100

QUESTIONNAIRE :

1. Comment s'écrivent les nombres : *sept; douze; seize; vingt-deux; trente-trois; trente-sept; quarante-huit; cinquante; cinquante-sept; quatre-vingt-trois; soixante-sept; soixante-treize; soixante-quinze; quatre-vingt-treize; quatre-vingt-douze; soixante-dix-huit; soixante-dix-neuf; quatre-vingt-dix-huit*[7]

15. — LISTE DES NOMBRES DE **UN A CENT**

Un.	1	Trente-quatre	34	Soixante-sept	67
Deux	2	Trente-cinq	35	Soixante-huit	68
Trois.	3	Trente-six.	36	Soixante-neuf.	69
Quatre.	4	Trente-sept	37	Soixante-dix	70
Cinq	5	Trente-huit.	38	Soixante et onze.	71
Six.	6	Trente-neuf.	39	Soixante-douze	72
Sept	7	Quarante.	40	Soixante-treize	73
Huit	8	Quarante et un	41	Soixante-quatorze	74
Neuf	9	Quarante-deux.	42	Soixante-quinze	75
Dix.	10	Quarante-trois.	43	Soixante-seize.	76
Onze.	11	Quarante-quatre	44	Soixante-dix-sept	77
Douze.	12	Quarante-cinq.	45	Soixante-dix-huit	78
Treize.	13	Quarante-six.	46	Soixante-dix-neuf	79
Quatorze.	14	Quarante-sept	47	Quatre-vingts.	80
Quinze	15	Quarante-huit	48	Quatre-vingt-un.	81
Seize.	16	Quarante-neuf.	49	Quatre-vingt-deux.	82
Dix-sept.	17	Cinquante.	50	Quatre-vingt-trois.	83
Dix-huit.	18	Cinquante et un	51	Quatre-vingt-quatre	84
Dix-neuf.	19	Cinquante-deux	52	Quatre-vingt-cinq	85
Vingt.	20	Cinquante-trois	53	Quatre-vingt-six.	86
Vingt et un	21	Cinquante-quatre.	54	Quatre-vingt-sept	87
Vingt-deux.	22	Cinquante-cinq.	55	Quatre-vingt-huit	88
Vingt-trois.	23	Cinquante-six.	56	Quatre-vingt-neuf.	89
Vingt-quatre	24	Cinquante-sept.	57	Quatre-vingt-dix.	90
Vingt-cinq.	25	Cinquante-huit.	58	Quatre-vingt-onze.	91
Vingt-six.	26	Cinquante-neuf.	59	Quatre-vingt-douze	92
Vingt-sept.	27	Soixante.	60	Quatre-vingt-treize.	93
Vingt-huit.	28	Soixante et un.	61	Quatre-vingt-quatorze.	94
Vingt-neuf.	29	Soixante-deux.	62	Quatre-vingt-quinze	95
Trente.	30	Soixante-trois	63	Quatre-vingt-seize.	96
Trente et un	31	Soixante-quatre	64	Quatre-vingt-dix-sept.	97
Trente-deux	32	Soixante-cinq.	65	Quatre-vingt-dix-huit.	98
Trente-trois.	33	Soixante-six.	66	Quatre-vingt-dix-neuf.	99
		Cent.	100		

L'élève doit savoir cette liste par cœur.

16. — LIRE UN NOMBRE ÉCRIT EN CHIFFRES

Pour lire un nombre de deux chiffres on lit, de gauche à droite, d'abord les dizaines et ensuite les unités simples.

EXEMPLES :

27 c'est *deux* dizaines, ou *vingt*, et *sept* unités : donc **vingt-sept.**

35 — *trois* dizaines, ou *trente*, et *cinq* unités : donc **trente-cinq.**

40 — *quatre* dizaines, ou *quarante*, et *zéro* unité : donc **quarante.**

53 — *cinq* dizaines, ou *cinquante*, et *trois* unités : donc **cinquante-trois.**

68 — *six* dizaines, ou *soixante*, et *huit* unités : donc **soixante-huit.**

12 — *une* dizaine, ou *dix*, et *deux* unités : donc **douze.**

13 — *une* dizaine, ou *dix*, et *trois* unités : donc **treize.**

74 — *sept* dizaines, ou *soixante-dix*, et *quatre* unités : donc **soixante-quatorze.**

86 — *huit* dizaines, ou *quatre-vingts*, et *six* unités : donc **quatre-vingt-six.**

91 — *neuf* dizaines, ou *quatre-vingt-dix*, et *une* unité : donc **quatre-vingt-onze.**

QUESTIONNAIRE :

1. Dire combien il y a de dizaines et d'unités simples dans chacun de ces nombres : 37, 42, 47, 28, 22, 25, 52, 34, 43, 17, 1, 18, 81, 14, 41, 83, 87, 15, 51, 29, 92, 39, 93, 57, 75, 98, 99, 68, 86, 89, 64, 46, 70, 11, 16, 61, 95, 59, 17, 14, 100.

2. Lire ces nombres.

17. — NOMBRES ORDINAUX

Quand on range des objets, des personnes on indique leur place par un numéro. Ainsi voici un banc d'élèves.

Devant chaque élève, un numéro indique son *rang*.

Celui qui a le numéro **1** se nomme le **premier.**

— **2** se nomme le **second** ou **deuxième.**

— **3** se nomme le **troisième.**

— **4** se nomme le **quatrième**

— **5** se nomme le **cinquième**

— **6** se nomme le **sixième.**

— **7** se nomme le **septième.**

— **8** se nomme le **huitième.**

— **9** se nomme le **neuvième.**

Pour indiquer le rang on fait suivre le numéro de ième.

Ainsi l'élève qui est à la place numéro *dix* est le *dixième*, celui qui est à la place numéro *trente et un* est le *trente et unième.*

QUESTIONNAIRE :

1. Quel est le rang de l'élève qui a le numéro : *Vingt-cinq; dix-sept; seize; quarante-trois; quatre-vingt-un; soixante-deux,* etc.?

2. On range des soldats les uns à côté des autres, quel est le numéro du soldat qui est :

Le second; le septième; le premier; le soixante et unième; le quatre-vingt-quinzième, etc.?

EXERCICES
sur la numération des dix premiers nombres.

CALCUL MENTAL.

1. Compter de un à dix en montrant des élèves, des billes, les doigts des deux mains.

2. Compter les bancs de la classe, les encriers d'une table, les vitres d'une fenêtre, les livres, les cahiers d'un élève, etc.

3. Compter les lettres contenues dans les mots : livre, écolier, banc, muraille, crayon, professeur.

4. Compter de dix à zéro.

5. Compter de deux en deux de zéro à dix.

6. Compter de deux en deux de un à neuf.

7. Quel est le nombre qui suit 5, 3, 8, 4, 9?

8. Quel est le nombre qui vient avant 7, 2, 9, 5?

9. Combien font 2 et 2, 3 et 3, 4 et 4?

10. Quel est le plus grand nombre d'un chiffre? le plus petit?

EXERCICES ÉCRITS.

11. Écrire en chiffres puis en lettres les dix premiers nombres.

12. Tracer au tableau 3 lignes, 7 lignes, 5 points, 8 points.

13. Écrire d'abord en chiffres puis en lettres le nombre de points contenus dans chacune des lignes suivantes :

EXERCICES
sur la numération des cent premiers nombres.

CALCUL MENTAL.

14. Compter jusqu'à dix.

15. Compter par dizaines de la manière suivante : une dizaine, c'est dix; deux dizaines, c'est vingt; trois dizaines... jusqu'à dix dizaines, c'est cent.

16. Combien y a-t-il de dizaines dans dix, vingt, trente, quarante, cinquante... cent?

17. Que faut-il faire pour que les chiffres 4, 7, 5, 8 représentent des dizaines?

18. Comptez de dix en dix jusqu'à cent.

19. Comptez de dix en dix de cent à dix.

20. Nommez les nombres de un a vingt.

21. Nommez les nombres de vingt à zéro.

22. Quels sont les nombres compris entre vingt et trente, trente et quarante, quarante et cinquante ?

23. Comptez par ordre les nombres de un à cinquante.

24. Quels sont les nombres compris entre cinquante et soixante, soixante et quatre-vingts, quatre-vingts et cent ?

25. Comptez de mémoire de un à cent.

26. Comptez de dix en dix en commençant à 1, à 2, à 3, à 4, à 5, à 6, à 7, à 8, à 9.

27. Comptez de cinq en cinq jusqu'à cinquante, jusqu'à cent.

28. Quel est le nombre qui vient après 9, 19, 29, 39, 49, 99, 89, 79, 69, 59 ?

29. Quel est le nombre qui vient avant 10, 50, 70, 40, 90, 30, 80, 60, 20 ?

30. Quel est le plus petit nombre de deux chiffres ? le plus grand ?

31. Un enfant place ses soldats par files de dix. Combien aura-t-il de soldats s'il obtient 5 files, 9, 4, 7, 10 files ? 4 files de 10 et une rangée de 3 ? 8 files de 10 et une rangée de 5 ? 6 files de 10 et une rangée de 7 ?

EXERCICES ÉCRITS.

32. Écrire en chiffres et en lettres les nombres de 1 à 20. Ex. : 1 un, 2 deux....

33. Même exercice pour les nombres de dizaines. Ex. : 10 dix, 20 vingt....

34. Écrire en chiffres les nombres de 20 à 50, de 50 à 100, de 1 à 100.

35. Écrire en chiffres les nombres :

quinze plumes.	*soixante-quatre* lignes.
vingt-trois élèves.	*soixante-douze* pommes.
trente-sept billes.	*soixante-six* poires.
quarante-neuf plumes.	*quatre-vingt-sept* arbres.
cinquante et une pages.	*quatre-vingt-dix-huit* moutons.

36. Écrire en lettres les nombres 7, 18, 25, 39, 40, 52, 64, 73, 86, 90, 91, 98.

37. Écrire en chiffres les cinq nombres qui suivent les nombres de l'exercice précédent. Ex. : 7, 8, 9, 10, 11, 12 ; 18, 19....

38. Écrire en chiffres le nombre qui les précède. Ex. : 6, 7 ; 17, 18...

18. — LE MÈTRE

Pour mesurer la longueur d'une corde, d'une pièce d'étoffe, d'une route, on se sert d'un **mètre.**

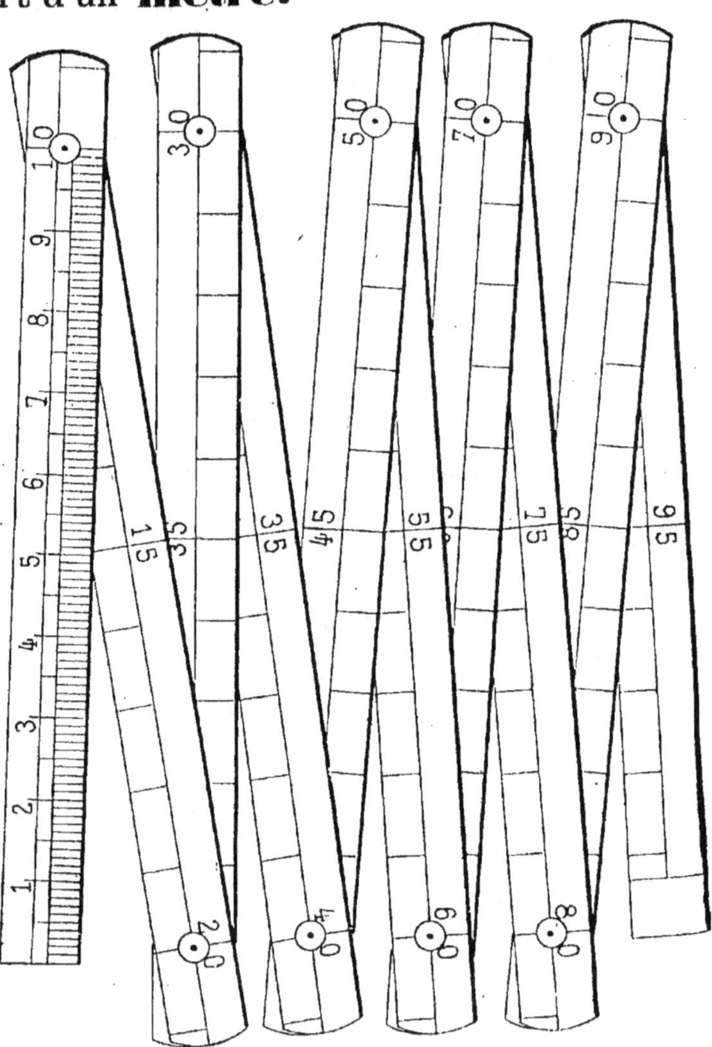

Un mètre pliant, grandeur réelle.

**Pour mesurer les liquides,
les grains, on se sert du litre.**

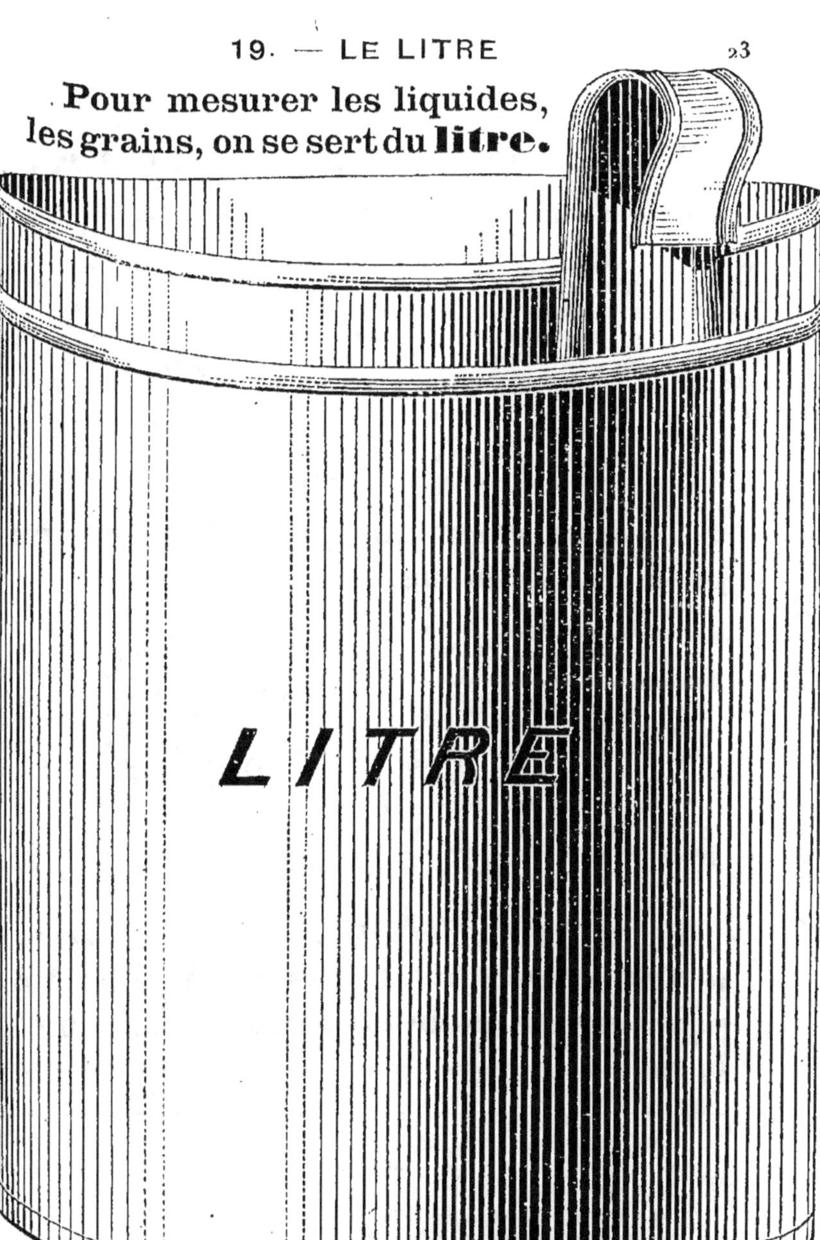

Un litre, grandeur réelle.

20. — LE GRAMME

Pour peser, on se sert du gramme.

Le **gramme** est un petit poids en cuivre.

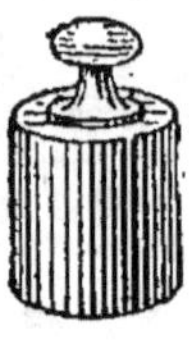

10 grammes.

1 gramme.

LE FRANC

Le franc est une pièce d'argent qui pèse cinq grammes.

Face.

Pile.

Le franc, grandeur réelle.

Le mètre, le litre, le gramme, le franc sont aussi des unités que l'on peut réunir pour en former des nombres.

Combien font :
Trois dizaines de mètres et *quatre* mètres?
Cinq dizaines de litres et *huit* litres?
Deux dizaines de grammes et *cinq* grammes?
Quatre dizaines de francs et *six* francs?

21. — ADDITION

Dans un sac il y a *dix* billes, j'y mets *cinq* billes nouvelles, j'ai *ajouté* cinq billes au sac, et il y a maintenant dans le sac *dix et cinq*, c'est-à-dire *quinze* billes.

Ajouter un nombre à un autre c'est faire une addition.

Additionner deux nombres c'est ajouter le second au premier.

Le résultat est ce qu'on appelle la somme ou le total.

Les nombres ajoutés sont les parties de la somme.

Ainsi, quand je dis *dix et cinq* font *quinze*, je fais une **addition** : la **somme** est *quinze*; *dix* et *cinq* sont les **parties** de la somme.

Dix billes   cinq billes   La somme est quinze billes.

Pour indiquer une addition on emploie le signe + qui se lit : **plus.**

Le signe = veut dire : **égale.**

Ainsi $5 + 1 = 6$ se lit : *cinq plus un égale six,* ce qui signifie la même chose que *cinq et un font six.*

---

1. Qu'appelle-t-on *additionner* deux nombres?

2. Qu'est-ce qu'une *addition*?

3. Qu'est-ce que la *somme*?

4. Quel nom donne-t-on encore à la somme?

5. Qu'appelle-t-on *parties* d'une somme?

6. Par quel signe indique-t-on une addition?

7. Quand fait-on une addition?

8. Faire les additions suivantes : *Dix et sept; dix et neuf; dix et deux; dix et cinq; vingt et six?*

22. — AJOUTER 0, 1

Lorsqu'on ajoute **zéro** à un nombre, on trouve pour somme ce nombre lui-même, car ajouter **zéro**, c'est ne **rien ajouter du tout**.

Lorsqu'on ajoute **1** à un nombre, on obtient le nombre suivant.

Ainsi quatre et un font cinq ; vingt-quatre et un font vingt-cinq ; cinquante-six et un font cinquante-sept.

$0+0=0$	$0+1=\ \ 1$	ou **0** *et* **1** *font* **1**
$1+0=1$	$1+1=\ \ 2$	ou **1** *et* **1** *font* **2**
$2+0=2$	$2+1=\ \ 3$	ou **2** *et* **1** *font* **3**
$3+0=3$	$3+1=\ \ 4$	ou **3** *et* **1** *font* **4**
$4+0=4$	$4+1=\ \ 5$	ou **4** *et* **1** *font* **5**
$5+0=5$	$5+1=\ \ 6$	ou **5** *et* **1** *font* **6**
$6+0=6$	$6+1=\ \ 7$	ou **6** *et* **1** *font* **7**
$7+0=7$	$7+1=\ \ 8$	ou **7** *et* **1** *font* **8**
$8+0=8$	$8+1=\ \ 9$	ou **8** *et* **1** *font* **9**
$9+0=9$	$9+1=10$	ou **9** *et* **1** *font* **10**

QUESTIONNAIRE :

1. Combien font :

Quinze et zéro ; vingt-deux et un ; trente-quatre et un ; douze et un ; treize et un ; soixante-sept et un ; soixante-dix-sept et un, soixante-douze et un ; quatre-vingt-treize et zéro ; quatre-vingt-treize et un ; quatre-vingt-dix-neuf et un ?

2. Combien font :

4 et 1 ; 16 et 0 ; 23 et 1 ; 43 et 1 ; 58 et 1 ; 69 et 1 ; 71 et 1 ; 77 et 1 ; 76 et 1 ; 85 et 1 ; 95 et 1 ; 79 et 0 ; 79 et 1 ; 22 et 0 ; 14 et 1 ; 16 et 1 ; 19 et 0 ; 19 et 1 ?

3. Faire les additions :

$12+0$; $45+1$; $52+1$; $29+1$; $57+0$; $69+0$; $69+1$; $61+1$; $62+1$; $98+1$; $99+1$; $17+0$; $17+1$; $33+1$; $48+1$.

EXERCICES DE CALCUL MENTAL.

4. Dans un compartiment de chemin de fer il y a 6 voyageurs, il en monte un de plus, combien y a-t-il après cela de voyageurs dans le compartiment ?

5. Un élève a 12 bons points ; il en gagne encore 1, combien en a-t-il ?

6. Dans une classe il y a 32 élèves, il en vient un nouveau. Combien y a-t-il d'élèves dans la classe après cela ?

23. — AJOUTER 2, 3, 4

Dans un sac il y a quatre billes ; je veux y *ajouter* trois billes.

J'en ajoute d'abord *une* et je dis quatre et un font cinq ; puis j'en ajoute une *seconde* et je dis cinq et un font six ; enfin, j'ajoute la *troisième* et je dis six et un font sept.

Finalement il y a sept billes dans le sac. Je peux donc dire que **4** billes et **3** billes font **7** billes.

Pour ajouter **2** on ajoute deux fois **1**.
— **3** — trois fois **1**.
— **4** — quatre fois **1**.

D'après cela, l'élève effectuera les additions suivantes et apprendra les résultats par cœur.

$0+2=2$	$0+3=3$	$0+4=4$
$1+2=$	$1+3=$	$1+4=$
$2+2=$	$2+3=$	$2+4=$
$3+2=$	$3+3=$	$3+4=$
$4+2=$	$4+3=$	$4+4=$
$5+2=$	$5+3=$	$5+4=$
$6+2=$	$6+3=$	$6+4=$
$7+2=$	$7+3=$	$7+4=$
$8+2=$	$8+3=$	$8+4=$
$9+2=$	$9+3=$	$9+4=$

EXERCICES DE CALCUL MENTAL.

1. Un garçon a 4 billes, on lui en donne 2, combien en a-t-il ?

2. Jean a 6 sous, sa mère lui en donne 3, combien a-t-il de sous ?

3. Un élève a 7 bons points, il en gagne 2, combien en a-t-il ?

4. Dans un jardin il y a 6 arbres, on en plante 4 autres, combien y a-t-il d'arbres dans le jardin ?

5. Pierre achète deux gâteaux, le premier coûte 2 sous et le second 3 sous, combien a-t-il payé en tout ?

6. Dans une classe il y a 9 garçons et 4 filles, combien y a-t-il en tout d'élèves dans la classe ?

7. Dans un café, un consommateur paie son verre de bière 6 sous et donne 2 sous de pourboire au garçon, combien a-t-il payé ?

24. — AJOUTER 5, 6, 7

Pour ajouter **5** on ajoute cinq fois **1**.
— **6** — six fois **1**.
— **7** — sept fois **1**.

D'après cela, l'élève effectuera les additions suivantes et apprendra les résultats par cœur.

$0+5=5$	$0+6=6$	$0+7=7$
$1+5=$	$1+6=$	$1+7=$
$2+5=$	$2+6=$	$2+7=$
$3+5=$	$3+6=$	$3+7=$
$4+5=$	$4+6=$	$4+7=$
$5+5=$	$5+6=$	$5+7=$
$6+5=$	$6+6=$	$6+7=$
$7+5=$	$7+6=$	$7+7=$
$8+5=$	$8+6=$	$8+7=$
$9+5=$	$9+6=$	$9+7=$

EXERCICES DE CALCUL MENTAL

1. Dans un panier il y a 7 pommes et 5 poires, combien y a-t-il de fruits dans le panier ?

2. Dans un salon il y a 9 chaises et 6 fauteuils, combien y a-t-il de sièges dans le salon ?

3. Dans une classe il y a deux rangées de bancs. Dans la première rangée il y a 8 bancs et dans la seconde 7 bancs. Combien y a-t-il en tout de bancs dans la classe ?

4. Il y a dans une cage 3 canaris et 5 chardonnerets, combien y a-t-il d'oiseaux dans la cage ?

5. Un petit garçon achète une voiture avec un cheval. La voiture et le cheval coûtent chacun 6 sous. Qu'est-ce qu'il a payé le tout ?

6. Un élève a 2 cahiers de brouillon et 5 cahiers de devoirs, combien a-t-il de cahiers en tout ?

7. Un pêcheur a pris 3 carpes et autant de brochets, combien a-t-il pris de poissons ?

8. Un ouvrier a travaillé 4 heures le matin et 5 heures dans l'après-midi, pendant combien d'heures a-t-il travaillé dans la journée ?

25. — AJOUTER 8, 9

Pour ajouter **8** on ajoute huit fois **1.**
— **9** — neuf fois **1.**

D'après cela, l'élève effectuera les additions suivantes et apprendra les résultats par cœur.

$0+8=8$	$0+9=9$
$1+8=$	$1+9=$
$2+8=$	$2+9=$
$3+8=$	$3+9=$
$4+8=$	$4+9=$
$5+8=$	$5+9=$
$6+8=$	$6+9=$
$7+8=$	$7+9=$
$8+8=$	$8+9=$
$9+8=$	$9+9=$

Si sur un tas de **4** billes on ajoute **5** billes, on obtiendra le même résultat que si sur un tas de **5** billes on ajoutait **4** billes ; car dans ces deux cas c'est réunir deux tas, l'un de **4** billes, l'autre de **5** billes, cela fait en tout **9** billes.

Donc **4** et **5** est égal à **5** et **4**. De même :

$$3+2=2+3 \qquad 4+3=3+4 \qquad 7+5=5+7$$
$$8+4=4+8 \qquad 6+2=2+6 \qquad 3+9=9+3$$

Une somme ne change pas quand on change l'ordre des parties.

EXERCICES DE CALCUL MENTAL.

1. Dans une famille il y a 3 garçons et 8 filles, combien y a-t-il d'enfants dans cette famille ?

2. Un chasseur a tué 9 cailles et 8 perdreaux, combien a-t-il tué de pièces de gibier ?

3. Refaire les exercices de la table d'addition en changeant l'ordre des chiffres.

26. — ADDITIONS DE DIZAINES

2 dizaines et **3** dizaines font **5** dizaines; donc vingt et trente font cinquante, ou

$$20 + 30 = 50.$$

5 dizaines et dix font **6** dizaines, donc cinquante et dix font soixante, ou

$$50 + 10 = 60.$$

En raisonnant de même, l'élève fera les additions suivantes :

$10 + 10 =$	$20 + 20 =$	$20 + 70 =$
$20 + 10 =$	$40 + 20 =$	$10 + 60 =$
$30 + 10 =$	$70 + 20 =$	$10 + 80 =$
$40 + 10 =$	$80 + 20 =$	$10 + 90 =$
$50 + 10 =$	$10 + 30 =$	$20 + 30 =$
$60 + 10 =$	$50 + 30 =$	$20 + 50 =$
$70 + 10 =$	$30 + 40 =$	$30 + 30 =$
$80 + 10 =$	$40 + 40 =$	$30 + 70 =$
$90 + 10 =$	$50 + 50 =$	$40 + 60 =$

QUESTIONNAIRE :

1. Faire repasser à l'élève sa table d'addition en complétant par des exercices oraux de ce genre : « Que font : 4 et 5? 40 et 50? 3 et 2? 30 et 20? 1 et 4? 10 et 40? et ainsi de suite.

EXERCICES DE CALCUL MENTAL.

2. Une dame a acheté un costume. Elle a payé la jupe 50 fr. et le corsage 30 fr. Combien a coûté le costume ?

3. Dans un lycée il y a deux divisions de la classe enfantine. Dans la division A il y a 30 élèves, et dans la division B il y a 20 élèves. Combien y a-t-il en tout d'élèves de la classe enfantine ?

4. Pour faire du sirop on fait fondre dans 40 grammes d'eau le même poids de sucre. Combien de grammes de sirop a-t-on?

5. Les élèves des lycées ont eu 60 jours de grandes vacances et 20 jours de petites vacances dans une année. Combien y a-t-il eu en tout de jours de vacances dans cette année?

6. Dans une boîte de bonbons il y a 40 pralines et 60 dragées. Combien y a-t-il de bonbons dans la boîte?

7. Dans une cave il y a deux tonneaux. Le premier contient 50 litres de vin ; le second contient 20 litres de plus que le premier. Que contient le second ?

27. — DÉCOMPOSITION D'UN NOMBRE EN DEUX PARTIES

S'exercer à bien savoir cette table :

2 c'est **1+1**	**3** c'est **1+2**	**4** c'est **1+3**
		ou **2+2**
5 c'est **1+4**	**6** c'est **1+5**	**7** c'est **1+6**
ou **2+3**	ou **2+4**	ou **2+5**
	ou **3+3**	ou **3+4**
8 c'est **1+7**	**9** c'est **1+8**	**10** c'est **1+9**
ou **2+6**	ou **2+7**	ou **2+8**
ou **3+5**	ou **3+6**	ou **3+7**
ou **4+4**	ou **4+5**	ou **4+6**
		ou **5+5**
11 c'est **1+10**	**12** c'est **2+10**	**13** c'est **3+10**
ou **2+9**	ou **3+9**	ou **4+9**
ou **3+8**	ou **4+8**	ou **5+8**
ou **4+7**	ou **5+7**	ou **6+7**
ou **5+6**	ou **6+6**	
14 c'est **4+10**	**15** c'est **5+10**	**16** c'est **6+10**
ou **5+9**	ou **6+9**	ou **7+9**
ou **6+8**	ou **7+8**	ou **8+8**
ou **7+7**		
17 c'est **7+10**		**18** c'est **8+10**
ou **8+9**		ou **9+9**

QUESTIONNAIRE :

1. Combien faut-il ajouter à 8 pour avoir 12?

2. Combien faut-il ajouter à 7 pour avoir 9?

3. Combien faut-il ajouter à 5 pour avoir 8? à 4 pour avoir 11? à 7 pour avoir 13? à 9 pour avoir 16? à 3 pour avoir 8?

4. Que faut-il ajouter à

1, 2, 3, 4, 5, 6, 7, 8, 9,

pour avoir *dix*.

EXERCICES DE CALCUL MENTAL.

5. Un élève a 6 bons points, combien faut-il qu'il en gagne pour en avoir 10 ?

6. Dans un seau pouvant contenir 12 litres, il y a 6 litres d'eau, combien faut-il encore verser d'eau pour le remplir?

28. — EXERCICE IMPORTANT

Rappelons-nous que :

onze	c'est	dix et un.
douze	—	dix et deux.
treize	—	dix et trois.
quatorze	—	dix et quatre.
quinze	—	dix et cinq.
seize	—	dix et six.

Alors, quarante et dix-sept c'est quarante et dix et sept ou **cinquante-sept**.

Vingt et douze c'est vingt et dix et deux ou **trente-deux**.

Faire les additions suivantes :

$20 + 11 =$	$40 + 15 =$	$70 + 17 =$
$20 + 12 =$	$40 + 19 =$	$70 + 18 =$
$20 + 13 =$	$50 + 11 =$	$80 + 10 =$
$20 + 14 =$	$50 + 12 =$	$80 + 11 =$
$20 + 15 =$	$50 + 17 =$	$80 + 13 =$
$20 + 19 =$	$50 + 19 =$	$80 + 16 =$
$30 + 13 =$	$60 + 14 =$	$80 + 17 =$
$30 + 16 =$	$60 + 15 =$	$10 + 12 =$
$30 + 17 =$	$60 + 16 =$	$10 + 15 =$
$30 + 18 =$	$60 + 17 =$	$10 + 16 =$
$40 + 10 =$	$70 + 12 =$	$10 + 19 =$
$40 + 13 =$	$70 + 14 =$	$90 + 10 =$

QUESTIONNAIRE :

1. Faire oralement les sommes : *Vingt et dix-huit; trente et quinze; quarante et douze; soixante et seize; cinquante et dix; cinquante et dix-huit; quatre-vingt et quatorze.*

EXERCICES DE CALCUL MENTAL.

2. Au commencement de l'année il y avait 20 élèves dans une classe. Pendant le courant de l'année il en est entré encore 13. Combien y a-t-il maintenant d'élèves dans la classe?

3. Un paysan a 50 moutons et 12 bœufs, combien a-t-il de têtes de bétail?

4. Un jeune homme a 17 ans, son père a 30 ans de plus que lui. Quel est l'âge du père?

29. — ADDITION D'UN CHIFFRE

Pour ajouter un nombre d'un seul chiffre à un autre nombre, on ajoute ce chiffre au chiffre des unités de l'autre.

Ainsi on a : $\qquad 5+3=8, \qquad 2+7=9,$
donc $\qquad 45+3=48, \qquad 72+7=79.$

Lorsque la somme du chiffre qu'on ajoute et du chiffre des unités de l'autre nombre est plus grande que **9**, on est ramené au cas précédent.

Ainsi *cinq* et *six* font *onze*; donc *quarante-cinq* et *six* font *quarante et onze* ou *cinquante et un*.

De même *sept* et *huit* font *quinze*; donc *soixante-dix-sept* et *huit* font *soixante-dix et quinze* ou *quatre-vingt-cinq*.

EXERCICES ÉCRITS A REMPLIR, OU A FAIRE ORALEMENT :

1. —

$63+4=$	$62+7=$	$32+4=$
$51+7=$	$72+6=$	$25+3=$
$48+1=$	$41+8=$	$55+2=$
$23+7=$	$22+8=$	$31+9=$
$44+8=$	$57+6=$	$72+9=$
$77+5=$	$83+8=$	$92+5=$

2. — Puisque $5+4=9$ combien font :

$15+4 \mid 35+4 \mid 55+4 \mid 95+4 \mid 75+4$

3. — Combien font :

$3+6$	$5+7$	$6+9$	$20+12$	$10+15$	$30+17$
$23+6$	$25+7$	$36+9$	$40+12$	$50+15$	$40+17$
$13+6$	$55+7$	$86+9$	$30+12$	$80+15$	$20+17$
$63+6$	$65+7$	$26+8$	$70+12$	$70+15$	$50+17$
$83+6$	$85+7$	$66+9$	$80+12$	$40+15$	$70+17$

30. — SOMME DE PLUSIEURS NOMBRES

Lorsqu'on écrit $4+5+2+8$, cela signifie qu'à **4** on doit ajouter **5**, à la somme obtenue ajouter **2** et à la nouvelle somme ajouter **8**.

On dit donc : **4** et **5** font **9**, **9** et **2** font **11**, **11** et **8** font **19**.

La somme totale est **19**.

Exercices écrits à remplir, ou à faire oralement :

$8+1+4=$	$12+6+3=$	$50+13+4=$
$4+2+5=$	$21+4+5=$	$20+17+5=$
$2+7+3=$	$13+2+7=$	$30+12+9=$
$6+1+7=$	$35+4+5=$	$40+13+2=$
$4+3+5=$	$66+7+2=$	$50+17+3=$
$6+2+5=$	$72+1+9=$	$80+12+7=$
$9+2+7=$	$47+5+6=$	$70+16+4=$

$2+7+5+3=$	$48+3+6+5=$
$5+3+8+4=$	$38+6+3+4=$
$8+5+6+9=$	$77+6+5+4=$
$7+2+6+5=$	$22+8+5+9=$
$9+5+4+3=$	$40+16+5+9=$
$2+5+9+6=$	$60+12+4+3=$
$4+3+8+6=$	$20+16+5+9=$
$26+3+5+4=$	$50+14+3+7=$
$52+4+6+7=$	$80+13+2+1=$
$85+5+4+4=$	$70+12+4+5=$

EXERCICES DE CALCUL MENTAL.

1. Un homme adulte a 20 dents molaires, 4 canines et 8 incisives. Combien a-t-il de dents ?

2. Un fermier a 40 moutons, 16 porcs, 6 vaches et 3 bœufs, combien a-t-il de têtes de bestiaux ?

3. Dans un panier il y a 40 pommes, 30 poires, 13 pêches, 8 abricots et 4 prunes. Combien y a-t-il de fruits dans le panier ?

4. Maman m'achète dans un magasin un pardessus de 50 francs, un pantalon de 20 francs, une cravate de 3 francs et un chapeau de 9 francs. Combien a-t-elle dépensé ?

31. — SOUSTRACTION

Dans une corbeille il y a **8** noix, j'en retire **3**, combien reste-t-il de noix dans la corbeille?

Je retire les noix une à une :

des	**8**	j'en enlève	**1**	il en reste	**7,**
des	**7**	j'en enlève	**1**	il en reste	**6,**
des	**6**	j'en enlève	**1**	il en reste	**5.**

Il reste donc finalement **5** noix dans la corbeille.

Retrancher un nombre d'un autre c'est faire une **soustraction.**

J'ai retranché **3** noix, j'ai donc fait une soustraction, j'ai *soustrait* le nombre **3** du nombre **8**.

Le résultat est ce qu'on nomme la **différence** des deux nombres 8 et 3, ou encore l'**excès** de 8 sur 3, ou encore le **reste** obtenu en retranchant 3 de 8.

Pour indiquer une soustraction on emploie le signe — qui se lit : *moins.*

Ainsi **8—3** se lit : *huit moins trois.*
On écrit donc :

$$8 - 3 = 5,$$

qui se lit : *huit moins trois égale cinq.*

On peut encore dire : *trois retranché de huit reste cinq* ou, plus brièvement, *trois de huit reste cinq.*

---

1. Qu'est-ce que c'est que faire une soustraction?

2. Quels sont les noms que l'on donne au résultat de la soustraction?

3. Comment indique-t-on une soustraction?

4. Que signifie $9 - 4$, $7 - 2$?

5. Quand on a la différence de deux nombres et le plus petit de ces deux nombres, comment obtient-on le plus grand? Donner un exemple.

6. Quand fait-on une soustraction?

32. — SOUSTRACTION (*Suite*)

Si, après avoir enlevé les trois noix de la corbeille je les y remets, je retrouve huit noix dans la corbeille. J'aurai fait une addition.

$$5+3=8.$$

Donc, la différence de deux nombres est ce qu'il faut ajouter au plus petit pour avoir le plus grand.

En ajoutant **3** à **5** je retrouve **8**; donc **5** est la différence entre **8** et **3**.

Pour faire une soustraction de deux nombres, on cherche quel est le nombre qu'il faut ajouter au plus petit des deux pour avoir le plus grand.

Ainsi, pour retrancher **2** de **5**, on cherche ce qu'il faut ajouter à **5** pour avoir **2**. On a appris (n° 27) à décomposer **5**, et on sait que $5=2+3$; donc la différence est **3**.

PREMIER EXERCICE. — Remplir les places blanches, en indiquant les nombres à ajouter.

$2=1+$	donc $2-1=$	$9=4+$	donc $9-4=$
$3=2+$	» $3-2=$	$13=9+$	» $13-9=$
$6=1+$	» $6-1=$	$11=8+$	» $11-8=$
$7=6+$	» $7-6=$	$11=4+$	» $11-4=$
$7=5+$	» $7-5=$	$14=7+$	» $14-7=$
$8=7+$	» $8-7=$	$10=3+$	» $10-3=$
$8=3+$	» $8-3=$	$15=7+$	» $15-7=$
$9=3+$	» $9-3=$	$16=9+$	» $16-9=$
$10=7+$	» $10-7=$	$16=8+$	» $16-8=$
$12=6+$	» $12-6=$	$17=9+$	» $17-9=$
$15=8+$	» $15-8=$	$18=9+$	» $18-9=$

33. — SOUSTRACTION (*Fin*)

DEUXIÈME EXERCICE. — Faire directement les soustractions.

4 — 1 =	5 — 4 =	7 — 4 =
6 — 5 =	3 — 2 =	4 — 3 =
8 — 4 =	9 — 4 =	6 — 2 =
7 — 1 =	7 — 3 =	9 — 8 =
10 — 2 =	12 — 3 =	11 — 7 =
11 — 3 =	13 — 4 =	13 — 5 =
17 — 8 =	15 — 6 =	15 — 9 =
14 — 6 =	14 — 8 =	16 — 7 =
18 — 9 =	16 — 8 =	10 — 5 =

EXERCICES DE CALCUL MENTAL.

1. Dans une classe il y a 12 élèves; il y en a 4 malades. Combien en reste-t-il ?

2. Sur un espalier il y a 9 pêches; on en cueille 3. Combien en reste-t-il ?

3. Dans un seau qui peut contenir 10 litres, il y a 6 litres d'eau. Combien faut-il ajouter d'eau pour le remplir ?

4. Un petit garçon voudrait acheter un fusil qui coûte 8 fr.; il n'a que 5 francs dans sa tirelire. Combien de francs doit-il encore gagner pour pouvoir acheter le fusil ?

5. Un enfant a 11 sous; il donne 2 sous à un pauvre. Combien lui reste-t-il de sous ?

6. Un enfant a 13 billes dans sa poche; en courant trop vite il en perd, et lorsqu'il s'en aperçoit il n'a plus que 9 billes dans sa poche. Combien de billes a-t-il perdues ?

7. Dans une pièce de drap qui a 13 mètres de long, on coupe 5 mètres, combien en reste-t-il ?

8. On expédie une douzaine d'œufs par le chemin de fer; il y en a 3 cassés en route. Combien y en a-t-il d'entiers à l'arrivée ?

9. Une personne a dépensé 35 sous pour un fiacre, 6 sous pour un omnibus, 2 sous pour un pauvre, et 3 sous pour une lettre. Combien de sous a-t-elle dépensés en tout ?

10. Un voyageur a fait 5 lieues le premier jour, 6 le second, 4 le troisième, et 8 le quatrième. Quel est le chemin total parcouru ?

11. Une personne a 17 francs dans son porte-monnaie. Elle achète d'abord un chapeau de 8 francs; puis une paire de gants de 3 francs. Combien lui reste-t-il d'argent après les deux achats ?

34. — MULTIPLICATION

J'ai trois tas de **4** noix chacun, je les mets l'un après l'autre dans un sac ; il y a alors dans le sac

$$4+4+4=12 \text{ noix}$$

et j'ai mis dans le sac *trois fois quatre noix*. J'ai fait ainsi une *multiplication*.

Ajouter ensemble plusieurs nombres égaux c'est faire une **multiplication**.

On fera donc une multiplication chaque fois que l'on voudra répéter plusieurs fois le même nombre.

Multiplier 4 par 3, c'est prendre 3 fois 4, c'est-à-dire faire la somme de 3 nombres égaux à 4.

On appelle **multiplicande** le nombre qui est pris plusieurs fois.

On appelle **multiplicateur** le nombre qui indique combien de fois on prend le multiplicande.

Le résultat est ce qu'on appelle le produit.

Ainsi quand on prend **3** fois **4**, c'est-à-dire quand on multiplie **4** par **3** :

> **4** est le *multiplicande,*
> **3** est le *multiplicateur,*
> **12** est le *produit.*

L'addition, la soustraction et la multiplication sont appelées des opérations.

35. — MULTIPLICATION

Pour indiquer une multiplication on se sert du signe $\times$ ou d'un *point*.

On écrit *d'abord* le multiplicande, *puis* le signe $\times$ ou le point et *ensuite* le multiplicateur.

Ainsi $\qquad 4 \times 3 \qquad$ ou $\qquad 4 \cdot 3$
se lit $\qquad$ **4** *multiplié par* **3** $\qquad$ ou **3** *fois* **4**.

On peut donc écrire :

$$4 \times 3 = 12,$$
ou
$$4 \cdot 3 = 12,$$

ce qui se lit $\quad$ **4** *multiplié par* **3** *égale* **12**
ou $\qquad$ **3** *fois* **4** *font* **12**.

PROBLÈME. — *Un livre coûte* **3** *francs, combien paiera-t-on pour avoir* **5** *livres pareils?*

Chaque fois qu'on achète un livre on paie **3** francs. Pour avoir **5** livres il faudra payer **5** fois **3** francs. On paiera donc :

$$3 \text{ fr.} + 3 \text{ fr.} + 3 \text{ fr.} + 3 \text{ fr.} + 3 \text{ fr. ou } 3 \text{ fr.} \times 5 = 15 \text{ fr.}$$

On voit que, pour avoir le prix total de plusieurs objets, on multiplie le prix d'un objet par le nombre des objets.

QUESTIONNAIRE :

1. Qu'est-ce que faire une multiplication?

2. Qu'est-ce que c'est que multiplier 5 par 3?

3. Qu'est-ce que c'est que le multiplicande?

4. Qu'est-ce que c'est que le multiplicateur?

5. Comment nomme-t-on le nombre que l'on ajoute plusieurs fois dans une multiplication?

6. Comment nomme-t-on le nombre qui indique combien de fois on ajoute le multiplicande?

7. Qu'est-ce que c'est que le produit?

8. Quand fait-on une multiplication?

9. Quel est le signe de la multiplication?

10. Comment lit-on les égalités : $5 \times 2 = 10$, $4 \cdot 2 = 8$?

36. — PRODUITS PAR 0, 1, 2

Multiplier un nombre par zéro, c'est prendre zéro fois ce nombre, cela veut dire ne pas le prendre du tout.

Donc le produit d'un nombre quelconque par zéro est égal à zéro.

Multiplier un nombre par **1** c'est le prendre *une* fois.

Donc le produit d'un nombre quelconque par 1 est égal à ce nombre lui-même.

0 fois 0 $= 0 \times 0 = 0$	1 fois 0 $= 0 \times 1 = 0$
0 fois 1 $= 1 \times 0 = 0$	1 fois 1 $= 1 \times 1 = 1$
0 fois 2 $= 2 \times 0 = 0$	1 fois 2 $= 2 \times 1 = 2$
0 fois 3 $= 3 \times 0 = 0$	1 fois 3 $= 3 \times 1 = 3$
0 fois 4 $= 4 \times 0 = 0$	1 fois 4 $= 4 \times 1 = 4$
0 fois 5 $= 5 \times 0 = 0$	1 fois 5 $= 5 \times 1 = 5$
0 fois 6 $= 6 \times 0 = 0$	1 fois 6 $= 6 \times 1 = 6$
0 fois 7 $= 7 \times 0 = 0$	1 fois 7 $= 7 \times 1 = 7$
0 fois 8 $= 8 \times 0 = 0$	1 fois 8 $= 8 \times 1 = 8$
0 fois 9 $= 9 \times 0 = 0$	1 fois 9 $= 9 \times 1 = 9$

Multiplier un nombre par **2**, c'est ajouter deux fois ce nombre.

D'après cela, trouver les produits suivants et apprendre les résultats par cœur :

0 + 0 ou 2 fois 0 =	5 + 5 ou 2 fois 5 =
1 + 1 ou 2 fois 1 =	6 + 6 ou 2 fois 6 =
2 + 2 ou 2 fois 2 =	7 + 7 ou 2 fois 7 =
3 + 3 ou 2 fois 3 =	8 + 8 ou 2 fois 8 =
4 + 4 ou 2 fois 4 =	9 + 9 ou 2 fois 9 =

37. — PRODUITS PAR 3 ET 4

Multiplier un nombre par **3**, c'est ajouter trois fois ce nombre.

Multiplier un nombre par **4**, c'est ajouter quatre fois ce nombre.

D'après cela, trouver les produits suivants et apprendre les résultats par cœur :

0 + 0 + 0	ou	**3** fois **0** =
1 + 1 + 1	ou	**3** fois **1** =
2 + 2 + 2	ou	**3** fois **2** =
3 + 3 + 3	ou	**3** fois **3** =
4 + 4 + 4	ou	**3** fois **4** =
5 + 5 + 5	ou	**3** fois **5** =
6 + 6 + 6	ou	**3** fois **6** =
7 + 7 + 7	ou	**3** fois **7** =
8 + 8 + 8	ou	**3** fois **8** =
9 + 9 + 9	ou	**3** fois **9** =

0 + 0 + 0 + 0	ou	**4** fois **0** =
1 + 1 + 1 + 1	ou	**4** fois **1** =
2 + 2 + 2 + 2	ou	**4** fois **2** =
3 + 3 + 3 + 3	ou	**4** fois **3** =
4 + 4 + 4 + 4	ou	**4** fois **4** =
5 + 5 + 5 + 5	ou	**4** fois **5** =
6 + 6 + 6 + 6	ou	**4** fois **6** =
7 + 7 + 7 + 7	ou	**4** fois **7** =
8 + 8 + 8 + 8	ou	**4** fois **8** =
9 + 9 + 9 + 9	ou	**4** fois **9** =

38. — PRODUITS PAR 5 ET 6

Multiplier un nombre par **5**, c'est ajouter cinq fois ce nombre.

Multiplier un nombre par **6**, c'est ajouter six fois ce nombre.

D'après cela, trouver les produits suivants et apprendre les résultats par cœur :

0+0+0+0+0	ou	5 fois **0** =
1+1+1+1+1	ou	5 fois **1** =
2+2+2+2+2	ou	5 fois **2** =
3+3+3+3+3	ou	5 fois **3** =
4+4+4+4+4	ou	5 fois **4** =
5+5+5+5+5	ou	5 fois **5** =
6+6+6+6+6	ou	5 fois **6** =
7+7+7+7+7	ou	5 fois **7** =
8+8+8+8+8	ou	5 fois **8** =
9+9+9+9+9	ou	5 fois **9** =

0+0+0+0+0+0	ou	6 fois **0** =
1+1+1+1+1+1	ou	6 fois **1** =
2+2+2+2+2+2	ou	6 fois **2** =
3+3+3+3+3+3	ou	6 fois **3** =
4+4+4+4+4+4	ou	6 fois **4** =
5+5+5+5+5+5	ou	6 fois **5** =
6+6+6+6+6+6	ou	6 fois **6** =
7+7+7+7+7+7	ou	6 fois **7** =
8+8+8+8+8+8	ou	6 fois **8** =
9+9+9+9+9+9	ou	6 fois **9** =

39. — PRODUITS PAR 7

Multiplier un nombre par **7**, c'est ajouter sept fois ce nombre,

Quand on a multiplié un nombre par **6**, on a **6** fois ce nombre, pour le multiplier par **7** on le prend une fois de plus.

Ainsi **6** fois **3** font **18**, donc **7** fois **3** font :

$$18 + 3 = 21.$$

D'après cela, trouver les produits suivants et apprendre les résultats par cœur :

7 fois **0** = **0** × **7** = **0**	**7** fois **5** = **5** × **7** =
7 fois **1** = **1** × **7** = **7**	**7** fois **6** = **6** × **7** =
7 fois **2** = **2** × **7** =	**7** fois **7** = **7** × **7** =
7 fois **3** = **3** × **7** =	**7** fois **8** = **8** × **7** =
7 fois **4** = **4** × **7** =	**7** fois **9** = **9** × **7** =

EXERCICES DE CALCUL MENTAL.

Sur les produits par 2, 3, 4, 5, 6, 7.

1. Un enfant achète 2 toupies qui coûtent 2 sous chaque. Combien a-t-il payé ?

2. Combien pèsent ensemble 2 lettres qui pèsent chacune 9 grammes ?

3. Combien coûtent 3 mètres d'un drap qui vaut 5 fr. le mètre ?

4. Combien coûtent 3 litres d'un vin qui vaut 4 fr. le litre ?

5. Combien coûtent 4 grammes d'antipyrine à 6 sous le gramme ?

6. Un papetier donne 8 feuilles de papier pour un sou. Combien aura-t-on de feuilles de papier pour 4 sous ?

7. Combien coûtent 5 douzaines d'œufs à 9 sous la douzaine ?

8. Un jardinier arrose son jardin avec un arrosoir qui contient 6 litres d'eau. Il le remplit 6 fois pour arroser. Combien a-t-il versé de litres d'eau ?

9. Dans une ménagerie il y a 7 cages et dans chaque cage 3 animaux. Combien y a-t-il d'animaux dans la ménagerie ?

10. Dans une cave il y a 7 bidons de pétrole de 6 litres chacun. Combien de litres de pétrole y a-t-il dans la cave ?

11. Une pièce de 1 fr. pèse 5 grammes. Combien pèsent 7 pièces de 1 fr. ?

40. — PRODUITS PAR 8 ET 9

Multiplier un nombre par **8**, c'est ajouter huit fois ce nombre.

Multiplier un nombre par **9**, c'est ajouter neuf fois ce nombre.

Quand on a multiplié un nombre par **7**, pour le multiplier par **8**, on le prend une fois de plus.

Ainsi, **7** fois **3** font **21**, donc **8** fois **3** font :

$$1 + 3 = 24.$$

Et pour multiplier par **9**, on prend le nombre encore une fois de plus; donc **9** fois **3** font : $24 + 3 = 27$.

D'après cela, trouver les produits suivants et apprendre les résultats par cœur :

8 fois **0** $= 0 \times 8 = 0$	9 fois **0** $= 0 \times 9 = 0$
8 fois **1** $= 1 \times 8 = 8$	9 fois **1** $= 1 \times 9 = 9$
8 fois **2** $= 2 \times 8 =$	9 fois **2** $= 2 \times 9 =$
8 fois **3** $= 3 \times 8 =$	9 fois **3** $= 3 \times 9 =$
8 fois **4** $= 4 \times 8 =$	9 fois **4** $= 4 \times 9 =$
8 fois **5** $= 5 \times 8 =$	9 fois **5** $= 5 \times 9 =$
8 fois **6** $= 6 \times 8 =$	9 fois **6** $= 6 \times 9 =$
8 fois **7** $= 7 \times 8 =$	9 fois **7** $= 7 \times 9 =$
8 fois **8** $= 8 \times 8 =$	9 fois **8** $= 8 \times 9 =$
8 fois **9** $= 9 \times 8 =$	9 fois **9** $= 9 \times 9 =$

EXERCICES DE CALCUL MENTAL.

1. Combien coûtent 8 mètres de drap à 4 fr. le mètre ?

2. Un homme a 9 pièces de 5 fr. dans sa bourse. Combien d'argent a-t-il ?

3. Dans une semaine il y a 7 jours. Combien y a-t-il de jours dans 8 semaines ?

4. Dans une classe il y a 9 bancs et sur chaque banc il y a 9 élèves. Combien y a-t-il d'élèves dans la classe ?

5. Sur la façade d'une maison il y a 8 fenêtres; chaque fenêtre a 6 carreaux. Combien y a-t-il de carreaux en tout dans la façade ?

41. — DIVISION.

Premier exemple. — *Dans une corbeille j'ai* **12** *noix que je veux partager entre* **4** *enfants. Combien chaque enfant aura-t-il de noix?*

Puisque chaque enfant doit avoir le même nombre de noix, pour faire ce partage, je donne d'abord une noix à chacun; j'ai pris ainsi **4** noix. Puis je répète cette distribution autant de fois que cela m'est possible, c'est-à-dire autant de fois qu'il y a **4** noix dans la corbeille.

Après la première distribution il reste **12** noix moins **4** noix ou **8** noix; après la deuxième il reste **8** noix moins **4** noix ou **4** noix; après la troisième il reste **4** noix moins **4** noix ou **0**.

J'ai pris **3** fois **4** noix; chaque enfant aura donc **3** noix.

Deuxième exemple. — *Un enfant a* **12** *sous dans sa poche; combien pourra-t-il acheter de gâteaux à* **4** *sous?*

Chaque fois qu'il achète un gâteau il doit donner **4** sous; il aura donc autant de gâteaux qu'il a de fois **4** sous dans sa poche.

Comme il peut donner **3** fois **4** sous il aura **3** gâteaux.

Dans ces deux exemples je retranche plusieurs fois le même nombre **4** ou, ce qui revient au même, je cherche combien de fois le nombre **4** est contenu dans le nombre **12** : je fais une *division*.

Diviser 12 par **4** c'est donc chercher combien de fois le nombre **4** est contenu dans **12**.

42. — DIVISION (*Suite*).

Au lieu de faire plusieurs soustractions successives, on trouve le résultat au moyen de la table de multiplication et l'on dit : En **12** combien de fois **4** ? il y va **3** fois, puisque **3** fois **4** font **12**.

Il est donc important de savoir répéter la table en la retournant de la manière suivante :

En **2** il y a **1** fois 2	En **12** il y a **6** fois 2
En **4** il y a **2** fois 2	En **14** il y a **7** fois 2
En **6** il y a **3** fois 2	En **16** il y a **8** fois 2
En **8** il y a **4** fois 2	En **18** il y a **9** fois 2
En **10** il y a **5** fois 2	En **20** il y a **10** fois 2

Dans les deux exemples que nous avons choisis, la division se fait *sans reste* : **12** contient exactement **3** fois **4**.

Que serait-il arrivé si la corbeille avait contenu **14** noix ou si l'enfant avait eu **14** sous ?

Après la première distribution il serait resté :

14 noix moins **4** noix ou **10** noix.

Après la deuxième distribution il serait resté :

10 noix moins **4** noix ou **6** noix.

Après la troisième distribution il serait resté :

6 noix moins **4** noix ou **2** noix.

Je ne pourrais plus continuer le partage ; chaque enfant aurait encore **3** noix et il en resterait **2** dans la corbeille. Pour la même raison, le petit garçon pourrait acheter **3** gâteaux et il lui resterait **2** sous. Ces **2** noix et ces **2** sous forment le **reste** de la division.

Pour indiquer une division qui se fait *exactement* on se sert du signe : qui se lit *divisé par*.

Ainsi on a : **24 : 6 = 4**.

ce qui se lit : **24** *divisé par* **6** *égale* **4**.

43. — SOUS ET CENTIMES

5 centimes ou
1 sou ; pièce en cuivre.

10 centimes ou
2 sous; pièce en cuivre.

25 centimes ou
5 sous; pièce en nickel.

50 centimes:
pièce en argent.

1 franc, en argent.

2 francs, en argent.

5 centimes font 1 sou.

Une pièce de **10** centimes vaut deux fois **5** centimes ou **2** sous.

Une pièce de **25** centimes vaut cinq fois **5** centimes ou **5** sous.

Une pièce de **50** centimes vaut dix fois **5** centimes ou **10** sous.

5 francs, en argent.

Une pièce de **1** franc vaut **100** centimes ou deux fois **50** centimes ou **20** sous.

Une pièce de **2** francs vaut deux fois **20** sous ou **40** sous.

Une pièce de **5** francs vaut cinq fois **20** sous ou **100** sous.

TABLE DE MULTIPLICATION

1	fois	1	fait	1	5	fois	1	font	5	9	fois	1	font	9
1	—	2	—	2	5	—	2	—	10	9	—	2	—	18
1	—	3	—	3	5	—	3	—	15	9	—	3	—	27
1	—	4	—	4	5	—	4	—	20	9	—	4	—	36
1	—	5	—	5	5	—	5	—	25	9	—	5	—	45
1	—	6	—	6	5	—	6	—	30	9	—	6	—	54
1	—	7	—	7	5	—	7	—	35	9	—	7	—	63
1	—	8	—	8	5	—	8	—	40	9	—	8	—	72
1	—	9	—	9	5	—	9	—	45	9	—	9	—	81
1	—	10	—	10	5	—	10	—	50	9	—	10	—	90
2	fois	1	font	2	6	fois	1	font	6	10	fois	1	font	10
2	—	2	—	4	6	—	2	—	12	10	—	2	—	20
2	—	3	—	6	6	—	3	—	18	10	—	3	—	30
2	—	4	—	8	6	—	4	—	24	10	—	4	—	40
2	—	5	—	10	6	—	5	—	30	10	—	5	—	50
2	—	6	—	12	6	—	6	—	36	10	—	6	—	60
2	—	7	—	14	6	—	7	—	42	10	—	7	—	70
2	—	8	—	16	6	—	8	—	48	10	—	8	—	80
2	—	9	—	18	6	—	9	—	54	10	—	9	—	90
2	—	10	—	20	6	—	10	—	60	10	—	10	—	100
3	fois	1	font	3	7	fois	1	font	7	11	fois	1	font	11
3	—	2	—	6	7	—	2	—	14	11	—	2	—	22
3	—	3	—	9	7	—	3	—	21	11	—	3	—	33
3	—	4	—	12	7	—	4	—	28	11	—	4	—	44
3	—	5	—	15	7	—	5	—	35	11	—	5	—	55
3	—	6	—	18	7	—	6	—	42	11	—	6	—	66
3	—	7	—	21	7	—	7	—	49	11	—	7	—	77
3	—	8	—	24	7	—	8	—	56	11	—	8	—	88
3	—	9	—	27	7	—	9	—	63	11	—	9	—	99
3	—	10	—	30	7	—	10	—	70	11	—	10	—	110
4	fois	1	font	4	8	fois	1	font	8	12	fois	1	font	12
4	—	2	—	8	8	—	2	—	16	12	—	2	—	24
4	—	3	—	12	8	—	3	—	24	12	—	3	—	36
4	—	4	—	16	8	—	4	—	32	12	—	4	—	48
4	—	5	—	20	8	—	5	—	40	12	—	5	—	60
4	—	6	—	24	8	—	6	—	48	12	—	6	—	72
4	—	7	—	28	8	—	7	—	56	12	—	7	—	84
4	—	8	—	32	8	—	8	—	64	12	—	8	—	96
4	—	9	—	36	8	—	9	—	72	12	—	9	—	108
4	—	10	—	40	8	—	10	—	80	12	—	10	—	120

EXERCICES
sur l'addition, la soustraction, la multiplication et la division des cent premiers nombres.

CALCUL MENTAL.

ADDITION.

1. Compter de 2 en 2 depuis o jusqu'à 5o et de 1 à 49.

2. Compter de 3 en 3 de o à 48, de 1 à 49, de 2 à 5o.

3. Ajouter 2, puis 1, puis 3 jusqu'à 6o de la manière suivante : 2 et 1 font 3 et 3 font 6 et 2 font 8....

4. Compter de 4 en 4 de o à 6o, de 2 à 5o, de 1 à 61, de 3 à 51.

5. Compter jusqu'à 6o, comme dans l'exemple 3, en ajoutant les nombres 1, 2, 3, 4 dans l'ordre suivant : $4 + 1 + 3 + 2, + 4$....

6. Compter de 5 en 5, de 5 à 100, de 1 à 61, de 2 à 52, de 3 à 63, de 4 à 64.

7. Compter jusqu'à 9o en ajoutant les nombres 1, 2, 3, 4, 5, dans l'ordre suivant : $5 + 2 + 4 + 3 + 1$

8. Combien font :

1 et 3 ? 2 et 5 ? 3 et 6 ? 5 et 3 ? 7 et 2 ? 4 et 5 ? 6 et 4 ?
10 et 3o ? 20 et 5o ? 3o et 6o ? 5o et 3o ? 70 et 20 ?
4o et 5o ? 6o et 4o ?

9. Compléter les additions suivantes en remplaçant les points par des chiffres :

$$12 = 9 + . \quad = 5 + . \quad = 6 + . \quad = 4 + . = \quad . + 7 = \quad . + 8$$
$$13 = 8 + . \quad = 4 + . \quad = 7 + . \quad = 9 + . = \quad . + 5 = \quad . + 3$$
$$11 = 2 + . \quad = 5 + . \quad = 3 + . \quad = 4 + . = \quad . + 8 = \quad . + 6$$

10. Dire : 2 et 3 font 5, et 4 font 9, et 5 font 14; puis 32 et 3 font 35 et 4 font 39 et 5 font 44, etc.

$$2 + 3 + 4 + 5 = \qquad 3 + 5 + 2 + 4 = \qquad 4 + 1 + 3 + 5 + 2 =$$
$$32 + 3 + 4 + 5 = \qquad 23 + ... = \qquad 34 + ... =$$
$$42 + 3 + 4 + 5 = \qquad 53 + ... = \qquad 54 + ... =$$
$$72 + 3 + 4 + 5 = \qquad 63 + ... = \qquad 24 + ... =$$
$$82 + 3 + 4 + 5 = \qquad 73 + ... = \qquad 64 + ... =$$

SOUSTRACTION.

11. Compter de 1 en 1 de 5o à 1, de 8o à 5o, de 100 à 6o.

12. Compter de 2 en 2 de 5o à 2, de 51 à 1.

13. Compter de 6o à o en retranchant successivement 2 puis 1 de la manière suivante : 6o moins 2 font 58, moins 1 font 57, moins 2 font 55....

14. Compter de 3 en 3 de 48 à o, de 49 à 1, de 5o à 2.

15. Compter de 6o à o comme dans l'exemple 3 en retranchant toujours dans le même ordre d'abord 3 puis 1 puis 2.

16. $\qquad 12 - 5 = 7$ donc $32 - 7 = \quad ,$

$$72 - 7 = \quad , \quad 42 - 7 = \quad , \quad 82 - 7 = \quad , \quad 62 - 7 =$$

17. $\qquad 9 - 3 = 6 \quad$ donc $\quad 29 - 3 =$
$\qquad 19 - 3 = \ , \quad 59 - 3 = \ , \quad 79 - 3 = \ , \quad 99 - 3 =$

18. Puisque $8 - 5 = 3$ Combien font $18 - 5$,
$\qquad 38 - 5 \ , \quad 28 - 5 \ , \quad 68 - 5 \ , \quad 78 - 5$?

19. Puisque $15 - 7 = 8$ Combien font $25 - 7$,
$\qquad 45 - 7 \ , \quad 95 - 7 \ , \quad 35 - 7 \ , \quad 65 - 7$?

MULTIPLICATION.

Revoir la table de multiplication en faisant successivement pour tous les chiffres chacun des exercices suivants :

20. $\qquad 1 \quad 2 \quad 3 \quad 4 \quad 5 \quad 6 \quad 7 \quad 8 \quad 9 \quad 10$
$\qquad$ 2 fois 1 font . $\qquad$ 2 fois 2 . $\qquad$ 2 fois 3 . etc.

21. en rétrogradant : $10 \quad 9 \quad 8 \quad 7 \quad 6 \quad 5 \quad 4 \quad 3 \quad 2 \quad 1$
$\qquad$ 2 fois 10 font . $\qquad$ 2 fois 9 font . $\qquad$ 2 fois 8 font .

22. en mélangeant les chiffres : $4 \quad 7 \quad 5 \quad 8 \quad 2 \quad 9 \quad 3 \quad 6 \quad 10$
$\qquad$ 2 fois 4.... $\qquad$ 2 fois 7....

23. 2 fois . $= 10 \qquad$ 2 fois . $= 2 \qquad$ 2 fois . $= 18 \qquad$ 2 fois . $= 6$
$\qquad$ 2 fois . $= 16 \qquad$ 2 fois . $= 4 \qquad$ 2 fois . $= 14 \qquad$ 2 fois . $= 8$
$\qquad$ 2 fois . $= 12 \qquad$ 2 fois . $= 20 \qquad$ 2 fois . $= 22 \qquad$ 2 fois . $= 24$

24. $\quad . \times 2 = 8 \qquad . \times 2 = 14 \qquad . \times 2 = 6 \qquad . \times 2 = 16$
$\qquad . \times 2 = 4 \qquad . \times 2 = 12 \qquad . \times 2 = 20 \qquad . \times 2 = 10$
$\qquad . \times 2 = 18 \qquad . \times 2 = 2 \qquad . \times 2 = 22 \qquad . \times 2 = 24$

DIVISION.

25. Compter de 3 en 3, de 30 à 0 et dire :
En 30 il y a 10 fois 3 ; en 27 il y a 9 fois 3 ; en 24 il y 8 fois 3, etc.
Même exercice de 4 en 4, de 40 à 0 ; de 5 en 5, de 50 à 0 ; de 6 en 6, de 60 à 0 ; de 7 en 7, de 70 à 0 ; de 8 en 8, de 80 à 0 ; de 9 en 9, de 90 à 0.

26. $\quad 8 : 2 = \qquad 36 : 4 = \qquad 12 : 6 = \qquad 80 : 8 =$
$\qquad 12 : 2 = \qquad 16 : 4 = \qquad 36 : 6 = \qquad 32 : 8 =$
$\qquad 16 : 2 = \qquad 20 : 4 = \qquad 42 : 6 = \qquad 72 : 8 =$
$\qquad 18 : 2 = \qquad 32 : 4 = \qquad 54 : 6 = \qquad 48 : 8 =$
$\qquad 14 : 2 = \qquad 24 : 4 = \qquad 30 : 6 = \qquad 64 : 8 =$
$\qquad \ \ 6 : 3 = \qquad 15 : 5 = \qquad 21 : 7 = \qquad 27 : 9 =$
$\qquad 15 : 3 = \qquad 45 : 5 = \qquad 63 : 7 = \qquad 45 : 9 =$
$\qquad \ \ 9 : 3 = \qquad 25 : 5 = \qquad 49 : 7 = \qquad 63 : 9 =$
$\qquad 21 : 3 = \qquad 30 : 5 = \qquad 28 : 7 = \qquad 54 : 9 =$
$\qquad 27 : 3 = \qquad 20 : 5 = \qquad 56 : 7 = \qquad 81 : 9 =$

27. En 16 il y a 4 fois . ou 2 fois . ou 8 fois .
$\qquad$ En 20 — 2 fois . ou 4 fois . ou 5 fois .
$\qquad$ En 36 — 9 fois . ou 6 fois . ou 4 fois .
$\qquad$ En 24 — 6 fois . ou 3 fois . ou 4 fois .

28. $\ \ 15 : 2 = \ $ et il reste . $\qquad 17 : 3 = \ $ et il reste .
$\qquad 35 : 4 = \ $ et il reste . $\qquad 49 : 5 = \ $ et il reste .
$\qquad 27 : 6 = \ $ et il reste . $\qquad 46 : 7 = \ $ et il reste .
$\qquad 31 : 8 = \ $ et il reste . $\qquad 68 : 9 = \ $ et il reste .

PROBLÈMES DE RÉCAPITULATION
A faire oralement de préférence.

ADDITION.

1. Un élève qui a été premier en composition a reçu 10 fr. de son père et 5 fr. de sa mère. Combien a-t-il reçu en tout ?

2. Un père a 28 ans à la naissance de son fils. Quel âge aura le père quand le fils aura 5 ans ?

3. Un enfant a 12 ans. Quel âge aura-t-il dans 20 ans ?

4. Quelle était la longueur d'une pièce de toile dont il reste encore 13 mètres quand on en a déjà vendu 40 ?

5. On a acheté pour 75 fr. de marchandises et on veut, en les revendant, réaliser un bénéfice de 8 fr. Combien doit-on les revendre ?

6. Une personne paie une dette de 87 fr.; après l'avoir payée, il lui reste 6 fr. Combien avait-elle ?

7. Un vase vide pèse 20 grammes; on le remplit avec 47 grammes d'eau. Quel est alors son poids ?

8. Dans une famille, le père gagne par semaine 34 fr., le fils 20 fr. et la mère 10 fr. Quelle est la somme gagnée par cette famille en une semaine ?

9. Dans une usine on emploie 50 hommes, 17 femmes et 8 enfants. Quel est le nombre de personnes qui travaillent dans cette usine ?

10. Un marchand a acheté trois pièces de drap : la première a 20 mètres de long, la deuxième 10 mètres et la troisième 17 mètres. Combien de mètres a-t-il achetés en tout ?

11. Une personne doit 15 fr. à l'épicier, 25 fr. au boulanger et 20 fr. au boucher. Combien doit-elle en tout ?

12. Un verger renferme 60 pommiers, 15 poiriers, 7 pruniers, 3 pêchers et 6 abricotiers. Combien y a-t-il d'arbres fruitiers dans ce verger ?

13. Un ouvrier a pu économiser 20 fr. pendant le premier trimestre, 30 fr. pendant le second, 19 fr. pendant le troisième et 8 fr. pendant le quatrième. Quelle somme a-t-il économisée au bout de l'année ?

14. Un marchand a reçu pour une vente 20 fr., pour une seconde vente 30 fr., et pour une troisième 13 fr. Quelle est sa recette totale ?

15. Trois ouvriers ont gagné : le premier 30 fr., le second 17 fr., et le troisième 9 fr. Quelle somme faudra-t-il pour les payer ?

16. Henri a 3 ans de plus que Louis; Louis a 4 ans de plus que Jules, qui a 7 ans de plus qu'Auguste; ce dernier a 25 ans. Quel est l'âge d'Henri ?

17. Après avoir tiré d'un tonneau 10 litres de vin, puis 40 litres, puis enfin 16 litres, il en reste encore 8 litres. Quelle est la contenance de ce tonneau ?

18. Un ouvrier dépense 18 fr. par semaine pour sa nourriture, 10 fr. pour ses menus frais, 9 fr. pour son logement, et il économise 6 fr. Que gagne-t-il par semaine ?

19. Trois fontaines remplissent un bassin en une heure ; la première débite 20 litres à l'heure, la seconde 40 litres, et la troisième 49 litres. Quelle est la contenance du bassin ?

SOUSTRACTION.

20. Un enfant aura 14 ans dans 8 ans. Quel est son âge actuel ?

21. Si j'avais 24 fr. de plus dans mon porte-monnaie j'aurais 29 fr. Combien ai-je ?

22. Une ménagère va au marché emportant une pièce de 20 fr. ; elle dépense 14 fr. Combien lui reste-t-il après ses achats ?

23. Quel nombre faut-il ajouter à 51 pour obtenir 59 ?

24. D'un bassin contenant 25 litres d'eau on en tire 19 litres. Combien reste-t-il de litres d'eau dans le bassin ?

25. Un objet qu'on avait acheté 25 fr. a pu être revendu 31 fr. Quel est le bénéfice réalisé sur la vente ?

26. En revendant un objet 13 fr. on a réalisé un bénéfice de 6 fr. Combien l'avait-on acheté ?

27. Un marchand, qui avait acheté du drap à raison de 45 fr. le mètre, n'a pu le revendre que 41 fr. Quelle perte a-t-il subie sur la vente d'un mètre de ce drap ?

28. Il y a 2 ans, un enfant avait 14 ans. Quel âge a-t-il maintenant, quel âge avait-il il y a 7 ans ?

29. Un élève a une leçon de 32 lignes à apprendre par cœur ; il en sait déjà 25. Combien lui en reste-t-il à savoir ?

30. Une personne avait acheté 12 vases, et dans l'envoi il s'en est cassé 3. Combien lui en reste-t-il ?

31. Une personne a une dette de 85 fr. et elle paie 77 fr. Que redoit-elle ?

32. De combien augmente-t-on le nombre 78 en le retournant ?

33. Un ouvrier doit terminer un travail en 15 jours et il ne lui reste plus que pour 6 jours d'ouvrage. Combien de jours a-t-il déjà consacrés à ce travail ?

34. Un joueur a perdu 35 fr. et il avait 43 fr. avant de jouer. Combien lui reste-t-il ?

35. Il y avait 18 chevaux dans une écurie ; on en a vendu 9. Combien en reste-t-il ?

36. Un enfant avait 45 billes ; il en a perdu 39. Combien lui en reste-t-il ?

37. Dans un seau de 22 litres de capacité, on a déjà versé 13 litres d'eau. Combien faut-il encore de litres pour le remplir complètement ?

38. Un escalier a 42 marches et on en a déjà monté 36. Combien de marches reste-t-il à monter ?

39. Les vacances doivent durer 60 jours et un élève en a déjà passé 52 à la campagne. Combien de jours doivent encore s'écouler avant la rentrée ?

MULTIPLICATION.

40. Un marchand donne 8 plumes pour un sou. Combien en donnera-t-il pour 5 sous?

41. Un ouvrier gagne 6 fr. par jour. Qu'a-t-il gagné en 8 jours?

42. Pour payer une dette de 40 fr. on a donné 8 pièces de 5 fr. Que reste-t-il?

43. Un appartement a 9 fenêtres, et chacune de ces fenêtres a 6 carreaux. Combien y a-t-il de carreaux dans l'appartement?

44. Un enfant a fait 8 tas de chacun 6 billes. Combien avait-il de billes?

45. Deux joueurs conviennent que le perdant doublera la mise du gagnant; le second a mis 9 fr. au jeu et gagne. Combien le premier joueur doit-il au second?

46. Un verger renferme 8 rangées de chacune 9 arbres fruitiers. Combien y a-t-il d'arbres dans ce verger?

47. Combien y a-t-il d'élèves dans une classe renfermant 8 tables de 7 élèves chacune?

48. Combien y a-t-il de jours dans 9 semaines?

49. On a acheté 7 mètres de drap à 6 fr. le mètre. Que doit-on?

50. Une pièce de 1 fr. en argent pèse 5 grammes. Que pèsent 9 pièces de 1 fr.?

51. Une maison a 4 étages, et à chaque étage il y a 9 fenêtres. Combien la maison a-t-elle de fenêtres?

52. Une ménagère gagne 6 sous par heure. Qu'a-t-elle gagné après une journée de 8 heures de travail?

53. Un marchand a gagné 7 fr. sur la vente d'une caisse d'oranges. Combien gagnera-t-il en vendant 7 caisses?

54. Un élève a reçu pour prix 6 volumes qui valent chacun 4 fr. Pour quelle somme a-t-il reçu de prix?

55. Combien valent 9 pièces de 5 fr.?

56. Combien coûtent 4 douzaines de mouchoirs à 9 fr. la douzaine?

57. En partageant une certaine somme entre 7 personnes, chacune d'elles a eu 8 fr. Quelle est la somme partagée?

58. Un coureur fait 8 fois le tour d'une piste en une minute. Combien a-t-il fait de tours en 9 minutes?

59. Il faut 2 grammes de poudre pour faire une cartouche. Combien faut-il de poudre pour faire 9 cartouches?

60. Un père a 7 enfants. Il donne à chacun 6 sous. Combien a-t-il donné de sous?

61. Sur une place publique il y a 6 rangées de 8 arbres chacune. Combien y a-t-il d'arbres sur la place?

62. On a dix plumes pour un sou. Combien a-t-on de plumes pour 7 sous?

63. Combien y a-t-il de centimes dans 1 sou? 2 sous? 3, 4, 5, 6, 7, 8, 9, 10 sous?

64. Combien y a-t-il de sous dans 1 franc? dans 2 francs? 3, 4, 5, 10 francs.

DIVISION.

65. Une personne a donné 2 sous à chacun des pauvres qu'elle a rencontrés; elle a donné ainsi 16 sous. Combien a-t-elle vu de pauvres?

66. Un élève a payé 10 sous pour 2 cahiers. Quel est le prix de chaque cahier?

67. Dans une pièce de toilé de 18 mètres on taille des draps de 3 mètres de long chacun. Combien de draps pourra-t-on faire?

68. On donne 21 oranges à 3 enfants. Quelle sera la part de chaque enfant?

69. Un ouvrier a reçu 28 fr. pour 4 jours de travail. Combien est-il payé par jour?

70. Un voyageur a 32 kilomètres à faire. Il marche à la vitesse de 4 kilomètres à l'heure. En combien d'heures fera-t-il le trajet?

71. Combien faut-il de pièces de 5 fr. pour payer une somme de 45 fr.?

72. Une fontaine a versé 35 litres d'eau en 5 minutes. Combien verse-t-elle par minute?

73. Un journalier qui ne travaille pas le dimanche a reçu 42 fr. pour une semaine de travail. Que gagne-t-il par jour?

74. Combien peut-on acheter de volumes qui coûtent 6 fr. l'exemplaire avec une somme de 54 fr.?

75. Dans un baquet qui contient 49 litres d'eau on puise avec un seau qui contient 7 litres. Combien de fois pourra-t-on remplir le seau complètement?

76. Combien de semaines dans 63 jours?

77. Un marchand donne 8 billes pour un sou. Combien devra-t-on donner de sous pour avoir 40 billes?

78. On partage 72 noix et 32 pommes entre 8 enfants. Combien chaque enfant aura-t-il de noix? de pommes?

79. 9 bouteilles de vin de Champagne ont coûté 36 francs. Trouver le prix d'une bouteille.

80. Combien pourrait-on obtenir de rangées, de chacune 9 soldats, avec une boîte qui renferme 81 soldats?

81. Une mère a 24 gâteaux qu'elle veut partager entre ses 5 enfants. Combien pourra-t-elle donner de gâteaux à chaque enfant? Restera-t-il des gâteaux et combien?

82. Une cuisinière achète 6 kilogrammes de viande à 3 fr. le kilogramme. Que lui restera-t-il si elle avait emporté 20 fr.?

83. Quel est le nombre qui répété 7 fois fait 56?

84. On veut placer 34 élèves sur 8 rangs. Combien y aura-t-il d'élèves sur chaque rangée? Combien en restera-t-il à placer?

85. Combien y a-t-il de sous dans 15 centimes? 25 centimes? 30 centimes? 10 centimes?

De CENT à MILLE

44. — LA DEUXIÈME CENTAINE

Dix dizaines font une centaine ou un cent.

Ajoutons des bâtons, un à un, à la centaine.

Aussitôt qu'il y en aura dix, nous les réunirons par paquets de dix. Lorsque nous aurons dix paquets de dix, nous en ferons encore une centaine.

Nous continuerons de même, jusqu'à ce que nous ayons fait dix centaines.

Une centaine et un	font	cent un.
Une centaine et deux	—	cent deux.
Une centaine et trois	—	cent trois.
Une centaine et quatre	—	cent quatre.
Une centaine et cinq	—	cent cinq.
Une centaine et six	—	cent six.
Une centaine et sept	—	cent sept.
Une centaine et huit	—	cent huit.
Une centaine et neuf	—	cent neuf.
Une centaine et dix	—	cent dix.
Une centaine et onze	—	cent onze.
Une centaine et douze	—	cent douze.
Une centaine et treize	—	cent treize.

Continuer jusqu'à....

Une centaine et vingt	—	cent vingt.
Une centaine et vingt et un	—	cent vingt et un.
Une centaine et vingt-deux	—	cent vingt-deux.

45. — LA DEUXIÈME CENTAINE (*Suite*)

Une centaine et vingt-trois font cent vingt-trois.
Une centaine et vingt-quatre — cent vingt-quatre.
Continuer jusqu'à....
Une centaine et trente — cent trente.
Une centaine et trente et un — cent trente et un.
Continuer jusqu'à....
Une centaine et quarante — cent quarante.
Une centaine et quarante et un — cent quarante
et un.

Continuer jusqu'à....
Une centaine et cinquante — cent cinquante.
Continuer jusqu'à....
Une centaine et soixante — cent soixante.
Continuer jusqu'à....
Une centaine et soixante-dix — cent soixante-dix.
Une centaine et soixante et onze font cent soixante
et onze.
Une centaine et soixante-douze font cent soixante-
douze.
Une centaine et quatre-vingts font cent quatre-
vingts.
Une centaine et quatre-vingt-dix font cent quatre-
vingt-dix.
Une centaine et cent font deux centaines.

Deux centaines se nomment deux cents.

46. — LA TROISIÈME CENTAINE

Cent et cent font **deux cents.**

Ajoutons encore des unités aux deux centaines, jusqu'à ce que nous en ayons assez pour faire une troisième centaine.

Nous formerons les nombres suivants, comme nous avons formé les nombres entre cent et deux cents.

Deux centaines et un font deux cent un.
Deux centaines et deux — deux cent deux.
Deux centaines et trois — deux cent trois.
Deux centaines et quatre — deux cent quatre.
Et ainsi de suite.
Deux centaines et dix — deux cent dix.
Deux centaines et vingt — deux cent vingt.
Deux centaines et trente — deux cent trente.
Deux centaines et quarante — deux cent quarante.
Deux centaines et cinquante font **deux cent cinquante.**
Deux centaines et soixante font **deux cent soixante.**
Deux centaines et soixante-dix font **deux cent soixante-dix.**
Deux centaines et quatre-vingts font **deux cent quatre-vingts.**
Deux centaines et quatre-vingt-dix font **deux cent quatre-vingt-dix.**
Deux centaines et cent font **trois centaines.**

Trois centaines se nomment **trois cents.**

QUESTIONNAIRE :

Combien font :
Cent et cent ; deux cents et treize ; deux cents et dix et sept ; deux cents et dix et deux ; deux cents et quarante-trois ; deux centaines et trois dizaines et cinq ; deux centaines et trois dizaines et deux ?

47. — LA QUATRIÈME CENTAINE

Deux cents et cent font **trois cents.**

Ajoutons encore des bâtons aux trois centaines jusqu'à ce que nous en ayons assez pour faire une nouvelle centaine.

Trois centaines et un — font trois cent un.
Trois centaines et deux — trois cent deux.

Continuer jusqu'à....

Trois centaines et dix — trois cent dix.
Trois centaines et onze — trois cent onze.

Continuer jusqu'à....

Trois centaines et vingt — trois cent vingt.
Trois centaines et trente — trois cent trente.
Trois centaines et quarante — trois cent quarante.
Trois centaines et cinquante font trois cent cinquante.
Trois centaines et soixante font trois cent soixante.
Trois centaines et soixante-dix font trois cent soixante-dix.
Trois centaines et quatre-vingts font trois cent quatre-vingts.
Trois centaines et quatre-vingt-dix font trois cent quatre-vingt-dix.
Trois centaines et cent font quatre centaines.

Quatre centaines se nomment quatre cents.

Combien font :

Trois centaines et sept dizaines; deux centaines et dix et deux; trois cents et neuf dizaines et deux; deux cents et huit dizaines et quatre; deux centaines et neuf dizaines et cinq; trois centaines et dix et quatre?

48. — LA CINQUIÈME CENTAINE

Trois cents et cent font
quatre cents.

Ajoutons, une à une, des unités aux quatre centaines jusqu'à ce qu'il y en ait assez pour faire une nouvelle centaine.

Quatre centaines et un font quatre cent un.
Quatre centaines et deux font quatre cent deux.

Et ainsi de suite.

Quatre centaines et quatre-vingt-dix-huit font quatre cent quatre-vingt-dix-huit.
Quatre centaines et quatre-vingt-dix-neuf font quatre cent quatre-vingt-dix-neuf.
Quatre centaines et cent font cinq centaines.

Cinq centaines se nomment
cinq cents.

LA SIXIÈME CENTAINE

Quatre cents et cent font
cinq cents.

Continuons à former les nombres de la même manière.

Ajoutons toujours des unités.

Cinq centaines et un font cinq cent un.

Et ainsi de suite jusqu'à....

Cinq centaines et cent font six centaines.

Six centaines se nomment
six cents.

49. — LA SEPTIÈME CENTAINE

Six centaines et un font six cent un.

Et ainsi de suite jusqu'à....

Six centaines et cent font sept centaines.

Sept centaines se nomment sept cents.

LA HUITIÈME CENTAINE

Sept centaines et un font sept cent un.

Et ainsi de suite jusqu'à.....

Sept centaines et cent font huit centaines.

Huit centaines se nomment huit cents.

LA NEUVIÈME CENTAINE

Huit centaines et un font huit cent un.

Et ainsi de suite jusqu'à....

Huit centaines et cent font neuf centaines.

Neuf centaines se nomment neuf cents.

LA DIXIÈME CENTAINE

Neuf centaines et un font neuf cent un.

Et ainsi de suite jusqu'à....

Neuf centaines et cent font dix centaines.

Dix centaines se nomment mille.

Dix fois cent font mille.

50. — RÉSUMÉ

Un objet quelconque, un bâton, une plume, un cahier, se nomme une **unité.**

Il faut réunir **Dix unités** pour faire une **Dizaine.**

Il faut réunir **Dix dizaines** pour faire une **Centaine.**

Il faut réunir **Dix centaines** pour faire un **Mille.**

Donc, lorsqu'on voudra compter un grand nombre d'objets, on groupera les unités pour former des dizaines; puis les dizaines pour former des centaines; puis, enfin, les centaines pour former des mille.

Les nombres de *un* à *mille* forment ce qu'on appelle les nombres de la **première classe** ou **classe des unités.**

Cette classe des unités contient donc : *les unités simples, les dizaines d'unités et les centaines d'unités.*

QUESTIONNAIRE :

1. Combien font :
Six centaines dix et trois; sept centaines sept dizaines et sept; cinq cents six dizaines et un; huit centaines huit dizaines et trois; dix centaines; neuf centaines et neuf dizaines; sept centaines neuf dizaines et quatre; six centaines et trois; quatre centaines sept dizaines et deux?

2. Combien y a-t-il de centaines, dizaines et unités dans :
Trois cent soixante-quinze; sept cent quatre-vingt-trois; deux cent quatorze; cinq cent soixante-six; deux cent trois; neuf cent quatre-vingt-dix-neuf; huit cent onze; mille; sept cent cinquante-sept?

3. Qu'appelle-t-on première classe ou classe des unités?

51. — ÉCRITURE DES NOMBRES ENTRE CENT ET MILLE

Pour écrire en chiffres un nombre plus petit que mille :

On écrit d'abord le nombre de **centaines**, ensuite le nombre de **dizaines**, et enfin le nombre d'**unités** qui le composent.

En commençant par la droite :

Les Unités du premier ordre ou unités simples se placent au **premier rang.**

Les unités du deuxième ordre ou dizaines se placent au **deuxième rang.**

Les unités du troisième ordre ou centaines se placent au **troisième rang.**

Dans *deux cent vingt et un*, il y a **2** centaines **2** dizaines et **1** unité. Donc ce nombre s'écrit **221.**

	RANGS		
	3ᵉ	2ᵉ	1ᵉʳ
	Centaines.	Dizaines.	Unités.
Deux cent vingt et un	**2**	**2**	**1**
Trois cent quarante-deux.	**3**	**4**	**2**
Cinq cent quatre-vingt-dix-sept. . .	**5**	**9**	**7**
Quatre cent neuf.	**4**	**0**	**9**
Cinq cents	**5**	**0**	**0**

Mille s'écrit 1000.

52. — LECTURE DES NOMBRES
DE TROIS CHIFFRES

Pour lire un nombre de trois chiffres :

On lit d'abord le premier chiffre à gauche qu'on fait suivre du mot **cent,**

puis le nombre formé par les deux chiffres suivants.

Ainsi	**41**	se lit	*quarante et un;*
donc	**341**	se lit	*trois cent quarante et un.*
	72	se lit	*soixante-douze;*
donc	**872**	se lit	*huit cent soixante-douze.*
	13	se lit	*treize;*
donc	**113**	se lit	*cent treize.*

De même.

495 se lit *quatre cent quatre-vingt-quinze.*

203 se lit *deux cent trois.* — (Ici à cause du zéro, il n'y a pas de dizaines).

700 se lit *sept cents.*

QUESTIONNAIRE :

1. Comment se lisent les nombres :
752, 633, 721, 216, 135, 198, 207, 375, 104, 404, 629, 875, 901, 246, 777, 999, 1000.

2. Combien font : dix dizaines? vingt dizaines? cinquante dizaines? quatre-vingts dizaines? cent dizaines? douze dizaines? vingt-trois dizaines? cinquante-sept dizaines? soixante-dix dizaines? soixante-treize dizaines?

EXERCICES :

3. Un caissier a dans sa caisse 3 billets de cent francs, 4 pièces de dix francs et 7 pièces de 1 franc. Combien a-t-il dans sa caisse ?

4. Dans un porte-monnaie il y a 1 billet de cent francs, 8 pièces d'or de dix francs et 2 pièces d'argent de un franc. Combien y a-t-il dans le porte-monnaie ?

5. Un acheteur, pour payer ce qu'il doit, donne 2 billets de cent francs, 10 pièces d'or de dix francs, et 1 pièce de 5 francs. Combien a-t-il payé ?

53. — SYSTEME METRIQUE

Le mot **déca** signifie **dizaine;**
Le mot **hecto** signifie **centaine;**
Le mot **kilo** signifie **mille.**

Les *multiples* simples du *mètre* sont :

Le décamètre qui vaut *dix mètres*;
L'hectomètre qui vaut *cent mètres*;
Le kilomètre qui vaut *mille mètres.*

On compte les distances en hectomètres et kilo-mètres.

Le long des routes il y a des bornes (grosses pierres) pour indiquer les hectomètres et les kilomètres.

On désigne *légalement,* en abrégé :

le mètre   par *m*,
le décamètre par *dam*,
l'hectomètre par *hm*,
le kilomètre par *km*.

Dix décamètres font dix fois dix mètres ou cent mètres ou **un hectomètre.**

Dix hectomètres font dix fois cent mètres ou mille mètres ou **un kilomètre.**

Cent décamètres font cent fois dix mètres ou mille mètres ou **un kilomètre.**

---

1. Combien y a-t-il de mètres dans :

*Un hectomètre? 4 hectomètres? 7*hm*? un kilomètre? 3 décamètres? 6 décamètres?* 2dam*?* 2dam*? 3*m*?* 4dam 6m*? 3* hm 7dam*?* 1hm 2dam*? 7*m*? 8*hm*? 9*m*?*

2. Combien y a-t-il de déca-mètres dans :

*Un hectomètre? 6*hm*? un kilo-mètre? 7*km*?*

3. Combien y a-t-il d'hecto-mètres dans :

*Un kilomètre? 3*km*? 5*km*?*

54. — SYSTÈME MÉTRIQUE *(Suite)*

Les *multiples* du *litre* sont :

Le **décalitre** qui vaut *dix* litres ;

L'**hectolitre**, qui vaut *cent* litres ;

Le **kilolitre**, qui vaut *mille* litres.

Le décalitre se nomme communément *boisseau*.

dix décalitres font dix fois dix litres, ou cent litres, ou **un hectolitre**.

Les *multiples* du *gramme* sont :

Le **décagramme** qui vaut *dix* grammes ;

L'**hectogramme** qui vaut *cent* grammes ;

Le **kilogramme** qui vaut *mille* grammes.

Dix décagrammes font dix fois dix, ou cent grammes, ou **un hectogramme** ;

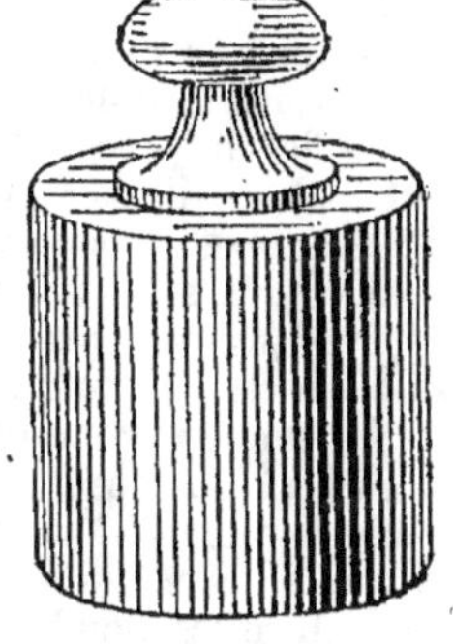

Un hectogramme ou
100 grammes,
grandeur réelle.

Dix hectogrammes font dix fois cent, ou mille grammes, ou **un kilogramme** ;

Cent décagrammes font cent fois dix, ou mille grammes, ou **un kilogramme**.

On désigne *légalement*, en abrégé :

le litre	par *l*,	le gramme	par *g*,
le décalitre	par *dal*,	le décagramme	par *dag*,
l'hectolitre	par *hl*,	l'hectogramme	par *hg*,
le kilolitre	par *kl*,	le kilogramme	par *kg*.

---

1. Combien y a-t-il de litres dans : *Un hectolitre?* 4hl? 7hl? 2dal? 3dal?

2. Combien y a-t-il de grammes dans : *Un kilogramme?* 2kg?

4hg? 8hg? 7hg? 5dag? 2g? 3hg? 8dag? 1kg? 9hg? 6dag? 1hg?

3. Combien y a-t-il de décagrammes dans : *Un hectogramme?* 4hg? 6hg? 2hg? 3hg?

EXERCICES
sur la numération des nombres de cent à mille.

CALCUL MENTAL.

1. Comptez de dix en dix depuis dix jusqu'à cinq cents.

2. Comptez de vingt en vingt de vingt à quatre cents.

3. Comptez de vingt en vingt de dix à trois cent cinquante.

4. Comptez de cinquante en cinquante depuis cinquante à mille.

5. Comptez de un en un de 90 à 150, de 150 à 220, de 280 à 330.

6. Comptez de deux en deux de 400 à 500, de 951 à 999.

7. Quel est le nombre qui suit 99, 199, 399, 699, 999 ?

8. Quel est le nombre qui précède 200, 300, 500, 800, 900, mille ?

9. Quel est le plus petit nombre de trois chiffres ? le plus grand ?

10. Que représente le chiffre 8 quand il est seul ? quand on ajoute un zéro à sa droite ? deux zéros ?

11. Quelles unités représente le chiffre 6 dans 600 ? dans 60 ? dans 6 ?

12. Puisque déca = dizaine, hecto = centaine, dire ce que représentent les chiffres 5, 3, 8, dans les nombres 835 pommes, 835 mètres, 835 grammes, 835 litres ?

13. Quels sont les nombres formés de 20 dizaines, 40 dizaines, 60 dizaines, 90 dizaines, 35 dizaines, 54 dizaines, 63 dizaines, 72 dizaines, 87 dizaines, 96 dizaines ?

14. Quelle somme obtient-on avec 3 pièces de dix francs ? 8 pièces ? 12 pièces ? 20 pièces ? 35 pièces ? 60 pièces ? 75 pièces ? 100 pièces ?

15. Combien : 3 centaines de francs font-elles de francs ? de dizaines de francs ? 8 centaines de plumes font-elles de dizaines de plumes ?

16. Lire les nombres suivants et dire combien ils renferment de centaines, de dizaines, d'unités : 89, 76, 348, 680, 502, 888, 990 ?

17. Combien y a-t-il de mètres dans 3^{dam}, 7^{dam}, 10^{dam}, 20^{dam}, 50^{dam}, 80^{dam}, 70^{dam}, 90^{dam}, 100^{dam}, 45^{dam}, 96^{dam}, 4^{hm}, 7^{hm}, 10^{hm}.

18. Combien de litres dans 5^{hl}, 9^{hl}, 10^{hl}, 38^{dal}, 65^{dal}, 100^{dal}.

19. Combien y a-t-il de décagrammes dans 30^{g}, 70^{g}, 80^{g}, 400^{g}, 900^{g}, 500^{g}, 1000^{g}, 340^{g}, 790^{g}, 810^{g}, 2^{hg}, 9^{hg}, 6^{hg}, 10^{hg} ?

EXERCICES ÉCRITS.

20. Écrire en chiffres les nombres de 100 à 150, de 250 à 300.

21. Écrire en chiffres et de 10 en 10 les nombres de 10 à 200.

22. Écrire de 2 en 2 les nombres de 600 à 650, de 751 à 801.

23. Écrire en chiffres : 300, 420, 530, 650, 760, 870, 980.

24. Écrire en lettres les nombres 18, 97, 115, 258, 360, 504, 980, 700, 807, 471, 116, 660.

25. Écrire en chiffres: trois cents ; quatre cent soixante-quinze ; deux cent soixante-dix ; soixante-seize ; sept cent soixante ; cent dix-sept ; huit cent neuf ; cinq cent cinquante ; cent dix ; neuf cent neuf.

26. Écrire en mètres les nombres : 5^{dam}, 28^{dam}, 3^{hm}, 8^{hm}, 40^{dam}, 75^{dam}.

Écrire en grammes les nombres : 7^{hg}, 3^{hg}, 9^{hg}, 2^{hg}, 8^{dag}, 30^{dag}, 58^{dag}, 92^{dag}.

Écrire en litres 4^{dal}, 35^{dal}, 6^{hl}, 70^{dal}, 86^{dal}, 10^{hl}, 100^{dal} ; 1^{kl}.

55. — ADDITION DES NOMBRES DE TROIS CHIFFRES SANS REPORTS

Exemple. — *Un élève a trois livres : le premier a* **423** *pages, le second* **32** *pages et le troisième* **212** *pages. Combien y a-t-il en tout de pages dans les* **3** *livres?*

Il faut ajouter ou additionner les **3** nombres **423, 32** et **212**.

J'écris :

$$\begin{array}{r} 423 \\ 32 \\ 212 \\ \hline 667 \end{array}$$

On fait d'abord la somme des unités : **3** et **2** font **5**, **5** et **2** font **7**. On écrit **7** sous la colonne des unités.

On fait ensuite la somme des dizaines : **2** et **3** font **5**, **5** et **1** font **6**. On écrit **6** sous la colonne des dizaines.

Enfin, on fait la somme dés centaines : **4** et **2** font **6**. On écrit **6** sous la colonne des centaines.

Dans les trois livres il y a donc **667** pages.

Pour additionner des nombres de trois chiffres ou moins de trois chiffres :

On les écrit les uns au-dessous des autres de façon que les unités soient sous les unités, les dizaines sous les dizaines, les centaines sous les centaines.

On tire un trait au-dessous.

On additionne séparément les unités, les dizaines et les centaines, et on écrit les résultats sous le trait.

56. — ADDITION DES NOMBRES DE TROIS CHIFFRES AVEC REPORTS

EXEMPLE. — *On a payé pour la réparation d'une maison* **217** *francs de peinture,* **346** *francs de maçonnerie et* **159** *francs de menuiserie. Quelle a été la dépense totale ?*

On a dépensé en tout **217** fr. + **346** fr. + **159** fr.: il faut donc additionner ces trois nombres.

— Nous disposons l'opération comme d'ordinaire.

On fait d'abord la somme des unités. Cette somme est **22**, c'est-à-dire **2** unités et **2** dizaines. On écrit seulement les **2** unités et on *reporte* les **2** dizaines sur la colonne des dizaines.

Reports : 1ᵉ Centaines. 2ᵉ Dizaines. Unités.

```
  2 1 7
  3 4 6
  1 5 9
  -----
  7 2 2
```

On fait ensuite la somme des dizaines, y compris le report, cette somme est **12**. Il y a donc **12** dizaines, c'est-à-dire **2** dizaines et **1** centaine. On écrit les **2** dizaines et on *reporte* la centaine sur la colonne des centaines.

Enfin on additionne les centaines et la somme est **722** francs.

Lorsqu'en additionnant les chiffres d'une colonne la somme a plus d'un chiffre, on écrit seulement au bas le chiffre des unités de la somme et on ajoute le chiffre des dizaines aux chiffres de la colonne suivante.

57. — ADDITION DES NOMBRES DE TROIS CHIFFRES AVEC REPORTS (*Fin*)

AUTRE EXEMPLE : *Soit à faire la somme*

$$431 + 26 + 293 + 150.$$

retenues. . 2 1

```
  431            Quand on            431
   26         est bien exercé         26
  293           on n'écrit           293
  150        plus les retenues :     150
  ───                                 ───
  900                                 900
```

ADDITIONS A FAIRE PAR ÉCRIT :

Sans reports.

1.
23	53	206	542	703
45	14	312	203	45
31	20	471	144	231

2. $36 + 42 + 20$; $17 + 40 + 32$; $312 + 245 + 430$;

$25 + 502 + 41$; $8 + 450 + 21$.

Avec reports.

3.
57	69		178	295
35	75	245	439	68
62	38	168	287	139
48	56	376	156	74

4.
25	115	294	410	48
37	13	201	43	53
49	201	58	2	615
52	46	46	310	107
63	57	173	89	34

5. $36 + 43 + 57 + 28 + 91 + 2 + 16$; $403 + 201 + 16 + 7 + 26$;
$310 + 114 + 29 + 73 + 8$; $94 + 204 + 78 + 213 + 18$;

$73 + 295 + 8 + 56$; $8 + 275 + 39 + 154$;
$379 + 96 + 207 + 58 + 4$; $258 + 176 + 380 + 9 + 67$.

58. — SOUSTRACTION DE NOMBRES DE TROIS CHIFFRES SANS RETENUES

PREMIER EXEMPLE. — *Dans une pelote il y avait* **469** *mètres de ficelle. On en coupe* **235** *mètres. Combien en reste-t-il?*

Il reste ce qu'il y avait, moins ce qu'on a enlevé, c'est-à-dire **469** mètres moins **235** mètres.

On doit faire une soustraction :

On écrit :

$$
\begin{array}{r}
\mathbf{469} \\
\mathbf{235} \\
\hline
\mathbf{234}
\end{array}
$$

et on dit, en commençant par la droite : **5** *de* **9** *il reste* **4**, *je pose* **4**; **3** *de* **6** *il reste* **3**, *je pose* **3**; **2** *de* **4** *il reste* **2**, *je pose* **2**.

Il reste donc **234** mètres.

Pour retrancher un nombre de plusieurs chiffres d'un autre nombre de plusieurs chiffres :

On écrit le plus petit au-dessous du plus grand de façon que les unités soient sous les unités, les dizaines sous les dizaines, les centaines sous les centaines. On tire un trait.

On retranche les unités des unités et on écrit le résultat au-dessous.

On retranche les dizaines des dizaines et on écrit le résultat au-dessous.

On retranche les centaines des centaines et on écrit le résultat au-dessous.

59. — SOUSTRACTION DES NOMBRES DE TROIS CHIFFRES SANS RETENUES (*Fin*)

DEUXIÈME EXEMPLE. — *Soit à retrancher* **55** *de* **258**.

258
55
————
203

On dit, en commençant par la droite : **5** *de* **8** *il reste* **3**, *je pose* **3**; **5** *de* **5** *il reste* **0**, *je pose* **0**; *j'abaisse* **2**.

Ici, il n'y a pas de centaines au plus petit nombre. C'est donc comme s'il y avait *zéro* centaine au plus petit nombre.

TROISIÈME EXEMPLE. — *Soit à retrancher* **312** *de* **384**.

On écrit :
384
312
————
72

et on dit, en commençant par la droite : **2** *de* **4** *il reste* **2**, *je pose* **2**; **1** *de* **8** *il reste* **7**, *je pose* **7**; **3** *de* **3** *il reste zéro*. Je ne pose *rien*, car il n'y a pas de centaines dans la différence.

VÉRIFICATIONS. — Comme vérification, si on ajoute le plus petit nombre à la différence, on doit retrouver le plus grand. — Ainsi il faut vérifier que l'on a :

$$235 + 234 = 469,$$
$$203 + 55 = 258,$$
$$312 + 72 = 384.$$

SOUSTRACTIONS A FAIRE PAR ÉCRIT.

1.
```
499    217    872    356    229    316    479
125    115    460     24     26    304    428
———    ———    ———    ———    ———    ———    ———
```

2.
```
592    364    927    678    347    596
102    310    413     73    205     31
———    ———    ———    ———    ———    ———
```

3. 746 — 703; 954 — 431; 648 — 37; 748 — 42 999 — 798; 863 — 732; 158 — 36; 246 — 241.

60. — SOUSTRACTION DES NOMBRES DE DEUX ET TROIS CHIFFRES AVEC RETENUES

Premier exemple. — *Dans un tonneau qui contient* **545** *litres. On verse une première fois* **286** *litres. Combien faut-il verser encore de litres pour remplir le tonneau ?*

On doit ajouter ce qui manque à **286** litres pour avoir **545** litres, c'est-à-dire la différence entre ces deux nombres. On fait une soustraction.

On écrit :

$$\begin{array}{r} 545 \\ 286 \\ \hline 259 \end{array}$$

et on dit, en commençant par la droite :

6 ne peut pas être retranché de **5**, *j'ajoute une dizaine à* **5**, **6** *de* **15** *reste* **9**, *je pose* **9**, *et je retiens* **1** ;

1 *de retenue et* **8** *font* **9**, **9** *ne peut pas être retranché de* **4**, *j'ajoute une dizaine à* **4**, **9** *de* **14** *reste* **5**, *je pose* **5** *et je retiens* **1** ;

1 *de retenue et* **2** *font* **3**, **3** *de* **5** *reste* **2**, *je pose* **2**.

On devra verser encore **259** litres.

On retranche les unités des unités, les dizaines des dizaines, les centaines des centaines.

Mais si l'une de ces soustractions n'est pas possible, on ajoute une dizaine au chiffre du plus grand nombre pour que la soustraction devienne possible.

On dit : je retiens 1 et on ajoute 1 au chiffre suivant du plus petit nombre avant de le retrancher.

61. — SOUSTRACTION DES NOMBRES DE DEUX ET TROIS CHIFFRES AVEC RETENUES (*Suite*)

Deuxième Exemple. — *Soit à retrancher* **378** *de* **473**.

On écrit :

$$\begin{array}{r} 473 \\ 378 \\ \hline 95 \end{array}$$

et on dit, en commençant par la droite : **8** *de* **3** *n'est pas possible*, **8** *de* **13** *reste* **5**, *je pose* **5** *et je retiens* **1** ; **1** *de retenue et* **7** *font* **8** ; **8** *de* **7** *n'est pas possible*, **8** *de* **17** *reste* **9**, *je pose* **9** *et je retiens* **1** ; **1** *de retenue et* **3** *font* **4**, **4** *de* **4** *il ne reste rien.*

SOUSTRACTIONS A FAIRE PAR ÉCRIT :

1.

73	48	92	57	65	80
— 57	— 39	— 85	— 18	— 37	— 34

2.

879	300	610	700	605	346
— 290	— 199	— 212	— 679	— 538	— 109

3.

215	503	620	719	375	134
— 176	— 438	— 240	— 59	— 98	— 49

4. 95 — 87 ; 26 — 17 ; 146 — 119 ; 206 — 189 ; 873 — 779 ; 646 — 466 ; 321 — 123 ; 651 — 97 ; 308 — 79 ; 510 — 46.

6. Trouver le plus grand nombre représenté par des points :

— ·· 19	— ·· 27	— ·· 76	— ··· 193	— ··· 348	— ··· 847
39	44	7	156	255	83

7. Que faut-il ajouter à 234 pour obtenir 356, ou 420, ou 711, ou 900 ?

8. Que faut-il ajouter à 589 pour obtenir 603, ou 716, ou 836 ou 901 ?

62. — MULTIPLICATION D'UN NOMBRE DE PLUSIEURS CHIFFRES PAR UN NOMBRE D'UN SEUL CHIFFRE

PREMIER EXEMPLE. — *Dans un panier il y a **52** prunes. Combien y a-t-il de prunes dans **3** paniers semblables ?*

Il y a **3** *fois* **52** prunes dans les **3** paniers ensemble. Il faudrait donc faire l'addition.

$$
\begin{array}{r}
52 \\
52 \\
52 \\
\hline
156
\end{array}
\quad\rbrace\ \text{3 } fois
$$

Dans la première colonne il y a **3** fois le chiffre des unités, dans la seconde colonne il y a **3** fois le chiffre des dizaines. Le résultat **156** s'obtient en multipliant par **3** successivement le chiffre des unités qui est **2** et le chiffre des dizaines qui est **3**.

D'après cela, pour multiplier **52** par **3** ;

On écrit :
$$
\begin{array}{r}
52 \\
3 \\
\hline
156
\end{array}
$$
et on dit : **3** *fois* **2** *font* **6**, *je pose* **6**; **3** *fois* **5** *font* **15**, *je pose* **15**.

Pour multiplier un nombre quelconque par un seul chiffre, on multiplie successivement, en commençant par la droite, tous ses chiffres.

MULTIPLICATIONS A FAIRE PAR ÉCRIT

1.	23	432	232	71	82	61	81
	3	2	3	6	4	9	5

PROBLÈMES

2. Combien coûtent 3 mètres de drap à 13 francs le mètre ?

3. Une vache fournit 6 litres de lait par jour. Combien a-t-elle fourni de lait pendant le mois de mars qui a 31 jours ?

63. — MULTIPLICATION PAR UN SEUL CHIFFRE (*Fin*)

DEUXIÈME EXEMPLE. — *Soit à multiplier* **237** *par* **4**.
Il faut ajouter **237** quatre fois à lui-même.

```
237  )
237  |
237  }  4 fois
237  )
———
948
```

Ici dans la première colonne il y a **4** fois **7**, mais comme la somme est **28**, on pose seulement **8** et on *retient* **2** qu'on ajoute à la seconde colonne. La seconde colonne contient **4** fois **3**, ce qui fait **12** plus les **2** de retenue ce qui fait **14**.

On pose **4** et *on retient* **1** qu'on doit ajouter à la dernière colonne. Cette dernière colonne contient **4** fois **2** ce qui fait **8**, plus **1** de retenue. Soit **9** que l'on pose.

```
237
  4
———
948
```

On dit : **4** *fois* **7** *font* **28**, *je pose* **8** *et je retiens* **2**; **4** *fois* **3** *font* **12** *et* **2** *de retenue font* **14**, *je pose* **4** *et je retiens* **1**; **4** *fois* **2** *font* **8** *et* **1** *de retenue font* **9**, *je pose* **9**.

Lorsqu'en multipliant un chiffre du multiplicande par le multiplicateur, le produit a deux chiffres, on ne pose que le chiffre des unités, et on retient les dizaines qu'on ajoute au produit suivant.

MULTIPLICATIONS A FAIRE PAR ÉCRIT.

```
1.  118    27    104    65    34    129    138
      8     8      9     8     7      7      6
```

2. 45×6; 127×5; 238×3; 250×4; 112×9; 99×9; 89×8; 459×2; 56×7; 49×8.

PROBLÈMES

3. Combien coûtent 8 mètres de drap à 23 fr. le mètre ?

4. Il y a 7 jours dans une semaine. Combien y a-t-il de jours dans 52 semaines ?

5. Dans une cave il y a 3 tonneaux de vin de 225 litres chacun. Combien y a-t-il de litres de vin dans la cave ?

64. — MULTIPLICATION PAR UN NOMBRE DE DEUX CHIFFRES

Exemple. — *Soit à multiplier* **35** *par* **24**.

Le multiplicande est **35**, le multiplicateur est **24**.

J'écris :

```
   35
   24
 ────
  140
   70
 ────
  840
```

Je multiplie d'abord **35** par **4**. Le produit est **140** et je l'écris de façon que le chiffre **0** des unités soit au-dessous du **4**. Je multiplie ensuite **35** par **2**. Le nouveau résultat est **70**. Je l'écris au-dessous du précédent et de façon que le chiffre des unités **0** soit au-dessous du **2**. J'additionne et je trouve **840**. Donc : **35 × 24 = 840**.

Pour multiplier un nombre quelconque par un nombre de deux chiffres, on écrit le multiplicateur **au-dessous** du multiplicande. On tire un trait.

On multiplie d'abord le multiplicande par le **premier chiffre à droite** du multiplicateur, et on écrit le résultat au-dessous du trait, de façon que le chiffre des unités soit exactement **au-dessous** du chiffre employé.

On multiplie ensuite le multiplicande par le **second chiffre** du multiplicateur et on écrit le nouveau produit au-dessous du premier et de façon que le chiffre de ses unités soit exactement **au-dessous** du chiffre employé.

On tire un nouveau trait et on additionne les deux produits obtenus.

On a ainsi le produit cherché.

65. — MULTIPLICATION PAR UN NOMBRE DE DEUX CHIFFRES (*Fin*)

AUTRES EXEMPLES. — *Soit à multiplier* **47** *par* **12**; *et* **29** *par* **27**.

Multiplicande. . . .	**47**	*Multiplicande.* . . .	**29**
Multiplicateur. . . .	**12**	*Multiplicateur.* . . .	**27**
Produit de **47** *par* **2.**	**94**	*Produit de* **29** *par* **7.**	**203**
Produit de **47** *par* **1.**	**47**	*Produit de* **29** *par* **2.**	**58**
Produit.	**564**	*Produit.*	**783**

Un produit ne change pas quand on intervertit les deux nombres.

Faisons à nouveau les trois multiplications précédentes en prenant le multiplicateur pour multiplicande :

24	12	27
35	47	29
120	84	243
72	48	54
840	564	783

Les produits sont bien les mêmes.

MULTIPLICATIONS A FAIRE PAR ÉCRIT

1.

58	72	25	64	29	19
13	13	25	15	18	17

2. 18×18; 69×12; 23×21; 32×27; 31×31; 16×16; 52×17; 48×19; 43×21; 35×27.

PROBLÈMES

3. Une personne dépense 15 francs de pétrole par mois pour s'éclairer. Dans l'année il y a 12 mois. Combien de pétrole dépense-t-elle par an ?

4. La quinine vaut 56 fr. le kilogramme. Que valent 16 kilogrammes de quinine ?

5. Un train fait 37 kilomètres à l'heure. Quelle distance aura-t-il parcourue en un jour de 24 heures ?

6. Combien y a-t-il d'œufs dans 12 douzaines d'œufs ?

66. — DIVISION

Nous avons vu (page 45) que, lorsqu'on cherche combien de fois un nombre est contenu dans un autre, on fait une division.

EXEMPLE. — *On veut payer une somme de* **843** *francs avec des pièces de* **5** *francs. Combien devra-t-on donner de pièces ?*

Chaque fois qu'on donne une pièce, on s'acquitte d'une somme de **5** francs. On devra donc donner autant de pièces qu'il y a de fois **5** francs dans **843** francs et il faut diviser **843** par **5**.

La division est une opération qui a pour but de rechercher combien de fois un nombre appelé diviseur est contenu dans un autre nombre appelé dividende.

Le dividende est le nombre qui contient.

Le diviseur est le nombre qui est contenu dans le dividende.

Le quotient est le nombre qui indique combien de fois le diviseur est contenu dans le dividende.

Dans l'exemple précédent : *le dividende est* **843** ; *le diviseur est* **5**.

Voyons comment on fait l'opération pour obtenir le quotient :

67. — LE DIVISEUR N'A QU'UN CHIFFRE, LE QUOTIENT A PLUSIEURS CHIFFRES

PREMIER EXEMPLE. — *Soit à diviser* **843** *par* **5**. Je dis :

dividende : **843** | **5** diviseur
5 | **168** quotient
34
30
43
40
reste : . . . **3**

1.° Dans **8** combien de fois **5** : **1** fois. J'écris **1** au quotient. **1** fois **5** fait **5**. **5** retranché de **8** reste **3**. J'écris **3**.

2.° *J'abaisse* le chiffre suivant **4** que j'écris *à côté* du reste **3**. Dans **34** combien de fois **5** : **6** fois. J'écris **6** au quotient. **6** fois **5** font **30** : **30** retranché de **34** reste **4**. J'écris **4**.

3.° *J'abaisse* le chiffre suivant **3** que j'écris *à côté* du reste **4**. Dans **43** combien de fois **5** : **8** fois. J'écris **8** au quotient. **8** fois **5** font **40**. **40** retranché de **43** reste **3**. J'écris **3**. Le *quotient* est **168**, le *reste* **3**.

Dans **843** il y a donc **168** fois **5** : et il reste **3**.

DEUXIÈME EXEMPLE. — *Soit à diviser* **293** *par* **4**. Je dis :

dividende : **293** | **4** diviseur
28 | **73** quotient
13
12
reste : . . . **1**

1.° **4** n'est pas contenu dans **2**. Je prends deux chiffres à gauche dans le dividende ; **4** dans **29** est contenu **7** fois. J'écris **7** au quotient. **7** fois **4** font **28**. **28** retranché de **29** reste **1**. J'écris **1**.

2.° *J'abaisse* le chiffre suivant **3** que j'écris *à côté* du reste **1** ; **4** dans **13** est contenu **3** fois. J'écris **3** au quotient. **3** fois **4** font **12**. **12** retranché de **13** reste **1**.

J'écris **1**. Le *quotient* est **73**, le *reste* est **1**.

68. — LE DIVISEUR N'A QU'UN CHIFFRE. LE QUOTIENT A PLUSIEURS CHIFFRES (*Suite*)

TROISIÈME EXEMPLE. — *Soit à diviser* **721** *par* **7**.

Dividende : **721** | **7** *diviseur*
7 | **103** *quotient*
021
21
reste : . . . **0**

1° Dans **7** combien de fois **7** : **1** fois. **1** fois **7** fait **7**. J'écris **1** au quotient. **7** retranché de **7** reste **0**. J'écris **0** sous le **7**.

2° *J'abaisse* le chiffre suivant **2** à côté du zéro. Dans **2** combien de fois **7** : **0** fois. J'écris **0** au quotient. **0** fois **7** fait **0**. **0** retranché de **2** reste **2** ; *que je ne recopie pas*.

3° *J'abaisse* le chiffre suivant **1** à côté du **2**. Dans **21** combien de fois **7** : **3** fois. J'écris **3** au quotient. **3** fois **7** font **21**. **21** retranché de **21** reste **0**. J'écris **0**.

Le *quotient* est **103** et le *reste* **0**.

7 est contenu *exactement* **103** ois dans **721**.

EXERCICES A FAIRE PAR ÉCRIT :

1. Faire en suivant les modèles précédents, les divisions suivantes :

56 : 2	129 : 3	144 : 4	235 : 5
91 : 2	201 : 3	372 : 4	483 : 5
374 : 2	379 : 3	613 : 4	870 : 5
805 : 2	624 : 3	921 : 4	954 : 5

2.

438 : 6	760 : 7	567 : 8	927 : 9
305 : 6	330 : 7	624 : 8	675 : 9
536 : 6	651 : 7	319 : 8	349 : 9
757 : 6	846 : 7	690 : 8	618 : 9

3.   615 | 4   312 | 6   715 | 8   989 | 9

   506 | 5   803 | 7   216 | 2

4. Faire les divisions suivantes :

146 par 2 ; 734 par 8 ; 96 par 3 ; 597 par 5 ; 903 par 9 ;
366 par 6 ; 800 par 7 ; 84 par 4 ; 427 par 8 ; 317 par 4 ;
62 par 2 ; 999 par 2.

69. — PROBLÈMES

PROBLÈME I. — *Une pièce de drap qui vaut* **8** *francs le mètre a coûté* **216** *francs. Combien y a-t-il de mètres de drap dans la pièce ?*

Chaque mètre vaut **8** francs. Il y a donc autant de fois **1** mètre dans la pièce qu'il y a de fois **8** francs dans **216** francs.

Il faut donc *diviser* **216** par **8**. On trouve pour quotient **27** *sans reste.*

Il y a **27** fois **8** francs dans **216**. Il y a donc **27** fois **1ᵐ** ou **27ᵐ** dans la pièce de drap.

```
opération

216  | 8
 16  |____
     | 27
  56
  56
____
  0
```

Réponse : Il y a **27** mètres de drap dans la pièce.

VÉRIFICATION : **27** mètres de drap à **8** francs le mètre coûtent $27 \times 8 = 216$ francs.

PROBLÈME II. — **9** *ouvriers ont fait ensemble un travail qui leur a été payé* **756** *francs. Combien chaque ouvrier recevra-t-il ?*

Chacun de ces ouvriers devra recevoir le même nombre de francs. Il faut donc *partager* **756** francs en **9** parts égales et diviser **756** par **9**.

On trouve pour quotient **84** et il reste **0**.

```
opération

756  | 9
 72  |____
     | 84
  36
  36
____
  0
```

Réponse : Chaque ouvrier recevra exactement **84** francs.

VÉRIFICATION : Les **9** ouvriers ont reçu ensemble $84 \times 9 = 756$ francs.

PROBLÈMES DE RÉCAPITULATION

ADDITION

86. Charlemagne naquit en 742 et mourut à l'âge de 72 ans. Quelle est l'année de sa mort ?

87. Combien un marchand a-t-il vendu une pièce de drap, sachant qu'il l'a achetée 528 fr. et qu'il gagne 75 fr. en la revendant ?

88. Un ouvrage est en trois volumes : le premier a 249 pages, le deuxième 158 et le troisième 350. Quel est le nombre total des pages de cet ouvrage ?

89. Trois personnes se partagent une certaine somme : la première reçoit 125 fr.; la deuxième 97 fr. et la troisième 137 fr. Quelle est la somme partagée ?

90. On veut mélanger dans un même tonneau le contenu de trois autres renfermant : le premier 132 litres, le deuxième 225 litres et le troisième 118 litres de vin. Quelle doit être la capacité du quatrième tonneau ?

91. Un train transporte 125 voyageurs en première classe, 78 en deuxième classe et 357 en troisième classe. Combien y a-t-il de voyageurs dans ce train ?

92. Une pépinière renferme 300 pommiers, 210 poiriers, 157 cerisiers et 82 abricotiers. Combien cette pépinière renferme-t-elle d'arbres ?

93. Une personne achète une pièce de vin pour 180 fr. et deux autres pièces au prix de 150 fr. chacune. Quelle somme doit payer cette personne ?

94. Une fermière transporte trois paniers d'œufs au marché : le premier renferme 200 œufs; le deuxième en renferme 50 de plus que le premier, et le troisième 100 de plus que le second. Quel est le nombre total des œufs des trois paniers ?

95. Un cultivateur a récolté 250 hectolitres de blé, 120 hectolitres d'avoine, 100 hectolitres de seigle et 75 hectolitres d'orge. Combien d'hectolitres a-t-il récoltés en tout ?

SOUSTRACTION

96. Un père a 57 ans et son fils 28; quel était l'âge du père à la naissance de son fils ?

97. Une école compte en tout 95 élèves; la première classe a 47 élèves. Combien y en a-t-il dans la seconde ?

98. Une personne qui devait une somme de 90 fr. a déjà donné 57 fr. Que redoit-elle ?

99. Une caisse pleine de marchandises pèse 185 kilogrammes; vide elle ne pèse plus que 37 kilogrammes. Quel est le poids des marchandises qu'elle contenait ?

100. Un courrier a à parcourir une distance de 135 kilomètres; il en a déjà fait 98. Combien lui reste-t-il à parcourir ?

101. La tour Eiffel a 3oo mètres de haut et le Panthéon 79 mètres. De combien de mètres le premier monument dépasse-t-il le second ?

102. Il manque 243 fr. à une personne pour pouvoir payer une facture de 745 fr. Combien cette personne a-t-elle ?

103. D'un tonneau contenant 228 litres de vin, on a déjà tiré 187 litres. Combien reste-t-il de vin dans le tonneau ?

104. Dans un tonneau de 895 litres, on a déjà mis 549 litres de vin. Combien faut-il encore de litres pour le remplir ?

105. Deux tonneaux renferment, l'un 228 litres et l'autre 785 litres. Combien de litres le second contient-il de plus que le premier ?

106. Combien doit-on rendre à une personne qui paie une dette de 327 fr. avec un billet de 5oo fr. ?

107. Un tonneau plein d'un certain liquide pèse 547 kilogrammes ; après l'avoir vidé, son poids n'est plus que de 29 kilogrammes. Quel est le poids du liquide ?

108. Quel nombre doit-on ajouter à 532 pour obtenir 754 ?

109. Deux caisses d'oranges en contiennent : la première, 476, et la seconde 504. Combien faut-il en mettre dans la première pour qu'elle en contienne autant que la seconde ?

110. Deux corbeilles renferment, l'une 398 pommes et l'autre 5oo. Combien faut-il en enlever de la seconde pour qu'elle en contienne autant que la première ?

MULTIPLICATION

111. Combien y a-t-il de douzaines de plumes dans 5 boîtes qui en contiennent chacune 12 douzaines ?

112. Chacune des 16 fenêtres d'une maison a 6 carreaux valant 2 fr. chacun. Quelle somme représente la valeur de ces carreaux ?

113. Une maison a 5 étages, et d'un étage à l'autre il y a 18 marches. Combien y a-t-il de marches à l'escalier ?

114. Que doit-on à un ouvrier qui a travaillé pendant 59 jours, à raison de 4 fr. par jour ?

115. Dans une classe il y a 18 tables de 5 places chacune. Combien cette classe peut-elle contenir d'élèves ?

116. Dans une caisse il y a 13 douzaines d'oranges ; combien y a-t-il d'oranges ?

117. On a rempli complètement un tonneau en y versant 12 seaux d'eau de chacun 15 litres. Quelle est la contenance de ce tonneau ?

118. Pendant 15 mois un enfant a coûté 35 fr. par mois de nourrice. Quelle somme a-t-on payée en tout ?

119. Une famille consomme 2 litres de lait par jour. Combien en consomme-t-elle : 1° en une semaine ; 2° en 52 semaines ?

120. Quelle somme doit-on payer pour l'achat de 35 mètres de drap à 17 fr. le mètre ?

121. Quel est le nombre de lignes contenues dans un ouvrage de 17 pages de chacune 45 lignes ?

122. Un cheval de course fait 22 décamètres à la minute. Quelle distance aura-t-il parcourue dans 10 minutes, dans 17 minutes ?

123. Quelle somme faut-il pour payer 25 ouvriers qui ont travaillé pendant 7 jours, à raison de 5 fr. par jour ?

124. Quelle somme doit-on payer pour l'achat de 500 bouteilles, à raison de 18 fr. le cent ?

125. Une prairie a produit 500 bottes de foin valant 15 fr. le cent. Quelle est la valeur de cette récolte ?

126. Dans un casier à bouteilles on peut mettre 28 bouteilles par rayon. Il y a 30 rayons. Combien peut-on mettre de bouteilles dans le casier ?

DIVISION

127. Un verger contient 45 arbres disposés en rangées de 9 arbres chacune. Combien y a-t-il de rangées d'arbres ?

128. On achète 7 mesures de coke pour 14 fr. Quel est le prix de la mesure ?

129. Il faut 7 mètres d'étoffe pour faire une robe. Combien peut-on faire de robes avec une pièce d'étoffe de 56 mètres ?

130. Une personne a donné 4 sous à chacun des pauvres qu'elle a rencontrés ; elle a ainsi donné 16 sous. Combien a-t-elle vu de pauvres ?

131. Combien peut-on avoir d'exemplaires d'un ouvrage coûtant 3 fr. pour la somme de 45 fr. ?

132. Un papetier donne 6 plumes pour un sou ; il en a vendu 144. Combien a-t-il reçu ?

133. Une pièce de drap a été vendue 504 fr. à raison de 9 fr. le mètre. Quelle est la longueur de cette pièce ?

134. Quelle est la valeur d'une somme d'argent pesant 625 grammes, sachant qu'un franc en argent pèse 5 grammes ?

135. Une famille consomme 3 litres de vin par jour. Au bout de combien de temps aura-t-elle vidé un tonneau de 228 litres de vin ?

136. Une gerbe de blé donne en moyenne 5 litres de grains. Combien de gerbes doit-on battre pour obtenir 545 litres de blé ?

137. Les roues d'une voiture ont 3 mètres de circonférence. Combien doivent-elles faire de tours pour parcourir une distance de 984 mètres ?

138. Une mère a une boîte qui contient 515 dragées. Elle veut les partager également entre ses 5 enfants. Combien pourra-t-elle donner de dragées à chaque enfant de façon que chacun en ait autant ? Combien en restera-t-il ?

139. Un enfant a 4 fr. dans sa poche. Il veut acheter des soldats qui coûtent 3 sous pièce. Combien pourra-t-il en acheter ? Combien de sous lui restera-t-il ?

140. 8 hectolitres de blé ont été vendus 184 fr. Combien un hectolitre de blé a-t-il été vendu ?

141. 9 ouvriers ont gagné ensemble 702 fr. Chacun d'eux a gagné la même somme. Combien chaque ouvrier a-t-il gagné ?

Au delà de MILLE

70. — MILLION

Dix fois cent font mille.

Pour former les nombres après mille, on ajoute, une à une, des unités à mille.

Aussitôt qu'il y a dix unités ajoutées, on a une dizaine.

Aussitôt qu'on a formé dix dizaines, on a une centaine.

Aussitôt qu'on a formé dix centaines, on a un mille.

On continue ainsi jusqu'à ce qu'on ait formé mille mille.

Mille fois mille font un million.

QUESTIONNAIRE :

1. Combien y a-t-il d'unités dans une dizaine?

2. Que font dix dizaines?

3. Que font dix centaines?

4. Combien y a-t-il de centaines dans un mille?

5. Combien y a-t-il de dizaines dans un mille?

6. Que font mille mille?

7. Qu'est-ce que c'est qu'un million?

8. Combien y a-t-il de mille dans: *Deux mille; trois mille; dix mille; vingt mille; cent mille; trente-cinq mille; deux cent mille?*

9. Combien de mètres y a-t-il dans :

1 kilomètre; 5 kilomètres; 40 kilomètres; 300 kilomètres; 1 hectomètre; 10 hectomètres?

10. Combien y a-t-il de grammes dans :

1 kilogramme; 4 kilogrammes; 70 kilogrammes; 463 kilogrammes?

71. — LE SECOND MILLE

Un mille et un		font mille un.
—	deux	— mille deux.
—	trois	— mille trois.
—	quatre	— mille quatre.
—	cinq	— mille cinq.
—	six	— mille six.
—	sept	— mille sept.
—	huit	— mille huit.
—	neuf	— mille neuf.
—	dix	— mille dix.
—	onze	— mille onze.
—	vingt	— mille vingt.
—	cent	— mille cent.
—	cent un	— mille cent un.
—	cent cinquante-trois	font mille cent cinquante-trois.
—	deux cents	font mille deux cents.
—	trois cents	— mille trois cents.
—	quatre cents	— mille quatre cents.
—	neuf cents	— mille neuf cents.
—	dix centaines	— deux mille

Avec ces dix centaines ont fait un second mille.

Mille et mille font deux mille.

1 Que font :

Mille et vingt et trois ; mille et cent et cinq ; mille et deux cents et soixante et quatre ; dix centaines et deux cents ; dix centaines et trois cents et deux dizaines ; dix-sept centaines ; douze centaines ; quatorze centaines ; treize centaines et vingt-cinq ; dix-huit centaines et trois dizaines et sept ; cent dizaines ; cent vingt dizaines ; cent trente-trois dizaines ?

2. Combien y a-t-il de litres dans :

1 hectolitre ; 10 hectolitres ; 20 hectolitres ; 17 hectolitres ?

3. Combien y a-t-il de mètres dans :

10 hectomètres ; 12 hectomètres ; 20 hectomètres ?

72. — DE DEUX MILLE A UN MILLION

Après deux mille on dit :

Deux mille un, deux mille deux, deux mille trois, deux mille vingt,

et ainsi de suite jusqu'à :

Deux mille neuf cent quatre-vingt-dix-neuf.

Deux mille et mille font trois mille.

On compte les mille comme les unités :

Deux mille, trois mille, quatre mille, vingt mille, cinquante mille.

Cent mille, deux cent mille, trois cent vingt-cinq mille, six cent quarante-cinq mille, jusqu'à mille mille.

Mille mille font un million.
Un million c'est mille fois mille.

QUESTIONNAIRE :

1. Que font :
Mille et mille; trois mille et mille; trois mille et deux mille; dix mille et dix mille; vingt mille et dix mille; cent mille et cent mille; trois cent mille et cent mille; cinq cent mille et deux cent mille; cent mille et quarante mille; deux cent mille et vingt-cinq mille; 16 mille et 2 mille; 400 mille et 300 mille; 25 mille et 4 mille; 47 mille et 8 mille; 40 mille et 30 mille; 80 mille et 20 mille?

2. Que font :
Six mille et deux cents et sept; cent trois mille et quatre cent vingt-trois; cinq cent soixante-quinze mille et sept cent trente-quatre; sept cent quatre-vingt

deux mille et trois cents et soixante-sept?

3. Que font :
Dix centaines; vingt centaines; trente centaines; 70 centaines; 200 centaines; 210 centaines; 450 centaines; 32 centaines 4 dizaines et 5; 23 centaines 7 dizaines et 9; cent dizaines; deux cents dizaines; six cents dizaines?

4. Combien y a-t-il de grammes dans :
10 hectogrammes; 20 hectogrammes; 300 hectogrammes; 710 hectogrammes; 3 kilogrammes 2 hectogrammes 12 grammes; 15 kilogrammes 7 hectogrammes 4 décagrammes 3 grammes; 211 kilogrammes 6 hectogrammes?

73. — LES DIZAINES ET CENTAINES DE MILLE

Dix mille se nomment une dizaine de mille.

Deux dizaines de mille se nomment vingt mille.

Trois	—	—	— trente mille.
Quatre	—	—	— quarante mille.
Cinq	—	—	— cinquante mille.
Six	—	—	— soixante mille.
Sept	—	—	— soixante-dix mille.
Huit	—	—	— quatre-vingt mille.
Neuf	—	—	— quatre-vingt-dix mille.
Dix	—	—	— cent mille.

Dix dizaines de mille se nomment une centaine de mille.

Deux centaines de mille se nomment deux cent mille.

Trois	—	—	— trois cent mille.
Quatre	—	—	— quatre cent mille.
Cinq	—	—	— cinq cent mille.
Six	—	—	— six cent mille.
Sept	—	—	— sept cent mille.
Huit	—	—	— huit cent mille.
Neuf	—	—	— neuf cent mille.

QUESTIONNAIRE :

1. Combien font : *Trois dizaines de mille ; 5 dizaines de mille ; dix dizaines de mille ; 7 centaines de mille ; dix centaines de mille ?*

2. Combien y a-t-il de dizaines de mille dans : *Vingt mille ; quarante mille ; soixante-dix mille ; quatre-vingt mille ?*

3. Combien y a-t-il de centaines de mille, de dizaines de mille et de mille dans : *Deux cent soixante-cinq mille ; six cent trente-quatre mille ; deux cent cinq mille ; sept cent soixante-quinze mille ?*

4. Combien y a-t-il de kilogrammes dans : *Quatre mille grammes ; vingt-trois mille grammes ?*

5. Combien y a-t-il de kilomètres dans : *Six mille mètres ; treize mille mètres ; cent mille mètres ?*

74. — LES MILLIONS

Dix centaines de mille se nomment un million.

Mille fois mille font un million.

On compte les millions comme les unités.

Une dizaine de millions se nomme **dix millions**.

Une centaine de millions se nomme **cent millions**.

Dix dizaines de millions forment **cent millions**.

EXERCICES DE CALCUL MENTAL SUR LA NUMÉRATION DES NOMBRES
AU DELA DE MILLE.

1. Comptez de dix en dix, de mille à mille cinq cents; de deux mille cinq cents à trois mille.

2. Comptez de cinquante en cinquante, de trois mille à cinq mille.

3. Comptez de cent en cent, de mille à dix mille.

4. Quels sont les dix nombres qui suivent : mille, mille quatre-vingt-dix, deux mille quatre-vingt-dix, cinq mille quatre-vingt-dix, neuf mille quatre-vingt-dix, dix mille?

5. Quel est le nombre qui précède mille, mille cent, mille quatre cents, deux mille, trois mille cinq cents, cinq mille, neuf mille neuf cents, dix mille, dix mille cent, dix mille huit cents, quinze mille, vingt mille?

6. Quelle somme obtient-on avec un billet de cent francs? 5 billets, 10 billets, 12 billets, 20 billets, 36 billets, 50 billets, 65 billets, 99 billets, 100 billets?

7. Combien faut-il de billets de mille francs pour faire un million? deux millions, dix millions, cinquante millions?

8. Combien de mètres dans 1 kilomètre, 3 kilomètres, 8 kilomètres, 10 kilomètres, 50 kilomètres, 100 kilomètres, 400 kilomètres, 1000 kilomètres?

9. Combien de grammes dans 5 kilogrammes, 9 kilogrammes, 12 kilogrammes, 25 kilogrammes, 80 kilogrammes, 200 kilogrammes, 1000 kilogrammes?

10. Un caissier a reçu 35 billets de mille francs, 8 billets de cent francs et 9 pièces de dix francs. Quelle somme a-t-il?

75. — ORDRES ET CLASSES

Les *unités simples* sont appelées unités du premier ordre.

Les *dizaines* sont appelées unités du second ordre.

Les *centaines* sont appelées unités du troisième ordre.

Les unités simples, dizaines et centaines forment la première classe ou classe des unités.

Les *mille* sont appelés unités du quatrième ordre.

Les *dizaines de mille* sont appelées unités du cinquième ordre.

Les *centaines de mille* sont appelées unités du sixième ordre.

Les mille, dizaines de mille et centaines de mille forment la seconde classe ou classe des mille.

Les *millions* sont appelés unités du septième ordre.

Les *dizaines de millions* sont appelées unités du huitième ordre.

Les *centaines de millions* sont appelées unités du neuvième ordre.

Les millions, dizaines de millions et centaines de millions forment la troisième classe ou classe des millions.

76. — ORDRES ET CLASSES (*Suite*)

RÉSUMÉ

1er ordre	*unités.*	
2e ordre	*dizaines d'unités*	première classe.
3e ordre	*centaines d'unités*	
4e ordre	*mille*	
5e ordre	*dizaines de mille*	seconde classe.
6e ordre	*centaines de mille*	
7e ordre	*millions*	
8e ordre	*dizaines de millions*	troisième classe.
9e ordre	*centaines de millions*	

ÉCRITURE DES NOMBRES

Pour écrire un nombre qui contient des mille et des unités, on écrit d'abord le nombre des mille et ensuite le reste.

EXEMPLES :

dans : quatre mille   huit cent quarante-sept
il y a : **4** *mille* et **847**
il s'écrit : **4   847**

dans : cent douze mille   quatre cent neuf
il y a : **112** *mille* et **409**
il s'écrit : **112   409**

Il ne faut pas oublier de mettre des zéros pour tenir les places des ordres qui manquent.

EXERCICES ÉCRITS.

Écrire en chiffres les nombres suivants :

Vingt-trois mille sept cent trois; deux cent quinze mille deux cent quarante; douze mille treize; trois cent mille cinq cent quarante-sept; trois cent mille deux; sept cent seize mille quatre-vingts; huit cent trente mille soixante et un; neuf cent mille un.

77. — ÉCRITURE DES NOMBRES (*Suite*)

Pour écrire un nombre qui contient des millions, des mille et des unités, on écrit séparément : le nombre de millions, le nombre de mille et le nombre d'unités en laissant un petit intervalle entre chaque ordre.

On écrit séparément chaque classe comme si elle était seule.

La classe des unités occupe les **3** premiers rangs *à droite*.

La classe des mille occupe les **3** rangs suivants à la gauche des centaines.

La classe des millions occupe les **3** rangs suivants à la gauche des centaines de mille.

EXEMPLES : *Écrire en chiffres :*

Quatre cent cinquante millions, trois cent deux mille, cinq cent quatre-vingt-huit unités.

C'est : **450** millions **302** mille **588** unités

ce qui s'écrit : **450 382 588.**

Classe des millions. Classe des mille. Classe des unités.

Sept cent treize millions, six cent quarante-deux unités. Il n'y a pas de mille : on remplace cette classe par des zéros et on écrit :

713 000 642

Millions. Mille. Unités.

Vingt millions, cinq cent huit mille, neuf unités s'écrit :

20 508 009

(pas d'unités de millions, pas de dizaines de mille, pas de centaines et de dizaines d'unités on remplace ces ordres par des zéros).

78. — LIRE UN NOMBRE ÉCRIT

Pour lire un nombre de plus de trois chiffres :

On le partage en tranches de **3** chiffres en commençant par la droite.

La dernière tranche à gauche peut n'avoir qu'un ou deux chiffres.

La première tranche à droite est la tranche des unités.

La deuxième tranche celle des mille.

La troisième tranche celle des millions.

TROISIÈME CLASSE			DEUXIÈME CLASSE			PREMIÈRE CLASSE		
Centaines de millions.	Dizaines de millions.	Millions.	Centaines de mille.	Dizaines de mille.	Mille.	Centaines d'unités.	Dizaines d'unités.	Unités.
4	0	1	9	3	6	7	6	4
Tranche des MILLIONS			Tranche des MILLE			Tranche des UNITÉS		

On lit chaque tranche comme si elle était seule en commençant par la gauche et on dit à la suite le nom de la classe qu'elle représente.

Ainsi le nombre ci-dessus se lit :

401 millions **936** mille **764** unités.

Quatre cent un *millions*, neuf cent trente-six *mille*, sept cent soixante-quatre.

Lire les nombres suivants :

6 000; 12 640; 8 300; 2 605; 9 008; 42 639; 50 380; 32 007; 70 053; 853 092; 500 740; 910 007; 700 002; 500 000; 6 349 572; 7 000 610; 2 803 004; 5 000 080; 65 092 071; 85 600 039; 206 003 800; 900 070 815.

EXERCICES
Sur la lecture et l'écriture des nombres au delà de mille.

1. Nommez tous les ordres : 1° depuis les unités simples jusqu'aux centaines de millions; 2° depuis les centaines de millions jusqu'aux unités simples.

2. Quelles sont les unités des 2ᵉ, du 4ᵉ, du 7ᵉ, du 9ᵉ ordre?

3. De quels ordres sont les unités simples? les centaines d'unités, les dizaines de mille, les centaines de mille, les dizaines de millions?

4. Combien d'ordres dans chaque classe?

5. Combien d'unités font : 2 dizaines d'unités, 3 centaines d'unités, 4 unités de mille, 7 centaines de mille, 6 dizaines de millions?

6. Combien faut-il ajouter de zéros à la droite du chiffre 5 pour lui faire exprimer des unités de mille, des centaines de mille, des unités de millions, des dizaines de millions?

7. Que représente le chiffre placé : 1° à la droite, 2° à la gauche des unités de mille, des centaines de mille, des dizaines de millions?

8. De quel ordre sont les unités : 1° dix fois plus grandes, 2° dix fois plus petites que : les dizaines d'unités, les centaines d'unités, les dizaines de mille, les unités de millions?

9. Quel est le plus petit nombre de quatre chiffres, le plus grand? Même question pour cinq chiffres, six chiffres, sept chiffres.

10. Quelles unités remplace un zéro qui se trouve au troisième rang, au cinquième, au septième, au deuxième, au sixième, au huitième?

11. Combien faut-il de chiffres pour écrire un nombre qui commence aux dizaines de mille, aux unités de millions, aux centaines de mille, aux dizaines de millions?

12. Lire le nombre suivant, puis dire ce que représente chaque chiffre : 1° en commençant par la droite, 2° par la gauche : 329 584 706.

13. Énoncer les nombres formés de :
Deux unités de mille et cinq dizaines d'unités; trois dizaines de mille et six centaines d'unités; trente-cinq unités de mille et sept dizaines d'unités; vingt-cinq dizaines de mille et trois unités simples; six centaines de mille et trois centaines d'unités; sept centaines de mille, trois unités de mille et quatre dizaines d'unités; trente-six dizaines de mille; deux dizaines de millions, cinq centaines de mille et huit dizaines d'unités; six dizaines de millions et six centaines d'unités.

14. Écrire en chiffres les nombres suivants :
Six cent cinquante mille huit cent soixante-douze unités; vingt mille quatre-vingt seize unités; cent mille quatre-vingts unités; trois cent quatre mille douze unités; sept cent mille neuf unités; cinq millions huit mille vingt-sept unités; sept millions trois cent cinq unités; douze millions six cent cinquante mille; trente millions soixante et onze mille cinq cents; quatre-vingt millions trois cent six mille quinze; cinquante-six millions trois mille quatre cent dix; cent soixante-cinq millions six cent mille quatre-vingt-quatorze unités; huit cent deux millions six mille trois cents; cent millions soixante-dix-huit mille quatre.

15. Lire, puis écrire en lettres les nombres suivants : 5 380; 2 075; 7 600; 10 009; 35 790; 70 513; 98 087; 50 360; 600 271.

16. Même exercice avec les nombres : 310 024; 902 804; 4 650 019; 8 040 730; 10 038 600; 70 200 046; 803 604 007.

79. — ADDITION

Les additions avec un nombre quelconque de chiffres se font comme lorsqu'il n'y a que trois chiffres.

Il faut avoir bien soin de mettre les unités sous les unités, les dizaines sous les dizaines, les centaines sous les centaines, et ainsi de suite.

Il ne faut pas oublier les retenues.

EXEMPLE D'ADDITION :

```
  213 715
   45 004
  703 951
  210 746
4 763 813
      409
   75 777
─────────
6 013 415
```

On ajoute les unités ; on trouve **35**, on pose **5** et on *retient* **3**. On ajoute **3** aux dizaines ; on trouve **21** ; on pose **1** et on *retient* **2**. On ajoute **2** aux centaines ; on trouve **44** ; on pose **4** et on *retient* **4**. On ajoute **4** aux mille ; on trouve **23** ; on pose **3** et on *retient* **2**. Et ainsi de suite.

EXERCICES DE CALCUL ÉCRIT.

Additions à faire :

1.

416 203	23 416 270	435 846 987
25 415	115	246 713 419
213 999	3 792 004	4 605 715
783	46 316	983 004 229
3 715 007	2 888 475	765 432 189
22 419	16 666	12 345 678

2.

81 216 23 + 46 + 21 789 + 416 713 + 7 514 ;

2 706 981 + 33 789 + 2 301 + 6 815 943 ;

16 200 273 + 86 463 965 + 23 744 + 59 413.

80. — CALCUL MENTAL

Le complément à **10** d'un chiffre est un autre chiffre qui, ajouté au premier, donne une somme égale à **10**.

Chiffres :	**1**	**2**	**3**	**4**	**5**	**6**	**7**	**8**	**9**
Compléments à 10 :	**9**	**8**	**7**	**6**	**5**	**4**	**3**	**2**	**1**

Exercice I. — Énoncer immédiatement la somme de trois et même de plus de trois chiffres lorsque deux ou plusieurs chiffres ont une somme égale à **10** ou à un nombre exact de dizaines.

Ainsi on doit dire de suite : **7**, **5** et **3** font **15**, en observant que **7** et **3** font **10** (**3** et **7** sont *complémentaires* à **10**).

De même, **8**, **4** et **2** font **14**, car **2** est le complément à **10** de **8**.

Exercice II. — On appelle nombre *rond* un nombre terminé par un ou plusieurs zéros.

Arrondir un nombre, c'est lui ajouter un chiffre tel, que la somme obtenue soit un nombre rond.

Pour arrondir un nombre, il suffit de lui ajouter le complément à **10** du chiffre des unités.

Pour arrondir **57**, on ajoute **3** et on a **60**. Pour arrondir **118**, on ajoute **2** et on a **120**.

EXERCICES ORAUX.

1. Faire de tête les additions suivantes :

$7+4+3$; $6+5+4$; $6+3+2+2$; $8+4+1+2$;
$5+3+2+6$; $4+4+3+2$; $9+4+1+3$; $16+4+4+2$;
$26+3+7$; $5+16+5$; $5+36+2+3$.

2. Un élève a trois casiers : dans le premier il y a 6 livres ; dans le second 3 livres ; dans le troisième 4 livres. Combien y a-t-il de livres ?

3. Une personne achète quatre objets qui valent 4^{fr}, 3^{fr}, 2^{fr} et 8^{fr}. Combien a-t-elle payé ?

4. Arrondir les nombres suivants :

13. 47, 42, 54, 72, 83, 97, 146, 215, 163, 1271.

81. — CALCUL MENTAL *(Suite)*

Exercice III. — *Ajouter des nombres terminés par des zéros.*

Ainsi **40** et **50** et **60** font **4** et **5** et **6** *dizaines*, donc **15** dizaines ou **150**.

De même, **300** et **400** et **700** font **3** et **4** et **7** *centaines* ou **14** centaines ou **1400**.

Exercice IV. — *Faire de tête la somme de deux chiffres.*

Pour cela on ajoute *d'abord* les dizaines et ensuite les unités. On réunit les résultats. Ainsi, pour ajouter **23** et **45** on dit : **20** et **40** font **60**; **3** et **5** font **8**; **60** et **8** font **68**.

De même, pour ajouter **86** et **58** on dit : **80** et **50** font **130**; **6** et **8** font **14**; **130** et **14** font **144**.

EXERCICES ORAUX.

1. Faire de tête les additions suivantes :

$60 + 70 + 30$; $40 + 50 + 60$; $60 + 30 + 10$;
$200 + 100 + 600$; $700 + 800 + 300$; $4000 + 5000 + 2000$;
$46 + 53$; $52 + 21$; $23 + 34$; $64 + 27$; $72 + 38$; $48 + 69$;
$67 + 75$; $99 + 88$; $73 + 67$; $87 + 78$.

2. Combien de grammes font :

6 décagrammes et 2 décagrammes et 3 décagrammes; 7^{dag} et 2^{dag} et 3^{dag}; 8^{hg} et 4^{hg} et 2^{hg}; 6^{kg} et 3^{kg} et 2^{kg}?

3. Combien de litres font : 2 hectolitres et 7 hectolitres et 5 hectolitres; 8 décalitres et 4 décalitres et 6 décalitres; 13 décalitres et 7 décalitres et 6 décalitres?

4. Un voyageur a fait trois étapes : la première de 3 kilomètres, la seconde de 6 kilomètres, la troisième de 7 kilomètres. Combien a-t-il fait de mètres?

5. Une personne achète successivement 6 hectogrammes, puis 5 hectogrammes de viande. Combien de grammes de viande a-t-elle achetés?

6. Un petit garçon a deux boîtes de plumes. Dans la première il y a 35 plumes, et dans la seconde 28 plumes. Combien a-t-il de plumes?

7. De Paris à Juvisy il y a 23 kilomètres, de Juvisy à Étampes il y a 37 kilomètres. Combien y a-t-il de kilomètres de Paris à Étampes? Combien de mètres?

82. — SOUSTRACTION

Les soustractions avec un nombre quelconque de chiffres se font comme lorsqu'il n'y a que trois chiffres.

Il faut avoir bien soin de mettre les unités sous les unités, les dizaines sous les dizaines, les centaines sous les centaines, et ainsi de suite.

Ne pas oublier les retenues.

Ne pas oublier d'abaisser les derniers chiffres à gauche.

Exemple de soustraction :

$$
\begin{array}{r}
415\,203\,712 \\
9\,781\,801 \\
\hline
405\,421\,911
\end{array}
$$

On dit **1** de **2** reste **1**, je pose **1**. **0** de **1** reste **1**, je pose **1**. **8** de **17** reste **9**, je pose **9** et je *retiens* **1**. **1** de retenue et **1** font **2**; **2** de **3** reste **1**; je pose **1**. **8** de **10** reste **2** et je *retiens* **1**. **1** de retenue et **7** font **8**; **8** de **12** reste **4**; je pose **4** et je *retiens* **1**. **1** et **9** font **10**; **10** de **15** reste **5**; je pose **5** et je *retiens* **1**. **1** de **1** reste **0**; je pose **0**. J'abaisse le **4**.

EXERCICES DE CALCUL ÉCRIT.

Soustractions à faire :

1.
$$
\begin{array}{r}
415\,920 \\
206\,789 \\
\hline
\end{array}
\qquad
\begin{array}{r}
316\,000 \\
28\,715 \\
\hline
\end{array}
\qquad
\begin{array}{r}
743\,400\,783 \\
63\,183\,691 \\
\hline
\end{array}
$$

2. $13\,746 - 7\,851$; $65\,401 - 24\,416$; $100\,000 - 887$; $600\,743\,402 - 93\,337\,789$; $13\,000\,000 - 12\,836\,715$; $325\,800\,213 - 78\,789\,666$; $17\,000\,415 - 4\,958\,629$; $289\,783\,304 - 15\,900\,716$.

83. — CALCUL MENTAL
DANS LA SOUSTRACTION

Exercice I. — Pour retrancher un nombre d'un chiffre d'un autre nombre, on retranche ce chiffre de celui des unités, si c'est possible.

Ainsi : **3** de **5** reste **2**, donc **3** de **45** reste **42**;
4 de **7** reste **3**, donc **4** de **257** reste **253**;
5 de **5** reste **0**, donc **5** de **365** reste **360**.

Si le chiffre à retrancher est plus grand que le chiffre des unités du grand nombre, on emprunte une dizaine pour pouvoir faire la soustraction.

Pour retrancher **8** de **65** on dit : **65** c'est **50** et **15**, **8** de **15** reste **7**, donc **8** de **65** reste **50** et **7** ou **57**.

De même, soit à retrancher **6** de **273**. — On dit : **273** c'est **260** et **13**, **6** de **13** reste **7**, **6** de **273** reste **260** et **7**, ou **267**.

EXERCICES DE CALCUL MENTAL.

1. Faire les soustractions suivantes :

48 — 5;	52 — 1;	44 — 4;	36 — 3;	57 — 2;	21 — 1;
16 — 3;	17 — 4;	86 — 5;	92 — 6;	71 — 5;	63 — 7;
75 — 7;	22 — 8;	46 — 9;	40 — 7;	32 — 3;	426 — 5;
523 — 2;	234 — 4;	126 — 5;	227 — 7;	233 — 8;	274 — 7;
846 — 9;	750 — 4;	622 — 3;	210 — 2;	110 — 1;	715 — 7.

2. Sur un arbre il y a 47 pommes; on en cueille 5. Combien en reste-t-il ?

3. Dans une cave il y a 238 bouteilles; on en enlève 6. Combien en reste-t-il ?

4. Un voyageur a 25 kilomètres à faire dans un jour; il fait 8 kilomètres le matin. Combien lui reste-t-il de kilomètres à faire le soir?

5. Une personne va dans un magasin avec 261 fr. dans son porte-monnaie. Elle en sort n'ayant plus que 7 fr. Combien a-t-elle dépensé?

6. Une personne part en voyage avec 75 fr. Elle voyage pendant 7 jours et dépense chaque jour 8 fr. Combien lui reste-t-il au bout du premier jour de voyage, au bout du second jour, et ainsi de suite, au bout du septième jour ?

84. — CALCUL MENTAL
DANS LA SOUSTRACTION (*Suite*)

Exercice II. — *Retrancher des nombres terminés par des zéros.*

EXEMPLES : **70 — 30**; **700 — 300**; **7000 — 3000**.

70 moins **30** font **7** dizaines moins **3** dizaines, leur différence est **4** dizaines ou **40**.

De même **700** moins **300** font **7** centaines moins **3** centaines = **4** centaines ou **400**;

Et **7000** moins **3000** font **4** unités de mille ou **4000**.

Exercice III. — *Retrancher des nombres de deux chiffres.*

Trois cas peuvent se présenter :

1° Un nombre de dizaines et d'unités moins un nombre de dizaines exact. Ex. : **65 — 40**.

On dit **6** dizaines moins **4** dizaines = **2** dizaines ou **20**; la différence est donc **20 + 5 = 25**.

2° Un nombre exact de dizaines moins un nombre de dizaines et d'unités. Ex. : **80 — 37**.

On arrondit **37** en ajoutant **3** et on obtient **40**; La différence sera **8** dizaines moins **4** dizaines plus les **3** unités ajoutées pour arrondir, ou **40 + 3 = 43**.

3° Les deux nombres ont des dizaines et des unités. Ex. : **72 — 46**.

On arrondit le plus petit nombre **46** en ajoutant **4** pour obtenir **50**; on retranche **50** de **72** comme dans le 1er cas ce qui donne **22**, et la différence sera **22 + 4 = 26**, obtenue en ajoutant à **22** le nombre **4** qui a servi à arrondir.

EXERCICES ORAUX

1. Faire de tête les soustractions suivantes :

90 — 40	700 — 200	10 000 — 3 000
70 — 50	800 — 300	9 000 — 6 000
80 — 30	900 — 500	8 000 — 5 000
60 — 10	600 — 200	7 000 — 4 000
50 — 20	800 — 400	6 000 — 2 000

2.

38 — 20	59 — 20	67 — 30	93 — 50
49 — 30	76 — 30	78 — 40	86 — 70
54 — 10	37 — 10	83 — 20	78 — 20
75 — 50	55 — 40	89 — 60	95 — 60
92 — 40	68 — 50	91 — 50	99 — 30

3.

30 — 23	40 — 12	60 — 39	70 — 19
40 — 14	30 — 17	70 — 27	50 — 32
50 — 38	70 — 45	80 — 63	90 — 28
60 — 45	90 — 74	90 — 46	80 — 47
70 — 57	50 — 36	30 — 14	60 — 15

4.

54 — 21	43 — 19	75 — 28	92 — 35
25 — 12	65 — 36	84 — 37	87 — 28
36 — 13	54 — 48	92 — 65	76 — 17
48 — 25	72 — 37	67 — 49	68 — 39
67 — 36	81 — 54	59 — 18	91 — 43

5. Combien de litres font :

$9^{dal} - 3^{dal}$; $7^{dal} - 2^{dal}$; $8^{dal} - 5^{dal}$; $6^{dal} - 4^{dal}$; $5^{dal} - 3^{dal}$; $7^{hl} - 2^{hl}$; $9^{hl} - 3^{hl}$; $8^{hl} - 1^{hl}$; $6^{hl} - 4^{hl}$; $9^{hl} - 5^{hl}$?

6. Combien de grammes font :

$10^{kg} - 3^{kg}$; $7^{kg} - 2^{kg}$; $9^{kg} - 4^{kg}$; $8^{kg} - 1^{kg}$; $6^{kg} - 5^{kg}$?

7. Combien de mètres font :

$8^{dam} - 4^{dam}$; $9^{hm} - 6^{hm}$; $7^{km} - 6^{km}$; $10^{dam} - 7^{dam}$; $13^{hm} - 7^{hm}$; $12^{km} - 8^{km}$; $11^{dam} - 6^{dam}$; $14^{dam} - 9^{dam}$; $15^{dam} - 10^{dam}$; $15^{km} - 7^{km}$?

8. Un marchand de vin a 70^{hl} de vin; il vend 30^{hl}. Combien lui reste-t-il d'hectolitres ?

9. Un épicier a 53 douzaines d'œufs; il en vend 40 douzaines. Combien lui en reste-t-il ?

10. Pour 50 exemptions on donne un prix. Un élève a 36 exemptions. Combien doit-il encore en gagner pour avoir un prix ?

85. — MULTIPLICATION

On fait une multiplication de deux nombres quelconques comme dans le cas où il n'y a que deux chiffres au multiplicateur.

On multiplie successivement le multiplicande par tous les chiffres du multiplicateur en commençant par la droite.

On saute les zéros au multiplicateur.

Il faut avoir bien soin d'écrire chaque produit partiel de façon que le dernier chiffre à droite soit bien exactement sous le chiffre du multiplicateur dont il provient :

multiplicande.	**435 038**
multiplicateur	**2 067**
produits partiels.	**3 045 266**
	26 102 28
	870 076
produit. . . .	**899 223 546**

On multiplie successivement le multiplicande par **7, 6, 2** en *sautant le zéro.*

Il faut faire bien attention de mettre le premier chiffre du produit par **2** sous le **2**.

1.

3 458	4 509	28 247	7 213
343	207	3 056	498

2. 45 678 × 234 ; 80 912 × 286 ; 48 715 × 503 ; 7 816 × 2 304 ; 73 912 × 4 067 ; 45 027 × 603 ; 2 843 × 5 408 ; 7 788 × 7 605 ; 42 813 × 678.

Problèmes. — 3. Un train fait 112 kilomètres à l'heure. Quelle distance parcourrait-il en 165 heures ?

4. Un marchand achète 2 543 barriques de vin à 317 fr. la barrique. Combien a-t-il payé ?

5. L'ancienne lieue de poste valait 3 898 mètres. Combien y avait-il de mètres dans 4 603 lieues ?

86. — PRODUIT DE NOMBRES TERMINÉS PAR DES ZÉROS

Pour multiplier deux nombres terminés par des zéros, on supprime les zéros ;

On multiplie les deux nombres obtenus ;

On ajoute au produit autant de zéros à droite qu'on en a supprimé en tout dans les deux nombres.

```
  4057
    23
─────────
 12171
 8114
─────────
 93311
```

Ainsi pour faire le produit de **40570** par **23 000**, on supprime les zéros à droite. On multiplie **4057** par **23**, ce qui donne **93311** et on ajoute *quatre* zéros à droite, puisqu'on en a supprimé quatre.

Le produit est donc : **933 110 000**.

```
   92514
     609
─────────────
  832 626
 55508 4
─────────────
 56 341 026
```

De même, pour multiplier **92 514** par **6090**, on supprime le zéro au multiplicateur. On multiplie **92 514** par **609**, ce qui donne **56 341 026**. On ajoute *un* zéro à droite.

Le produit est : **563 410 260**.

EXERCICES.

1. Faire les multiplications suivantes :
43 500 × 2 370 ; 30 480 × 27 900 ; 978 000 × 8 940 ;
704 050 × 494 ; 7 304 × 5 200 ; 89 520 × 7 314 ;
6 457 × 2 930 ; 30 300 × 270.

2. La lumière parcourt 298 000 kilomètres à la seconde. Elle met 498 secondes à venir du soleil à la terre. Quelle est la distance du soleil à la terre ?

3.

4 758 × 23	6 395 × 405	9 583 × 596
5 903 × 34	3 759 × 738	57 386 × 798
92 836 × 95	5 930 × 804	29 508 × 679
39 285 × 78	5 709 × 670	69 007 × 790
59 074 × 65	72 946 × 807	30 807 × 895

87. — CALCUL MENTAL

Exercice I. — *Multiplier un nombre par* **10, 100, 1 000.**

On dit : $5 \times 10 = 50$ J'ajoute un zéro.

          $5 \times 100 = 500$ »   **2** zéros.

          $5 \times 1\,000 = 5\,000$ »   **3** zéros.

Exercice II. — *Multiplier un nombre terminé par des zéros.*

EXEMPLES : 60×5 ; 600×5 ; $6\,000 \times 5$.

On dit : **5** fois **6** dizaines font **30** dizaines ou **300**.

5 fois **6** centaines font **30** centaines ou **3 000**.

5 fois **6** mille font **30** unités de mille ou **30 000**.

Exercice III. — *Multiplier un nombre de dizaines et d'unités par un nombre d'unités.*

Exemple : 45×6.

On dit : **6** fois **4** dizaines font **24** dizaines ou **240**.

      6 fois **5** unités font **30** unités.

En tout : $240 + 30 = 270$.

EXERCICES ORAUX.

1. Rendre 10, 100, 1000 fois plus grands les nombres 4, 9, 38, 60, 345, 564, 750.

2. Un volume vaut 3 fr., quel est le prix de 10, 100, 1000 volumes.

3. Combien de mètres dans 76 kilomètres? de grammes dans 328 hectogrammes? de litres dans 5 348 décalitres?

4. Multiplier 20 par 1, 2, 3, etc. en comparant les produits à ceux de la table par 2. Faire de même la table par 30, par 40, 50, 60, 70, 80, 90.

5. Combien valent 3, 5, 9, 4, 10 pièces de 20 fr.?

6. Dans chaque page de mon livre il y a 30 lignes. Trouver le nombre de lignes contenues dans 4, 7, 3, 9, 8 pages.

7. Un train fait 40 kilomètres à l'heure. Combien parcourt-il en 3 heures? 4 heures? 8 heures? 10 heures?

8. Que valent 3 billets de 50 fr.? 9 billets? 4 billets? 3 billets?

9. Combien de minutes dans 5 heures? 2 heures? 6 heures? 3 heures? 8 heures?

10. Une personne parcourt 70 mètres par minute. Combien fait-elle en 3 minutes? 5 minutes? 8 minutes? 10 minutes?

88. — DOUBLES ET QUADRUPLES

Doubler un nombre c'est multiplier ce nombre par **2**.

Il faut s'exercer à savoir dire, très rapidement, les doubles des petits nombres.

Nombres :	1,	2,	3,	4,	5,	6,	7,	8,	9,	10
Doubles :	2,	4,	6,	8,	10,	12,	14,	16,	18,	20
Nombres :	11,	12,	13,	14,	15,	16,	17,	18,	19,	20
Doubles :	22,	24,	26,	28,	30,	32,	34,	36,	38,	40
Nombres :	21,	22,	23,	24,	25,	26,	27,	28,	29,	30
Doubles :	42,	44,	46,	48,	50,	52,	54,	56,	58,	60
Nombres :	31,	32,	33,	34,	35,	36,	37,	38,	39,	40
Doubles :	62,	64,	66,	68,	70,	72,	74,	76,	78,	80
Nombres :	41,	42,	43,	44,	45,	46,	47,	48,	49,	50
Doubles :	82,	84,	86,	88,	90,	92,	94,	96,	98,	100

Quadrupler un nombre c'est multiplier ce nombre par **4**.

Pour quadrupler un nombre on le double deux fois.

Ainsi, pour quadrupler **23** je dis : le double de **23** est **46**; le double de **46** est **92**. Donc **92** est le quadruple de **23**.

EXERCICES ORAUX.

1. Quadrupler les 25 premiers nombres.

2. Paul avait 26 billes; il joue et en gagne le double. Combien a-t-il gagné de billes?

3. Une avenue se compose de 4 rangées de 24 arbres. Combien d'arbres dans cette avenue?

4. Une cuisinière a acheté 2 paires de poulets à 4 fr. chaque poulet. Combien a-t-elle payé?

89. — TRIPLES

Tripler un nombre c'est multiplier ce nombre par **3**.

Il faut s'exercer à savoir dire très rapidement les triples des petits nombres.

Nombres :	1,	2,	3,	4,	5,	6,	7,	8,	9,	10,	11
Triples :	3,	6,	9,	12,	15,	18,	21,	24,	27,	30,	33
Nombres :	12,	13,	14,	15,	16,	17,	18,	19,	20,	21,	22
Triples :	36,	39,	42,	45,	48,	51,	54,	57,	60,	63,	66
Nombres :	23,	24,	25,	26,	27,	28,	29,	30,	31,	32,	33
Triples :	69,	72,	75,	78,	81,	84,	87,	90,	93,	96,	99

Pour doubler ou tripler un nombre terminé par des zéros, on double ou triple les dizaines, les centaines ou les unités de mille ;

Ainsi les doubles de **30**, de **400**, de **5000**, sont **6** dizaines ou **60**, **8** centaines ou **800**, **10** unités de mille ou **10 000**.

---

1. Doubler, tripler et quadrupler les nombres suivants :
12, 25, 14, 18, 22, 40, 70, 300, 250, 800, 4000, 1300, 8000.

2. Combien de litres dans un double décalitre ? 2 doubles décalitres ? Un double hectolitre ? 2 doubles hectolitres ?

3. On veut clore un jardin de 500 mètres de pourtour avec une triple rangée de fil de fer. Trouver la longueur du fil.

4. Paul a 16 billes. Son frère en a le double. Combien en ont-ils ensemble ?

5. Trouver de tête les produits suivants :

21×3	42×4	53×5	55×6	28×7	43×8	26×9
32×3	53×4	62×5	48×6	95×7	64×8	37×9
43×3	61×4	75×5	39×6	47×7	72×8	58×9
54×3	72×4	94×5	27×6	53×7	86×8	65×9
65×3	85×4	38×5	54×6	62×7	38×8	74×9

90. — MOITIÉ

Prendre la **moitié** d'un nombre c'est le diviser par **2**.

2, 4, 6, 8, sont appelés **chiffres pairs.**
1, 3, 5, 7, 9, chiffres impairs.

On appelle **nombre pair** un nombre terminé par **0** ou un chiffre pair.

On appelle **nombre impair** un nombre terminé par un chiffre impair.

Ainsi **20, 32, 48** sont *pairs*,
31, 47, 53 sont *impairs*.

Quand on prend la moitié d'un nombre *pair* **il n'y a pas de reste**.

Les moitiés de **20, 32, 48** sont **10, 16, 24**, sans reste.

Quand on prend la moitié d'un nombre *impair* **il reste toujours 1**.

Ainsi les moitiés de **31, 47, 53** sont **15, 23, 26** et il reste toujours **1**, car les doubles de **15, 23** et **26** sont **30, 46** et **52**.

Pour prendre la moitié d'un nombre on cherche le **plus grand double qui y est contenu**.

La moitié de **36** est **18**, car **36** est le double de **18**. La moitié de **63** est **31**, car **62**, le double de **31**, est le plus grand double contenu dans **63**. Le reste est **1**.

Au lieu du mot **moitié** on emploie aussi quelquefois le mot **demie**.

QUESTIONNAIRE :

1. Qu'est-ce qu'un nombre pair?
2. Quels sont les chiffres pairs?
3. Qu'est-ce qu'un nombre impair?
4. Quels sont les chiffres impairs?
5. Quels sont les nombres qui ne donnent pas de reste par 2 ?

EXERCICES ORAUX.

6. Prendre les moitiés des nombres 46, 54, 55, 67, 38, 22, 13, 84, 72, 75, 27, 35, 90.

91. — TIERS. QUART

Prendre le **tiers** d'un nombre c'est diviser ce nombre par **3**.

Pour prendre le tiers d'un nombre, on cherche le **plus grand triple** contenu dans ce nombre.

Ainsi le tiers de **36** est **12**, car **36** est le triple de **12**. Le tiers de **43** est **14**, car le triple de **14** est **42**. Il reste **1**.

Prendre le *quart* d'un nombre c'est diviser ce nombre par **4**.

Pour prendre le quart d'un nombre on en prend la moitié, puis la moitié de cette moitié; car **4** c'est **2** fois **2**.

Ainsi pour avoir le quart de **48**, j'en prends la moitié qui est **24**; puis la moitié de **24** qui est **12**. Le quart de **48** est **12**.

EXERCICES ORAUX.

1. Prendre les tiers et les quarts de : 24, 72, 40, 56, 81, 99, 63, 58, 21, 44.

2. Combien y a-t-il d'œufs dans une demi-douzaine d'œufs, dans un tiers de douzaine, dans un quart de douzaine?

3. Dans une heure il y a 60 minutes. Combien y a-t-il de minutes dans une demi-heure, un tiers d'heure, un quart d'heure?

4. Un *quarteron* est le quart d'un cent. Combien y a-t-il de pommes dans un quarteron de pommes?

5. Combien y a-t-il de litres dans un demi-hectolitre, dans un quart d'hectolitre, dans un demi-boisseau ou demi-décalitre?

6. Quelle est la moitié d'un kilomètre? Quel est le quart d'un kilomètre?

7. Un voyageur doit faire 42 kilomètres dans la journée. Il en fait la moitié le matin et l'autre moitié le soir. Qu'a-t-il fait le matin?

8. Refaire le même problème en supposant que le voyageur ait 43 kilomètres à faire.

9. Combien y a-t-il de grammes dans un demi-kilogr., dans un quart d'hectogramme?

10. Combien y a-t-il de grammes dans *une livre* qui vaut un demi-kilogramme?

92. — DIVISION AVEC DEUX CHIFFRES AU DIVISEUR

PREMIER EXEMPLE : *Soit à diviser* **546** *par* **23**.

dividende : **546** | **23** *diviseur*
46 | **23** *quotient*
86
69
reste : **17**

Je prends deux chiffres à gauche au dividende et je dis : en **54** combien de fois **23** ou, plus simplement, en **5** combien de fois **2** ? Il y est **2** fois.

J'essaie **2**, 2 fois **23** font **46**. **46** est plus petit que **54**. J'écris **2** au quotient. J'écris **46** au-dessous de **54** et je fais la soustraction. Il reste **8**.

A droite de **8** *j'abaisse* le chiffre suivant du dividende. Je dis : en **86** combien de fois **23** ou plus simplement en **8** combien de fois **2** ? Il y est **4** fois.

J'essaie **4**. Or, 4 fois **23** font **92**, **92** est plus grand que **86**. **4** est *trop fort*. J'essaie **3**. 3 fois **23** font **69**. **69** est contenu dans **86**. J'écris **3** au quotient. J'écris **69** *sous* **86** et je fais la soustraction. Il reste **17**.

Le *quotient* est **23**. Le *reste* est **17**.

N'écrire un chiffre au quotient que lorsqu'il a été essayé et qu'il n'est pas trop fort.

N'écrire un produit pour le soustraire que s'il n'est pas trop fort.

REMARQUE. — Si le deuxième chiffre du diviseur est un zéro, il est inutile d'essayer les chiffres du quotient.

93. — DIVISION (*Suite*)

Prendre pour commencer trois chiffres à gauche du diviseur s'il n'y en a pas assez de deux.

DEUXIÈME EXEMPLE : *Soit à diviser* **25 791** *par* **43.**

dividende :	**25791**		**43**	*diviseur*
	215		**599**	*quotient*
	429			
	387			
	421			
	387			
reste :	**34**			

43 n'est pas contenu dans **25**. Je prends *trois* chiffres à gauche dans le dividende et je dis : Dans **257** combien de fois **43** ou mieux dans **25** combien de fois **4** ?

Il y est **6** fois. *J'essaie* **6**. Or, **6** fois **43** font **258** qui n'est pas contenu dans **257**. Donc **6** est *trop fort*. *J'essaie* **5**. Or, **5** fois **43** font **215** qui est contenu dans **257**. J'écris **5** au quotient. J'écris **215** sous **257** et je soustrais. J'obtiens **42**. *J'abaisse* le chiffre **9** suivant du dividende à droite de **42**. Je dis : en **429** combien de fois **43** ou mieux en **42** combien de fois **4** ? Il y est **10** fois. **10** est sûrement *trop fort*, car on ne doit avoir qu'UN chiffre. J'essaie donc **9**. Or, **9** fois **43** font **387** qui est contenu dans **429**. J'écris **9** au quotient. J'écris **387** sous **429** et je soustrais. La différence est **42**, à droite de **42** j'abaisse le dernier chiffre **1** du dividende. Je dis : dans **421** combien fois **43**, ou mieux, dans **42** combien de fois **4** ? Il y est **10** fois. **10** est *sûrement trop fort*. J'essaie **9**. **9** fois **43** font **387**, qui est contenu dans **421**. J'écris **9** au quotient. J'écris **387** sous **421** et je soustrais. Il reste **34**.

Le quotient est **599**. Le reste est **34**.

94. — DIVISION (*Suite*)

Lorsqu'on trouve pour le chiffre à essayer 10 ou plus de 10 : essayer de suite le chiffre 9.

Lorsque le chiffre du quotient est 0 : écrire de suite ce 0 et abaisser le chiffre suivant du dividende.

TROISIÈME EXEMPLE : *Soit à diviser* 23 374 *par* 58.

```
dividende :  23374  |  58   diviseur
             232     | —————————————
                     |  403  quotient
              174
              174
             —————
reste :        0
```

58 n'est pas contenu dans 23. Je prends trois chiffres à gauche dans le dividende. Je dis : dans 232 combien de fois 58 ou dans 23 combien de fois 5 ? Il y est 4 fois. J'essaie 4. 4 fois 58 font 232. 232 est contenu dans 233. J'écris 4 au quotient. Je retranche 232 de 233. Il reste 1, à droite de 1 j'abaisse le chiffre 7 suivant du dividende. Je dis : dans 17 combien de fois 58 ? Il n'y est pas contenu. *J'écris* 0 *au quotient et j'abaisse le chiffre suivant* 4. Dans 174 combien de fois 58 ou dans 17 combien de fois 5 ? Il y est 3 fois. 3 fois 58 font 174. J'écris 3 au quotient.

Le reste est 0.

58 est contenu *exactement* 403 fois dans 23374, *sans reste.*

FAIRE LES DIVISIONS SUIVANTES.

7 629 : 30	49 583 : 70	11 934 : 51	25 032 : 42
14 895 : 40	55 762 : 80	59 290 : 71	10 678 : 22
9 162 : 50	78 345 : 90	28 954 : 41	24 428 : 62
34 957 : 60	19 344 : 31	30 462 : 81	22 816 : 92

95. — DIVISION (*Fin*)

Vérification. — Pour voir si une division est juste, on multiplie le diviseur par le quotient. A ce produit on ajoute le reste. La somme est égale au dividende si l'opération est juste.

Vérifions les trois divisions précédentes.

PREMIÈRE VÉRIFICATION	DEUXIÈME VÉRIFICATION	TROISIÈME VÉRIFICATION
diviseur . **23**	*diviseur*. . **43**	*diviseur*. . **58**
quotient . **23**	*quotient*. . **599**	*quotient*. . **403**
69	**387**	**174**
46	**387**	**232**
produit. . **529**	**215**	*dividende*. **23374**
reste. . . **17**	*produit*. . **25757**	Ici il n'y a rien à ajouter *puisqu'il n'y a pas de reste.*
dividende. **546**	*reste* . . . **34**	
	dividende. **25791**	

Faire les divisions suivantes et *vérifier* les résultats :

1. 11 592 : 23
21 915 : 53
9 200 : 33
57 039 : 63
15 110 : 64
49 730 : 84

2. 173 264 : 34
282 735 : 45
74 025 : 75
19 189 : 26
117 382 : 56
38 458 : 67

3. 244 256 : 97
288 975 : 48
25 543 : 78
22 000 : 39
61 588 : 89
3 308 : 13

4. 8 097 : 14
4 418 : 15
12 927 : 16
6 679 : 17
8 120 : 18
6 254 : 16

5. 46 881 : 12
322 600 : 87
70 701 : 13
815 002 : 19
66 066 : 59
7 000 : 18

6. 156 873 : 16
471 295 : 69
8 715 031 : 17
430 000 : 29
2 615 713 : 63
993 611 : 79

7. 463 897 : 78
954 085 : 96
759 600 : 76
845 713 : 38
13 000 : 27
2 615 000 : 49

96. — GÉOMÉTRIE

Lorsqu'on tend un fil on a une ligne droite.

Le bord d'une règle, les lignes tracées sur un cahier sont des lignes droites.

Un angle est la figure formée par deux lignes droites qui se coupent et qui sont *arrêtées* au point ou elles se coupent.

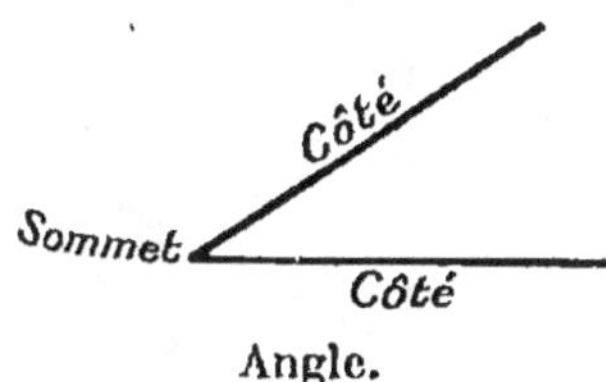

Angle.

Les deux droites sont appelées les **côtés** de l'angle. Le point où elles se rencontrent est le **sommet** de l'angle.

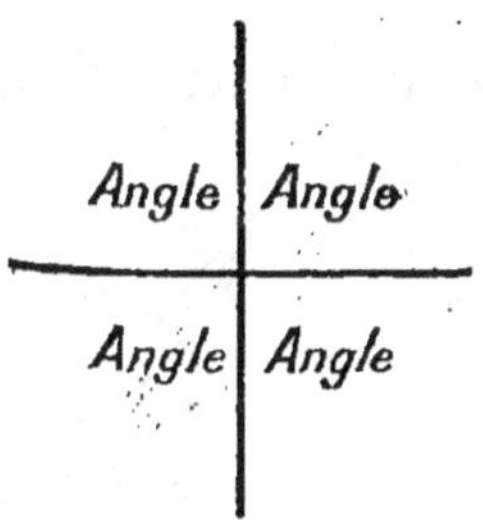

Droites perpendiculaires.

Deux droites sont perpendiculaires lorsqu'elles forment quatre angles égaux autour de leur point de rencontre.

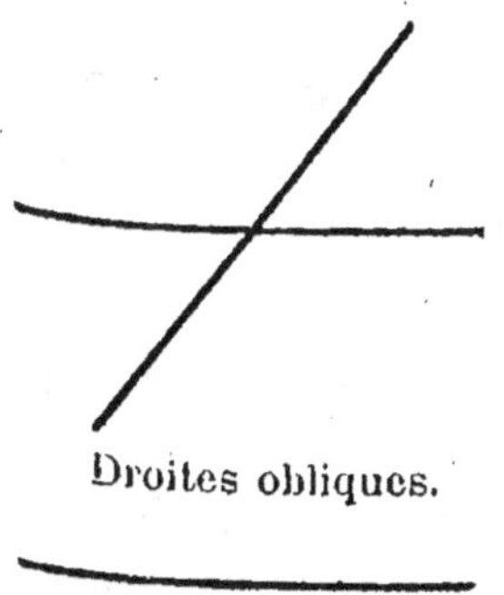
Droites obliques.

Deux droites qui se rencontrent mais ne sont pas perpendiculaires sont appelées obliques.

Deux droites qui ne se rencontrent pas sont parallèles.

Droites parallèles.

97. — GÉOMÉTRIE (*Suite*)

On appelle **angle droit** un angle qui a ses deux côtés perpendiculaires.

Un angle est dit **aigu** lorsqu'il est *plus petit* qu'un angle droit.

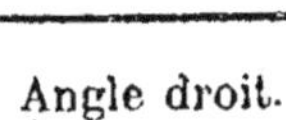

Angle droit.

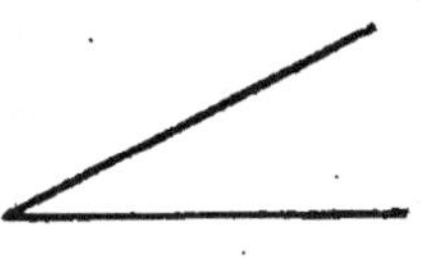

Angle aigu.

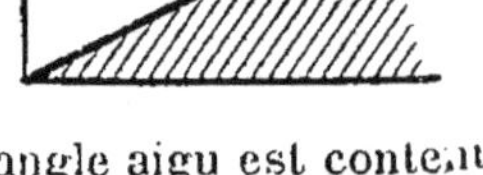

L'angle aigu est contenu dans l'angle droit.

Un angle est dit **obtus** quand il est *plus grand* qu'un angle droit.

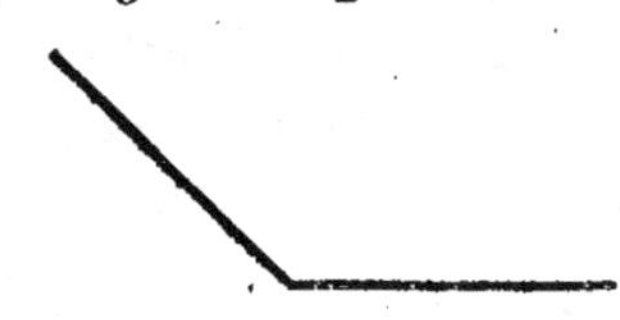

Angle obtus.

L'angle droit est contenu dans l'angle obtus.

On appelle **triangle** une figure formée de trois droites qui se rencontrent deux à deux en trois points.

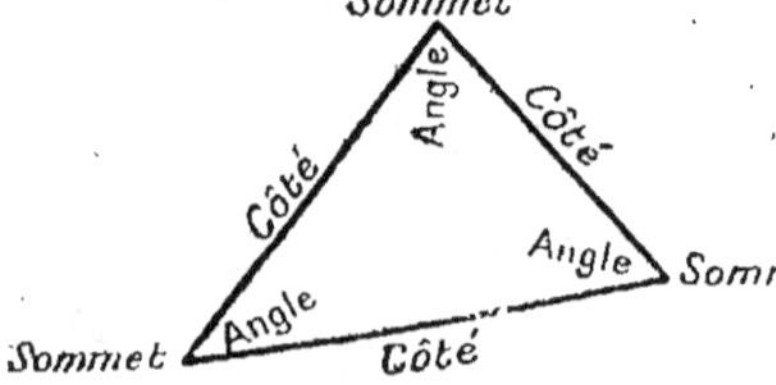

Triangle.

Les trois droites sont appelées les côtés du triangle; les trois points de rencontre sont appelés les trois sommets. Dans un triangle il y a: *trois côtés, trois sommets, trois angles.*

98. — GÉOMÉTRIE. (*Fin*)

On appelle **rectangle** une figure formée de quatre droites qui forment quatre angles *droits*.

Rectangle.

Les quatre droites sont appelées les côtés du rectangle. Les points où elles se coupent sont appelés les sommets.

Dans un rectangle il y a : *quatre côtés, quatre sommets, quatre angles droits.*

Un **carré** est un rectangle dont les quatre côtés sont *égaux.*

Carré.

Dans un carré il y a : *quatre côtés égaux, quatre sommets, quatre angles droits.*

Un **cercle** est une figure ronde dont tous les points sont à la même distance d'un point appelé *centre.*

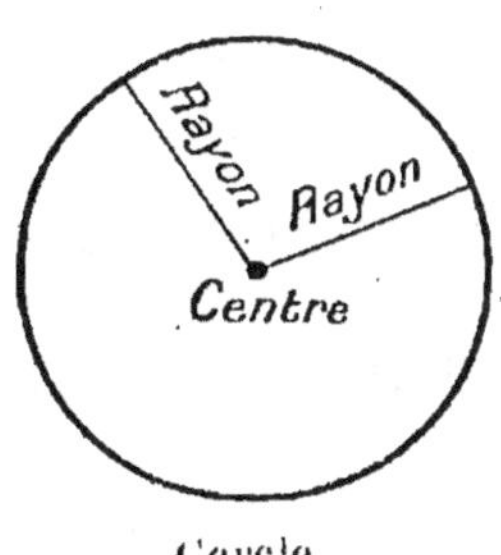

Cercle.

On appelle rayon la ligne qui va du centre à un point du cercle.

Tous les rayons d'un cercle sont égaux.

Un cerceau pour jouer est un cercle.

99. — PROBLÈMES

Voici quelques principes à retenir pour faciliter le raisonnement des problèmes :

Dans une année, il y a **365** jours, ou **12** mois, ou **4** trimestres, ou **52** semaines.

Chaque jour a **24** heures et chaque heure a **60** minutes.

On fait :

Une **addition,** chaque fois qu'on veut réunir plusieurs nombres en un seul.

Une **soustraction,** quand on veut trouver un reste ou une différence.

Une **multiplication,** quand on répète plusieurs fois le même nombre.

Une **division,** quand on partage un nombre en plusieurs parties égales, ou encore quand on cherche combien de fois un nombre est contenu dans un autre.

Le prix d'achat est la somme déboursée par un commerçant pour avoir une marchandise quelconque.

Le prix de **vente** est la somme qu'il reçoit en livrant la marchandise aux clients.

Le bénéfice est le gain qu'il fait en revendant les marchandises plus cher qu'il ne les a achetées.

Bénéfice = prix de **vente** moins prix **d'achat.**

Vente = prix **d'achat** plus le **bénéfice.**

Achat = prix de **vente** moins le **bénéfice.**

PROBLÈMES DE RÉCAPITULATION

142. Combien y a-t-il d'hommes dans un régiment composé de quatre bataillons : le premier de 1210 hommes, le deuxième de 1075, le troisième de 985 et le quatrième de 1100?

143. Pour faire une cloche, on a fondu ensemble 3458 kilogrammes de cuivre et 865 kilogrammes d'étain. Quel est le poids de la cloche?

144. Deux touristes gravissent le mont Blanc; ils se sont élevés à 2578 mètres et il leur reste encore à gravir 2232 mètres pour atteindre le sommet. Quelle est l'altitude du mont Blanc?

145. Maman m'achète un pardessus de 75 fr. et donne à la caisse un billet de 100 francs. Combien lui rendra-t-on?

146. Il me manque 75 fr. pour payer une somme de 800 francs. Combien ai-je?

147. Une maison de commerce a fait, dans le courant d'une année, 346 000 fr. de recettes et 310 750 fr. de dépenses. Quel bénéfice net a réalisé cette maison?

148. Un négociant a vendu 3 barriques de vin contenant : la première 225 litres, la deuxième 214 litres et la troisième 220 litres à raison de 1 fr le litre. Quelle somme a-t-il reçue?

149. Une personne a acheté une maison 17 850 fr. et l'a revendue 20 000 fr. Quel bénéfice a-t-elle réalisé?

150. On achète dans un magasin un pardessus de 58 francs et un chapeau. Combien coûte le chapeau si on a payé en tout 72 fr?

151. Une armée se compose de 25 800 fantassins, 4250 cavaliers et 1075 artilleurs. Combien y a-t-il de soldats dans cette armée?

152. En revendant un cheval 1250 fr. le marchand dit qu'il a fait un bénéfice de 175 fr. Combien avait-il acheté ce cheval?

153. Une armée qui comptait 25 300 soldats avant la bataille a été réduite à 23 954 soldats. Combien d'hommes ont disparu?

154. Pour aller de Paris à Trouville un train part à 9 heures du matin et arrive à 4 heures du soir. Combien d'heures a duré le trajet?

155. Un ouvrier qui gagne 1850 fr. par an n'a dépensé que 1578 fr. Combien a-t-il pu économiser?

156. Une personne est née en 1875. En quelle année aura-t-elle 57 ans?

157. A quel âge est morte, en 1903, une personne qui était née en 1827?

158. Un jardin rectangulaire a 95 mètres de long et 36 mètres de large. Combien faudra-t-il de mètres de clôture pour entourer ce jardin?

159. Quelle somme doit emprunter une personne qui ne dispose que de 1 500 francs pour payer une dette de 2 450 francs?

160 Dans un omnibus il y a 25 voyageurs à l'impériale, 6 voyageurs sur la plate-forme et 16 voyageurs à l'intérieur. Trouver le nombre de voyageurs transportés?

161. Une caisse pèse 12 kilogrammes quand elle est vide et 150 kilogrammes quand elle est pleine. Quel est le poids de la marchandise qu'elle renferme?

162. Une personne fait creuser un puits de 6 mètres de profondeur; elle doit payer 10 fr. pour le premier mètre, 16 fr. pour le deuxième, 22 fr. pour le troisième et ainsi de suite en augmentant de 6 fr. pour chacun des autres mètres. A combien reviendra le puits?

163. Combien faudra-t-il revendre une marchandise qui avait coûté 1387 francs pour faire un bénéfice de 170 francs?

164. Colomb a découvert l'Amérique en 1492. Depuis combien d'années connaît-on ce Nouveau Continent?

165. La somme de deux nombres est 52344 et l'un de ces nombres est 16679. Quel est l'autre?

166. Quel nombre faut-il retrancher de 58635 pour obtenir 27113 pour reste?

167. Trois personnes se sont partagé une somme. La première a reçu 5874 fr., la deuxième 3489 fr. et la troisième 2643 fr. Quelle était la somme partagée?

168. Pour peser une marchandise le marchand a mis sur le plateau de la balance un poids de 500 grammes, 2 poids de 100 grammes et un poids de 20 grammes. Combien pèse cette marchandise?

169. Paul a 8 ans. En quelle année est-il né?

170. Sur une facture de 750 fr., le marchand a fait une remise de 30 fr. Combien doit-on verser?

171. Combien y a-t-il d'élèves dans un lycée sachant que 458 externes, 180 demi-pensionnaires et 296 internes suivent ses cours?

172. Jacques est né en 1896. En quelle année aura-t-il 21 ans?

173. Une propriété a été payée 35000 fr.; après y avoir fait des travaux pour 17545 fr. on a pu la revendre en réalisant un bénéfice égal au prix d'achat. Quelle somme a-t-on revendu cette propriété?

174. Charlemagne devint roi des Francs en l'an 768 et mourut en 814. Combien a-t-il régné d'années?

175. Dans une caisse qui pèse 15 kilogrammes on met 270 kilogrammes de sucre. Quel est maintenant le poids de la caisse?

176. Un débitant verse dans un tonneau 580 litres de vin et achève de le remplir avec 48 litres d'eau. Trouver la contenance du tonneau?

177. D'un tonneau qui contenait 300 litres de vin on a retiré 176 litres. Que reste-t-il dans le tonneau?

178. Pour payer une somme de 10872 fr., un caissier donne 9500 fr. en billets de banque et le reste en monnaie d'argent. Quelle somme donne-t-il en argent?

179. Dans une année, un employé a dépensé 1580 fr. pour sa nourriture, 975 fr. pour son logement, 430 fr. pour son habillement et 216 fr. pour dépenses diverses. Combien a-t-il gagné, sachant qu'il a pu économiser 269 fr.?

180. Deux ouvriers ont fait ensemble un travail qui leur a été payé 329 fr. L'un reçoit 172 fr.; quelle est la part de l'autre?

181. Pour lancer un cerf-volant, Paul a mis bout à bout 3 pelotes de ficelle, la première de 95 mètres, la deuxième de 72 mètres, et la troisième de 100 mètres. Quelle sera la longueur de sa ficelle?

PROBLÈMES A UNE OPÉRATION : MULTIPLICATION OU DIVISION

182. Combien y a-t-il de minutes dans un jour?

183. Combien y a-t-il d'heures dans une année?

184. Une fermière porte au marché un panier contenant 16 douzaines d'œufs. Combien aura-t-elle d'œufs à vendre?

185. Une main de papier contient 25 feuilles. Combien y a-t-il de feuilles dans 25 mains?

186. On échange 500 francs en billets de banque contre des pièces de 5 francs. Combien recevra-t-on de pièces?

187. Un ouvrier économe dépose chaque semaine 12 francs à la caisse d'épargne. Au bout de combien de temps aura-t-il économisé 300 francs?

188. Un régiment a fait 480 kilomètres en 15 étapes de même longueur. Quelle est la longueur d'une étape?

189. On a acheté 75 n. tres de drap pour 1050 fr. Combien coûte le mètre de drap?

190. Un champ a produit 239 gerbes. Quel est le poids de cette récolte si chaque gerbe pèse 15 kilogrammes?

191. Un négociant achète 135 pièces de vin de 225 litres chacune à 1 fr. le litre. Que doit-il payer?

192. 38 tonneaux de vin de même contenance contiennent 8850 litres. Quelle est la contenance d'un tonneau?

193. Une personne a 480 fr. et veut faire un voyage avec cet argent. Elle sait qu'elle devra dépenser 15 fr. par jour. Combien de jours pourra durer son voyage?

194. Combien la grande aiguille d'une montre fait-elle de tours par semaine?

195. Combien d'heures dans 1500 minutes?

196. Une salle de classe carrée a 64 mètres de pourtour. Quelle est la longueur d'un côté?

197. La terre a 40 000 000 de mètres de tour. Calculer la distance du pôle nord à l'équateur?

198. 8 ouvriers ont mis 12 jours pour faire un travail. Combien un ouvrier, travaillant seul, aurait-il mis de temps?

199. Un train qui fait 70 kilomètres à l'heure part d'une ville à midi et arrive dans une autre ville à 5 heures du soir. Calculer la distance entre les deux villes?

200. Un ouvrier travaille 25 jours par mois. Combien travaille-t-il de jours par an?

201. Quel est le poids d'une somme d'argent de 853 fr., sachant qu'un franc pèse 5 grammes?

202. Un enfant peut soulever un poids de 28 kilogrammes. Quelle somme en argent pourrait-il porter?

203. Une fontaine, qui verse 52 litres par minute, a rempli un bassin en un quart d'heure. Quelle est la contenance de ce bassin?

204. Combien y a-t-il de douzaines d'œufs dans un panier qui renferme 540 œufs?

205. Pour parcourir une lieue de 4 kilomètres, un piéton a mis 50 minutes. Combien de mètres fait-il par minute?

206. Une pièce de drap qui vaut 15 fr. le mètre a coûté 540 fr. Quelle est la longueur de la pièce?

207. Le produit de deux nombres est 14 274 et l'un de ces nombres est 26. Trouver l'autre?

208. Que devra-t-on payer pour 300 huîtres à 1 fr. la douzaine!

209. Le quotient d'une division exacte est 25 et le diviseur 38. Quel est le dividende?

210. On a partagé une boîte de plumes entre 8 élèves et chaque élève a eu 18 plumes. Quel était le nombre de plumes contenues dans cette boîte?

211. Quel est le nombre dont le quart est 271?

212. Un propriétaire reçoit chaque trimestre 850 fr. pour la location d'un immeuble. Combien cet immeuble lui rapporte-t-il par an?

213. Quel est le prix de 2500 œufs à 8 fr. le cent?

214. Un élève habite à 2500 mètres de l'école. Quel chemin fait-il par jour s'il va en classe matin et soir?

215. Un ouvrier a mis 54 jours pour creuser un fossé. Combien de jours auraient mis 6 ouvriers travaillant ensemble pour achever ce même travail?

216. La circonférence se divise en 360 degrés. Combien y-a-t-il de degrés dans un quart de circonférence?

217. Combien peut-on transporter de voyageurs dans un train composé de 18 vagons de chacun 50 places?

218. Un militaire qui paie quart de place a versé 14 fr. pour faire un voyage en chemin de fer. Quel est le tarif pour une place ordinaire?

219. Une cour carrée a 58 mètres de côté. Quelle est la longueur du pourtour?

220. Autour d'un jardin de 234 mètres de pourtour on veut planter des arbres de 3 en 3 mètres de distance. Combien faudra-t-il acheter d'arbres?

221. Un cycliste a parcouru 15 kilomètres en un quart d'heure. Va-t-il plus vite ou moins vite qu'un autre cycliste qui a fait 70 kilomètres dans une heure?

PROBLÈMES A UNE OPÉRATION

SUR L'ADDITION, LA SOUSTRACTION, LA MULTIPLICATION ET LA DIVISION

222. La population de la France est d'environ 39 millions d'habitants; celle de la Russie 129 millions. De combien d'habitants la population de la Russie surpasse-t-elle celle de la France?

223. Un caissier avait le matin 2956 fr. et le soir 9380 fr. Quelle a été sa recette dans la journée?

224. Une famille boit 7 litres de vin par semaine. Quelle sera la durée d'une pièce de vin de 224 litres?

225. Pour s'acquitter d'une dette, une personne verse une première fois 285 fr., une deuxième fois 850 fr. Quel était le montant de la dette si cette personne doit encore 715 fr.

226. Paris a 2 714 068 habitants et Londres en a 1 885 932 de plus. Quelle est la population de Londres?

227. Combien y a-t-il d'arbres dans une pépinière qui renferme 65 rangées de chacune 296 arbres?

228. Napoléon naquit en 1769 et mourut à l'âge de 52 ans. En quelle année est-il mort?

229. Si j'avais 72 bons points de plus, cela m'en ferait 300. Combien ai-je de bons points?

230. Dans une caisse de 500 oranges on en trouve 29 qui sont gâtées. Combien en reste-t-il de bonnes?

231. Un chapelier fait un bénéfice de 3 fr. sur chaque chapeau qu'il vend. Combien a-t-il vendu de chapeaux s'il a gagné 120 fr.

232. Combien y a-t-il de semaines de 7 jours dans une année de 365 jours?

233. Combien la petite aiguille d'une montre fait-elle de tours dans une année?

234. Après avoir versé 75 litres de vin dans une barrique, on constate que un quart seulement est rempli. Combien de litres contient cette barrique?

235. Mon livre d'histoire a 225 pages et je dois en étudier le tiers pendant le premier trimestre scolaire. A quelle page devrai-je être arrivé au jour de l'an?

236. On a acheté une demi-douzaine de chemises pour 72 fr. A combien revient une chemise?

237. Une personne achète une maison pour 25 480 fr. Elle veut s'acquitter en faisant 4 versements égaux. Quel sera le montant de chaque versement?

238. Un ouvrier se repose les dimanches et fêtes, soit environ 57 jours par an. Combien a-t-il travaillé de jours dans l'année?

239. Un maquignon avait acheté un cheval pour 860 fr. En le revendant, il veut gagner le quart du prix d'achat. Quel bénéfice fera-t-il ainsi?

240. Pour chaque douzaine de livres qu'on lui achète, un libraire donne un treizième livre gratis. Combien donnera-t-il de volumes à un marchand qui lui en achète 28 douzaines?

241. Un entrepreneur emploie 38 ouvriers. Combien devra-t-il payer de journées de travail à la fin de la semaine, ces ouvriers ne travaillant pas le dimanche?

242. Pour entrer au cirque chaque spectateur verse 3 francs. Quel a été le nombre de spectateurs quand la recette a été de 3 714 fr.?

PROBLÈMES A DEUX OPÉRATIONS, SANS DIVISION.

243. Un négociant achète une première fois 54 hectolitres de vin pour 2 700 francs, une deuxième fois, 39 hectolitres pour 3 900 fr., et une troisième fois 75 hectolitres pour 5 000 fr. Combien d'hectolitres de vin a-t-il achetés en tout et quelle somme a-t-il déboursée?

244. Un cultivateur a vendu 5 moutons pour une somme de 225 fr. à un marchand, puis 8 autres moutons à un autre marchand pour 316 fr. Combien a-t-il vendu de moutons et quelle somme a-t-il reçue?

245. Un banquier a dans son coffre-fort une somme de 300 427 fr. Il y a pour 250 800 fr. de billets de banque, 38 620 fr. en or et le reste en monnaie d'argent. Quelle est la valeur de cette dernière?

246. Un train part avec 258 voyageurs. A la première station il descend 12 voyageurs et il en monte 75. Combien y a-t-il maintenant de voyageurs?

247. Paul avait 35 billes. Il joue et gagne 9 billes à la première partie; mais à la deuxième partie il en perd 16. Combien de billes a-t-il alors?

248. Mon livre de lecture a 378 pages. J'en ai lu 82 pages pendant le premier trimestre et 126 pages pendant le deuxième trimestre. Que me reste-t-il à lire?

249. Une fermière porte 200 œufs au marché. Elle en vend 150, en casse 3 et en donne 8. Combien lui reste-t-il d'œufs?

250. Un bijoutier achète une montre d'occasion pour 35 fr. Après y avoir fait pour 9 francs de réparations, il la revend 58 fr. Quel est son bénéfice?

251. D'une barrique qui contenait 218 litres de vin, on retire 75 litres pour les verser dans une seconde barrique qui en contenait déjà 117 litres. Combien y a-t-il alors de vin dans chaque barrique?

252. André a 120 fr. sur son carnet de caisse d'épargne; son frère a 17 fr. de moins sur le sien. Quelle somme ont-ils tous les deux ensemble?

253. Un train qui est parti à 8 heures du matin est arrivé à midi 20. Combien de minutes a duré le trajet?

254. Le reste d'une division est 18, le diviseur 39 et le quotient 27. Trouver le dividende?

255. Que dépensera-t-on pour clore un jardin de 45 mètres de long et 23 mètres de large si la clôture coûte 5 fr. le mètre?

256. Une dame achète 7 mètres d'étoffe à 8 fr. le mètre pour faire une robe. Elle donne 49 fr. à la couturière pour la façon et les fournitures. A combien lui revient cette robe?

257. Un fermier a vendu 258 hectolitres de pommes à 3 fr. l'hectolitre et avec l'argent qu'il reçoit il achète un veau de 358 fr. Quelle somme lui reste-t-il?

258. On entoure un jardin carré de 58 mètres de côté d'un mur qui coûte 12 fr. le mètre. A combien se montera la dépense?

259. Combien de minutes dans 8 heures et 35 minutes?

260. Un employé qui a un traitement annuel de 1800 fr. dépense en moyenne 4 fr. par jour. Que lui reste-t-il à la fin de l'année?

261. En revendant 18 chapeaux à 9 fr. le chapeau, un chapelier a fait un bénéfice total de 31 fr. Combien avait-il payé tous ses chapeaux?

262. Un berger a vendu 7 moutons pour 295 fr. Quel est son bénéfice sachant qu'il avait payé chaque mouton 32 fr.?

263. Une source donne 25 litres d'eau par minute. Combien fournit-elle de litres par jour?

264. Quand une demi-douzaine de mouchoirs coûte 9 fr. que paiera-t-on pour avoir 5 douzaines?

265. Une personne achète dans un magasin 12 mètres de velours à 15 fr. le mètre et un chapeau. Trouver le prix du chapeau si elle verse en tout 225 fr.

266. J'ai donné un billet de 50 fr. pour payer 7 volumes à 4 fr. le volume. Que doit-on me rendre?

267. Dans une famille, le père gagne 7 fr. par jour, la mère 4 fr. et les enfants 5 fr. Combien cette famille a-t-elle gagné à la fin de chaque semaine?

268. Combien y a-t-il de lettres dans un ouvrage de 172 pages, chaque page ayant 45 lignes de chacune 37 lettres en moyenne?

269. 6 personnes ont acheté chacune au même marchand 35 mètres d'étoffe, à raison de 17 fr. le mètre. Quelle somme a reçu le marchand?

270. J'ai donné 4 billets de 100 fr. pour payer 25 mètres de drap valant chacun 20 fr. Que dois-je encore?

271. Combien y a-t-il d'heures dans une année?

272. Que paiera-t-on pour l'achat de 8 douzaines de chemises à raison de 7 fr. chaque chemise?

273. Une paysanne avait 300 pommes. Que lui en reste-t-il quand elle en a vendu 18 douzaines?

274. Un négociant a acheté 28 barriques de vin à raison de 72 fr. la pièce. Que doit-il encore après avoir versé un acompte de 1758 fr.?

275. Une fermière a vendu au marché à raison de 4 fr. la pièce 14 poulets qui lui revenaient à 38 fr. Combien a-t-elle gagné?

276. D'un grenier à fourrage contenant 25000 bottes de foin et 35000 bottes de paille, on a retiré 12548 bottes de foin et 17450 bottes de paille. Que reste-t-il dans le grenier?

277. Trouver le bénéfice d'un marchand qui revend 54 mètres d'étoffe à 8 fr. le mètre, sachant que cette étoffe lui avait coûté 327 fr.?

278. Il me manque 18 fr. pour payer 58 mètres de toile à 3 fr. le mètre. Combien ai-je?

279. Un ouvrier reçoit 6 fr. par journée de travail. Que gagne-t-il dans une année s'il a chômé 63 jours?

280. Une personne a déposé les sommes suivantes à la caisse d'épargne: 50 fr., puis 35 fr. et 128 fr. A la suite d'une maladie elle a dû retirer 80 fr. Quelle somme est maintenant inscrite sur son carnet?

281. 9 pièces d'étoffe de chacune 35 mètres ont été vendues 13 fr. le mètre. Combien a-t-on reçu?

282. Un meunier a sur sa charrette 15 sacs de blé pesant chacun

100 kilogrammes et un sac de farine pesant 92 kilogrammes. Quel est le poids de son chargement?

283. Un entrepreneur a fait une commande de 5 000 briques. On lui en a déjà livré 8 voitures de chacune 375 briques. Combien lui en manque-t-il?

284. Un employé de l'état a un traitement de 300 fr. par mois, mais on lui retient sur cette somme 15 fr. pour les verser à la caisse des retraites. Que reçoit-il exactement chaque année?

PROBLÈMES A PLUSIEURS OPÉRATIONS, SANS DIVISION.

285. Une bourse renferme 8 pièces de 20 fr., 7 pièces de 5 fr. et 13 pièces de 1 fr. Quelle somme y a-t-il dans cette bourse?

286. Un entrepreneur emploie 12 maçons qu'il paye chacun 4 fr. par jour et 6 terrassiers qu'il paye 3 fr. Quelle somme lui sera nécessaire pour payer le salaire de tous ses ouvriers : 1° par jour; 2° par semaine de 6 jours de travail?

287. Une personne lègue 4 500 fr. à chacun de ses 5 neveux et 5 000 fr. à chacune de ses 3 nièces. Quel était le montant de l'héritage légué?

288. Sur un vagon on place 9 caisses pesant chacune 125 kilogrammes et 7 autres caisses pesant chacune 78 kilogrammes. Quelle est en kilogrammes la charge du vagon?

289. Un théâtre renferme 328 premières places à 5 fr. 256 secondes à 4 fr. et 500 troisièmes à 1 fr. Quelle est la recette d'une soirée quand toutes les places sont occupées?

290. Pour faire une robe, une couturière emploie 8 mètres de drap à 12 fr. le mètre et 7 mètres de doublure à 3 fr. le mètre. Combien devra-t-elle vendre cette robe si elle veut gagner 45 fr. pour la façon?

291. Combien de minutes en 3 jours et 8 heures?

292. Un ouvrier gagne 32 fr. par semaine et dépense en moyenne 4 fr. par jour. Que lui restera-t-il à la fin de l'année?

293. Un cultivateur a vendu 8 moutons à 45 fr. chaque mouton et 5 bœufs à 650 fr. la pièce. Quelle somme rapporte-t-il s'il avait déjà 29 fr.?

294. Un épicier livre 5 kilogrammes de sucre à 2 fr. le kilogramme, 6 kilogrammes de café à 3 fr. le kilogramme et 3 hectogrammes de thé à 10 fr. le kilogramme. Quel sera le montant de sa facture?

295. Après avoir vendu 25 moutons à 52 fr. chaque mouton, un berger achète 12 agneaux à 18 fr. Quelle somme lui reste-t-il?

296. Trois élèves se partagent une boîte de plumes. Le premier en prend 38, le deuxième 9 de moins que le premier et le troisième autant que les deux premiers ensemble. Combien y avait-il de plumes dans cette boîte?

297. Un vigneron a vendu 350 décalitres de vin rouge à 70 fr. l'hectolitre et 28 hectolitres de vin blanc à 8 fr. le décalitre. Que reçoit-il?

298. Pour payer une pièce de 45 mètres d'étoffe à 7 fr. le mètre on donne 3 billets de 100 fr. et le reste en pièces de un franc. Combien a-t-on donné de pièces?

299. Un négociant fait un mélange de 16 hectolitres de vin à 45 fr. l'hectolitre avec 24 hectolitres à 58 fr. Combien a-t-il d'hectolitres de vin et quelle est la valeur du mélange?

300. On a partagé une certaine somme entre 14 familles pauvres. 6 de ces familles ont reçu chacune 38 fr. et les autres chacune 50 fr. Trouver la somme partagée?

301. Un marchand place dans le plateau d'une balance 12 pièces de 5 fr., 9 pièces de 2 fr. et 3 pièces de 1 fr. pour peser une marchandise. Quel est le poids de cette marchandise sachant qu'un franc en argent pèse 5 grammes?

302. On achète 25 volumes à 4 fr. et 18 volumes à 7 fr. Que devra-t-on payer si le libraire fait une remise totale de 12 fr.?

PROBLÈMES A DEUX OPÉRATIONS DONT UNE DIVISION.

303. 8 mètres de drap valent 96 fr. Combien paierait-on pour acheter 25 mètres de la même étoffe?

304. Deux fontaines coulent dans un bassin; la première donne 12 litres par minute et la deuxième 8 litres. Au bout de combien de temps auront-elles rempli ce bassin s'il peut contenir 800 litres?

305. On paye avec des pièces de 2 fr. un ouvrier qui a travaillé 6 jours à raison de 5 fr. par jour. Combien devra-t-on lui donner de pièces?

306. Pour payer 23 volumes j'ai donné un billet de 100 fr. et le marchand m'a rendu 8 francs. Combien coûte chaque volume?

307. Une pompe à vapeur a vidé 5760 litres en 45 minutes. Combien vide-t-elle de litres par heure?

308. Une famille a consommé dans une année 2 barriques de vin de chacune 228 litres à 1 fr. le litre. Trouver combien cette famille dépense par mois pour sa boisson?

309. On a acheté pour une somme totale de 200 fr. autant de mètres de drap à 12 fr. que de mètres à 8 francs. Combien a-t-on eu de mètres de chaque sorte?

310. Un coquetier a payé 18 fr. pour l'achat de 300 œufs. Trouver son bénéfice s'il les revend 1 fr. la douzaine?

311. Deux pièces de drap à 6 fr. le mètre ont coûté ensemble 450 fr. Quelle est la longueur de la deuxième pièce si la première a 32 mètres?

312. Un employé a reçu 1015 fr. pour 7 mois de travail. Que gagne-t-il par an?

313. Un train met 9 heures pour parcourir une distance de 648 kilomètres. A quelle distance du point de départ se trouve-t-on au bout de 4 heures?

314. 4 mètres de drap valent autant que 9 mètres de toile. Quel est le prix d'un mètre de drap si la toile vaut 4 fr. le mètre?

315. Un bassin d'une contenance de 5ooo litres est alimenté par un robinet qui donne 25 litres par minute. Au bout de combien de temps le robinet aura-t-il rempli le quart du bassin ?

316. En revendant 19 mètres de drap pour 3oo fr. le marchand a fait un bénéfice de 34 fr. Combien avait-il acheté chaque mètre de drap ?

317. Combien doit-on verser pour l'achat de 5o mouchoirs à 24 fr. la douzaine ?

318. On a payé une somme de 112 fr. avec un nombre égal de pièces de 5 fr. de 2 fr. et de 1 fr. Combien a-t-on donné de pièces de chaque espèce ?

319. Quand l'hectolitre de vin vaut 1oó fr., quel est le prix de 25 décalitres ?

320. Une dame a acheté 26 mètres d'étoffe pour 78 fr., puis elle en a cédé 5 mètres à une amie. Combien celle-ci doit-elle lui rembourser ?

321. Sur une avenue qui a un kilomètre de long on place 2 rangées d'arbres espacés de 25 en 25 mètres. Combien y aura-t-il d'arbres ?

322. On a payé 395 fr. pour l'achat de 75 chemises. Combien faudra-t-il revendre chaque chemise pour gagner 13o fr. sur le tout ?

SECONDE PARTIE
Classes élémentaires

EXTRAIT DES PROGRAMMES OFFICIELS

ARRÊTÉS LE 31 MAI 1902, POUR L'ENSEIGNEMENT SECONDAIRE

CLASSES ÉLÉMENTAIRES

CLASSE DE HUITIÈME

Révision du programme de la *Deuxième Année préparatoire*.

Mêmes exercices de numération.

Numération des nombres décimaux (sans dépasser les millièmes).

Système métrique : Étude élémentaire du système métrique : mètre, litre, gramme, franc, stère ; multiples et sous-multiples.

Calcul mental : Nombreux exercices de calcul mental portant toujours sur de petits nombres.

Calcul écrit : Multiplication et division des nombres entiers avec tous les cas qui peuvent se présenter.

Les quatre opérations sur les nombres décimaux, sans théorie, ou tout au moins en se bornant aux explications les plus élémentaires que les élèves sont à même de saisir.

Petits problèmes utilisant les nombres entiers, puis les nombres décimaux, et donnant l'occasion de faire du calcul écrit. Éviter l'usage trop fréquent des problèmes d'invention ; éviter aussi les énoncés trop compliqués ; définir toujours les termes employés.

Géométrie intuitive. — Représentation des figures les plus simples de la géométrie plane.

Notions sur les principaux solides, au moyen de modèles en relief.

CLASSE DE SEPTIÈME

Révision rapide du programme de Huitième.

Numération des nombres décimaux. Opérations sur les nombres entiers et décimaux.

Système métrique : Étude du système métrique.

Calcul mental : Continuation des exercices de calcul mental, avec étude des cas particuliers les plus simples.

Idée générale des fractions : Les quatre opérations sur les fractions ; règles pratiques. Conversion des fractions ordinaires en fractions décimales.

Règle de trois simple (méthode de réduction à l'unité).

Règle d'intérêt simple.

Calcul écrit : Problèmes usuels et exercices d'application. Solutions raisonnées.

Géométrie intuitive. — Mêmes exercices qu'en *Deuxième Année préparatoire* et en *Huitième*.

Mesures des surfaces au moyen de procédés expérimentaux ; mesures des principaux volumes par les mêmes procédés ; parallélépipède, cube, prisme, cylindre. Applications au système métrique.

NUMÉRATION

DES NOMBRES ENTIERS (RÉVISION)

ET DES

NOMBRES DÉCIMAUX

LES UNITÉS ET LES NOMBRES

1. — Quand nous comptons un à un tous les moutons qui forment un troupeau, les plumes qui remplissent une boîte, les œufs d'un panier, nous énonçons des **nombres**.

Chacun des objets que nous comptons ainsi est **une unité**.

La réunion ou collection de ces unités est un **nombre entier**.

2. — Mais nous avons très souvent besoin de **mesurer** des objets *uniques* comme la longueur de la classe, la contenance d'un tonneau, le poids d'un corps, la valeur d'une somme d'argent et nous sommes, dans ce cas, obligés de procéder autrement.

Pour **mesurer** la longueur de la classe, on prend une règle d'une longueur fixe et bien connue appelée le *mètre*. On porte ce mètre autant de fois que cela est possible le long de la classe et si, par exemple, il y est contenu *six* fois, on dit que la classe a *six* mètres de longueur

Ce mètre qui nous sert à mesurer une longueur s'appelle *unité* de longueur et *six* est le **nombre** des unités contenues dans la longueur mesurée.

Pour mesurer la contenance d'un tonneau, on cherche combien la quantité de liquide qu'il peut contenir remplira de fois un vase appelé le **litre**.

Pour trouver le poids d'un corps, on prend comme unité le *gramme*.

Pour évaluer une somme d'argent, on prend comme unité le *franc*.

3. — Le métre, *le* litre, *le* gramme, *le* franc sont aussi des unités.

On les appelle souvent unités de mesure.

LES NOMBRES ENTIERS JUSQU'A MILLE

4. — Formation des nombres. — Prenons une boîte et des plumes. Quand la boîte est vide, nous disons qu'elle ne contient rien, ou *zéro* plume.

Mettons une plume dans la boîte, le nombre de plumes qu'elle contient est alors *un*.

Ajoutons une autre plume ; le nombre de plumes est devenu *un* et *un* que nous appelons *deux*.

Avec une plume de plus, on aura le nombre *un* et *un* et *un* qu'on appelle *trois*. Et ainsi de suite, en ajoutant successivement l'unité, on obtiendra autant de nombres que l'on voudra.

5. — Numération parlée. — Comme la suite des nombres est indéfinie, on ne pourrait donner ainsi un nom particulier à chacun des nombres, et l'on a imaginé un moyen de les nommer avec très peu de mots : c'est le but de la *numération parlée*.

6. — Remarquons d'abord que l'unité peut fort bien être elle-même une collection.

Supposons, en effet, que nous voulions compter une *armée* de soldats.

Nous savons qu'un petit groupe de soldats forme une *compagnie*; que plusieurs compagnies réunies forment un *bataillon* et que plusieurs bataillons forment un *régiment*.

En comptant les soldats un à un, l'unité est *un soldat*. Mais si, pour aller plus rapidement, nous voulions compter par groupes, l'unité serait alors la compagnie, ou le bataillon, ou le régiment.

Pour former les nombres, on a procédé d'une manière semblable :

7. — **Unités simples**. — On a d'abord donné des noms différents aux premiers nombres :

un, deux, trois, quatre, cinq, six, sept, huit, neuf.

Ces neuf premiers nombres sont formés d'*unités simples*.

8. — **Dizaines**. — En ajoutant au nombre neuf une nouvelle unité, on a le nombre *dix* et l'on applique la convention suivante :

Dix unités simples forment une nouvelle unité appelée **dizaine**.

Cela permet de compter par dizaines comme par unités et l'on obtient ainsi les nombres :

une dizaine ou *dix*;

deux dizaines ou *vingt*;

trois dizaines ou *trente*;

quatre dizaines ou *quarante*;

cinq dizaines ou *cinquante*;
six dizaines ou *soixante*;
sept dizaines ou *soixante-dix*:
huit dizaines ou *quatre-vingts*;
neuf dizaines ou *quatre-vingt-dix*.

9. — Pour former les nombres compris entre chaque dizaine, on y intercale les neuf premiers nombres. Ainsi, entre dix et vingt, on a :

dix et un ou *onze*;	dix six ou *seize*;
dix deux ou *douze*;	*dix-sept*;
dix trois ou *treize*;	*dix-huit*;
dix quatre ou *quatorze*;	*dix-neuf*;
dix cinq ou *quinze*;	dix et dix ou *vingt*.

Entre deux dizaines ou vingt et trois dizaines ou trente, on a :

vingt et un,	vingt-quatre,	vingt-sept,
vingt-deux,	vingt-cinq,	vingt-huit,
vingt-trois,	vingt-six,	vingt-neuf,

et ainsi de suite.

10. — A quatre-vingt-dix-neuf, qui se compose de neuf dizaines et neuf unités simples, succède le nombre formé de dix dizaines.

11. — **Centaines.** — *Dix dizaines forment une unité appelée* **cent** *ou* **centaine.**

On compte par centaines comme par dizaines et par unités et les nombres obtenus sont :
une centaine ou *cent*;
deux centaines ou *deux cents*;
trois centaines ou *trois cents*;
quatre centaines ou *quatre cents*;

cinq centaines ou *cinq cents*;
six centaines ou *six cents*;
sept centaines ou *sept cents*;
huit centaines ou *huit cents*;
neuf centaines ou *neuf cents*.

12. — Entre deux centaines consécutives, on met les quatre-vingt-dix-neuf premiers nombres.

Dix centaines forment une nouvelle unité appelée **mille**.

13. — EN RÉSUMÉ :

Dix unités simples (1ᵉʳ ordre) ont formé la dizaine (unité du 2ᵉ ordre);

Dix dizaines ont formé la centaine (unité du 3ᵉ ordre);

Dix centaines ont formé le mille (unité du 4ᵉ ordre);

d'où le principe général de la numération parlée :

Dix unités d'un ordre quelconque forment une unité de l'ordre immédiatement supérieur.

ÉCRITURE DES NOMBRES

14. — **Les chiffres.** — Pour représenter les nombres, on a imaginé les caractères suivants :

0	1	2	3	4	5	6	7	8	9
zéro	un	deux	trois	quatre	cinq	six	sept	huit	neuf

qu'on appelle *chiffres*.

15. — **Numération écrite.** — Elle a pour but d'écrire tous les nombres en ne se servant que des dix chiffres précédents.

Nous venons de voir que dans un nombre, il ne peut y avoir jamais plus de neuf unités simples ou neuf dizaines ou neuf centaines; on pourra donc représenter les unités de ces différents ordres avec les dix caractères imaginés.

Pour distinguer le chiffre qui représente les centaines de ceux qui indiquent le nombre des dizaines et des unités simples, on a adopté la convention suivante qui est le principe général de la numération écrite :

Tout chiffre placé à la gauche d'un autre représente des unités de l'ordre immédiatement supérieur.

D'après cela, les unités du :

1er ordre ou *unités simples* se placent au 1er rang,
2e —   *dizaines*   —   2e rang,
3e —   *centaines*   —   3e rang,

de droite à gauche.

S'il manque un ordre quelconque, on le remplace par un zéro.

EXEMPLES. — *Soit à écrire le nombre cinq cent quarante-huit.*

Comme il se compose de cinq centaines, quatre dizaines et huit unités simples, il s'écrira **548**.
Six cent cinquante s'écrit **650** (pas d'unités).
Trois cent neuf   —   **309** (pas de dizaines).
Sept cents   —   **700** (pas de dizaines ni d'unités).
      Mille s'écrit **1000**.

16. — RÈGLES :

1° Pour écrire un nombre plus petit que mille : **On écrit successivement de gauche à droite les chiffres qui représentent le nombre des centaines, celui des dizaines, et celui des unités simples.**

2° Pour lire un nombre plus petit que mille : **On lit successivement les chiffres de gauche à droite en les faisant suivre du nom de l'unité qu'ils représentent.**

Il faut avoir soin de se rappeler que deux, trois, quatre... dizaines se lisent vingt, trente, quarante.... Et il faut aussi tenir compte des exceptions relatives à onze, douze, treize, quatorze, quinze et seize à la place de dix-un, dix-deux, dix-trois, dix-quatre, dix-cinq et dix-six.

QUESTIONNAIRE :

Comment compte-t-on un tas de pommes? une poignée de billes? les feuilles d'un cahier ou d'un livre? les lignes d'une page? — Qu'est-ce que l'unité? — Qu'est-ce qu'un nombre entier? — Comment peut-on mesurer la longueur d'une rue? la contenance d'un baquet? le poids d'un morceau de pain? — Quelles sont les principales unités de mesure? — Quel est le plus petit de tous les nombres? — Comment a-t-on formé les autres nombres? — Connaît-on le plus grand de tous les nombres? — L'unité ne représente-t-elle toujours qu'un objet? — Quel est le but de la numération parlée? — Qu'est-ce qu'une dizaine? — Combien y a-t-il de nombres entre deux dizaines consécutives? — Nommez ceux qui se trouvent entre la première et la seconde dizaine? entre la sixième et la septième? la septième et la huitième? — Qu'est-ce qu'une centaine? — Dans un nombre combien peut-on avoir au plus d'unités, de dizaines, de centaines? — Combien y a-t-il d'unités entre deux centaines et trois centaines? entre cinq centaines et sept centaines? — Énoncez le principe de la numération parlée. — Quel est le but de la numération écrite? — Sur quel principe est-elle établie? — Comment écrit-on un nombre au-dessous de mille? — Comment le lit-on? — A quoi sert le zéro? — Combien faut-il de chiffres pour écrire un nombre exprimant des dizaines? des centaines?

EXERCICES

SUR LA NUMÉRATION DES UNITÉS, DIZAINES ET CENTAINES

EXERCICES ORAUX

1. Compter de deux en deux : de zéro à cent (nombres pairs); puis de un à quatre-vingt-dix-neuf (nombres impairs).

2. Dans chaque rue des villes les maisons portent d'un côté des numéros pairs, de l'autre, des numéros impairs. D'après cela répondre aux questions suivantes :

Quels numéros portent les maisons qui *suivent* celles ayant les numéros 25? 48? 17? 108? 99?

3. Quels numéros ont celles qui les *précèdent*?

4. Combien de maisons entre les numéros 2 et 8? 12 et 20? 5 et 11? 19 et 27? 90 et 110? 51 et 45? 20 et 8? etc.

5. Les dernières maisons d'une rue portent d'un côté le n° 24 et de l'autre le n° 19. Combien y a-t-il de maisons dans cette rue?

6. Compter de dix en dix : de cent à trois cents? de trois cent un à quatre cent un? — de 402 à 502? de 504 à 604? de 605 à 705? de 809 à 999?

7. Combien faut-il d'unités simples pour faire 2 dizaines? 5 dizaines? 9 dizaines? 3 centaines? 6 centaines? 8 centaines?

8. Quel est le plus grand nombre pair de 2 chiffres? de 3 chiffres? le plus petit nombre impair de 2 chiffres? de 3 chiffres?

9. Comptez de 5 en 5, de mille à neuf cents? de vingt en vingt, de neuf cents à sept cents? de cinquante en cinquante, de sept cents à cinquante.

10. Faire successivement chacun des quatre exercices suivants :

1° Une dizaine de plumes, c'est *dix* plumes; 3 dizaines, c'est ...; 5 dizaines ...; 9 dizaines ...; 10 dizaines ...; 15 dizaines ...; 20 dizaines ...; 34 dizaines ...; 50 dizaines ...; 90 dizaines ....

2° Puisqu'une pièce de 10 francs vaut une *dizaine* de francs, 4 pièces valent ...; 7 pièces ...; 12 pièces ...; 25 pièces ...; 60 pièces ...; 100 pièces ....

3° En 10 objets il y a une dizaine; combien de dizaines dans : 40 objets; 70; 110; 220; 400; 570; 890 objets?

4° De même, combien faudra-t-il de pièces de dix francs pour faire : 30 francs? 60 francs? 90 francs? 140 francs? 370 francs? 600 francs? 700 francs? 1000 francs?

11. Combien y a-t-il de dizaines et d'unités dans les nombres :

quarante-trois;	quatre-vingts;	soixante-douze;
soixante-dix;	soixante-six;	quatorze;
dix-neuf;	trente-sept;	quatre-vingt-quinze ?

12. Quels sont les nombres formés de :

cinq dizaines et zéro unité;	cinq unités et une dizaine;
neuf dizaines et trois unités;	quatre unités et quatre dizaines;
six dizaines et huit unités;	trois unités et huit dizaines;
sept dizaines et une unité;	zéro unité et sept dizaines.

13. Combien y a-t-il de centaines, dizaines et unités simples dans :

trois cent soixante-quinze;
six cent quatre-vingts;
deux cent huit;
sept cents unités;
huit cent quatre-vingt-treize;
neuf cent dix?

14. Combien faut-il de pièces de cent francs, de pièces de dix francs et de pièces d'un franc pour faire 580 francs? 370 francs? 406 francs? huit cents francs? neuf cent quatre-vingt-dix francs? sept cent seize francs?

15. Quels sont les nombres formés de :

> quatre centaines et cinq dizaines;
> soixante-deux dizaines;
> trois centaines et neuf unités;
> sept centaines et sept unités;
> cinquante-sept dizaines et trois unités;
> dix centaines;
> cent dizaines;
> neuf centaines et quinze unités?

EXERCICES ÉCRITS

16. Ajoutez une dizaine aux nombres suivants et écrivez en chiffres les nouveaux nombres obtenus :

quatre-vingt-onze; cent deux; cent soixante-treize; trois cents; quatre-vingt-quinze; cinq cent quatre-vingt-dix; sept cent huit; neuf cent quatre-vingt-dix.

17. Écrivez en chiffres les nombres pairs de 110 à 50; les nombres impairs de 251 à 199; les nombres de dix en dix de 500 à 300; les nombres de vingt en vingt, de mille à huit cents.

18. Lire, puis écrire en lettres, les nombres : 19; 72; 110; 594; 903; 800; 670.

19. Écrire en chiffres les nombres suivants : cent quatre; trois cent douze; sept cent sept; neuf cents; cinq cent quatre-vingt-quinze; neuf cent quatre-vingts.

20. Écrire en chiffres les cinq nombres qui précèdent : 100; 202; 304; 570; 683; 891; mille.

21. Que devient le nombre 25 quand on ajoute : 1° un zéro à sa droite; 2° à sa gauche; 3° entre le 2 et le 5?

22. Intervertir l'ordre des chiffres dans les nombres suivants et dire de combien ils ont augmenté ou diminué : 45; 32; 87; 12; 97.

LES NOMBRES ENTIERS AU DELA DE MILLE

Formation des nombres. — Classes.

17. — Les mille. — Les nombres de un à mille forment ce qu'on appelle les nombres de la *première classe*.

A partir de mille, pour éviter d'employer un trop grand nombre de mots nouveaux, on convient de compter par mille comme on a compté par unités simples. On dit :

Un mille; deux mille; trois mille; quatre mille; cinq mille; six mille; sept mille; huit mille; neuf mille;

et, entre deux nombres de mille qui se suivent, on intercale les neuf cent quatre-vingt-dix-neuf premiers nombres.

Ex : *mille un, mille deux, mille trois..., mille dix, mille onze, mille cent, mille sept cents.*

18. — Dix mille forment une *dizaine de mille* qui est l'unité du **cinquième ordre**.

Cent mille forment une *centaine de mille* qui est l'unité du **sixième ordre**.

Mille fois mille font *un million* qui est l'unité du **septième ordre**.

Tous les nombres depuis mille un jusqu'à un million, forment *la seconde classe* ou *classe des mille*.

19. — Les millions. — On compte les millions comme les unités :

Dix millions font *une dizaine de millions* (**huitième ordre**).

Cent millions font *une centaine de millions* (**neuvième ordre**).

Entre deux nombres de millions consécutifs, il y a 999 999 unités.

Les millions forment la *troisième classe*.

Mille millions font un *billion* ou *milliard*.

20. — Les milliards. — La quatrième classe comprend les *unités, dizaines et centaines de milliards*.

On pourrait continuer ainsi et former de nouvelles classes qui portent les noms de *trillions, quatrillions*, etc.

Mais, dans la pratique, on n'a pas besoin de nombres aussi grands. Il suffit de bien connaître les quatre premières classes qui forment le tableau suivant :

RÉSUMÉ.

1er	ordre	*unités*	
2e	ordre	*dizaines d'unités*	première classe.
3e	ordre	*centaines d'unités*	
4e	ordre	*mille*	
5e	ordre	*dizaines de mille*	seconde classe.
6e	ordre	*centaines de mille*	
7e	ordre	*millions*	
8e	ordre	*dizaines de millions*	troisième classe,
9e	ordre	*centaines de millions*	
10e	ordre	*billions*	
11e	ordre	*dizaines de billions*	quatrième classe.
12e	ordre	*centaines de billions*	

21. — RÈGLE 1. — *Pour écrire un nombre plus grand que mille :*

On écrit séparément de gauche à droite chaque classe, comme si elle était seule, en commençant

par la plus élevée. On remplace par des zéros les ordres ou classes qui manquent.

EXEMPLES. — *Soit à écrire le nombre : trois millions six cent quarante mille deux cent huit.*

Ce nombre se compose de   **3** millions
   640 mille
   208 unités simples;
il s'écrira donc :   **3**   **640**   **208**
    millions   mille   unités

De même, le nombre six milliards vingt-huit millions cinquante unités s'écrit :

6 028 000 050.

22. — RÈGLE II. — *Pour lire un nombre plus grand que mille :*

On le partage en tranches de 3 chiffres à partir de la droite, la dernière tranche, à gauche, peut n'avoir qu'un ou deux chiffres. Puis on lit séparément chaque tranche de gauche à droite, en la faisant suivre du nom de la classe qu'elle représente.

EXEMPLE. — Le nombre suivant

8 479 005 672

se lira *huit milliards quatre cent soixante-dix-neuf millions cinq mille six cents soixante-douze.*

23. — **Valeur absolue ; valeur relative.** — D'après ce qui précède, chaque chiffre représente des valeurs différentes selon le rang qu'il occupe dans les nombres.

La valeur absolue est celle qu'il a si on le considère seul, et sa valeur relative est celle qu'il obtient d'après la place qu'il occupe.

Ainsi dans le nombre 3595, la valeur absolue de chaque chiffre cinq n'est que de *cinq*, tandis que la valeur relative de celui de gauche est *cinq centaines*; la valeur relative de celui de droite est *cinq unités simples*.

Le chiffre *zéro* n'a pas de valeur absolue. Il ne sert qu'à remplacer les unités qui manquent et à donner à chacun des autres chiffres la valeur relative qui lui convient.

24. — Système décimal. — Dans la numération que nous venons d'étudier, nous remarquons que les unités de chaque ordre sont de *dix* en *dix* fois plus petites ou plus grandes ; pour cette raison, on l'appelle **numération décimale.**

QUESTIONNAIRE :

Nommez tous les ordres : 1° depuis les unités simples jusqu'aux centaines de milliards; 2° en sens contraire. — Comment écrit-on un grand nombre? — Comment lit-on un nombre au-dessus de mille? — Combien d'ordres dans chaque classe? — Qu'entend-on par valeur absolue et valeur relative d'un chiffre? Donnez des exemples. — Quel est le rôle du zéro? — Pourquoi notre système de numération a-t-il été appelé décimal?

EXERCICES

SUR LA NUMÉRATION DES NOMBRES AU DELA DE MILLE.

EXERCICES ORAUX

23. Comptez de 2 en 2 : de mille à mille cinquante; de mille cinquante et un à mille cent un; de mille neuf cent quarante à deux mille.

24. Comptez de 10 en 10 de mille à deux mille.

25. Comptez de 100 en 100 de deux mille à dix mille.

26. Quels sont les dix nombres qui viennent à la suite de : deux mille; deux mille quatre-vingt-quinze; deux mille cinq cents; trois mille six cent quatre-vingt-dix; neuf mille neuf cent quatre-vingt-quinze; dix mille; dix mille quatre-vingt-dix; quatre-vingt-dix-neuf mille neuf cent quatre-vingt-quinze?

27. Quel est le nombre qui précède : mille cent; mille deux cents;

deux mille trois cents; trois mille cinq cents; neuf mille neuf cents; dix mille; dix mille quatre cents; onze mille; vingt mille; cent mille; un million?

28. Quelle somme obtient-on avec : deux billets de mille francs; 5 billets; 10 billets; 25 billets; 100 billets; 300 billets; mille billets; dix mille billets?

29. Combien faut-il de billets de mille francs pour faire : un million; 3 millions; dix millions; 25 millions; cent millions?

30. Combien d'unités simples font : 3 centaines; 10 centaines; 12 centaines; 25 centaines; 50 centaines; 92 centaines; cent centaines; 250 centaines; 503 centaines; mille centaines?

31. Quelle somme obtient-on avec : 5 billets de cent francs; 15 billets; 20; 65; 100; 300; 650; 805 billets?

32. Combien faudrait-il de billets de cent francs pour payer : 1200 francs; 4500 francs; 7000 francs; 9200 francs; treize mille francs; vingt-cinq mille francs; cinquante mille francs; cent mille francs?

33. Quelles unités représentera le chiffre 4 si on ajoute à sa droite 2 zéros; 4 zéros; 5, 6, 8 zéros?

34. Réciproquement, combien faut-il ajouter de zéros à la droite du chiffre 6 pour lui faire exprimer : des dizaines d'unités; des centaines de mille; des centaines d'unités; des unités de mille; des centaines de millions; des milliards?

35. Quel est le plus petit nombre de 4 chiffres? le plus grand? Même question pour les nombres de 5, 6, 7 et 8 chiffres?

36. Quelles sont les unités : 1° dix fois plus grandes; 2° dix fois plus petites que :

Les unités de mille; les centaines d'unités; les dizaines de millions; les centaines de millions?

37. Même exercice en indiquant les unités 100 fois plus grandes et 100 fois plus petites.

38. Nommez les unités placées au 4ᵉ rang; au 2ᵉ; au 6ᵉ; au 9ᵉ; au 5ᵉ; au 7ᵉ; au 3ᵉ; au 8ᵉ?

39. Quels sont les nombres formés de :

Trois unités de mille et six dizaines d'unités;

Cinq unités de mille et huit centaines d'unités;

Sept unités de mille et quatre unités simples;

Trois dizaines de mille et six unités de mille;

Quatre dizaines de mille et cinq centaines d'unités;

Neuf dizaines de mille et trois dizaines d'unités;

Trois centaines de mille, neuf unités de mille et six dizaines d'unités;

Deux unités de millions, trois dizaines de mille et cinq centaines d'unités.

40. Pour le nombre 3 958 271 406 faire les exercices suivants :

1° Le partager en tranches, puis le lire;

2° Dire ce que représente chacun des chiffres de droite à gauche, puis de gauche à droite;

3° Que représentent le 5, le 2, le 6, le 3?

4° Quelle est la valeur relative du 9, du 8, du 4, du 7, du 1?

5° Quelle est la valeur absolue du chiffre placé au 5ᵉ rang, au 3ᵉ, au 6ᵉ, au 8ᵉ?

41. Lire les nombres suivants :
3 659, 29 037, 602 700, 50 078, 900 506, 3 675 009, 50 081 270, 70 600 305, 590 710 600, 3 045 000 038.

EXERCICES ÉCRITS

42. Écrire en chiffres les cinq nombres qui suivent 1098 ; même exercice pour : 2050 ; 3007 ; 9996 ; 10 100 ; 25 899 ; 98 000 ; cent mille ; un million ; cent millions.

43. Écrire en chiffres le nombre qui précède 1300 ; même exercice avec les nombres 3400 ; 8790 ; 9000 ; 9100 ; 9890 ; 12 000 ; 12 500 ; 20 000 ; 100 000.

44. Écrire de dix en dix les nombres de 3000 à 3200 ; de 9902 à 10 052 ; de 20 064 à 20 174 ; de 100 038 à 100 198.

45. Écrire les nombres de cent en cent de huit mille à dix mille.

46. Écrire en chiffres les nombres :
Dix-neuf mille six cent soixante-quinze ; trois cent cinq mille huit cent quatre ; six mille neuf cent soixante et onze ; quatre-vingt-dix mille trente-huit ; six cent mille neuf cent quatre-vingts ; trois millions cinq cent deux ; soixante-dix millions deux cent trois mille quatre-vingt-quatorze ; trente-cinq millions neuf mille cinq cents ; soixante-deux millions cent mille soixante-seize ; quatre-vingt-dix millions soixante-douze mille trois unités.

47. Copiez les exemples suivants en remplaçant les lettres par des chiffres :
Voici la population des principales villes de la France : Paris a deux millions sept cent quatorze mille soixante-huit habitants ; Marseille en a quatre cent quatre-vingt-onze mille cent soixante et un ; Lyon, quatre cent cinquante-neuf mille quatre-vingt-dix-neuf ; Bordeaux, deux cent cinquante-six mille six cent trente-huit, et Lille, deux cent dix mille six cent quatre-vingt-seize.

Les plus grandes cités de l'Europe sont : Londres avec quatre millions six cent mille habitants environ ; Berlin, un million neuf cent mille ; Vienne, un million six cent quatre-vingt mille ; Saint-Pétersbourg, un million quatre cent quarante mille et Constantinople un million cent mille.

La France compte trente-huit millions neuf cent soixante et un mille neuf cent quarante-cinq habitants ; l'Europe, trois cent soixante-quinze millions et la terre entière environ un milliard cinq cent millions.

CHIFFRES ROMAINS

25. — Chiffres. — Les Romains employaient les chiffres suivants :

I signifie 1.	C signifie 100.
V — 5.	D — 500.
X — 10.	M — 1000.
L — 50.	

26. — Nombres. — Quand deux signes sont l'un à côté de l'autre :

Si c'est le plus petit qui est à droite ils *s'ajoutent*.

Si c'est le plus grand qui est à droite ils *se retranchent*.

D'après cela :

I, II, III signifient **1, 2, 3.**

IV	signifie	**5**	*moins*	**1** ou	**4.**
VI	signifie	**5**	plus	**1** ou	**6.**
VII	signifie	**5**	plus	**2** ou	**7.**
VIII	signifie	**5**	plus	**3** ou	**8.**
IX	signifie	**10**	*moins*	**1** ou	**9.**
XI	signifie	**10**	plus	**1** ou	**11.**
XII	signifie	**10**	plus	**2** ou	**12.**
XIII	signifie	**10**	plus	**3** ou	**13.**
XIV	signifie	**10**	plus	**4** ou	**14.**
XV	signifie	**10**	plus	**5** ou	**15.**
XVI	signifie	**10**	plus	**6** ou	**16.**
XVII	signifie	**10**	plus	**7** ou	**17.**
XVIII	signifie	**10**	plus	**8** ou	**18.**
XIX	signifie	**10**	plus	**9** ou	**19.**
XX	signifie	**10**	plus	**10** ou	**20.**

Les heures, sur un cadran d'horloge ou de montre, sont indiquées en chiffres romains.

QUESTIONNAIRE :

1. Comment écrit-on en chiffres romains : 1, 5, 10, 2, 6, 4, 9, 11, 15, 17, 20?

2. Que signifient : XXI, XXV, XXVIII, XXX, L, XL, LII, LX, C, CC, D, DC, CD, DCCC, MDCCC?

LES NOMBRES DÉCIMAUX JUSQU'AUX MILLIÈMES

27. — Dixièmes. — Coupons un bâton en dix parties égales ; chaque morceau sera *un dixième* de bâton. Dans un bâton il y a **10** dixièmes.

un entier .

un dixième

un entier vaut 10 dixièmes.

28. — Centièmes. — Partageons ensuite un de ces dixièmes en dix parties égales ; chaque nouvelle part y est contenue dix fois et, par conséquent, dix fois dix ou cent fois dans le bâton entier ; ce sera un *centième* de bâton.

un entier .

un dixième

un centième

un dixième vaut 10 centièmes,
un entier vaut 100 centièmes.

29. — Millièmes. — Enfin, si nous coupons un centième de bâton en dix parties égales, chaque petit morceau obtenu sera *un millième* de bâton, puisque le bâton entier en contient cent fois dix ou mille.

(Le mètre, p. 30, représente un bâton divisé en dixièmes, centièmes et millièmes.)

un **centième** *vaut* **10 millièmes,**
un **dixième** *vaut* **100 millièmes,**
un **entier** *vaut* **1000 millièmes.**

QUESTIONNAIRE :

Combien l'unité vaut-elle de dixièmes, de centièmes, de millièmes? — Qu'est-ce qu'un dixième, un centième, un millième? — Comment prendriez-vous les trois dixièmes d'un gâteau? Que restera-t-il quand vous aurez enlevé ces trois dixièmes? — Combien y a-t-il de centièmes dans un dixième? combien de millièmes? — Combien de dixièmes dans la moitié d'une pomme? combien de centièmes? combien de millièmes?

30. — **Nombres décimaux**. — *Les dixièmes, les centièmes, les millièmes sont appelés* **parties décimales de l'unité.**

Voici **3** bâtons entiers et **6** morceaux de bâton qui sont chacun **1** dixième de bâton.

Collons, bout à bout, les **3** bâtons et **6** dixièmes, nous obtiendrons un bâton plus grand qui contient **3** bâtons et **6** dixièmes.

1 bâton étant une **unité**, le grand bâton contient **3** unités et **6** dixièmes.

3 unités **6** dixièmes est ce qu'on appelle un **nombre décimal.**

De même, collons, bout à bout, **4** bâtons, **5** dixièmes de bâton et **7** centièmes de bâton, nous obtiendrons un grand bâton qui contiendra **4** unités **5** dixièmes et **7** centièmes.

4 unités, **5** dixièmes, **7** centièmes est ce qu'on appelle un **nombre décimal**.

31. — *Un* **nombre décimal** *est un nombre qui contient des unités et des* **parties décimales** *de l'unité.*

Un nombre qui n'a pas de partie décimale se nomme **nombre entier.**

Ainsi **425** est un *nombre entier.*

27 *unités,* **6** *dixièmes est un nombre décimal.*

592 *unités,* **7** *dixièmes,* **2** *millièmes est un nombre décimal.*

1. Combien de centièmes y a-t-il dans : 4 dixièmes, 6 dixièmes, 2 dixièmes, 3 dixièmes et 2 centièmes, 7 dixièmes et 8 centièmes, 8 dixièmes et 3 centièmes ?

2. Combien de millièmes dans : 7 dixièmes, 2 dixièmes, 3 centièmes et 4 millièmes, 6 centièmes et 5 millièmes, 2 dixièmes, 3 centièmes et 7 millièmes, 5 dixièmes et 6 centièmes, 4 dixièmes et 3 millièmes, 7 dixièmes et 7 millièmes ?

32. — **Écriture et lecture des nombres décimaux.** — Les unités décimales étant de dix en dix fois plus petites, on les représente d'après le principe général de la numération écrite, c'est-à-dire en plaçant :

les **dixièmes** au **1er** *rang, à droite des unités ;*

les **centièmes** au **2e** *rang,*   —

les **millièmes** au **3e** *rang,*   —

On sépare les unités des dixièmes par une virgule et l'on a soin de mettre des zéros pour marquer la place des parties décimales qui manquent.

EXEMPLES. — Si nous avons devant nous **3** bâtons e 6 dixièmes de bâton ou **3** unités **6** dixièmes, nous écrirons ce nombre **3,6** ;

de même **18** bâtons et **5** centièmes ou **18** unités 0 dixièmes, **5** centièmes s'écrira **18 05**.

75 millièmes de bâton, c'est-à-dire **0** unité, **0** dixième, **7** centièmes, **5** millièmes s'écrira **0,075**.

33. — RÈGLE I. — *Pour écrire un nombre décimal :*

On écrit d'abord la partie entière puis la virgule. On écrit ensuite la partie décimale comme si c'était un nombre entier, en ayant soin de faire occuper au dernier chiffre à droite le rang qui lui convient. S'il n'y a pas de partie entière, on la remplace par un zéro.

34. — RÈGLE II. — *Pour lire un nombre décimal :*

On énonce d'abord la partie entière qu'on fait suivre du mot entiers ou unités; puis la partie décimale, en la faisant suivre du nom des unités que représente le dernier chiffre décimal. S'il n'y a pas d'entiers, on lit seulement la partie décimale.

EXEMPLES. — **82,651** se lit **82** unités **651** millièmes.
          3,026 — **3** unités **26** millièmes.
          0,07 — **7** centièmes.
          0,038 — **38** millièmes.

EXERCICES

SUR LA NUMÉRATION DES NOMBRES DÉCIMAUX JUSQU'AUX MILLIÈMES.

EXERCICES ORAUX

48. Combien de dixièmes peut-on obtenir avec 2 entiers, 5 entiers, 3 entiers et 5 dixièmes, 6 entiers et 9 dixièmes, 7 entiers et 3 dixièmes?

49. Combien d'unités entières dans 10 dixièmes, 30 dixièmes, 60 dixièmes, 90 dixièmes, 100 dixièmes?

50. Combien y a-t-il d'unités entières et de dixièmes dans 25 dixièmes, 30 dixièmes, 72 dixièmes, 50 dixièmes, 96 dixièmes, 88 dixièmes?

51. Combien reste-t-il de dixièmes d'un gâteau quand on en a retiré 2 dixièmes, 5 dixièmes, 8 dixièmes, 10 dixièmes?

52. Combien de centièmes dans 3 dixièmes, 5 dixièmes, 8 dixièmes, 10 dixièmes, un entier, 4 entiers, 7 entiers, 9 entiers?

53. Combien d'entiers sont formés par 500 centièmes, 300 centièmes, 800 centièmes, 1000 centièmes?

54. Quelles sont les unités décimales dix fois plus grandes que les centièmes? dix fois plus petites?

55. Combien faudrait-il ajouter de centièmes à 25 centièmes pour faire un entier? Même question avec 50 centièmes, 80 centièmes, 99 centièmes, 10 centièmes?

56. Combien de millièmes dans 4 centièmes, 7 centièmes, 4 dixièmes, 7 dixièmes, 4 entiers, 7 entiers, 5 centièmes, 9 dixièmes, 6 unités simples?

57. Combien de millièmes dans la moitié d'un entier, dans un quart?

58. Comment lit-on un nombre décimal?

59. Énoncez les nombres formés de :

3 unités, 5 dixièmes, 8 centièmes, 6 millièmes;

25 unités, 0 dixième, 8 centièmes;

1 unité, 0 dixième, 3 centièmes, 7 millièmes;

0 unité, 6 dixièmes;

50 unités, 0 dixième, 0 centième, 9 millièmes;

0 unité, 4 dixièmes, 2 centièmes;

95 unités, 3 dixièmes, 0 centième, 4 millièmes.

60. Lisez les nombres suivants, puis dites ce que représente chaque chiffre : 25,6; 3,75; 428,671; 0,07; 2,098; 0,102; 38,007.

EXERCICES ÉCRITS

61. Tracez une ligne et partagez-la en 10 parties égales. Tracez au-dessous une autre ligne qui égale les 3 dixièmes de la première; une autre qui en égale les 5 dixièmes; une troisième qui égale les 8 dixièmes.

62. Écrire en lettres le nombre 354,872, puis dire ce que représente le 5, le 8, le 3, le 7, le 4, le 2.

63. Ranger par ordre de grandeur croissante les nombres 4,5; 5,78; 0,983; 7; 3,648; 0,5; 0,37.

64. Écrire en chiffres les nombres suivants :

Neuf unités cinq dixièmes; douze unités soixante-huit centièmes; sept dixièmes; six unités trois cent vingt-huit millièmes; vingt-trois unités sept centièmes; neuf millièmes; cinq unités vingt-quatre millièmes; trois unités six cent quatre millièmes; douze centièmes; trois cent soixante-quinze millièmes; soixante-treize millièmes.

NOMBRES DÉCIMAUX AU DELA DES MILLIÈMES

35. — Quand on partage un objet en dix parties égales, et qu'on prend une de ces parties, on a ce qu'on appelle un *dixième* de cet objet.

Le dixième d'*un millième* se nomme *un dix-millième*.

Le dixième d'un *dix-millième* se nomme *un cent-millième*.

Le dixième d'un *cent-millième* se nomme *un millionième*.

Le dixième d'*un millionième* se nomme *un dix-millionième;* et ainsi de suite.

36. — *Le nom d'une partie décimale indique combien il y a de ces parties décimales dans une unité.*

Dans **une unité** il y a :
- 10 000 dix-millièmes.
- 100 000 cent-millièmes.
- 1 000 000 millionièmes.
- 10 000 000 dix-millionièmes.

Dans **un dixième** il y a :
- 1 000 dix-millièmes.
- 10 000 cent-millièmes.
- 100 000 millionièmes.
- 1 000 000 dix-millionièmes.

Dans **un centième** il y a :
- 100 dix-millièmes.
- 1 000 cent-millièmes.
- 10 000 millionièmes.
- 100 000 dix-millionièmes.

1. Dans une unité combien y a-t-il de : centièmes, millièmes, millionièmes, cent-millièmes, cent-millionièmes, billionièmes?

2. Dans un millième combien y a-t-il de dix-millièmes, millionièmes, cent-millionièmes?

3. Combien faut-il de millionièmes pour faire : une unité, un centième, un dix-millième, un cent-millième?

37. — Unités décimales. — Ordres. — Les *dixièmes* sont les unités *décimales* du *premier* ordre.

Les *centièmes* sont les unités *décimales* du *second ordre.*

Les *millièmes* sont les unités *décimales* du *troisième ordre.*

Les *dix-millièmes* sont les unités *décimales* du *quatrième ordre.*

Les *cent-millièmes* sont les unités *décimales* du *cinquième ordre.*

Les *millionièmes* sont les unités *décimales* du *sixième ordre.*

Les *dix-millionièmes* sont les unités *décimales* du *septième ordre*; et ainsi de suite.

38. — *Une unité décimale d'un ordre quelconque contient 10 unités décimales de l'ordre suivant.*

Ainsi, dans **1** *centième*, il y a **10** *millièmes*; dans **1** *cent-millième*, il y a **10** *millionièmes.*

39. — *Une unité décimale d'un ordre quelconque est la dixième partie de l'unité décimale précédente.*

Ainsi, un *centième* est la dixième partie d'un *dixième*; un *cent-millième* est la dixième partie d'un *dix-millième.*

QUESTIONNAIRE

1. Qu'est-ce que c'est qu'une unité décimale? Citer des exemples.

2. Quelles sont les unités décimales du : 2ᵉ ordre, 5ᵉ ordre, 1ᵉʳ ordre, 7ᵉ ordre, 8ᵉ ordre, 9ᵉ ordre ?

3. Dans une unité décimale combien y a-t-il d'unités décimales de l'ordre suivant?

4. Combien faut-il d'unités décimales d'un certain ordre pour former une unité décimale de l'ordre précédent?

40. — Écriture des nombres décimaux.

— RÈGLE. — *Pour écrire un nombre décimal on place*

les *dixièmes*	au *premier rang ;*
les *centièmes*	au *second rang ;*
les *millièmes*	au *troisième rang ;*
les *dix-millièmes*	au *quatrième rang ;*
les *cent-millièmes*	au *cinquième rang ;*
les *millionièmes*	au *sixième rang ;*

A la droite de la virgule.

41. — *Le rang d'une unité décimale est le même que son ordre.*

Le **premier ordre** décimal est au **premier rang ;**

Le **second ordre** — — **second rang ;**

Le **troisième ordre** — — **troisième rang ;**

et ainsi de suite.

Le **septième ordre** décimal est au **septième rang.**

EXEMPLES. — Écrire le nombre décimal : **15** *unités,*
6 *dixièmes,* **8** *millièmes,* **7** *dix-millièmes,* **3** *cent-millièmes,*
4 *millionièmes.*

dizaine.	unités.	dixièmes.	centièmes.	millièmes.	dix-millièmes.	cent millièmes.	millionièmes.
1	5,	6	0	8	7	3	4

Il s'écrit : **1 5 , 6 0 8 7 3 4**

De même : **3** *centièmes,* **8** *millièmes* **7** *millionièmes*

s'écrit : **0 , 0 3 8 0 0 7**

unités. dixièmes. centièmes. millièmes. dix-millièmes. cent-millièmes. millionièmes.

Ne pas oublier de mettre des zéros pour marquer la place des unités décimales qui manquent.

42. — Lire un nombre décimal écrit. — EXEMPLE. — Soit le nombre décimal :

3,783 615

Il se compose de **3** *unités,* **7** *dixièmes,* **8** *centièmes,* **3** *millièmes,* **6** *dix-millièmes,* **1** *cent-millième,* **5** *millionièmes.*

Or, **7** *dixièmes*	valent **700 000** *millionièmes*
8 *centièmes*	— **80 000** —
3 *millièmes*	— **3 000** —
6 *dix-millièmes*	— **600** —
1 *cent-millième*	— **10** —
5 *millionièmes*	— **5** —

Il y a donc dans ce nombre . . . . **783 615** *millionièmes.*

C'est donc **3** *unités* et **783 615** *millionièmes.*

43. — RÈGLE. — *Pour lire un nombre décimal :*

On lit d'abord le nombre placé à gauche de la virgule et on le fait suivre du nom unités ou entiers.

On lit ensuite le nombre placé à droite de la virgule, et on le fait suivre du nom des dernières unités décimales.

Ainsi **83,07051**	se lit :	**83** *unités* **7051** *cent-millièmes,*
2,053	se lit :	**2** *unités* **53** *millièmes,*
0,82	se lit :	**82** *centièmes,*
0,2783	se lit :	**2783** *dix-millièmes,*
0,000 004	se lit :	**4** *millionièmes.*

44. — *Lorsque dans un nombre décimal il y a des zéros à droite, on peut les supprimer.*

Ainsi :   **23,45430 = 23,4543,**
       3,00700 = 3,007.

45. — Écrire un nombre décimal énoncé.

RÈGLE. — *Pour écrire un nombre décimal :*

On écrit d'abord la partie entière ; on place une virgule et on écrit ensuite la partie décimale.

Si c'est nécessaire, on intercale entre la partie décimale et la virgule des zéros, de façon que chaque unité décimale occupe le rang marqué par son ordre.

Ainsi :   **59** *unités,* **2458** *dix-millièmes*

s'écrit :   **59,2458.**

De même :   **146** *unités,* **325** *millionièmes*

s'écrit :   **146,000 325.**

Car les millionièmes sont les unités décimales du sixième ordre. Le chiffre **5** doit donc occuper le sixième rang. Il a donc fallu intercaler trois zéros.

De même :   **81** *dix-millièmes*

s'écrit :   **0,0081.**

Car les dix-millièmes sont les unités décimales du quatrième ordre. Le chiffre **1** doit donc occuper le quatrième rang à droite de la virgule. De plus, il n'y a pas d'unités simples, la partie entière est donc **0**.

EXERCICES

SUR LA NUMÉRATION DES NOMBRES DÉCIMAUX AU DELA DES MILLIÈMES.

EXERCICES ORAUX

65. Combien y a-t-il de cent-millièmes dans : 3 entiers, 7 entiers, 23 entiers, 4 entiers et 7 dixièmes, 8 entiers et 3 centièmes, 3 dixièmes et 6 centièmes?

66. Combien y a-t-il d'unités dans : 40 000 dix-millièmes, 300 000 cent-millièmes, un million de millionièmes?

67. Combien reste-t-il de millièmes d'un objet dont on a enlevé 253 millièmes?

68. Quelles sont les unités décimales dix fois plus grandes que les millionièmes? Cent fois plus grandes que les cent-millièmes?

69. Quelles sont les unités décimales mille fois plus petites que les dixièmes? cent fois plus petites que les centièmes?

70. Énoncez les nombres formés de :

>   15 unités 7 dixièmes 4 millièmes,
>   6 centièmes 3 millièmes 5 dix-millièmes,
>   3 unités 4 millièmes 2 cent-millièmes,
>   113 unités 3 millièmes 1 millionième.

71. Lire les nombres suivants et dire ce que représente chaque chiffre :

23,7845 — 3,7051 — 16,04154 — 0,00453 — 8,70579 — 0,00001 — 0,007056 — 3,00507 — 0,025089.

EXERCICES ÉCRITS

72. Écrire en lettres les nombres :

48,7015 — 7,8099 — 0,00456 — 0,041378 — 13,56007 — 153,00452.

73. Ranger par ordre de grandeur croissante :

16 — 2,6 — 0,704 — 0,00815 — 2,0071 — 9,00045 — 0,0796 — 6,8101.

74. Écrire en chiffres les nombres suivants :

Quinze unités six cent treize dix-millièmes ; seize mille huit cent quatre cent-millièmes ; trois millionièmes ; seize cent-millièmes ; quatre unités vingt-cinq dix-millièmes ; quatre cent quatre-vingt-quatorze cent-millièmes ; treize unités treize millionièmes.

UNITÉS DE MESURE
MULTIPLES ET SOUS-MULTIPLES

46. — **Unités.** — Nous avons vu que le mètre, le litre, le gramme et le franc sont des *unités principales de mesure.*

A chacune de ces unités principales se rattachent des unités secondaires plus grandes qui sont les *multiples*, et d'autres plus petites qui sont les *sous-multiples.*

47. — **Multiples.** — On forme les multiples en ajoutant devant le nom de l'unité principale les mots :

     déca   qui signifie **10**,
     hecto   —   **100**,
     kilo   —   **1000**,
     myria   —   **10 000**.

48. — **Sous-multiples.** — On forme les sous-multiples en ajoutant devant le nom de l'unité principale les mots :

     déci   qui signifie *dixième.*
     centi   —   *centième.*
     milli   —   *millième.*

49. — *Remarque.* — *On écrit un nombre de mètres, de litres, de grammes, de francs comme un nombre décimal ordinaire.*

L'unité principale et ses multiples forment la *partie entière*, les sous-multiples forment la *partie décimale.*

Il suffit de se rappeler que :

les *unités* occupent le rang des unités,

les *déca*	—	dizaines,
les *hecto*	—	centaines,
les *kilo*	—	mille,
les *myria*	—	dizaines de mille,
les *déci*	—	dixièmes,
les *centi*	—	centièmes,
les *milli*	—	millièmes.

Ainsi le nombre : cinquante-neuf mille sept cent quarante-deux unités huit cent trente-six millièmes qui se décompose de la manière suivante :

59742,836
(dizaines de mille. mille. centaines. dizaines. unités. dixièmes. centièmes. millièmes.)

S'il exprime des mètres devient : **59742,836**
(myriamètres. kilomètres. hectomètres. décamètres. mètres. décimètres. centimètres. millimètres.)

S'il exprime des grammes : **59742,836**
(myriagrammes. kilogrammes. hectogrammes. décagrammes. grammes. décigrammes. centigrammes. milligrammes.)

50. — Longueurs. — Pour mesurer les longueurs on emploie le **mètre**.

51. — Les multiples du mètre sont :

le **décamètre** (*dam*) qui vaut	**10**	mètres,
l'**hectomètre** (*hm*)	—	**100**	—
le **kilomètre** (*km*)	—	**1000**	—
le **myriamètre** (*Mm*)	—	**10 000**	—

52. — Les sous-multiples du mètre sont :

le **décimètre** (dm) qui vaut un *dixième* de mètre,

le **centimètre** (cm)   —   *centième*   —

le **millimètre** (mm)   —   *millième*   —

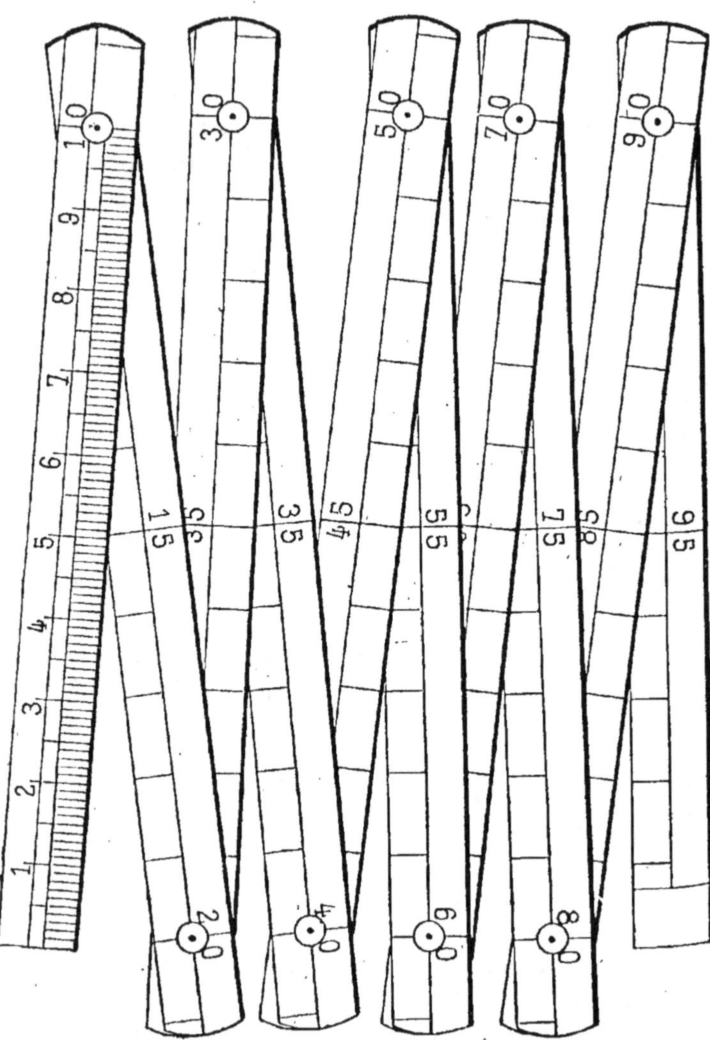

Un mètre pliant, grandeur réelle.

EXERCICES

SUR LE MÈTRE

EXERCICES ORAUX

75. Comment se nomme l'unité qui vaut 100 mètres, 10 000 mètres, 10 mètres, 1 000 mètres, un centième de mètre, un millième de mètre, un dixième de mètre?

76. Comment se nomment les unités dix fois plus petites que le mètre? dix fois plus grandes? 100 fois plus petites? 100 fois plus grandes? 1000 fois plus petites? mille fois plus grandes?

77. Combien faut-il de mètres pour faire 1 décamètre, un hectomètre, un kilomètre, 3 décamètres, 5 hectomètres, 7 kilomètres, 9 myriamètres?

78. Combien un mètre vaut-il de décimètres, de centimètres, de millimètres — même question avec 2 mètres, 5 mètres, 8 mètres.

79. Combien de mètres dans un demi-décamètre, un double décamètre, un demi-hectomètre, un double hectomètre, un demi-kilomètre, un double kilomètre, un kilomètre et demi?

80. Dans le nombre 60 239^m,758, quel est le chiffre qui représente les hectomètres, les myriamètres, les millimètres, les décimètres? Combien y a-t-il de kilomètres, de décamètres, de centimètres?

81. Combien de décamètres valent un hectomètre, 3 hectomètres, 8 hectomètres, un kilomètre, deux kilomètres, 5 kilomètres, 9 kilomètres, un myriamètre?

82. Combien de décamètres dans 50 mètres, 70 mètres, 100 mètres, 300 mètres, 630 mètres, 8 000 mètres?

83. Combien d'hectomètres dans 600 mètres, 1 000 mètres, 800 mètres, 4 000 mètres, 5 600 mètres, 9 000 mètres, 20 décamètres, 300^{dam}, 10.

84. Combien de millimètres dans 5 mètres, 3 décimètres, 7 décimètres, 4 centimètres, 9 centimètres, 25 décimètres, 48^{cm},11?

85. Dire ce que représente chacun des chiffres des nombres suivants; puis lire ces nombres :

5^{m}6 ; 3^{m}27 ; 6^{m}075 ; 19^{m}003 ; 580^{m}07 ; 2075^{m}3 ; 39 028^{m}407.

EXERCICES ÉCRITS

86. Écrire en mètres les nombres suivants (multiples) :

5^{dam}3^m ; 64^{dam} ; 7^{km}29^m ; 93^{hm}2^m ; 5^{Mm}4^{hm}6^m ; 65^{km}7^{dam} ; 36^{km}7^m ; 9^{Mm}38^m ; 5^{km}7^{hm}3^m ; 23^{Mm}38^{dam} ; 6^{km}5^{hm}.

87. Même exercice (multiples et sous-multiples) :

3^{m}65^{cm} ; 89^{Mm} ; 17^{m}4^{dm} ; 387^{Mm} ; 8^{m}3^{mm} ; 2^{dam}6^{cm} ; 3^{hm}4^{m}67^{mm} ; 9^{km}5^{dam}7^{dm} ; 5^{hm}6^{m}19^{mm} ; 7^{km}24^{m}3^{dm}.

53. — Capacités. — Pour mesurer la capacité d'un tonneau, d'un vase on emploie le *litre*.

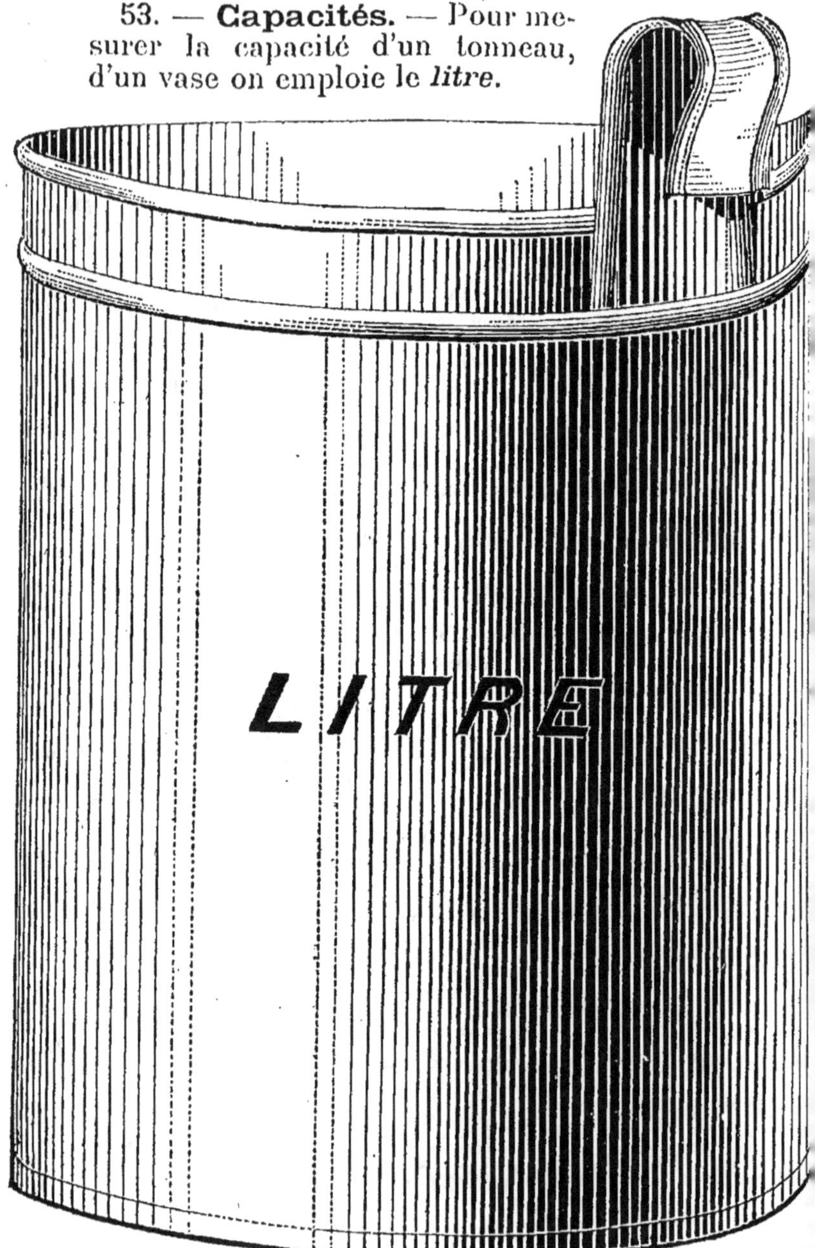

54. — Les multiples du litre sont :

le *décalitre* (*dal*) qui vaut **10** litres.
l' *hectolitre* (*hl*) — **100** —
le *kilolitre* (*kl*) — **1 000** —

55. — Les sous-multiples du litre sont :

le *décilitre* (*dl*) qui vaut un *dixième* de litre.
le *centilitre* (*cl*) — *centième* —
le *millilitre* (*ml*) — *millième* —

EXERCICES

SUR LE LITRE

EXERCICES ORAUX

88. Quels sont les multiples du litre qui valent 100 litres, 10 litres, 1000 litres ? — Quels sont les sous-multiples qui valent un centième, un millième, un dixième de litre ?

89. Combien de litres valent 5 décalitres, 8 décalitres, 12 décalitres, 25 décalitres, 6 hectolitres, 32 hectolitres, 2 kilolitres, 9 kilolitres.

90. Quel rang occupent les kilolitres, les millilitres, les hectolitres, les centilitres, les décalitres, les décilitres ?

91. Combien de décilitres dans 3 litres, dans 5 litres, dans un demi-litre, dans un double-litre, dans 20 centilitres, dans 70 centilitres ?

92. Combien de centilitres font 4 décilitres, 7 décilitres, 3 litres, 9 litres, un demi-décilitre, un demi-litre, 3 décilitres et 4 centilitres, 5 décilitres et 9 centilitres ?

93. Combien de décalitres dans 30 litres, 100 litres, un demi-hectolitre, 200 litres, un kilolitre ?

94. Combien 5 hectolitres valent de décalitres, de litres, de décilitres ?

95. Énoncez en litres les nombres formés de :

$5^{hl} \, 0^{dal} \, 3^l$; $6^{kl} \, 0^{hl} \, 2^{dal} \, 5^l$; $3^{hl} \, 8^{dal} \, 0^l$; $2^l \, 0^{dl} \, 6^{cl}$; $9^{dal} \, 0^l \, 3^{dl}$.

96. Combien le kilolitre vaut-il de double-hectolitres, de double-décalitres, de double-litres ? de demi-hectolitres, de demi-décalitres ?

97. On a rempli un tonneau en y versant 3 hectolitres, puis 8 décalitres et enfin 7 litres de vin. Quelle est la contenance du tonneau ?

98. Lire les nombres suivants : $39^l,25$; $105^l,476$; $0^l,5$; $3^l,05$; $50^l,028$; $0^l,49$; $0^l,008$; $5640^l,802$, et dire la valeur relative de chaque chiffre.

EXERCICES ÉCRITS

99. Écrire en litres les nombres : 3 kilolitres ; 5 hectolitres ; 7 décalitres ; 48 hectolitres ; 65 décalitres ; 5 décalitres ; 29 centilitres ; 7 centilitres ; 348 millilitres ; 29 millilitres ; 3 millilitres.

100. Écrire en litres : $6^l \, 5^{dl}$; $3^l \, 9^{cl}$; $2^{dal} \, 7^{dl}$; 384^{ml} ; $8^{hl} \, 4^l \, 25^{cl}$; $95^{kl} \, 6^l$; $7^{kl} \, 3^{dal}$; $39^{dal} \, 18^{cl}$; $7^{hl} \, 6^l \, 38^{ml}$; $12^{hl} \, 65^l$ · $9^{kl} \, 3^{hl} \, 7^{dl}$; $34^{dal} \, 2^{dl} \, 9^{ml}$.

56. — Poids. — Pour peser le poids d'un corps on se sert du *gramme* et de ses multiples.

1 gramme
grandeur réelle.

1 décagramme.
grandeur réelle.

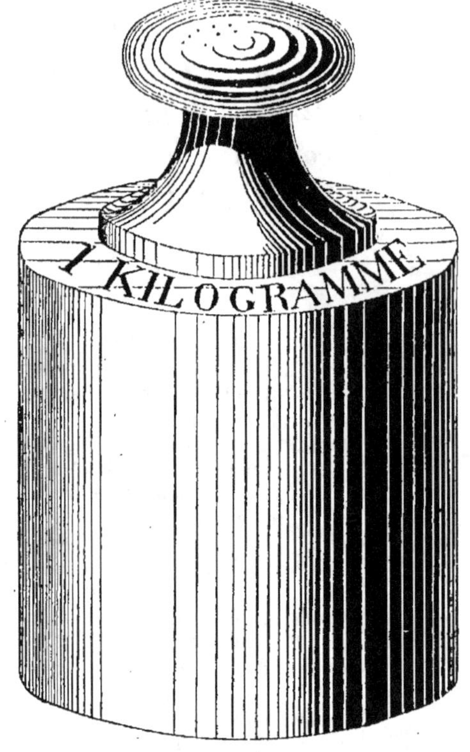

1 hectogramme
grandeur réelle.

1 kilogramme en cuivre
grandeur réelle.

57. — Les multiples du gramme sont :

le	*décagramme*	(*dag*)	qui vaut	**10** grammes
l'	*hectogramme*	(*hg*)	—	**100** grammes
le	*kilogramme*	(*kg*)	—	**1000** grammes
le	*quintal*	(*q*)	—	**100 000** grammes ou **100** kilogrammes
la	*tonne*	(*t*)	qui vaut	**1 000 000** grammes ou **1000** kilogrammes.

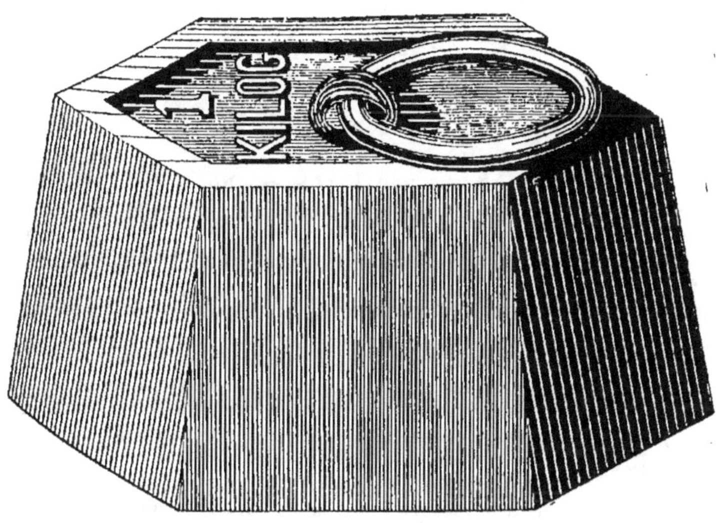

1 kilogramme en fonte grandeur réelle.

58. — Les sous-multiples du gramme sont :

le **décigramme** (*dg*) qui vaut un *dixième* de gramme.

le **centigramme** (*cg*) qui vaut un *centième* de gramme.

le **milligramme** (*mg*) qui vaut un *millième* de gramme.

On désigne communément le demi-kilogramme sous le nom de *livre*. Cette dénomination est un reste des anciennes mesures.

Par suite :

Une *livre* vaut **500** grammes.

EXEXCICES

SUR LE GRAMME

EXERCICES ORAUX

101. Quels sont les multiples et sous-multiples du gramme?

102. Combien y a-t-il de grammes dans : 3^{dag} et 8^g; 5^{hg} et 6^{dag}; 7^{hg} et 2^g; 2^{hg} 9^{dag} et 5^g; 6^{kg} et 3^{hg}; 3^{kg} et 8^{dag}; 2^{kg} et 37^g; 37^{kg} et 15^g?

103. Combien de kilogrammes dans : un quintal; 2 quintaux; 5 quintaux; une tonne; 3 tonnes; 10 tonnes; 25 tonnes?

104. Combien de kilogrammes dans : 50 000^g; 20^{hg}; 400^{dag}?

105. Combien de centigrammes dans : 3 décigrammes; un demi-gramme; un gramme; un double gramme; 5 grammes?

106. Combien de milligrammes dans : 1 centigramme; 4 centigrammes; 1 demi-centigramme; 1 double décigramme; 1 décigramme; 7 décigrammes; 3 grammes?

107. Combien de grammes dans : 20 décigrammes; 700 centigrammes : 8 000 milligrammes?

108. Combien de décagrammes dans : 5 hectogrammes; d'hectogrammes dans 6 kilogrammes; de kilogrammes dans 8 quintaux; de quintaux dans 9 tonnes?

109. Combien de décagrammes dans 60 grammes; d'hectogrammes dans 700 grammes; de kilogrammes dans 3 000 grammes; de quintaux dans 600 kilogrammes; de tonnes dans 20 quintaux?

110. Dans un nombre de grammes, quel rang occupent : les décagrammes; les centigrammes; les kilogrammes; les décigrammes; les hectogrammes; les milligrammes; les quintaux?

111. Quelle est la centième partie du décigramme : du gramme; du décagramme; de l'hectogramme; du kilogramme; du quintal?

112. Quelles sont les unités mille fois plus grandes que : le milligramme; le décigramme; le centigramme; le gramme; le kilogramme?

113. Pour peser une marchandise on a mis dans la balance un poids de 1 kilogramme, un poids de 2 hectogrammes et un poids de 5 décagrammes. Quel est, en grammes, le poids de cette marchandise?

114. Lire les nombres : $3^g,78$; $0^g,039$; $18^g,5$; $306^g,007$; $0^g,8$; $35\,670^g,04$.

EXERCICES ÉCRITS

115. Écrire en grammes : 1° 3^{dag} 8^g; 5^{kg} 7^{dag}; 6^{hg} 24^g; 8^{kg} 2^g, 35^{kg} 6^{hg}; 7^{kg} 3^g; 8^{hg} 35^g.

2° 2^g 6^{dcg}; 38^{mg}; 5^g 7^{cg}; 6^{dcg} 9^{mg}; 4^g 5^{cmg}; 12^g 3^{dg}.

3° 2^{hg} 5^g 8^{cg}; 9^{dag} 7^{dg}; 3^{kg} 28^g 75^{mg}; 57^{dag} 9^{mg}; 2^{kg} 3^{dag} 18^{cg}, 58^{kg} 9^{hg} 3^g 6^{dg}; 365^{dag} 29^{cg}; 6^{hg} 9^{dag} 3^{dg} 5^{mg}.

59. — Monnaies. — Le *franc* est une pièce d'argent qui pèse cinq grammes.

Le franc, grandeur réelle.

60. — Sous-multiples. — Le franc n'a pas de multiples.

Les sous-multiples sont :

le *décime* qui vaut un *dixième* de franc.

et le **centime**   —   un *centième* de franc.

EXERCICES

SUR LE FRANC

116. Combien faut-il de décimes pour faire : 1 franc ; 2 francs ; 5 francs ?

117. Combien de centimes dans : 1 franc ; 3 francs ; 8 francs ; 1 décime ; 4 décimes ; 9 décimes ?

118. Combien de centimes dans : 1^{fr} et 3 décimes ; 2^{fr} et 6 décimes ; 3^{fr} et 9 décimes ?

119. Combien de francs dans 30 décimes ; 50 décimes ; 100 décimes ; 100 centimes ; 400 centimes ; 900 centimes ?

120. Combien font : 10 pièces de 5 centimes ; 5 pièces ; 20 pièces ; 5 pièces de 1 décime ; 10 pièces de 1 décime ?

121. Quelle est la valeur d'une somme formée de 3 pièces de 1 franc, 4 pièces de 1 décime et 7 pièces de 1 centime ?

122. Combien faut-il ajouter de centimes à 4 pièces de 1 décime pour faire 1 franc ?

123. Lire les nombres : 3^{fr},5 ; 0^{fr},75 ; 3^{fr},08 ; 0^{fr},10 ; 380^{fr},02.

124. Écrire en chiffres : 3 centaines de francs ; 2 dizaines de francs ; 5 décimes ; 95 centimes ; 2^{fr} et 6 centimes ; 58^{fr} et 4 décimes.

61. — **Mesure des bois.** — Le *stère* est une mesure pour le bois de chauffage.

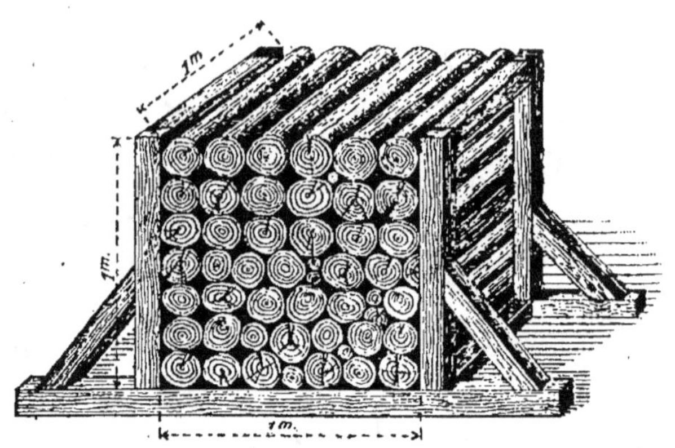

Le stère.

Un tas de bois qui a **1** mètre de hauteur, **1** mètre de largeur et **1** mètre de longueur est *un stère*.

62. — **Multiple et sous-multiple.** — Le stère a un multiple :

le *décastère* (*das*) qui vaut **10** stères.

Le stère a un sous-multiple :

le *décistère* (*ds*) qui vaut **1** *dixième* de stère.

63. — **Changement ou conversion d'unités.** — Lorsqu'une longueur est exprimée en mètres et qu'on cherche combien elle contient de centimètres ;

Lorsqu'un poids est exprimé en kilogrammes et qu'on cherche combien il contient de grammes ;

Lorsqu'on cherche combien il y a de litres dans un certain nombre d'hectolitres ;

On fait ce qu'on appelle un **changement ou conversion d'unités.**

EXEMPLE 1. — Combien y a-t-il de mètres dans 153^{km},752 ?

Un kilomètre vaut **1000** mètres ; il y aura donc mille fois plus de mètres que de kilomètres :

Il faut rendre le nombre **1000** *fois plus grand.*

EXEMPLE II. — Une pièce de drap a **2.745** *centimètres de long. Combien y a-t-il de mètres de drap ?*

Le centimètre est la centième partie du mètre ; il y aura donc cent fois moins de mètres que de centimètres :

Il faut rendre le nombre **100** *fois plus petit.*

64. — RÈGLE GÉNÉRALE. — Quand on veut convertir un nombre exprimant des unités quelconques en unités 10, 100, 1000 fois plus petites *il faut rendre ce nombre* **10, 100, 1000 fois plus grand.**

Quand on veut le convertir en unités 10, 100, 1000 fois plus grandes *il faut rendre ce nombre* **10, 100, 1000 fois plus petit.**

Dans la pratique, il est très souvent nécessaire de changer les unités d'un nombre et il faut s'exercer à le faire rapidement à l'aide des règles suivantes.

65. — Rendre un nombre 10, 100, 1000 fois plus grand. — NOMBRES ENTIERS. **—** Pour rendre un nombre entier **10, 100, 1 000** fois plus grand, c'est-à-dire pour le multiplier par **10, 100, 1 000**, on ajoute à sa droite :

un   zéro   pour **10**.
deux zéros   —   **100**.
trois zéros   —   **1000**.

EXEMPLE. — Soit à rendre cent fois plus grand le nombre **53**.

En ajoutant deux zéros on obtient **5 300** ou **53** centaines, c'est-à-dire le même nombre d'unités **100** fois plus grandes.

66. — NOMBRES DÉCIMAUX. — Pour rendre un nombre décimal **10**, **100**, **1 000** fois plus grand, c'est-à-dire pour le multiplier **10**, **100**, **1 000**, on avance la virgule *vers la* **droite** :

d' *un*   rang   pour **10**.

de *deux* rangs   —   **100**.

de *trois* rangs   —   **1000**.

EXEMPLE. — *Soit à rendre dix fois plus grand le nombre* **37** *unités* **25** *centièmes ou* **37,25**.

En avançant la virgule d'un rang vers la droite on obtient **372,5** ou **372** unités **5** dixièmes, dont tous les chiffres représentent des unités dix fois plus grandes.

67. — S'il n'y a pas assez de chiffres décimaux on ajoute des zéros.

Ainsi : **37,25** rendu **1000** fois plus grand devient **37 250**

2,6   —   **100**   —   —   **260**

0,5   —   **1000**   —   —   **500**

68. — **Rendre un nombre 10, 100, 1 000 fois plus petit.** — NOMBRES ENTIERS — Pour rendre un nombre entier **10**, **100**, **1 000** fois plus petit, c'est-à-dire pour le diviser par **10**, **100**, **1 000**, on supprime un, deux, trois zéros sur la droite du nombre quand il y en a.

Quand il n'y a pas de zéros sur la droite on sépare, par une virgule :

un   chiffre décimal   pour **10**.

deux chiffres décimaux pour **100**.

trois   —   —   **1000**.

EXEMPLES. — Pour rendre le nombre **6 300** dix fois plus petit, on supprime un zéro à droite et on obtient **630**.

C'est bien exact puisque, d'après la règle précédente, **6 300** est dix fois plus grand que **630**.

De même pour rendre **2 741** unités **100** fois plus petit on sépare deux décimales à droite par une virgule et on obtient **27,45**. C'est exact, car **2 745** est **100** fois plus grand que **27,45**.

69. — NOMBRES DÉCIMAUX. — Pour rendre un nombre décimal **10**, **100**, **1 000** fois plus petit, c'est-à-dire pour le diviser par **10**, **100**, **1 000**, on recule la virgule **vers la gauche** :

d' *un* rang pour **10**.
de *deux* rangs — **100**.
de *trois* rangs — **1000**.

EXEMPLE. — *Soit à rendre cent fois plus petit le nombre* **549,2**.

On recule la virgule de *deux* rangs et on a le nombre **5,492**.

70. — REMARQUE. — Dans un cas comme dans l'autre, il faut avoir soin de mettre des zéros à gauche du nombre s'il n'y a pas assez de chiffres.

Ainsi : **89** rendu cent fois plus petit = **0,89**.
89 — mille — = **0,089**.
0,5 — cent — = **0,005**.

EXERCICES

SUR LES CHANGEMENTS D'UNITÉS

EXERCICES ORAUX OU ÉCRITS

125. Rendre 10, 100, 1000 fois plus grands les nombres : 6 ; 25 ; 378 ; 4050 ; 3,6 ; 0,8 ; 0,52 ; 16,325.

126. Quand un litre de vin coûte 2 francs, quel est le prix du décalitre, de l'hectolitre ?

127. Un franc en argent pèse 5 grammes. Trouver le poids de 10 francs, 100 francs, 1000 francs ?

128. Quel est le prix de 10 journaux à $0^{fr},05$; de 100 journaux; de 1000 journaux?

129. Que valent 10, 100, 1000 pièces de $0^{fr},25$?

130. Si une bouteille contient $0^{lit},75$, quelle quantité de vin pourra-t-on mettre dans 10, 100, 1000 bouteilles?

131. Combien pèsent 10, 100, 1000 litres d'air, sachant qu'un seul litre pèse $1^{g},293$?

132. Rendre 10 fois plus petits les nombres : 5; 38; 496; 6358; 830; 2,7; 0,35; 15,04.

133. Diviser par cent les nombres : 4; 60; 47; 800; 8362; 7050; 0,7; 38,9.

134. Rendre 1000 fois plus petits les nombres : 7; 95; 20; 306; 400; 6492; 7000; 21800.

135. Quand une boîte de 100 plumes coûte 2 francs. A combien reviennent 10 plumes; 1 plume?

136. 100 mètres de toile ont coûté 235 francs. Combien valent 1 mètre; 10 mètres?

137. Lorsque la tonne de charbon est vendue 55 francs. Quel serait le prix du quintal; le prix de 10 kilogrammes?

138. En 100 minutes un train a parcouru 120 kilomètres. Quel trajet fait-il en 10 minutes; en 1 minute?

139. Une marchande achète des œufs à raison de $7^{fr},50$ le cent. Combien coûte un œuf; que coûtent 10 œufs; 1000 œufs?

140. Multiplier, puis diviser par 100 les nombres : 75; 6; 830; 900; 3,2; 0,8; 67,4.

$$\text{Ex. } 75 \begin{cases} \times 100 = 7500. \\ : 100 = 0,75. \end{cases}$$

141. Si un kilogramme de café vaut 6 francs. Quel serait le prix de l'hectogramme; du décagramme; de 10 kilogrammes?

142. Sur chaque journal qu'elle vend, une marchande fait un bénéfice de $0^{fr},025$. Quel sera son gain quand elle aura vendu 100 journaux; 10 journaux?

143. Un marchand achète des pommes à raison de $2^{fr},70$ le cent. Que valent la dizaine; le mille?

144. Convertir en mètres les nombres : 5 kilomètres; 38 hectomètres; 57 décamètres; 3 myriamètres; 25 décimètres; 309 centimètres; 6028 décimètres; 296 millimètres; 40368 millimètres.

145. Lire les nombres :
$5^{m},6$; $3^{m},27$; $6^{tm},075$; $2^{dam},8$; $4^{dam},78$; $25^{dam},694$; $9^{dam},0328$; $1^{hm},7$; $5^{hm},39$; $12^{hm},084$; $3^{hm},6359$; $12^{km},352$; $1^{km},6$; $25^{km},07$; $2^{km},6032$.

146. Écrire les nombres suivants en prenant l'hectolitre comme unité : 35 litres; 2639 décilitres; 2 décalitres; 725 litres; 8054 centilitres; 728 décalitres.

147. Combien d'hecto dans 15 kilo; de déca dans 2 myria; décide dans 128 déca; de milli dans 8 déci; de centi dans 7 hecto?

148. Convertir en kilogrammes les nombres : 16 tonnes; 28 quintaux; 39 hectogrammes; 65 décagrammes; 7328 grammes; 47 hectogrammes; 3000 décagrammes.

LES
QUATRE OPÉRATIONS

SUR LES NOMBRES ENTIERS (REVISION)

ET LES

NOMBRES DÉCIMAUX

ADDITION

71. — EXEMPLE. — *Paul avait **3** billes, il joue et en gagne d'abord **2**, puis **5**. Combien a-t-il de billes en tout ?*

Pour le savoir il faut réunir toutes les billes ensemble ou faire une addition.

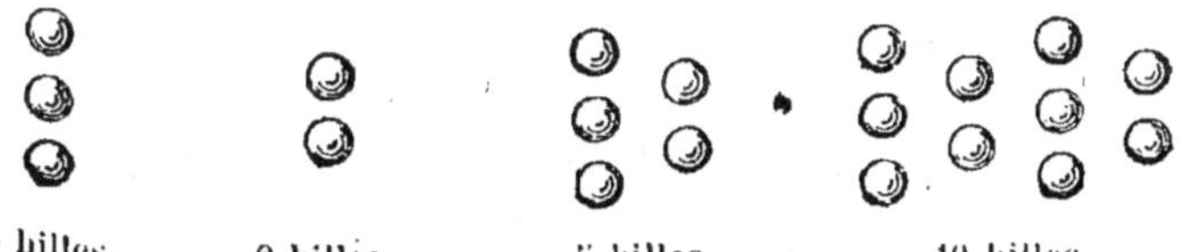

3 billes, **2** billes et **5** billes donnent ensemble **10** billes.

72. — DÉFINITION. — **Ajouter** *ou* **additionner** *plusieurs nombres entiers, c'est former un nombre entier qui contient autant d'unités que tous ces nombres réunis.*

Le nombre ainsi obtenu s'appelle la **somme** *ou encore le* **total**, *et les nombres additionnés en sont les* **parties**.

Dans l'exemple ci-dessus **10** est la *somme*; **3, 2, 5** sont les *parties* de cette somme.

73. — **Signe de l'addition**. — Pour indiquer qu'il s'agit de faire la somme de plusieurs nombres, on les écrit en les séparant par le signe + qui s'énonce *plus*.

Ainsi la somme de **2**, **3** et **5** s'écrit **2 + 3 + 5** et se lit *deux plus trois plus cinq*.

74. — Égalité. — Quand deux quantités sont égales on les sépare par le signe =, qui s'énonce *égale*.

La somme de **2 + 3 + 5** étant le nombre **10**, on écrira cette addition de la manière suivante :

$$2 + 3 + 5 = 10.$$

Nous avons là ce qu'on appelle une *égalité*. Ce qui est écrit à gauche du signe = s'appelle le *premier membre*; ce qui est écrit à droite se nomme le *second membre*.

75. — Addition des nombres entiers.

EXEMPLE. — *Un commerçant a encaissé les sommes suivantes : d'abord* **3586** *francs, puis* **270** *francs,* **92** *francs et enfin* **8 605** *francs. Quelle est la valeur totale de ses recettes ?*

Il a reçu en tout : **3586** fr. + **270** fr. + **92** fr. + **8 605** fr.

Il faut ajouter ces quatre nombres.

```
   3 586     On additionne d'abord les unités.
     270     On dit : 6 et 2 font 8 ; 8 et 5 font 13 ;
      92     Dans 13 unités il y a 3 unités et 1 dizaine.
   8 605     J'écris 3 sous la colonne des unités et je retiens
  12 553     1 dizaine pour l'ajouter à la colonne des dizaines.
```

On passe aux dizaines :

1 de retenue et **8** font **9** ; **9** et **7** font **16** ; **16** et **9** font **25**. Dans **25** dizaines il y a **5** dizaines et **2** centaines. J'écris **5** sous la colonne des dizaines et je retiens **2** pour l'ajouter à la colonne des centaines.

On continue ainsi jusqu'aux unités de l'ordre le plus élevé.

2 centaines de retenue et **5** font **7** ; **7** et **2** font **9** ; **9** et **6** font **15**. Je pose **5** et je retiens **1**.

1 de retenue et **3** font **4** ; **4** et **8** font **12**. Comme c'est la dernière colonne on pose le nombre **12**.

La valeur des recettes égale donc **12 553** francs.

76. — RÈGLE GÉNÉRALE. — *Pour faire la somme de plusieurs nombres entiers, on les écrit les uns au-dessous des autres de façon que les unités de même ordre soient dans une même colonne.*

On tire un trait au-dessous.

On commence par la droite et on fait la somme des chiffres de chaque colonne. Si cette somme ne dépasse pas 9 on l'écrit au-dessous du trait telle qu'on la trouve; mais si elle dépasse 9 on écrit seulement le chiffre des unités et on ajoute le nombre des dizaines à la colonne suivante.

On inscrit le dernier résultat tel qu'on l'obtient,

77. — Addition des nombres décimaux.

EXEMPLE. — *Dans une barrique qui contenait déjà* **150**[li],**4**[d] *de vin, on ajoute, pour la remplir, d'abord* **63**[li],**25**[cl] *d'une autre sorte de vin et enfin* **7**[li],**85**[cl] *d'eau. Quelle est la contenance du fût?*

La barrique contient en tout **150**[li],**4** + **63**[li],**25** + **7**[li],**85**.

Il faut ajouter ces trois nombres.

On commence par la droite et on additionne d'abord la colonne des centilitres.

150,4
63,25
7,85
——
221,50

5 et 5 font dix ; je pose **0** et je retiens **1**.

On continue par la colonne des décilitres :

1 de retenue et **4** font **5**; **5** et **2** font **7**; **7** et **8** font **15**. Je pose **5** et je retiens **1**.

On met une virgule sous les virgules et on termine comme pour les nombres entiers.

La contenance de la barrique égale **221**[li],**50**[d].

78. — RÈGLE. — *Pour faire la somme de plusieurs nombres décimaux, on écrit les nombres les uns au-dessous des autres de manière que les unités soient sous les unités, les dixièmes sous les dixièmes, les centièmes sous les centièmes, etc. On opère comme pour les nombres entiers et, au total, on met une virgule sous la colonne des virgules.*

79. — **Remarque importante.** — Si l'on veut additionner des nombres de mesure qui ne sont pas de même grandeur comme **35** décamètres, **695** décimètres, **28** centimètres, il faut d'abord *convertir* ces nombres en *unités de même ordre*, le *mètre* par exemple.

On aura alors les nombres **350**^{m} **+ 69**^{m}**,5 + 0**^{m}**,28** et il sera facile de placer les unités sous les unités, les dixièmes sous les dixièmes, etc.

En prenant le centimètre comme unité on aurait

$$35\,000^{cm} + 6\,950^{cm} + 28^{cm}.$$

En prenant le décamètre on aurait

$$35^{dam} + 6^{dam},95 + 0^{dam},028.$$

80. — **Preuve de l'addition.** — Faire la preuve d'une opération, c'est faire une autre opération pour reconnaître si le résultat de la première est juste.

Pour faire la preuve de l'addition on recommence l'opération en sens contraire, c'est-à-dire de bas en haut, quand on l'a d'abord commencée, comme d'ordinaire, de haut en bas. Si le résultat est juste, on doit trouver la même somme.

CALCUL MENTAL DANS L'ADDITION

81. — Il est absolument essentiel de s'exercer le plus possible à faire des calculs de tête : c'est le meilleur moyen d'arriver à calculer vite et juste.

Les exercices de calcul mental sur l'addition sont particulièrement importants, car ils sont souvent employés pour faciliter le calcul des autres opérations.

Les élèves devront s'exercer, un très grand nombre de fois, à faire chacun des exercices et ne passer au suivant que lorsqu'ils sauront bien le précédent. Il sera d'ailleurs facile de varier ou compléter ceux que nous donnons comme exemples.

82. — Compléments à 10. — *Le complément à 10 d'un chiffre est un autre chiffre qui, ajouté au premier, donne une somme égale à 10.*

Les voici :

Chiffres : **1 2 3 4 5 6 7 8 9**

Compléments à **10** : **9 8 7 6 5 4 3 2 1**

83. — Exercice I. — *Arrondir un nombre.*

Pour arrondir un nombre il suffit de lui ajouter le complément à 10 du chiffre des unités.

Ainsi pour arrondir **57**, on ajoute **3** et on a **60**. Pour arrondir **118**, on ajoute **2** et on a **120**.

84. — Exercice II. — *Énoncer immédiatement la somme de trois et même de plus de trois chiffres lorsque deux ou plusieurs chiffres ont une somme égale à 10 ou à un nombre exact de dizaines.*

On doit dire d'un seul coup **7, 5** et **3** font **15**, en observant que **7** et **3** font **10** (**3** et **7** étant complémentaires à **10**).

De même **8, 4** et **2** font **14**, car **2** est le complément à **10** de **8**.

Cet exercice est très utile pour arriver à faire rapidement la somme des chiffres d'une colonne.

Ainsi dans l'addition suivante :

$$6+4+9+7+5+8+3+2,$$

en remarquant que **6** et **4**, **7** et **3**, **8** et **2** sont complémentaires à **10**, il suffira de dire **10** et **10** font **20** et **10** font **30** et **9** font **39** et **5** font **44**.

85. — **Exercice III.** — *Décomposer un nombre en une somme de deux autres.*

Dire ce qu'il faut ajouter à un chiffre pour reproduire un nombre plus grand.

On s'exercera d'abord sur les premiers nombres en les décomposant, de toutes les manières possibles, en une somme de deux chiffres.

EXEMPLES :

2 c'est **1 + 1** ..
3 — **1 + 2** :.
4 — **1 + 3** :..   ou **2 + 2** ::
5 — **1 + 4** :...   ou **2 + 3** ::.
6 — **1 + 5** :.... ou **2 + 4** ::.. ou **3 + 3** :::
7 — **1 + 6** :..... ou **2 + 5** ::... ou **3 + 4** :::.
8 — **1 + 7** :...... ou **2 + 6** ::.... ou **3 + 5** :::.. ou **4 + 4** ::::
etc.

La représentation des nombres par des *points* peut servir à aider la mémoire à cette opération.

86. — Lorsqu'on sera rompu à cet exercice, on arrivera facilement à trouver ce qu'il faut ajouter à un chiffre pour reproduire un nombre donné, ce qui servira de préparation à la soustraction. En effet, le tableau ci-dessus nous montre, à première vue, qu'à **3**, par exemple, il faut ajouter : **2** pour avoir **5**, **3** pour avoir **6**, **4** pour avoir **7**, **5** pour avoir **8**.

De même à cette question : Que faut-il ajouter à **3** pour

avoir **58**, on répondra : c'est **55**, car à **3** il faut ajouter **5** pour avoir **8**.

87. — **Exercice IV.** — *Faire la somme de deux nombres de deux chiffres.*

Suivant le cas, on procède de la manière suivante :

1er *cas :* faire la somme **40 + 50**.

On dit : **4** diz. et **5** diz. = **9** diz. ou **90**.

2e *cas :* faire la somme **50 + 36**.

On dit : **5** diz. et **3** diz. font **8** diz.; et **80 + 6 = 86**.

3e *cas :* faire la somme **38 + 54**.

En appliquant le cas précédent, on dit :

$$38 + 50 = 88 \quad ; \quad 88 + 4 = 92.$$

88. — **Exercice V.** — *Faire la somme de deux nombres de trois chiffres.*

1er *cas :* faire la somme **500 + 400**.

On dit : **5** cent. et **4** cent. = **9** cent. ou **900**.

2e *cas :* faire la somme **600 + 345**.

6 cent. et **3** cent. font **9** centaines;

$$900 + 45 = 945.$$

3^e *cas :* faire la somme **360 + 450**.

C'est : **36** diz. et **45** diz. ou **81** diz. ou **810**.

4^e *cas :* faire la somme **568 + 230**.

56 diz. et **23** diz. font **79** dizaines;

$$790 + 8 = 798.$$

5e *cas :* faire la somme **734 + 485**.

73 diz. et **48** diz. font **121** dizaines;

$$1210 + 4 + 5 = 1219.$$

89. — **Exercice VI.** — *Faire la somme d'un nombre de trois chiffres et d'un nombre de deux chiffres.*

On procède comme dans les exercices IV et V.

EXEMPLE : Soit à faire la somme **368 + 25.**

On dit : **36** diz. et **2** diz. font **38** diz.;

$$380 + 8 + 5 = 393.$$

90. — **Exercice VII.** — *Ajouter trois ou plusieurs nombres.*

En général, on additionne d'abord les deux premiers, puis on ajoute à leur somme le troisième

EXEMPLE : Faire l'addition **65 + 28 + 37.**

On dit : **65** et **28** font **93**; **93** et **30** font **123**;

$$123 + 7 = 130.$$

91. — **Exercice VIII.** — *Ajouter* **9, 99, 999...
8, 98, 998.**

Pour cela, on remarque que :

$$9 = 10 - 1 \ , \ 99 = 100 - 1 \ , \ 999 = 1000 - 1.$$
$$8 = 10 - 2 \ , \ 98 = 100 - 2 \ , \ 998 = 1000 - 2.$$

Pour ajouter **9** on ajoute **10** et on retranche **1**;

$$75 + 9 = 85 - 1 \text{ ou } 84.$$

Pour ajout. **99** on ajoute **100** et on retranche **1** :

$$283 + 99 = 383 - 1 \text{ ou } 382.$$

Pour ajout. **98** on ajoute **100** et on retranche **2**;

$$657 + 98 = 757 - 2 \text{ ou } 755.$$

Pour ajout. **998** on ajoute **1 000** et on retr. **2**,

$$368 + 998 = 1368 - 2 \text{ ou } 1366.$$

92. — **Exercice IX.** — *Ajouter* **11, 101, 1 001...
12, 102, 1 002.**

Pour cela on remarque que :

$$11 = 10+1,\ 101 = 100+1,\ 1\,001 = 1\,000+1.$$
$$12 = 10+2,\ 102 = 100+2,\ 1\,002 = 1\,000+2.$$

donc :
$$78 + \ 11 = \ 88+1 \text{ ou } \ 89;$$
$$315 + 101 = 415 + 1 \text{ ou } 416;$$
$$674 + \ 12 = 684 + 2 \text{ ou } 686;$$
$$832 + 102 = 932 + 2 \text{ ou } 934, \text{ etc.}$$

93. — **Exercice X**. — *Ajouter des nombres décimaux.*

Tous les exercices sur les nombres entiers peuvent s'appliquer aux nombres décimaux, il suffira de tenir compte, en plus, de la virgule.

$0,6 + 0,7$ c'est **6** dixièmes et **7** dixièmes ou **13** dixièmes
$$= 1,3 ;$$

$0,35 + 0,48$ c'est **35** centièm. et **48** centièm. ou **83** centièm.
$$= 0,83 ;$$

$2,47 + 7,05$ c'est **247** cent. et **705** cent. ou **952** cent.
$$= 9,52.$$

94. — Si les nombres n'ont pas autant de chiffres décimaux, il faudra d'abord les convertir en unités de même ordre.

$0,6 + 0,23$ c'est **60** centièm. et **23** centièm. ou **83** centièm.
$$= 0,83 ;$$

$0,07 + 0,048$ c'est **70** millièm. et **48** millièm. ou **118** mill.
$$= 0,118.$$

$2 + 1,04$ c'est **200** centièmes et **104** centièmes
ou
$$304 \text{ centièmes} = 3,04.$$

EXERCICES SUR L'ADDITION

CALCUL MENTAL ET EXERCICES ORAUX

NOMBRES ENTIERS.

149. Arrondir les nombres : 7, 4, 23, 58, 82, 116, 205, 697, 989.

150. Effectuer les additions suivantes :

$3+5+7$; $6+8+4$; $2+7+8$; $5+9+5$; $9+7+1$;
$9+5+1+5$; $7+6+3+4$; $8+3+5+2$; $5+9+1+4$.

151. Décomposer en une somme de deux autres les nombres : 9, 10, 11, 12, 13, 14, 15, 16, 17, 18, 19, 20.

152. Que faut-il ajouter à 4 pour avoir : 7, 5, 8, 10, 15, 18, 20 ?

153. Que faut-il ajouter à 5 pour avoir : 9, 7, 11, 8, 14, 17, 25, 37, 58 ?

154. Que faut-il ajouter à 6 pour avoir : 10, 9, 13, 11, 18, 46, 57, 78, 99 ?

155. Remplacer les points par des nombres dans les égalités suivantes :

$7+.=15$	$8+.=11$	$9+.=15$	$3+.=157$	$5+.=216$
$7+.=10$	$8+.=17$	$9+.=12$	$3+.=268$	$5+.=128$
$7+.=13$	$8+.=12$	$9+.=17$	$3+.=309$	$5+.=309$
$7+.=18$	$8+.=19$	$9+.=20$	$3+.=675$	$5+.=960$
$7+.=14$	$8+.=15$	$9+.=11$	$3+.=714$	$5+.=677$
$7+.=20$	$8+.=48$	$9+.=25$	$3+.=966$	$5+.=498$
$7+.=37$	$8+.=79$	$9+.=80$	$3+.=851$	$5+.=783$
$7+.=65$	$8+.=100$	$9+.=98$	$3+.=400$	$5+.=1000$

156. Que faut-il ajouter à : 1, 5, 2, 8, 3, 9, 4, 7 pour faire 10, 100, 200, 650, 1000 ?

157. Faire mentalement les additions suivantes :

$70+20$	$50+40$	$90+20$	$70+80$
$30+80$	$60+30$	$30+90$	$90+50$

158. Compter jusqu'à 1400 en ajoutant les nombres suivants toujours dans le même ordre $20+30+50+40....$

159. Même exercice jusqu'à 1700 avec les nombres $60+90+40+70+80....$

160. Combien de mètres font : 5 décamètres et 9 décamètres ; 7 décamètres et 6 décamètres ; 8 décamètres et 7 décamètres ; 4 décamètres et 8 décamètres ; 3^{dam} et 9^{dam} ; 6^{dam} et 5^{dam} ?

161. Effectuer mentalement les additions suivantes :

$50+45$	$30+64$	$39+20$	$69+70$
$60+72$	$90+78$	$58+40$	$76+80$

162. Même exercice avec les nombres :

$15+13$	$63+27$	$71+87$	$65+36$
$26+34$	$35+43$	$48+59$	$96+78$

163. Combien de litres font :

6 décalitres et 37 litres,   76 litres et 3 décalitres,
5 décalitres et 63 litres,   54 litres et 4 décalitres,
8 décalitres et 59 litres,   28 litres et 7 décalitres.

164. Additionner de tête : $500 + 400$; $600 + 700$; $900 + 300$; $400 + 800$; $700 + 900$.

165. Combien de centimes font : 3 francs et 6 francs; 2 francs et 7 francs; 4 et 6 francs; 8 et 9 francs; 5 et 3 francs?

166. Additionner :

$600 + 345$	$360 + 450$	$568 + 430$	$658 + 231$
$700 + 876$	$210 + 370$	$276 + 520$	$763 + 536$
$300 + 405$	$620 + 940$	$895 + 380$	$879 + 312$
$680 + 800$	$490 + 230$	$682 + 790$	$915 + 576$
$396 + 400$	$750 + 820$	$954 + 840$	$458 + 639$

167. Combien de grammes font :

32 décagrammes et 12 décagrammes; 65 décagrammes et 34 décagrammes; 36 décagrammes et 54 décagrammes; 72 décagrammes et 87 décagrammes; 89 décagrammes et 61 décagrammes?

168. Combien font : 50 et 376; 25 et 431; 70 et 650; 37 et 509; 18 et 715; 867 et 43; 392 et 68?

169. Additionner : $37 + 42 + 8$; $25 + 43 + 60$; $49 + 37 + 24$; $58 + 76 + 35$; $79 + 31 + 46 + 8$; $64 + 53 + 27 + 40$.

170. Ajouter 9 aux nombres suivants : 55, 72, 27, 88, 103, 279, 543, 761.

171. Compter de 9 en 9, puis de 8 en 8, de 11 en 11, de 12 en 12, de 1 à 150 environ.

172. Mêmes exercices en commençant à 2, à 3, à 4, à 5, à 6, etc.

173. Combien font :

$35 + 8$	$17 + 11$	$57 + 12$	$29 + 13$
$77 + 8$	$38 + 11$	$86 + 12$	$45 + 13$
$204 + 8$	$459 + 11$	$29 + 12$	$76 + 13$
$539 + 8$	$745 + 11$	$274 + 12$	$537 + 13$

174. Ajouter 99 à 63; à 75; 212; 401; 792.
Ajouter 999 à 347; à 586; 395; 71; 21.
Ajouter 98 à 102; 37; 568; 379; 901.
Ajouter 998 à 24; 502; 430; 685; 859.

175. En remarquant que $97 = 100 - 3$, $997 = 1000 - 3$, ajouter 97, puis 997 aux nombres : 36, 49, 303, 657, 570, 896.

176. Jacques avait 12 billes; il en gagne 9 à un camarade, 11 à un autre et 8 à un troisième. Combien a-t-il de billes maintenant?

177. Un omnibus transporte 23 voyageurs à l'impériale, 18 à l'intérieur et 6 sur la plate-forme. Combien y a-t-il de voyageurs dans cet omnibus?

178. René avait 318 cartes postales dans son album. Pendant les vacances, il en a reçu 98. Combien en a-t-il alors?

179. De Paris à Brétigny, il y a 36 kilomètres et de Brétigny à Orléans il y a 89 kilomètres. Quelle est la distance de Paris à Orléans?

180. Un train, qui devait arriver à 1ʰ 23ᵐ, a 35 minutes de retard. A quelle heure arrive-t-il?

181. Maman m'a acheté, dans un magasin, un chapeau de 12 francs, un habit de 49 francs, un pardessus de 58 francs et une paire de chaussures de 19 francs. Combien a-t-elle dû payer?

182. A la fin du mois une personne doit 97 francs à son boucher, 21 francs à son boulanger et 18 francs à son laitier. Quelle somme doit-elle emporter pour s'acquitter de ces dettes?

183. Un train part avec 12 voyageurs en 1ʳᵉ classe, 97 en 2ᵉ classe et 315 en 3ᵉ classe. Combien transporte-t-il de voyageurs?

184. Dans une pépinière il y a 998 pommiers, 1002 poiriers et 97 cerisiers. Combien y a-t-il d'arbres en tout?

185. Un lycée a 250 internes, 197 demi-pensionnaires et 480 externes. Combien y a-t-il d'élèves dans ce lycée?

186. Combien de jours dans les cinq premiers mois de l'année?

187. Une fermière a vendu au marché pour 102 francs de beurre, 11 francs de légumes, 9 francs de fruits et 39 francs de volailles. Combien a-t-elle reçu?

188. L'étoffe d'une robe a coûté 59 francs, la façon 43 francs et les fournitures 28 fr. A combien revient cette robe?

189. J'ai un cahier qui a 32 pages et un autre qui en a 12 de plus. Combien y a-t-il de pages dans ce 2ᵉ cahier? Dans les deux cahiers?

190. Deux personnes se sont partagé une certaine somme. La première a reçu 398 francs et la deuxième 412 francs. Quelle est cette somme?

191. Combien doit-on revendre une marchandise, qui avait coûté 998 francs, si l'on veut gagner 102 francs?

192. J'ai acheté à un vigneron une pièce de vin pour 97 francs. Le transport m'a coûté 15 francs et la mise en bouteilles 9 francs. A combien me revient cette pièce de vin?

193. Quel est le contour d'un jardin rectangulaire qui a 150 mètres de long et 75 mètres de large?

194. Un dictionnaire est publié en 3 volumes, le 1ᵉʳ a 450 pages, le 2ᵉ, 290 et le 3ᵉ, 510. Quel est le nombre de pages de cet ouvrage?

195. Sachant qu'une personne dépense 390 francs par mois et économise 75 francs. Trouver ce qu'elle gagne par mois?

196. Pour remplir la moitié d'un réservoir on y a fait couler 542 litres d'eau. Quelle est la contenance de ce réservoir?

197. Un tonneau vide pèse 18 kilogrammes. Combien pèse-t-il plein si on le remplit avec une certaine quantité de vin qui pèse 218 kilogrammes?

198. Je verse 815 francs pour payer une marchandise sur laquelle on m'a fait une remise de 18 francs. Quel était le montant de la facture?

199. Paul a 9 ans. Son père a 35 ans de plus. Quel est l'âge du père? Combien d'années ont le père et le fils ensemble?

200. Après avoir payé une facture de 350 francs, il me reste encore 95 francs. Quelle somme avais-je?

201. Charlemagne monta sur le trône en 768 et mourut après un règne de 46 ans. Quelle est la date de sa mort?

202. On tire 192 litres de vin d'une barrique et il en reste 34 litres encore. Quelle était la contenance de la barrique ?

203. La Garonne a 605 kilomètres de longueur et la Seine 171 kilomètres de plus. Quelle est la longueur du cours de la Seine ?

204. Pour remplir un tonneau on y verse 3 hectolitres de vin, puis 25 décalitres et enfin 7 litres. Quelle est la contenance de ce tonneau ?

205. J'ai lu 230 pages de mon livre de lecture et il m'en reste encore 145 pages à lire. Combien de pages a mon livre ?

206. J'ai payé mon tailleur en lui donnant 250 francs en or et 75 francs en argent. Quelle somme lui devais-je ?

207. Un marchand a vendu 25 mètres de drap pour 275 francs et 38 mètres pour 360 francs. Combien de mètres de drap a-t-il vendus et quelle somme a-t-il reçue ?

208. On mélange 25 décalitres de vin avec 3 hectolitres d'une autre sorte et 5 litres d'eau. Combien de litres de mélange obtient-on ?

209. Pour peser une marchandise on met dans l'un des plateaux de la balance 1 poids de un kilogramme, un poids de 5 hectogrammes et un poids de 2 décagrammes. Quel est, en grammes, le poids de cette marchandise ?

CALCUL MENTAL ET EXERCICES ORAUX

NOMBRES DÉCIMAUX

210. Effectuer mentalement les additions suivantes :

$0,3 + 0,5 =$	$0,54 + 0,07 =$	$0,005 + 0,023 =$
$0,6 + 0,4 =$	$0,38 + 0,09 =$	$0,043 + 0,032 =$
$0,7 + 0,9 =$	$0,15 + 0,23 =$	$0,306 + 0,054 =$
$0,9 + 0,8 =$	$0,45 + 0,52 =$	$0,650 + 0,703 =$
$0,5 + 0,5 =$	$0,63 + 0,99 =$	$0,354 + 0,618 =$

211. Même exercice avec les nombres

$0,3 + 0,05 =$ $\quad$ $0^m,028 + 0^m,07 =$ $\quad$ $0^{kr},306 + 0^{kr},054 =$

$0^r,650 + 0^r,703 =$ $\quad$ $0^{km},354 + 0^{km},618 =$

212. Combien font : $0^m,3$ et $0^m,05$; $0^m,028$ et $0^m,07$; $0^m,6$ et $0^m,038$; $0^m,18$ et $0^m,025$; $0^m,092$ et $0^m,13$.

213. Combien font : $1^r,50$ et $2^r,80$; $3^r,60$ et $2^r,40$; $5^m,2$ et $9^m,7$; $3^l,8$ et $9^l,7$; $12^r,5$ et $7^c,5$.

214. J'ai acheté un cahier de $0^r,30$, une règle de $0^r,10$, un porte-plume de $0^r,15$ et un crayon de $0^r,15$. Quelle est ma dépense ?

215. Paul a dans sa bourse une pièce de 2 fr., une pièce de $0^r,25$, deux pièces de $0^r,10$ et une de $0^r,05$. Quelle somme possède-t-il ?

216. La cuisinière achète au marché un poulet de $6^r,50$ et un poisson de $3^r,25$. Que doit-elle payer ?

217. Notre salle de classe a $6^m,50$ de long et $5^m,25$ de large. Calculer le pourtour en mètres ?

218. 3 fûts contiennent l'un $2^{hl},25$; le second $2^{hl},20$ et le troisième $1^{hl},50$. Quelle est, en hectolitres, la contenance totale des 3 fûts ?

219. On m'a envoyé chez l'épicier acheter : une demi-livre de chocolat pour 1^{fr},20, une livre de sucre pour 0^{fr},65 et un kilogramme de café pour 4 fr. Quelle somme dois-je emporter?

220. Dans une bouteille qui pèse seule 0^{kg},85 on verse 3^{kg},7 d'huile. Quel est maintenant le poids de cette bouteille?

221. J'envoie par la poste un mandat de 75 fr. Combien dois-je donner à l'employé sachant que les frais d'envoi s'élèvent à 0^{fr},50 et que j'achète en plus un timbre de 0^{fr},15?

222. Le reste d'une soustraction est 3,06 et le plus petit nombre 8,51. Quel est le plus grand nombre?

223. Un chapelier achète ses chapeaux à raison de 8^{fr},70 pièce. Combien devra-t-il les revendre s'il veut faire, sur chacun d'eux, un bénéfice de 1^{fr},30?

224. Après avoir enlevé 8^{m},40 d'une pièce de drap il en reste encore 20^{m},50. Quelle était la longueur de la pièce?

225. En revendant une marchandise 12^{fr},60 on perd 1^{fr},40. Combien l'avait-on payée?

226. Un libraire achète un volume d'occasion pour 9^{fr},20. Il veut le revendre en faisant 2^{fr},80 de bénéfice. Quelle somme devra-t-il demander?

227. Un ouvrier gagne 4^{fr},75, sa femme 2^{fr},50 et son fils 1^{fr},25. Que reçoivent-ils ensemble dans une journée?

228. On a payé 15^{fr},80 pour 3^{m},20 d'étoffe et 30^{fr},10 pour 5^{m},60 d'une autre étoffe. Combien a-t-on eu de mètres et combien a-t-on déboursé en tout?

229. Un sac de blé pèse 105^{kg},7 et un autre 2^{kg},5 de plus. Quel est le poids de celui-ci?

230. La pièce de 5 francs a 0^{m},037 de diamètre, celle de 2 francs 0^{m},027 et celle d'un franc 0^{m},023. Quelle longueur obtient-on en plaçant ces trois pièces en ligne?

231. Pour remplir une bouteille on y verse d'abord 0^{l},60, puis 0^{l},20 et enfin 0^{l},05 de liquide. Quelle est sa contenance : 1° en litres, 2° en centilitres?

232. Chaque centime de monnaie de bronze pèse 1 gramme. Quel serait le poids d'une bourse contenant 1^{fr},75 en sous si la bourse seule pèse 50 grammes?

233. Voici la note de mon déjeuner au restaurant : potage 0^{fr},25, plat de viande, 0^{fr},70, légume 0^{fr},35, dessert 0^{fr},40 et vin 1^{fr},20. A combien me revient mon repas?

EXERCICES ÉCRITS

NOMBRES ENTIERS

234. Faire les additions suivantes :

345	896	6 458	3 786
678	78	3 967	79
937	954	8 279	695
529	9	4 743	8
			9 837

Mêmes exercices :

235. $56\,874 + 39\,465 + 45\,796 + 27\,580.$

236. $39\,675 + 9\,804 + 39 + 697 + 57\,068.$

237. $695\,387 + 739\,658 + 918\,716 + 582\,974.$

238. $3\,258\,607 + 69\,375 + 837\,942 + 5\,869 + 5\,903\,784.$

239. Écrire en mètres, puis additionner les nombres :

15 kilomètres; 29 hectomètres; 8 décamètres; 375 décamètres; 46 kilomètres; 7 hectomètres.

240. Même exercice :

$3^{hm}5^{dam}$; 24^{dam}; $9^{km}38^{m}$; $6^{km}7^{hm}$; 832^{m}; $7^{km}9^{hm}6^{m}$.

241. Convertir en millimètres, puis additionner :

$3^{m},25$; $0^{m},708$; $9^{dam}7^{dm}$; 328^{cm}; 15^{m}.

242. Additionner les nombres suivants en prenant le litre comme unité :

38 décalitres; 9 hectolitres; 37 litres ; 42 hectolitres; 296 décalitres.

243. Même exercice avec les nombres $8^{hl},5$: $37^{dal},9$; $83^{hl},5$; $68^{dal},3$.

244. Convertir en centigrammes, puis additionner

$5^{dag}6^{dg}$; $9^{hg}34^{dg}$; $8^{dag}5^{cg}$; $2^{hg}5^{g}38^{cg}$.

245. Additionner en prenant le kilogramme comme unité :

159 quintaux; 29 kilogrammes; 3 tonnes; $6^{q},8$; $29^{q},74$.

246. Dans une famille d'ouvriers le père a gagné 1 275 francs, la mère 458 francs, et le fils 250 francs. Cette famille a dépensé 450 francs pour son logement, 976 francs pour sa nourriture, 257 francs pour son habillement et 104 francs pour dépenses diverses. Trouver : 1° combien cette famille a gagné, 2° combien elle a dépensé?

247. On achète une maison au prix de 25 400 francs; les frais d'achat s'élèvent à 892 francs. A combien revient cette maison si on y fait ensuite pour 3 684 francs de réparations?

248. Un fermier possède 25 vaches estimées 11 250 francs, 4 chevaux estimés 3 580 francs et 37 moutons valant 1 815 francs. Combien ce fermier a-t-il d'animaux et quelle est leur valeur?

249. Dans une journée un touriste a fait 528 kilomètres en chemin de fer, 214 hectomètres en voiture et 37 décamètres à pied. Calculer la distance parcourue en mètres?

250. Trois tonneaux contiennent : le premier 225 litres; le second 3 décalitres de plus que le premier et le troisième 7 litres de plus que le second. Quelle est, en litres, la contenance de chaque tonneau? des trois tonneaux réunis?

251. Un entrepreneur construit 2 routes, l'une de $2^{km},5$ pour 8 500 francs et l'autre de 28 décamètres pour 9370 fr. Quelle est en mètres la longueur des 2 routes? quelle somme sera versée à cet entrepreneur?

252. Une personne née en 1805 est morte à l'âge de 78 ans. Trouver la date de son décès?

253. Un cultivateur a récolté 36 quintaux de blé, 1329 kilogrammes d'avoine et $2^{q},5$ de seigle. Trouver, en kilogrammes, le poids de sa récolte?

254. Trois personnes se partagent une somme. La première reçoit 308 fr., la seconde 29 francs de plus que la première et la troisième la moitié de la somme partagée. Quelle est cette somme?

255. Un cycliste a parcouru 25^{km}5^{hm} pendant la 1re heure; 247 hectomètres dans la 2e heure et 2 386 décamètres dans la 3e heure. Combien a-t-il parcouru de mètres durant ces trois heures?

256. Un vigneron a dans sa cave 28^{hl},9 de vin rouge, 9^{hl},7 de vin blanc et 305 décalitres d'eau-de-vie. Combien de litres de liquide a-t-il en tout?

257. La Garonne a 605 kilomètres de longueur, la Seine a 171 kilomètres de plus que la Garonne et la Loire 204 kilomètres de plus que la Seine. Trouver : 1° la longueur du cours de la Seine, 2° de la Loire, 3° de ces trois fleuves?

258. La population de la France, il y a un siècle, était de 27 350 000 habitants. Au dernier recensement on a constaté une augmentation de 11 611 945 habitants. Quelle est la population actuelle de notre pays?

259. En 7 jours un ouvrier a fait 45 mètres d'ouvrage pour lesquels il a reçu 52 francs; en 13 jours il a fait 78 mètres pour 85 francs et en 21 jours 112 mètres pour 135 francs. Trouver le nombre de jours de travail, combien il a fait de mètres et ce qu'il a reçu?

260. Un arrosoir vide pèse 9^{hg},75. Combien pèse-t-il de grammes quand il contient 3^{kg}5^{dag} d'eau?

261. Une personne avait 42 ans en 1903. Quel âge aura-t-elle dans 35 ans et en quelle année sera-t-on?

262. Paul a 125 francs sur son carnet de caisse d'épargne; son frère Henri a 78 francs de plus que lui et leur père a 278 francs de plus que tous les deux ensemble. Quel est le montant total de leurs économies?

EXERCICES ÉCRITS

NOMBRES DÉCIMAUX

263. Faire les additions suivantes :

0,8	9,45	9,635	
3,09	0,673	0,95	435,9
0,738	0,673	0,95	68,45
12,6	7,6	2,7	9,708
0,075	15,009	0,009	673,04

16,45	453,789	0,00031
2,4059	0,007	2,004
3,78963	0,4567	4,7894
4,003	39,87	5,32187
218,7891	6,0008	16,78912

283,75	344,6152841
49,7877	28,00783
33,2129	6,0946
4615,0783	38,7454895

Mêmes exercices :

264. $325,6 + 0,98 + 63,074 + 2605,06 + 9,703.$

265. $0,805 + 3,4 + 0,002 + 45 + 0,67.$

266. $548 + 0,75 + 69,048 + 6548 + 7,9.$

267. $7948 + 13,09 + 0,678 + 538 + 9,5 + 6547,463.$

268. $382,61507 + 34,981 + 0,00078 + 0,74.$

269. $46,009 + 283,45987 + 47,667788 + 2,009.$

270. $3,1415926 + 6,789201 + 0,00783 + 416.$

271. $2843 + 4,25 + 6715,4207 + 73 + 2,8999.$

272. Écrire, en mètres, et en faire l'addition :
58 décamètres; 1 275 centimètres; 25 millimètres; 613 centimètres.

273. Même exercice avec les nombres :

$$5874^{m}; \quad 5^{hm}3^{m}8^{dm}; \quad 95^{m}6^{cm}; \quad 3^{km}6^{dam}9^{dm}.$$

274. Convertir en kilomètres, puis additionner :

$$3^{hm}5^{dm}; \quad 203^{dam}8^{m}; \quad 57^{dam}; \quad 180^{hm}9^{m}.$$

275. Convertir en litres et additionner : 325^{dl}; 638^{cl}; 9007^{cl}; 86^{dl}.

276. Même exercice avec les nombres :

$$4^{dal}58^{cl}; \quad 9^{dal}7^{dl}; \quad 36^{dl}4^{cl}; \quad 1^{hl}38^{dl}9^{cl}.$$

277. Convertir en hectolitres et ajouter :
54 litres; 368 litres; 125 décalitres; 18 décalitres; 3 697 litres.

278. Mettre la virgule aux grammes et additionner :
28 décagrammes; 375 centigrammes; 14 milligrammes; 539 décagrammes; 37 centigrammes.

279. Écrire en grammes les nombres suivants :

$$6^{kg}9^{dag}27^{dg}; \quad 8^{hg}5^{g}7^{cg}; \quad 432^{dg}; \quad 27^{dag}45^{cg}.$$

280. Convertir en kilogrammes et additionner :
308 décagrammes; 9 hectogrammes; 326 grammes; 1 956 décagrammes.

281. Même exercice avec les nombres :

$$28^{g}; \quad 69^{kg}38^{dag}; \quad 47^{g}; \quad 6428^{dg}; \quad 9^{hg}3^{g}.$$

282. Combien de francs font : 28 décimes + 35 centimes + 1 205 centimes + 67 décimes + 8 654 centimes ?

283. Combien de stères font :

$$4 \text{ décastères} + 256 \text{ décistères} + 29 \text{ décistères} + 3^{das} + 7^{ds}.$$

284. Additionner les nombres suivants et donner le résultat en mètres, puis convertir ce résultat en centimètres, en décamètres, en kilomètres, en millimètres :

$$325^{m},68 + 18^{m},375 + 9^{m},2 + 6432^{m},59 + 36 \text{ millimètres}.$$

285. Même exercice en prenant comme unité le litre :

$$275^{cl} + 6387^{dl} + 83^{cl} + 57^{l} + 7904^{l},02.$$

Convertir ensuite le résultat en décalitres, en décilitres, en hectolitres, en centilitres.

286. Lire les nombres suivants, puis en faire l'addition en prenant le gramme comme unité :

$$3\,275^{\mathrm{g}},8 \;;\; 39^{\mathrm{g}},642 \;;\; 380^{\mathrm{g}},75 \;;\; 0^{\mathrm{g}},059 \;;\; 78\,206^{\mathrm{g}},31.$$

Convertir le résultat en kilogrammes, en centigrammes, en quintaux, en milligrammes, en décagrammes.

287. Une personne a dépensé dans sa journée $4^{\mathrm{fr}},75$ pour sa nourriture, $0^{\mathrm{fr}},50$ de tabac, $0^{\mathrm{fr}},10$ d'allumettes, $0^{\mathrm{fr}},30$ d'omnibus, $1^{\mathrm{fr}},35$ de voiture et $9^{\mathrm{fr}},25$ au théâtre. Combien a-t-elle dépensé en tout dans sa journée ?

288. Un marchand a vendu $5^{\mathrm{m}},50$ de drap pour $25^{\mathrm{fr}},75$; $12^{\mathrm{m}},75$ d'un autre drap pour $48^{\mathrm{fr}},20$ et 4 mètres pour 12 francs. Combien de mètres de drap a-t-il vendus et combien d'argent a-t-il reçu ?

289. Une villageoise se rend à la ville pour faire des emplettes. Elle achète une robe de $39^{\mathrm{fr}},95$; un chapeau de $9^{\mathrm{fr}},50$; des chaussures pour $12^{\mathrm{fr}},25$. Son voyage en chemin de fer lui a coûté $1^{\mathrm{fr}},30$, son déjeuner $1^{\mathrm{fr}},45$. Quelle somme avait-elle emportée si elle possède encore $14^{\mathrm{fr}},55$ à son retour ?

290. On charge une voiture avec trois caisses pesant l'une $45^{\mathrm{kg}},6$, l'autre 739 hectogrammes et la troisième 64 675 décagrammes. Quel est, en kilogrammes, le chargement de cette voiture ?

291. La cour du lycée forme un rectangle dont la largeur mesure $68^{\mathrm{m}},45$; la longueur a $9^{\mathrm{m}},65$ de plus que la largeur. Calculer le pourtour en mètres ?

292. Un commerçant qui avait en caisse le matin $398^{\mathrm{fr}},70$ reçoit dans la journée les sommes suivantes : $78^{\mathrm{fr}},25$: $304^{\mathrm{fr}},10$: $8^{\mathrm{fr}},05$; $0^{\mathrm{fr}},45$; 200 francs et enfin $48^{\mathrm{fr}},95$. Quelle somme possède-t-il le soir ?

293. Un marchand achète deux tonneaux de vin, l'un de 594 litres et l'autre de 49 décalitres. Dans le premier il ajoute $8^{\mathrm{l}},5$ d'eau et dans le second $13^{\mathrm{l}},8$. Quelle est, en hectolitres, la contenance des deux tonneaux ?

294. Pour faire une pâte, la cuisinière mélange $0^{\mathrm{kg}},53$ de farine, 225 grammes de sucre, $1^{\mathrm{kg}},4$ d'œufs, $3^{\mathrm{g}},5$ de vanille et 147 décagrammes de lait. Trouver, en kilogrammes, le poids de cette pâte ?

295. A un tas de bois qui contient déjà 5 décastères on ajoute la charge de 2 voitures qui contiennent l'une $2^{\mathrm{s}},5^{\mathrm{d}}$ et l'autre 23 décistères. Combien y a-t-il de stères en tout ?

296. Un écolier fait une addition et trouve comme total le nombre 5 873,294, puis il s'aperçoit qu'il a oublié d'ajouter le nombre 40,92. Quel est le total exact qu'il devait trouver ?

297. Une personne s'acquitte d'une dette en faisant 5 paiements : le 1er de 38 fr., le 2e de $42^{\mathrm{fr}},50$ et les suivants en augmentant toujours de $4^{\mathrm{fr}},50$. Quel était le montant de cette dette ?

298. Un commerçant a vendu avec un bénéfice de $17^{\mathrm{fr}},50$ une pièce de toile qui lui avait coûté $102^{\mathrm{fr}},25$; il gagne $25^{\mathrm{fr}},30$ sur une autre pièce qu'il avait payée $146^{\mathrm{fr}},90$. Combien la vente de ces deux pièces a-t-elle produit ?

299. Dans un sac il y a 10 000 francs en or pesant $3\,225^{\mathrm{g}},806$; 340 francs en argent pesant 17 hectogrammes et $2^{\mathrm{fr}},75$ en bronze pesant 275 grammes. Quelle somme y a-t-il dans le sac? Quel en est le poids en grammes? en kilogrammes? en hectogrammes?

300. Trois personnes se partagent une bonbonne d'huile. La première en prend 5ˡ,20, la deuxième 4 décilitres de plus que la première et la troisième a les 42 décilitres qui restent. Quelle était, en litres, la contenance de la bonbonne?

301. Combien faut-il acheter de mètres de moulure pour encadrer un tableau de 0ᵐ,80 de hauteur sur 0ᵐ,65 de largeur?

302. Sur le mémoire d'un entrepreneur on lui fait un rabais de 49ˡʳ,75 et on verse 537ˡʳ,85. Quel était le montant du mémoire?

303. Un piéton a fait le 1ᵉʳ jour 265ʰᵐ,8, le 2ᵉ jour 24ᵏᵐ,3 et le 3ᵉ jour 2 045 décamètres. Combien de kilomètres a-t-il parcourus durant ces 3 jours?

SOUSTRACTION

95. — EXEMPLE. — *Paul avait* **10** *sous dans sa poche; il achète un gâteau de* **3** *sous. Combien a-t-il encore?*

Pour le savoir, on peut retirer les sous un à un et dire :

Des **10** j'en enlève **1**, il en reste **9**.
Des **9** — **1** — **8**.
Des **8** — **1** — **7**.

Après avoir enlevé **3** sous, il lui reste **7** sous.

Retrancher ainsi un nombre **3** d'un autre plus grand **10** c'est faire une *soustraction*.

96. — Mais on pourrait encore faire cette opération en raisonnant de la manière suivante :

Les **10** sous de Paul font maintenant deux parts :

1° Les sous donnés pour le gâteau: 2° les sous qui restent.

En ajoutant la deuxième part à la première, on retrouve les **10** sous; donc retrancher **3** de **10** revient à chercher quel est le nombre qu'il faut ajouter à **3** pour obtenir **10**.

La table d'addition, et surtout la pratique de l'exercice III, n° **85**, permettent d'obtenir rapidement le résultat ; c'est le nombre **7**, puisque $3 + 7 = 10$.

97. — Définition. — **Soustraire ou retrancher** *un nombre d'un autre nombre plus grand que lui, c'est trouver un troisième nombre qui, ajouté au plus petit, donne une somme égale au plus grand.*
Ce troisième nombre est ce qu'on appelle la **différence** *des deux nombres donnés, ou encore le* **reste** *de la soustraction, ou encore l'***excès*** du plus grand nombre sur le plus petit.*
La **soustraction** *est l'opération inverse de l'addition.*

Dans l'exemple ci-dessus, **7** est la *différence* de **10** et **3** ou encore *l'excès* de **10** sur **3** ou le *reste* de la soustraction de **3** de **10**.

98. — Lorsque deux nombres sont égaux, leur différence est égale à zéro. On dit que la différence est *nulle*.

99. — **Signe de la soustraction**. — Pour indiquer la différence de deux nombres, on écrit le plus petit à la droite du plus grand en les séparant par le signe — qui s'énonce *moins*.

Ainsi la différence de **10** et **3** s'écrit **10—3** et se lit **10** *moins* **3**. Cette différence étant **7** on peut écrire l'égalité :
$$10 - 3 = 7.$$

100. — Principe. — *Quand on augmente d'une même quantité deux grandeurs inégales, leur différence ne change pas.*

Pour justifier ce principe, comparons d'abord

deux grandeurs inégales faciles à observer comme la longueur de deux bâtons.

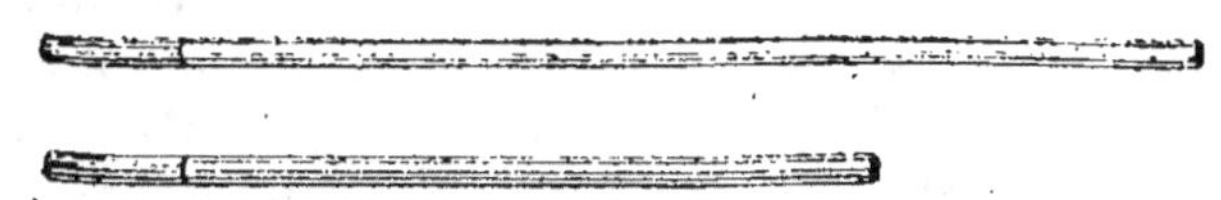

En examinant la figure ci-dessus, on voit que leur différence ne change pas en ajoutant à la gauche de chacun d'eux des longueurs égales.

101. — AUTRE EXEMPLE :

Jacques a : ⚪ ⚪ ⚪ ⚪ ⚪ ⚪ ⚪ **7** billes.
Louis en a **4** :   ⚪ ⚪ ⚪ ⚪

La différence est de **3** billes.

Si je donne à chacun deux autres billes (noires).

Jacques aura: ⚪ ⚪ ⚪ ⚪ ⚪ ⚪ ⚪ ● ●**9** billes;
Et Louis   ⚪ ⚪ ⚪ ⚪ ● ●**6** billes.

La différence n'a pas changé et l'on obtient l'égalité.

$$7 - 4 = 9 - 6.$$

102. — **Soustraction des nombres entiers.**

EXEMPLE. — *Je devais* **50 938** *francs ; j'ai payé* **8 375** *francs. Quelle somme me reste-t-il à verser pour m'acquitter ?*

Je dois évidemment verser la somme qu'il faut ajouter à **8 375** francs pour faire **50 938** francs.

Pour la trouver, je retranche **8 375** de **50 938**.

```
50 938
 8 375
──────
42 563
```

On commence par la droite, on retranche les unités des unités et l'on dit :

5 de **8** il reste **3** ; on écrit **3** sous les unités.

On passe aux dizaines : **7** de **3** cela ne se peut ; on ajoute alors **10** dizaines au chiffre supérieur, ce qui fait **13** dizaines ; mais le plus grand nombre se trouvant ainsi augmenté de **10** dizaines ou **1** centaine, on doit ajouter cette centaine au plus petit nombre afin que la différence ne change pas ; c'est pourquoi on dit :

7 de **13** il reste **6** et je retiens **1**; j'écris **6** sous les dizaines; **1** de retenue et **3** font **4**, **4** de **9** il reste **5**. On continue ainsi jusqu'aux unités les plus élevées : **8** de **0** cela ne se peut, **8** de **10** il reste **2**; j'écris **2** et je retiens **1**; **1** de retenue ôté de **5** il reste **4**.

Le reste, **42 563** francs, indique la somme que je dois encore.

103. — Règle générale. — *Pour faire la différence de deux nombres, on écrit le plus petit au-dessous du plus grand, de façon que les unités de même ordre soient les unes au-dessous des autres.*

On tire un trait horizontal; on commence par la droite et on soustrait chaque chiffre inférieur du chiffre supérieur correspondant. Si le chiffre supérieur est moins fort, on l'augmente de 10 et on a soin d'augmenter le chiffre inférieur suivant de 1.

104. — Soustraction des nombres décimaux.

Exemple. — *Dans un tonneau il y avait* **378^{lit},6**; *on en retire* **92^{lit},45**. *Combien reste-t-il de litres?*

Il reste **378^{l},6** moins les **92^{l},45** qu'on a retirés.

Il faut retrancher **92,45** de **378,6**.

On commence par la droite et, comme il n'y a pas de centilitres dans le plus grand nombre, on les remplace par un zéro, ce qui ne change pas la valeur de ce nombre puisque **6** décilitres égalent **60** centilitres; puis on dit :

$$\begin{array}{r} 378,6 \\ 92,45 \\ \hline 286,15 \end{array}$$

5 de **10** reste **5** et on retient **1** ; on écrit **5** sous les centilitres; **1** de retenue et **4** font **5**, **5** de **6** reste **1** ; on écrit **1** sous les décilitres. On place une virgule sous les virgules et on continue par les litres, les décalitres, etc , comme pour les nombres entiers : **2** de **8** reste **6** ; **9** de **17** reste **8** et je retiens **1** ; **1** de **3** reste **2**.

Dans le tonneau, il reste **286^{lit},15$^\text{c}$**.

105. — Règle générale. — *On écrit le plus petit nombre sous le plus grand, de manière que les unités soient sous les unités, les dixièmes sous les dixièmes, les centièmes sous les centièmes, etc. On opère comme pour les nombres entiers et dans la différence on met une virgule au-dessous des virgules. Si l'un des nombres a moins de chiffres décimaux que l'autre on remplace mentalement les unités décimales qui manquent par des zéros.*

106. — Remarque. — Si l'on veut trouver la différence entre deux nombres exprimant des mesures avec des unités différentes, il est nécessaire, comme dans l'addition, de convertir d'abord ces nombres en unités de même ordre..

Si de **248** décagrammes je veux retrancher **635** décigrammes, pour avoir la différence en grammes, je dis : **248$^\text{dag}$ = 2480$^\text{g}$; 635$^\text{dg}$ = 63$^\text{g}$,5**.

Le reste sera **2480$^\text{g}$ — 63$^\text{g}$,5 = 2416$^\text{g}$,5**.

En kilogrammes on aurait **2$^\text{kg}$,48 — 0$^\text{kg}$,0635**.

En centigrammes on aurait **248 000$^\text{cg}$ — 6350$^\text{cg}$**.

De même, si de **3** hectolitres je veux retrancher **25$^\text{l}$,5**, je transforme tout en litres.

3 hectolitres valent **300** litres. La différence est donc

$$300^\text{l} — 25^\text{l},5 = 274^\text{l},5.$$

107. — Preuve de la soustraction. — D'après la définition de la soustraction, le plus grand nombre est égal au plus petit augmenté du reste.

Donc, pour faire la preuve de la soustraction, on additionne le plus petit nombre avec le reste et, si l'opération est exacte, on doit retrouver le plus grand nombre.

CALCUL MENTAL DE LA SOUSTRACTION

108. — **Exercice I.** — *Retrancher un nombre d'un chiffre d'un nombre de plusieurs chiffres.*

Il suffit de retrancher les unités du premier des unités du deuxième.

EXEMPLE. — *Soit à faire la différence* **369 — 7.**

On dit : **7** de **9** reste **2**, donc **7** de **369** reste **362.**

109. — Si le chiffre à retrancher est plus grand que le chiffre des unités du grand nombre, on emprunte une dizaine pour faire la soustraction.

EXEMPLES. — *Soit à faire la différence* **83 — 7.**

On dit :

83 c'est **70** et **13**, **7** de **13** reste **6**, donc **7** de **83** reste **76.**

Soit à faire la soustraction **362 — 7.**

362 c'est **35** dizaines et **12**, or **7** de **12** reste **5**,
donc **7** de **362** reste **355.**

110. — **Exercice II.** — *Retrancher un nombre de deux chiffres d'un autre nombre de deux chiffres*

Quatre cas peuvent se présenter :

1° *Soit à calculer*   **90 — 50.**

On dit :

     9 dizaines moins **5** dizaines font **4** dizaines ou **40.**

2° *Soit à calculer*   **57 — 30.**

On dit :

     5 dizaines moins **3** dizaines font **2** dizaines ou **20**,
et la différence est   **20 + 7** ou **27.**

3° *Soit à calculer*   **70 — 24.**

On arrondit **24** en ajoutant **6** et on obtient **30.** La différence sera **7** dizaines moins **3** dizaines ou **40**, plus **6** unités ajoutées pour arrondir, ou **46**.

4° Soit à calculer   **82 — 37**.

On arrondit le plus petit nombre **37** en ajoutant **3** pour obtenir **40**, puis on dit ;

40 de **82** reste **42**; **42** et **3** font **45**.

111. — Exercice III. — *Retrancher un nombre de trois chiffres d'un autre nombre de trois chiffres.*

Suivant le cas on procède de la manière suivante :

1° Soit à calculer la différence **700 — 300**.
On dit :
7 centaines moins **3** centaines font **4** centaines ou **400**.

2° Soit à calculer   **948 — 400**.
9 centaines moins **4** centaines font **5** centaines

500 + 48 = 548.

3° Soit à calculer   **570 — 230**.
57 dizaines moins **23** dizaines font **34** dizaines ou **340**.

4° Soit à calculer   **569 — 240**.
On dit :
24 diz. de **56** diz. font **32** diz. ou 320; 320 + 9 = **329**.

5° Soit à calculer   **854 — 469**.
On arrondit **469** en centaines en ajoutant **31** et on obtient **5** centaines ou **500**, puis on dit :
500 de **854** fait **354**; plus les **31** unités ajoutées pour arrondir, ce qui fait **385**.

112. — Exercice IV. — *Retrancher un nombre de deux chiffres d'un nombre de trois chiffres.*

Exemple. — *Soit à calculer la différence* **562 — 38**.
On arrondit **38** en ajoutant **2**, puis on dit :

40 de **562** fait **522**; 522 + 2 = **524**.

113. — **Exercice V.** — *Retrancher un nombre qui diffère très peu de* **10, 100, 1000.**

Soit à retrancher **9, 99, 999 ; 8, 98, 998 ; 7, 97, 997** ou **11, 101, 1001 ; 12, 102, 1002 ; 13, 103, 1003**, etc.

1° Les nombres sont inférieurs à **10, 100, 1000,** on retranche **10, 100** ou **1000** et on ajoute au résultat ce qu'il faut pour arrondir.

EXEMPLES. — *Soit à calculer* **759 — 98.**

On dit :   **759 — 100 = 659 ; 659 + 2 = 661.**

Soit à calculer   **6 384 — 997.**
On dit :

     6 384 — 1000 = 5384 ; 5384 + 3 = 5387.

2° Les nombres sont supérieurs à **10, 100, 1000.**

On retranche **10, 100** ou **1000**, puis de la différence obtenue on retranche **1, 2, 3** suivant le cas.

EXEMPLES. — *Soit à calculer* **637 — 103.**
On dit :

     637 — 100 = 537 ; 537 — 3 = 534.

Soit à calculer   **59 — 12.**
C'est   **59 — 10 = 49 ;** puis **49 — 2 = 47.**

114. — **Exercice VI.** — *Retrancher des nombres terminés par les mêmes chiffres.*

On fait la soustraction comme si ces nombres étaient terminés par des zéros.

EXEMPLES.   **58 — 28 = 50 — 20 = 30 ;**

     827 — 227 = 800 — 200 = 600.

ADDITIONS ET SOUSTRACTIONS COMBINÉES

115. — **Exercice VII.** —*Retrancher d'un seul nombre la somme de plusieurs nombres.*

EXEMPLE. — *Retrancher de* **82** *la somme de* **18 + 12 + 25**.

On peut retrancher successivement chacun des nombres et dire : **18** de **82** reste **64**, **12** de **64** reste **52** et enfin **25** de **52** reste **27**.

Mais, en général, il est préférable d'effectuer d'abord la somme en groupant les nombres qui la composent, puis de retrancher cette somme du nombre donné.

On dira : **18** et **12** font **30**, **30** et **25** font **55** et **55** de **82** reste **27**.

116. — **Exercice VIII.** — *Retrancher un nombre de la somme de plusieurs autres.*

EXEMPLE. — De **13 + 9 + 7 + 11** retrancher **26**.

On dit :

13 et **7** font **20** et **9** font **29** et **11** font **40**;
40 — 26 = 14.

117. — **Exercice IX.** — *Suite d'additions et de soustractions successives.*

EXEMPLE. — Un omnibus part avec **12** voyageurs; à la première station, il en monte **5** et en descend **3**; à la deuxième station, il en monte **8** et en descend **2**; à la troisième, il en monte **3** et en descend **9**. Combien reste-t-il maintenant de voyageurs?

On fait la somme de tout ce qui peut être ajouté :

Il est monté : **12 + 5 + 8 + 3 = 28** voyageurs.

On fait la somme de tout ce qui doit être retranché :

Il est descendu : **3 + 2 + 9 = 14** voyageurs.

On fait la différence des deux sommes.

Il reste : **28** voyageurs — **14** voyageurs = **14** voyageurs.

118. — **Exercice X.** — *Retrancher des nombres décimaux.*

On opère comme pour les nombres entiers en tenant compte de la virgule.

EXEMPLES.

0,9 — 0,3   c'est **9** dixièmes moins **3** dixièmes il reste
      6 dixièmes ou **0,6** ;

0,57 — 0,38   c'est **57** centièmes moins **38** centièmes ; il
      reste **19** centièmes ou **0,19** ;

6,38 — 0,27   on dit **27** centièmes de **38** centièmes ; il
      reste **11** centièmes ; donc

      638 cent. — **27** cent. = **611** cent. ou **6,11**.

119. — Si les nombres n'ont pas autant de chiffres décimaux on les convertit en unités décimales de même ordre en ajoutant des zéros.

EXEMPLES.

0,3 — 0,15 c'est **30** centièmes moins **15** centièmes ;
      il reste **0,15**.

0,6 — 0,048, c'est **600** millièmes moins **48** millièmes ;
      il reste **552** millièmes ou **0,552**.

120. — Si l'un des nombres est entier, on retranche seulement les unités entières.

EXEMPLE. — *Soit à calculer*

35,28 — 12.

12 de **35** reste **23** ;   donc   **12** de **35,28** reste **23,28**.

EXERCICES SUR LA SOUSTRACTION

CALCUL MENTAL ET EXERCICES ORAUX

NOMBRES ENTIERS

304. Compter de 2 en 2 de 100 à 50, de 101 à 1.

305. Compter de 3 en 3 en rétrogradant depuis 50, depuis 51, depuis 52.

306. Même exercice de 4 en 4 depuis 60; 61; 62; 63.

307. Compter de 6 en 6, de 7 en 7 en rétrogradant depuis 100.

308. Compter en rétrogradant depuis 200 en retranchant successivement et toujours dans le même ordre 6; 3; 7; 4; 5.

EXEMPLE. — 200 moins 6, 194; 194 moins 3, 191; etc.

309. Effectuer mentalement les soustractions suivantes :

27 — 9; 43 — 7; 71 — 8; 132 — 5; 204 — 6; 381 — 4.

310. Même exercice avec les nombres :

90 — 50	68 — 20	70 — 26	95 — 62
70 — 20	37 — 10	30 — 18	38 — 14
80 — 30	59 — 30	60 — 42	42 — 29
60 — 40	75 — 40	40 — 23	72 — 27
90 — 60	94 — 50	90 — 57	86 — 48.

311. Même exercice :

562 — 40	634 — 72	380 — 29
704 — 47	836 — 98	900 — 200
700 — 400	800 — 300	900 — 500
700 — 200	732 — 400	864 — 600
938 — 200	675 — 300	905 — 600
640 — 210	572 — 430	592 — 241
780 — 530	628 — 210	468 — 135
890 — 560	859 — 520	639 — 274
720 — 450	734 — 480	982 — 607
570 — 290	919 — 670	735 — 478

312. Compter de 9 en 9 en rétrogradant depuis 200.

313. Même exercice de 8 en 8; de 11 en 11; de 12 en 12.

314. Retrancher 99 de 635; de 380; de 708; de 956.

315. Retrancher 98 de 203; de 560; de 806; 574; 953.

316. De 1000 retrancher mentalement 9; puis 99; 101; 102; 8; 98; 103; 97.

317. Même exercice en retranchant tous ces nombres de 890; de 975; de 608; de 712.

318. Combien font : 27 — 7; 628 — 228; 792 — 292; 804 — 304; 674 — 174?

319. De 75 retrancher $12 + 26 + 8$;
   — 93   — $17 + 32 + 3$;
   — 80   — $8 + 14 + 2 + 26$.

320. De $70 + 85$ retrancher 37 ;
   — $83 + 47$ —   56 ;
   — $29 + 15 + 11$ —   44 ;
   — $17 + 98 + 12$ —   102 ;
   — $8 + 103 + 997$ —   998.

321. Effectuer :

$$35 - 7 + 18 - 13 - 6 + 4 ;$$
$$9 - 7 + 17 + 35 - 13 + 6 - 8 ;$$
$$13 + 8 - 6 - 5 + 27 - 19 + 12 ;$$
$$72 - 11 + 15 + 98 - 103 - 7 + 9 ;$$
$$20 + 12 - 13 - 8 + 7 + 50 - 17.$$

322. Effectuer les soustractions suivantes, en prenant le mètre comme unité :

3 décamètres — 17 mètres ;   45 mètres — 2 décamètres ;
728 mètres — 3 hectomètres ;   63 décamètres — 98 mètres.

323. Même exercice, en prenant le gramme comme unité :

5 décagrammes — 29 grammes ;   58 grammes — 3 décagrammes ;
2 hectogrammes — 7 décagrammes ; 85 décagrammes — 92 grammes.

324. Même exercice, en donnant le reste en litres :

154 litres — 6 décalitres ;   2 hectolitres — 35 litres ;
7 décalitres — 38 litres ;   738 litres — 25 décalitres.

325. J'apprends une fable qui a 32 vers. Combien en ai-je encore à étudier si j'en sais déjà 17 ?

326. Paul a 9 ans. Dans combien d'années aura-t-il 21 ans ? En quelle année serons-nous ?

327. Une fermière avait une centaine d'œufs. Elle en vend 72, en donne 4 et en casse 7. Combien en a-t-elle encore ?

328. Maman m'achète un habit de 49 francs. Combien doit-on lui rendre à la caisse si elle paye avec un billet de 100 francs ?

329. Un tonneau contenait 2 hectolitres de vin. On en tire une première fois 6 décalitres et une autre fois 40 litres. Combien reste-t-il de litres dans le tonneau ?

330. Pour payer une somme de 100 francs une personne donne un billet de 50 francs, une pièce de 20 francs, une pièce de 10 francs, une de 2 francs, quinze pièces de 1 franc et le reste en sous. Quelle somme verse-t-elle en sous ?

331. Dans une classe de 35 élèves il y a 4 pensionnaires et 11 demi-pensionnaires. Combien y a-t-il d'externes ?

332. Si j'avais 28 francs de plus je pourrais m'acheter une bicyclette de 200 francs. Quelle somme ai-je ?

333. J'achète dans un magasin un chapeau de 12 francs, un habit de 98 francs et un pardessus de 105 francs. Que me reste-t-il si j'avais emporté 250 francs ?

334. Paul avait 35 billes ; il joue et en gagne d'abord 15, puis 7 ; ensuite il en perd 19. Combien de billes a-t-il maintenant ?

335. Ma grammaire a 112 pages et mon histoire en a 98. Combien le premier volume a-t-il de pages de plus que le second? Combien de pages ont-ils ensemble?

336. D'une barrique qui contient 220 litres j'en remplis deux autres. L'une a 125 litres; quelle est la contenance de l'autre?

337. Louis vient d'avoir 11 ans. En quelle année est-il né?

338. Un cultivateur revend 1200 francs un cheval qu'il avait payé 998 francs. Que gagne-t-il à ce marché?

339. Un tonneau d'une contenance de 1000 litres renferme 89 décalitres de cidre. On veut le remplir avec de l'eau. Combien devra-t-on ajouter de litres d'eau?

340. Un promeneur veut parcourir 50 kilomètres en 3 jours. Le 1er jour il fait 17 kilomètres et le 2e jour 19 kilomètres. Combien de kilomètres devra-t-il parcourir le 3e jour?

341. Quel nombre faut-il ajouter à 103 pour faire 150?

342. Jean a 9 ans, son père a 47 ans et sa mère 31 ans. Quel était l'âge des parents à la naissance de Jean?

343. On avait acheté un volume pour 75 francs. Que perd-on en le revendant 49 francs?

344. Sur une note de 115 francs on me fait un rabais de 13 francs. Quelle somme dois-je verser?

345. La somme de deux nombres est 50 et l'un de ces nombres est 28. Quel est l'autre?

346. Trouver le nombre de jours de travail qu'un ouvrier fait dans un an, sachant qu'il chôme les 52 dimanches et 5 jours de fête?

347. Un train qui part à 9 heures du soir arrive le lendemain à 5h 20m du matin. Quelle est la durée du trajet?

348. Un joueur avait 500 francs; après le jeu il ne lui reste plus que 370 francs. Qu'a-t-il perdu?

349. Je donne une somme de 70 francs pour payer une paire de chaussures et un habit. Quel est le prix des chaussures si l'habit vaut 49 francs?

350. Un train part avec 200 voyageurs. A la 1re station il en monte 25 et il en descend 8; à la 2e il en monte 10 et en descend 7. Combien y a-t-il maintenant de voyageurs?

351. Un employé qui a un traitement mensuel de 250 francs dépense 120 francs pour sa nourriture et 95 francs pour son logement et son entretien. Que peut-il économiser par mois?

352. Un fermier a battu 300 gerbes de blé de sa récolte qui se compose de 785 gerbes. Combien de gerbes a-t-il encore à battre?

353. Dans un porte-bouteilles de 200 cases, 27 sont vides. Combien y a-t-il de bouteilles?

354. Un père avait 32 ans à la naissance de son fils. Quel est l'âge actuel du fils si le père a maintenant 78 ans?

355. Deux boîtes renfermaient chacune 100 plumes. Si on en retire 25 de la 1re pour les mettre dans la seconde, combien l'une en contiendra-t-elle de plus que l'autre?

CALCUL MENTAL ET EXERCICES ORAUX

NOMBRES DÉCIMAUX

356. Effectuer mentalement les soustractions suivantes :

0,7 — 0,2 ; 0,9 — 0,3 ; 0,15 — 0,09 ; 0,50 — 0,18 ; 0,75 — 0,23.

357. Même exercice avec les nombres :

0,768 — 0,300 ; 0,357 — 0,103 ; 0,804 — 0,097 ;
6,5 — 3,9 ; 7,28 — 1,03.

358. Même exercice : 0,2 — 0,05 ; 0,05 — 0,012 ; 6 — 0,25 ;
3 — 0,07 ; 12 — 0,86 ; 15,28 — 8 ; 9,645 — 3 ; 452,5 — 12 ;
28,36 — 19.

359. De 1 retrancher successivement 0,05 ; 0,95 ; 0,008 ; 0,075 ;
0,7 ; 0,64 ; 0,458.

360. Combien de mètres font :

3 mètres — 65 centimètres ; 6^m,5 — 3 mètres ; 2^m,5 — 12 décimètres ;
5 mètres — 25 centimètres ?

361. Combien de litres font :

2 décalitres — 10^l,5 ; 3 litres — 95 centilitres ; 2^l,75 — 5 décilitres ;
15^l,8 — 28 décilitres ?

362. Je donne une pièce de 50 centimes pour payer un gâteau de
0^{fr},15. Que doit-on me rendre ?

363. Deux bouteilles contiennent l'une 1^l,05 et l'autre 10 centilitres
de moins que la 1re. Quelle est la contenance de la 2e bouteille ? Des
deux réunies ?

364. J'avais 20 francs dans mon porte-monnaie ; j'ai dépensé 9^{fr},75.
Combien ai-je encore ?

365. Que reste-t-il d'un coupon de 6^m,25 de drap quand on en a
enlevé 3^m,15 ?

366. Un enfant avait reçu 23^{fr},75 pour ses étrennes. Sur cette
somme il place 10 francs à la caisse d'épargne, puis il achète un
jouet de 2^{fr},25. Que lui reste-t-il ?

367. Un marchand revend 0^{fr},70 le litre de vin qui lui revient à
0^{fr},45. Quel bénéfice réalise-t-il par litre ? Par décalitre ? Par hectolitre ?

368. En revendant ses chapeaux 9 francs un chapelier gagne 1^{fr},75.
Quel est le prix d'achat d'un chapeau ?

369. Une personne n'a que 38^{fr},50 pour payer une dette de 50 francs.
Combien lui manque-t-il ?

370. Je paye un objet de 18^{fr},35 avec une pièce de 20 francs et le
marchand me rend 1^{fr},60. Ai-je mon compte ?

371. Je veux placer une bibliothèque de 2^m,15 de hauteur dans
mon appartement qui a 3 mètres. Quel espace restera-t-il entre le
meuble et le plafond ?

372. Deux ouvriers ont reçu pour un travail une somme de 10 francs.
Si l'un prend 4^{fr},50, quelle est la part de l'autre ?

373. Une dame achète 6 mètres de ruban pour 4^{fr},75. Elle en cède 2^m,50 pour 1^{fr},30. Trouver la longueur et le prix du ruban qui lui reste?

374. On fait venir une pièce de vin contenant 2^{hl},2. Pendant le trajet le fût a coulé et il ne contient plus que 1^{hl},8. Quelle quantité de vin a été perdu?

375. Une boîte de bonbons pèse 582 grammes quand elle est pleine. Combien pèsent les bonbons si la boîte seule pèse 80^{gr},5?

376. Une corde avait 3^m,25 de longueur. On y fait trois nœuds qui la rétrécissent d'environ 3 centimètres, puis on en coupe un bout de 6 décimètres. Quelle longueur reste-t-il?

377. On pèse une vieille pièce de 5 francs et l'on trouve comme poids 23^{gr},8. Combien a-t-elle perdu par l'usure, sachant qu'elle pesait 25 grammes étant neuve?

378. En mesurant le tour de la classe on trouve 20 mètres. Quelle en est la longueur si la largeur mesure 4^m,30?

379. Un ouvrier gagne 6 francs par jour et dépense 4^{fr},75. Que lui reste-t-il journellement?

380. Si on donnait 5^{fr},20 à Pierre et 6^{fr},50 à son frère ils auraient tous les deux chacun 20 francs. Quelle somme possèdent-ils ensemble?

381. Une roue a 3^m,35 de circonférence; une autre a 2^m,75. De combien la première surpasse-t-elle la seconde?

382. Il y a deux ans je pesais 70 kilogrammes. Aujourd'hui mon poids est de 735 hectogrammes. De combien de kilogrammes le poids de mon corps a-t-il augmenté?

383. Henri avait 0^{fr},75. Il achète une toupie de 15 centimes, une ficelle de 5 centimes et 25 centimes de billes. Que lui reste-t-il?

384. Le plafond de notre salle de classe est à 5^m,20 au-dessus du plancher. On a mis à la base des murs une couche de peinture qui s'élève à 1^m,50. Quelle est la hauteur de la partie non peinte?

EXERCICES ÉCRITS ET PROBLÈMES

NOMBRES ENTIERS.

385. Effectuer les soustractions suivantes et faire la preuve :

587	672	5 083	6 812	56 703
− 239	− 596	− 2 390	− 937	− 28 025

386. Même exercice :   69 003 − 15 406;   50 938 − 3 079; 27 306 − 937;   516 938 − 437 083;   629 007 − 53 609; 504 132 − 37 205;   637 549 − 9 684;   5 834 902 − 975 037; 6 150 832 − 92 907;   32 000 138 − 1 572 069.

387. Convertir en mètres, puis faire la soustraction : 328^{dam} − 17^{hm};   6^{km} − 37^m;   3^{Mm} 5^{hm} − 6^{km} 7^{dam}; 8^{km} 25^{dam} − 37^{hm} 6^m.

388. Convertir en litres, puis soustraire :

$64^{hl} - 328^{dal}$; $3^{kl}5^{dal} - 2^{hl}5^{dal}$; $438^{dal} - 9^{hl}5^{l}$; $9^{kl}39^{l}$ $6^{hl}5^{dal}$.

389. Convertir en grammes et soustraire :

$25^{kg} - 428^{dag}$; $349^{hg} - 25^{dag},5$; $5^{kg}6^{dag} - 7^{hg}38^{g}$;

$3^{kg},5 - 27^{hg},7$.

390. Convertir en hectogrammes et soustraire :

$36^{kg} - 95^{dag}$; $6^{q} - 384^{hg}$; $2^{t} - 3^{q},6$; $438^{kg} - 1^{q},65$.

391. Gutenberg découvrit l'imprimerie en 1450. Depuis combien d'années connaît-on cette invention remarquable?

392. Un commerçant a dépensé dans une année 58 672 francs et a reçu 60 310 francs. Quel a été son bénéfice?

393. Dans un bois qui contenait 10 000 sapins on en abat 3 604. Combien reste-t-il d'arbres?

394. Une armée de 25 600 soldats engage une bataille. Après le combat il ne reste plus que 23 075 soldats valides. Combien d'hommes ont été tués ou blessés?

395. La guerre de Cent ans commença en 1337 et finit en 1453. Quelle est sa durée réelle?

396. Un employé de l'État gagne 3 600 francs par an sur lesquels on lui retient 180 francs pour la caisse des retraites. Combien touche-t-il en réalité? Que lui reste-t-il à la fin de l'année s'il dépense 3 158 francs?

397. On achète une maison pour le prix de 25 000 francs. Que doit-on encore après avoir versé un premier acompte de 18 570 francs?

398. En revendant un cheval 870 francs un paysan dit : « Si je l'avais revendu 25 francs de plus j'aurais gagné 200 francs. » Combien avait-il acheté ce cheval?

399. Le sommet du Mont-Blanc est à 4 810 mètres au-dessus du niveau de la mer et le village de Chamonix est à 1 042 mètres. De quelle hauteur au-dessus de Chamonix s'élèvent les touristes qui font l'ascension du Mont-Blanc?

400. Les trois plus grandes villes de l'Europe sont Londres qui a environ 4 600 000 habitants, Paris 2 714 068 habitants, et Berlin 1 900 000. De combien la population de Londres surpasse-t-elle celle de Paris? de Berlin?

401. Le reste d'une soustraction est 5 639 et le plus grand nombre est 23 185. Quel est le plus petit?

402. Le reste d'une soustraction est 387. Que devient ce reste 1° en augmentant le plus petit nombre de 98? 2° en diminuant le plus grand de 131?

403. Pour payer une marchandise on donne au vendeur 2 billets de 500 francs et celui-ci rend 178 francs. Que coûte cette marchandise?

404. Une personne fait venir 69 décalitres de vin qu'elle paye 418 francs. Elle en cède 375 litres pour 225 francs. Combien a-t-elle encore de litres, à combien lui revient le vin qui lui reste?

405. Pendant l'année scolaire les élèves ont eu 174 jours de congé ou de vacances. Combien y a-t-il eu de jours de classe?

406. De Paris à Marseille il y a 863 kilomètres et de Paris à Lyon il y a 512 kilomètres. A quelle distance de Lyon se trouve Marseille?

407. Vasco de Gama doubla le cap de Bonne-Espérance et trouva la route des Indes en 1497, cinq ans après le premier voyage de Christophe Colomb. Depuis combien d'années eurent lieu ces voyages célèbres?

408. Dans un navire qui peut transporter 375 tonnes de charbon on a déjà chargé 1 872 quintaux. Combien faut-il encore de kilogrammes de charbon pour compléter le chargement?

409. Quel nombre faut-il retrancher de 6 500 pour avoir 1 378 comme reste?

410. Un élève trouve comme total d'une addition le nombre 18 547, puis il efface le nombre 348 qu'il avait ajouté en trop. Quel sera le nouveau total?

EXERCICES ÉCRITS ET PROBLÈMES.

NOMBRES DÉCIMAUX.

411. Effectuer par écrit les soustractions suivantes et faire les preuves :

38,56 — 19,07	2,638 0,953	91,2 —7,48	6,57 — 3,938
3,789 201 2,456 71	16,894 9,475 44	0,007 0,004 51	
243,75 59,845 7	0,000 1 0,000 045	164 48,786 3	

412. Même exercice avec les nombres :

$329,685 - 43,8$; $43 - 0,758$; $62,34 - 9,876$;
$6,375 - 5,9$; $28,473 - 19,57$; $4.138,72 - 70,854$;
$3 - 0,697$; $0,2 - 0,196$; $815 783 4 - 789,699 7$;
$28 004 - 3,287 9$; $0,004 546 - 0,003 89$; $0,008 75 - 0,008 469$;
$4 515 - 748,450 49$; $789,36 - 645,218 7$; $13 - 7,849 602$
$483,652 14 - 76,000 489 72$.

413. Faire les soustractions suivantes et exprimer les résultats en mètres :

$528^{dm} - 304^{cm}$; $675^{cm} - 39^{dm}$; $2^{m} - 125^{mm}$;
$3^{dam},54 - 129^{dm}$; $5^{dm} - 387^{mm}$.

414. Convertir en kilogrammes, puis faire les soustractions :

$439^{hg} - 735^{dag}$; $5^{q} 38^{dag} - 627^{hg}$; $6^{t} 4^{q},5 - 69^{hg},5$; $3^{hg} 6^{g} - 25^{dag}$.

415. Convertir en hectogrammes, puis soustraire :

$39^{dag},6 - 1^{hg},4$; $6^{hg} 5^{dag} - 578^{g}$; $3^{Mg} 29^{hg},75 - 638^{g}$;
$65^{g} - 395^{dg}$.

416. Convertir en litres et faire les soustractions :

$$15^{hl},6 - 584^{l}; \quad 638^{dal} - 9^{hl}7^{l}; \quad 7^{hl}328^{dl} - 7^{dal}3\tfrac{1}{4}^{cl};$$
$$1328^{cl} - 8^{l},5; \quad 57^{dal},62 - 3^{hl}75^{dl}.$$

417. Retrancher 92 décalitres de $28^{hl},7$ et donner le résultat : 1° en litres, 2° en hectolitres, 3° en centilitres.

418. Retrancher $8^{hm}6^{m}$ de $368^{dam},25$ et donner le résultat : 1° en mètres, 2° en kilomètres, 3° en décimètres.

419. Retrancher $9^{kg}785^{cg}$ de $6^{g}384^{dag},2$ et donner le résultat en kilogrammes, en décagrammes, en centigrammes.

420. Un comptable avait en caisse le matin $320^{fr},75$. Le soir il a $3\,157^{fr},40$. Quelle a été la recette de la journée ?

421. En mesurant mon décamètre en ruban de toile je constate qu'il s'est rétréci de 35 millimètres. Quelle longueur réelle a-t-il ?

422. Mes impôts s'élèvent à $167^{fr},85$. Combien dois-je encore après avoir fait un premier versement de 75 francs ?

423. Pour peser un poulet le marchand a mis dans un plateau de la balance un poids de 2 kilogrammes et un autre de 1 kilogramme ; il obtient l'équilibre en plaçant un petit poids de 5 décagrammes à côté de la volaille qu'il veut peser. Quel est en kilogrammes le poids de ce poulet ?

424. On règle la note d'un fournisseur se montant à 850 francs en versant $789^{fr},50$. Quel rabais a-t-on obtenu ?

425. Marcel à $1^{m},28$ de hauteur ; son frère Louis a 85 millimètres de moins. Quelle est la hauteur de Louis ?

426. On pèse une tirelire quand elle est vide et l'on trouve $1^{hg},6$. Pleine de sous elle pèse $56^{dag},5$. Combien de grammes pèse la somme qu'elle renferme ? Quelle est sa valeur sachant que un gramme est le poids d'un centime ?

427. En mélangeant $3^{hl},6$ d'une sorte de vin avec une certaine quantité d'une autre sorte, on remplit un tonneau de $53^{dal},85$. Combien de litres de la deuxième sorte a-t-on mis ?

428. Pour me rendre à la ville voisine, je dois parcourir une route de $3^{km}4^{dam},7$. A quelle distance suis-je de cette ville après avoir fait 8^{hm} et demi ?

429. En pesant un morceau de viande le boucher y ajoute $7^{hg},5$ d'os. Quel est le poids exact de la viande si le tout pèse $3^{kg},4$.

430. D'un bassin qui contenait 100 hectolitres d'eau, on en fait écouler $39^{hl},5$. Combien reste-t-il de kilolitres ? de litres ?

431. Un enfant a dans sa bourse $35^{fr},70$. Son ami a $9^{fr},85$ de moins. Quelle somme a celui-ci ? Combien manque-t-il à chacun pour avoir 50 francs ?

432. Un marchand fait un bénéfice de $28^{fr},45$ en revendant une marchandise 350 francs. Combien l'avait-il payée ?

433. Deux caisses pèsent ensemble $128^{kg},4$. L'une pèse $587^{hg},5$. Quel est le poids de la seconde en kilogrammes ?

434. Je prends à la gare un billet de chemin de fer qui coûte $28^{fr},35$. Que doit-on me rendre si je paye avec un billet de 100 francs ?

435. Trois tonneaux contenaient chacun 2 hectolitres de vin. On retire $8^{dal},6$ du premier, $95^{l},4$ du second et 832 décilitres du troisième. Quelle est maintenant la contenance de chaque tonneau?

436. Une dame achète une étoffe qui coûte 39^{fr},25. Puis elle la change contre une autre qui vaut 42^{fr},5o. Que doit-elle verser de nouveau?

PROBLÈMES SUR L'ADDITION ET LA SOUSTRACTION

437. Une personne qui a une dette de 1000 francs a déjà versé un premier acompte de 350 francs et un deuxième de 496 francs. Que doit-elle encore?

438. Un commerçant fonde une maison de commerce avec une somme de 80000 francs. La première année il gagne 17435 francs et la seconde il perd 451 francs. Que possède-t-il au bout de ces 2 années?

439. Un oncle laisse une fortune de 5o 000 francs à un neveu et à une nièce. La nièce reçoit 27 480 francs. Combien a-t-elle de plus que le neveu?

440. Une personne dont la fortune est de 67 5oo francs hérite de 17 000 francs. Combien lui manque-t-il pour avoir 100000 francs?

441. Pour payer un piano, on convient de faire un 1er versement de 265 francs, puis 4 autres diminuant graduellement de chacun 25 francs. Que coûte le piano?

442. Un joueur entre au jeu avec 168 francs. A la 1re partie, il perd 18 francs; à la 2e, il gagné 37 francs; à la 3e, il gagne encore 32 francs, mais à la 4e il perd 96 francs. Quelle somme avait-il en se retirant du jeu?

443. Pour payer un habit, je donne à la caisse un billet de 100 francs. Combien coûte l'habit, sachant qu'on m'a rendu une pièce de 10 francs, une pièce de 2 francs, une pièce de 5o centimes et 5 pièces d'un sou?

444. Trois personnes se partagent une somme : la 1re reçoit 58o francs, la 2e a 28 francs de moins que la 1re et la 3e autant que les deux premières ensemble. Quelle est la somme partagée?

445. Trois élèves se partagent une boîte de 144 plumes. Le 1er en prend 65, le 2e en prend 13 de moins que le 1er et le 3e prend le reste. Combien chacun a-t-il de plumes?

446. On achète un attelage complet pour une somme de 3215 francs comprenant une voiture de 154o francs, un harnais de 325 francs et un cheval. Que coûte le cheval?

447. Un ouvrier économe a déposé à la caisse d'épargne d'abord 5o francs, puis 75 francs, 15 francs et enfin 100 francs. Les intérêts produits par ces économies s'élèvent à 12^{fr},75. Que lui reste-t-il s'il est obligé de retirer 15o francs?

448. Une personne achète une maison 12 5oo francs. Elle y fait différentes réparations pour lesquelles elle paye 785^{fr},7o au maçon, 215^{fr},4o au couvreur, 439 francs au peintre et 18^{fr},25 au serrurier; puis elle la revend 20000 francs. Quel bénéfice a-t-elle réalisé?

449. Une pièce de vin contenait 225 litres. On en tire une 1re fois 3dal,5 ; une 2e fois un demi-hectolitre, et une 3e fois 34 litres. Combien reste-t-il de vin dans ce fût?

450. On donne 20 francs à la cuisinière pour faire ses provisions. Combien rapporte-t-elle si elle a fait les emplettes suivantes : un canard de 4fr,95, un gigot de 6fr,25, 1fr,25 d'épicerie et 0fr,70 de légumes?

451. Papa m'envoie acheter un paquet de tabac de 0fr,80, un cigare de 25 centimes et un timbre de 15 centimes. Que dois-je rapporter sur les 2 francs qu'il m'avait donnés?

452. Une pièce d'étoffe contenait 112 mètres. Quelle longueur restera-t-il après qu'on aura coupé 24m,75, puis 125 décimètres, puis 3 décamètres?

453. Une maison a 3 étages ; le rez-de-chaussée est loué 1260 francs, le 1er étage 180 francs de plus que le rez-de-chaussée, le 2e étage 75 francs de moins que le 1er et le 3e étage 45 francs de moins que le 2e. Que rapporte cette maison?

454. Un ouvrier a gagné dans son année 1250 francs, sa femme a gagné 635 francs. Combien ont-ils pu économiser si leurs dépenses s'élèvent à 1538fr,40?

455. Un cultivateur vend à la foire un cheval pour 850 francs et une vache pour 540 francs. Puis il achète des moutons pour une somme de 328 francs. Que lui reste-t-il?

456. Un marchand aux halles a reçu 200 paniers de fraises ayant une valeur de 950 francs. Il en vend d'abord 72 paniers pour 360 francs, puis 50 paniers pour 265 francs. Combien a-t-il encore de paniers? Combien devra-t-il les revendre s'il veut réaliser un bénéfice total de 150 francs?

457. Un touriste entreprend un voyage de 3 semaines avec une somme de 500 francs. Pendant la 1re semaine, il a dépensé 125fr,40, pendant la 2e, 18fr,25 de plus que pendant la 1re. Que lui reste-t-il à dépenser pour sa 3e semaine?

458. Un tonneau contient 865 décilitres de plus qu'un autre qui contient 3 hectolitres. Que contiennent-ils ensemble : 1° d'hectolitres? 2° de litres?

459. Une paysanne a vendu au marché un poulet de 5 francs, un canard de 4fr,75 et 12fr,50 de beurre. Après avoir acheté pour 18fr,40 de toile, il lui reste 8fr,15. Quelle somme avait-elle emportée?

460. La somme de 3 nombres est 15589. Le second est égal au 3e diminué de 782, et le 3e est 1580. Quels sont ces nombres?

461. La somme de 4 nombres est égale à 2000 ; la somme de 2 premiers est égale à 663 ; la somme du second et du 3e est 1426 et le 4e nombre est 339. Quels sont ces nombres?

462. Partager 100 francs entre 3 personnes de manière que les deux premières aient ensemble 72 francs et les deux dernières 59 francs?

463. André a reçu pour ses étrennes 38fr,50 et son frère René 27 francs. Combien André a-t-il de plus que René? Quelle somme devrait-il donner à son frère pour avoir autant l'un que l'autre?

MULTIPLICATION

121. — Exemple. — *Un écolier achète* **4** *boîtes contenant chacune* **8** *plumes. Combien aura-t-il de plumes ?*

Dans les **4** boîtes il y a évidemment :

8 plumes + **8** plumes + **8** plumes + **8** plumes
ou **4** fois **8** plumes = **32** plumes.

122. — Ajouter ainsi plusieurs nombres égaux c'est faire une *multiplication*.

Définition. — **Multiplier** *un nombre entier appelé* **multiplicande** *par un autre appelé* **multiplicateur**, *c'est faire la somme d'autant de nombres égaux au multiplicande, qu'il y a d'unités dans le multiplicateur.*

Le nombre ainsi obtenu s'appelle **produit.**

Le multiplicande et le multiplicateur s'appellent les **facteurs** *du produit.*

Dans l'exemple ci-dessus **8** est le **multiplicande**, **4** est le **multiplicateur** et **32** est le *produit*.

123. — **Signe de la multiplication.** — Pour indiquer une multiplication on écrit d'abord le multiplicande, ensuite le multiplicateur et on sépare les deux facteurs par le signe $\times$ ou plus simplement par un point.

Ainsi, pour indiquer le produit de **8** par **4**, on écrit :

8 $\times$ **4** ou **8** $\cdot$ **4**, qui se lit : **8** *multiplié par* **4** ou encore **4** *fois* **8**.

On a donc $\qquad$ **8** $\times$ **4** = **32**.

124. — **Produit de deux nombres d'un seul chiffre.** — Nous venons de voir qu'on obtient ce produit au moyen de l'addition ; mais dans la pratique il vaut mieux apprendre par cœur tous les produits de deux nombres d'un seul chiffre.

TABLE DE MULTIPLICATION

1 fois 1 fait 1	5 fois 1 font 5	9 fois 1 font 9
1 — 2 — 2	5 — 2 — 10	9 — 2 — 18
1 — 3 — 3	5 — 3 — 15	9 — 3 — 27
1 — 4 — 4	5 — 4 — 20	9 — 4 — 36
1 — 5 — 5	5 — 5 — 25	9 — 5 — 45
1 — 6 — 6	5 — 6 — 30	9 — 6 — 54
1 — 7 — 7	5 — 7 — 35	9 — 7 — 63
1 — 8 — 8	5 — 8 — 40	9 — 8 — 72
1 — 9 — 9	5 — 9 — 45	9 — 9 — 81
1 — 10 — 10	5 — 10 — 50	9 — 10 — 90
2 fois 1 font 2	6 fois 1 font 6	10 fois 1 font 10
2 — 2 — 4	6 — 2 — 12	10 — 2 — 20
2 — 3 — 6	6 — 3 — 18	10 — 3 — 30
2 — 4 — 8	6 — 4 — 24	10 — 4 — 40
2 — 5 — 10	6 — 5 — 30	10 — 5 — 50
2 — 6 — 12	6 — 6 — 36	10 — 6 — 60
2 — 7 — 14	6 — 7 — 42	10 — 7 — 70
2 — 8 — 16	6 — 8 — 48	10 — 8 — 80
2 — 9 — 18	6 — 9 — 54	10 — 9 — 90
2 — 10 — 20	6 — 10 — 60	10 — 10 — 100
3 fois 1 font 3	7 fois 1 font 7	11 fois 1 font 11
3 — 2 — 6	7 — 2 — 14	11 — 2 — 22
3 — 3 — 9	7 — 3 — 21	11 — 3 — 33
3 — 4 — 12	7 — 4 — 28	11 — 4 — 44
3 — 5 — 15	7 — 5 — 35	11 — 5 — 55
3 — 6 — 18	7 — 6 — 42	11 — 6 — 66
3 — 7 — 21	7 — 7 — 49	11 — 7 — 77
3 — 8 — 24	7 — 8 — 56	11 — 8 — 88
3 — 9 — 27	7 — 9 — 63	11 — 9 — 99
3 — 10 — 30	7 — 10 — 70	11 — 10 — 110
4 fois 1 font 4	8 fois 1 font 8	12 fois 1 font 12
4 — 2 — 8	8 — 2 — 16	12 — 2 — 24
4 — 3 — 12	8 — 3 — 24	12 — 3 — 36
4 — 4 — 16	8 — 4 — 32	12 — 4 — 48
4 — 5 — 20	8 — 5 — 40	12 — 5 — 60
4 — 6 — 24	8 — 6 — 48	12 — 6 — 72
4 — 7 — 28	8 — 7 — 56	12 — 7 — 84
4 — 8 — 32	8 — 8 — 64	12 — 8 — 96
4 — 9 — 36	8 — 9 — 72	12 — 9 — 108
4 — 10 — 40	8 — 10 — 80	12 — 10 — 120

125. — Produit d'un nombre quelconque par un nombre d'un seul chiffre. —

Exemple. — Une avenue se compose de **4** *rangées de chacune* **265** *arbres. Combien y-a-t-il d'arbres dans cette avenue?*

L'avenue contient en tout :

265 arbres + **265** arbres + **265** arbres + **265** arbres

ou **265** × **4**.

Il faut donc répéter **4** fois **265**.

265
265
265
265
1060

En faisant l'addition, on remarque que le résultat se compose de **4** fois le chiffre des unités, plus **4** fois le chiffre des dizaines, plus **4** fois le chiffre des centaines, c'est-à-dire **4** fois tous les chiffres en commençant par la droite.

Au lieu de faire ces additions successives, on opère plus rapidement à l'aide de la table de multiplication, et l'on dit :

265
× 4
1060

4 fois **5** unités font **20**; je pose **0** et je retiens **2**; **4** fois **6** font **24**; **24** et **2** de retenue font **26**; je pose **6** et je retiens **2**; **4** fois **2** font **8** qui, ajoutés aux **2** de retenue, font **10**; j'écris **10**.

L'avenue contient **1060** arbres.

126. — Règle I. — *Pour multiplier un nombre quelconque par un nombre d'un seul chiffre.*

On écrit le multiplicateur au-dessous du multiplicande et on tire un trait.

On multiplie ensuite, successivement, en commençant par la droite, chaque chiffre du multiplicande par le multiplicateur.

Lorsqu'un produit partiel est plus petit que 10, on l'écrit tel quel; sinon, on n'écrit que le chiffre des unités et on retient les dizaines pour les reporter sur le produit partiel suivant.

On écrit le dernier produit partiel tout entier, tel qu'on l'obtient, augmenté de la retenue.

127. — Produit d'un nombre de plusieurs chiffres par un nombre de plusieurs chiffres.

EXEMPLE. — *Un vignoble a produit* **235** *barriques contenant chacune* **219** *litres. Combien de litres a donnés cette récolte ?*

La récolte se compose de la contenance d'une barrique, **219** litres, répétée **235** fois. Il faut donc multiplier **219** par **235**.

$$Or \qquad 235 = 200 + 30 + 5$$

et, pour obtenir le produit, on devra répéter le multiplicande d'abord **5** fois, puis **30** fois, puis **200** fois et réunir les résultats.

On le répète d'abord **5** fois en multipliant **219** par **5**, et l'on trouve **1095** pour premier produit partiel.

$$
\begin{array}{r}
219 \\
\times\, 235 \\
\hline
1\,095 \\
6\,570 \\
43\,800 \\
\hline
51\,465
\end{array}
$$

On le répète ensuite **30** fois; mais, comme **30** $= 3 \times 10$, il suffit de multiplier **219** d'abord par **3**, puis de multiplier ensuite le résultat par **10**, ce qui s'obtient en ajoutant un zéro à sa droite. Le second produit partiel est **6 570**. On le multiplie enfin par **200**, c'est-à-dire par **2** et ensuite par **100** en ajoutant deux zéros. Le troisième produit partiel est **43 800**.

La somme de ces trois produits partiels donne le nombre **51 645** qui est le produit total.

Dans la pratique, on se dispense de mettre les zéros et l'on dispose l'opération en appliquant la règle générale suivante.

128. — RÈGLE II. — *Pour multiplier deux nombres de plusieurs chiffres.*

On écrit le multiplicateur au-dessous du multiplicande et on tire un trait.

On multiplie ensuite successivement, en commençant par la droite, le multiplicande par chaque chiffre **significatif** *du multiplicateur en appliquant la règle I.*

On écrit les produits partiels, au-dessous du trait, les uns au-dessous des autres, mais de **façon que le premier chiffre à droite de chacun d'eux soit exactement au-dessous du chiffre du multiplicateur qui a servi à le former.**

Enfin, on ajoute tous les produits partiels.

129. — Le multiplicateur contient des zéros. —

Soit à multiplier **58 374** par **305**.

$$\begin{array}{r} 58374 \\ \times 305 \\ \hline 291870 \\ 175122 \\ \hline 17804070 \end{array}$$

Le produit du multiplicande **58 374** par zéro étant nul, *on saute le zéro du multiplicateur*; mais il faut avoir bien soin d'écrire le premier chiffre à droite du produit partiel suivant, exactement au-dessous du chiffre correspondant du multiplicateur : **3** fois **4** font **12**, j'écris le chiffre **2** sous le **3** du multiplicateur.

130. — Le multiplicande et le multiplicateur sont terminés par des zéros. —

On effectue d'abord le produit des deux nombres obtenus en supprimant les zéros et on ajoute au résultat autant de zéros à la droite qu'il y en a **en tout** *dans les deux nombres donnés.*

Soit à multiplier **37 000** par **2 400**.

$$\begin{array}{r} 37000 \\ \times 2400 \\ \hline 148 \\ 74 \\ \hline 88800000 \end{array}$$

Le produit de **37** par **24** donne **888**; comme le multiplicande a **3** zéros et le multiplicateur **2** zéros, j'ajoute **5** zéros à la droite de ce produit.

131. — Principe. **—** *On ne modifie pas un produit en intervertissant l'ordre des facteurs.*

Considérons un tas de douze billes rangées comme ci-dessous :

Si on les compte horizontalement, on a **3** rangées de chacune **4** billes ou **3** fois **4** billes.

Mais, si on les compte par rangées verticales, on remarque que la réunion de ces billes forme aussi **4** rangées de chacune **3** billes ou **4** fois **3** billes.

Dans les deux cas le produit est le même et l'on peut affirmer que : $4 \times 3 = 3 \times 4$.

132. — APPLICATION. — Cette faculté de pouvoir changer l'ordre des facteurs est très importante : elle permet de choisir comme multiplicateur le nombre le plus avantageux, c'est-à-dire celui qui a le moins de chiffres significatifs à multiplier, ce qui abrège l'opération ; elle nous donne aussi le moyen de faire la preuve de la multiplication.

Ainsi quand nous avons à effectuer le produit de **605** par **387** nous aurons avantage à disposer l'opération de la manière suivante :

$$\begin{array}{r} 387 \\ \times 605 \\ \hline \end{array}$$

puisque **605** n'a que deux chiffres à multiplier tandis que **387** en a trois.

De même, dans le produit **6965** $\times$ **7938** on préférera prendre **6965** comme multiplicateur, puisque les deux produits par **6** seront semblables.

133. — REMARQUE. — Rappelons toutefois que l'on ne peut intervertir l'ordre des facteurs que *dans les opérations* des problèmes. Dans le raisonnement on doit toujours prendre comme multiplicande la collection qui est réellement répétée en remarquant *que le produit est toujours de même nature que le multiplicande.*

EXEMPLE. — *Un employé gagne en moyenne* **5** *francs par jour. Que gagne-t-il dans un an ?*

Raisonnement :	Opération :
Chaque jour il reçoit **5 francs**.	**365**
Dans l'année il recevra **365** fois **5** francs,	**5**
ou **5 francs** × **365** = **1825 francs**.	**1825**

134. — **Nombres décimaux.** — EXEMPLE I. —
Trouver le prix de **24** *mètres d'étoffe à* **3^{fr},95** *le mètre.*

Il faut multiplier **3^{fr},95** par le nombre de mètres **24**.

Or, **3^{fr},95** = **395** centimes.

$$\begin{array}{r} 3,95 \\ 24 \\ \hline 15\ 80 \\ 79\ 0 \\ \hline 94,80 \end{array}$$

L'opération revient donc à répéter **395** centimes **24** fois et le résultat obtenu donne **9480** centimes. Pour le convertir en francs on partage sur la droite du produit **2** chiffres décimaux (autant que dans le multiplicande).

Les **24** mètres d'étoffe coûtent **94^{fr},80**.

135. — EXEMPLE II. — *Que valent* **3^{kg},5** *de café à* **6^{fr},85** *le kilogramme ?*

Il faut multiplier **6^{fr},85** par le nombre de kilogrammes.

Or, **3^{kg},5** = **35** hectogrammes.

Le prix de l'hectogramme est **6^{fr},85** : **10** ou **0^{fr},685** ou **685** millimes.

$$\begin{array}{r} 6,85 \\ 3,5 \\ \hline 3\ 425 \\ 20\ 55 \\ \hline 23,975 \end{array}$$

En répétant ce nombre **685** millimes par le nombre d'hectogrammes on aura le résultat cherché : **23 975** millimes. Pour le convertir en francs on partage sur la droite du produit **3** chiffres décimaux (autant que dans les deux facteurs).

Les **3^{kg},5** de café coûtent **23^{fr},975**.

Ces deux exemples permettent de donner la règle générale suivante.

136. — RÈGLE. — *Pour faire le produit de deux nombres décimaux,*

On fait la multiplication comme s'il n'y avait pas de virgule.

On sépare par une virgule **sur la droite** *du produit autant de chiffres décimaux qu'il y*

en a dans le multiplicande et le multiplicateur
ensemble.

137. — Preuve de la multiplication.
Pour faire la preuve de la multiplication, on la re-
commence en intervertissant les facteurs. Si les pro-
duits sont les mêmes, l'opération a été bien faite.

MULTIPLICATION   PREUVE

465	287
× 287	× 465
3255	1435
3720	1722
930	1148
133455	133455

Mais cette vérification est longue et on emploie
de préférence la *preuve par* **9**.

138. — Preuve par 9. — RÈGLE. — *On addi-*
tionne les chiffres significatifs du multiplicande,
sauf les 9, puis on additionne encore les chiffres
de cette somme et on continue jusqu'à ce qu'on
obtienne un nombre d'un seul chiffre.

On fait de même pour le multiplicateur.

On multiplie ensuite les chiffres ainsi trouvés;
on additionne de nouveau.

On opère de la même manière pour les chiffres
du produit et on doit retrouver le chiffre trouvé
en dernier, si l'opération est juste.

On dispose les chiffres obtenus de la manière suivante,
soit en les plaçant à côté des nombres qui les ont produits,
soit dans les angles d'une croix.

465	6
× 287	8
3255	3
3720	
930	
133455	3

Appliquons à l'exemple précédent :

Multiplicande : **4** et **6** font **10** ; **10** et **5** font **15** ;
1 et **5** font *6*.

Multiplicateur : **2** et **8** font **10** ; **10** et **7** font **17** ;
1 et **7** font *8*.

8 fois **6** font **48** ; **4** et **8** font **12** ; **1** et **2** font *3*.

Produit : **1** et **3** font **4** ; **4** et **3** font **7** ; **7** et **4** font **11**,
11 et **5** font **16** ; **16** et **5** font **21** ; **2** et **1** font *3*.

On trouve *3* dans les deux cas.

CALCUL MENTAL DE LA MULTIPLICATION

139. — **Exercice I.** — *Doubler un nombre.*

Doubler un nombre, c'est le multiplier par **2** ou encore ajouter ce nombre à lui-même.

Ainsi pour doubler **137**, il suffit de dire **137** et **137** font **274**.

140. — Il est très utile de savoir par cœur les doubles des petits nombres. Voici les doubles des **50** premiers :

Nombres :	1,	2,	3,	4,	5,	6,	7,	8,	9,	10
Doubles :	2,	4,	6,	8,	10,	12,	14,	16,	18,	20
Nombres :	11,	12,	13,	14,	15,	16,	17,	18,	19,	20
Doubles :	22,	24,	26,	28,	30,	32,	34,	36,	38,	40
Nombres :	21,	22,	23,	24,	25,	26,	27,	28,	29,	30
Doubles :	42,	44,	46,	48,	50,	52,	54,	56,	58,	60
Nombres :	31,	32,	33,	34,	35,	36,	37,	38,	39,	40
Doubles :	62,	64,	66,	68,	70,	72,	74,	76,	78,	80
Nombres :	41,	42,	43,	44,	45,	46,	47,	48,	49,	50
Doubles :	82,	84,	86,	88,	90,	92,	94,	96,	98,	100

141. — **Exercice II.** — *Multiplier un nombre par* **4** *ou par* **8**.

Pour multiplier un nombre par **4**, ou en trouver le quadruple, il suffit de le doubler deux fois.

Ex. **26** × **4**. On dit le double de **26** est **52** et le double de **52** est **104**.

De même, pour le multiplier par **8** on le double trois fois, puisque **8** = **2** × **2** × **2**.

Ex. **412** × **8**. Le double de **412** est **824** ; le double de **824** est **1648** et le double de **1648** est **3296**.

142. — **Exercice III.** — *Tripler un nombre, sextupler un nombre.*

Tripler un nombre, c'est le multiplier par **3** ou encore ajouter ce nombre **3** fois à lui-même.

Pour tripler le nombre **26** on dit : le double de **26** est **52**, **52** et **26** font **78**.

143. — Pour opérer plus rapidement, on apprend par cœur les triples des premiers nombres.

En voici le tableau :

Nombres :	1,	2,	3,	4,	5,	6,	7,	8,	9,	10,	11
Triples :	3,	6,	9,	12,	15,	18,	21,	24,	27,	30,	33
Nombres :	12,	13,	14,	15,	16,	17,	18,	19,	20,	21,	22
Triples :	36,	39,	42,	45,	48,	51,	54,	57,	60,	63,	66
Nombres :	23,	24,	25,	26,	27,	28,	29,	30,	31,	32,	33
Triples :	69,	72,	75,	78,	81,	84,	87,	90,	93,	96,	99

144. — Sextupler un nombre, c'est le multiplier par **6**.

Pour cela on double le triple, puisque

$$6 = 3 \times 2.$$

Ex. Soit à multiplier **32** par **6**.
On dit : le triple de **32** est **96** ; **96** et **96** font **192**.

145. — **Exercice IV**[1]. — *Multiplier un nombre par* **5**.

5 étant la moitié de **10**, il suffit, pour multiplier un nombre par **5**, d'ajouter un zéro et de prendre la moitié du résultat.

Ex. **43** × **5** vaut la moitié de **430** ou **215**.

146. — Cette règle permet de convertir rapidement les sous en centimes, **1** sou valant **5** centimes.

Ainsi **15** sous font **75** centimes
puisque **15** fois **5** = **150** : **2** ou **75**,
36 sous = la moitié de **360** centimes, soit **180** centimes ou **1**^{fr},**80**.

147. — **Exercice V.** — *Multiplier un nombre par* **9**.

Comme **9** = **10** — **1**, multiplier un nombre par **9** revient à le répéter **10** fois en ajoutant un zéro ; puis à retrancher le nombre du résultat.

Ex. **68** × **9** = **680** — **68** = **612**.

148. — **Exercice VI.** — *Multiplier un nombre par un chiffre quelconque.*

On décompose le nombre en dizaines et unités, on multiplie par ce chiffre et on ajoute les résultats.

EXEMPLE. — *Soit à faire le produit* **35** × **7**.

On dit : **7** fois **3** dizaines font **21** dizaines ou **210**, **7** fois **5** unités font **35** unités ; **210** et **35** font **245**.

---

1. Cet exercice, et quelques-uns des suivants, suppose que l'élève sache prendre la moitié d'un nombre. Le professeur pourra les réserver pour les élèves de septième.

149. — **Exercice VII**. — *Multiplier un nombre par* **11**.

Si ce nombre n'a qu'un chiffre, on répète **2** fois ce chiffre.

Ainsi $7 \times 11 = 77$.

150. — Si ce nombre a deux chiffres, on fait la somme de ces deux chiffres et on l'écrit entre les deux chiffres du nombre donné.

Si cette somme a plus d'un chiffre, on reporte ses dizaines sur le chiffre de gauche.

EXEMPLES. — *Soit à effectuer le produit* **25** $\times$ **11**.

On dit **2** et **5** font **7**; on place le **7** entre **2** et **5** et le produit cherché est **275**.

De même, *soit à faire le produit* **57** $\times$ **11**.

On dit **7** et **5** font **12**; on place **2** entre les deux chiffres et on ajoute **1** à **5**. Le produit est **627**.

151. — **Exercice VIII**. — *Multiplier un nombre par* **12**.

On le multiplie par **10** et on ajoute au résultat le double du nombre,

$$45 \times 12 = 450 + 90 = 540.$$

On obtiendrait de même les produits par **102**, **1002**, en ajoutant d'abord **2** ou **3** zéros, puis le double du nombre.

$$45 \times 102 = 4500 + 90 = 4590.$$

Il est très utile de savoir par cœur la table par **12**, car un grand nombre d'objets sont vendus à la douzaine : mouchoirs, serviettes, plumes, crayons, livres, pommes, poires, huîtres, etc.

152. — **Exercice IX**. — *Le multiplicande et le multiplicateur sont terminés par des zéros.*

On les multiplie sans tenir compte des zéros et l'on applique la règle du n° **131**.

Exemple. — *Soit à faire le produit* **3800 × 40**.

On dit : **2** fois **38** font **76** et **2** fois **76** font **152**, puis on ajoute **3** zéros, ce qui donne **152 000**.

153. — Exercice X. — *Multiplier un nombre par* **19, 29, 39, 49, 59**, etc.

On le multiplie par **20, 30, 40, 50, 60**, etc.. et on retranche le nombre donné du résultat.

Exemple : *Effectuer le produit* **38 × 49**.

On dit :

$$38 \times 50 = 1900, \text{ et } 1900 - 38 = 1862.$$

154. — Exercice XI. — *Multiplier un nombre par* **21, 31, 41, 51**, etc.

On multiplie le nombre par **20, 30, 40, 50**, etc., et on ajoute le multiplicande au résultat.

Exemple. $\qquad 53 \times 41 = 53 \times 40 + 53$

ou $\qquad\qquad 2120 + 53 = 2173.$

Le produit d'un nombre par **101, 1001** s'obtient de la même manière.

Exemple. $\qquad 36 \times 101 = 36 \times 100 + 36$

ou $\qquad\qquad 3600 + 36 = 3636.$

155. — Exercice XII. — *Produit d'un nombre par* **25** *par* **15**.

Pour multiplier un nombre par **25**, on le multiplie d'abord par **100**, puis on prend le quart du résultat.

Exemple : *Faire le produit* **68 × 25**.

68 × 100 = 6800; la moitié de **6800** est **3400** et la moitié de **3400** est **1700**.

Pour le multiplier par **15**, il faut d'abord le multiplier par **10**, puis y ajouter la moitié du produit ainsi trouvé.

EXEMPLE. — *Effectuer le produit* **52 × 15**.

42×10 = 420; la moitié de **420** est **210**; **420+210 = 630**·

156. — **Exercice XIII**. — *Multiplier des nombres décimaux*.

Tous les exercices ci-dessus peuvent s'appliquer aux nombres décimaux. On opère sans tenir compte de la virgule, puis on partage, par la pensée, sur la droite du produit, autant de chiffres décimaux qu'il y en a dans les deux facteurs.

EXEMPLES. — *Effectuer le produit* **4,7 × 0,5**.

47 × 10 = 470; la moitié de **470** est **235**; on sépare **2** chiffres décimaux et l'on a **2,35** comme produit.

De même, *Soit à faire le produit* **0,54 × 1,2**.

On multiplie **54** par **12**; **54×10 = 540**; **540 + 108 = 648**; le produit cherché est **0,648**.

157. — **Exercice XIV**. — CAS PARTICULIERS. — *Multiplier un nombre par* **0,1; 0,2; 0,5; 0,25**.

1° Multiplier un nombre par **0,1**, c'est en prendre le dixième en reculant la virgule d'un rang.

EXEMPLES. **2,4 × 0,1 = 0,24. 72 × 0,1 = 7,2**.

2° Pour multiplier un nombre par **0,2**, on double le dixième du nombre.

EXEMPLE. **1,6 × 0,2 = 0,16 × 2** ou **0,32**.

3° Pour multiplier un nombre par **0,5**, on en prend la moitié.

1,8 × 0,5 = la moitié de **18** dixièmes ou **0,9**.

4° Pour multiplier un nombre par **0,25**, on en prend le quart.

36 × 0,25 = le quart de **36** ou **9**.

EXERCICES SUR LA MULTIPLICATION

CALCUL MENTAL ET EXERCICES ORAUX

NOMBRES ENTIERS

464. Doubler les nombres suivants : 13, 19, 27, 34, 48, 65, 206, 518, 167, 2304, 6530.

465. Combien de litres dans un double-décalitre? dans un double-hectolitre? Combien de millimètres dans un double-centimètre? un double-mètre? un double décimètre?

466. Multiplier par 4, puis par 8, les nombres : 7, 16, 40, 54, 68, 310, 705, 814.

467. Combien de grammes font 2 double-décagrammes? 2 double-hectogrammes? Combien de centilitres dans 2 double-litres? 2 double-décilitres?

468. Tripler les nombres suivants, puis les sextupler : 4, 9, 14, 17, 23, 35, 64, 75, 80, 91.

469. Faire mentalement les produits suivants :

16×5	53×5	7×50	9×500
32×5	17×5	12×50	14×500
63×5	39×5	18×50	46×500
84×5	610×5	26×50	53×500
305×5	832×5	35×50	92×500

470. Multiplier par 9, puis par 90, les nombres : 13, 18, 25, 40, 72, 58, 86, 350.

471. Multiplier par 7, puis par 70, les nombres : 14, 17, 28, 51, 46, 73, 94, 99.

472. Multiplier par 11 les nombres : 8, 12, 34, 58, 47, 76, 27, 98.

473. Multiplier par 12 les nombres : 14, 15, 18, 20, 32, 53, 64, 75, 86, 97.

474. Combien font 7 douzaines de pommes? 12 douzaines? 30 douzaines? 50 douzaines? 8 douzaines et demie? 74 douzaines et demie? 6 demi-douzaines?

475. Compter de 12 en 12, de 0 à 300, de 1 à 169, puis de 600 à 300, de 161 à 5.

476. Faire mentalement les produits suivants :

180×600	4700×900	80×750
300×420	560×120	720×200
2600×50	604×3000	9500×110

477. Multiplier successivement par chacun des 12 premiers nombres : 12, 15, 50, 25, 42, 63, 74, 88.

478. Multiplier ces mêmes nombres par 20, 30, 40, 50, 60, 70, 80, 90, 100.

479. Faire mentalement les produits :

$$34 \times 29 \qquad 12 \times 69 \qquad 42 \times 31$$
$$25 \times 39 \qquad 81 \times 79 \qquad 65 \times 51$$
$$53 \times 49 \qquad 15 \times 21 \qquad 37 \times 41$$

480. Multiplier 7, 11, 14, 18, 52, 64 par 101 et 1001 ; 99 et 999.

481. Multiplier par 15 les nombres : 20, 50, 32, 65, 84, 76.

482. Multiplier par 25 les nombres : 30, 80, 42, 56, 92, 16.

483. Un ouvrier gagne 7 francs par jour. Que reçoit-il par semaine? dans un mois de 30 jours? de 31 jours?

484. Quatre ouvriers ont mis 12 jours pour construire un mur. Combien de jours aurait mis un ouvrier travaillant seul?

485. Une main de papier contient 25 feuilles. Combien de feuilles dans 4 mains? 9 mains? 12 mains? une rame de 20 mains? 2 rames?

486. Notre classe renferme 5 fenêtres de chacune 18 carreaux et une porte vitrée qui en a 12. Trouver le nombre de carreaux de cette classe.

487. Que paiera-t-on pour 3 douzaines et demie de chemises si chacune d'elles vaut 9 francs?

488. Une fontaine qui verse 40 litres à la minute a rempli un bassin en 1 heure et demie. Quelle est la contenance du bassin en litres? en hectolitres?

489. Combien y a-t-il d'heures dans un mois de 30 jours? dans une semaine? dans une semaine et 3 jours?

490. Quand le charbon vaut 6 francs le quintal, que paiera-t-on pour une tonne? une demi-tonne? 50 tonnes?

491. Un bois de sapins se compose de 101 rangées de chacune 350 arbres. Combien ce bois renferme-t-il d'arbres?

492. Une ménagère veut acheter de la toile à 2 francs le mètre pour faire 12 paires de draps. Quelle somme lui sera nécessaire si chaque drap nécessite 7 mètres d'étoffe?

493. Un train qui fait 70 kilomètres à l'heure part à 9 heures du soir et arrive le lendemain à 5 heures du matin. Quelle distance a-t-il parcourue?

494. Que valent 1000 cahiers à 8 francs le 100?

495. Sachant que 1 franc en argent pèse 5 grammes, quel est le poids de 10 fr., de 100 fr., de 1000 fr., de 20 fr., de 50 fr., de 250 francs?

496. Si le thé vaut 6 francs la livre (demi-kilogramme), que coûtent le kilogramme, 5 kilogrammes, 10 kilogrammes?

497. Un épicier mélange 9^{kr} de café à 4 francs le kilogramme avec 11^{kr} à 5 francs. Trouver le poids et le prix du mélange.

498. Autour d'un jardin carré de 45 mètres de côté on fait construire un mur qui revient à 11 francs le mètre courant. Quelle sera la dépense?

499. Quand 1 litre de cognac vaut 6 francs, que valent, 1 demi-décalitre? 1 double-décalitre? le demi-hectolitre? le double-hectolitre? 1 hectolitre et demi?

500. Quelle est la somme contenue dans 12 rouleaux contenant chacun 50 pièces de 20 francs?

501. Dans un incendie, 3 chevaux et 8 vaches ont péri. Chaque cheval étant estimé 700 francs et chaque vache 450 francs, quelle somme le propriétaire pourra-t-il réclamer à la compagnie d'assurances?

502. Quel est le poids du chargement d'un navire qui transporte 200 pièces de vin pesant chacune 250 kilogrammes?

503. Quelle est la valeur d'une somme d'argent pesant 1 hectogramme si 2 francs pèsent 1 décagramme? Que vaut une somme pesant 1 kilogramme? 2 kilogrammes? 1 kilogramme et demi? un demi kilogramme?

504. Quand on dépose 100 fr à la caisse d'épargne, on reçoit un intérêt de 3 fr. Quel intérêt recevra-t-on pour un dépôt de 1500 fr?

505. Si 1 franc de rente est rapporté par une somme de 40 francs, quelle est la fortune d'une personne qui a 5000 francs de rentes?

506. Un employé gagne 250 francs par mois. Que gagne-t-il par trimestre? par semestre? par an?

507. Combien de secondes dans 1 heure? dans 5 heures? dans 12 heures? dans 2 heures et 10 minutes?

508. Un ouvrier gagne 7 francs par jour et ne travaille pas le dimanche. Que lui reste-t-il à la fin de la semaine s'il dépense 5 francs par jour? Que lui restera-t-il au bout des 52 semaines d'une année?

509. J'acquitte le tiers d'une dette en donnant 105 francs. Quelle est cette dette?

510. Combien 12 lieues et demie font-elles de kilomètres?

511. Sur un échiquier qui a 16 cases on place 1 grain de blé dans la 1re case, 2 grains dans la 2e case, 4 grains dans la 3e, 8 dans la 4e et ainsi de suite en doublant toujours. Combien y aura-t-il de grains dans la dernière?

512. Un négociant achète 50 pièces de vin de 220 litres à 1 franc le litre. Que doit-il payer?

513. En un quart d'heure j'ai parcouru 11 hectomètres. Combien pourrai-je parcourir en 3 heures?

514. En revendant une marchandise on a gagné 31 francs. Combien cette marchandise avait elle coûté sachant que le bénéfice réalisé est le cinquième du prix d'achat?

515. Pour payer 15 mètres de drap à 11 francs.le mètre je donne 4 billets de 50 francs. Combien me rendra-t-on?

516. Une paysanne possède une vache qui lui fournit 12 litres de lait par jour. Quelle somme produira la vente de ce lait pendant 10 jours à 4 francs le décalitre?

517. 4 enfants se partagent également l'héritage de leur père. Quelle était la fortune du père si chacun d'eux reçoit 23 000 francs?

518. Combien y a-t-il de minutes dans un jour?

519. Les classes du lycée durent 2 heures le matin et 2 heures le soir. Combien y a-t-il d'heures de classe dans une semaine de 5 jours? dans une année d'environ 40 semaines de travail?

520. Un domestique gagne 75 francs par mois et en dépense 50. Que peut-il économiser par an?

521. Combien de voyageurs peut transporter un train de 15 wagons contenant chacun 40 places?

522. Le son parcourt 340 mètres par seconde. A quelle distance eston d'une pièce de canon dont on a entendu le coup partir 4 secondes après en avoir vu la lueur?

523. Combien y a-t-il de plumes dans 10 boîtes, en renfermant chacune 12 douzaines?

524. Une dame achète 9 mètres d'étoffe. Combien a-t-elle déboursé sachant que, si elle en avait acheté 10 mètres, elle aurait payé 7 francs de plus?

525. Que doit-on au boucher pour 2 kilogrammes et demi de viande à 1 franc la livre?

526. Un sac renferme 20 pièces de 5 francs, 40 pièces de 2 francs et 5 pièces de 1 franc. Quelle somme contient-il?

527. 4 enfants se partagent un panier de noix. Chacun d'eux en reçoit 21 et il en reste 3. Combien ce panier contenait-il de noix?

528. Que coûtent 25 douzaines d'huîtres à 6 francs le 100?

529. Quand le mètre d'une étoffe vaut 7 francs, que paiera-t-on pour 8 pièces de 50 mètres?

530. Un épicier a reçu un sac de café pesant 30 kilogrammes qui lui coûte 112 francs. Quel bénéfice réalisera-t-il en revendant ce café 5 francs le kilogramme?

531. Un entrepreneur emploie 12 maçons à 6 francs par jour et 9 manœuvres à 5 francs. Que doit-il chaque jour à tous ses ouvriers?

532. Un tailleur achète 2 pièces de drap. La 1re a 42 mètres et la 2e 16 mètres de plus que la 1re. Que devra-t-il débourser si le drap vaut 12 francs le mètre?

533 Une pendule avance de 2 minutes par heure et on l'a réglée à midi. Quelle heure marque-t-elle le même jour quand il est réellement 9 heures du soir?

534. Deux courriers partent ensemble du même lieu : l'un fait 6 kilomètres à l'heure et l'autre n'en fait que 4. On demande à quelle distance ils seront l'un de l'autre après 15 heures de marche : 1° s'ils vont dans le même sens? 2° s'ils vont en sens contraire?

CALCUL MENTAL ET EXERCICES ORAUX

NOMBRES DÉCIMAUX

535. Doubler les nombres suivants :

0,25 ; 0,5 ; 0,06 ; 0,42 ; 0,9 ; 0,325 ; 3,5 ; 6,45 ; 3,054.

536. Multiplier par 4 puis par 8 les nombres suivants :

0,1 ; 0,08 ; 0,025 ; 2,3 ; 0,007 ; 3,04.

537. Tripler les nombres suivants :

0,2 ; 0,05 ; 3,4 ; 0,12 ; 0,024 ; 2,06.

538. Faire de tête les multiplications suivantes :

$0,7 \times 9$	$0,3 \times 11$	$0,1 \times 12$	$0,2 \times 25$
$0,08 \times 9$	$0,009 \times 11$	$0,04 \times 12$	$0,01 \times 25$
$0,24 \times 9$	$0,06 \times 11$	$1,5 \times 12$	$0,004 \times 25$
$1,2 \times 9$	$4,5 \times 11$	$3,2 \times 12$	$0,9 \times 25$

539. Même exercice avec les nombres suivants :

$$0,6 \times 0,5 \qquad 0,8 \times 0,04 \qquad 0,07 \times 0,5 \qquad 2,5 \times 0,4$$
$$0,7 \times 1,2 \qquad 6,1 \times 0,04 \qquad 4,6 \times 0,09 \qquad 6 \times 0,007$$

540. Multiplier par 0,1 les nombres : 5 ; 38 ; 60 ; 29 ; 546 ; 3,5 ; 0,46.

541. Multiplier par 0,2 les nombres : 1 ; 7 ; 10 ; 24 ; 16 ; 204 ; 0,5 ; 3,4 ; 0,45.

542. Multiplier par 0,5 les nombres : 2 ; 9 ; 15 ; 50 ; 412 ; 0,8 ; 0,32.

543. Multiplier par 0,25 les nombres : 4 ; 12 ; 20 ; 100 ; 72 ; 0,16 ; 0,084.

544. Exprimer en francs et centimes la valeur de : 5 sous ; 12 sous ; 18 sous ; 26 sous ; 43 sous ; 64 sous ; 82 sous.

545. Que valent : 3 pièces de 0^{fr},50 ? 8 pièces ; 10 pièces ; 12 pièces ; 25 pièces ?

546. Quelle somme obtient-on en centimes avec 5 pièces de 2 sous ? 9 pièces ; 11 pièces ; 500 pièces ; 200 pièces ?

547. Quand le vin coûte 0^{fr},60 le litre, que valent : un décalitre ? un double décalitre ? un demi-hectolitre ? un double hectolitre ?

548. Une villageoise a vendu 80 pommes à 0^{fr},05. Combien de francs a-t-elle reçus ?

549. Que coûte une demi-douzaine de mouchoirs à 40 centimes le mouchoir ?

550. Je demande au bureau de poste 12 timbres à 5 centimes et 5 timbres à 15 centimes ? Combien dois-je verser ? Que me rendra l'employé sur une pièce de 2 francs ?

551. Un demi-litre d'eau de Cologne coûte 3^{fr},50. Que valent 2 litres ? 5 litres ? 8 litres et demi ?

552. Quel est le prix de 2 kilogrammes de chocolat à 1^{fr},70 la livre ?

553. Un fumeur dépense pour 0^{fr},20 de tabac par jour. Quelle dépense inutile lui occasionne cette habitude en une semaine ? en un an ? en 10 ans ?

554. Quel est le salaire d'un ouvrier qui travaille 8 heures par jour à raison de 0^{fr},75 l'heure ?

555. Un épicier revend 0^{fr},65 le kilogramme de sucre qui lui revient à 0^{fr},58. Que gagne-t-il sur 20 kilogrammes, sur 50 kilogrammes, sur 100 kilogrammes ?

556. Que coûte 0^{m},60 d'étoffe à 3 fr. le mètre ?

557. Avec un tonneau de vin on a rempli 300 bouteilles de chacune 0^{l},70. Quelle était la contenance du tonneau ?

558. Quand une étoffe coûte 20 francs le mètre, que valent 0^{m},25 ? 0^{m},80 ? 45 centimètres ? 7 décimètres ?

559. Pour arriver à mon appartement je dois gravir 90 marches de chacune 0^{m},16. A quelle hauteur est mon appartement ?

560. Dans un mois une famille a consommé 25 pains de 2 kilogrammes. Que doit-elle payer au boulanger si le pain coûte 0^{fr},35 le kilogramme ?

561. Un ouvrier commence sa journée à 7 heures du matin et la termine à 6 heures du soir. Il quitte son travail de 11 heures à midi pour déjeuner. Que reçoit-il en 6 jours s'il est payé 0^{fr},40 de l'heure ?

EXERCICES ÉCRITS ET PROBLÈMES

NOMBRES ENTIERS

Effectuer les multiplications suivantes et en faire la preuve :

562. 365×6 4937×7 6384×8 59073×9.

563. 472×36 593×84 687×59 705×67 870×403.

564. 597×634 836×567 907×780 508×905 479×876.

565. 4937×234 5869×582 6074×697 9385×7406
                             6090×507.

566.

$59\,386$	$68\,047$	$58\,374$	$93\,827$	$70\,084$
$\times\,597$	$\times\,680$	$\times\,9\,070$	$\times\,7\,004$	$\times\,8\,005$

567.

$58\,700$	$68\,309$	$78\,500$	$50\,970$	$72\,860$
$\times\,6\,830$	$\times\,7\,900$	$\times\,7\,360$	$\times\,8\,090$	$\times\,6\,700$

568.

$70\,908$	$39\,486$	$500\,837$	$69\,375$	$470\,590$
$\times\,7\,050$	$\times\,6\,904$	$\times\,8\,009$	$\times\,4\,759$	$\times\,63\,008$

569. Combien y a-t-il de crayons dans 5 grosses de chacune 12 douzaines ?

570. Quelle est la valeur de 7 pièces de drap de chacune 56 mètres à 13 francs le mètre ?

571. Quel est, en grammes, le poids d'une somme d'argent composée de 75 pièces de 5 francs ?

572. Combien y a-t-il de secondes dans une année ?

573. Combien de minutes en 7 jours 3 heures et 25 minutes ?

574. Une maison rapporte à son propriétaire 2875 francs par trimestre. Combien est-elle louée par an ?

575. Un livre a 258 pages contenant chacune 36 lignes d'environ 50 lettres. Combien a-t-il fallu de caractères d'imprimerie pour faire ce livre ?

576. Dans une usine on compte 450 ouvriers que l'on paie chacun 4 francs par jour. Quelle est la somme nécessaire pour payer tous ces ouvriers à la fin de chaque semaine ?

577. Une fontaine qui verse 35 litres d'eau par minute a rempli le tiers d'un bassin en 2ʰ20ᵐ. Quelle est la contenance de ce bassin en litres ? en hectolitres ?

578. Un train, qui fait 65 kilomètres à l'heure, part de Paris à 8 heures du matin et arrive à Bordeaux le soir à 5 heures. Quelle est la distance entre ces deux villes ?

579. Un fermier a 25 vaches qui consomment chacune 3 bottes de foin de 5 kilogrammes par jour. Combien doit-il avoir de kilogrammes de foin pour nourrir son bétail pendant un hiver qui dure 95 jours ?

580. Une obligation de chemin de fer coûte 453 francs et rapporte 15 francs d'intérêts par an. Quelle somme faudra-t-il verser pour l'achat de 30 obligations et quel en sera le revenu annuel ?

581. Un vigneron a récolté 38 barriques de chacune 225 litres qu'il a vendues 4 francs le décalitre. Quelle est la valeur de sa récolte?

582. Un marchand de fourrages vend 6 voitures contenant chacune 450 bottes de paille pesant 5 kilogrammes la botte, à raison de 8 francs le quintal. Quelle est la valeur de sa livraison?

583. On entoure un jardin de 58 mètres de long et de 37 mètres de large d'un triple rang de fil de fer qui coûte 1 franc le décamètre. Quelle sera la dépense?

584. Un boulanger fournit chaque jour dans un lycée 274 petits pains pesant chacun 5 décagrammes. Combien livre-t-il de kilogrammes de pain dans un mois de 30 jours?

585. Une personne fume 3 paquets de cigarettes par semaine. Combien fume-t-elle de cigarettes par an si chaque paquet contient 20 cigarettes?

586. Un train de marchandises formé de 18 wagons transporte de la farine. Trouver le chargement du train en tonnes sachant que chaque wagon renferme 40 sacs d'un poids moyen de 150 kilogrammes le sac?

587. De combien augmente-t-on le produit d'une multiplication si on augmente le multiplicande de 35; le multiplicateur étant le nombre 478 ?

EXERCICES ET PROBLÈMES ÉCRITS

NOMBRES DÉCIMAUX

Effectuer les produits suivants et vérifier avec la preuve par 9 :

588. $0,659 \times 496$ $39,08 \times 7,4$ $683,7 \times 5,08$

589. $389 \times 0,079$ $64,98 \times 507,4$ $5938 \times 0,396$

590.
$68\,290 \times 4,83$ $96,07 \times 9,5$ $8507,3 \times 0,86$ $8,374 \times 470$

591.
$0,39 \times 80,4$ $67,083 \times 57\,800$ $96\,500 \times 70,905$ $40,739 \times 8790$

592.
$482,453 \times 32,07$ $4,00384 \times 28$ $346,283 \times 4,5$

$16,0038 \times 2,009$ $283,456 \times 42,549$ $0,207 \times 0,498$ $164 \times 3,6145$

$0,00987 \times 483$ $4567,8 \times 0,00945$ $1364,25 \times 0,006493$

593. Quelle distance a-t-on parcourue, lorsqu'en faisant des pas de o^m,65 on en a compté 1347?

594. Un robinet débite 3^l,25 d'eau par minute; on le laisse ouvert pendant 4 heures. Combien ce robinet a-t-il donné de litres d'eau?

595. Le pas ordinaire d'un homme est o^m,72. Quelle distance cet homme parcourt-il en 3 heures s'il fait 98 pas par minute?

596. Que paiera-t-on pour o^m,65 de soie valant 7^fr,90 le mètre?

597. Quel est le prix de 8 pains de sucre pesant chacun 9^kr,45 si le kilogramme vaut o^fr,70?

598. Quelle est la valeur de 24 douzaines d'assiettes si chaque assiette vaut o^fr,15.

599. Un cycliste fait 284 fois le tour d'une piste qui mesure 3^km,5. Combien a-t-il parcouru de kilomètres? de mètres?

600. Un drapier mesure une pièce d'étoffe avec un demi-mètre; il a trouvé que cette pièce avait 54 demi-mètres et deux décimètres et demi. Quelle est en mètres la longueur de l'étoffe? Que vaut-elle à 8^fr,45 le mètre?

601. On a vidé le sixième d'un réservoir en y puisant 32 arrosoirs d'eau de chacun 9^l,28. Quelle est la contenance du réservoir en litres? en hectolitres?

602. Une fermière a 14 vaches qui lui donnent chacune environ 12^l,5 de lait par jour. Elle vend ce lait 3^fr,50 le décalitre. Qu'aura produit la vente de tout son lait durant un mois de 31 jours?

603. Quand une liqueur vaut 7^fr,25 le litre, à combien revient un flacon de 4^dl,8?

PROBLÈMES SUR LES TROIS PREMIÈRES OPÉRATIONS

604. Un marchand a vendu 8 vases à 14 francs la pièce; 5 vases à 12 francs chacun et 6 autres à 9 francs. Le tout lui revenait à 195 francs. Quel a été son bénéfice?

605. On partage une pièce de drap de 45 mètres en 2 coupons dont l'un a 27 mètres. Calculer la valeur de chaque coupon à raison de 14 francs le mètre?

606. Deux personnes achètent du drap à raison de 19 francs le mètre; l'une en prend 8 mètres et l'autre 5. Combien la première doit-elle payer de plus que la seconde?

607. Un marchand achète 256 mètres d'étoffe à 7 francs le mètre et il les revend 9 francs le mètre. Combien a-t-il déboursé et quel est son bénéfice?

608. Un ouvrier qui a travaillé 295 jours dans une année a gagné en moyenne 5 francs par journée de travail; sa dépense a été de 3 francs par jour lorsqu'il a travaillé et de 4 francs par jour quand il n'a rien fait. Que lui reste-t-il au bout de l'année?

609. Une personne achète 25 mètres d'étoffe à 3 francs le mètre et 15 mètres de toile à 1^fr,95 le mètre. Elle donne en paiement un billet de 100 francs. Que redoit-elle?

610. Un ouvrier qui travaille en moyenne 308 jours par an gagne 7 francs par jour. La dépense journalière de sa famille s'élève à 4^{fr},25. Quelle somme peut-il économiser au bout d'une année de 365 jours?

611. On achète deux pièces de vin, l'une de 219 litres et l'autre de 224 litres à raison de 42 francs l'hectolitre. Que doit-on?

612. Une dame achète deux coupons d'étoffe, l'un de 18^m,75 et l'autre ayant 3^m,20 de plus. Qu'a-t-elle payé si on lui a vendu le tout à 1^{fr},95 le mètre?

613. Combien faut-il payer à 25 ouvriers qui ont travaillé pendant 6 jours à raison de 5^{fr},25 par jour pour 9 d'entre eux et de 4^{fr},75 pour les autres?

614. Pour faire une robe, on achète 7^m,60 d'étoffe à 2^{fr},95 le mètre; on emploie en outre 3^m,75 de doublure à 1^{fr},25 le mètre. Sachant que la façon coûte 25 francs, à combien revient la robe?

615. Un patron a payé 17 ouvriers à raison de 5^{fr},25 par jour, 23 ouvrières à raison de 2^{fr},75 et 7 apprentis à raison de 1^{fr},35. Combien a-t-il déboursé : 1° pour un jour; 2° pour une semaine de 6 jours de travail?

616. On achète 295^m,50 de drap à 3^{fr},40 le mètre. Le marchand fait une remise de 28^{fr},75. Que doit-on payer?

617. On veut affranchir 12 lettres à 0^{fr},15, 50 cartes de visite à 0^{fr},05 et 100 imprimés, à 0^{fr},02. On donne 10 francs pour payer les timbres. Quelle somme rendra-t-on?

618. Un marchand a acheté 136 mètres de drap qu'il a revendu à raison de 22^{fr},25 le mètre; il a réalisé un bénéfice de 3^{fr},50 par mètre. Quel a été le prix total d'achat de ce drap?

619. On veut entourer d'un treillage qui coûte 2^{fr},45 le mètre courant un jardin de 38^m,75 de long et de 19^m,20 de large. Quelle sera la dépense si la pose de ce treillage revient à 16^{fr},50?

620. Une pièce de 20 francs en or pèse 6^{gr},4516. Quel sera le poids total d'un sac contenant 25 rouleaux de chacun 25 pièces. Quelle est la valeur contenue dans ce sac?

621. Une villageoise porte 23 douzaines de poires à la ville voisine. Elle vend 200 poires à 0^{fr},10 pièce; elle en donne 8 et en jette 5 qui sont gâtées; puis elle vend le reste à un sou pièce. Quel a été le produit de sa vente?

622. Une lampe reste allumée 4 heures tous les soirs et brûle 0^l,4 par heure. A combien s'élève la dépense d'éclairage pendant une semaine si le pétrole coûte 4 francs le décalitre?

623. Un cultivateur achète un cheval pour 950 francs. Pour s'acquitter il donne 18 sacs de 100 kilogrammes de blé valant 21^{fr},50 le quintal et le reste en argent. Quelle somme a-t-il dû verser?

624. Un tonneau contient 5^{hl},3 de vin. On en vend d'abord 328 litres à 0^{fr},70 et le reste à 0^{fr},65. Quelle somme a-t-on retirée de cette vente?

625. Je fais venir de Normandie un panier de 17^{kg},4 de beurre à 1^{fr},25 la livre. Combien dois-je?

626. Il faut 325 pavés à 25 francs le cent pour recouvrir la surface d'une cuisine. Que coûteront ces pavés?

627. Une crémière a vendu 5 paniers contenant 3 douzaines d'œufs chacun à $0^{fr},15$ l'œuf. Combien a-t-elle reçu?

628. Un marchand a livré 8 charretées de bois contenant chacune $1^s,2$ à raison de 92 francs le décastère. Que lui doit-on?

629. Deux ouvriers ont fait ensemble un travail. Le deuxième qui a travaillé 3 fois moins de jours que le premier a reçu $36^{fr},75$. Combien ce travail a-t-il coûté?

630. L'hectolitre de blé pesant 76 kilogrammes. Quel sera le poids d'un sac contenant $6^{dal},35$?

631. Un fermier normand a vendu 45 barils de 56 litres de cidre à 23 francs l'hectolitre. Que reçoit-il?

632. Un champ a produit 275 gerbes de blé. Quelle sera la valeur de la récolte si chaque gerbe donne en moyenne $5^l,4$ de grain vendu $7^{fr},40$ le décalitre?

633. A la suite d'une collecte on a pu distribuer $18^{fr},75$ à chacune des 53 familles pauvres qui habitent une localité. Quel était le montant de la collecte?

634. Dans une cave il y a 5 porte-bouteilles contenant chacun 250 bouteilles de $0^l,70$. Ces bouteilles sont remplies de vin de Bordeaux coûtant 150^{fr} l'hectolitre. Quelle est la valeur du vin en cave?

635. L'épicier m'a livré la commande suivante : 25 litres de vin à $0^{fr},85$ le litre; $3^{kg},5$ de sucre à $0^{fr},65$ la livre; 3 paquets de bougies de chacun 5 hectogrammes à $2^{fr},30$ le kilogramme, $1^{kg},5$ d'huile à $1^{fr},40$ la livre et $7^{kg},4$ de sel à $0^{fr},20$ le kilog. Établir la facture et en trouver le montant?

636. Un coquetier achète 250 œufs à 7 francs le cent et les revend 10 centimes pièce. Quel est son bénéfice?

637. On achète une pièce de vin de 224 litres à raison de 6 francs le décalitre. Le transport revient à $8^{fr},75$ et la mise en bouteilles à $18^{fr},40$. Combien a-t-on déboursé en tout?

638. Une paysanne vend 7 poulets à $4^{fr},85$ la pièce, 5 canards à $3^{fr},70$, 5 livres de beurre à 4 francs le kilogramme et 6 douzaines d'œufs à $0^{fr},10$ la pièce. Quelle somme rapporte-t-elle?

639. Un libraire achète une grosse de 12 douzaines de crayons pour $4^{fr},50$ et revend chaque crayon un sou. Quel sera son bénéfice lorsqu'il aura tout revendu?

640. Avec une pièce de drap de 38 mètres qu'elle a payée $11^{fr},75$ le mètre, une couturière a fait 5 robes qu'elle a revendues 135 francs chaque robe. Combien a-t-elle gagné?

641. Quatre hectolitres de pommes donnent 1 hectolitre de cidre. Quelle quantité de pommes faudra-t-il acheter pour remplir de cidre un tonneau de 1600 litres?

642. En revendant $12^m,50$ d'étoffe à $8^{fr},75$ le mètre on a fait un bénéfice total de 16 francs. Combien avait-on payé l'étoffe?

643. Une ménagère achète $3^{kg},4$ de viande à $1^{fr},20$ le demi-kilogramme et 96 décagrammes de bifteck à $2^{fr},80$ le kilog. Que doit-elle?

644. Une personne qui dépense en moyenne $6^{fr},70$ par jour a pu économiser 456 francs dans l'année. Que gagne-t-elle annuellement?

645. Que coûtent 845 bottes de paille d'avoine pesant chacune $5^{kg},2$ à $3^{fr},50$ le quintal?

646. Un marchand avait acheté une pièce d'étoffe de 25 mètres à 8^{fr},75 le mètre. Il en vend d'abord 13^m,50 à 9^{fr},45 le mètre et le reste à 8^{fr},95. Quel est son bénéfice?

647. Un cultivateur a vendu 35 sacs de blé pesant chacun 100 kilogrammes à 19^{fr},75 le quintal et 13 sacs d'avoine de chacun 75 kilogrammes à 16^{fr},40 le quintal. Quelle somme a-t-il reçue?

648. Un marchand de faïence fait venir 1000 assiettes qui lui sont vendues 25 francs le 100. Il trouve 14 assiettes cassées et revend les autres à raison 0^{fr},35 la pièce. Quel bénéfice pourra-t-il réaliser?

649. Pour tapisser une chambre j'ai acheté 12 rouleaux de papier à 1^{fr},75 le rouleau et 3 rouleaux de bordure à 1^{fr},20. Le tapissier m'a pris 7^{fr},50 pour le collage. Combien ai-je dépensé en tout?

650. Un voiturier achète pour la nourriture de ses chevaux 18 sacs d'avoine pesant chacun 75 kilogrammes à 16^{fr},25 les 100 kilogrammes. Que doit-il payer?

651. Que valent 40 doubles-décalitres de sarrasin à 14^{fr},25 l'hectolitre?

652. Pour faire une douzaine de chemises on donne à une couturière 35^m,50 de toile à 1^{fr}95 le mètre. A combien revient cette douzaine de chemises si l'ouvrière demande 1^{fr},70 par chemise pour la façon et les fournitures?

653. Dans un fût de 2^{hl},18 on met d'abord 1^{dal},5 de vin à 50 francs l'hectolitre et on achève de le remplir avec du vin qui revient à 42 francs l'hectolitre. Quelle est la valeur du vin contenu dans ce fût?

654. Un litre d'eau de mer contient environ 2^{dag},3 de sel. Quelle quantité de sel procurera l'évaporation de 3 bassins contenant chacun 125 kilolitres d'eau de mer?

655. Un ouvrier prend tous les matins un petit verre d'eau-de-vie à 0^{fr},15, à midi un verre de liqueur à 0^{fr},25, et dans le jour il fume pour 0^{fr},20 de tabac. Quelle somme pourrait-il économiser par an? en 10 ans? s'il se corrigeait de cette mauvaise habitude?

656. Un kilogramme de farine donne environ 1^{kg},25 de pain. Quelle quantité de pain pourra faire un boulanger avec 6 sacs de farine pesant chacun 149 kilogrammes?

657. Quel bénéfice réalisera ce boulanger sachant qu'il a payé sa farine 30 francs le quintal et qu'il revend le kilogramme de pain 0^{fr},35, les frais de cuisson et de fabrication s'étant élevés à 95 francs.

658. Un champ a produit 470 gerbes de blé donnant en moyenne chacune 3^{kg},4 de grain et 6^{kg},8 de paille. Quel revenu retirera-t-on de ce champ si le grain est vendu 19^{fr},40 le quintal et la paille 4^{fr},25 les 100 kilogrammes?

659. Un marchand de vin met dans un fût contenant 22 décalitres, 135 litres de vin à 39 francs l'hectolitre, puis 78 litres d'une autre autre sorte de vin à 5^{fr},40 le décalitre. Il achève de remplir le tonneau avec de l'eau et revend le litre de mélange 60 centimes. Quel sera son bénéfice?

DIVISION

158. — Exemple 1. — *Je distribue à* **5** *élèves une boîte contenant* **15** *plumes. Combien chaque élève recevra-t-il de plumes ?*

Puisque chaque enfant doit recevoir le même nombre de plumes, pour faire ce partage, je donne d'abord une plume à chacun ; je prends ainsi **5** plumes, puis je répète cette distribution autant de fois que cela m'est possible, c'est-à-dire autant de fois qu'il y a **5** plumes dans la boîte.

Après la première distribution, il reste **15** plumes moins **5** plumes ou **10** plumes.

Après la deuxième distribution, il reste **10** plumes moins **5** plumes ou **5** plumes.

Après la troisième distribution, il reste **5** plumes moins **5** plumes ou **0** plume.

J'ai retiré **3** fois **5** plumes ; chaque enfant aura donc **3** plumes.

Exemple II. — *Un élève qui possède* **15** *sous veut acheter des cahiers qui coûtent chacun* **5** *sous. Combien pourra-t-il en avoir ?*

Chaque fois qu'il achète un cahier, il doit donner **5** sous. Il aura donc autant de cahiers qu'il a de fois **5** sous. Comme il peut donner **3** fois **5** sous, il aura **3** cahiers.

159. — Dans les deux cas, je retranche plusieurs fois le nombre **5** ou, ce qui revient au même, je cherche combien de fois le nombre **5** est contenu dans le nombre **15** : je fais une division.

Le **dividende** *est le nombre qui* **contient** ;

Le **diviseur** *est le nombre qui* **est contenu** ;

Le **quotient** *est le nombre qui* **indique combien de fois** *le diviseur est contenu dans le dividende.*

Dans les exemples ci-dessus, **15** est le dividende, **5** est le diviseur et **3** le quotient.

160. — Définition. — **Diviser** *un nombre appelé* **dividende** *par un autre appelé* **diviseur,** *c'est trouver combien de fois le diviseur est contenu dans le dividende.*

Le nombre ainsi obtenu est ce qu'on appelle le **quotient.**

161. — **Pratique.** — Au lieu de faire plusieurs soustractions successives, on trouve le résultat au moyen de la table de multiplication et l'on dit : en **15** combien de fois **5** ? Il y est **3** fois, puisque **3** fois **5** font **15**.

La table de multiplication est donc aussi une table de division, si on la retourne de la manière suivante :

En **20** il y a **10** fois **2**.   En **12** il y a **6** fois **2**.
— 18   —   9 — 2.   — 10   —   5 — 2.
— 16   —   8 — 2.   —   8   —   4 — 2.
— 14   —   7 — 2.   etc.

Elle permet de trouver, du premier coup, le quotient de toutes les divisions dont le diviseur n'a qu'un chiffre avec un dividende qui n'est pas supérieur à **10** fois ce diviseur.

162. — **Division avec reste.** —

Dans les deux exemples que nous avons choisis, la division se fait sans reste ; **15** contient exactement **3** fois **5**.

Que serait-il arrivé si la boîte avait contenu **17** *plumes ?*

Après la première distribution, il serait resté **17** plumes moins **5** plumes ou **12** plumes.

Après la deuxième distribution, il serait resté **12** plumes moins **5** plumes ou **7** plumes.

Après la troisième distribution, il serait resté **7** plumes moins **5** plumes ou **2** plumes.

On ne pourrait plus alors continuer le partage et il resterait **2** plumes dans la boîte.

163. — *Le* **reste** *est ce qu'on obtient lorsqu'on a retranché du dividende autant de fois le diviseur qu'il est possible.*

Le reste est évidemment toujours plus petit que le diviseur

164. — **Signe de la division.** — Pour indiquer une division qui se fait *exactement*, on se sert du signe : qui se lit *divisé par*.

Ainsi **15** : **5** = **3** se lit : **15** *divisé par* **5** *égale* **3**.

165. — **Division des nombres entiers.** — Premier cas. — *Le diviseur a plusieurs chiffres, mais le quotient n'en a qu'un.*

On reconnaît que le quotient n'a qu'un chiffre lorsque le diviseur suivi d'un zéro forme un nombre plus grand que le dividende.

Exemple. — *Un train fait* **46** *kilomètres à l'heure. Combien sera-t-il d'heures pour parcourir la distance de* **385** *kilomètres qui sépare deux villes ?*

Chaque heure, le train parcourt **46** kilomètres. Le trajet durera donc autant de fois **1** heure qu'il y a de fois **46** kilomètres dans **385** kilomètres. Il faut diviser **385** par **46**.

On dit : en **385** unités combien de fois **46** unités, ou en **38** dizaines combien de fois **4** dizaines ? Il y est **9** fois. Mais il faut *essayer* ce chiffre, c'est-à-dire rechercher si le produit du diviseur **46** par **9** peut se retrancher du dividende **385**. Or **46** × **9** = **414**.

$$\begin{array}{r|l} 385 & 46 \\ 368 & 8 \\ \hline 17 & \end{array}$$

J'en conclus que **9** est trop fort et j'essaye le chiffre immédiatement inférieur **8**. **46** × **8** = **368**. La soustraction est possible, donc **8** est le quotient cherché. Pour avoir le reste je retranche **368** de **385** ; ce reste est **17**.

On simplifie généralement en n'écrivant pas le produit du

diviseur par le quotient et on retranche les produits obtenus à mesure qu'on les a formés.

On dit : **6** fois **8** font **48**; **48** de **55** il reste **7** et je retiens **5**; **8** fois **4** font **32**, 32 et **5** font **37**, 37 ôté de **38** reste **1**.

Le train mettra environ **8** heures pour faire le trajet.

166. — Règle I. — *Pour trouver le quotient de deux nombres, lorsque ce quotient n'a qu'un seul chiffre, on sépare à gauche du dividende un ou deux chiffres, de façon à obtenir un nombre qui contienne au moins une fois, et moins de dix fois le premier chiffre à gauche du diviseur. On divise ce nombre par le premier chiffre du diviseur. Le chiffre obtenu est le quotient cherché ou un chiffre trop fort.*

Pour essayer ce chiffre, on multiplie le diviseur par lui et on regarde si le produit obtenu peut être retranché du dividende. Si oui, le chiffre est bon et le reste s'obtient en effectuant la soustraction. Si non, on le diminue d'une unité et on fait un nouvel essai, jusqu'à ce qu'on obtienne un chiffre dont le produit par le diviseur puisse être retranché du dividende. Ce chiffre sera le quotient cherché.

167. — Second cas. — *Le diviseur et le quotient ont plusieurs chiffres.*

Exemple.— *En* **24** *heures une source a fourni* **13 780** *litres d'eau. Combien donne-t-elle de litres par heure?*

En **1** heure cette source donne la **24ᵉ** partie de ce qu'elle donne par jour. Il faut donc diviser **13 780** par **24**.

dividende	**13780**	**24** *diviseur.*
2ᵉ *div. partiel*	**178**	**574** *quotient.*
3ᵉ *div. partiel*	**100**	
reste	**4**	

Le dividende aura plusieurs chiffres ; car, en ajoutant un zéro à **24**, on obtient **240** plus petit que **13 780**.

Sur la gauche du dividende, je prends assez de chiffres pour former un nombre contenant au moins une fois, et moins de **10** fois le diviseur, c'est le nombre **137**. Je divise ce premier dividende partiel par **24** en appliquant la règle précédente. En **13** combien de fois **2**? Il y est **6** fois. J'essaie **6** et je trouve que ce chiffre est trop fort. J'essaie ensuite **5** : **5** fois **4** font **20**; **20** de **27**, il reste **7** et je retiens **2**; **5** fois **2** font **10**, **10** et **2** de retenue font **12**; **12** retranché de **13** reste **1**; le chiffre **5** est bon et je l'écris au quotient. Il reste **17**. A la droite de ce reste j'abaisse le chiffre suivant du dividende et j'obtiens le nombre **178** qui forme le 2ᵉ dividende partiel.

Je divise **178** par **24**; le quotient est **7** et il reste **10**. J'abaisse le dernier chiffre du dividende **0** à la droite de ce reste et le nombre **100** forme le troisième dividende partiel dont le quotient est **4**. Le reste est **4**.

Dans une heure la source fournit environ **574** litres.

168. — RÈGLE GÉNÉRALE. — *On sépare sur la gauche du dividende assez de chiffres pour former un nombre qui contienne au moins une fois et moins de dix fois le diviseur. On a ainsi le 1ᵉʳ dividende partiel. On effectue la division, d'après la règle du cas précédent, ce qui donne le 1ᵉʳ chiffre du quotient. On abaisse à la droite du reste le chiffre suivant du dividende pour former le 2ᵉ dividende partiel et obtenir le 2ᵉ chiffre du quotient. Et ainsi de suite jusqu'à ce qu'on ait abaissé tous les chiffres du dividende.*

Le dernier reste partiel sera le reste de l'opération.

169. — REMARQUE I. — Il peut arriver qu'un dividende partiel ne contienne pas le diviseur. Dans ce cas, on inscrira le chiffre **0** au quotient et on abaissera le chiffre suivant du dividende. On continuera l'opération sur ce nouveau dividende partiel.

EXEMPLE. — Soit à diviser **190234** par **378**.

$$\begin{array}{c|c} 190234 & 378 \\ 1234 & 503 \\ 100 & \end{array}$$

Le premier dividende partiel est **1902** qui contient **5** fois **378** et le reste est **12**. En abaissant le chiffre suivant **3** du dividende on obtient pour deuxième dividende partiel **123**. Or **123** ne peut contenir **378**; *on écrit alors* **0** *au quotient* et on abaisse le chiffre suivant du dividende pour avoir le troisième dividende partiel **1234** qui contient le diviseur **3** fois. Le reste est **100**.

170. — REMARQUE II. — Lorsque le dividende et le diviseur sont tous les deux terminés par des zéros, on peut sans changer le quotient supprimer à la droite de chacun d'eux le même nombre de zéros. L'opération terminée, pour avoir le reste, on abaisse à la droite du reste obtenu les zéros supprimés au dividende.

EXEMPLE. — Soit à diviser **269000** par **5600**.

$$\begin{array}{c|c} 269000 & 5600 \\ 450 & 48 \\ 200 & \end{array}$$

Je supprime **2** zéros à la droite du dividende et du diviseur ; le quotient est **48** et il reste **2**. Le reste exact est **200**.

171. — REMARQUE III. — Lorsque le deuxième chiffre du diviseur est **9**, on peut trouver du premier coup le chiffre du quotient. Pour cela on augmente, *par la pensée, le premier chiffre du diviseur de* **1**.

EXEMPLE. — Soit à diviser **236485** par **297**.

$$\begin{array}{c|c} 236485 & 297 \\ 2858 & 796 \\ 1855 & \\ 073 & \end{array}$$

On dit : En **2364** combien de fois **297** ou en **23** combien de fois **3**. Pour le deuxième dividende partiel on dit en **28** combien de fois **3**, etc.

Mais dans ce cas il peut arriver que le chiffre trouvé au quotient soit trop faible de **1**. On s'en aperçoit quand le reste obtenu est plus grand que le diviseur.

172. — Quotient décimal. — *Lorsque la division de deux nombres entiers ne se fait pas exactement, on peut la* **continuer.**

On met un zéro à la droite du reste;

On met une virgule au quotient;

et on calcule un nouveau chiffre.

Si le reste n'est pas nul, on met de nouveau un zéro à la droite du nouveau reste; on calcule un nouveau chiffre.

On continue de la sorte tant qu'on veut, à moins que l'on ne parvienne à un reste nul.

EXEMPLE. — *Partager* **642** *francs entre* **24** *personnes.*
Il faut diviser **642** par **24**.

$\overline{642}$	**24**
162	**26,75**
180	1ᵉʳ zéro.
120	2ᵉ zéro.
0	reste.

On commence la division comme d'ordinaire. **24** est contenu d'abord **2** fois dans **64**, puis **6** fois dans **162** et le reste est *18*.

Continuons l'opération : J'ajoute un zéro à la droite de **18** et je mets une virgule au quotient. **24** est contenu **7** fois dans **180**; j'écris **7** à la droite de la virgule et le nouveau reste est **12**. J'ajoute un second zéro à la droite du reste **12** et comme **24** est contenu **5** fois dans **120**, le dernier chiffre du quotient est **5** et le reste **0**.

Chaque personne aura donc **26ᶠʳ,75** centimes.

173. — Lorsque la division donne toujours un reste, on continue l'opération jusqu'aux décimales que l'on désire obtenir.

Si l'on s'arrête aux dixièmes, *on a le quotient approché à un dixième près.*

Si l'on s'arrête aux centièmes ou aux millièmes, le quotient est *approché à un centième ou à un millième près.*

Exemple. — Soit à diviser **1546** par **47** à un millième près.

1546	47
136	32,893
420	
440	
170	
29	

Je continue la division comme ci-dessus jusqu'aux millièmes et le quotient est **32,893**. — Pour avoir le reste exact on sépare dans le dernier reste partiel obtenu autant de chiffres décimaux qu'il y en a dans le quotient. Ce reste sera **0,029**.

174. — *Lorsque le diviseur est plus grand que le dividende, la partie entière du quotient est 0. On écrit 0. On met une virgule.*

On ajoute un zéro à la droite du dividende et on continue la division.

Exemple I. — *Une pièce de* **48** *mètres de ruban a coûté* **12** *francs. Quel est le prix du mètre ?*

Chaque mètre coûte le même prix. Il faut donc partager **12** francs en **48** parties égales, c'est-à-dire *diviser* **12** *par* **48**.

120	48
240	0,25
0	

On dit :

12 ne contient pas **48**, je mets un zéro au quotient et une virgule à droite du zéro. J'ajoute un zéro à la droite du dividende pour obtenir un nouveau dividende partiel qui est **120**. En **120** combien de fois **48**, il y est **2** fois et le reste est **24**. J'ajoute un autre zéro à la droite de **24**.

En **240** combien de fois **48**, il y est juste **5** fois.

Le quotient est donc exactement **0,25** ; chaque mètre de ruban coûte 0fr,**25** centimes.

Exemple II. — *Je paie* **2** *francs une boîte qui contient* **144** *plumes. A combien revient une plume ?*

200	144
560	0,013
128	144.

Je dois encore partager le prix total en **144** parties égales, ou diviser **2** par **144**.

2 ne contient pas **144**, je mets un zéro au quotient et une virgule, puis j'ajoute un zéro à la droite du dividende. 20 ne contient pas encore 144; j'écris 0 au quotient et un autre zéro à la droite de 20.

En 200 il y est 1 fois et le reste est 56.

En 560 il y est 3 fois et le reste est 128.

Chaque plume revient à 0ʳ,013 à un millième près et le reste exact est 0,128.

175. — Division des nombres décimaux.

— *Premier cas.* — *Diviser un nombre décimal par un nombre entier.* Le dividende seul est décimal.

Exemple I. — *Pour une semaine de 7 jours de travail, un ouvrier a reçu 30ʳ,45. Qu'a-t-il gagné en un jour ?*

Chaque jour il gagne : 30ʳ,45 divisé par 7.

$$\begin{array}{r|l} 30,45 & 7 \\ 2\,4 & \overline{4,35} \\ 35 & \\ 0 & \end{array}$$

En 30 il y a 4 fois 7 et il reste 2; j'arrive à la virgule du dividende, j'en mets une au quotient et j'abaisse le chiffre suivant du dividende 4. Puis je continue l'opération comme dans les nombres entiers : En 24 combien de fois 7; il y est 3 fois, etc.

Le quotient est juste 4ʳ,35.

Exemple II. — *Un marchand des halles a payé 7ʰ,75 pour un panier contenant 258 pommes. A combien revient une pomme ?*

Il faut diviser 7ʳ,75 en 258 parts égales.

$$\begin{array}{r|l} 7,75 & 258 \\ 01 & \overline{0,03} \end{array}$$

En 7 combien de fois 258, il n'y est pas; j'écris un 0 au quotient suivi d'une virgule, puisque j'arrive à la virgule du dividende. En 77 combien de fois 258, il n'y est pas encore; je mets un deuxième 0 à la droite de la virgule du quotient. En 775 combien de fois 258; il y est 3 fois et il reste 1.

Chaque pomme revient à 0ʳ,03, à un centime près.

176. — *Règle.* — *Pour diviser un nombre décimal par un nombre entier on divise la partie entière du dividende par le diviseur, arrivé à la virgule du dividende on en met une au quotient puis on*

continue l'opération comme pour les nombres entiers.

177. — Deuxième cas. — *Diviser un nombre entier par un nombre décimal.* Le diviseur seul est décimal.

Exemple. — *Combien faut-il de bouteilles de* $0^{lit},65$ *pour contenir le vin renfermé dans un fût de* **220** *litres?*

Il faudra autant de bouteilles que le nombre **0,65** est contenu de fois dans **220** ou diviser **220** par **0,65**.

$$\begin{array}{r|l} 220 & 0,65 \\ 250 & \overline{338} \\ 550 & \\ 30 & \end{array}$$

Je barre la virgule du diviseur ce qui le rend **100** fois plus grand et, *pour qu'il y ait compensation,* j'ajoute **2** zéros à la droite du dividende : les deux nombres deviennent entiers et leur quotient est **338**. Il faudra **338** bouteilles.

178. — Règle. — **On supprime la virgule du diviseur et l'on ajoute à la droite du dividende autant de zéros qu'il y avait de chiffres décimaux au diviseur. On obtient ainsi une division de nombres entiers.**

179. — Troisième cas. — *Diviser un nombre décimal par un nombre décimal.* Le dividende et le diviseur sont décimaux.

Exemple 1. — *Un sac de* $7^{kg},4$ *de café a coûté* $42^{fr},55$. *Quel est le prix du kilogramme?*

Chaque kilogramme coûte le même prix ; il faut diviser le nombre $42^{fr},55$ en autant de parts égales qu'il y a de kilogrammes, c'est-à-dire diviser **42,55** par **7,4**.

$$\begin{array}{r|l} 425,5 & 74 \\ 55\ 5 & \overline{5,75} \\ 3\ 70 & \\ 00 & \end{array}$$

Je barre la virgule du diviseur et j'avance celle du dividende d'un rang vers la droite. J'ai ainsi à diviser le nombre **425,5** par **74**; ce qui est une *division du premier cas.*

Le quotient est $5^{fr},75$ exactement.

Exemple II. — Supposons que nous ayons à trouver le

prix du kilogramme d'une autre sorte de café, sachant que le sac pèse **6ᵏᵍ,475** et qu'il coûte **36ᶠ,50** ; j'aurais alors à diviser **36,5** par **6,475.**

36500	6475
41250	5,63
24000	
4575	

Je supprime encore la virgule du diviseur et je rends le dividende **1000** fois plus grand. J'obtiens ainsi les **2** nombres **36500** et **6475**, division de nombres entiers.

Le quotient est **5ᶠ,63** à un centime près.

180. — RÈGLE. — *On supprime la virgule du diviseur et l'on avance celle du dividende d'autant de rangs vers la droite qu'il y avait de chiffres décimaux au diviseur. On obtient alors soit une division du premier cas, soit une division de nombres entiers.*

181. — Preuve de la division. — *Pour faire la preuve d'une division, on multiplie le diviseur par le quotient, on ajoute le reste à ce produit et la somme obtenue doit être égale au dividende.*

228746	347
2054	659
3196	
73	

$$347 \quad \text{diviseur}$$
$$\times\, 659 \quad \text{quotient}$$

$$3123$$
$$1735$$
$$2082$$

228673 produit du div. par le quotient
73 reste

228746 dividende

182. — Preuve par 9. — D'après cela, la preuve par 9 de la division se fait comme celle de la multiplication ; il suffit de considérer le diviseur comme un multiplicande et le quotient comme un multiplicateur et de tenir compte en plus du reste.

Dans l'exemple ci-dessus, le diviseur donne :

$$3 + 4 + 7 = 14 \text{ ou } 1 + 4 = \underline{5}.$$

le quotient donne :

$$6 + 5 = 11 \quad \text{ou} \quad 1 + 1 = 2$$

Multiplions les deux chiffres obtenus **5** et **2** :

$$5 \times 2 = 10 \quad \text{ou} \quad 1 + 0 = \underline{1}.$$

D'autre part, le reste donne :

$$7 + 3 = 10 \quad \text{ou} \quad 1 + 0 = \underline{1}.$$

On ajoute le *chiffre* donné par le reste à celui du produit et l'on a : $\qquad 1 + 1 = \underline{2},$

Le dividende donne :

$$2 + 2 + 8 + 7 + 4 + 6 = 29 \text{ ou } 2, \text{ puisque } 9 \text{ ne compte pas.}$$

On dispose cette preuve de la manière suivante :

228746	347	5
2054	659	2
3196		
73		

$1 + 1 = 2$ ou avec une croix $2 \underset{2}{\overset{5}{\times}} 2$

CALCUL MENTAL DANS LA DIVISION

183. — **Exercice I.** — *Reconnaître si un nombre donné est pair ou impair.*

Les chiffres *pairs* sont **2, 4, 6, 8.**
Les chiffres *impairs* sont **1, 3, 5, 7, 9.**

Un nombre quelconque est pair quand il est terminé par **0** ou un chiffre pair.

Ainsi **26, 340, 6058** sont pairs.

Il est impair quand il est terminé par un chiffre impair.

Ainsi **7, 29, 401, 6325** sont impairs.

184. — Exercice II. — *Prendre la moitié d'un nombre.*

Quand on a appris le double des **50** premiers nombres (Exercice I, n° **140**) on peut dire immédiatement la moitié d'un nombre plus petit que **100**.

En effet, si le nombre est pair on sait de quel nombre il est le double; s'il est impair on le diminue d'une unité et on prend la moitié du nombre pair obtenu.

Ainsi la moitié de **36** est **18**;

La moitié de **45** est **22** et il reste **1**, car **22** est la moitié de **44**.

185. — REMARQUE. — Si l'on veut avoir exactement la moitié d'un nombre impair, il suffit de convertir ce *reste* **1** en **10** dixièmes dont la moitié est **5** dixièmes.

La moitié de   **5** sera exactement   **2,5** ou   **2** et demi.

    —   **21**   —   **10,5** ou **10** et demi.

    —   **45**   —   **22,5** ou **22** et demi.

186. — Exercice III. — *Prendre le quart, le huitième d'un nombre.*

Prendre le quart d'un nombre, c'est le diviser par **4**, ce qui s'obtient en prenant d'abord la moitié du nombre, puis la moitié de cette moitié.

Ainsi le quart de :

48 c'est la moitié de **24** ou **12**.

22   —   **11** ou **5,5**.

17   —   **8,5** (**850** centièmes) ou **4,25**

15   —   **7,5** (**750** centièmes) ou **3,75**

Pour avoir le huitième d'un nombre, on en prend trois fois de suite la moitié.

Soit à chercher le huitième de **104**. On dit : la moitié

de **104** est **52**, la moitié de **52** est **26**, et la moitié de **26** est **13**. Donc le huitième de **104** est **13**.

Pour avoir le huitième de **42**, j'en prends trois fois de suite la moitié, ce qui donne : **21**; **10,5**; **5,25**.

Le huitième de **17** donnera ; **8,5**; **4,25**; **2,125**.

187.—Exercice IV. — *Prendre le tiers d'un nombre.*

Il faut d'abord connaître par cœur les multiples de **3**, c'est-à-dire les nombres de **3** en **3** jusqu'à **100** (Exercice III, n° **143**).

Ainsi le tiers de **72** est **24**, puisque 3 fois **24** font **72**.

Pour les nombres qui ne sont pas exactement des multiples de **3**, on cherche le plus grand triple qu'ils contiennent et le tableau donne le tiers cherché. Le reste est alors **1** ou **2**, selon que le plus grand triple est inférieur de **1** ou **2** unités au nombre donné.

Soit à prendre le tiers de **79**. Le plus grand triple contenu dans ce nombre est **78**, dont le tiers est **26** et il reste **1**.

Le tiers de **80** sera encore **26**, mais il restera **2**.

188. — Exercice V. — *Diviser un nombre par* **6, 12, 15.**

Pour diviser un nombre par **6**, on en prend d'abord la moitié, puis le tiers de cette moitié.

Exemple. — *Prendre le sixième de* **132**. On dit : la moitié de **132** est **66**, et le tiers de **66** est **22**.

Pour diviser un nombre par **12**, on le divise successivement par **3** et **4**.

Pour le diviser par **15**, on le divise d'abord par **3**, puis par **5**.

189. — Exercice VI. — *Diviser un nombre par* **5.**

Pour diviser un nombre par **5**, on le double

d'abord, puis on divise le double obtenu par **10**.

Soit à trouver le cinquième de **85**. Le double est **170** et le dixième de **170** est **17**.

$$32:5 = 64:10 \text{ ou } 6,4 ;$$
$$421:5 = 842:10 \text{ ou } 84,2.$$

190. — REMARQUE. — Cette règle permet de trouver combien il y a de sous dans un certain nombre de centimes ; il suffit de diviser le nombre de centimes par **5**.

Dans **95** centimes il y a **190:10** = **19** sous.
Dans **140** centimes il y a **280:10** = **28** sous.

191. — Exercice VII. — *Diviser un nombre par* **20**.

On prend la moitié et on divise le résultat par **10**.

$$500:20 = 250:10 \text{ ou } 25.$$
$$36:20 = 18:10 \text{ ou } 1,8.$$
$$43:20 = 21,5:10 \text{ ou } 2,15.$$

192. — Exercice VIII. — *Diviser un nombre par* **25**.

Pour diviser un nombre par **25**, on le divise deux fois de suite par **5**.

Ou encore, ce qui est plus rapide, on le multiplie par **4** et on divise le résultat obtenu par **100**.

Soit à diviser **350** par **25** :
On dit le quadruple de **350** est **1400** et le centième de **1400** est **14**.

$$82:25 = (82 \times 4):100 = 3,28 ;$$
$$4:25 = (4 \times 4):100 = 0,16.$$

193. — Exercice IX. — *Diviser un nombre décimal par* **2**, **4**, **8**, **3**, **6**, etc.

Tous les exercices de calcul mental sur la division des nombres entiers peuvent s'appliquer aux nombres décimaux, mais il faut avoir soin de bien placer la virgule.

Soit à prendre les moitiés de **0,48**; **2,6**; **0,07** :

On dit : la moitié de **48** centièmes est **24** centièmes ou **0,24**. La moitié de **26** dixièmes est **13** dixièmes ou **1,3**. La moitié de **7** centièmes est **3** centièmes et demi ou **0,035**.

194. — Exercice X. — *Diviser un nombre par* **0,1**, **0,01**, **0,001**.

Pour diviser un nombre par **0,1**, il suffit de le multiplier par **10**.

EXEMPLES.
$$35 : 0,1 = 350.$$
$$4,8 : 0,1 = 48.$$
$$0,05 : 0,1 = 0,5.$$

De même, pour diviser un nombre par **0,01**, **0,001** il faut le mutiplier par **100** ou **1000**.

$$28 : 0,01 = 2800; \qquad 28 : 0,001 = 28000.$$
$$0,053 : 0,01 = 5,3; \qquad 0,053 : 0,001 = 53.$$

195. — Exercice XI. — *Diviser un nombre par* **0,2**, **0,5**, **0,25**.

Pour diviser un nombre par **0,2**, on le multiplie par **10**, puis on prend la moitié du résultat.

Ainsi :
$$23 : 0,2 = 230 : 2 = 115.$$
$$5,8 : 0,2 = 58 : 2 = 29.$$

Pour le diviser par **0,5**, il suffit de le doubler.

EXEMPLES.
$$18 : 0,5 = 36.$$
$$4,2 : 0,5 = 8,4.$$
$$0,18 : 0,5 = 0,36.$$

Pour le diviser par **0,25**, il suffit de le quadrupler.

$$9 : 0,25 = 36.$$
$$3,2 : 0,25 = 12,8 \text{ (4 fois } \textbf{32} \text{ dixièmes} = \textbf{128} \text{ dixièmes).}$$

EXERCICES SUR LA DIVISION

CALCUL MENTAL ET EXERCICES ORAUX

NOMBRES ENTIERS.

660. Répéter tous les produits de la table de multiplication en rétrogradant de 2 en 2 depuis 20 à o; de 3 en 3 depuis 3o à o; de 4 en 4 depuis 4o à o, etc.

661. Trouver les moitiés des nombres suivants : 24, 3o, 52, 76, 82, 94, 1, 5, 19, 25, 31, 57, 140, 270, 416, 902, 611, 3648.

662. Combien de mètres font : un demi-myriamètre? un demi-kilomètre? un demi-hectomètre? — Combien de milligrammes dans un demi-centigramme? un demi-décigramme?

663. Quels sont les quarts de : 16, 4, 2, 44, 58, 72, 5o, 22, 36, 82, 400, 1000 ?

664. Même exercice avec les nombres : 1, 5, 9, 3, 7, 11, 15, 21, 37, 43.

665. Quels sont les huitièmes de : 16, 56, 88, 100, 5o, 18, 26, 38, 62, 94, 200, 260, 1000 ?

666. Trouver les tiers de : 15, de 27, de 45, de 63, de 33, de 81, de 90, de 3oo ?

667. Quels sont les sixièmes de : 24, de 48, de 72, de 84, de 96, de 150, de 108, de 180, de 192.

668. Diviser mentalement par 12 les nombres : 156, 180, 216, 168, 240, 480, 372, 540.

669. Diviser par 15 les nombres : 180, 270, 3oo, 36o, 315, 480, 345, 240, 285, 750.

670. Quels sont les cinquièmes de : 6o, 25o, 3o5, 510, 475, 890.

671. Même exercice avec les nombres : 4, 17, 8, 23, 11, 46, 3, 19, 74, 52.

672. Convertir en sous : 65 centimes, 9o centimes, 55 centimes, 110 centimes, 125 centimes, 1^{fr},5o, 1^{fr},35, 2^{fr},10, 2^{fr},8o, 3^{fr},15, 4^{fr},4o, 4^{fr},95.

673. Diviser par 2o les nombres : 6o, 140, 28o, 84o, 9o, 12, 15, 38, 74, 81, 69, 106, 382, 210, 708.

674. Diviser par 25 les nombres : 8, 17, 45, 56, 39, 61, 204, 83, 412, 95, 310, 5oo, 2000, 10000.

675. Une cour carrée a 268 mètres de pourtour. Quelle est la longueur d'un côté?

676. Quel est le nombre qui, multiplié par 8, donne 2oo?

677. Un employé gagne 36oo francs par an. Quel est son traitement mensuel?

678. Une marchande qui vend des journaux à un sou a fait dans sa journée une recette de 2^{fr},45. Combien a-t-elle vendu de journaux?

679. On fait défiler un régiment de 1200 soldats par files de 8 soldats. Combien le régiment forme-t-il de files?

680. Un marchand de fourrages fournit 425 kilogrammes de foin en bottes de 5 kilogrammes. Combien donne-t-il de bottes?

681. Combien y a-t-il de pièces de 5 francs pesant chacune 25 grammes dans un sac pesant 1 kilogramme? Quelle est leur valeur?

682. Un épicier gagne 1 sou chaque fois qu'il vend 1 kilogramme de sucre. Combien devra-t-il en vendre pour faire un bénéfice de 5 francs?

683. Quelle est la valeur d'une somme d'argent pesant 35 décagrammes?

684. Un libraire donne 4 plumes pour un sou. Combien reçoit-il quand il a vendu une boîte de 144 plumes? Quel est son bénéfice s'il l'a achetée 1 franc?

685. Un ouvrier économe place chaque mois 20 francs à la caisse d'épargne. Au bout de combien de temps aura-t-il la somme nécessaire pour acheter une rente annuelle de 40 francs valant 1300 francs?

686. Douze hectolitres de blé ont été vendus 192 francs. A combien revient l'hectolitre? le double hectolitre? le demi-hectolitre?

687. On veut mettre 300 oranges dans 25 boîtes qui en contiennent autant l'une que l'autre. Combien d'oranges faudra-t-il mettre dans chaque boîte?

688. Si j'avais 5 fois ce que je possède, cela me ferait 1000 francs. Combien ai-je?

689. Un employé a reçu 1400 francs pour 7 mois de travail. Que gagne-t-il par an?

690. On a payé 80 francs pour l'achat de 8 rames de papier. Trouver : 1° en francs, le prix d'une rame? 2° en centimes, le prix d'une main (une rame contient 20 mains)? 3° le prix d'une feuille? (il y a 25 feuilles par main).

691. Une maison de Paris rapporte à son propriétaire 22 450 francs par an. Quelle somme ce propriétaire reçoit-il par trimestre?

692. Le produit de 2 nombres est 204 et l'un de ces nombres est 6. Quel est l'autre?

693. Le dividende d'une division est 192 et le quotient exact 12. Quel est le diviseur?

694. Pour 4 billets de chemin de fer j'ai payé 72 francs. Quel est le prix d'un billet?

695. Une paysanne a vendu 300 pommes à 1 franc la douzaine. Qu'a-t-elle reçu?

696. On vide un fût de 224 litres avec un seau qui contient 8 litres. Combien de fois pourra-t-on le remplir?

697. Neuf mètres de toile m'ont coûté 27 francs. Combien aurais-je dû verser si j'en avais acheté un mètre de plus?

698. Un éditeur a donné à un libraire 15 douzaines de livres pour 360 francs. Combien coûtent : 1° la douzaine; 2° le volume?

699. 6 pièces d'étoffe de chacune 8 mètres ont coûté 192 francs. Quel est le prix du mètre?

700. Pour une semaine de 6 jours de travail, un chef d'usine a versé à ses 25 ouvriers une somme de 750 francs. Trouver le salaire d'un ouvrier par jour?

701. Une boîte, contenant 80 tablettes de chocolat, a été payée 4 francs. Trouver, en sous, le prix d'une tablette?

702. Quand le blé vaut 20 francs le quintal, combien de sacs de 100 kilogrammes peut-on acheter avec 800 francs?

703. Deux fontaines versent la 1re 13 litres par minute, la 2e 12 litres. Combien mettront-elles de temps à remplir un bassin de 1000 litres si on les fait couler ensemble?

704. On veut mettre un fût de 4dal,35 de cognac dans des bouteilles qui contiennent chacune un demi-litre. Combien faudra-t-il de bouteilles?

705. Quand le kilogramme de pain vaut 40 centimes. Combien de livres peut-on acheter avec 20 sous?

706. On a payé 24 francs pour 4 paires de canards. Que coûte le canard?

707. Avec son salaire de 8 jours de travail, un ouvrier a pu acheter 16 mètres de toile à 3 francs le mètre. Combien gagne-t-il par jour?

708. Une personne achète 8 mètres de ruban pour 24 francs. Quel est le prix du mètre? Que paierait-elle pour 3 coupons de 7 mètres?

709. 6 mètres de soie valent 42 francs; une pièce de cette soie a une longueur de 72 mètres. Combien peut-elle former de coupons de 6 mètres et quelle est sa valeur?

710. On distribue 100 plumes à 10 élèves. 4 d'entre eux reçoivent chacun 8 plumes et les autres se partagent également le reste. Combien chacun de ceux-ci reçoit-il de plumes?

711. Que paiera-t-on pour l'achat de 60 mouchoirs à 24 francs la douzaine?

712. 3 mètres de drap valent autant que 4 mètres de soie. Quel est le prix du mètre de drap si la soie vaut 9 francs le mètre?

CALCUL MENTAL ET EXERCICES ORAUX

NOMBRES DÉCIMAUX.

713. Quelles sont les moitiés de : 0,6 ; 0,24 ; 0,062 ; 0,05 ; 0,3 ; 0,1 ; 0,25 ; 6,8 ; 32,4 ; 20,52 ; 0,304 ; 1,5.

714. Trouver les quarts de : 0,8 ; 0,32 ; 2,4 ; 0,96 ; 0,02 ; 0,1 ; 0,016 ; 0,3 ; 40,4 ; 1 ; 5 ; 0,612.

715. Trouver les huitièmes de 2, de 1, de 6,4, de 3,04, de 0,96, de 0,12, de 0,4, de 5,6, de 0,88, de 0,6.

716. Quels sont les tiers de : 0,36 ; 0,012 ; 0,9 ; 2,1 ; 4,5 ; 0,3 ; 9,6 ; 0,087 ; 0,51 ; 7,5 ; 4,80.

717. Quels sont les sixièmes de 0,018 ; 0,42 ; 6,3 ; 7,20 ; 0,9 ; 0,3 ; 4,8 ; 0,78 ; 0,120.

718. Diviser par 5 : 0,1 ; 0,25 ; 0,6 ; 0,2 ; 0,30 ; 0,08 ; 4,2 ; 0,065 ; 3,7 ; 5,8 ; 0,19.

719. Diviser par 20 les nombres : 0,2 ; 3,4 ; 9,2 ; 0,08 ; 0,66 ; 12,4 ; 0,04 ; 0,7 ; 0,3 ; 0,1.

720. Diviser par 25 les nombres : 0,3 ; 0,7 ; 0,1 ; 3,2 ; 2,4 ; 0,05 ; 5,2 ; 0,4 ; 10,3.

721. Diviser par 0,1 les nombres : 3 ; 9 ; 12 ; 49 ; 0,003 ; 0,025 ; 0,17 ; 0,608 ; 5,2 ; 0,9 ; 7,38 ; 90,65 ; 2,59.

722. Diviser ces mêmes nombres d'abord par 0,01, puis par 0,001.

723. Diviser par 0,2 les nombres : 6; 28; 5; 12; 45; 60; 73; 6,2; 0,8; 0,86; 0,004; 0,038.

724. Diviser par 0,5 les nombres : 7; 15; 35; 170; 49; 604; 6,2; 0,24; 1,3; 0,006; 0,35; 17,04; 2,5.

725. Diviser par 0,25 les nombres : 3; 9; 12; 25; 100; 0,5; 0,07; 0,025; 0,32; 0,009; 2,4; 40,2; 6,01.

726. Deux personnes se partagent un coupon de 8^m,5 d'étoffe. Combien chacune aura-t-elle de mètres et de centimètres?

727. La cuisinière a payé 6^{fr},80 une paire de poulets et 2^{fr},70 une paire de pigeons. Trouver le prix d'un poulet, d'un pigeon? Combien a-t-elle dépensé en tout?

728. Pour aller de Paris à Cherbourg, je demande un billet coûtant 18^{fr},30, puis un autre billet à demi-tarif pour mon petit garçon. Quelle somme dois-je payer?

729. On partage 39^{fr},40 entre 4 familles pauvres. Combien chacune d'elles recevra-t-elle?

730. En mesurant le pourtour d'une salle de classe carrée on a trouvé une longueur de 24^m,60. Quelle est la longueur de chaque côté?

731. Pour une journée de 8 heures, un ouvrier a reçu 3^{fr},60. Que gagne-t-il par heure de travail?

732. Quand le pain de 4 livres coûte 0^{fr},80, à combien revient la livre? le kilogramme? la demi-livre?

733. On a payé 9^{fr},60 un gigot de pré-salé vendu 3 francs le kilogramme. Combien pèse-t-il?

734. J'ai payé 38^{fr},40 pour une demi-douzaine de chemises. A combien revient une chemise?

735. Si la livre de café vaut 3^{fr},20. Que coûte une demi-livre? un quart de livre? un kilogramme? un décagramme?

736. Si j'avais le double de ce que je possède et encore 3 francs, cela me ferait 100 francs. Quelle somme ai-je?

737. Une villageoise a vendu 5 douzaines d'œufs pour 6^{fr},25. Combien a-t-elle reçu par douzaine?

738. Combien de cahiers à 0^{fr},10 peut-on acheter avec une somme de 4 francs?

739. Une douzaine de mouchoirs a coûté 4^{fr},80. Combien paierait-on pour une demi-douzaine? pour un mouchoir? pour 5 mouchoirs?

740. J'achète un demi-kilogramme de chocolat renfermant 12 tablettes à raison de 3^{fr},60 le kilogramme. Combien dois-je payer? A combien revient la tablette?

741. Avec le produit de la vente de 1000 kilogrammes de foin à 6^{fr},90 le quintal, un fermier a acheté 2 moutons. Quel est le prix moyen d'un mouton?

742. Combien faut-il de pièces de 0^{fr},50 pour faire 100 francs? 6^{fr},50? 150 francs?

743. Sur chaque journal qu'elle vend 2 sous, une marchande gagne 0^{fr},02. Combien devra-t-elle vendre de journaux pour gagner 3 francs? Quelle somme recevrait-elle?

744. Pour payer une somme de 50 francs, on donne la moitié en pièces de 0^{fr},50, un quart en pièces de 0^{fr},25 et le reste en pièces de 0^{fr},10. Combien donne-t-on de pièces de chaque sorte ?

745. Quand un mètre d'étoffe coûte 12^{fr},40. Quelle quantité aurait-on pour 6^{fr},20 ? pour 3^{fr},10 ? Que vaut un double décimètre ?

746. 3 pièces de chacune 10 mètres de ruban ont coûté 28^{fr},50. Que vaut une pièce ? un mètre ?

747. Un marchand achète une pièce d'étoffe pour 60 francs. Il la revend au détail et gagne 0^{fr},30 par mètre. Quelle était la longueur de la pièce sachant qu'il a reçu ainsi 66 francs ?

EXERCICES ÉCRITS ET PROBLÈMES

NOMBRES ENTIERS

Effectuer les divisions suivantes et faire la preuve par 9 de chaque opération :

Un chiffre au diviseur, plusieurs chiffres au quotient.

748.   1 317 : 3   2 368 : 4   3 085 : 5   2 052 : 6   1 208 : 7
749.   7 256 : 8   3 384 : 9   2 043 : 4   4 716 : 7   8 162 : 9
750.   16 917 : 3   43 992 : 6   53 840 : 8   81 640 : 9   42 060 : 7
751.   18 955 : 4   35 468 : 5   69 537 : 7   48 725 : 8   16 541 : 9

On fait aussi très souvent les divisions par un chiffre sans écrire les restes, de la manière suivante :

Soit à prendre le tiers de 11 275.

11 275
3 758

On dit : le tiers de 11 est 3 pour 9 et il reste 2 ; le tiers de 22 est 7 pour 21 et il reste 1 ; le tiers de 17 est 5 pour 15 et il reste 2 ; le tiers de 25 est 8 et il reste 1.

752. Prendre de cette manière les moitiés des nombres 5076 ; 38 729 ; 140 716.

753. Les tiers de 6753 ; 82 779 ; 51 116.

754. Les quarts de 10 072 ; 149 983 ; 200 318.

755. Les cinquièmes de 6970 ; 23 792 ; 1 345 374.

Plusieurs chiffres au diviseur, un seul chiffre au quotient.

756. 432 : 54   480 : 96   702 : 78   291 : 97   126 : 18
757. 286 : 63   311 : 47   752 : 347   3183 : 481   7299 : 736

Plusieurs chiffres au diviseur et au quotient.

758. 6615 : 21 ; 6930 : 30 ; 17 346 : 42 ; 27 642 : 51 ; 11 895 : 61.

759.   47 088 : 72 ;   32 868 : 83 ;   71 253 : 91 ;   29 568 : 33 ; 125 010 : 54.

760.   173 425 : 25 ;   84 502 : 46 ;   457 226 : 77 ;   233 665 : 85 ; 576 534 : 98.

761. 953 : 12 ; 9545 : 16 ; 4867 : 13 ; 9581 : 15 : 15 620 : 17.

762. 16 734 : 28;   39 361 : 59;   24 867 : 67;   78 796 : 88;
74 378 : 96.

763. 49 260 : 14;   106 870 : 18;   37 042 : 13;   71 415 : 19;
149 985 : 16.

764. 5481 : 27;   3780 : 36;   17 922 : 58;   31 050 : 45;
46 902 : 67.

765. 462 316 : 77;   319 275 : 84;   163 272 : 18;   488 793 : 96;
136 157 : 17.

766. 7356 : 210;   15 408 : 321;   23 718 : 402;   42 354 : 543;
13 216 : 224.

767. 205 875 : 305;   412 566 : 462;   413 184 : 538;
181 170 : 915;   2 769 904 : 743.

768. 259 316 : 876
371 598 : 960
134 276 : 152
161 607 : 176
218 805 : 298

769. 171 879 : 187
455 368 : 589
263 257 : 377
735 941 : 879
105 607 : 178

770. 414 261 : 687,   70 242 : 509;   202 879 : 294;
2 980 917 : 992;   1 141 203 : 188.

771. 175 305 : 2015
2 430 456 : 3108
1 677 247 : 5291
3 922 716 : 4182
3 513 896 : 5308

772. 3 054 996 : 3402
4 183 002 : 5738
2 328 023 : 6709
4 757 346 : 8009
3 103 128 : 7860

773. 270 386 : 2786
507 392 : 5897
1 036 893 : 3729
3 283 517 : 6090
3 860 176 : 7781

774. 1 016 098 : 1305
1 244 950 : 1483
1 020 978 : 1784
1 343 092 : 1583
11 374 095 : 1948

775. 2 325 771 : 3857
1 324 440 : 1698
11 387 691 : 1897
24 045 600 : 2796
9 123 680 : 1796

776. 8 151 496 : 2709
28 327 095 : 5587
48 324 167 : 6895
19 551 083 : 4778
61 326 768 : 8759

Dividende et diviseur terminés par des zéros.

777. 7 600 : 200
27 300 : 350
3 819 000 : 6700
4 088 500 : 56 000
376 200 : 180

2 177 800 : 3690
57 564 000 : 7800
963 300 : 190
72 249 000 : 8600
8 226 490 : 90 700

778. On échange un billet de 100 francs contre des pièces de
5 francs et un billet de 50 francs contre des pièces de 2 francs. Combien aura-t-on de pièces de chaque sorte?

779. Un ouvrier économe dépose chaque semaine 2 francs à la caisse d'épargne. Au bout de combien de semaines aura-t-il économisé 1560 francs?

780. Une voiture est chargée de 26 quintaux de foin en bottes de 5 kilogrammes. Combien y a-t-il de bottes?

781. Une personne disposant d'une somme de 500 francs veut faire un voyage circulaire. Elle compte dépenser en moyenne 9 francs par jour à l'hôtel. Combien de jours durera son voyage si elle estime que les frais de chemin de fer et d'excursions s'élèvent à 230 francs?

782. Combien de semaines dans 1460 jours?

783. Combien d'heures dans 3000 minutes?

784. Une avenue de 2 kilomètres de long est plantée de 4 rangées d'arbres espacés de 8 en 8 mètres. Combien y a-t-il d'arbres dans chaque rangée? dans toute l'avenue?

785. Combien de lieues de 4 kilomètres dans le tour de la terre qui a 40 millions de mètres? Combien y a-t-il de lieues du pôle nord au pôle sud? D'un pôle à l'équateur?

786. Une famille boit environ 9 litres de vin par semaine. Combien de temps mettra-t-elle à consommer une pièce de vin de 220 litres sachant qu'il y a 4 litres de vin trouble qui ne peuvent être utilisés?

787. 9 mètres de drap ont coûté 117 francs. Combien aurait-on payé si on avait acheté 1 mètre de plus?

788. Un chapelier achète ses chapeaux 9 francs et les revend 12 francs. Combien en a-t-il vendu, s'il a réalisé un bénéfice de 165 francs?

789. Les roues d'une voiture ont 3 mètres de circonférence. Combien font-elles de tours dans un parcours de $3^{km},72$?

790. On a employé 12 mètres de toile pour faire 4 chemises. Combien pourrait-on faire de chemises avec 3 pièces de chacune 65 mètres?

791. Que devra-t-on revendre une marchandise qui a coûté 126 francs si l'on veut gagner le sixième du prix d'achat?

792. Un oncle laisse la moitié de sa fortune à ses 3 neveux et l'autre moitié à ses 2 nièces. Quelle sera la part de chaque parent si la fortune est estimée 115 800 francs?

793. Un marchand a payé 9 mètres d'étoffe pour 85 francs. Combien devra-t-il revendre le mètre pour gagner 32 francs sur le tout?

794. Un train doit parcourir 315 kilomètres en 7 heures. Pendant les 4 premières heures il a fait 186 kilomètres. Combien doit-il parcourir pendant chacune des 3 dernières heures?

795. Un piéton qui fait 4260 mètres dans une heure a parcouru un trajet en 5 heures. Une autre fois, en se pressant, il a fait le même parcours en 4 heures. Combien a-t-il parcouru par heure la 2ᵉ fois?

796. Un employé qui gagne 5000 francs par an veut économiser 620 francs. Combien peut-il dépenser par mois? Par jour?

797. Un commerçant reçoit 25 paniers contenant chacun 120 huîtres qu'il revend 1 franc la douzaine. Combien recevra-t-il?

798. Un touriste a parcouru 3900 mètres en 50 minutes et un de ses amis a fait 3555 mètres en 3 quarts d'heure. Quel est celui qui marche le plus vite?

799. 4 pièces de toile de chacune 58 mètres ont été payées 696 francs. Combien coûte le mètre?

800. Une personne achète une bicyclette pour 290 francs. Elle donne 80 francs comptant et convient de payer le reste par versements mensuels de 15 francs. Combien mettra-t-elle de temps à s'acquitter?

801. Un train, qui fait 68 kilomètres à l'heure, doit franchir une distance de 476 kilomètres. A quelle heure doit-il arriver s'il part à 10 heures du soir?

802. Deux dames se partagent une pièce d'étoffe qu'elles ont payée 196 francs. La première en prend 15 mètres et la deuxième les 13 mètres qui restent. Combien coûte le mètre d'étoffe? Quelle somme chacune doit-elle verser?

803. Pour faire un habit on m'offre du drap qui vaut 96 francs les 8 mètres et de la doublure qui coûte 45 francs les 15 mètres. J'achète 3 mètres de chaque étoffe. Combien dois-je payer?

804. Un fermier revend 1 470 francs 35 moutons qu'il avait payés 1 190 francs. Que gagne-t-il sur chaque mouton?

805. En revendant 59 hectolitres de blé pour 944 francs, un commerçant fait un bénéfice de 177 francs. Combien avait-il payé chaque hectolitre?

806. 28 sacs d'avoine, pesant chacun 75 kilogrammes, ont été vendus 336 francs. Trouver le prix du quintal? Le prix d'un sac?

807. Un robinet, qui donne 25 litres à la minute, a rempli un bassin en 48 minutes. Combien de temps un autre robinet, qui donne 30 litres à la minute, mettrait-il à remplir un bassin de même contenance?

808. Une personne, qui disposait d'une somme de 1 000 francs, a acheté 5 hectolitres de vin rouge à 65 francs l'hectolitre et du vin blanc à 75 francs l'hectolitre. Combien a-t-elle acheté d'hectolitres de vin blanc?

809. Deux ouvriers ont fait un ouvrage pour lequel ils ont reçu 190 francs. Que revient-il à chacun, le premier ayant travaillé 21 jours et l'autre 17 jours?

810. On a récolté 572 gerbes de blé qui ont fourni 22 hectolitres de grain pesant 78 kilogrammes l'hectolitre. Quel est le poids du blé produit par une gerbe?

811. Une fontaine fournit 390 hectolitres d'eau en 15 heures; une autre 324 hectolitres en 18 heures. On demande combien ces deux fontaines, coulant ensemble, mettront d'heures pour remplir un bassin de 1540 hectolitres?

812. La somme de deux nombres est 428, leur différence 24. Quels sont ces nombres?

813. Trois associés ont acheté une maison 45 780 francs. En la revendant, ils ont touché chacun 17 195 francs. Combien chacun d'eux a-t-il gagné?

814. Un entrepreneur, employant 21 ouvriers, à raison de 6 francs par jour, leur a payé 2 268 francs. Combien de jours les a-t-il employés?

815. Plusieurs associés ont gagné ensemble 124 285 francs et ils ont dû dépenser 45 490 francs. Ils ont fait ainsi chacun 1 751 francs de bénéfice. Combien étaient-ils d'associés?

816. On mélange 6 hectolitres de blé à 22 francs

9 hectolitres à 17 francs. Quel est le prix de l'hectolitre du mélange ?

817. Un tailleur confectionne 6 manteaux avec une pièce de drap qui lui a coûté 495 francs; combien doit-il vendre chaque manteau s'il veut gagner 465 francs sur la pièce de drap?

818. On veut former une somme de 945 francs avec un nombre égal de pièces de 5 francs et de pièces de 2 francs. Combien faut-il de pièces de chaque valeur?

819. Un vigneron a récolté 286 décalitres de vin qu'il veut mettre dans des fûts contenant 22 décalitres. Combien lui faudra-t-il de fûts? Quel sera le produit de sa récolte s'il vend ce vin 12 francs le double-décalitre ?

820. Un domestique qui est payé 900 francs par an quitte son service au bout de 7 mois. Que lui doit-on ?

821. En augmentant le produit de 2 nombres de 1012 on obtient 31 900. Sachant que l'un des nombres est 8, quel est l'autre ?

822. Un ouvrier qui a dépensé 1350 francs dans l'année a pu déposer chaque mois 15 francs à la caisse d'épargne. Sachant qu'il a travaillé 300 jours, on demande quel est son salaire par jour de travail?

823. Pour 336 francs on a eu autant de mètres de drap à 13 francs le mètre que de mètres de soie à 8 francs. Combien a-t-on acheté de mètres de chaque sorte?

824. Deux pièces d'étoffe à 7 francs le mètre ont coûté ensemble 581 francs. Quelle est la longueur de la deuxième si la première a 38 mètres ?

825. On a payé une somme de 182 francs avec un nombre égal de pièces de 5 francs et de 2 francs. Combien a-t-on donné de pièces de chaque sorte?

826. On a distribué 7200 cartouches à 4 bataillons de 450 soldats. Combien chaque soldat a-t-il reçu de cartouches ?

827. Un marchand de chevaux avait acheté pour 7800 francs de chevaux qu'il a revendus en réalisant un bénéfice total de 540 francs. Sachant que chaque cheval a été revendu 695 francs, combien y avait-il de chevaux?

828. Un négociant a acheté 162 hectolitres de vin pour 8100 francs: il a dû payer en outre 450 francs de transport et 81 francs de magasinage. Combien doit-il revendre l'hectolitre s'il veut gagner 1737 francs sur le tout?

EXERCICES ÉCRITS ET PROBLÈMES

NOMBRES DÉCIMAUX.

Effectuer les divisions suivantes et faire la preuve par 9 :

829. Trouver à 0,1 près le quotient de :

33 316 : 7;   182 910 : 36;   53 984 : 78;   94 715 : 176;
275 386 : 3709

830. Trouver à 0,01 près les quotients :

3380 : 9;   14 268 : 16;   22 903 : 58;   42 796 : 639;
802 905 : 8706.

831. Trouver à 0,001 près les quotients :

2948 : 13;   2546 : 37;   27 038 : 578;   81 237 : 954;
53 129 : 1857.

832. Trouver les quotients des divisions suivantes jusqu'aux millièmes :

7 : 8;   6 : 17;   5 : 23:   4 : 37;   3 : 117;   32 : 47;
24 : 78;   215 : 867.

833. Trouver les quotients *exacts* :

39,844 : 7;   12,555 : 15;   321,53 : 37;   657,272 : 679;
5535,2 : 187.

834. Trouver les quotients *exacts* :

40,026 : 0,7;   110,466 : 3,8;   2295,06 : 5,8:
176,244 : 0,19;   282,268 : 0,476.

835. Effectuer, jusqu'aux millièmes :

302,9 : 8;   1395,87 : 47;   458,765 : 769;
4930,5 : 837;   4185,39 : 5749.

836. Effectuer, jusqu'aux centièmes :

37 : 0,95;   149 : 7,6;   3 : 0,947;   589 : 1,87:
59 : 78,6.

837. Effectuer, jusqu'aux millièmes :

47,9 : 0,97;   7574,8 : 1,29;   7300,54 : 7,589;
6478,39 : 8,76;   4,35 : 8,977.

838. Calculer avec *un* chiffre décimal les quotients et donner les restes exacts des divisions suivantes :

4834 par 789; 78 561 par 234; 69 005 par 385; 7 246 866 par 4859; 20 045 217 par 671; 1 000 000 par 378.

839. Calculer avec *deux* chiffres décimaux les quotients et donner les restes exacts des divisions suivantes :

495 par 23; 2 875 par 37; 889 par 763; 6 000 000 par 999; 13 843 567 par 8649.

840. Calculer avec *trois* chiffres décimaux les quotients et donner les restes exacts des divisions suivantes :

45 par 42; 281 par 92; 457 par 308; 13 849 par 765; 28 460 par 5614; 400 231 par 1365; 1000 par 789.

841. Effectuer les divisions suivantes avec un chiffre décimal au quotient et trouver les restes exacts :

453,3 : 7,5;   2842,7 : 3,6;   78,541 : 26,59;   4005,3 : 28,7.

842. Même exercice avec deux décimales au quotient :

22,45 : 0,12;   2,43 : 0,07;   8456,09 : 2,41   1442,4 : 98,63;
16,5 : 42;   458 : 0,07;   139,42 : 8756;   179,45 : 13;
0,07 : 0,004;   0,422 : 0,8;   216 : 0,25.

843. On partage 17 francs entre 5 personnes. Combien chacune recevra-t-elle de francs et de centimes ?

844. 15 mètres de drap ont coûté 48 francs. Combien coûte exactement un mètre ?

845. On coupe une ficelle de 12 mètres de long en 8 morceaux de même longueur. Quelle est la longueur de chaque morceau?

846. Un escalier de 120 marches a 18 mètres de hauteur. Quelle est la hauteur de chaque marche?

847. Il faut $2^m,25$ de toile pour faire une blouse. Combien pourra-t-on faire de blouses avec une pièce de toile de 108 mètres?

848. On a payé $422^{fr},50$ pour l'achat de 4 pièces d'un vin estimé 48 francs l'hectolitre. Quelle est la contenance de chaque pièce?

849. A 100 litres de vin valant $57^{fr},60$, on ajoute 44 litres d'eau. Quelle est la valeur d'un litre du mélange?

850. Un épicier a acheté 12 pains de sucre pour $125^{fr},40$, à raison de $0^{fr},95$ le kilogramme. Quel est le poids de chaque pain?

851. Un fût vide pèse $18^{kg},345$; plein d'huile il pèse $125^{kg},4$. Quelle est sa contenance si le litre d'huile pèse $0^{kg},915$?

852. Un employé a gagné pendant le mois de mars 180 francs; il a économisé $48^{fr},25$. Combien a-t-il dépensé par jour?

853. On a acheté pour $441^{fr},75$ deux coupons de drap de même qualité à $15^{fr},05$ le mètre. L'un de ces coupons a une longueur de $11^m,30$. Quelle est la longueur de l'autre?

854. Deux ouvriers ont reçu, le premier $70^{fr},20$ pour 12 journées de 9 heures chacune et le second, $127^{fr},50$ pour 15 journées de 10 heures. Combien l'un gagne-t-il de plus que l'autre par heure?

855. On a acheté pour $157^{fr},50$ de toile à $2^{fr},50$ le mètre. Combien pourra-t-on avec cette toile confectionner de chemises, sachant qu'il en faut $3^m,50$ pour une chemise?

856. On a tiré le vin d'une barrique de 225 litres dans des bouteilles de $0^l,75$. A combien revient chaque bouteille de ce vin si la barrique a coûté 150 francs?

857. Une lingère achète 4 pièces de toile mesurant chacune $39^m,94$ à $0^{fr},95$ le mètre. Elle en fait des chemises qui exigent chacune $3^m,5$ de toile. On demande : 1° combien elle fera de chemises; 2° le prix de revient d'une chemise.

858. Combien faut-il de seaux d'eau de $1^l,25$ de capacité pour remplir un bassin de 935 litres?

859. Le cent de bouteilles valant $25^{fr},05$, combien paiera-t-on pour l'achat de 144 bouteilles?

860. Un marchand mélange 100 litres de vin à $0^{fr},55$ le litre avec 50 litres de vin à $0^{fr},70$. A combien revient le litre du mélange?

861. Un marchand achète 145 mètres de drap à raison de $16^{fr},50$; il veut, en le revendant, réaliser un bénéfice de $181^{fr},25$. Combien doit-il revendre le mètre?

862. Une personne achète 65 mètres de calicot à $0^{fr},95$ le mètre et $7^m,50$ de drap; après avoir donné en paiement 2 billets de 100 francs, on lui rend $40^{fr},75$. Quel est le prix du mètre de drap?

863. Un marchand a reçu 5 pièces de vin de 228 litres chacune; le prix total d'achat est de 632 francs et le transport lui a coûté $40^{fr},60$. A combien lui revient le litre?

864. On a acheté 50 pièces de drap de même longueur et de même qualité à raison de $15^{fr},25$ le mètre. En revendant ce drap $17^{fr},20$

le mètre, on a réalisé un bénéfice total de 2632ᶠʳ,50. Quelle est la longueur de chaque pièce?

865. Deux ouvriers ont travaillé ensemble pendant 18 jours et ont reçu 139ᶠʳ,50; le premier gagnait 4ᶠʳ,25 par jour. Quel a été le gain journalier du second?

866. Une pièce de toile qui valait 81 francs ne vaut plus que 47ᶠʳ,25 lorsqu'on a prélevé 15 mètres. Quelle était la longueur de la pièce?

867. Un ouvrier dépense 1ᶠʳ,75 par jour; il travaille 300 jours par an et économise ainsi annuellement 411ᶠʳ,25. Quel est son gain par jour?

868. Une personne gagne 180 francs par mois et elle veut économiser 882ᶠʳ,50 par an. Combien pourra-t-elle dépenser par jour, l'année étant de 365 jours?

869. 3ᵐ,40 d'étoffe ont coûté 12ᶠʳ,75. Quel est le prix du mètre?

870. Un sac de noix est vendu à raison de 0ᶠʳ,15 la douzaine. Combien le sac contient-il de noix si on l'a payé 32ᶠʳ,25?

871. On a acheté 300 oranges à raison de 1ᶠʳ,25 la douzaine. Quel bénéfice réalisera-t-on si on revend chaque orange 0ᶠʳ,15?

872. Un marchand des halles achète 15 paniers contenant chacun 260 pommes pour 117 francs. A combien lui revient une pomme?

873. Un débitant achète une pièce de 223 litres de vin pour 92ᶠʳ,50. Combien devra-t-il revendre le litre pour faire un bénéfice de 52ᶠʳ,45?

874. On met en bouteilles du vin qui coûte 0ᶠʳ,70 le litre. A combien revient une bouteille si 4 bouteilles contiennent 3 litres?

875. Si je gagnais 32ᶠʳ,50 de plus dans l'année, je pourrais dépenser 3500 francs. Quel est mon gain journalier?

876. On revend 104ᶠʳ,25 un coupon de drap de 7ᵐ,50 qui avait coûté 84 francs. Que gagne-t-on par mètre?

877. Un fermier doit à un ouvrier 36 jours de travail à 4ᶠʳ,25. Il veut s'acquitter en lui donnant du blé estimé 7ᶠʳ,50 le décalitre. Quelle quantité de blé devra-t-il remettre à cet ouvrier?

878. On m'a fourni d'abord 40 litres, puis 35 litres et enfin 52 litres de vin. La facture de ces 3 livraisons s'élevant à 82ᶠʳ,55, combien coûte le litre de vin?

879. Trois sacs d'avoine, le 1ᵉʳ de 75ᵏᵍ,2, le 2ᵉ de 74ᵏᵍ,7 et le 3ᵉ de 75ᵏᵍ,6 ont été payés 36 francs. A combien revient le quintal d'avoine.

880. Une dame achète dans un magasin un vêtement de 98ᶠʳ,75 et 7ᵐ,50 d'étoffe. Elle donne en tout 165ᶠʳ,50. Quel est le prix du mètre d'étoffe?

881. Un marchand achète du drap qu'il paye 56ᶠʳ,25 le coupon de 9 mètres. Sachant qu'il revend 7ᶠʳ,15 le mètre de cette étoffe, dire combien il en avait acheté de mètres s'il fait un bénéfice de 32ᶠʳ,85?

PROBLÈMES

196. — Principes. — Voici quelques principes à retenir pour faciliter le raisonnement des problèmes. On fait :

Une **addition**, *chaque fois qu'on veut réunir plusieurs nombres en un seul.*

Une **soustraction**, *quand on veut trouver un reste ou une différence.*

Une **multiplication**, *quand on répète plusieurs fois le même nombre.*

Une **division**, *quand on partage un nombre en plusieurs parties égales, ou encore quand on cherche combien de fois un nombre est contenu dans un autre.*

197. — Prix d'une marchandise.

EXEMPLE I. — **1** *cahier coûte* **2** *sous. Que coûtent* **6** *cahiers?*

Pour avoir **6** cahiers on donne **6** fois **2** sous; donc les **6** cahiers coûtent **6** fois **2** sous ou **12** sous.

EXEMPLE II. — **1** *mètre de drap coûte* **4** *francs. Que coûtent* **7** *mètres du même drap?*

Pour chaque mètre de drap on paie **4** francs. Pour avoir **7** mètres de drap on paiera **7** fois **4** francs ou **28** francs.

EXEMPLE III. — **1** *kilogramme de viande coûte* **1**ᶠ,**20**. *Que coûtent* **8** *kilogrammes?*

Pour chaque kilogramme on paie **1**ᶠ.**20**; par suite, pour **8** kilogrammes on paiera **8** fois **1**ᶠ,**20** ou

$$1^f,20 \times 8 = 9^f,60.$$

Ces exemples mettent en évidence le fait suivant :

198. — *Le prix d'une certaine quantité de marchandises s'obtient en* **multipliant le prix de l'unité par le** **nombre** *des unités.*

Ainsi, dans l'exemple 1, l'*unité* est le cahier, le prix de l'*unité* est **2** sous. Le *nombre* des cahiers est **6**. Le prix des **6** cahiers est **2 × 6**.

Voici un tableau qui résume ceci :

	PRIX DE L'UNITÉ	NOMBRE DES UNITÉS	PRIX TOTAL
Cahier. . . .	**2** *sous*	**6** cahiers	**2 × 6 = 12** *sous*
Mètre de drap	**4** *francs*	**7** mètres	**4 × 7 = 28** *francs*
Kilogramme de viande .	**1ᶠ,20**	**8** kilogr.	**1,20 × 8 = 9ᶠ,60**

199. — **Prix de l'unité.** — Inversement, connaissant le prix de plusieurs unités, on peut chercher le prix de *une* unité.

EXEMPLE 1. — **5** *exemplaires d'un même ouvrage ont coûté* **15** *francs. Que coûte* **1** *exemplaire?*

Puisque tous les exemplaires coûtent le même prix, pour avoir le prix de **1** exemplaire, on devra partager les **15** francs en **5** parts égales, c'est-à-dire *diviser* **15** par **5**.

1 exemplaire coûte donc **15 : 5 = 3** *francs.*

EXEMPLE II. — **25** *mètres de ruban ont coûté* **2ᶠ,50**. *Que coûte* **1** *mètre de ce ruban?*

Puisque pour chaque mètre de ruban on a payé le même prix, on obtiendra le prix de **1** mètre en partageant **2ᶠ,50** en **25** parts égales, c'est-à-dire en *divisant* **2ᶠ,50** par **25**.

1 mètre coûte donc **2,50 : 25 = 0ᶠ,10** ou **10** *centimes.*

EXEMPLE III. — **6** *kilogrammes de viande ont coûté* **5ᶠ,40**. *Que coûte* **1** *kilogramme?*

Puisque pour chaque kilogramme il faut payer le même prix, on obtiendra le prix du kilogramme en partageant **5ᶠ,40** en **6** parties égales, c'est-à-dire en *divisant* **5,40** par **6**.

1 kilogramme coûte donc **5,40 : 6 = 0ᶠ,90** ou **90** *centimes.*

Ces exemples mettent en évidence la règle suivante :

200. — *Pour avoir le prix de l'***unité***, on divise le* **prix** *de plusieurs unités par le* **nombre** *des unités.*

Ceci se résume dans le tableau que voici :

	NOMBRE	PRIX TOTAL	PRIX DE L'UNITÉ
Ouvrages . . .	5	15 francs	15 : 5 = 3 francs
Mètres de ru- ban	25	2ᶠʳ,50	2,50 : 25 = 0ᶠʳ,10
Kilogrammes de viande. .	6	5ᶠʳ,40	5,40 : 6 = 0ᶠʳ,90

201. — **Salaires.** — Le *salaire* d'un ouvrier est la somme d'argent qu'il reçoit pour le travail qu'il a fait. Quand il s'agit d'un employé, on dit souvent les *appointements* ou le *traitement* au lieu de *salaire*.

Les appointements des employés et fonctionnaires de l'État sont payés *tous les mois*.

Ainsi, si on dit que les appointements d'un employé sont de **240** francs par mois, cela veut dire que tous les mois on lui paie **240** francs pour le travail qu'il a fait.

Dans le commerce, les appointements des employés sont généralement payés *toutes les semaines*. Dans l'industrie ou l'agriculture, on paie les ouvriers soit *à la journée*, soit *à la tâche*.

Quand on paie un ouvrier à la tâche ou *aux pièces*, on lui paie une somme déterminée pour un travail, quel que soit le temps qu'il a passé à ce travail. Par exemple, un cordonnier paiera à son ouvrier **4** francs par paire de chaussures faite. Il donne à son ouvrier du cuir et il lui paie autant de fois **4** francs qu'il a fait de paires de chaussures.

EXEMPLE. — *Un ouvrier gagne **3ʳ,50** par jour, que gagne-t-il en **3** semaines, sachant qu'il travaille **6** jours par semaine?*

Dans **3** semaines l'ouvrier travaille **6 × 3 = 18** jours. Il gagne donc **18** fois **3ʳ,50** ou :

$$3^{r},50 \times 18 = 63 \; francs.$$

202. — Inversement, connaissant le salaire total d'un ouvrier, on pourra calculer son salaire journalier ou son salaire par pièce.

EXEMPLE. — *Une ouvrière, qui fait des robes pour un grand magasin, a reçu **54** francs pour la façon de **12** robes. Combien lui paie-t-on la façon d'une robe?*

Puisque pour chaque robe on paie le même prix de façon, on devra diviser **54** en **12** parties égales.

La façon d'une robe est de **54 : 12 = 4ʳ,50**.

On voit que :

On obtient le salaire par jour, par pièce, par semaine, etc..., en divisant le salaire total par le nombre des jours, des pièces, des semaines, etc....

203. — **Mouvement uniforme.** — Un piéton qui marche régulièrement sur une route fait toutes les heures **5** kilomètres. On dit que le piéton marche d'un mouvement *uniforme* et que sa **vitesse** est de **5** kilomètres à l'heure.

Un train qui roule sur une voie ferrée fait toutes les heures **50** kilomètres. Sa *vitesse* est de **50** kilomètres à l'heure.

Un bruit, un son produit dans un endroit, se transmet à travers l'air et il parcourt dans l'air **340** mètres toutes les secondes. On dit que le son se propage d'un mouvement uniforme à *la vitesse* de **340** mètres à la seconde.

204. — En résumé : *Un mouvement est* **uniforme** *lorsque les chemins parcourus dans des temps égaux sont égaux.*

Ainsi lorsqu'un mouvement est *uniforme*, si le chemin parcouru dans une minute est de **6** mètres, le chemin parcouru pendant la minute suivante devra encore être de **6** mètres, pendant la suivante également; et ainsi de suite.

Au contraire, si on laisse *tomber* un objet il parcourra pendant la première seconde environ **9**^{m},**80**; pendant la seconde suivante il parcourra **28**^{m},**40**; pendant la troisième seconde il parcourra **49** mètres et ainsi de suite. Le mouvement d'un objet qui tombe *n'est donc pas uniforme.*

205. — *On appelle* **vitesse** *d'un mouvement uniforme le chemin parcouru pendant l'unité de temps.*

Ainsi dire que la vitesse d'un train est de **53** kilomètres à l'heure, c'est dire que ce train parcourt **53** kilomètres pendant une heure.

206. — Problème. — *Un piéton marche pendant* **5** *heures, à la vitesse de* **4** *kilomètres et demi à l'heure. Quel chemin a-t-il parcouru?*

Puisque pendant *chaque* heure il fait **4**^{km} et demi ou **4**^{km},**5**, pendant **5** heures il fera

$$4^{km},5 \times 5 = 22^{km},5.$$

D'où la règle suivante :

On obtient le chemin parcouru dans un mouvement uniforme en multipliant la vitesse par le temps du parcours.

207. — Problème. — *De Paris à La Roche il y a* **155** *kilomètres. Un train rapide parti de Paris à* **9** *heures est arrivé à La Roche à* **11** *heures et demie. Quelle a été sa vitesse?*

Le train a mis **2** heures et demie ou **2ʰ,5** pour aller de Paris à La Roche. La vitesse multipliée par **2,5** donne pour produit **155**. Par suite, la vitesse s'obtiendra en divisant **155** par **2,5**.

Elle est donc :

$$155 : 2,5 = 62 \text{ kilomètres à l'heure.}$$

D'après cela on voit que :

On obtient la vitesse en divisant le chemin parcouru par le temps du parcours.

208. — PROBLÈME. — *Combien de temps mettra le bruit d'un coup de tonnerre pour arriver à l'oreille d'une personne qui est à **2** kilomètres de distance de l'endroit où la foudre a éclaté?*

Le son parcourt **340** mètres à la minute. Le bruit mettra donc autant de minutes à parcourir la distance que **340** mètres est contenu de fois dans **2** kilomètres ou **2000** mètres. Il faut donc *diviser* **2000** par **340**.

$$2000 \text{ mètres} : 340 = 5',88.$$

Le temps est de **5** minutes et **88** centièmes de minute.

Il résulte de là que :

On obtient le temps d'un parcours en divisant la longueur du parcours par la vitesse.

Il faut avoir soin d'exprimer la longueur du parcours et la vitesse avec la même unité.

209. — **Vente, achat, bénéfice.** — Le prix de *vente* est la somme reçue par un commerçant quand il livre la marchandise aux clients.

Le prix d'*achat* est la somme qu'il débourse pour avoir cette marchandise.

Le *bénéfice* est le gain qu'il fait en revendant les marchandises plus cher qu'il ne les a achetées.

Au contraire, lorsqu'on vend les marchandises moins cher qu'on ne les a achetées, il y a *perte*.

En général, la recherche d'une de ces trois quantités nécessite la connaissance des deux autres.

210. — EXEMPLE I. — **Vente**. — *Un commerçant achète 64 mètres de drap à 8 francs le mètre. Combien devra-t-il revendre chaque mètre pour faire un bénéfice total de 80 francs?*

Le prix d'**achat** d'un mètre est de **8** francs.
Le **bénéfice** sur un mètre est de :
$$80 \text{ francs} : 64 = 1^{\text{r}},25.$$
Le prix de **vente** d'un mètre sera égal au prix d'achat **8** francs plus le bénéfice **1ʳ,25**, ce qui fait **9ʳ,25**.

211 — EXEMPLE II. — **Achat**. — *En revendant au détail un fût de 220 litres de vin un commerçant a reçu 121 francs et a réalisé ainsi un bénéfice de 0ʳ,15 par litre. Combien a-t-il acheté le fût entier?*

Prix de **vente** total $= $ **121** francs.
Le **bénéfice** total est de : $0^{\text{r}},15 \times 220 = 33$ francs.
Le prix d'**achat** sera égal au prix de vente de **121** francs moins le bénéfice **33** francs, ce qui fait **88** francs.

212. — EXEMPLE III. — **Bénéfice**. — *Un faïencier achète 300 vases à raison de 30 francs la douzaine. Il casse 9 de ces vases en les déballant. Quel bénéfice pourra-t-il réaliser s'il parvient à revendre les autres 3 francs la pièce?*

Nombre de douzaines achetées : $300 : 12 = 25$ douzaines.
Prix d'**achat** total : $30 \text{ francs} \times 25 = 750$ francs.
Nombre de vases revendus : $300 - 9 = 291$.
Prix de **vente** total : $3 \text{ francs} \times 291 = 873$ francs.
Le **bénéfice** sera égal au prix de vente **873** francs moins le prix d'achat **750** francs, ce qui fait **123** francs.

213. — D'où les règles suivantes :
$$\textbf{vente} = \textbf{achat} + \textbf{bénéfice}.$$
$$\textbf{achat} = \textbf{vente} - \textbf{bénéfice}.$$
$$\textbf{bénéfice} = \textbf{vente} - \textbf{achat}.$$

214. — **Échanges**. — En général, les marchandises échangées ont *la même valeur*. Si leur le total diffère, on égalise leur valeur avec une somme d'argent égale à cette différence de prix.

Donc, en recherchant le prix total de la marchandise livrée, on obtiendra en même temps la valeur de celle qui est donnée en échange, et réciproquement.

EXEMPLE I. — *Un vigneron échange 3 fûts, de chacun 110 litres de vin, à 40 francs l'hectolitre, contre du cognac qui vaut 6 francs le litre. Combien recevra-t-il de litres de cognac?*

La contenance des 3 fûts est :

$$110 \text{ litres} \times 3 = 330 \text{ litres ou } 3^{hl},3.$$

Valeur du vin : 40 francs $\times 3,3 = 132$ francs.

Cette somme de 132 francs étant aussi la valeur du cognac, le vigneron recevra autant de litres que 6 francs est contenu de fois dans 132 francs.

Or :

$$132 : 6 = 22.$$

Il recevra 22 litres de cognac.

EXEMPLE II. — *Un cultivateur reçoit de son voisin, en échange de 12 hectolitres de blé, valant 15ᶠ,60 l'hectolitre, 500 bottes de foin, pesant chacune 5 kilogrammes, à 7 francs le quintal. Quel est celui qui redoit à l'autre, et combien?*

Valeur du blé : 15ᶠ,60 $\times 12 = 187^f,20$.

Le foin pèse 5ᵏ $\times 500 = 2500^k$ ou 25 quintaux.

Valeur du foin : 7ᶠ $\times 25 = 175$ francs.

Le cultivateur qui a livré le foin doit donner en plus une somme de 187ᶠ,20 — 175ᶠ = 12ᶠ,20.

215. — **Marchandises vendues à tant la dizaine, le cent, etc.** — Il suffit de calculer le prix de l'unité.

EXEMPLE. — *On achète dans une tuilerie 6750 tuiles à 30 francs le mille. Quelle somme doit-on?*

Le prix d'une tuile s'obtient en divisant 30 par 1000. C'est donc :

$$30 : 1000 = 0^f,03.$$

6750 tuiles coûtent donc :

$$0,03 \times 6750 = 202^{fr},50.$$

216. — Tant pour cent, pour mille. — Quand on fait un achat au *comptant*, c'est-à-dire quand on paie de suite la marchandise quand elle est livrée, on fait souvent une *remise* ou *rabais* sur le prix, c'est-à-dire qu'on diminue le prix.

Lorsqu'on dit qu'on fait une remise de 5 *pour cent*, ce qui s'écrit **5 %**, ceci veut dire qu'on diminue de **5** francs tout achat de **100** francs.

EXEMPLE. — *Un débitant achète* **3** *fûts de* **28** *litres de vin de Madère à raison de* **350** *francs l'hectolitre. Comme il paie comptant, on lui fait une remise de* **4** *pour* **100**. *Que doit-il payer?*

Les **3** fûts contiennent **28** × **3** = **84** litres ou **0**^{hl},**84**.
Le prix d'achat est de **350** × **0,84** = **294** francs.
Sur **100** francs on fait une remise de **4** francs.
Sur **1** franc on fait une remise de **4** : **100** = **0**^{fr},**04**.

Sur **294** francs on fait une remise de :

$$294 \times 0,04 = 11^{fr},76.$$

Le débitant devra payer :

$$294 \text{ francs} - 11^{fr},76 = 282^{fr},24.$$

217. — On voit qu'on calcule la remise ou rabais sur **1** *franc.* — *Elle est de :*

$$0^{fr},03 \text{ pour } 3 \text{ %,}$$
$$0^{fr},04 \text{ pour } 4 \text{ %,}$$
$$0^{fr},05 \text{ pour } 5 \text{ %,}$$
$$0^{fr},06 \text{ pour } 6 \text{ %,} \qquad \text{etc.....}$$

218. — De même un rabais de **3** francs pour *mille francs*, ce qui s'écrit **3 ‰**, donne un rabais de **0**^{fr},**003** pour **1** franc.

Sur **1** *franc, le rabais est de :*

$$0^{fr},002 \quad \text{pour} \quad 2 \text{ }^0/_{00},$$
$$0^{fr},003 \quad \text{pour} \quad 3 \text{ }^0/_{00},$$
$$0^{fr},004 \quad \text{pour} \quad 4 \text{ }^0/_{00}.$$

Il suffit de multiplier le rabais sur **1** franc par le total de l'achat.

219. — On emploie encore l'expression tant pour cent pour les pertes et bénéfices.

Dire que le bénéfice d'un commerçant est de **20** %, cela veut dire qu'il gagne **20** francs sur **100** francs de marchandises *vendues*. Sur **1** franc, il gagne donc **0**^{fr},**20**.

EXEMPLE. — *Un entrepreneur a vendu* **5 000** *briques à raison de* **40** *francs le mille. Il a fait un bénéfice de* **20** %. *Quel est son prix d'achat?*

Le prix de vente est de : $40 \times 5 = 200$ francs ;
Le bénéfice est de : $200 \times 0,20 = 40$ francs ;
Le prix d'achat est : **200** fr. — **40** fr. = **160** francs.

220. — L'État retient à ses fonctionnaires **5** % de leur traitement pour être versés à la caisse des retraites. Ces versements accumulés servent à fournir une retraite aux fonctionnaires lorsqu'ils ont cessé leur emploi.

EXEMPLE. — *Un employé qui gagne* **5 000** *francs laisse* **5** % *à la caisse des retraites. Quelle somme peut-il dépenser par an?*

5 000 fr. = **50** centaines de francs.

L'employé laisse donc à la caisse des retraites **5** francs par chaque centaine de francs ou **5** fr. $\times$ **50** = **250** fr.

Il lui reste à dépenser **5 000** fr. — **250** fr. = **4 750** fr.

221. — **Moyenne.** — On appelle *moyenne* de deux nombres leur somme divisée par **2** ; moyenne de trois nombres leur somme divisée par **3**, etc.

Exemple. — Dans une famille on a dépensé **285ᶠ,25** *en janvier,* **257ᶠ,40** *en février et* **264ᶠ,05** *en mars. Quelle est la dépense moyenne par mois de cette famille?*

Dans les **3** mois cette famille a dépensé

$$285^{fr},25 + 257^{fr},40 + 264^{fr},05 = 806^{fr},70.$$

La dépense moyenne par mois sera de

$$806^{fr},70 : 3 = 268^{fr},90.$$

222. — Mélanges. — Quand il s'agit seulement de chercher le *prix moyen* de l'unité d'un mélange et que l'on connaît la quantité et la valeur de chacune des substances qui le composent le problème est facile.

Il suffit de trouver la valeur totale du mélange et de diviser cette valeur par la somme des unités mélangées.

Exemple. — On mélange **120** *litres de vin à* **0ᶠ,45** *le litre avec* **105** *litres à* **0ᶠ,60**. *Quel est le prix d'un litre du mélange?*

Les **120** litres valent $0^{fr},45 \times 120 = 54^{fr}$.

Les **105**   » $0^{fr},60 \times 105 = 63^{fr}$.

Les **225** litres du mélange valent **117ᶠ**, et un seul litre vaudra **225** fois moins ou

$$117^{fr} : 225 = 0^{fr},52.$$

223. — Partages. — On a vu dans la division des nombres entiers et décimaux comment on peut partager un nombre en plusieurs parties *égales*. Mais il arrive souvent que l'on demande de faire des parts *inégales*. Les problèmes de ce genre sont très variés. En voici trois qui peuvent servir de modèles pour les combinaisons les plus simples.

224. — Premier cas. — Les parts sont proportionnelles à des nombres donnés.

EXEMPLE. — *Trois ouvriers, qui ont le même salaire quotidien, ont reçu ensemble* **182** *francs pour un travail. Quelle sera la part de chacun si le premier a travaillé* **18** *jours, le second* **13** *jours et le troisième* **21** *jours?*

Les trois ouvriers ont fait ensemble **18** jours + **13** jours + **21** jours = **52** jours de travail.

Chaque jour a été payé **182ᶠ** : **52** = **3ᶠ,50**.

La part du 1ᵉʳ sera de   **3ᶠ,50** × **18** = **63ᶠ**
    »   2ᵉ   »   **3ᶠ,50** × **13** = **45ᶠ,50**
    »   3ᵉ   »   **3ᶠ,50** × **21** = **73ᶠ,50**

Total preuve : **182ᶠ,00.**

225. — DEUXIÈME CAS. — Une des parts doit avoir *tant de plus* ou *de moins* que l'autre.

EXEMPLE. — *Partager* **25** *plumes entre deux élèves de manière que l'un en ait* **3** *de plus que l'autre?*

On enlève d'abord, du nombre à partager, la part qui fait la différence, puis on partage ce qui reste en portions égales.

On prend donc **3** plumes que l'on donne à l'élève qui doit les avoir en plus. Il en reste **22** dont la moitié est **11**.

L'un des élèves aura **11** plumes + **3** plumes ou **14** plumes et le second aura **11** plumes.

226. — TROISIÈME CAS. — Une des parts est *tant de fois plus petite* ou *plus grande* que l'autre.

EXEMPLE. — *Deux associés ont réuni leurs capitaux et ont fait un bénéfice total de* **25 600** *francs. Mais l'un avait apporté* **4** *fois plus que l'autre. Quelle sera la part de chacun d'eux dans les bénéfices?*

Puisque l'un a mis **4** fois plus que l'autre, sa part devra être **4** fois plus grande; autrement dit chaque fois que le premier recevra **4** fr., l'autre aura **1** franc sur un bénéfice de **5** francs.

Donc autant de fois **5** francs seront contenus dans **25 600** fr. autant de fois le premier aura **4** francs et le second **1** fr.

Or $25\,600 : 5 = 5120$.

La part du 1ᵉʳ sera de **5120** fois **4** fr. ou   **20 480** fr.

La part du 2ᵉ   —   **5120** fois **1** fr. ou   **5 120** fr.

Preuve :   **25 600** fr.

PROBLÈMES DE REVISION

SUR LES QUATRE RÈGLES

882. Un petit garçon calcule que s'il achète 8 oranges il lui reste 5 sous, mais s'il en prend 10 il lui manquera 1 sou. Quel est le prix d'une orange ? Combien le petit garçon avait-il de sous dans sa poche ?

883. Après avoir acheté 9 mètres d'étoffe, il me reste 2 francs et il me manque 1 franc pour acheter un mètre de plus. Quel était le prix du mètre d'étoffe et quelle somme avais-je avant mon achat ?

884. J'ai pensé un nombre, je l'ai quadruplé et en ajoutant 5 au résultat j'obtiens 25. Quel nombre ai-je pensé ?

885. La différence entre le double et le triple d'un nombre est 15. Quel est ce nombre ?

886. En jouant aux billes j'en perds d'abord 7, puis la moitié de ce qui me restait. Combien de billes avais-je avant de jouer, sachant que j'en ai encore 19 après le jeu ?

887. La différence entre le double et le quadruple d'un nombre est 28. Quel est ce nombre ?

888. Une personne comptait faire un voyage d'excursion de 18 jours en dépensant 15 francs par jour ; mais elle s'aperçoit que ses dépenses s'élèvent en moyenne à 18 francs. Combien durera son voyage avec la somme qu'elle s'était proposée de dépenser ?

889. Un élève avait le matin un certain nombre de bons points. Avec ceux qu'il gagne dans la matinée cela lui en fait 9. L'après-midi il en gagne autant que le matin et cela lui en fait alors 13. Combien avait-il de bons points le matin ?

890. Trois frères additionnent le nombre de leurs années et trouvent le nombre, 44 : Quel est l'âge de chacun d'eux si l'aîné a 2 ans de plus que le cadet et celui-ci 3 ans de plus que le plus jeune ?

891. André et René ont ensemble 16 billes ; René et Jacques ont ensemble 21 billes ; et en ajoutant celles de Jacques avec celles d'André on a 19 billes. Combien de billes ont-ils chacun ?

892. Un fermier vend 6 bœufs à raison de 660 francs chacun et, avec le produit de cette vente, il achète des moutons valant 60 francs l'un. Combien a-t-il eu de moutons ?

893. Un marchand revend 16 francs le mètre du drap qui lui a coûté 13 francs le mètre ; il gagne ainsi 63 francs sur un coupon. Quelle est la longueur de ce coupon ?

894. Une première personne achète 4 pièces de vin ; une seconde en achète 6 pièces de la même qualité et paie 300 francs de plus que la première. Calculer le prix d'une pièce de vin et la somme payée par chacun des acheteurs?

895. Un employé gagne 1 800 francs par an; après le deuxième trimestre on l'augmente de 120 francs par an. Combien aura-t-il reçu dans toute son année? Combien gagnera-t-il par mois pendant l'année qui suivra son augmentation?

896. Un ouvrier gagne 1 200 francs par an. Quelle somme lui doit-on au bout de 8 mois de travail, sachant qu'il a déjà reçu 300 francs?

897. Partager une somme de 19960 francs entre 3 personnes de façon que la troisième ait autant à elle seule que les deux premières qui doivent avoir des parts égales?

898. On a partagé une somme de 400 francs entre 14 personnes et 6 de ces personnes ont eu chacune 48 francs. Quelle est la part de chacune des autres?

899. Un employé gagne 3 600 francs par an, mais on lui retient 24 francs par mois pour les verser à la caisse des retraites. Que touche-t-il effectivement par mois?

900. Une somme de 27 000 francs est partagée de la manière suivante : 3 personnes prennent la moitié de la somme et les 5 autres le reste. Quelle est la part de chacune?

901. Un père laisse en mourant 15 200 francs à chacun de ses enfants. L'un d'eux vient à mourir et sa part est divisée entre chacun des survivants. Sachant que chacun d'eux possède alors 19 000 francs, trouver la fortune du père et le nombre des enfants.

902. Un marchand a acheté 4 pièces de drap à raison de 17 francs le mètre pour 1 853 francs. La première contient 28 mètres, la seconde 24 mètres et la troisième 30 mètres. Combien en contient la quatrième?

903. Une fontaine donne 360 litres d'eau en 8 minutes; une autre en donne 210 litres en 5 minutes. Combien ces deux fontaines coulant ensemble fournissent-elles d'eau : 1° en une minute; 2° en 15 minutes?

904. Un négociant fait un mélange de 16 hectolitres de vin à 45 francs l'hectolitre et de 24 hectolitres d'un autre vin à 60 francs. Que doit-il revendre l'hectolitre du mélange pour gagner 240 francs sur le tout?

905. On mélange 15 hectolitres de vin à 68 francs l'hectolitre avec 6 hectolitres de vin à 75 francs l'hectolitre. Quel est le prix de revient du litre de mélange?

906. Un marchand revend à raison de 15 francs le mètre un coupon de velours qu'il avait acheté 52 francs les 4 mètres et il gagne 40 francs à ce marché. Calculer la longueur du coupon vendu?

907. On achète du drap à 208 francs les 16 mètres et on l'a revendu 240 francs les 15 mètres. La vente totale a produit 342 francs de bénéfice. Combien de mètres de drap a-t-on revendus?

908. Combien mettrait-on de jours pour aller à pied de Paris à Bordeaux, sachant que la distance de ces 2 villes est de 145 lieues de 4 kilomètres, et en supposant qu'on fasse régulièrement 29 kilomètres par jour?

909. Pour 810 francs on a acheté un certain nombre de mètres de drap ; on en aurait eu 6 mètres de plus pour 918 francs. Combien de mètres a-t-on achetés et quel est le prix du mètre ?

910. Un hectolitre de blé pèse 80 kilogrammes. Quel est le poids du blé récolté dans un champ qui a produit 3 942 gerbes, sachant qu'il faut 18 gerbes pour avoir un hectolitre de blé ?

911. 100 kilogrammes de blé fournissent 75 kilogrammes de farine. Quel sera le rendement en farine de 48 sacs de blé pesant 150 kilogrammes ?

912. Un ouvrier a 821 mètres d'ouvrage à faire en 40 jours. Les 17 premiers jours il a fait en moyenne 28 mètres par jour. Quelle quantité de mètres doit-il faire par jour pour achever son travail à l'époque fixée ?

913. Deux caisses d'oranges en contiennent, la première 825 et la seconde 437. Combien faut-il en prendre de la première pour qu'en les plaçant dans la seconde les deux caisses en contiennent le même nombre ?

914. Une personne place 5 francs à la caisse d'épargne chaque fois qu'elle a gagné 60 francs. Combien aura-t-elle placé ainsi quand elle aura gagné 3 000 francs ?

915. Un marchand avait une pièce de drap de 25 mètres ; il en a déjà vendu pour 270 francs. Combien lui en reste-t-il s'il a vendu le mètre 18 francs ?

916. On a acheté 18 mètres de drap et 25 mètres de mousseline pour 460 francs. Quel est le prix du mètre de drap et du mètre de mousseline, sachant qu'un mètre de drap vaut 5 mètres de mousseline ?

917. On a acheté de l'étoffe pour 810 francs. Combien en a-t-on eu de mètres, sachant que pour 6 mètres de moins on n'aurait payé que 702 francs ?

918. Un bijoutier achète 4 montres en or et 5 montres en argent pour 1 350 francs. S'il avait acheté une montre en argent en plus il aurait payé 1 420 francs. Quel est le prix d'une montre de chaque sorte.

919. Un père et son fils ont fait chacun 25 jours de travail pour lesquels ils ont reçu en tout 262 ᶠʳ,50. Combien chacun gagne-t-il par jour si le salaire du père est le double de celui du fils ?

920. Un employé qui gagne 250 francs par mois veut économiser 445 francs dans l'année. Que peut-il dépenser par jour ?

921. Un épicier a payé 120 francs pour 35 litres de cognac. Quel sera son bénéfice total s'il revend ce cognac à raison de 4 ᶠʳ,50 le litre ?

922. On achète 29ᵐ,35 d'étoffe à 5 ᶠʳ,80 le mètre que l'on revend 6 ᶠʳ,50. Quel est le bénéfice ?

923. Un fermier achète 12 agneaux et 5 porcs pour une somme totale de 482 francs. Quel est le prix d'un porc si chaque agneau coûte 16 francs ?

924. Un commerçant achète 58 mètres de soie à 6 ᶠʳ,75 le mètre et 39 mètres d'une autre soie à 6 ᶠʳ,50. Il revend le tout à un prix unique de manière à réaliser un bénéfice total de 121 ᶠʳ,30. Quel est le prix de vente d'un mètre ?

925. Un commerçant avait 105 mètres d'étoffe. Il en a revendu 82 mètres à 6 francs et le reste à 5^{fr},60. Combien lui avait coûté toute l'étoffe s'il a fait un bénéfice total de 106^{fr},30? Combien lui avait coûté un mètre?

926. Un champ a produit 450 gerbes d'avoine. Calculer le prix de la récolte en grain si 25 gerbes donnent en moyenne 1 sac de grain de 100 kilogrammes vendu 16 francs le quintal?

927. Un Normand a récolté 220 hectolitres de pommes. Il en vend la moitié à raison de 3^{fr},50 le demi-hectolitre et fait, avec le reste, du cidre qu'il vend 0^{fr},30 le litre. Calculer le rapport du verger si 1 hectolitre de pommes donne 30 litres de cidre?

928. Un libraire achète 5 douzaines de volumes à 2^{fr},50 le volume. Il reçoit 13 volumes à la douzaine et revend chaque volume 3 francs. Quel sera son bénéfice total?

929. Que gagne-t-on en revendant 0^{fr},65 le kilogramme 9 pains de sucre pesant chacun 8^{kg},5 que l'on avait payés 44^{fr},50?

930. Sachant qu'un hectolitre de lait fournit environ 3 kilogrammes et demi de beurre, trouver le poids et la valeur du beurre que peut fabriquer en une semaine une fermière qui possède 24 vaches donnant chacune 12 litres de lait par jour? Le beurre est vendu 2 francs le demi-kilogramme?

931. Un employé qui a un traitement de 4 200 francs par an laisse le vingtième pour la caisse des retraites. Combien reçoit-il par mois?

932. Un ouvrier gagne 5 francs par jour de travail et dépense en moyenne 3^{fr},75 tous les jours. Au bout de combien de semaines aura-t-il pu économiser 195 francs s'il ne travaille pas le dimanche?

933. J'achète 30 mètres de toile pour 75 francs. J'en revends le quart avec 7^{fr},50 de perte. Combien dois-je revendre le mètre du reste pour ne rien perdre ni gagner?

934. Un ouvrier a pu économiser 264 francs en 3 ans. Sachant qu'il a travaillé 300 jours par an et qu'il dépense en moyenne 2^{fr},80 par jour, trouver ce qu'il gagne par jour de travail?

935. Un cultivateur échange 38 hectolitres de blé à 15^{fr},75 l'hectolitre contre de l'avoine qui vaut 8^{fr},75 l'hectolitre. Combien recevra-t-il d'hectolitres d'avoine?

936. On échange 7 billets de 50 francs et 3 pièces de 20 francs contre des pièces de 5 francs. Combien aura-t-on de pièces?

937. Une pièce d'étoffe de 58 mètres a été payée 7^{fr},25 le mètre. On en vend 37^m,5 à 8 francs et le reste à 7^{fr},90. Quel sera le bénéfice?

938. Un tonneau de vin de 224 litres a été acheté à raison de 69 francs l'hectolitre, puis vendu en bouteilles de 0^l,80 à raison de 0^{fr},75 la bouteille. Qu'a-t-on gagné en tout?

939. On a acheté 15 douzaines d'œufs à 0^{fr},90 la douzaine. Combien devra-t-on revendre chaque œuf pour faire un bénéfice total de 4^{fr},50. Que gagnera-t-on sur chaque douzaine?

940. Un cultivateur du pays d'Auge envoie à un vigneron de Cette 4 hectolitres de cidre à 75 centimes le double-litre et une motte de 18 kilogrammes de beurre à 1^{fr},75 le demi-kilogramme et lui demande en échange du vin valant 60 francs l'hectolitre. Combien de litres de ce vin le vigneron devra-t-il lui envoyer ?

941. 3 robinets donnent le 1ᵉʳ, 15 litres par minute, le 2ᵉ, 18 litres et le 3ᵉ, 17 litres. En combien de temps auront-ils rempli un bassin de 9 000 litres si on les laisse couler ensemble ?

942. En trois heures et quart une fontaine qui donne 35 litres en 7 minutes a rempli la moitié d'un bassin. Quelle est la contenance du bassin ?

943. Une source d'eau minérale fournit 145 litres par minute. Combien pourra-t-on remplir de bouteilles de 80 centilitres avec l'eau qu'elle débite en un jour ?

944. On mélange 125 litres de vin à 0ᶠʳ,68 avec 100 litres à 0ᶠʳ,50. A combien revient l'hectolitre du mélange ?

945. On a du vin à 0ᶠʳ,60 et à 0ᶠʳ,80. On remplit un fût de 225 litres en mettant 2 fois plus du premier vin que du second. A combien revient le fût entier ? le litre du mélange ?

946. Combien faut-il ajouter d'eau à 180 litres de vin à 0ᶠʳ,80 pour que le mélange ne revienne qu'à 0ᶠʳ,60 le litre ?

947. Un cultivateur devait 1 500 francs à son propriétaire. Il s'est acquitté en lui donnant 125 hectolitres de pommes à 3ᶠʳ,50 le demi-hectolitre et une certaine somme d'argent qu'il s'engage à verser en 4 paiements égaux. Quel sera le montant de chaque paiement ?

948. On achète une pièce de vin de 225 litres à 60 francs l'hectolitre. Les droits d'octroi s'élèvent à 15 francs, le transport revient à 8ᶠʳ,75 et la mise en bouteilles à 9ᶠʳ,25. A combien revient le litre ?

949. 3 barriques de vin, contenant chacune 224 litres, ont coûté 302ᶠʳ,40. Que coûteraient 5 demi-pièces de chacune 109 litres de vin de même qualité ?

950. Une ménagère achète 35 mètres de toile pour faire une douzaine de chemises. Après les avoir taillées il lui reste 1ᵐ,40 d'étoffe. Quelle longueur d'étoffe a-t-elle employée pour chaque chemise ?

951. Un cordonnier vend ses chaussures 23 francs. Il lui faut 2 jours de travail pour en faire une paire. Sachant que le cuir employé lui revient à 9ᶠʳ,70, que gagne-t-il par jour ?

952. Un manufacturier emploie 150 ouvriers dont 28 gagnent 4ᶠʳ,75 par jour, 35 gagnent 4ᶠʳ,50 et les autres 3ᶠʳ,75. Quelle somme lui est nécessaire pour payer à tous ses employés une semaine de 6 jours de travail ?

953. On achète 3 pièces d'étoffe de même longueur. La première vaut 7ᶠʳ,25 le mètre, la seconde, 6ᶠʳ,70 et la troisième, 7ᶠʳ,90. Quelle est la longueur de chaque pièce si on les a payées ensemble 939ᶠʳ,55 ?

954. Une couturière a fait 3 douzaines de chemises pour 63 francs et 2 autres douzaines pour 45 francs. Quel est le prix moyen de confection d'une chemise ?

955. Un marchand de bois a vendu 35 stères de bois à 15 francs le stère et 5 décastères à 14 francs le stère. Trouver, à un centime près, le prix moyen du stère ?

956. 3 ouvriers ont reçu 120ᶠʳ,25 pour un travail. Le premier a travaillé 15 jours, le deuxième 10 jours et le troisième 12 jours. Quel est le prix de chaque journée de travail ? Dire combien chaque ouvrier a reçu ?

957. Une personne gagne 3500 francs par an. Pendant les 5 premiers mois elle a dépensé 1375 francs. Si ses dépenses sont réglées ainsi jusqu'à la fin de l'année, combien pourra-t-elle économiser?

958. Pendant une excursion j'ai dépensé 13^{fr},75 le premier jour, 18^{fr},50 le deuxième jour, 9^{fr},80 le troisième, 19^{fr},15 le quatrième et 15 francs le cinquième. Quelle a été ma dépense moyenne par jour?

959. J'ai payé 52^{fr},50 pour 15 bouteilles de cognac et 51 francs pour 12 bouteilles de rhum. Combien aurais-je payé si je n'avais acheté que 4 bouteilles de chaque sorte?

960. Un jardinier porte au marché un certain nombre de poires. Il en vend pour 10^{fr},50 à 1^{fr},50 la douzaine et il lui en reste 9. Combien avait-il emporté de fruits?

961. Un cultivateur achète 6 chevaux et 5 vaches et paie en tout 7650 francs. Quel est le prix de chaque animal, si le prix d'un cheval est le double de celui d'une vache?

962. Un marchand de fourrages achète 13000 bottes de foin pesant chacune 5 kilogrammes à 6^{fr},50 le quintal. Il les revend 36 francs les 104 bottes. Quel bénéfice réalise-t-il?

963. Deux ouvriers ont fait ensemble un travail qui a duré 17 jours pour lequel ils ont été payés 110^{fr},50. Si l'un gagne 3 francs par jour; que gagne l'autre?

964. Un chef d'usine donne, chaque semaine de 6 jours de travail, 549 francs à ses 25 ouvriers; 16 d'entre eux gagnent chacun 3^{fr},75. Quel est le salaire de chacun des autres?

965. Le pas ordinaire d'un homme étant de 0^m,80, combien de temps un promeneur mettra-t-il à parcourir une lieue de 4 kilomètres, s'il fait en moyenne 100 pas par minute?

966. Pour faire une douzaine de chemises une ménagère a acheté 30 mètres de calicot à 1^{fr},25 le mètre et 6 mètres de toile à 2^{fr},70 le mètre. Sachant que l'on paie 1^{fr},80 de façon par chemise, à combien revient la douzaine?

967. On a payé 123^{fr},50 pour 2 pièces de toile de même qualité à 1^{fr},90 le mètre. Sachant que l'une a 5 mètres de plus que l'autre, trouver la longueur de chacune d'elles?

968. Deux dames ont acheté un coupon de soie de 18 mètres pour 121^{fr},50. L'une donne pour sa part 55^{fr},35. Quelle longueur d'étoffe chacune d'elles a-t-elle prise?

969. Une famille consomme chaque jour 2 litres de vin qu'elle achetait au détail à 0^{fr},70 le litre. Maintenant elle achète son vin à la pièce à raison de 58 francs l'hectolitre. Quelle économie cette famille peut-elle réaliser ainsi dans une année?

970. Un champ de 425 ares a produit 106 hectolitres de blé pesant chacun 75 kilogrammes. Quelle somme recevra le cultivateur si ce blé est vendu 20^{fr},50 le quintal. Quel est le rapport d'un are? d'un hectare?

971. Un fût de vin vaut 275 francs quand il est plein. Quand on en retire 150 litres, le reste ne vaut plus que 87^{fr},50. Quelle est la contenance de ce fût?

972. On a payé 31^{fr},20 pour deux hectolitres de blé. A combien revient le quintal si le litre pèse environ 0^k,78?

973. Un vase vide pèse 580 grammes; plein de lait il pèse $9^{kr},232$. Quelle est la capacité du vase si un litre de lait pèse 1030 grammes?

974. Un cultivateur a vendu 700 kilogrammes de sarrasin pour $68^{fr},60$. Quel est le poids d'un hectolitre si sa valeur est $9^{fr},80$?

975. Un litre d'huile d'olive pèse 910 grammes et vaut $2^{fr},50$ le kilogramme. Quel sera le prix d'un fût contenant 25 litres d'huile?

976. Quand le litre de lait vaut $0^{fr},25$, quelle quantité aura-t-on pour 10 centimes?

977. Si on ajoute 25 litres d'eau à 175 litres de vin, quelle quantité d'eau y aura-t-il par hectolitre de mélange? par litre?

978. Une pompe fournit un litre et demi d'eau par coup de balancier. Combien faudra-t-il donner de coups de balancier pour emplir 15 fois un seau contenant 9 litres?

979. Un réservoir plein d'eau est alimenté par une source qui donne 12 litres en 5 minutes. On parvient à le vider en une heure et demie avec une pompe qui enlève 35 litres à la minute. Quelle est la contenance du bassin?

980. Pour emplir un réservoir de 1560 litres on fait couler ensemble 3 robinets qui donnent le premier 17 litres en 5 minutes, le second 27 litres en 6 minutes et le troisième 102 litres en 20 minutes. En combien de temps sera-t-il rempli?

981. Un marchand achète 324 vases à 17 francs le 100 qu'il revend 3 francs la douzaine. Quel sera son bénéfice?

982. On achète 3 fûts de chacun 58 litres de vin blanc à raison de 75 francs l'hectolitre que l'on paie comptant pour obtenir une remise de 4 %. Quelle somme verse-t-on?

983. Un papetier revend $0^{fr},10$ des cahiers qu'il achète 65 francs le mille. Combien aura-t-il gagné quand il en aura vendu 5 douzaines? Combien doit-il en vendre pour gagner 7 francs?

984. Un marchand revend avec un bénéfice de 20 % sur le prix d'achat des objets qui lui coûtent $7^{fr},50$ le cent. Quel sera le prix de vente du mille?

985. Une marchande achète des pommes à $3^{fr},50$ le cent et les revend un sou pièce. Combien doit-elle en vendre pour gagner $2^{fr},70$?

986. J'emprunte une somme de 10500 francs que je m'engage à rembourser au bout d'un an avec les intérêts à $4^{fr},50$ %. Quelle somme devrai-je donner?

987. Un commerçant a fait dans une année pour 75800 francs d'affaires sur lesquelles il a réalisé un bénéfice de 8 %. Quel est son gain?

988. Une personne avait emprunté 3850 francs. Elle donne un intérêt de 3 % chaque année. Au bout de combien de temps a-t-elle acquitté sa dette si les intérêts se sont élevés à 693 francs?

989. Un employé ayant un traitement de 4500 francs prélève 20 % pour donner à une compagnie d'assurances. Que lui reste-t-il à dépenser par mois?

990. Deux ouvriers ont reçu ensemble $200^{fr},80$. Si l'un a gagné $29^{fr},50$ de plus que l'autre; combien chacun a-t-il reçu?

991. Un père gagne 4 francs par jour, sa femme 3 francs et son fils 2 francs. Après un certain nombre de jours de travail, ils reçoivent ensemble 315 francs. Combien chacun a-t-il gagné?

992. Partager 100 francs entre deux personnes de manière que l'une ait 5 francs de plus que l'autre?

993. Diviser 500 francs en deux parts dont l'une soit 4 fois plus petite que l'autre?

994. Deux frères ont ensemble 30 ans, mais l'un a 4 ans de plus que l'autre. Quel est l'âge de chacun d'eux? Dans combien d'années auront-ils ensemble 50 ans? Quel âge auront-ils alors?

995. Partager 105 francs entre 2 personnes de manière que sur 7 francs l'une en ait 4 et l'autre 3?

996. Comment partageriez-vous 90 plumes entre 2 élèves si la part de l'un doit être 3 fois et demie plus grande que celle de l'autre?

997. Partager 300 francs entre 3 personnes de manière que la première ait 12 francs de plus que la deuxième et la deuxième 7^{fr},50 de plus que la troisième?

998. Partager 150 francs en 3 parts, la deuxième devant avoir 13 francs de plus que la première et la troisième 8 francs de moins que la deuxième?

999. Deux trains partent en même temps de deux villes éloignées de 570 kilomètres et vont à la rencontre l'un de l'autre. Au bout de combien de temps se rencontreront-ils si l'un fait 45 kilomètres à l'heure et l'autre 69?

1000. Deux autres trains qui font l'un 38 kilomètres à l'heure et l'autre 57 sont partis en même temps de deux villes distinctes et se sont rencontrés au bout de 3 heures. Quelle est la distance entre ces deux villes?

1001. Je suis parti à pied à 7 heures du matin pour me rendre dans une ville éloignée de 15^{km}13^{dam} et je suis arrivé à 9^{h},50 minutes. Combien ai-je fait de mètres en moyenne par minute?

1002. Un cycliste qui fait 28 kilomètres à l'heure part à 8 heures et demie du matin. Un autre cycliste qui fait 42 kilomètres à l'heure part à 10 heures et suit le même chemin. A quelle heure se rencontreront-ils?

1003. Un piéton qui fait 6 kilomètres à l'heure part le matin à 7 heures. Une voiture qui suit la même direction part à 8 heures et demie et fait 12 kilomètres à l'heure. A quelle heure la voiture aura-t-elle rejoint le piéton? A quelle distance du point de départ seront-ils?

1004. Deux trains vont en sens contraire, l'un qui fait 60 kilomètres à l'heure part de Lyon à 8 heures du matin et se dirige sur Paris; l'autre qui fait 68 kilomètres à l'heure part aussi de Lyon à 10 heures du matin, mais se dirige sur Marseille. A quelle distance sont-ils l'un de l'autre à midi?

1005. Deux piétons partent en même temps des deux extrémités d'une route qui a une lieue de long (4000 mètres). L'un fait 70 mètres par minute et l'autre 55. Au bout de combien de temps se rencontreront-ils, s'ils vont chacun à l'extrémité opposée?

1006. Même question en supposant que le premier est parti 5 minutes avant le 2e et si la route a 4600 mètres?

1007. Combien gagne-t-on pour cent sur le prix d'achat d'une marchandise que l'on a payée 3650 francs et revendue 3942 francs?

1008. Un billet de chemin de fer aller et retour a coûté 75 francs. En versant un supplément de 10 % on peut obtenir une prolongation de 10 jours. Quelle somme doit-on verser si l'on veut profiter de cet avantage ?

1009. Un faïencier achète 300 assiettes à 3 francs la douzaine. Dans le transport 15 assiettes se trouvent cassées. Combien devra-t-il revendre chaque assiette qui lui reste pour faire néanmoins un bénéfice de 24^{fr},75 ?

1010. En revendant une pièce de vin 0^{fr},70 le litre on pourrait gagner 40^{fr},50. En la revendant seulement 0^{fr},50 on perdrait 4^{fr},50. Quelle est la contenance de la barrique ? Combien l'avait-on achetée ?

1011. Un négociant de Lyon cède 2 pièces de soie, l'une de 45 mètres à 16^{fr},50 le mètre et l'autre de 43 mètres à 12^{fr},75, à un négociant qui lui envoie en échange 92 mètres de drap à 14 francs. Quel est celui qui doit à l'autre et quelle somme ?

1012. Un négociant expédie 50 sacs de 150 kilogrammes de farine de blé valant 30 francs le quintal contre un nombre égal de kilogrammes de paille de blé et de paille d'avoine. Quel poids de paille de chaque sorte recevra-t-il si la paille de blé vaut 4 francs le quintal et celle d'avoine 3^{fr},50 ?

1013. Un commerçant achète 50 sacs de blé à 19^{fr},50 l'un et plusieurs sacs d'avoine de 75 kilogrammes valant 16 francs le quintal. Il paje le tout avec 40 sacs de farine à 32 francs le sac, plus une somme de 55 francs. Combien a-t-il acheté de sacs d'avoine ?

1014. Un débitant a un tonneau de 500 litres. Il y verse 200 litres de vin à 0^{fr},45, 275 litres à 0^{fr},40 et il achève de le remplir avec de l'eau. Quel sera son bénéfice s'il revend le litre de mélange 0^{fr},55 ?

1015. Un épicier mélange 12 kilogrammes de café à 5 francs avec 15 kilogrammes à 6 francs et 8 kilogrammes à 4^{fr},50. Quel devra être le prix de vente d'un demi-kilogramme s'il veut faire un bénéfice de 38 francs?

1016. Un marchand a mélangé 12 hectolitres de vin à 40 francs avec un certain nombre d'hectolitres à 50 francs. Combien a-t-il pris d'hectolitres à 50 francs si le mélange lui revient à 730 francs ?

1017. Deux trains partent d'une ville à la même heure et dans une direction opposée. Au bout de 3 heures ils sont éloignés de 423 kilomètres. Sachant que l'un fait 72 kilomètres à l'heure, combien l'autre fait-il ?

1018. Un père et un fils travaillent ensemble. Quand le père fait 5 mètres de travail par jour le fils n'en fait que 3. A la fin de la semaine de 6 jours de travail le père a reçu 11^{fr},40 de plus que le fils. Combien chacun d'eux gagne-t-il par jour ?

1019. Un cultivateur porte chez son meunier 25 hectolitres de blé pesant 78 kilogrammes l'hectolitre. Quelle quantité de farine recevra-t-il si 100 kilogrammes de blé donnent 75 kilogrammes de farine ?

1020. Au lieu d'acheter 1000 bottes de foin à 36 francs les 100 bottes je les ai achetées au poids à raison de 6^{fr},90 le quintal. Quel bénéfice ai-je réalisé sachant que chaque botte pèse 5 kilogrammes ?

1021. Une personne paie 40^{fr},50 pour 3 kilogrammes de chocolat et

5 kilogrammes de café. Une autre personne paie 46ᶠ,50 pour le même poids de chocolat et 6 kilogrammes de café. Trouver le prix du kilogramme de café et celui du kilogramme de chocolat ?

1022. Combien peut-on faire de kilogrammes de pain avec un sac de blé pesant 100 kilogrammes, si la transformation du blé en farine lui fait perdre 19 % de son poids et si 9 kilogrammes de farine donnent 12 kilogrammes de pain ?

1023. Un épicier mélange 4 kilogrammes de thé à 10 francs le kilogramme avec 5 kilogrammes à 12 francs. Combien devra-t-il revendre le kilogramme du mélange pour gagner 15 % sur le prix d'achat ?

1024. On achète deux pièces d'une même étoffe. L'une a 53 mètres et l'autre, qui en a 56, a coûté 21ᶠ,60 de plus que la 1ʳᵉ. Combien devra-t-on revendre chaque mètre d'étoffe pour faire un bénéfice total de 87ᶠ,20 ?

1025. Un vigneron, qui devait une somme de 1359 francs, donne en paiement 3 pièces de vin de 225 litres à 0ᶠ,80 le litre, 2 pièces de 220 litres à 6 francs le décalitre et 5 pièces à 50 francs l'hectolitre. Quelle est la contenance de chacune des 5 dernières pièces ?

1026. Un marchand mélange 9 kilogrammes de café à 6 francs le kilogramme avec 15 kilogrammes d'une autre sorte de café. Quel est le prix du kilogramme de la 2ᵉ sorte si le kilog. de mélange revient à 5 francs ?

1027. Partager 90 francs en deux parts de façon que l'une soit 4 fois la moitié de l'autre ?

1028. Partager 275 billes entre deux petits garçons de manière que l'un ait 5 fois le double de l'autre ?

1029. On achète 3 pièces d'étoffe de même qualité. La 1ʳᵉ a 65 mètres ; la 2ᵉ a 8 mètres de moins que la 1ʳᵉ et 3 mètres de moins que la 3ᵉ. Si la 3ᵉ coûte 37 francs de moins que la 1ʳᵉ, trouver : 1° le prix d'achat total des 3 pièces ; 2° le prix de vente d'un mètre si l'on veut faire un bénéfice total de 273 francs ?

Nota. — *On trouvera encore, à la fin du volume, un grand nombre de problèmes sur la revision des quatre règles.*

GÉOMÉTRIE

LES LIGNES

LEUR FORME — LEUR DIRECTION

227. — *Une* **ligne droite** *est celle dont un fil bien tendu nous offre l'image.*

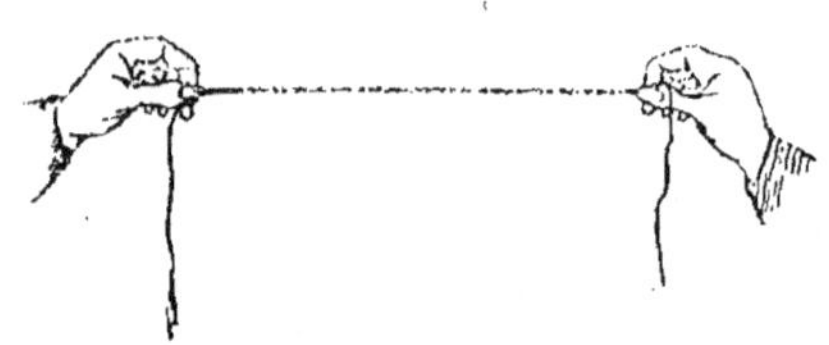

Ligne droite.

Le bord d'une règle, l'arête d'une feuille de papier pliée en deux, les lignes tracées sur les cahiers sont des lignes droites.

228. — *Une* **ligne brisée** *est une ligne formée de plusieurs portions de droite placées bout à bout.*

Ligne brisée.

Un mètre pliant représente une ligne brisée.

229. — *On appelle* **ligne courbe** *une ligne qui n'est ni droite ni brisée.*

Ligne courbe.

Un arc-en-ciel, un cerceau, le bord d'un chapeau, d'un encrier, forment des lignes courbes.

230. — *Le* **point** *est l'intersection de deux lignes qui se coupent ou encore l'extrémité d'une portion de droite.*

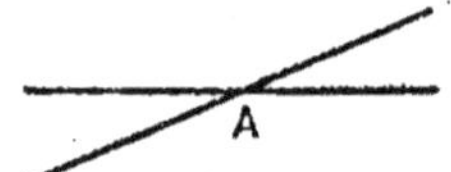
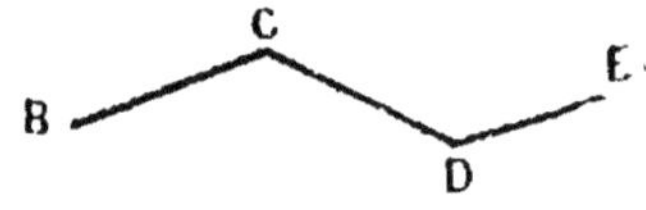

A, B, C, D, E sont des points.

231. — *Une* **ligne verticale** *est celle qui suit la direction d'un fil à plomb.*

Un homme debout, un arbre bien droit, les montants des portes et des fenêtres, les pieds des tables et des chaises ont une direction verticale. Les lignes formées par la rencontre des quatre murs d'une salle sont des lignes verticales.

Ligne verticale.

232. — *Une* **ligne horizontale** *est celle qui suit la direction de la surface d'une eau tranquille.*

Des bâtons qui flottent sur l'eau, les lignes qui limitent un plafond ou un plancher sont des lignes horizontales.

Ligne horizontale.

LES ANGLES

PERPENDICULAIRES — OBLIQUES — PARALLÈLES

233. — *On appelle* **angle** *la figure formée par deux demi-droites qui se coupent.*

Les deux demi-droites sont appelées les **côtés** de l'angle. Le point où elles se rencontrent est le **sommet**.

Dans la figure ci-contre AB et BC sont les côtés de l'angle, B est le sommet.

Un angle est plus ou moins grand selon que ses côtés sont plus ou moins écartés. Si on les rapproche, il diminue; si on les éloigne, il devient plus grand.

234. — **Angles égaux.** — Deux angles sont égaux lorsqu'on peut les transporter l'un sur l'autre de façon à les faire coïncider.

235. — *Deux droites sont dites* **perpendiculaires** *lorsqu'elles forment quatre angles égaux autour de leur point de rencontre.*

On dit aussi qu'une droite est perpendiculaire

Lignes perpendiculaires formées par des verticales
et des horizontales.

sur une autre droite quand elle rencontre celle-ci de manière à former deux angles égaux.

Une horizontale et une verticale qui se ren-

Perpendiculaires.

contrent forment des perpendiculaires; mais les droites perpendiculaires peuvent avoir toutes sortes de directions.

236. — *Deux droites qui se rencontrent mais qui ne sont pas perpendiculaires sont appelées* **obliques** *l'une par rapport à l'autre.*

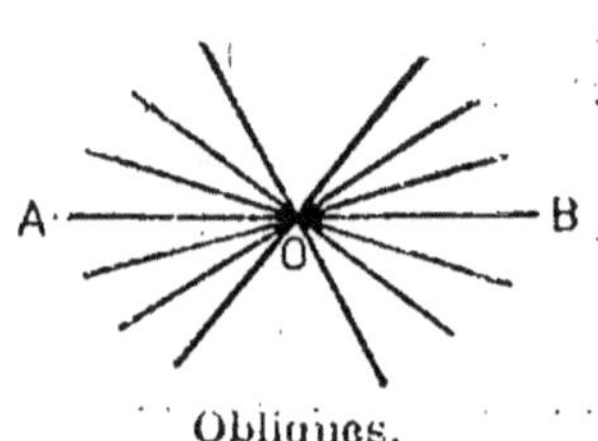

Obliques.

Ainsi toutes les droites qui coupent AB au point O sont dites obliques à AB.

237. — *On appelle* **parallèles** *des droites qui sont dans un même plan et ne se rencontrent pas.*

Droites parallèles.

238. — *On appelle angle* **droit** *un angle qui a ses deux côtés perpendiculaires.*

Un angle est dit **aigu** *lorsqu'il est plus petit qu'un angle droit.*

Un angle est dit **obtus** *quand il est plus grand qu'un angle droit.*

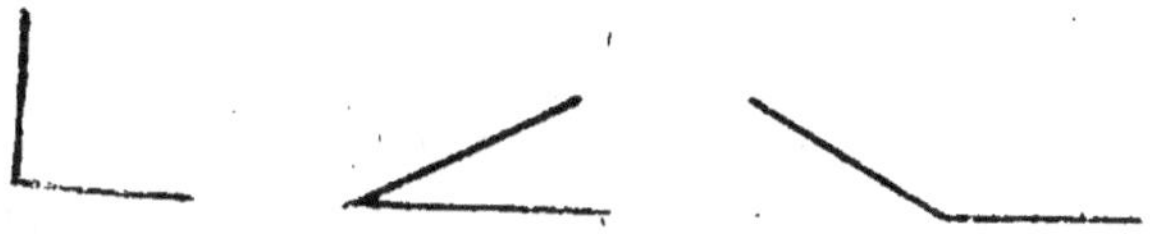

Angle droit.   Angle aigu.   Angle obtus.

POLYGONES

239. — *On appelle* **polygone** *une figure qui a plusieurs* **côtés** *qui sont des portions de lignes droites.*

Les extrémités des côtés sont appelées sommets.

Dans un polygone il y a autant de sommets que de côtés.

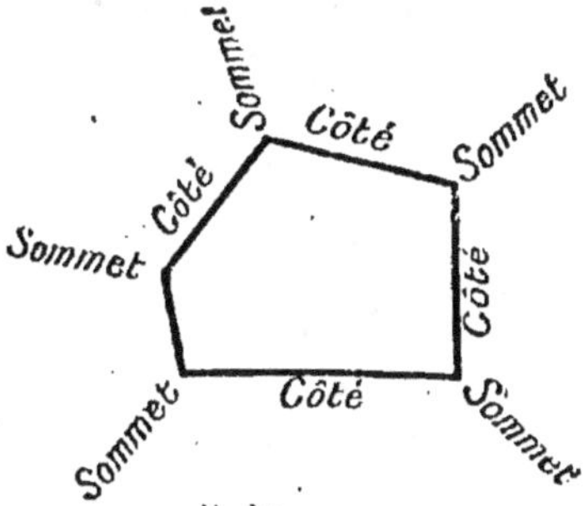

Dans un polygone il y a autant d'angles que de côtés.

Polygone.

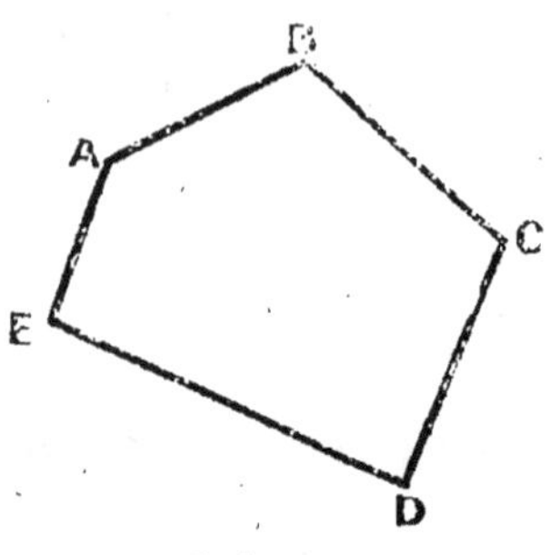

Polygone.

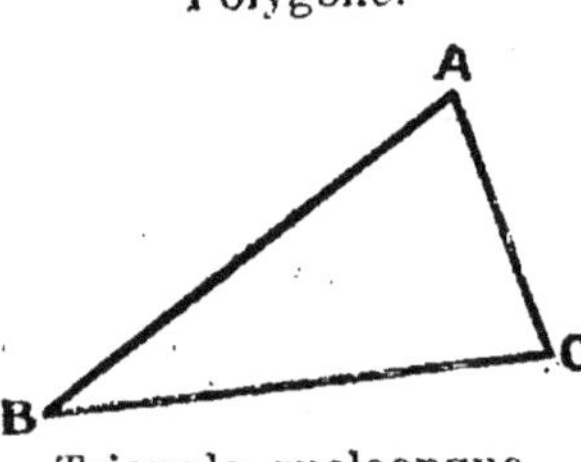

Triangle quelconque.

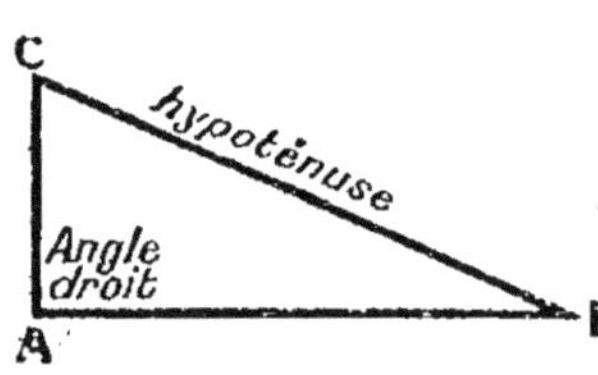

Triangle rectangle.

Pour désigner un polygone on met des lettres aux sommets.

Ainsi le polygone dessiné ci-contre se nomme le polygone ABCDE.

240. — *Un triangle est un polygone qui a trois côtés.*

Un triangle a : **3** sommets, **3** côtés et **3** angles.

241. — *On appelle* triangle rectangle *un triangle qui a un* angle droit.

Le côté opposé à l'angle droit est appelé l'hypoténuse.

Ainsi le triangle ci-contre ABC est *rectangle*. L'angle A est *droit*. Le côté BC est l'*hypoténuse*.

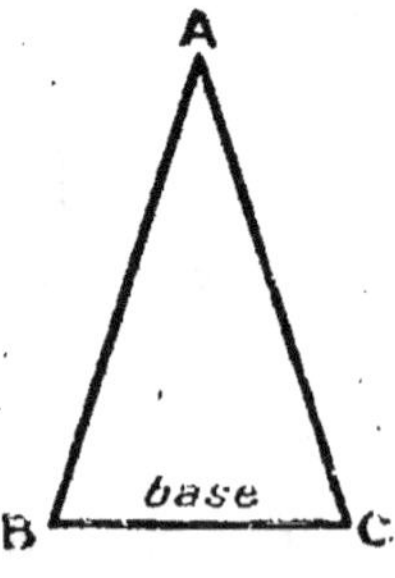

Triangle isocèle.

242. — *On appelle* triangle isocèle *un triangle qui a* deux côtés égaux.

Le troisième côté est appelé base.

Voici ci-contre un triangle isocèle.

Les deux côtés AB et AC sont égaux; le côté BC est la *base*.

243. — *On appelle **triangle équilatéral** un triangle qui a les trois côtés égaux et les **trois angles égaux.***

Ainsi voici un triangle équilatéral :

Les trois côtés A B, AC et BC sont *égaux*; les trois angles A, B et C sont aussi *égaux*.

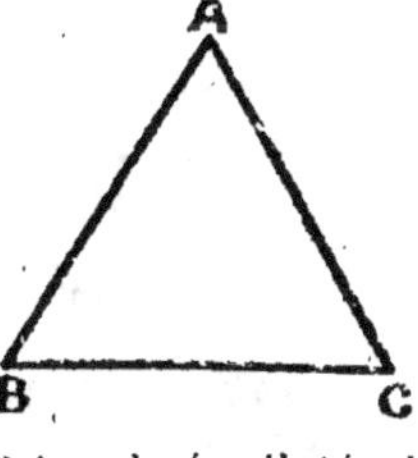

Triangle équilatéral.

244. — Dans un triangle il faut surtout considérer deux dimensions : la **base** et la **hauteur**.

On peut prendre comme base un côté quelconque ;

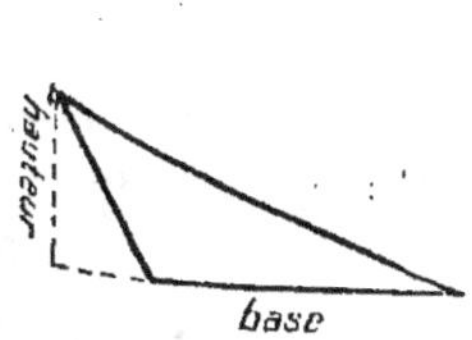

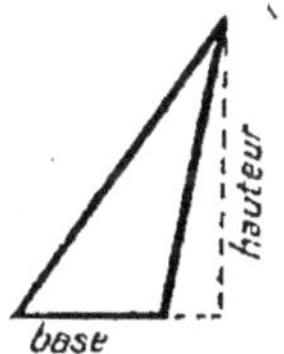

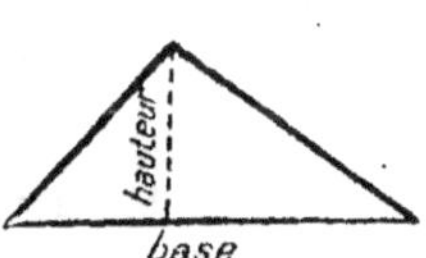

mais la hauteur est toujours la perpendiculaire abaissée sur cette base du sommet opposé.

245. — *On appelle **quadrilatère** un polygone qui a **quatre côtés.***

Dans un quadrilatère il y a : 4 angles et 4 sommets.

246. — *On appelle **trapèze** un quadrilatère dans lequel il y a **deux côtés parallèles.***

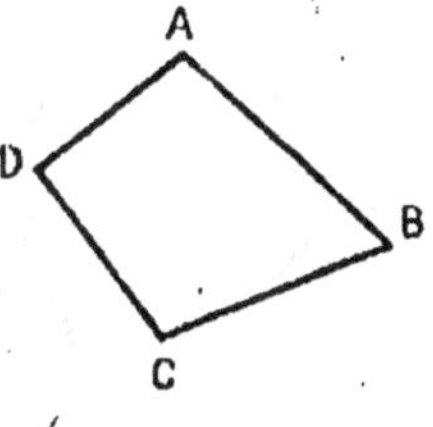

Quadrilatère.

Les deux côtés parallèles sont appelés les bases du trapèze.

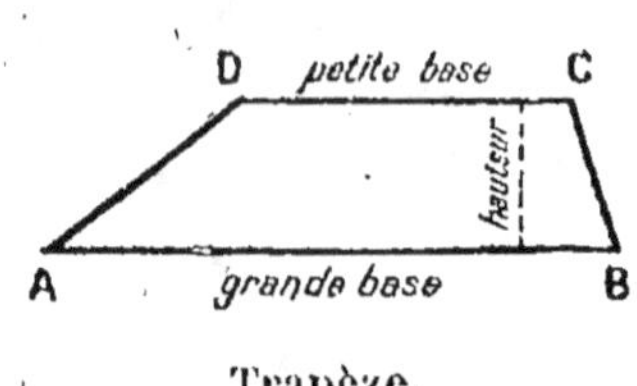

Trapèze.

Voici un trapèze ABCD.

Les deux côtés parallèles AB et CD sont les *bases*.

La *hauteur* est la perpendiculaire entre les deux bases.

247. — *On appelle* **parallélogramme** *un quadrilatère dans lequel les quatre côtés sont deux par deux parallèles.*

Deux côtés parallèles sont égaux.

Ainsi dans le parallélogramme ABCD,

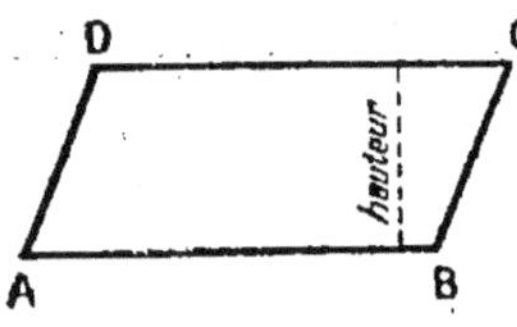

Parallélogramme.

AB est parallèle et égal à CD; et AD est parallèle et égal à BC.

La *base* est un des côtés et la *hauteur* est la perpendiculaire entre cette base et le côté qui lui est parallèle.

248. — *On appelle* **losange** *un parallélogramme qui a les* **quatre côtés égaux.**

Dans le losange ABCD :

Les quatre côtés AB, BC, CD, DA sont *égaux*.

249. — *On appelle* **rectangle** *un parallélogramme qui a* **quatre angles droits.**

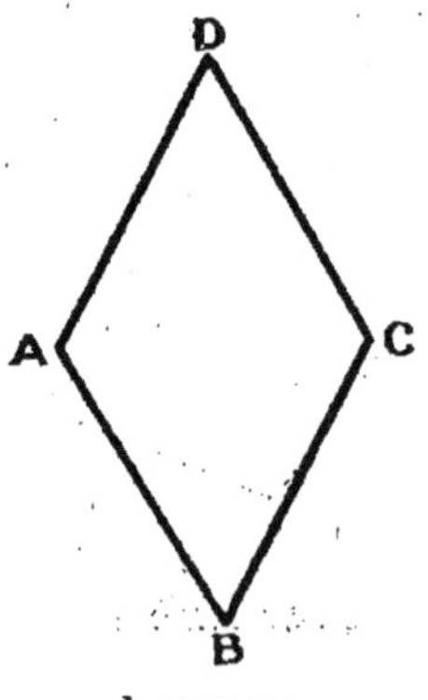

Losange.

Rectangle.

Ainsi dans le rectangle ABCD,
Les quatre angles A, B, C et D sont *droits*. La base

est un des côtés et la hauteur est l'autre côté

Un bon point, une feuille de copie, une carte de visite sont des rectangles.

250. — *On appelle* **carré** *un rectangle qui a ses* **quatre côtés égaux.**

Un carré est, à la fois, un losange et un rectangle.

Dans un carré il y a : 4 angles droits et 4 côtés égaux.

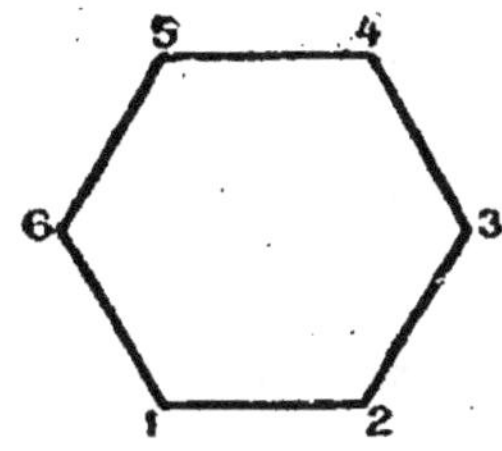
Carré.

251. — *On emploie les abréviations suivantes pour désigner les* **polygones** *de plus de quatre côtés :*

Penta signifie **5**;
Hexa » **6**;
Octo » **8**;
Déca » **10**.

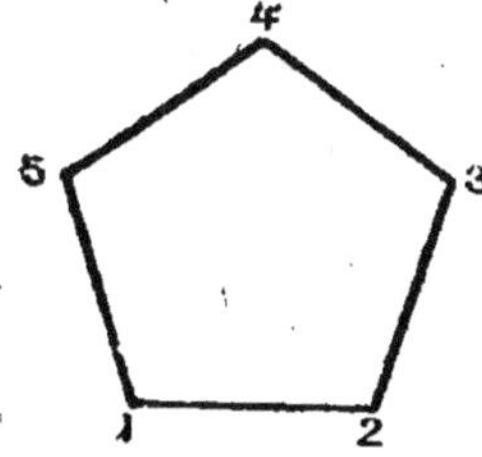
Pentagone.

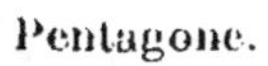
Hexagone.

Un pentagone est un polygone de 5 côtés.
Un hexagone est un polygone de 6 côtés.

D'ordinaire, les carreaux rouges qui sont par terre dans les cuisines sont des hexagones. Les cellules des rayons de miel sont aussi des hexagones.

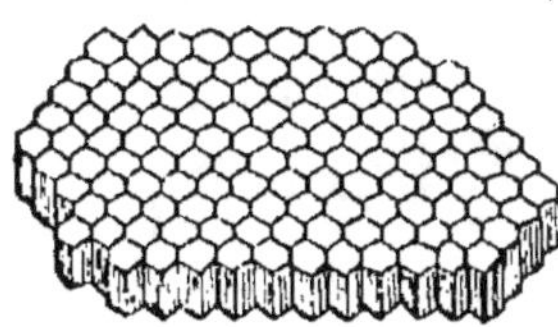
Rayon de miel.

Un **octogone** est un polygone de 8 côtés.

Un **décagone** est un polygone de 10 côtés.

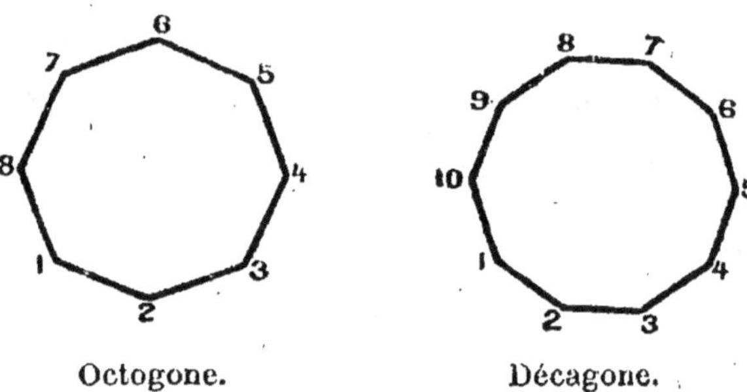

Octogone.   Décagone.

CERCLE

252. — *Un cercle est une ligne ronde dont tous les points sont à la même distance d'un point appelé* centre.

La droite qui va du centre à un point du cercle est ce qu'on appelle un **rayon**.

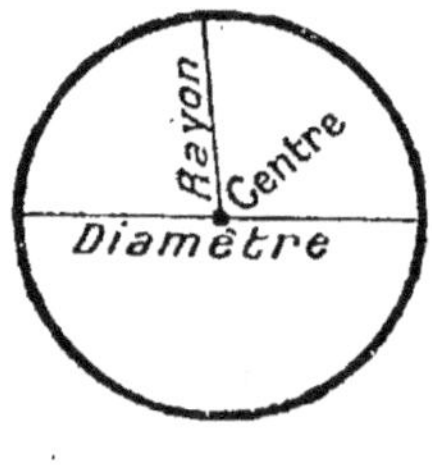

Cercle.

Tous les rayons d'un cercle sont égaux.

Une droite qui passe par le centre et se termine en deux points du cercle se nomme un **diamètre**.

Tous les diamètres sont égaux. Un diamètre est le **double** d'un rayon.

Une roue de voiture, un jeton, un sou ont la forme d'un cercle.

QUESTIONNAIRE ET EXERCICES

SUR LES LIGNES ET LES POLYGONES

1. Qu'est-ce qu'une ligne droite? Une ligne courbe? Une ligne brisée? — Comment peut-on tracer une ligne droite sur le papier? Sur le tableau noir? Sur le parquet? dans un jardin? dans un champ? — Quelle ligne forme un fil qui n'est pas tendu? — Citez des exemples de lignes droites, de lignes brisées, de lignes courbes en observant les objets qui sont dans la classe.

2. Qu'est-ce qu'une ligne verticale? Une ligne horizontale? — Montrez des lignes qui ont la direction verticale, la direction horizontale. — Quelle direction ont les lignes qui séparent les lames du parquet? Les lignes qui entourent le tableau noir? — A l'aide d'un fil à plomb placez un crayon ou une règle dans la position horizontale.

3. Qu'est-ce qu'un angle? — Avec deux règles formez un angle droit, un angle aigu, un angle obtus. — Pliez une feuille de papier de manière que le pli forme quatre angles droits; deux angles aigus et deux angles obtus. — Dessinez au tableau un angle aigu: montrez ce qui lui manque pour faire un angle droit. Découpez dans une feuille de papier un angle obtus et montrez ce qu'il faut enlever pour obtenir un angle droit? — A l'aide de quels instruments peut-on tracer un angle droit? Dessinez une équerre en papier.

4. Qu'est-ce qu'un polygone? — Quel est le plus simple des polygones? — Qu'est-ce qu'un triangle rectangle? Tracez-en un. Aux deux extrémités de l'hypoténuse, tracez des parallèles aux deux côtés de l'angle droit; quelle figure obtenez-vous? — Qu'est-ce qu'un triangle isocèle? — Tracez un triangle isocèle à l'aide d'une règle ou d'une ficelle. Partagez-le en deux parties égales par une ligne qui va du sommet à la base. — Qu'est-ce qu'un triangle équilatéral? Dessinez un triangle équilatéral. Partagez-le en deux parties égales?

5. Qu'est-ce qu'un quadrilatère? — Quels sont les quadrilatères que vous connaissez? Donnez la définition de chacun d'eux. Dites en quoi ils se ressemblent; en quoi ils diffèrent. — Joignez deux sommets opposés par une ligne droite et dites quelles sortes de triangles vous obtenez dans chaque cas. — Quel quadrilatère représentent: une porte, la couverture d'un livre, une feuille de cahier, le parquet, un mur, une vitre, etc.?

6. Découpez un carré dans une feuille de papier, puis un autre carré dont le côté soit le double de celui du premier. Combien de fois la surface du second sera-t-elle plus grande que celle du premier? — Combien faudrait-il de petits carrés pour recouvrir un autre carré qui aurait le côté triple du premier? — Même question avec un carré qui a un côté dix fois plus grand que celui d'un autre petit carré.

7. Comment appelle-t-on un polygone de 5, de 6, de 8, de 10 côtés? — Qu'est-ce qu'un cercle? — Tracez un cercle à l'aide d'une ficelle, tracez deux diamètres perpendiculaires et dites comment le cercle se trouve ainsi divisé. — Portez la longueur d'un rayon sur le cercle et dites combien de fois exactement on peut le faire. Joignez les points et nommez la figure ainsi obtenue. Joignez les points de deux en deux; quelle nouvelle figure obtient-on? — Dessinez un dallage avec des pavés carrés, avec des triangles équilatéraux, avec des pavés de forme hexagonale, avec des losanges.

SOLIDES

253. — Un objet qui a une forme régulière se nomme souvent *solide*.

254. — *Un* **parallélépipède** *est un solide qui a six faces qui sont des parallélogrammes.*

Quand les faces sont des parallélogrammes ordinaires, on dit que le parallélipipède est **oblique**.

Parallélépipède oblique.

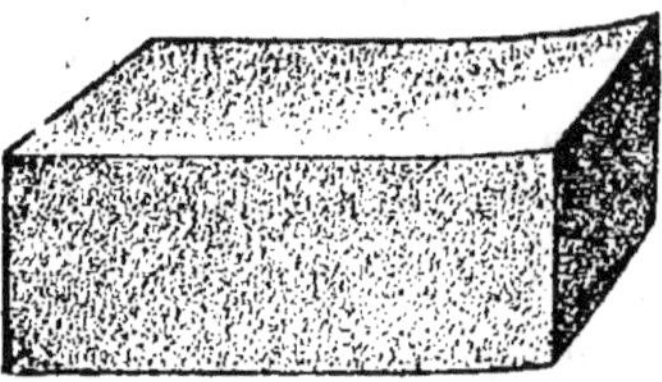

Parallélépipède rectangle.

Lorsque les faces sont des rectangles, on dit que le parallélépipède est **rectangle**.

Une boîte, une caisse, une chambre vide, une règle son des *parallélépipèdes rectangles.*

255. — *Un* **cube** *est un parallélépipède rectangle dont les six faces sont des* **carrés égaux.**

Un *dé à jouer* est un *cube*.

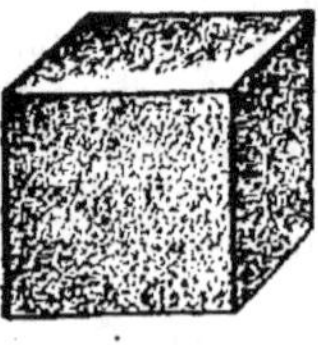

Cube.

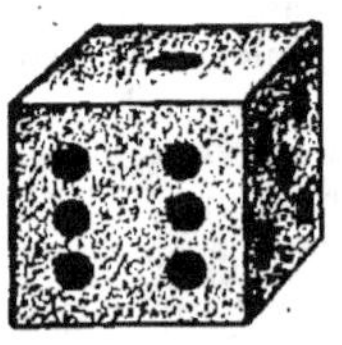

Dé à jouer.

256. — *Un* **prisme** *est un solide qui a deux* **bases** *qui sont des polygones égaux et des* **faces latérales** *qui sont des parallélogrammes.*

Lorsque les bases sont des triangles, le prisme est dit triangulaire.

La hauteur est la distance entre les deux bases.

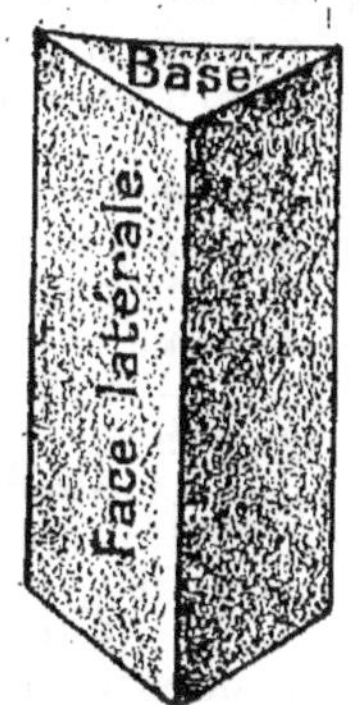

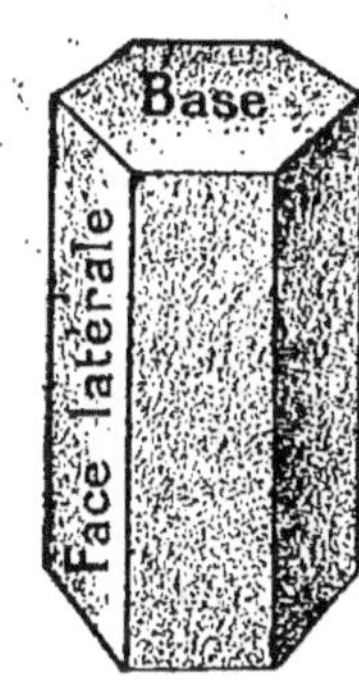

Un carreau de cuisine est un *prisme hexagonal* très aplati.

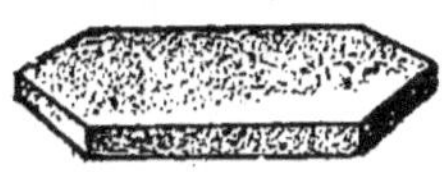

Prisme triangulaire.   Prisme hexagonal.   Carreau de cuisine.

257. — *Un* **cylindre** *est un solide qui a deux* **bases** *qui sont des* **cercles égaux.**

Sa surface latérale est ronde.

La hauteur est aussi la distance entre les deux bases.

Un morceau de tuyau de poêle, une boîte de conserves, un bâton rond sont des *cylindres.*

Cylindre.

QUESTIONNAIRE ET EXERCICES

SUR LES SOLIDES.

1. Qu'est-ce qu'un parallélépipède rectangle? — Montrez des objets ayant la forme d'un parallélépipède rectangle. — Combien ce solide a-t-il de faces? d'arêtes? — Quelle figure représente chaque face? — Quelles arêtes représentent la longueur? la largeur? la hauteur? — Combien ce volume a-t-il de dimensions?

2. Qu'est-ce qu'un cube? Quelle ressemblance ce solide a-t-il avec un parallélépipède rectangle? Quelle différence? — Combien a-t-il de faces? — Qu'ont-elles de particulier? — Qu'obtient-on en plaçant exactement 2 cubes l'un au-dessus de l'autre? — Découpez dans une pomme : 1° un cube; 2° un parallélépipède rectangle. — Partagez un cube en 4 parties égales, en 8 parties. — Même exercice avec un parallélépipède rectangle. — Découpez dans une pomme un petit cube de 1 centimètre de côté, puis avec une autre pomme un cube de deux centimètres de côté : dites combien de fois le volume du plus grand vaut celui du plus petit. Comparez ensuite deux cubes dont l'un a l'arête 3 fois plus grande que l'autre; 4 fois plus grande; 10 fois plus grande.

3. Qu'est-ce qu'un prisme? — Combien de faces a un prisme triangulaire? — Combien a-t-il d'arêtes? — Comparez un prisme quadrangulaire et un parallélépipède rectangle. — Qu'est-ce qu'un cylindre? Montrez des objets de la classe ayant la forme d'un cylindre. — Recouvrez la surface latérale d'un cylindre avec une feuille de papier, puis déployez cette feuille. Quelle figure obtient-on? — Quelles parties du cylindre forment la longueur et la largeur de cette figure?

SYSTÈME MÉTRIQUE

GÉNÉRALITÉS

258. — Historique. — Le système de mesures des longueurs, surfaces, volumes et poids employé en France a été établi par une commission de savants français, en vertu d'un décret rendu le 8 mai 1790 par l'Assemblée Constituante.

Ce système, appelé *système métrique* parce qu'il est basé sur l'emploi du *mètre* comme unité fondamentale, est remarquable par sa simplicité et sa régularité.

Deux décrets (2 novembre 1801 et 28 mai 1802) le rendirent obligatoire en France; et, depuis 1840, il est le *système légal des poids et mesures*, imposé par la loi sous les peines portées au Code pénal.

259. — Les avantages de ce système sur les anciens systèmes irréguliers et compliqués sont tellement incontestables qu'un grand nombre de nations l'ont adopté et qu'il est employé, à l'exclusion de tout autre, pour les mesures dans les travaux scientifiques.

260. — Pour assurer la concordance parfaite des unités dans tous les pays, il a été créé un *Bureau international des poids et mesures* dont le siège est au pavillon de Breteuil, à Sèvres; et une Conférence générale, tenue à Paris en 1889, a sanctionné les étalons types de ce Bureau et a fixé les abréviations officielles internationales des unités du système.

Enfin, la loi du 11 juillet 1903 et le décret présidentiel du 28 juillet 1903 ont donné force de loi, en France, aux décisions de la Conférence de 1889.

261. — Unités principales. — Le système métrique comprend les mesures des *longueurs*, des *surfaces*, des *volumes*, des *poids* et le système des *monnaies*.

Dans chaque espèce de grandeur, il y a une *unité principale*. Ce sont :

le **mètre** pour les longueurs ;
le **mètre carré** pour les surfaces ;
l'**are** pour les surfaces des terrains ;
le **mètre cube** pour les volumes ;
le **stère** pour les volumes de bois de chauffage ;
le **litre** pour les capacités ;
le **gramme** pour les poids ;
le **franc** pour les monnaies.

262. — Unités secondaires. — A chaque unité principale se rattachent des *unités secondaires* qui sont les **multiples** et **sous-multiples décimaux** de cette unité.

263. — Les **multiples** sont désignés par le nom de l'unité principale précédé des mots :

déca   qui signifie *dizaine* ;
hecto   —   *centaine* ;
kilo   —   *mille* ;
myria   —   *dix-mille*.

Ainsi, un *kilomètre* vaut mille mètres ; un *décagramme* vaut dix grammes.

264. — Les **sous-multiples** sont désignés par le nom de l'unité principale précédé des mots :

déci   qui signifie *dixième* ;

centi   —   *centième* ;

milli   —   *millième*.

Ainsi un *centigramme* est la centième partie d'un gramme.

265. — D'après le décret du 28 juillet 1903, on désigne *légalement*, en abrégé :

déca	par *da*,		déci	par *d*,
hecto	— *h*,		centi	— *c*,
kilo	— *k*,		milli	— *m*.
myria	— **M**,			

ces abréviations étant placées *devant* l'abréviation légale de l'unité.

Ainsi *km* signifie *kilomètre* ; *mm* signifie *millimètre* ; *cg* signifie *centigramme*.

266. — **Mesures effectives.** — Dans le commerce et l'industrie, on se sert d'objets spéciaux pour mesurer les marchandises : ce sont ce qu'on appelle les **mesures effectives**.

Les formes et les dimensions des *mesures effectives* sont réglées par la loi et leur exactitude est sévèrement contrôlée.

La loi prescrit d'ailleurs que, pour les mesures de capacité et de poids, il existera une mesure effective de *chaque unité*, de son *double* et de sa *moitié*. Nous décrirons plus loin en détail ces mesures effectives.

MESURES DE LONGUEUR

(RÉVISION)

267. — Mètre. — *L'unité fondamentale du système métrique est le* **mètre**, *qui est la longueur, à la température de 0⁰, du mètre type déposé aux archives nationales.*

Le mètre est, environ, la dix-millionième partie du quart du méridien terrestre.

En d'autres termes, lorsqu'on va, par le plus court chemin, sur la terre, d'un des pôles à l'équateur on doit parcourir une distance de *dix millions de mètres.*

On désigne, en abrégé, le mètre par la lettre *m.*

268. — Multiples et sous-multiples. — Les multiples décimaux du mètre sont :

le **décamètre**,	*dam*, qui vaut	**10**	*mètres*;
l' **hectomètre**,	*hm*,	—	**100**	—
le **kilomètre**,	*km*,	—	**1000**	—
le **myriamètre**,	M*m*	—	**10 000**	—

Les sous-multiples décimaux du mètre sont :

le **décimètre**,	*dm*, qui vaut	**0,1**	*mètre*;
le **centimètre**,	*cm*,	—	**0,01**	—
le **millimètre**,	*mm*,	—	**0,001**	—

269. — Mesures effectives. — Pour mesurer la longueur d'une corde, d'une pièce d'étoffe, d'un mur, on emploie *un mètre.*

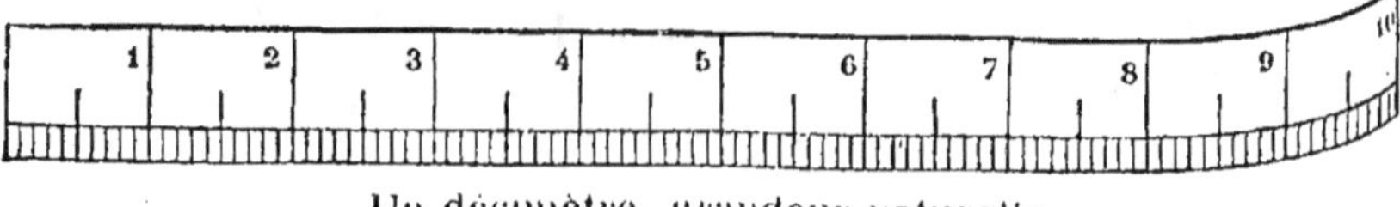

Un décimètre, grandeur naturelle.

Le mètre est ordinairement une règle de bois.

Pour plus de commodité, on partage cette règle en dix parties valant chacune un décimètre et articulées. On a ainsi un mètre pliant (voir la figure page 30).

270. — Pour mesurer de grandes longueurs ou distances sur un terrain, on se sert de la *chaîne d'arpenteur* qui a un décamètre (ou **10** mètres) de longueur, formée de **50** chaînons ayant chacun **2** décimètres de longueur.

On fait aussi des décamètres et des mètres en *ruban de toile*.

271. — Pour mesurer les petites longueurs, on emploie le double décimètre et le décimètre, divisés en centimètres, millimètres et quelquefois en demi-millimètres.

Ces mesures ont la forme d'une règle; elles sont en bois, en ivoire ou en métal.

272. — En résumé, les mesures effectives sont :

le double décamètre,
le décamètre,
le demi-décamètre,
le double mètre,
le mètre,
le demi-mètre,
le double décimètre,
le décimètre

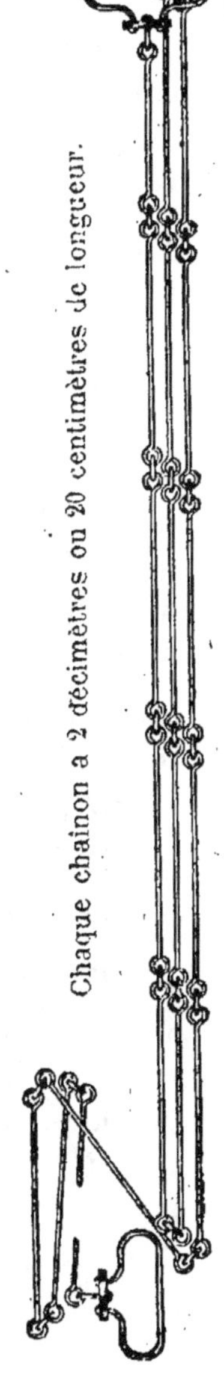

Chaîne
d'arpenteur.

273. — Relations entre les diverses unités. — Il faut avoir bien soin de se rendre compte combien d'unités d'une espèce il y a dans une autre unité.

Dans un *myriamètre*, il y a **10** *kilomètres*.
  —   *kilomètre*,   —   **10** *hectomètres*.
  —   *hectomètre*,   —   **10** *décamètres*.
  —   *décamètre*,   —   **10** *mètres*.
  —   *mètre*,   **10** *décimètres*.
  —   *décimètre*,   —   **10** *centimètres*.
  —   *centimètre*,   —   **10** *millimètres*.

Dans *un myriamètre*, il y a   **10** *kilomètres*,
ou   **10** fois **10** hectomètres $=$ **100** *hectomètres*,
ou   **100** fois **10** décamètres $=$ **1000** *décamètres*,
ou **1000** fois **10** mètres $=$ **10 000** *mètres*.

Dans *un kilomètre*, il y a   **10** *hectomètres*,
ou   **10** fois **10** décamètres $=$ **100** *décamètres*,
ou **100** fois **10** mètres $=$ **1000** *mètres*.

Dans *un hectomètre*, il y a   **10** *décamètres*,
ou **10** fois **10** mètres $=$ **100** *mètres*.

Dans *un décamètre*, il y a **10** *mètres*.

Dans *un mètre*, il y a   **10** *décimètres*,
ou   **10** fois **10** centimètres $=$ **100** *centimètres*,
ou **100** fois **10** millimètres $=$ **1000** *millimètres*.

Dans *un décimètre*, il y a   **10** *centimètres*,
ou **10** fois **10** millimètres $=$ **100** *millimètres*.

Dans *un centimètre*, il y a **10** *millimètres*.

274. — Écriture d'un nombre de mètres. — Pour écrire un nombre de mètres, on met :

le *myriamètre* au rang des *dizaines de mille*, 5ᵉ rang;

le *kilomètre* au rang des *mille*, 4e rang;
l'*hectomètre* au rang des *centaines*, 3e rang;
le *décamètre* au rang des *dizaines*, 2e rang;
le *mètre* au rang des *unités*, 1er rang;
le *décimètre* au rang des *dixièmes*, 1er à droite;
le *centimètre* au rang des *centièmes*, 2e à droite;
le *millimètre* au rang des *millièmes*, 3e à droite.

On sépare les mètres des décimètres par une virgule.

275. — Changement d'unité. — On peut mettre la virgule entre deux chiffres quelconques en ayant soin d'indiquer par une petite lettre en haut et à droite le nom abrégé du multiple que l'on prend pour unité.

Ainsi $3^{km},487$ se lit : 3 kilomètres **487** mètres.

Le premier chiffre à droite de la virgule représente alors les hectomètres (dixièmes de kilomètre), le second les décamètres (centièmes de kilomètre), le troisième les mètres (millièmes de kilomètre).

Voici différentes manières d'écrire une *même* mesure :

myriamètre.	kilomètres.	hectomètres.	décamètres.	mètres.	décimètres.	centimètres.	millimètres.
3	4	8	5	$7^m,$9		8	2
3	4	8	$5^{dam},$7		9	8	2
3	4	$8^{hm},$5		7	9	8	2
3	$4^{km},$8		5	7	9	8	2
$3^{Mm},$4		8	5	7	9	8	2
3	4	8	5	7	$9^{dm},$8		2
3	4	8	5	7	9	$8^{cm},$2	
3	4	8	5	7	9	8	2^{mm}

On peut mettre la virgule n'importe où, pourvu qu'on ait soin d'indiquer l'unité choisie.

Déplacer ainsi la virgule, c'est ce qu'on appelle *changer d'unité*.

Lorsque, pour déplacer la virgule, il manque des unités d'un certain ordre, on les remplace par des zéros.

Ainsi $6^m,25$

peut s'écrire :

$$62^{dm},5 \qquad 625^{cm} \qquad 6250^{mm}$$

ou :

$$0^{dam},625 \qquad 0^{hm},0625 \qquad 0^{km},00625.$$

276. — Mesures itinéraires. — Pour mesurer les distances, les longueurs des routes, on prend comme unité le *kilomètre*.

Le long des routes, tous les kilomètres, il y a de grosses bornes. Entre deux bornes kilométriques successives, il y a **9** bornes plus petites qui partagent le kilomètre en **10** hectomètres.

Bornes.

On désigne encore quelquefois sous le nom de *lieue métrique* une distance de **4** *kilomètres*.

277. — Périmètre. — *Le périmètre (ou pourtour) d'un polygone est égal à la somme des longueurs de ses côtés.*

278. — Carré. — Puisque dans un carré les quatre côtés sont égaux, *le périmètre d'un carré est égal à quatre fois la longueur d'un côté.*

Problème. — *Un carré a 36 mètres de pourtour, quelle est la longueur d'un côté?*

La longueur d'un côté s'obtient en partageant le périmètre en **4** parties égales ; c'est donc **36** mètres divisés par **4** ou **9** mètres.

279. — Rectangle. — Dans un rectangle les côtés opposés sont égaux.

Les longueurs des côtés sont ce qu'on appelle aussi les *dimensions* du rectangle.

Le périmètre d'un rectangle est égal au double de la somme de ses deux dimensions.

Problème I. — *Les deux dimensions d'un rectangle sont* **23ᵐ,75** *et* **6ᵐ,20**, *quel est le périmètre du rectangle ?*

La somme des deux dimensions est

$$23^m,75 + 6^m,20 = 29^m,95.$$

Le périmètre est donc

$$29^m,95 \times 2 = 59^m,90.$$

Problème II. — *Le périmètre d'un rectangle est de* **37** *mètres. L'une des dimensions est de* **16** *mètres. Quelle est l'autre dimension ?*

La somme des deux dimensions est égale au demi-périmètre, c'est-à-dire à **37ᵐ : 2 = 18ᵐ,50**.

Puisque l'une des dimensions est **16** mètres, l'autre sera égale à

$$18^m,50 - 16^m = 2^m,50.$$

280. — Circonférence d'un cercle. — La circonférence d'un cercle s'obtient en multipliant son diamètre par un nombre appelé *pi*, qu'on représente par la lettre grecque π, et qui est égal environ à **3,1416**.

Problème I. — *Quelle est la circonférence d'une roue de* **30** *mètres de rayon?*

Puisque le rayon est **30** mètres, le diamètre est le double du rayon ou **60** mètres. La circonférence est donc :

$$3.1416 \times 60 = 188^{m},496.$$

Soit **188** *mètres* **496** *millimètres.*

Problème II. — *Quel est le diamètre d'un disque circulaire de* **1** *mètre de circonférence?*

Puisque la circonférence est égale au diamètre multiplié par **3,1416**, on aura le diamètre en divisant la circonférence par **3,1416**.

Ce diamètre est donc :

$$1^{m} : 3,1416 = 0^{m},318,$$

ou **318** *millimètres.*

EXERCICES

SUR LES MESURES DE LONGUEUR

EXERCICES ORAUX ET CALCUL MENTAL

1030. Combien de mètres font : 7 décamètres ; 5 hectomètres ; 6 myriamètres ; 3 kilomètres ; $1^{dam},3$; 7^{Mm} et 16 mètres ; 47^{hm} et 6 mètres ; 4 décamètres et demi ?

1031. Combien de décamètres dans 7 kilomètres ; 18 myriamètres ; 30 mètres ; 2 hectomètres et demi ; un demi-hectomètre ; un demi-kilomètre ; un double myriamètre ; $9^{hm},6$; $5^{Mm},3$; $1^{hm},35$?

1032. Combien de kilomètres dans 65 000 mètres ; 380 hectomètres ; 12 myriamètres ; 700 décamètres ; un demi-myriamètre ; 72 myriamètres et demi ; $50^{Mm},9$?

1033. Combien de centimètres dans 3 mètres ; 5 décamètres ; 18 mètres ; un demi-décimètre ; un double mètre ; $6^{dm},4$; $3^{m},29$; 9 décamètres ; 3^{dam} et 7 décimètres ; 38 décamètres ; $19^{dm},7$; $32^{m},08$?

1034. Dites combien 7 hectomètres valent : de mètres, de décamètres ; de kilomètres ; de décimètres ; de millimètres ; de demi-mètres ; de doubles décamètres ?

1035. Dans le nombre 758 396 millimètres, quel est le chiffre qui représente les mètres ; les centimètres ; les décamètres ; les décimètres ; les hectomètres ?

1036. Combien un double décamètre vaut-il de mètres ; de doubles décimètres ; de centimètres ; de demi-mètres ; de demi-centimètres ?

1037. Qu'est-ce que le décamètre par rapport au kilomètre ? à l'hectomètre ? au myriamètre ? au décimètre ? au centimètre ?

1038. Qu'est-ce que le décimètre par rapport au décamètre ? au kilomètre ? au double mètre ? au demi-hectomètre ?

1039. Combien le double hectomètre vaut-il : de décamètres ; de demi-décamètres ; de doubles mètres ; de doubles décimètres ; de demi-mètres ; de centimètres ?

1040. Quelle est la mesure effective 5 fois plus grande que le mètre ; 20 fois plus grande ; 5 fois plus petite ; 5 fois plus petite que l'hectomètre ; 20 fois plus petite que l'hectomètre ; 50 fois plus petite que l'hectomètre ?

1041. Quand l'unité d'un nombre est le mètre, que devient-elle si on déplace la virgule de 2 rangs vers la gauche ; d'un rang vers la droite ; de 3 rangs vers la gauche ; de 2 rangs vers la droite ; de 4 rangs vers la gauche ; de 3 rangs vers la droite ?

1042. Quand un nombre exprime des mètres par quel nombre faut-il le multiplier pour obtenir des centimètres ; des décimètres ; des millimètres ? Par quel nombre faut-il le diviser pour lui faire exprimer des kilomètres ; des décamètres ; des myriamètres ?

1043. Si un nombre exprime des kilomètres, de combien de rangs vers la droite faut-il avancer la virgule pour que l'unité devienne des mètres ; des décamètres ; des décimètres ?

1044. Quand le kilomètre est pris comme unité que représentent les dizaines ; les dixièmes ; les millièmes ; les centièmes ?

1045. Quelle est l'unité qui représente un dixième, un centième, un millième, un dix-millième du kilomètre ; du mètre ; du myriamètre ; de l'hectomètre ; du décamètre ?

1046. Lire les nombres suivants en prenant comme unité le mètre : 3 kilomètres ; 25 décimètres ; 306 hectomètres ; 24 décamètres ; 328 centimètres ; 2 607 décimètres ; 3 048 millimètres ; 5^{Mm} 7 hectomètres ; $27^{km},5$; $48^{dam},365$; 9^{hm} 7^{dam} 8 mètres ; $9^{dam},18$; $7^{hm}.325$.

1047. Combien y a-t-il de lieues métriques dans 8 kilomètres ; 160 hectomètres ; $5^{Mm},4$; 2 400 décamètres ; dans un double myriamètre ; des pôles à l'équateur ; du pôle nord au pôle sud ; dans le tour de la terre ?

1048. Combien de kilomètres font 3 lieues métriques ; 2 lieues et demie ; une demi-lieue ; une lieue et demie ; 10 lieues ; 12 lieues et demie ; 25 lieues ; 3 demi-lieues ; 5 quarts de lieue ?

1049. Combien d'hectomètres dans 2 lieues ; 6 lieues et demie ; une demi-lieue ; un quart de lieue ; 20 lieues ; 7 demi-lieues ?

1050. Combien de mètres font 3 kilomètres et demi et 8 décamètres ; $6^{km},5$; 75 décamètres et 1 mètre et demi ; un double décamètre et 5 doubles décimètres ; $0^{km},28$ et $2^{dam},5$?

1051. Que manque-t-il à 25 centimètres pour faire 1 mètre ? à $3^m,20$ pour faire un demi-décamètre ; à 7 centimètres pour faire un décimètre ; à 18 kilomètres pour faire 2 myriamètres ?

1052. Combien faut-il ajouter à 8 décimètres pour faire 2 mètres; à 120 centimètres pour faire 3 décamètres ; à $3^{dam},5$ pour faire 1 hectomètre ; à $7^{km},2$ pour faire un double myriamètre ?

1053. Par kilomètre de chemin de fer on paie environ $0^{fr},05$ en 3e classe. Quel est le prix d'un billet pour un parcours de $3^{Mm},4$?

1054. La distance entre deux villes est de $23^{km},5$; sur la route qui les relie on veut planter de chaque côté des arbres à 1 décamètre les uns des autres. Combien faudra-t-il d'arbres ?

1055. Un train parcourt 9 hectomètres par minute. Combien fait-il de kilomètres à l'heure ?

1056. Que reste-t-il d'une pelote de ficelle de 1 décamètre et demi quand on en a coupé un bout de $8^m,25$?

1057. Une plante s'allonge de 2 millimètres par jour. Dans combien de jours pourra-t-elle croître de 1 décimètre ?

1058. Dans la fabrication des épingles de $0^m,03$ de longueur on perd, dans le travail, 2 millimètres de fil par épingle. Quelle longueur de fil de laiton sera nécessaire pour fabriquer 1 000 épingles ?

1059. On entoure d'un mur qui coûte 12 francs le mètre courant un terrain de $2^{hm},6$ de long et 14 décamètres de large. Quelle sera la dépense ?

1060. Un piéton fait 125 pas par hectomètre. Combien en fait-il par kilomètre ; par demi-kilomètre ; par lieue ?

1061. En mesurant un jardin avec un double-mètre, on a pu le porter 25 fois sur la longueur et 19 fois et demie sur la largeur. Quel est son périmètre ?

1062. Le son parcourt 34 décamètres par seconde. Combien parcourt-il de mètres dans un sixième de minute ?

1063. En 3 heures j'ai parcouru $13^{km},5$. Combien d'hectomètres ai-je fait dans une heure ? de mètres dans une demi-heure ?

1064. 25 centimètres de ruban ont coûté 50 centimes. Quel est le prix du mètre ; du demi-mètre ; du décimètre ; d'un mètre et demi ; d'un décamètre ?

1065. Quand un mètre d'étoffe coûte 12 francs, quelle somme paiera-t-on pour un décimètre ; pour 40 centimètres ; pour 2 décimètres et demi. Quelle longueur aurait-on pour 6 francs ; pour 3 francs ; pour 18 francs ?

1066. On borde un tapis carré de $1^m,25$ de côté avec du galon qui coûte $0^{fr},30$ le mètre. Que coûtera la bordure ?

1067. Quand le fil de fer vaut $0^{fr},25$ le mètre, combien aura-t-on de décamètres pour 10 francs ? Combien coûtent le double-mètre ; le demi-décamètre ; un décamètre et demi ; un hectomètre ?

1068. On veut réunir deux villes distantes de 3 lieues et quart par un fil télégraphique. Sachant que l'on place des poteaux de 50 en 50 mètres, combien en faudra-t-il ?

1069. Combien faut-il de marches de $0^m,15$ de hauteur pour atteindre le sommet de la tour Eiffel qui a 300 mètres?

1070. Un homme a parcouru $3^{hm},8$ en 4 minutes. Quel chemin fait-il en un quart d'heure?

EXERCICES ÉCRITS ET PROBLÈMES

1071. Écrire en mètres : 35 décamètres; $9^{km}27^{m}$; $2^{Mm}8^{km}$; $10^{km}25^{dam}$; $6^{M}7^{km}3^{m}$; $27^{dam},8$; $4^{km},32$; $8^{km},4$; $3^{Mm},549$.

1072. Même exercice avec les nombres : 3 centimètres; 9 décimètres; 325 millimètres; 38 millimètres; 27 décimètres; 4639 millimètres; 481 centimètres; $35^{dam}8^{dm}2^{mm}$; $4^{hm}92^{dm}15^{mm}$; $6^{dm},95$; $23^{cm},618$.

1073. Convertir en mètres et additionner : $285^{hm},6$; $38^{dam}95^{cm}$; 3295 décimètres; $25^{dm}3^{mm}$; $28^{cm},98$; $7^{dam},6038$.

1074. Convertir en kilomètres et additionner : $38^{hm},6$; 325 mètres; $9^{Mm}3^{km}6^{m}$; $495^{dam},8$; $5^{km}38^{dm}$; $18^{Mm},0327$.

1075. Effectuez les soustractions suivantes en prenant l'hectomètre comme unité :

$6^{km}25^{m} - 47^{dam},96$; $809^{dam} - 3^{km}78^{m}$; $1^{km}36^{dam} - 978^{m}$.

1076. Multiplier 5938 décamètres par 695 et donner le résultat 1° en mètres, 2° en kilomètres, 3° en centimètres.

1077. Effectuez les divisions suivantes et donnez les résultats en centimètres : $5^{Mm}3^{dam}4^{dm} : 6$; $751^{hm}5^{m} : 25$; $9^{km}7^{m} : 4,78$.

1078. Une route a été tracée, puis construite en 4 ans; la 1re année on a fait $9^{km}7^{dam}$; la seconde année 85 hectomètres, la 3e année 1136 décamètres et la 4e année 7620 mètres. En plaçant une borne tous les 100 mètres, combien faudra-t-il de bornes?

1079. Un écolier a additionné $5^{km}2^{dam}$ avec $23^{dam}31^{cm}$, puis 405^{m}, puis $23^{hm},453$ et 41500^{mm}. Il a trouvé au total $96425^{dm},1$. Le résultat est-il exact et de combien s'est-il trompé en plus ou en moins?

1080. Combien pourra-t-on dans une clouterie faire de douzaines de pointes de 45 millimètres avec un rouleau de fil de fer de $102^{m},60$ de longueur?

1081. Un train parcourt 156^{km} en 2 heures. Combien de mètres parcourt-il par minute?

1082. Combien faut-il placer, à côté l'une de l'autre, de pièces de 20 francs en or pour faire une longueur de $2^{m},31$ sachant que le diamètre d'une de ces pièces est de 21 millimètres?

1083. Le mètre de drap coûtant $9^{fr},80$, combien en aura-t-on de centimètres pour $12^{fr},25$?

1084. Une tige de $8^{dm},55$ est partagée en 380 divisions par des traits équidistants. Quelle est la distance de 2 traits voisins?

1085. Un livre de 408 pages a une épaisseur de $1^{cm},9$. Quelle est l'épaisseur d'un feuillet de 2 pages?

1086. En faisant 100 pas par minute, on a parcouru en 52 minute une certaine distance. Quelle est cette distance si 13 de ces pas valent 1 décamètre?

1087. Les roues d'une voiture ont $4^{m},618$ de tour et elles font 8 tours par minute. Combien de kilomètres aura parcouru cette voiture après 5 heures de marche?

1088. La vitesse de la lumière est de 75000 lieues par seconde.

Quelle est la distance du soleil à la terre en kilomètres si la lumière de cet astre met 8 minutes 16 secondes à nous parvenir?

1089. Trouver en mètres la longueur de la lieue terrestre, sachant qu'il y a 25 lieues terrestres dans un degré et qu'il y a 360 degrés dans le tour complet de la terre; de la lieue marine, de 20 au degré; du mille marin qui est le tiers de la lieue marine?

1090. La somme des côtés d'un triangle est 280^m,60, l'un des côtés a 85^m, le deuxième a 7^m,25 de moins. Calculer le troisième?

1091. Lorsque 35 centimètres d'étoffe coûtent 2^{fr},80, quel est le prix de 7^m,50?

1092. Sur une roue de 1^m,25 de rayon une corde s'enroule 12 fois. Quelle est la longueur de la corde?

1093. Une locomotive a parcouru 1^{km}45^m par minute. Quel trajet pourra-t-elle faire en 3 heures et demie.

1094. Deux cyclistes partent de Paris à 3 heures du matin pour se rendre dans une ville distante de 364^{km},5. L'un fait 36^{km},45 à l'heure et l'autre 405^{hm}. A quelle heure arriveront-ils l'un et l'autre?

1095. La carte routière du ministère de l'intérieur est à l'échelle de 1 cent-millième, c'est-à-dire que 1 mètre sur la carte représente 100000 mètres sur le terrain. Quelle longueur a une route qui est représentée sur cette carte par 37^{mm},4? Par quelle longueur sera représentée une autre route de 396 hectomètres?

1096. Le plancher d'un appartement du 5e étage d'une maison est à 14^m,25 au-dessus du sol et on y accède par un escalier de 95 marches. Quelle est la hauteur de chaque marche? de chaque étage s'ils sont tous de même dimension?

1097. Deux rues ont ensemble 4^{km} 5^{dam} 9^m. La première a 1^{km},56 de plus que l'autre. Quelle est la longueur de chaque rue?

1098. Une salle a 5^m,80 de long, 4^m,75 de large et 3^m,2 de hauteur. Quelle est la longueur totale de toutes les arètes intérieures?

1099. Un ouvrier a creusé en 16 jours un fossé entourant un jardin carré de 25 mètres de côté. Combien a-t-il fait de mètres par jour?

1100. De Paris à Trouville la distance est de 220 kilomètres et chaque billet coûte 24^{fr},65 en 1re classe, 16^{fr},65 en 2e classe et 10^{fr},85 en 3e classe. Combien coûte une lieue de trajet dans chaque classe?

1101. Un touriste parcourt 4 lieues et demie en 3 heures. Quel chemin pourra-t-il faire en 8 jours s'il marche 5 heures par jour?

1102. 6 mètres de soie valent autant que 4^m,75 de drap. Quel est le prix du mètre de soie si on paie 170^{fr},40 pour 14^m,20 de drap?

1103. Le diamètre d'une pièce de 2 francs est de 27^{mm}. Quelle longueur obtiendrait-on en plaçant de ces pièces, l'une à côté de l'autre, pour une valeur de un million?

1104. Deux trains parcourent par heure l'un 48 kilomètres et l'autre 60. Ils partent de Paris dans la même direction le 1er à 8 heures du matin et le second à 10^h 30^m. A quelle distance de Paris le second aura-t-il rejoint le 1er et à quelle heure?

1105. Les grandes roues d'une voiture ont 5^m,80 de circonférence. Combien font-elles de tours sur un parcours de 116 hectomètres? Si les petites font 5 tours pendant que les grandes en font 4, trouver la circonférence des petites roues?

1106. Un négociant fait venir $39^m,50$ d'étoffe vendue $47^{fr},40$ les 12 mètres. Après vérification il s'aperçoit qu'on lui en a livré $1^m,75$ de moins. Quelle somme doit-il verser?

1107. On entoure un champ rectangulaire de $9^{hm} 6^a$ de long et $57^{dam},35$ de large d'une haie qui revient à $0^{fr},75$ par mètre. Quelle sera la dépense?

1108. Un jardin a 166 mètres de pourtour et $35^m,45$ de largeur; quelle est sa longueur?

1109. On mesure le périmètre d'une chambre et l'on trouve que la longueur dépasse la largeur de $0^m,65$. Quelles sont les dimensions de cette chambre si le pourtour a $16^m,22$?

1110. Autour d'un pré qui a 28 décamètres de largeur on a mis une clôture formée d'un double rang de fil de fer dont l'achat et la pose reviennent à $1^{fr},50$ le décamètre courant. Trouver la longueur du jardin sachant que la dépense s'est élevée à 363 francs?

1111. Les grandes roues d'une voiture ont $1^m,05$ de rayon et les petites ont $1^m,80$ de diamètre. Combien de tours font chacune des roues sur un trajet de 20 kilomètres?

1112. Autour d'un bassin de $5^m,25$ de rayon on construit une bordure en marbre qui revient à $15^{fr},70$ le mètre courant. Quel sera le prix de la bordure à un centime près?

1113. Sur un trajet de 31 416 mètres, les roues d'une voiture ont tourné 5 000 fois. Calculer le rayon de la roue.

1114. L'une des roues d'une bicyclette a fait 4 500 tours. Quel chemin a-t-elle parcouru si le diamètre a $0^m,72$.

1115. Un arpenteur mesure la longueur d'un champ et trouve 378 mètres, puis il remarque que sa chaîne de 1 décamètre est trop longue de 14 millimètres. Quelle est la longueur réelle du champ?

1116. Tout autour d'un jardin carré de 380^m de pourtour le propriétaire fait établir à l'intérieur une allée de $1^m,50$ de largeur. Quel sera le périmètre de la partie du jardin qui pourra être cultivée?

1117. On a bordé un tapis 2 fois plus long que large avec du galon qui coûte 10 francs la pièce de 25 mètres. Quelles sont les dimensions de ce tapis s'il a fallu acheter pour $4^{fr},20$ de galon?

1118. On entoure un champ rectangulaire, dont les côtés ont $17^{dam},1$ et 204 mètres, d'une clôture composée d'un triple rang de fil de fer soutenu par des poteaux placés de 5 en 5 mètres. Ces poteaux coûtent 28 francs le cent et le fil de fer $0^{fr},80$ le décamètre. Quel est le prix de revient de la clôture?

1119. Sur une feuille de son cahier un élève trace un encadrement à 18 millimètres des bords. Quelle sera la longueur des 4 lignes tracées si le cahier a pour dimensions 16 centimètres sur 20?

1120. On commande à un ébéniste une table ronde pour 8 personnes. Trouver le diamètre à un centimètre près qu'il faudra donner à cette table si l'on veut que l'espace réservé à chaque personne soit de 65 centimètres?

1121. Les roues d'une locomotive ont $4^m,50$ de circonférence. Combien font-elles de tours à la minute, si la locomotive fait 63 kilomètres à l'heure?

MESURES DE SURFACE

281. — L'unité principale de surface est le *mètre carré*.

Le mètre carré *est un carré dont chaque côté a un mètre de longueur.*

On le désigne en abrégé par m^2.

282. — **Multiples.** — Les *multiples* du mètre carré sont :

le **décamètre carré**,   en abrégé dam^2,
l'**hectomètre carré**,   — hm^2,
le **kilomètre carré**,   — km^2,
le **myriamètre carré**,   — Mm^2.

Un *décamètre carré* est un carré dont chaque côté a **1** *décamètre* (**10** mètres) de longueur.

Un *hectomètre carré* est un carré dont chaque côté a **1** *hectomètre* (**100** mètres) de longueur.

Un *kilomètre carré* est un carré dont chaque côté a **1** *kilomètre* (**1000** mètres) de longueur.

Un *myriamètre carré* est un carré dont chaque côté a **1** *myriamètre* (**10 000** mètres) de longueur.

283. — **Sous-multiples.** — Les *sous-multiples* du mètre carré sont :

le **décimètre carré**,   en abrégé dm^2,
le **centimètre carré**,   — cm^2,
le **millimètre carré**,   — mm^2.

Un *décimètre carré* est un carré dont chaque côté a **1** *décimètre* ($0^m,\mathbf{1}$) de longueur.

Un *centimètre carré* est un carré dont chaque côté a **1** *centimètre* (**0**^m,**01**) de longueur.

Un *millimètre carré* est un carré dont chaque côté a **1** *millimètre* (**0**^m,**001**) de longueur.

284. — Relations entre les diverses unités. — *Si on découpe un carré quelconque en* **100** *petits carrés égaux, le côté de chacun des petits carrés est le dixième du côté du grand carré.*

Prenons un carré de papier et découpons-le en **10** bandes égales. La longueur d'une bande est la longueur du côté du grand carré, sa largeur est *un dixième* du côté du grand carré.

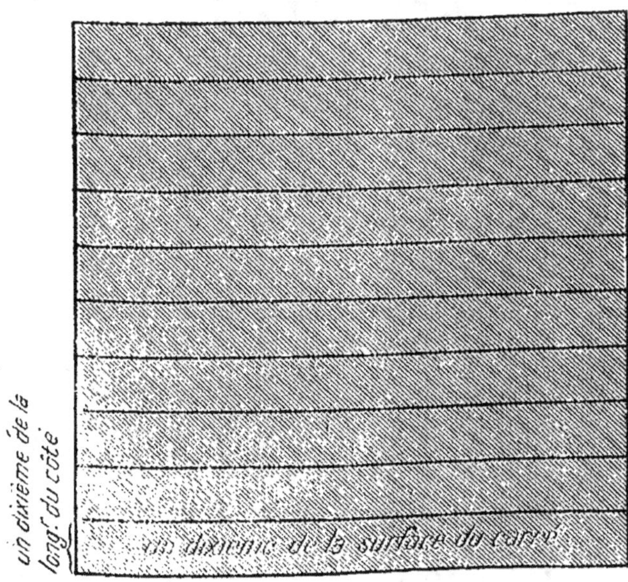

La surface de chaque bande est *un dixième* de la surface du grand carré.

Coupons chaque bande en **10** morceaux égaux.

La longueur d'un morceau est le dixième du côté du carré.

Sa largeur est aussi le dixième du côté du carré.

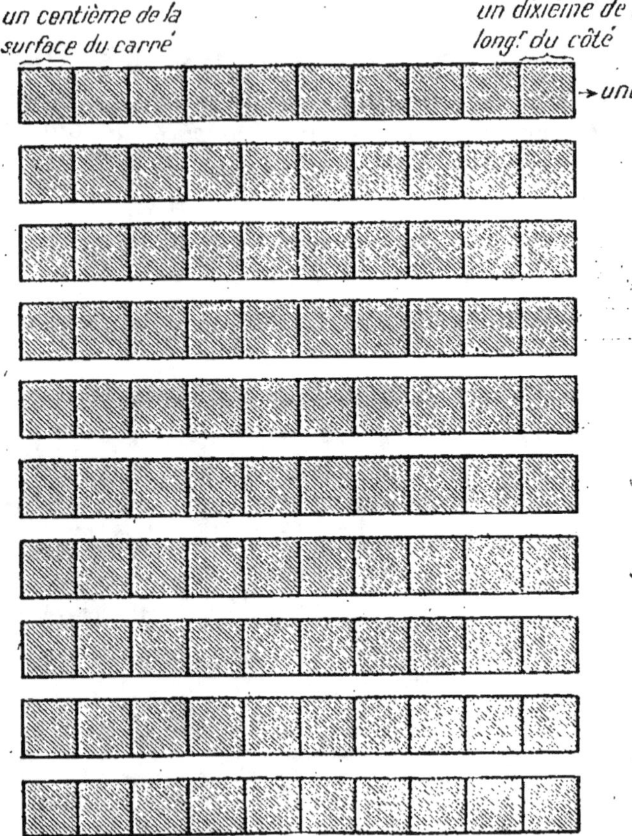

Donc chaque petit morceau est un carré.

Dans une bande il y a dix petits carrés, dans **10** bandes il y a **10** fois **10** petits carrés, ou **100** petits carrés.

On en conclut que :

Un carré contient cent carrés ayant chacun pour côté le dixième du côté de ce carré.

Si le grand carré a **1** *myriamètre* de côté, le petit carré a **1** *kilomètre* de côté. Donc :

Le myriamètre carré contient **100** *kilomètres carrés.*

Si le grand carré a **1** *kilomètre* de côté, chaque petit carré a **1** *hectomètre* de côté. Donc :

Le kilomètre carré contient **100** *hectomètres carrés.*

Si le grand carré a **1** *hectomètre* de côté, chaque petit carré a **1** *décamètre* de côté. Donc :

L'hectomètre carré contient **100** *décamètres carrés.*

Si le grand carré a **1** *décamètre* de côté, chaque petit carré a **1** *mètre* de côté. Donc :

Le décamètre carré contient **100** *mètres carrés.*

Si le grand carré a **1** *mètre* de côté, chaque petit carré a **1** *décimètre* de côté. Donc :

Le mètre carré contient **100** *décimètres carrés.*

Si le grand carré a **1** *décimètre* de côté, chaque petit carré a **1** *centimètre* de côté. Donc :

Le décimètre carré contient **100** *centimètres carrés.*

Si le grand carré a **1** *centimètre* de côté, chaque petit carré a **1** *millimètre* de côté. Donc :

Le centimètre carré contient **100** *millimètres carrés.*

285. — *Le myriamètre carré* contient :

$$100^{km^2}$$

ou 100 fois 100 hectomètres carr. $= 10\,000^{hm^2}$

ou 10 000 fois 100 décamètr. carr. $= 1\,000\,000^{dm^2}$

ou 1 000 000 fois 100 mètres carr. $= 100\,000\,000^{m^2}.$

Le kilomètre carré contient :

$$100^{hm^2}$$

ou 100 fois 100 décamètres carrés $= 10\,000^{dam^2}$

ou 10 000 fois 100 mètres carrés $= 1\,000\,000^{m^2}:$

L'*hectomètre carré* contient : 100^{dam^2}

ou 100 fois 100 mètres carrés $= 10\,000^{m^2}$.

Le *décamètre carré* contient : 100^{m^2}.

286. — Le *mètre carré* contient : 100^{dm^2}

ou 100 fois 100 centimètres carrés $= 10\,000^{cm^2}$

ou 10 000 fois 100 millimètres carr. $= 1\,000\,000^{mm^2}$

Le *décimètre carré* contient : 100^{cm^2}

ou 100 fois 100 millimètres carrés $= 10\,000^{mm^2}$.

Le *centimètre carré* contient : 100^{mm^2}.

287. — PROBLÈME. — *Combien y a-t-il de mètres carrés dans* $4^{hm^2}\ 32^{dam^2}\ 78^{m^2}$?

Dans 1^{hm^2} il y a $10\,000^{m^2}$; dans 4^{hm^2} il y a $40\,000^{m^2}$.

Dans 1^{dam^2} il y a 100^{m^2}; dans 32^{dam^2} il y a $3\,200^{m^2}$.

Il y a donc en tout :

$40\,000 + 3\,200 + 78$ *mètres carrés* ou $43\,278^{m^2}$.

288. — PROBLÈME. — *Combien y a-t-il de décimètres carrés dans* $3^{dam^2}\ 5^{m^2}\ 32^{dm^2}$?

Dans 1^{dam^2} il y a 100×100 ou $10\,000^{dm^2}$;

donc dans 3^{dam^2} » $30\,000^{dm^2}$.

Dans 1^{m^2} il y a 100^{dm^2};

donc dans 5^{m^2} » 500^{dm^2}.

Il y a donc en tout :

$30\,000 + 500 + 32$ *décimètres carrés* ou $30\,532^{dm^2}$.

289. — PROBLÈME. — *Exprimer* 78^{dm^2}, *en mètres carrés.*

1^{dm^2} est la centième partie de 1^{m^2};

78^{dm^2} valent donc **78** *centièmes de mètre carré* ou $0^{m^2},78.$

290. — **Écriture d'un nombre de mètres carrés.** — Le centimètre carré étant une centaine de millimètres carrés, les centimètres carrés s'écrivent au *deuxième* rang à *gauche* des millimètres carrés;

Le décimètre carré étant une centaine de centimètres carrés, les décimètres carrés s'écrivent au *deuxième* rang à *gauche* des centimètres carrés ;

Le mètre carré étant une centaine de décimètres carrés, les mètres carrés s'écrivent au *deuxième* rang à *gauche* des décimètres carrés ;

Le décamètre carré étant une centaine de mètres carrés, les décamètres carrés s'écrivent au *deuxième* rang à *gauche* des mètres carrés ;

Et ainsi de suite.

EXEMPLE. — *Écrire* **15**$^{dam^2}$ **34**$^{m^2}$ **16**$^{dm^2}$ **83**$^{cm^2}$.

J'écris **16**$^{dm^2}$ au deuxième rang à gauche de **83**$^{cm^2}$, puis **34**$^{m^2}$ au deuxième rang à gauche de **16**$^{dm^2}$ et **15**$^{dam^2}$ au deuxième rang à gauche des **34**$^{m^2}$. Je place une *virgule* pour séparer les mètres carrés des décimètres carrés et l'indique l'unité en haut au-dessus de la virgule. J'ai ainsi

$$1534^{m^2},1683.$$

Il faut deux *chiffres pour écrire chaque multiple et chaque sous-multiple décimal du mètre carré.*

291. — Lorsqu'il n'y a qu'un chiffre on complète par un zéro à gauche.

On remplace les unités absentes par deux zéros.

EXEMPLE. — *Écrire les nombres suivants en mètres carrés.*

$$4^{hm^2}\ 32^{dam^2}\ 78^{m^2};$$
$$3^{dam^2}\ \ 5^{m^2}\ 32^{dm^2};$$
$$78^{dm^2};$$
$$7^{dcm^2}\ \ \ \ \ 13^{dm^2}\ 6^{cm^2};$$

Ceci donne :

$$4\ 32\ 78^{m^2}$$
$$3\ 05^{m^2},32$$
$$0^{m^2},78$$
$$7\ 00^{m^2},13\ 06$$

Chaque unité occupe une tranche de **deux** chiffres.

292. — Changement d'unité. — On peut mettre la virgule à la droite de n'importe laquelle des tranches de deux chiffres *pourvu qu'on ait soin d'indiquer au-dessus de la virgule, le nom des unités que représente cette tranche.*

EXEMPLE 1. — Le nombre **20 789$^{m^2}$,31** peut s'écrire des diverses manières que voici :

$$
\begin{array}{cccc}
hm^2 & dam^2 & m^2 & dm^2 \\
\hline
2 & 07 & 89^{m^2}\text{,}31 & \\
2 & 07 & 88 & 31^{dm^2} \\
2 & 07^{dam^2}\text{,}89 & 31 & \\
2^{hm^2}\text{,}07 & 89 & 31 &
\end{array}
$$

EXEMPLE II. — Le nombre **0$^{m^2}$,47536** peut s'écrire :

$$
\begin{array}{cccc}
m^2 & dm^2 & cm^2 & mm^2 \\
\hline
0^{m^2}\text{,}47 & 53 & 6 & \\
47^{dm^2}\text{,}53 & 6 & & \\
47 & 53^{cm^2}\text{,}6 & &
\end{array}
$$

On peut donc avancer ou reculer la virgule de 2, 4, 6 rangs, à condition de changer le nom de l'unité inscrit au-dessus de la virgule.

C'est ce qu'on appelle faire un *changement* ou *conversion d'unités.*

EXEMPLE. — *Convertir le nombre* **57 834$^{m^2}$,25** *en hectomètres carrés.*

J'écris le nombre en indiquant au-dessus de chaque tranche les unités qu'elle représente :

$$
\begin{array}{cccc}
hm^2 & dam^2 & m^2 & dm^2 \\
\hline
5 & 78 & 34 & 25
\end{array}
$$

puis, je place la virgule à droite des hectomètres carrés et j'ai

$$5^{hm^2}\text{,}783425.$$

293. — S'il manque des chiffres pour déplacer la virgule, on écrit des zéros à gauche ou à droite pour remplacer les unités absentes.

EXEMPLE. — *Convertir* **735**$^{cm^2}$**,4** *en décamètres carrés.*

J'écris au-dessus de chaque tranche le nom des unités qu'elle représente.

$$\underset{\text{dam}^2}{\underbrace{0}}\quad\underset{\text{m}^2}{\underbrace{07}}\quad\underset{\text{cm}^2}{\underbrace{35}}\quad\underset{\text{mm}^2}{\underbrace{4}}$$

et j'ajoute des zéros à gauche pour marquer les unités absentes; puis je place une virgule à droite des décamètres carrés et j'ai :

$$0^{dam^2},07354.$$

294. — **Lire une mesure de surface écrite.** — Supposons que la mesure d'une surface soit

$$4781^{m^2},2534.$$

Partageons en tranches de deux chiffres à partir de la virgule et écrivons au-dessus de chaque tranche le nom des unités qu'elle représente. Nous avons :

$$47^{dam^2}\quad 81^{m^2}\quad 25^{dm^2}\quad 34^{cm^2}.$$

La surface contient donc **47** *décamètres carrés,* **81** *mètres carrés,* **25** *décimètres carrés* et **34** *centimètres carrés.*

Généralement, on se contente d'énoncer le nom de l'unité principale et le nom de la plus petite unité et on dit :

4781 *mètres carrés,* **2534** *centimètres carrés.*

295. — Lorsque la dernière tranche à droite n'a qu'un chiffre, on la complète par un zéro.

Ainsi   **595**$^{dam^2}$**,873**

peut se lire   **5**$^{hm^2}$ **95**$^{dam^2}$ **87**$^{m^2}$ **30**$^{dm^2}$

ou   **595**$^{dam^2}$ **8730**$^{dm^2}$.

296. — **Mesures agraires.** — Lorsqu'on mesure la surface d'un champ, d'un bois..., on prend pour unité le décamètre carré, qu'on appelle *are*.

***L'are** est un décamètre carré.*

297. — **Multiples et sous-multiples de l'are.** — L'are (a) n'a qu'un *multiple* :

l'**hectare** (en abrégé *ha*) qui vaut **100** *ares*,
et un *sous-multiple* :

le **centiare** (en abrégé *ca*), qui vaut **1** *mètre carré*.

298. — **Correspondance des unités.** — Il faut bien se rappeler que :

1 *hectare* vaut **1** *hectomètre carré;*
1 *are*   — **1** *décamètre carré;*
1 *centiare* — **1** *mètre carré.*

Par suite, quand on veut convertir des nombres de centiares, d'ares, d'hectares en mètres carrés, il suffit de remplacer :

le mot *centiare* par le mot   *mètre carré,*
 — *are*   —   *décamètre carré,*
 — *hectare*   —   *hectomètre carré.*

299. — **Lecture et écriture.** — On lit et on écrit un nombre d'hectares, ares et centiares comme un nombre d'hectomètres carrés, décamètres carrés et mètres carrés.

En conséquence, il faut **2** chiffres pour chaque multiple et chaque sous-multiple.

EXEMPLE. — $4^{ha} 8^{a} 5^{ca}$ s'écrit : $4^{ha} 08^{a} 05^{ca}$ ou $408^{a},05$ ou $4^{ha},0805$ ou 40805^{ca}; car $4^{ha} 8^{a} 5^{ca}$ sont $4^{hm^2} 8^{dam^2} 5^{m^2}$.

Problème. — *Combien y a-t-il de mètres carrés dans* **375** *ares* **25** *centiares?*

Comme **1** are est **1** décamètre carré et **1** centiare est **1** mètre carré, **375ᵃ 25ᶜᵃ** valent $375^{dam^2} 25^{m^2}$ ou $375^{dam^2},25$ ou 37525^{m^2}.

Problème. — *Combien y a-t-il d'hectares, d'ares et de centiares dans* **485647ᵐ²** ?

485647ᵐ² valent $48^{hm^2} 56^{dam^2} 47^{m^2}$ et, par suite, $58^{h} 56^{a} 47^{ca}$.

MESURES DES PRINCIPALES SURFACES

300. — Rectangle. —

Considérons un rectangle A B C D qui a **5ᵐ** de long et **3ᵐ** de large. Partageons sa largeur en **3** parties de **1ᵐ** chacune et menons par les points de division des parallèles aux grands côtés A B et D C. Nous partageons ainsi le rectangle en **3** bandes ayant chacune **5ᵐ** de long et **1ᵐ** de large. Partageons ensuite le côté D C en **5** parties de **1ᵐ** chacune, et par les points de division menons des droites

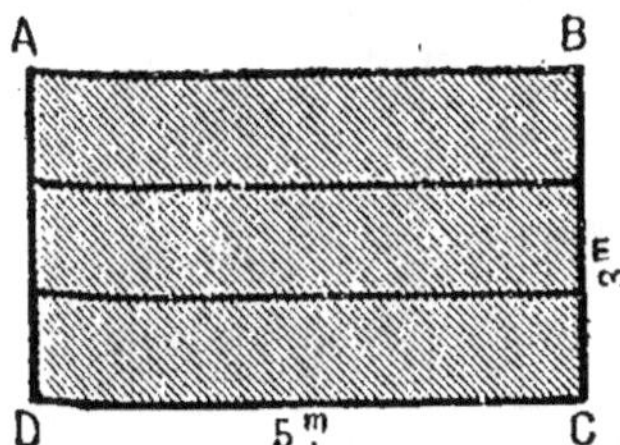
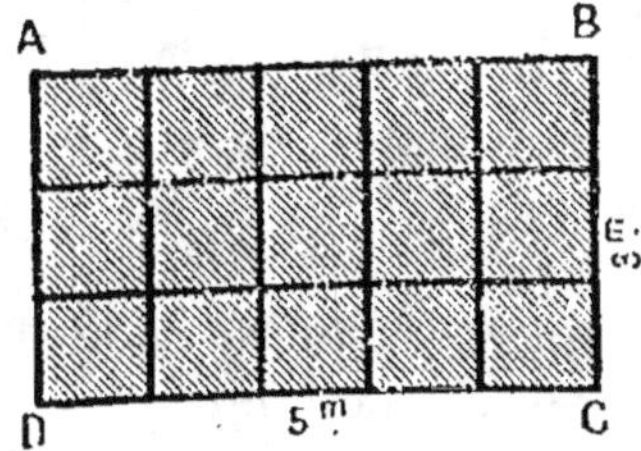

parallèles aux petits côtés A D et B C; nous partageons ainsi chaque bande en **5** carrés de **1ᵐ** de côté.

Le rectangle A B C D contient donc $3 \times 5 = 15$ carrés de **1ᵐ** de côté, c'est-à-dire **15** mètres carrés.

15 est le produit de la longueur **5** par la largeur **3**.

Donc :

On obtient la mesure de la surface ou aire d'un rectangle en multipliant sa largeur par sa hauteur, mesurées toutes deux avec la même unité.

Si les deux dimensions du rectangle sont mesurées en *mètres*, la surface est mesurée en *mètres carrés*;

Si les deux dimensions sont mesurées en *décimètres*, la surface est mesurée en *décimètres carrés*;

Si les deux dimensions sont mesurées en *centimètres*, la surface est mesurée en *centimètres carrés*;

Et ainsi de suite.

EXEMPLE. — *Quelle est l'aire, en mètres carrés, d'un rectangle qui a* 3^m *de long et* **75** *centimètres de large?*

Il faut d'abord transformer les centimètres en mètres. La largeur est de $0^m,75$. La surface est donc :

$$0,75 \times 3 = 2^{m^2},25 \qquad \text{ou} \qquad 2^{m^2}25^{dm^2}.$$

301. — **Quand on connaît l'aire d'un rectangle et l'une de ses dimensions, on obtient l'autre dimension en divisant l'aire par la première dimension.**

EXEMPLE. — *Un rectangle a* 3^{dam^2} *d'aire. L'une des dimensions est de* **15**^{m}, *quelle est l'autre dimension?*

Il faut d'abord avoir soin de prendre des unités *correspondantes.*

$$3^{dam^2} \quad \text{valent} \quad 300^{m^2}.$$

Pour avoir la seconde dimension nous divisons **300** par **15** et ceci donne

$$300 : 15 = 20^m.$$

La seconde dimension est de **20**^{m}.

302. — **Carré.** — Un carré est un rectangle dont les deux dimensions sont égales. On trouvera donc sa surface comme celle d'un rectangle.

Exemple. — *Quelle est l'aire d'un carré de **25**ᵐ de côté ?*

Cette surface est, en *mètres carrés* :

$$25 \times 25 = 625^{m2}.$$

Multiplier un nombre par lui-même c'est faire *le carré de ce nombre*.

Pour avoir la mesure de la surface ou aire d'un carré, on fait le carré de la longueur du côté.

303. — Parallélogramme. —

Prenons un parallélogramme, appelons *base* l'un des côtés AB et menons la perpendiculaire BE à la base qu'on

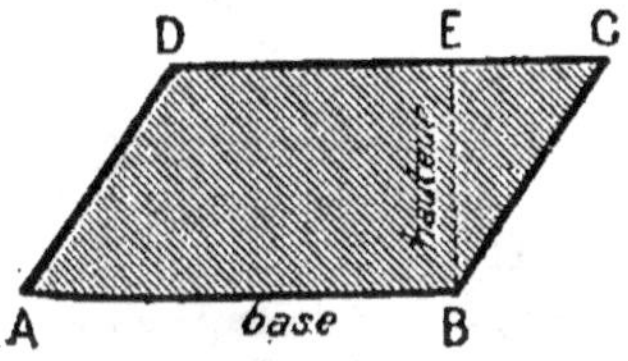
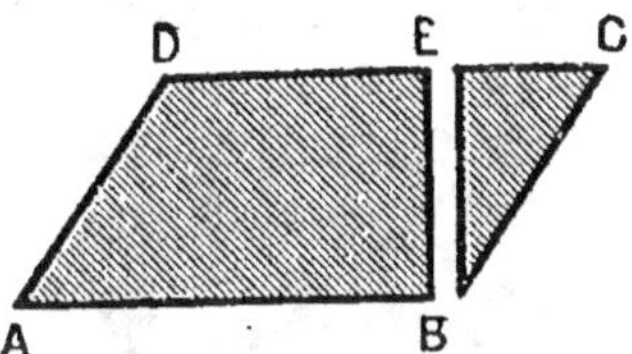

appelle *hauteur*. Coupons le parallélogramme en deux suivant BE, nous obtenons deux morceaux : l'un ABED qui est un *trapèze*, l'autre BEC qui est un *triangle*.

Transportons le triangle BEC à droite, de façon que le côté BC vienne s'appliquer sur AD, et nous obtenons finalement un *rectangle* ABEF.

Ce rectangle a même aire que le parallélogramme, puisqu'il est formé des mêmes morceaux. Or, l'aire du

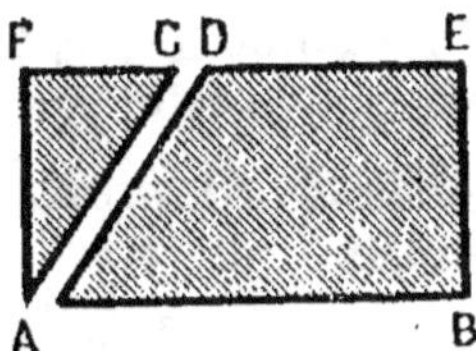
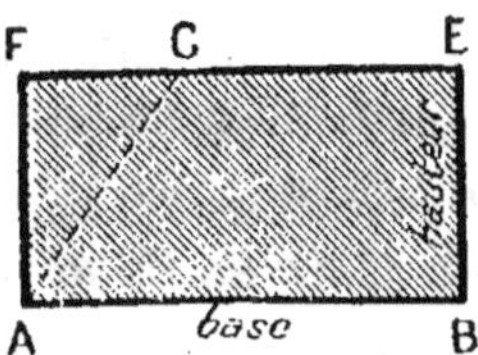

rectangle est égale au produit de sa base AB par sa hauteur BE ; il en est de même pour le parallélogramme.

Donc :

L'aire d'un parallélogramme est égale au produit de sa base par sa hauteur, mesurées toutes deux avec la même unité.

EXEMPLE. — *La base d'un parallélogramme a* **15ᵐ,50**, *sa hauteur a* **12ᵐ** *; quelle est son aire ?*

Cette aire est de

$$15,50 \times 12 = 186^{m^2}.$$

304. — Triangle. —

Prenons un triangle ABC. Appelons le côté BC *base*. Abaissons de A la perpendiculaire AH sur BC. La longueur AH est ce qu'on appelle la *hauteur*. Imaginons en-

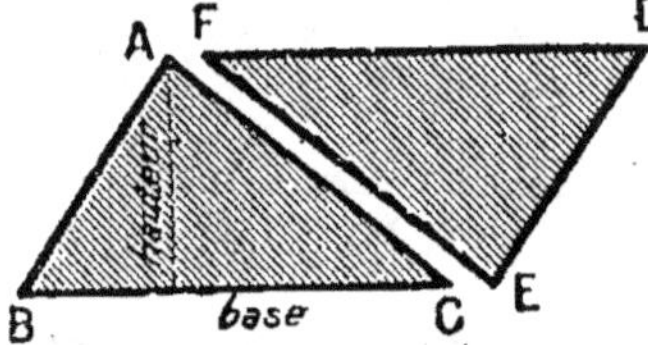

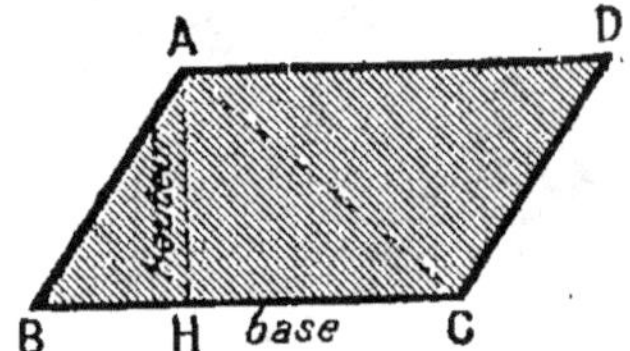

suite un second triangle DEF égal au triangle ABC et plaçons-le à côté du triangle ABC, mais en le retournant, de façon que les côtés égaux AC et EF soient en face. En réunissant les deux triangles nous obtenons un *parallélogramme* ABCD. Ce parallélogramme est donc égal à la somme des deux triangles égaux à ABC. L'aire du parallélogramme est donc *double* de celle du triangle. L'aire du triangle est par suite la *moitié* de celle du parallélogramme. Comme l'aire du parallélogramme est égale au produit de la base par la hauteur, on en conclut que :

L'aire d'un triangle est égale à la moitié du produit de sa base par sa hauteur.

EXEMPLE. — *Quelle est l'aire d'un triangle, de* **25ᶜᵐ** *de base et de* **17ᶜᵐ** *de hauteur?*

Cette aire est la moitié du produit :

$$25 \times 17 = 425 \quad \text{ou} \quad 212^{cm^2},5.$$

305. — Cercle. — *L'aire d'un cercle est égale à la moitié du produit de sa circonférence par son rayon.*

Comme nous savons calculer la circonférence, nous saurons calculer l'aire.

EXEMPLE. — *Le diamètre d'une pièce de **5** francs est de* **37**^{mm}. *Quelle est sa surface?*

La circonférence de la pièce est :

$$37 \times 3,1416 = 116^{mm},2392.$$

L'aire est alors, en *millimètres carrés*, la moitié du produit de **116,2392** par le rayon qui est de **18**^{mm},**5** :

$$116,2392 \times 18,5 = 2150,4252.$$

L'aire cherchée est la moitié de ce produit ou :

$$1075^{mm²},2126$$

ou

$$10^{cm²},752126$$

EXERCICES

SUR LES MESURES DE SURFACE

EXERCICES ORAUX ET CALCUL MENTAL

1122. Comment nomme-t-on :

1° Un carré qui a 10 mètres de côté? Combien vaut-il de mètres carrés, de décamètres carrés?

2° Un carré qui a 100 mètres de côté? combien vaut-il de mètres carrés, de décamètres carrés?

3° Un carré qui a 1000 mètres de côté? Combien vaut-il de mètres carrés, de décamètres carrés, d'hectomètres carrés?

4° Un carré qui a 10000 mètres de côté? Combien vaut-il de kilomètres carrés, de décamètres carrés, d'hectomètres carrés, de mètres carrés?

1123. Quel rang occupent les hectomètres carrés, les décamètres carrés, les myriamètres carrés, les kilomètres carrés?

1124. Comment s'appelle :

1° Un carré qui a un décimètre de côté? Combien en faut-il pour faire un mètre carré?

2° Un carré qui a un centimètre de côté? Combien en faut-il pour faire un décimètre carré, un mètre carré?

3° Un carré qui a un millimètre de côté? Combien en faut-il pour faire un mètre carré, un centimètre carré, un décimètre carré?

1125. A quel rang se placent les décimètres carrés, les centimètres carrés, les millimètres carrés?

1126. Quelle est l'unité de surface 100 fois plus grande que le mètre carré? 100 fois plus petite? 10 000 fois plus grande? 10 000 fois plus petite? 1 000 000 de fois plus grande? 1 000 000 de fois plus petite? 100 000 000 de fois plus grande?

1127. Combien de mètres carrés font : 3^{dam^2}, 7^{Mm^2}, 5^{hm^2}, 8^{km^2}?

1128. Combien 6 mètres carrés valent-ils de centimètres carrés, de décimètres carrés, de millimètres carrés?

1129. Quelle est l'unité de surface :

1° 100 fois plus grande que : le centimètre carré, le millimètre carré, l'hectomètre carré, le décamètre carré, le kilomètre carré?

2° 10 000 fois plus grande que : le décimètre carré, le décamètre carré, le millimètre carré, l'hectomètre carré, le centimètre carré?

1130. Quelle est l'unité un million de fois : plus petite que le myriamètre carré; plus grande que le décamètre carré; plus petite que l'hectomètre carré; plus grande que le centimètre carré; plus petite que le décamètre carré?

1131. Que vaut le mètre carré par rapport au kilomètre carré, au décamètre carré, à l'hectomètre carré, au millimètre carré?

1132. Qu'est-ce que le décamètre carré par rapport à l'hectomètre carré, au kilomètre carré, au millimètre carré? Combien vaut-il de mètres carrés, de centimètres carrés, de millimètres carrés?

1133. Qu'est-ce que l'hectomètre carré par rapport au millimètre carré, au kilomètre carré, au décamètre carré? Combien vaut-il de décamètres carrés, de décimètres carrés, de centimètres carrés?

1134. Quand le décimètre carré est pris comme unité, que représentent les centaines? les dizaines de mille? les millions? les centièmes? les dix-millièmes?

1135. Quand l'unité est le décamètre carré; l'hectomètre carré: que représentent : les centaines? les centièmes? les dizaines de mille? les dix-millièmes? les millionièmes?

1136. Si un nombre exprime des mètres carrés par quel nombre faut-il le multiplier pour obtenir des centimètres carrés; des décimètres carrés; des millimètres carrés? par quel nombre faut-il le diviser pour obtenir des kilomètres carrés; des décamètres carrés; des myriamètres carrés; des hectomètres carrés?

1137. Quand un nombre de surface exprime des décamètres carrés; des hectomètres carrés; des décimètres carrés; qu'arrive-t-il si on déplace la virgule de 2 rangs vers la droite? de 4 rangs vers la gauche? de 2 rangs vers la gauche? de 4 rangs vers la droite?

1138. Si un nombre exprime des kilomètres carrés, de combien de rangs vers la droite faut-il déplacer la virgule pour lui faire exprimer des mètres carrés, des décamètres carrés, des décimètres carrés, des hectomètres carrés, des centimètres carrés?

1139. Quelle différence y a-t-il entre un dixième de mètre carré et un décimètre carré? un millième de mètre carré et un millimètre carré? une dizaine de mètres carrés et un décamètre carré? mille mètres carrés et un kilomètre carré?

1140. Combien de mètres carrés dans un demi-décamètre carré? un

demi-hectomètre carré? un demi-kilomètre carré? un demi-myriamètre carré?

1141. Combien un demi-mètre carré vaut-il de décimètres carrés;
de centimètres carrés; de millimètres carrés?

1142. Combien de mètres carrés font :

1° 7^{dam^2}; 28^{dam^2}; $2^{dam^2},4$; $39^{dam^2},27$? deux dizaines de mètres carrés?
24 dizaines de mètres carrés?

2° 8^{hm^2}; 32^{hm^2}; $0^{hm^2},59$? 3 centaines de mètres carrés? 75 centaines
de mètres carrés? 9^{hm^2}?

3° 40^{km^2}; $6^{km^2},5$; $0^{km^2},2837$; 9^{Mm^2}; $0^{Mm^2},18$?

1143. Combien de décamètres carrés font 8^{hm^2}; 25^{hm^2}; $3^{hm^2},49$;
$44^{hm^2},7$; 6500^{m^2}; 472000^{m^2}?

1144. Combien d'hectomètres carrés dans 30500^{dam^2}; 280000^{m^2};
7^{km^2}; 89^{dam^2}; $13^{km^2}25$; 4^{Mm^2}?

1145. Combien de décimètres carrés font : 12^{m^2}; 1^{dam^2}; 2800^{cm^2};
8 dixièmes de mètre carré? 13 dixièmes de mètre carré? 6 centaines
de mètres carrés? 42 centaines de mètres carrés? un quart de mètre
carré? 300^{cm^2}?

1146. Lire le nombre 3749208151^{cm^2} en prenant successivement
comme unité le mètre carré; le décimètre carré; le décamètre carré;
l'hectomètre carré.

1147. Lire les nombres suivants en les décomposant, c'est-à-dire en
désignant tous les multiples et sous-multiples :

$35^{m^2},2847$; $93^{dam^2},752102$; $348^{hm^2},30079$; $103^{m^2},70954$; $7340^{dm^2},206$;
$7^{dam^2},028$; $9430^{km^2},07082$; $0^{in^2},678$; $39804^{hm^2},6$; $734008^{cm^2},5$.

1148. Combien de mètres carrés font : 9 hectomètres carrés et
12 décamètres carrés; un demi-kilomètre carré et un demi-décamètre
carré; 3 kilomètres carrés et 8 hectomètres carrés; 35 décamètres
carrés et 7 mètres carrés; 57 kilomètres carrés et 328 décamètres
carrés; 5 hectomètres carrés et 5 centaines de mètres carrés?

1149. Que faut-il ajouter à 4 dizaines de mètres carrés pour faire
un décamètre carré? à une centaine de mètres carrés pour faire un
hectomètre carré? à 60 décimètres carrés pour faire un mètre carré?
à 5 décimètres carrés pour faire un dixième de mètre carré? à
9980 centimètres carrés pour faire 2 mètres carrés?

1150. Quand le mètre carré de terrain vaut 15 francs, quel est le
prix du décamètre carré; de l'hectomètre carré?

1151. Si l'hectomètre carré coûte 5000 francs, que coûtent : le
mètre carré; le décamètre carré; le kilomètre carré; dix mètres carrés; mille mètres carrés; 10 décamètres carrés?

1152. Une salle carrée a 8 mètres de côté. Quelle est sa surface en
mètres carrés? Combien faudra-t-il de pavés carrés de chacun 1 décimètre de côté pour la recouvrir? Combien a-t-elle de pourtour?

1153. Une cour carrée a 80 mètres de pourtour. Quelle est sa surface en mètres carrés, en décamètres carrés?

1154. Quelle est la surface d'une rue de 2 hectomètres de long sur
un décamètre de large? Si cette rue est bordée de chaque côté d'un
trottoir de $1^m,50$ de large, quelle est la surface des trottoirs?

1155. On divise une page d'un cahier, ayant 2 décimètres de long et 15 centimètres de large, en centimètres carrés. Combien aura-t-on de divisions ?

1156. Quelle surface obtient-on en découpant dans une étoffe une bande :

De 1 mètre de long sur 1 décimètre de large ?

De 1 mètre de long sur 1 centimètre de large ?

De 1 décimètre sur un centimètre ?

De 2 mètres sur 5 décimètres ?

De 4 décimètres sur 25 décimètres ?

1157. La surface d'une chambre est de 20 mètres carrés. Quelle est sa largeur si sa longueur est 5 mètres ? Quel est son pourtour ?

1158. Quelle serait en mètres carrés la surface que l'on pourrait recouvrir avec 1000 tuiles de chacune 2 décimètres sur 1 décimètre ?

1159. On achète un terrain de 50 mètres de long et 4 décamètres de large à raison de 800 francs le décamètre carré. Quelle somme doit-on payer ?

1160. Une salle de classe a 24 mètres de pourtour et 7 mètres de long. Combien pourra-t-elle contenir d'élèves si l'on veut que l'espace réservé à chaque élève soit de 1 mètre carré ?

1161. Un champ rectangulaire a 220 mètres de périmètre. Quelles sont ses dimensions si la longueur dépasse la largeur de 10 mètres ? Quelle est sa surface en mètres carrés ou décamètres carrés ?

EXERCICES ÉCRITS ET PROBLÈMES.

1162. Écrire en mètres carrés : 25^{dam^2} ; $629^{dam^2} 9^{m^2}$; $0^{dam^2},39$; $7^{dam^2},8$; 387^{hm^2} ; $3^{hm^2} 28^{dam^2}$; $18^{hm^2} 9^{dam^2} 3^{m^2}$; $9^{hm^2},387$; $0^{hm^2},5$; 95^{km^2} ; $2^{km^2} 38^{hm^2} 7^{dam^2}$; $25^{km^2} 368^{m^2}$; $9^{km^2} 17^{dam^2}$; $3^{km^2} 6^{hm^2} 8^{m^2}$; $0^{km^2},3896$; $32^{km^2},00384$; $8^{Nm^2} 392^{dam^2} 6^{m^2}$.

1163. Même exercice avec les nombres :

$5^{m^2} 28^{dm^2}$; $13^{m^2} 9^{dm^2}$; 129^{dm^2} ; 4625^{dm^2} ; $13^{m^2} 645^{cm^2}$; 4568^{cm^2} ; $13^{m^2} 7^{dm^2} 5^{cm^2}$; $349^{dm^2},7$; $76^{m^2} 3295^{mm^2}$; 46378^{cm^2} ; $3^{m^2} 95^{dm^2} 7^{mm^2}$; 492^{mm^2} ; $628^{cm^2},34$; $305^{dm^2},678$.

1164. Convertir le nombre 857 décamètres carrés : en mètres carrés ; en hectomètres carrés ; en décimètres carrés.

1165. Convertir le nombre 1 237 589 décamètres carrés : en mètres carrés ; en hectomètres carrés ; en décamètres carrés ; en kilomètres carrés ; en centimètres carrés.

1166. Faire les additions suivantes et donner le résultat : 1° en mètres carrés ; 2° en hectomètres carrés ; 3° en décamètres carrés ; 4° en décimètres carrés ; 5° en centimètres carrés.

1° $3^{m^2} 5^{dm^2} + 4^{dam^2} 937^{dm^2} + 37^{dam^2} + 206^{dm^2} + 9^{hm^2} 37^{m^2} + 378^{cm^2}$.

2° $253^{hm^2} + 6^{km^2} 7^{dam^2} 8^{m^2} + 3958^{dm^2} + 2^{dam^2} 7^{dm^2} + 70^{dam^2} 328^{dm^2} + 6^{m^2} 59^{cm^2}$.

3° $75^{m^2} 38^{cm^2} + 945^{dm^2} + 6^{km^2} 8^{dm^2} + 3042^{m^2} 7^{cm^2} + 7^{dam^2} 943^{dm^2} + 359^{cm^2}$.

1167. Convertir en décamètres carrés, puis faire les soustractions suivantes :

$$9^{hm^2} - 8049^{m^2} ; \quad 328^{hm^2},6 - 2^{hm^2},347 ; \quad 64\,395^{dm^2} - 78^{m^2},3.$$

1168. Convertir en hectomètres carrés, puis soustraire $19\,375^{m^2}$ de 328^{dam^2} ; $37\,949^{dam^2}$ de $6^{km^2},392$; $785^{km^2},3$ de 95^{Mm^2}.

1169. Trouvez, en mètres carrés, les aires des rectangles dont les dimensions sont respectivement :

$$38^{dam},9 \text{ sur } 835^{m} ; \quad 6^{hm},318 \text{ sur } 78^{dam},4 ; \quad 8325^{dm} \text{ sur } 7^{hm},58 ;$$
$$3^{km},728 \text{ sur } 0^{km},896.$$

1170. Exprimer ces mêmes aires en décamètres carrés ; en hectomètres carrés.

1171. Effectuer les divisions suivantes et donner les résultats en mètres carrés ?

$$356\,345^{dm^2} : 605 ; \quad 5\,565\,120^{cm^2} : 7905 ; \quad 186^{hm^2},2 : 3,8 ;$$
$$34^{dam^2},633 : 587 ; \quad 687\,660^{dm^2} : 8,76.$$

1172. Sur un terrain de $25^{hm^2},6$ on fait construire une maison d'habitation qui couvre $6187^{dm^2},5$ et des communs qui couvrent 45^{m^2}, puis on transforme le reste du terrain en jardin d'agrément. Quelle sera la surface de ce jardin?

1173. On achète deux terrains ; l'un de $948^{dam^2}\,7^{m^2}$ et un autre qui a $1^{hm^2},692$ de moins à raison de $2^{fr},75$ le mètre carré. Quelle est leur valeur totale?

1174. On a payé 3225 francs pour un terrain de $25^{dam^2},8$. A combien revient le mètre carré, l'hectomètre carré?

1175. Trois terrains vendus à raison de $2^{fr},50$ le mètre carré ont été payés 6051 francs. Le premier a une surface de $4^{dam^2},034$, le deuxième a une surface de 1067 mètres carrés. Quelle est, en décamètres carrés, la surface du troisième?

1176. La toiture d'une serre a une surface de $118^{m^2},3$. On veut la couvrir avec des feuilles de verre de 35^{dm^2} ; chaque feuille coûtant $3^{fr},75$, combien coûtera la couverture de cette serre?

1177. Une cour carrée a $36^{m},5$ de côté. Quelle est sa superficie?

1178. Quelle est la superficie d'un jardin rectangulaire qui a 54 mètres de long sur 37 mètres de large?

1179. Calculez la surface d'un cercle de 10 mètres de rayon.

1180. Quel est le prix d'un terrain ayant la forme d'un triangle dont la base a 435 mètres et la hauteur 340 mètres, le prix du mètre carré étant de 1 franc?

1181. Un parallélogramme a deux de ses côtés parallèles égaux à $5^{m},26$ et leur distance est de $4^{m},70$. Quelle est la surface de ce parallélogramme?

1182. Un terrain de forme rectangulaire a 80 mètres de longueur ; quelle largeur faudra-t-il lui donner pour que la superficie soit de 2832^{m^2}?

1183. Deux jardins ont la même surface : le premier a $82^{m},65$ de longueur et $74^{m},30$ de largeur, le second a 94 mètres de longueur. Quelle est sa largeur?

1184. Pour faire le plancher d'une chambre, on a employé 136 planches de $2^m,15$ de long sur 8 centimètres de large. Quelle est la longueur de cette chambre sachant qu'elle a $4^m,25$ de largeur?

1185. Une feuille de carton ayant $0^m,267$ de long et $0^m,25$ de large doit être découpée en morceaux de 250^{mm2}. Combien y aura-t-il de ces morceaux?

1186. Un livre se compose de 475 feuillets ayant chacun pour dimensions $0^m,26$ de long sur 18 centimètres de large. Quelle surface pourrait-on recouvrir avec ces feuillets détachés du livre, et placés l'un à côté de l'autre?

1187. Sur une nappe de $1^m,80$ de long et $1^m,30$ de large, on place un napperon ayant une forme carrée de 88 centimètres de côté. Quelle est la surface de la nappe non recouverte?

1188. Combien faut-il de carreaux carrés de 16 centimètres de côté pour paver une salle ayant $6^m,80$ de long sur $5^m,44$ de large?

1189. Un peintre réclame $81^{fr},25$ pour la peinture de trois murs ayant, le premier, $3^m,50$ de long, le deuxième, 4 mètres et le troisième $5^m,20$ et une hauteur commune de $3^m,50$. A combien compte-t-il le mètre carré de peinture?

1190. Une chambre a $4^m,50$ de long, $3^m,80$ de large et $3^m,20$ de hauteur. Trouver : 1° la surface des murs; 2° celle du plafond et du plancher.

1191. Dans une cloison en briques de 6 mètres sur $3^m,40$ on fait percer une porte qui a $2^m,40$ sur $1^m,10$. Quelle sera la surface de la cloison?

1192. On veut faire paver une cour qui a $10^m,50$ de long sur $8^m,25$ de large avec des pavés carrés ayant chacun 2 décimètres de côté. Combien coûteront ces pavés à raison de 15 francs le cent?

1193. Un terrain rectangulaire a 1587^{dm2} de superficie et sa longueur est de 460 mètres. Calculer : 1° sa largeur; 2° son périmètre; 3° sa valeur à raison de 25 000 francs l'hectomètre carré?

1194. Un carré a le même périmètre qu'un rectangle qui mesure $58^m,70$ sur $37^m,20$. Quelle est la surface du carré? celle du rectangle? leur différence en décamètres carrés, en décimètres carrés?

1195. Quelle est la hauteur d'un triangle qui a 1026 mètres carrés de surface et dont la base mesure 54 mètres?

1196. On veut échanger un terrain triangulaire de 148 mètres de base et de $76^m,50$ de hauteur valant $1^{fr},80$ le mètre carré contre un champ rectangulaire ayant 75 mètres de large estimé $1^{fr},20$ le mètre carré. Quelle devra être la longueur du champ rectangulaire?

1197. Un cercle a $15^m,708$ de circonférence. Calculer : 1° son diamètre; 2° son rayon; 3° sa surface?

1198. Au milieu d'un jardin carré de 49 mètres de côté on construit un bassin de 4 mètres de rayon. Quelle surface du jardin pourra rester cultivée?

1199. On veut recouvrir un parquet qui a $6^m,25$ sur $4^m,80$ avec un tapis cloué formé d'une bande d'étoffe de $0^m,55$ de largeur. Quelle longueur de tapis devra-t-on acheter?

1200. J'ai une table qui a $1^m,20$ sur $1^m,15$. Je veux la recouvrir avec un tapis qui déborde tout autour de $0^m,30$. Quelles dimensions doit avoir ce tapis? Combien coûtera-t-il si j'achète pour le faire de l'étoffe de $1^m,50$ de large coûtant 8 francs le mètre courant?

1201. On veut tapisser une chambre de 5ᵐ,40 de long, 4ᵐ,80 de large et 3 mètres de hauteur avec des rouleaux de papier qui ont 8 mètres de long et 0ᵐ,55 de large. Quelle sera la dépense si chaque rouleau coûte 2 francs d'achat et 0ᶠʳ,75 de pose? On défalquera une porte de 1ᵐ,60 sur 2ᵐ,50 et deux fenêtres mesurant chacune 2 mètres sur 1ᵐ,10.

1202. J'ai un jardin qui a 25 mètres de long et 350 mètres carrés de superficie. Quelle est sa largeur? Tout autour de ce jardin et sur mon terrain je fais construire un mur de 0ᵐ,30 d'épaisseur. De quelle surface la grandeur de mon jardin sera-t-elle diminuée?

1203. Pour parqueter une chambre de 4ᵐ,50 sur 5ᵐ,20, on emploie des planches qui ont 2ᵐ,50 de long et 0ᵐ,10 de large. Combien faudra-t-il de planches? A combien revient le mètre carré de parquet si on paie en tout 117 francs?

1204. Quatre frères héritent d'une prairie rectangulaire de 1780ᵈᵏᵐ²,6 de superficie et de 307 mètres de largeur. Ils veulent se partager également le terrain par des divisions parallèles à cette largeur. Quelles seront les dimensions de chaque parcelle?

1205. Un tapis de 7ᵐ,50 de longueur et 6 mètres de large a été acheté à raison de 8ᶠʳ,25 le mètre carré. On le double avec une étoffe de 0ᵐ,80 de largeur coûtant 1ᶠʳ,20 le mètre courant. A combien revient le tapis doublé?

EXERCICES

SUR LES MESURES AGRAIRES

ET RAPPORTS ENTRE LES MESURES DE SURFACE ET LES MESURES AGRAIRES

EXERCICES ORAUX ET CALCUL MENTAL

1206. Combien l'hectare vaut-il d'ares? de centiares?

1207. Lorsque l'are est pris pour unité, quel rang occupent les hectares? les centiares?

1208. Quand un nombre exprime des ares, par quel nombre faut-il le diviser pour lui faire exprimer des hectares? par quel nombre faut-il le multiplier pour lui faire exprimer des centiares? Que représentent les dizaines? les dixièmes? les millièmes? les mille?

1209. Si l'hectare est pris comme unité, que représentent: les centièmes, les dix-millièmes, les dixièmes, les millièmes?

1210. Combien faut-il de centiares pour faire un are; un hectare; 3 ares, 25 ares; 6 hectares; 32 hectares?

1211. Combien d'ares valent 3 hectares; 5200 centiares; 1 hectare et demi; un demi-hectare; 6 dixièmes d'hectare; 138 centiares?

1212. Convertir le nombre 325ᵃ,6 en centiares, en hectares?

1213. Convertir le nombre 92158 centiares en hectares, en ares?

1214. Convertir 6ʰᵃ,387 en ares, en centiares?

1215. Lire les nombres suivants en décomposant les multiples et les sous-multiples :

$3^{\text{ha}},67$; $0^{\text{ha}},0386$; $12^{\text{ha}},7$; $8^{\text{ha}},275$; $28^{\text{a}},37$; $2^{\text{a}},735$; $0^{\text{a}},9$; $450^{\text{a}},06$; 13 928 ares; 235 centiares; 4509 centiares; $6^{\text{ca}},5$; 38 289 centiares.

1216. A 280 francs l'are de terrain, combien coûtent : l'hectare ; le centiare ; le demi-hectare ; le quart d'un hectare ; 25 ares ?

1217. Si le centiare vaut 3 francs, que valent : l'are, le dixième d'are, un are et demi, 10 ares, un demi-hectare, un hectare, 5 hectares, un hectare et demi ?

1218. Additionner et exprimer en ares :

2 hectares + 125 ares ; $0^{\text{ha}},5$ + 50 ares ; 6 ares + un demi-hectare ; 25 ares + 250 centiares ; $0^{\text{ha}},2$ + 145 centiares.

1219. Combien d'ares font : 5^{hm^2} ; 26^{km^2} ; $0^{\text{hm}^2},35$; $6^{\text{m}^2},847$; 3^{dam^2} ; 682^{dam^2} ; $53^{\text{dam}^2},67$; 9700^{m^2} ; 48^{m^2} ; 7^{m^2} ; 83895^{m^2} ; 2^{km^2} ?

1220. Combien d'hectares font : 13^{hm^2} ; 6900^{dam^2} ; 275^{dam^2} ; 14582^{dam^2} ; 25000^{m^2} ; 3^{km^2} ; $6^{\text{km}^2},27$; 8^{Mm^2}.

1221. Combien de centiares font : 25^{m^2} ; 67000^{dm^2} ; 392^{dm^2} ; 3^{dam^2} ; 46^{dam^2} ; 7^{hm^2} ; $0^{\text{dam}^2},37$; $4^{\text{dam}^2},385$; $0^{\text{hm}^2},6249$; $6^{\text{m}^2},28$; $3^{\text{dam}^2},538$.

1222. Convertir en mètres carrés : 1 are ; 3 ares et demi ; 5 hectares ; 1 demi-hectare ; 4 238 centiares ; $0^{\text{ha}},295$; 93 ares ; $12^{\text{a}},38$; 359 ares ; $0^{\text{a}},573$; $6^{\text{a}},7$; $34^{\text{a}},6749$; $0^{\text{ha}},3291$.

1223. Convertir en décamètres carrés : 4 hectares ; $3^{\text{ha}},47$; $0^{\text{ha}},5$; 6921 centiares ; 95 ares ; $0^{\text{a}},3$; $7^{\text{a}},29$; 2 800 centiares ; 568 392 centiares.

1224. Combien d'hectomètres carrés font : 58 hectares ; 375 ares ; 162 837 centiares ?

1225. Quel est le prix d'un terrain de 4 décamètres de long sur 25 mètres de large, à 100 francs l'are ?

1226. Quelle est la valeur d'un champ de 2 hectares et demi, à $0^{\text{fr}},50$ le mètre carré ?

1227. La récolte moyenne en blé étant de 25 hectolitres par hectare, combien récolte-t-on de litres de grain par are ? par centiare ?

1228. Si le mètre carré de terrain vaut 5 francs, que coûtent 20 centiares ? un are ? un are et demi ? un hectare ? un demi-hectare ?

1229. Un jardin a 5 ares de superficie. Quelle est sa largueur, si sa longueur est de 25 mètres ? Quel est son périmètre ? sa valeur, à 6 francs le mètre carré ?

1230. Pour ensemencer, en blé, un are de terrain, avec un semoir mécanique, il faut $2^{\text{l}},5$ de grain. Quelle quantité sera nécessaire pour ensemencer : 1° un hectare ? 2° un champ mesurant 4 hectomètres de long et 100 mètres de large ?

1231. Un terrain carré a $0^{\text{hm}},4$ de côté. Quelle est sa superficie en ares ? en hectares ? en centiares ? Quelle est sa valeur à 2 francs le mètre carré ?

1232. Dans un herbage qui mesure 3 hectomètres de long et 25 décamètres de large, un propriétaire fait planter des pommiers en réservant une surface de un are à chaque arbre. Combien devra-t-il acheter de pommiers ?

1233. Le Bois de Boulogne a une étendue de 873 hectares. Exprimez sa surface en décamètres carrés ; en mètres carrés ; en ares ?

1234. Dans un champ de 950^{m^2}, on a établi un jardin de 2 ares. Quelle est alors l'étendue du champ en ares ? en mètres carrés ?

1235. Un jardin carré a 25 ares de superficie. Quelle est la longueur d'un côté ?

1236. Un hectare de terre produit en moyenne 400 quintaux de betteraves à sucre vendues 2 francs le quintal. Quelle est la valeur du produit d'un are ?

1237. Un champ a produit 5 gerbes par are. Combien de gerbes a-t-on récoltées dans un terrain triangulaire dont la base a 2 hectomètres et la hauteur 15 décamètres ?

1238. En mesurant un champ, on a porté 12 fois la chaîne d'arpenteur sur sa longueur et 7 fois sur sa largeur. Trouver en ares la superficie de ce champ ?

1239. Si un are de terrain est loué 1 franc, quelle est, en mètres carrés, l'étendue d'un terrain pour lequel le fermier donne chaque année au propriétaire une somme de 500 francs ?

1240. On avait acheté un terrain à raison de 200 francs l'are et on le revend 5 francs le mètre carré. Quel bénéfice réalise-t-on par hectare ? Si le bénéfice a été de 900 francs, quelle était la surface du terrain vendu ?

EXERCICES ÉCRITS ET PROBLÈMES

1241. Écrire les nombres suivants en prenant d'abord l'are, puis l'hectare et, enfin, le centiare comme unité :

$28^{ha}\,13^{a}\,75^{ca}$; $9^{ha}\,8^{a}\,16^{ca}$; $295^{a}\,7^{ca}$; $0^{ha},7$; $16^{ha},293$; $352^{ha}\,128^{ca}$; $58\,749^{ca}$; $2^{ha}\,13^{ca}$; $39^{ha}\,7^{ca}$; $18^{a},275$; $9^{a},7$; 142^{ca}.

Écrire les mêmes nombres en prenant successivement comme unité : le mètre carré ; le décamètre carré ; l'hectomètre carré.

1242. Convertir en ares et additionner les nombres :

$25^{hm^2}\,18^{m^2}$; $7^{hm^2}\,25^{dam^2}\,6^{m^2}$; 604^{dam^2} ; $64\,395^{m^2}$; $8^{km^2}\,639^{dam^2}$; $14^{hm^2}\,375^{m^2}$; $3^{km^2}\,7^{hm^2}\,4^{dam^2}\,18^{m^2}$.

Exprimer ensuite le total en hectares, en centiares, en kilomètres carrés, en décimètres carrés.

1243. Faire les additions suivantes et exprimer les résultats en ares ; en hectares ; en centiares :

(1) $28^{ha}\,74^{ca} + 9^{ha}\,8^{a}\,5^{ca} + 70^{hm^2}\,6^{dam^2}\,29^{m^2} + 17^{dam^2} + 9^{ha}\,18^{ca}$.

(2) $9^{hm^2}\,17^{m^2} + 83^{a}\,6^{ca} + 328^{ha}\,9^{a} + 7^{hm^2}\,3^{m^2} + 16^{ha}\,7^{a}\,4^{ca}$.

(3) $376^{a},8 + 18^{hm^2},29 + 678^{a},45 + 9^{hm^2},368 + 1^{ha},4$.

1244. Faire les soustractions suivantes et exprimer le reste en mètres carrés :

$38^{ha} - 127^{a}$; $625^{a}\,7^{ca} - 2^{ha}\,9^{a}$; $167^{dam^2} - 0^{ha}\,483$; $68\,495^{ca} - 2^{ha}\,7^{a}\,8^{ca}$; $983^{a},7 - 6^{hm^2}\,9^{dam^2}$; $2^{hm^2}\,19^{dam^2}\,3^{m^2} - 39^{a}\,83^{ca}$.

1245. Multiplier le nombre $3^{ha}\,8^{a}\,39^{ca}$ par 8, par 47, par 596 et donner les résultats en mètres carrés ; en décamètres carrés ; en hectomètres carrés ; en kilomètres carrés ; en décimètres carrés.

1246. Multiplier le nombre $5^{km^2}\,4^{hm^2}\,395^{m^2}$ par 7, par 69, par 785 et donner les résultats en ares ; en centiares ; en hectares.

1247. On a déboisé 375ᵃ 8ᶜᵃ, puis 2ʰᵃ,394 d'une forêt de 40ʰᵃ 40ᶜᵃ. Quelle est maintenant la surface de la forêt en ares?

1248. Un fermier loue 10ʰᵃ 6ᵃ de terres. 4ʰᵃ 6ᵃ 58ᶜᵃ sont en blé. 249 ares sont cultivés en avoine, 875 centiares en sarrasin et le reste est en prairies. Calculer la surface des prairies.

1249. Après avoir vendu 2ʰᵃ 125ᶜᵃ d'une propriété, on divise le reste en 9 lots ayant chacun 4ᵃ,2. Quelle était l'étendue totale de cette propriété?

1250. 3 héritiers se partagent une terre. Le 1ᵉʳ en prend 2ʰᵃ et demi, le 2ᵉ 8ᵃ,36ᶜᵃ de plus que le 1ᵉʳ, et le 3ᵉ 560 centiares de moins que le 2ᵉ. Calculer la surface totale du terrain et sa valeur à raison de 84 francs l'are.

1251. Sur un terrain de 15ᵃ,6 on fait élever une maison de 8 mètres de long et 7ᵐ,20 de large. Que reste-t-il de terrain libre?

1252. Un champ de 135 mètres de long sur 128 de large m'a rapporté 24 hectolitres de blé par hectare que j'ai vendus 16 francs l'hectolitre. Quelle somme ai-je reçue?

1253. Un fermier loue 8ʰᵃ 7ᵃ de terre de labour à raison de 0ᶠʳ,80 l'are, 375ᵃ,8 de prairies naturelles à 150 francs l'hectare et 10 825 centiares d'herbages plantés de pommiers à 2 francs l'are. Quelle somme doit-il à son propriétaire par an? par trimestre?

1254. On a payé 82 632 francs une propriété vendue à raison de 275 francs l'are. Quelle est sa superficie en hectares? en centiares? en décamètres carrés?

1255. La vente du foin d'une prairie de 492 ares de superficie a produit 369 francs. Quel est le revenu par hectare?

1256. Un faucheur a mis 14 jours pour faucher un champ de 581 ares; sachant qu'on l'a payé à raison de 18 francs l'hectare, combien a-t-il gagné par jour?

1257. On a vendu 40 centiares de terrain pour 65 francs. Quel serait le prix de l'hectare?

1258. Un cultivateur qui avait 58ʰᵃ 54ᶜᵃ à ensemencer en a déjà ensemencé 2 155 ares. Combien lui en reste-t-il de mètres carrés?

1259. Un agriculteur a vendu 15 hectolitres de froment à 21ᶠʳ,50 et 16 hectolitres de seigle à 18ᶠʳ,75 pour acheter un terrain au prix de 420 francs l'are. Quelle est la superficie du terrain?

1260. Une personne possède une propriété de 1ʰᵃ 7ᵃ 38ᶜᵃ qu'elle vend à raison de 2ᶠʳ,65 le mètre carré. Quelle somme retire-t-elle de cette vente?

1261. On avait acheté un terrain de 1ʰᵃ 45ᵃ 75ᶜᵃ à raison de 40 francs l'are et on l'a revendu 2 francs le mètre carré. Quel a été le bénéfice réalisé?

1262. La superficie de la France étant de 527 980 kilomètres carrés environ, évaluer la valeur du sol en estimant l'hectare à 5 790 francs en moyenne.

1263. Une propriété de 1ʰᵃ 45ᵃ a été achetée 36 250 francs. Quel a été le prix du mètre carré?

1264. Un terrain de 3ʰᵃ 25ᶜᵃ a été payé 27 500 francs. Combien doit-on revendre le mètre carré pour gagner 17 francs par are?

1265. Une propriété se compose de 3 pièces de terre : la première a une superficie de 1ʰᵃ 75ᵃ; la deuxième une superficie de 250 ares et la troisième une superficie de 4 025 mètres carrés. En vendant cette propriété à raison de 1 845 francs l'hectare, combien retirera-t-on de cette vente?

1266. 630 ares de terrain ensemencés en blé ont produit pour 2 041ᶠʳ,20 de grain estimé 27 francs le quintal métrique. Quelle est la quantité de blé fournie par un hectare de ce terrain?

1267. Un fermier vend un champ de 49 ares à raison de 4ᶠʳ,25 le mètre carré, et il partage la somme entre ses 7 enfants. Quelle sera la part de chacun?

1268. Quelle est la superficie, exprimée en ares, d'un terrain rectangulaire ayant 56 mètres de long sur 45ᵐ,45 de large?

1269. Sur un champ de 2ʰᵃ 25ᶜᵃ on veut répandre du fumier qui coûte 6ᶠʳ,75 le tombereau à raison de 3 tombereaux pour 10 ares. Quelle sera la dépense?

1270. Une première personne offre à un propriétaire 3 000 francs pour l'achat d'un terrain de 2ᵃ 5ᶜᵃ; une seconde personne veut l'acheter 12ᶠʳ,65 le mètre carré. A laquelle de ces deux personnes le propriétaire doit-il donner la préférence et combien gagnera-t-il?

1271. On achète à raison de 1ᶠʳ,25 le mètre carré un terrain de 2ᵃ 8ᶜᵃ de superficie. Combien devra-t-on, pour payer ce terrain, vendre d'hectolitres de vin à 0ᶠʳ,35 le litre?

1272. Un champ a une superficie de 2ʰᵃ,7. On y pratique un chemin long de 325 mètres et large de 5ᵐ,25. A combien est réduite la superficie du champ?

1273. Un champ rectangulaire de 150 mètres de long a une superficie de 43ᵃ,2. Quelle est sa largeur?

1274. Un champ ayant la forme d'un triangle de 198 mètres de base sur 148 mètres de hauteur a rapporté 18 litres de blé par are. Quel est le prix de la récolte à raison de 24ᶠʳ,50 l'hectolitre?

1275. Sachant qu'un are de terrain produit en moyenne 17 litres de blé, combien récoltera-t-on d'hectolitres de blé sur un champ rectangulaire ayant 775 mètres de long et 98 mètres de large?

1276. Un ouvrier a moissonné un champ de blé qui a 250 mètres de long sur 86 mètres de large. On doit payer, en nature, à raison de 3 hectolitres de blé par hectare; sachant que ce blé est estimé 23 francs l'hectolitre, combien l'ouvrier a-t-il gagné?

1277. Quelle est la largeur d'un terrain qui a 375 mètres de longueur, sachant qu'au prix de 7 200 francs l'hectare, ce terrain a été vendu 67 500 francs.

1278. Un terrain qui mesure 120 mètres de long et 80 mètres de large, a été acheté à raison de 95 francs l'are. Quel est le prix de ce terrain et le prix d'un terrain de même qualité, dont les dimensions sont la moitié des dimensions du premier?

1279. On a payé 7 210 francs, un terrain de 1ʰᵃ 3ᵃ; après avoir d'abord revendu 683 mètres carrés de ce terrain, à raison de 1ᶠʳ,20 le mètre carré, on revend le reste à raison de 80 francs l'are. Combien a-t-on gagné ou perdu?

1280. Une récolte de céréales a été vendue à raison de 24 francs les 100 kilogrammes, et elle a ainsi produit 3 960 francs. On avait ensemencé un champ de 175^m,8 de largeur sur 485 mètres de longueur. Quel est le rendement par hectare, sachant que l'hectolitre de céréales pèse 78 kilogrammes ?

1281. Un terrain avait une contenance de 395^a 8^{ca}. On en vend 1^{ha},8 à raison de 75 francs l'are, et le reste à 1^{fr},20 le mètre carré. Combien a-t-on reçu pour la vente totale du terrain ?

1282. Une personne a vendu une prairie de 3^{hm},28 de large et 39 décamètres de long à raison de 8 000 francs l'hectare. Avec l'argent qu'elle reçoit, elle achète un terrain qui lui coûte 1 fr. 20 le mètre carré. Calculer en ares, en mètres carrés, en hectares, la superficie de ce terrain ?

1283. On veut partager un terrain de 2^{ha} 175^{ca} en deux parcelles, de manière que l'une ait 2^a,05 de plus que l'autre. Quelle devra être la superficie de chaque parcelle en ares ? en mètres carrés ?

1284. Une personne a payé 4 750 francs un terrain de 38 ares. Elle l'échange ensuite contre un autre terrain qui a 1 425 mètres carrés de moins. Que vaut l'hectare de ce dernier terrain ?

1285. On a acheté une propriété de 9 hectares à raison de 3 francs le mètre carré, puis on l'a divisée en 3 lots. Le 1er de 328 décamètres carrés est vendu 32 500 francs l'hectare ; le 2e de 4^{ha} 138^{ca} est vendu 4 francs le mètre carré et le reste à raison de 298 francs l'are. Quel bénéfice a-t-on réalisé ?

1286. Un terrain carré de 580 mètres de pourtour a produit 38 hectolitres d'avoine par hectare. Combien de litres d'avoine ce champ a-t-il produit ?

1287. On échange un terrain de 86^a,5 estimé 8 000 francs l'hectare, contre un autre terrain qui vaut 1^{fr},25 le mètre carré. Quelle est, en ares, l'étendue de ce dernier terrain ?

1288. Un fermier loue un champ de 3^{ha},275 pour 300 francs. Il récolte sur ce terrain 28 litres de blé par are, qu'il vend 16 fr. l'hectolitre. Quel sera son bénéfice si les frais de la culture se sont élevés à 580 francs ?

1289. Un terrain, acheté 15 000 francs l'hectare, a été revendu 2^{fr},10 le mètre carré. Quelle est la surface de ce terrain, en ares, si on a réalisé un bénéfice total de 8 880 francs ?

1290. Dans la banlieue d'une ville on a vendu 2 280 francs, un terrain de 3^a,8. Quel serait, à ce prix, la valeur d'un terrain voisin ayant 148 mètres sur 87^m,40 ?

1291. Dans un champ de 4^{ha} 9^a 25^{ca} on a établi un chemin de 80 mètres de long sur 5 mètres de large, une maison de 8^m.50 sur 6^m,80 et un jardin carré de 32 mètres de côté. A combien se trouve réduite la surface de ce champ ?

1292. Un terrain de 2^{hm} 6^m sur 17^{dam} est estimé 28 016 francs Quelle serait à ce prix la valeur d'une parcelle de 48 ares ?

1293. Un propriétaire échange un terrain de 140^a 8^{ca} estimé 2 francs le mètre carré contre un autre terrain de 1^{ha},6 pour lequel il est obligé de verser en plus une somme de 784 francs. Combien vaut l'are du deuxième terrain ?

1294. Un cultivateur veut semer en blé un terrain carré de $1^{hm}8^{m}$ de côté. Le grain vaut 16 francs l'hectolitre et il en faut 3 litres par are. A combien revient la semence du champ?

1295. Un terrain de $407^{dm^2},8$ a été payé 44 858 francs. Combien devra-t-on revendre l'are si on veut gagner $0^{fr},30$ par mètre carré?

1296. Une vigne de $2^{ha},495$ doit être partagée entre deux personnes de manière que l'une en ait le tiers de l'autre. Quelle sera en mètres carrés la surface de chaque part?

1297. A quel prix revient le pavage d'une cour dont la superficie est de 75 centiares si on la recouvre avec des pavés carrés de $0^{m},25$ de côté qui reviennent à 38 francs le cent, tout posés?

1298. A travers un champ de $5^{ha}834^{ca}$ on fait passer une ligne de chemin de fer qui couvre un espace de 620 mètres de long sur 16 mètres de large. Quelle indemnité la compagnie doit-elle payer au propriétaire si celui-ci réclame 175 francs l'are? Quelle est la valeur du reste du champ?

1299. Un hectare de terre de labour donne en moyenne 50 gerbes de blé desquelles on retire 160 kilogrammes de grain et 375 kilogrammes de paille. Quel sera le produit de la récolte en paille et grain d'une terre mesurant 285 mètres sur 270 mètres si la paille est vendue $4^{fr},50$ le quintal et le grain $19^{fr},50$?

1300. Un cultivateur achète une prairie de $126^a,5$ à $0^{fr},50$ le mètre carré. Il donne 6000 francs comptant et s'acquitte du reste avec du blé qui vaut $16^{fr},25$ l'hectolitre. Combien devra-t-il donner d'hectolitres de blé?

1301. Un paysan qui laboure 5 ares de terre par heure et travaille 11 heures par jour est payé 12 francs par hectare pour son travail. Que gagne-t-il par jour? par heure? Quelle est l'étendue du champ labouré s'il a travaillé 7 jours et 3 heures?

1302. Un champ rectangulaire de 360 mètres de long a été acheté à raison de 125 francs, l'are puis revendu 108 000 francs avec un bénéfice de 18 000 francs. Calculer la largeur du champ.

1303. Un terrain de 3850 mètres carrés a été acheté à raison de 5800 francs l'hectare. Si les frais de vente qui s'élèvent à 12 %. du prix d'achat sont à la charge de l'acquéreur, combien celui-ci a-t-il payé réellement le terrain?

MESURES DE VOLUME

306. — L'unité principale de volume est le *mètre cube*.

Le mètre cube *est le volume d'un cube dont chaque côté a un mètre de longueur.*

On le désigne, en abrégé, par m^3.

307. — **Sous-multiples.** — Le mètre cube n'a pas de multiples, il n'a que trois *sous-multiples* :

Le **décimètre cube**, en abrégé dm^3.
Le **centimètre cube**,   — cm^3.
Le **millimètre cube**,   — mm^3.

Le *décimètre cube* est un cube dont chaque côté a 1 *décimètre* ($0^m,1$) de longueur;

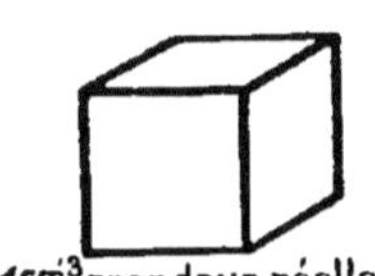

Le *centimètre cube* est un cube dont chaque côté a **1** *centimètre* ($0^m,01$) de longueur;

Le *millimètre cube* est un cube dont chaque côté a **1** *millimètre* ($0^m,001$) de longueur.

308. — **Relations entre les diverses unités.** — *Pour emplir une boîte ayant la forme d'un cube, avec de petits cubes dont le côté est le dixième de celui du grand cube, il faut* **1000** *petits cubes.*

Comme nous l'avons expliqué pour les surfaces, le fond de la boîte peut être partagé en **100** petits carrés ayant pour côté le dixième du côté du fond.

Sur chaque carré, mettons un petit cube ; pour couvrir le fond de la boîte, il faut **100** petits cubes.

Ceci fait, il y a dans la boîte une première couche de **100** petits cubes.

Pour emplir la boîte, il faudra mettre **10** couches sem-

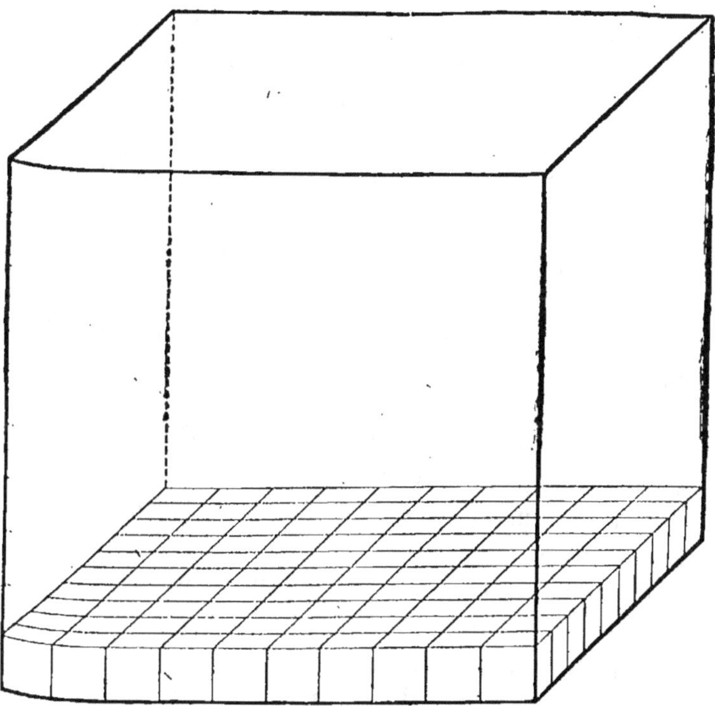

blables, c'est-à-dire **10** fois **100** petits cubes ou **1000** petits cubes.

Donc le grand cube contient **1000** *petits cubes.*

309. — Comme dans **1** mètre il y a **10** décimètres,

Le mètre cube contient **1000** *décimètres cubes* ;

Comme dans **1** décimètre il y a **10** centimètres,

Le décimètre cube contient **1000** *centimètres cubes* ;

Comme dans **1** centimètre il y a **10** millimètres,

Le centimètre cube contient **1000** *millimètres cubes.*

310. — Il en résulte que :

Un mètre cube contient :

ou 1000 fois 1000$^{cm^3}$ =   1 000$^{dm^3}$ =   1 000 000$^{cm^3}$

ou 1 000 000 de fois 1000$^{mm^3}$ = 1 000 000 000$^{mm^3}$.

Un décimètre cube contient :   1 000$^{cm^3}$

ou 1000 fois 1000$^{mm^3}$ =   1 000 000$^{mm^3}$.

Un centimètre cube contient 1000$^{mm^3}$.

311. — Un décimètre cube est *un millième* de mètre cube.

Un centimètre cube est *un millième* de décimètre cube ;

Un millimètre cube est *un millième* de centimètre cube.

312. — Écriture d'un nombre de mètres cubes. — Le décimètre cube, étant un millième de mètre cube, doit se placer au *troisième rang à droite* du mètre cube.

Le centimètre cube, étant un millième de décimètre cube, doit se placer au *troisième rang à droite* du décimètre cube.

Le millimètre cube, étant un millième de centimètre cube, doit se placer au *troisième rang à droite* du centimètre cube.

Donc il faut 3 chiffres pour écrire chacun des sous-multiples du mètre cube.

Exemples. — *Écrire les nombres suivants :*

28$^{m^3}$ 735$^{dm^3}$;

42$^{m^3}$ 75$^{dm^3}$;

6$^{dm^3}$ 43$^{cm^3}$;

32$^{m^3}$ 48$^{dm^3}$ 650$^{cm^3}$ 39$^{mm^3}$.

Ils s'écrivent, en ayant soin de compléter par des zéros, de façon que chaque unité occupe une tranche de *trois* chiffres :

$$
\begin{array}{cccc}
m^3 & dm^3 & cm^3 & mm^3
\end{array}
$$

$$28^{m^3},735$$
$$42^{m^3},075$$
$$0^{m^3},066\ 043$$
$$32^{m^3},048\ 650\ 039$$

313. — Changement d'unité. — On peut mettre la virgule à la droite de n'importe laquelle des tranches de trois chiffres, *pourvu qu'on ait soin d'indiquer au-dessus de la virgule le nom des unités que représente cette tranche.*

Exemple 1. — *Le nombre* **32$^{m^3}$,048650** peut s'écrire des diverses manières que voici :

$$
\begin{array}{ccc}
m^3 & dm^3 & cm^3
\end{array}
$$

$$32^{m^3},048\ \ \ 650\ \ ,$$
$$32\ \ \ 048^{dm^3},650\ \ ,$$
$$32\ \ \ 048\ \ \ 650^{cm^3}.$$

Exemple 11. — Le nombre **0$^{dm^3}$,004351** peut s'écrire :

$$
\begin{array}{ccc}
dm^3 & cm^3 & mm^3
\end{array}
$$

$$0^{dm^3},004\ \ \ 351$$
$$4^{cm^3},351$$
$$4\ \ \ 351^{mm^3}.$$

On peut donc avancer ou reculer la virgule de 3, 6, 9 rangs, à condition de changer le nom de l'unité inscrit au-dessus de la virgule.

Exemple. — *Convertir* **4$^{dm^3}$,6517** *en centimètres cubes.*

Écrivons le nombre en mettant au-dessus de chaque tranche le nom des unités qu'elle représente :

$$
\begin{array}{ccc}
dm^3 & cm^3 & mm^3
\end{array}
$$

$$4\ 651\ 700.$$

Plaçons la virgule à droite des centimètres cubes et nous avons :

$$4651^{cm^5},700.$$

314. — Lire une mesure de volume écrite. — Supposons que la mesure d'un volume soit

$$254^{dm^5},653\,705.$$

Partageons en tranches de trois chiffres à partir de la virgule et écrivons au-dessus de chaque tranche le nom des unités qu'elle représente et nous avons :

$$254^{dm^3}653^{cm^3}705^{mm^5}.$$

Le volume contient donc :

254 *décimètres cubes*, **653** *centimètres cubes* et **705** *millimètres cubes*.

On se contente généralement d'énoncer le nom de la plus petite unité, et on dit :

254 *décimètrés cubes*, **653705** *millimètres cubes*.

315. — Lorsque la dernière tranche à droite n'a pas trois chiffres, on la complète par des zéros.

Ainsi **35**$^{cm^5}$**,5** peut se lire : **35**$^{cm^3}$ **500**$^{mm^5}$.

De même **84**$^{dm^5}$**,73521** peut se lire : **84**$^{dm^5}$ **735**$^{cm^5}$ **210**$^{mm^5}$.

316. — Mesure des bois. — Pour mesurer les bois de chauffage, on emploie une unité spéciale appelée le **stère**.

Le stère *est un mètre cube.*

On le désigne en abrégé par *s.*

317. — Multiple et sous-multiple. — Le stère n'a qu'un multiple :

Le décastère (*das*) *qui vaut* **10** *stères*;

et un sous-multiple :

Le décistère (*ds*) *qui vaut un dixième de stère.*

318. — En conséqeence, on n'écrit pas un nombre de stères comme un nombre de mètres cubes.

Le décastère, étant une dizaine de stères, occupe le premier rang à gauche du stère, le décistère étant un dixième de stère occupe le premier rang à droite du stère.

Exemple. — Le nombre **215^{s},6** se lit **215** stères, 6 décistères.

MESURES DE CAPACITÉ

319. — On appelle capacité ou contenance d'un vase le volume de l'intérieur de ce vase.

L'unité de capacité est le *litre.*

Le litre est un décimètre cube.

On le désigne en abrégé par *l.*

   (Voir page 52 un litre grandeur réelle.)

320. — **Multiples et sous-multiples.** — Les *multiples* du litre sont :

Le *décalitre,* en abrégé *dal,* qui vaut **10** *litres.*
L'*hectolitre,* en abrégé *hl,* qui vaut **100** *litres.*
Le *kilolitre,* en abrégé *kl,* qui vaut **1000** *litres.*

Les *sous-multiples* du litre sont :

Le *décilitre,* en abrégé *dl,* qui vaut *un dixième de litre.*

Le *centilitre,* en abrégé *cl,* qui vaut *un centième de litre.*

Le *millilitre,* en abrégé *ml,* qui vaut *un millième de litre.*

Ces multiples et sous-multiples vont de dix en dix comme ceux du mètre.

321. — Écriture d'un nombre de litres.
— On écrit un nombre de litres comme un nombre
de mètres.

Le *kilolitre* au rang des *milles*,   4ᵉ rang.

L'*hectolitre* au rang des *centaines*, 3ᵉ rang.

Le *décalitre* au rang des *dizaines*, 2ᵉ rang.

Le *litre* au rang des *unités*,   1ᵉʳ rang.

Le *décilitre* au rang des *dixièmes*,
                    1ᵉʳ rang à droite du litre.

Le *centilitre* au rang des *centièmes*,
                    2ᵉ rang à droite du litre.

Le *millilitre* au rang des *millièmes*,
                    3ᵉ rang à droite du litre.

EXEMPLE. — Soit à écrire : **3ʰˡ 8ᵈᵃˡ 5ˡ 7ᵈˡ 8ᶜˡ.**

On écrit :   **385ˡ,79.**

On lit :   **385** *litres* **79** *centilitres.*

322. — On peut changer l'unité d'un nombre
exprimant des litres en déplaçant la virgule.

Ainsi le nombre **3** hectolitres, **7** litres, **6** centilitres.

Se compose de :   **3ʰˡ 0ᵈᵃˡ 7ˡ 0ᵈˡ 6ᶜˡ.**

Et s'écrit :   **307ˡ,06,**

ou   **30ᵈᵃˡ,706,**

ou   **3ʰˡ,0706,**

ou   **3070ᵈˡ,6,**

ou   **30706ᶜˡ.**

323. — Mesures effectives. — Les mesures
en étain, en fer blanc ou en cuivre étamé, qu'on
emploie dans le commerce, ont la forme représentée dans la figure ci-contre :

On ne construit dans cette forme que

le *double litre* qui vaut. . . . **2** litres,
le *litre* — . . . **1** litre,
le *demi-litre* — . . . **0**,**5**,
le *double décilitre* — . . . **0**,**2**,
le *décilitre* — . . . **0**,**1**,
le *demi-décilitre* — . . . **0**,**05**,
le *double centilitre* — . . . **0**,**02**,
le *centilitre* — . . . **0**,**01**.

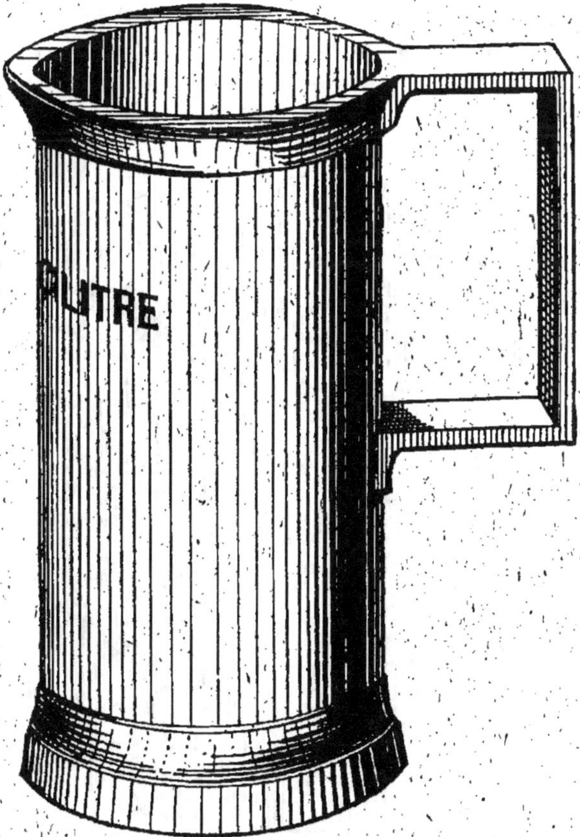

Un décilitre grandeur réelle. Mesure en étain.

324. — Les mesures en bois qu'on emploie dans le commerce ont la forme ci-dessous :

On construit dans cette forme :

l'*hectolitre*	100^l,
le *demi-hectolitre*	50^l,
le *double décalitre*	20^l,
le *décalitre*	10^l,
le *demi-décalitre*	5^l,
le *double litre*	2^l,
le *litre*	1^l,
le *demi-litre*	0^l,5,
le *double décilitre*	0^l,2,
le *décilitre*	0^l,1.

Un décilitre en bois, grandeur réelle.

La loi prescrit d'ailleurs que chaque mesure aura son double et sa moitié.

325. — Conversion de litres en mètres cubes.

— Les conversions de litres en mètres cubes, et inversement, se font facilement lorsqu'on se rappelle que

 1 *kilolitre* vaut 1 *mètre cube*,
 1 *litre* vaut 1 *décimètre cube*,
 1 *millilitre* vaut 1 *centimètre cube*,

On ramènera donc toujours une capacité à être exprimée en kilolitres, litres ou millilitres et on remplacera :

 le mot *kilolitre* par le mot *mètre cube*,
 — *litre* — *décimètre cube*,
 — *millilitre* — *centimètre cube*.

EXEMPLE I. — *Convertir* **15^l,25** *en centimètres cubes.*

 15^l,25 valent **15 250^{ml}** et par suite **15 250$^{cm^3}$**.

EXEMPLE II. — *Convertir* **3$^{m^3}$25$^{dm^3}$** *en hectolitres.*

Convertissons d'abord en litres.

 3$^{m^3}$25$^{dm^3}$ valent **3025$^{dm^3}$** ou **3025^l**.

 3025^l valent **30^{hl},25** ou **30** *hectolitres* **25** *litres*

MESURES DES PRINCIPAUX VOLUMES

326. — Parallélépipède rectangle. —

Considérons un parallélépipède rectangle. Sa base est un *rectangle*. Supposons que ce rectangle ait **6^{cm}** de long sur **3^{cm}** de large. Nous pourrons partager cette base en **6 $\times$ 3** carrés égaux de **1**^{cm} de côté chacun, comme l'indique la figure.

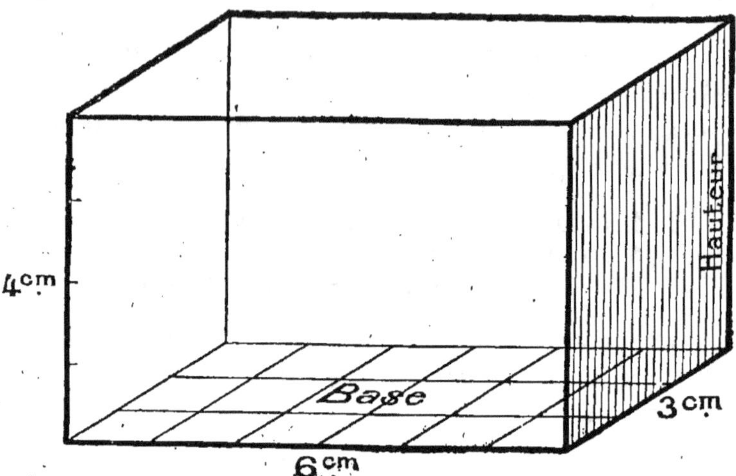

Sur chacun de ces petits carrés nous pouvons poser un cube de **1**^{cm} de côté et nous aurons ainsi posé sur la base

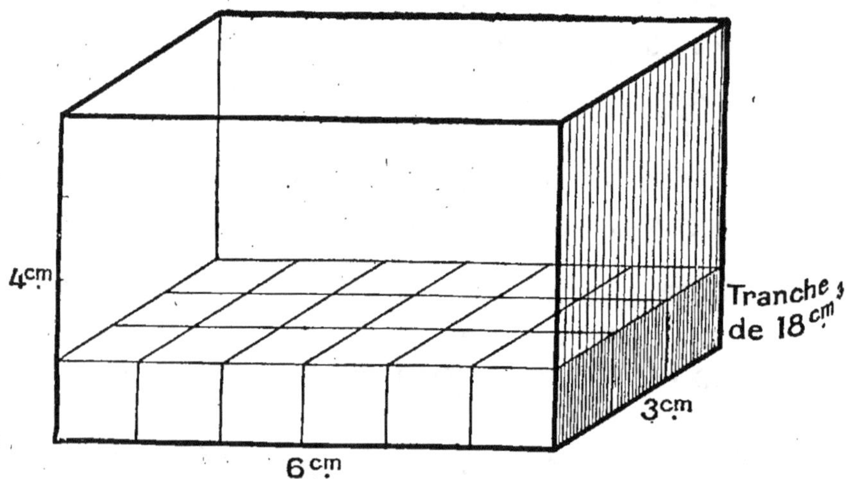

du parallélépipédique une tranche qui contiendra **6** × **3** ou **18** centimètres cubes. Cette tranche occupera une hauteur de **1**^{cm}.

Si la hauteur du parallélépipède est de **4**cm, nous pourrons ainsi le remplir complètement avec **4** tranches pareilles. Comme chaque tranche contient **6 × 3** ou **18** *centimètres cubes*, les **4** tranches contiendront en tout

$$6 \times 3 \times 4 \text{ centimètres cubes,}$$

ou $$18 \times 4 \text{ centimètres cubes.}$$

Or **6 × 3 × 4** c'est le produit des trois dimensions du parallélépipède ; donc :

Le volume d'un parallélépipède rectangle est égal au produit de ses trois dimensions.

L'aire de la base est de **18**cm² ; le produit **18 × 4** est le produit de l'aire **18** de la base par la hauteur **4**. On peut donc dire aussi que :

Le volume d'un parallélépipède rectangle est égal au produit de l'aire de sa base par sa hauteur.

327. — Il faut avoir bien soin de prendre toujours des **unités correspondantes.**

Si les dimensions sont exprimées en *centimètres*, la base sera en *centimètres carrés* ; le volume sera en *centimètres cubes*. Si les dimensions sont exprimées en *mètres*, la base sera exprimée en *mètres carrés* ; le volume sera exprimé en *mètres cubes*. Et ainsi de suite.

EXEMPLE I. — *Une boîte, qui a la forme d'un parallélépipède rectangle (par exemple une boîte à cigares), a* **30**cm *de long,* **15**cm *de large et* **4**cm *de haut à l'intérieur. Quelle est sa contenance ?*

Son volume intérieur ou contenance sera

$$30 \times 15 \times 4 = 1800 \text{ cm}^3.$$

Exprimons en *litres*. Le litre c'est le décimètre cube. **1800**cm³ valent **1**dm³**,8**. Donc la boîte a une capacité de **1**l,8 ou **1**l**8**dl.

Exemple II. — *Un bloc de pierre parallélépipédique a une base de* **45^{dm²}**. *Sa hauteur est de* **0^m,32**. *Quel est son volume?*

Prenons, avant tout, des *unités correspondantes*. Exprimons tout en décimètres. La base est de **45^{dm²}**; la hauteur de **3^{dm},2**. Le volume est donc :

$$45^{dm²} \times 3^{dm},2 = 144^{dm³}.$$

328. — Parallélépipède, prisme, cylindre. — *Le volume d'un parallélépipède quelconque, d'un prisme ou d'un cylindre est égal au produit de l'aire de sa base par sa hauteur.*

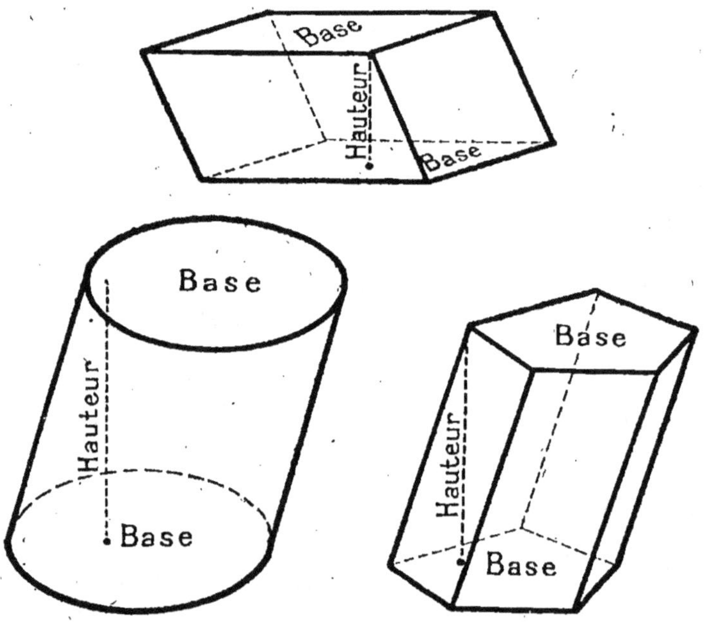

Exemple. — *Quel est le volume d'un cylindre dont la base est un cercle de* **5^{cm}** *de rayon et dont la hauteur est de* **32^{cm}** ?

L'aire de la base est :

$$3,1416 \times 5 \times 5 = 78^{cm²},54.$$

Le volume est donc :

$$78,54 \times 32 = 2513^{cm³},28$$

ou

$$2^{dm^3}\ 513^{cm^3}\ 280^{mm^3}.$$

329. — Généralisation. — D'une façon plus générale :

Lorsqu'on étale sur une surface une couche ayant partout même hauteur (ou même épaisseur), le volume de cette couche est égal au produit de l'aire de la surface par la hauteur ou épaisseur.

EXEMPLE. — *Sur un terrain de* **23** *ares, on étale une couche de fumier de* **3**^{cm} *d'épaisseur. Quel est le volume de cette couche de fumier?*

Prenons comme unité principale le mètre.

$$23^a \text{ valent } 2300^{m^2}.$$

Le volume de la couche est donc

$$2300 \times 0,03 = 69^{m^3},$$

330. — PROBLÈME. — *Un bassin circulaire de* **6**^{m} *de diamètre contient* **543** *hectolitres. Quelle est sa profondeur?*

L'aire de la base est :

$$3,1416 \times 3 \times 3 = 28^{m^2},2744.$$

En multipliant cette aire par la profondeur, on trouve le volume qui est de **543**^{hl} ou **54**$^{m^3}$,**3**; on obtiendra donc cette profondeur en divisant **54,3** par **28,2744**, on trouve ainsi, en s'arrêtant aux centimètres : **1**^{m},**95**.

D'une façon plus générale :

Lorsque, dans un volume, on connaît l'aire de la base, on obtient la hauteur en divisant le volume par l'aire de la base.

331. — PROBLÈME. — *Une cuve parallélépipédique a* **15**^{cm} *de longueur et* **8**^{cm} *de largeur; on y verse* **1** *litre d'eau. Quelle sera la hauteur de l'eau dans la cuve?*

L'aire de la base est :

$$15 \times 8 = 120^{cm^2}.$$

Le volume est de $1^l = 1000^{cm8}$.

La hauteur est donc

$$1000 : 120 = 8^{cm},33.$$

Quand on connaît le volume d'un parallélépipède rectangle et deux dimensions, on a la troisième dimension en divisant le volume par le produit des deux dimensions connues.

EXERCICES

SUR LES MESURES DE VOLUME.

EXERCICES ORAUX ET CALCUL MENTAL.

1304. Comment nomme-t-on :

Un cube qui a un décimètre de côté? — Combien en faut-il pour faire un mètre cube?

Un cube qui a un centimètre de côté? — Combien en faut-il pour faire un mètre cube? un décimètre cube?

Un cube qui a un millimètre de côté? — Combien en faut-il pour faire un centimètre cube? un mètre cube? un décimètre cube?

1305. Qu'est-ce que : le décimètre cube par rapport au mètre cube? — le centimètre cube par rapport au décimètre cube? au mètre cube? — le millimètre cube par rapport au mètre cube? au centimètre cube? au décimètre cube?

1306. Quel rang occupent les centimètres cubes, les décimètres cubes, les millimètres cubes quand l'unité est le mètre cube?

1307. Quelle est la mesure de volume 1 000 fois plus grande que le décimètre cube? 1 000 fois plus petite? un million de fois plus petite?

1308. Quelle est la mesure de volume 1 000 fois plus petite que le centimètre cube? 1 000 fois plus grande? un million de fois plus grande?

1309. Quelle est la mesure 1 000 fois plus grande que le millimètre cube? un million de fois plus grande? un billion de fois plus grande?

1310. Combien 3 mètres cubes valent-ils de décimètres cubes? de centimètres cubes? de millimètres cubes.

1311. Quand un nombre exprime des mètres cubes, par quel nombre faut-il le multiplier pour lui faire exprimer des centimètres cubes? des décimètres cubes? des millimètres cubes?

1312. Réciproquement, quand on veut convertir un nombre en mètres cubes, par quel nombre faut-il le diviser si l'unité est le décimètre cube? le centimètre cube? le millimètre cube?

1313. Quelle différence y a-t-il entre un dixième de mètre cube et un décimètre cube? — entre un centième de mètre cube et un centimètre cube? — le millième du mètre cube et le millimètre cube?

1314. Combien y a-t-il de décimètres cubes dans un dixième de mètre cube? dans un centième de mètre cube? dans un demi-mètre cube? dans un quart de mètre cube?

1315. Combien de centimètres cubes dans un dixième de décimètre cube? dans un centième de décimètre cube? dans 3 décimètres cubes?

1316. Lorsque le mètre cube est pris pour unité que représentent : le 1er chiffre après la virgule? le 2e? le 3e? — le 6e, le 5e, le 4e? — le 8e, le 7e, le 9e?

1317. Quand l'unité est le décimètre cube, que représentent chacun des 6 chiffres placés à la droite de la virgule ?

1318. Combien de décimètres cubes font : 7 mètres cubes; 15 mètres cubes; 358 mètres cubes; $0^{m^3},7$; $2^{m^3},68$; $13^{m^3},439$; 58 000 centimètres cubes; 3 649 centimètres cubes; 5 dixièmes de mètre cube? — 75 centièmes de mètre cube? — 7 centièmes de mètre cube? — 3 millièmes de mètre cube; 24 millièmes de mètre cube; 4 572 millièmes de mètre cube?

1319. Combien de centimètres cubes font : 3 mètres cubes; 5 décimètres cubes; 38 décimètres cubes; $0^{m^3},65$; $6^{m^3},387$; $3^{dm^3},8$; $29^{dm^3},34$; $0^{m^3},0348$; 604 000 millimètres cubes; 3 645 millimètres cubes; 58 millimètres cubes; 3 dixièmes de mètre cube; 72 centièmes de décimètre cube; 7 centièmes de mètre cube; 3 millièmes de mètre cube; 375 millimètres cubes; 24 millimètres cubes?

1320. Combien de millimètres cubes font : 8 mètres cubes; 9 décimètres cubes; 5 centimètres cubes; 38 décimètres cubes; 406 centimètres cubes; $3^{cm^3},28$; $0^{cm^3},347$; $6^{cm^3},009$; $0^{dm^3},3486$; 2 dixièmes de centimètre cube; 43 centièmes de centimètre cube; 5 millièmes de centimètre cube; 8 dixièmes de décimètre cube; 19 centièmes de décimètre cube?

1321. Lire le nombre suivant en prenant successivement comme unité : le mètre cube, le centimètre cube, le décimètre cube :

$$348\,290\,075 \text{ millimètres cubes.}$$

1322. Lire les nombres suivants en les décomposant par unités de volume :

$6^{m^3},534$	$0^{m^3},9$
$0^{m^3},638\,452$	$7^{dm^3},348$
$7^{m^3},340\,009\,603$	$0^{dm^3},645\,9$
$0^{m^3},28$	$18^{dm^3},006\,492$
$13^{m^3},7$	$3\,648^{cm^3},03$
$3^{m^3},743\,9$	$8^{cm^3},7$
$58^{m^3},508\,76$	$0^{cm^3},42$

1323. Combien le dixième de mètre cube vaut-il de décimètres cubes, de centimètres cubes, de millimètres cubes?

Même question pour un centième de mètre cube? un millième de mètre cube?

1324. Pour faire un mètre cube, combien faut-il ajouter de décimètres cubes : à 800 décimètres cubes; à 50 décimètres cubes; à 9 décimètres cubes; à un centième de mètre cube; à 25 centièmes de mètre cube; à 3 dixièmes de mètre cube; à 300 millièmes de mètre cube?

1325. Combien un cube a-t-il de faces? d'arêtes?

1326. Combien de mètres carrés, de décimètres carrés, de centimètres carrés valent ensemble toutes les faces d'un mètre cube?

1327. Quelle est la longueur linéaire totale de toutes les arêtes d'un cube de 1 mètre de côté? de 1 décimètre de côté? de 1 centimètre de côté?

Quel est le volume d'un corps cubique qui a 2 mètres de côté? 5 mètres de côté? 10 mètres? 3 décimètres? 4 centimètres? 6 millimètres? un demi-mètre?

1328. Quel est le volume d'un corps cubique dont chacune des faces a 4 mètres carrés, 9 décimètres carrés, 16 millimètres carrés?

1329. Quelle est la surface totale de chacun de ces cubes?

1330. Un élève veut recouvrir de papier toutes les faces d'un cube qui a $0^m,05$ d'arête. Quelle surface de papier devra-t-il employer?

1331. Le mètre cube de pierre de taille valant 30 francs, quel sera le prix d'un bloc de 2 mètres de côté? d'un bloc de $0^{m^3},8$?

1332. Quel est le volume : d'une chambre qui a 8 mètres de long, 5 mètres de large et 3 mètres de haut? d'un mur qui a 1 décamètre de long, 2 mètres de haut et 3 décimètres d'épaisseur?

D'une brique mesurant 2 décimètres de long, 1 décimètre de large et 5 centimètres d'épaisseur?

1333. Une règle carrée a 1 centimètre de côté et 25 centimètres de long. Quel est son volume en centimètres cubes?

1334. Combien faut-il de briques de un demi-décimètre cube de volume pour faire un mètre cube?

EXERCICES ÉCRITS ET PROBLÈMES.

1335. Écrire les nombres suivants en prenant comme unité le mètre cube :

$25\,638$ décimètres cubes; 52 décimètres cubes; $13^{m^3}\,6^{dm^3}$; $4^{m^3}\,329^{cm^2}$; $65\,948$ centimètres cubes; $8^{m^3}\,25^{dm^3}\,349^{cm^3}$; $438^{dm^3}\,7^{cm^3}$; $2^{dm^3}\,75^{cm^3}\,406^{mm^3}$; $3^{m^3}\,5\,439^{cm^3}$; $15\,492^{mm^3}$; $425^{dm^3}\,7^{cm^3}\,95^{mm^3}$; $7\,385\,009^{mm^3}$.

1336. Convertir le nombre $36\,495^{cm^3}\,8^{mm^3}$: en décimètres cubes; en mètres cubes.

1337. Convertir en mètres cubes les nombres suivants puis additionner :

1° $328^{dm^3} + 73\,904^{cm^3} + 15\,968^{dm^3} + 96^{dm^3} + 8\,704\,369^{mm^3}$.

2° $25^{dm^3}\,38^{cm^3} + 3604^{dm^3}\,7^{cm^3} + 9^{dm^3}\,8^{cm^3}\,479^{mm^3} + 27^{dm^3}\,39^{cm^3}\,12^{mm^3} + 348^{dm^3}\,17^{cm^3}\,4^{mm^3}$.

3° $5^{m^3}\,38^{cm^3} + 439^{dm^3}\,748^{mm^3} + 3\,845^{cm^3}\,7^{mm^3} + 16^{m^3}\,6\,439^{mm^3} + 7^{dm^3}\,4^{cm^3}\,18^{mm^3}$.

4° $38^{dm^3},59 + 6\,375^{cm^3},8 + 19^{dm^3},736 + 4\,057^{dm^3},3\,926 + 4^{cm^3},37$.

Exprimer ensuite le total de ces additions : 1° en décimètres cubes; 2° en centimètres cubes; 3° en millimètres cubes.

1338. Convertir en décimètres cubes puis faire les soustractions suivantes :

38 mètres cubes — 13 675 centimètres cubes;

45 39 centimètres cubes — 0^{m3},0017;

39^{cm3},49 — 3 758 millimètres cubes;

59 208 millimètres cubes — 43^{cm3},5.

1339. Trouvez en mètres cubes, en décimètres cubes, en centimètres cubes, en millimètres cubes, le volume de chacun des parallélépipèdes rectangles suivants :

1° Une planche ayant 3 mètres de long, 2 décimètres de large et 4 centimètres d'épaisseur ;

2° Un tas de pierres de 2 décamètres de long, 13 mètres de large et 4^{m},20 de haut;

3° Une salle de classe ayant 7^{m},20 de long, 5^{m},85 de large et 3^{m},70 de hauteur;

4° Une boîte de 3 décimètres de long, 15 centimètres de large et 45 millimètres de haut.

1340. Multiplier le nombre 48^{dm3},5497 : par 10; par 100; par 1 000 ; par 10 000 et donner les résultats en mètres cubes.

1341. Diviser par 100, puis par 10 000, le nombre 58 mètres cubes et exprimer les résultats en décimètres cubes, en centimètres cubes.

1342. Multiplier 640^{cm3},27 par 8, par 604, par 7 086 et donner les produits en décimètres cubes, en millimètres cubes.

1343. Quatre parallélépipèdes rectangles ont pour bases respectives : 3^{m2},2 ; 75^{dm2} 8^{cm2} ; 0^{m2},349; 795^{cm2}; quel est leur volume en mètres cubes, s'ils ont pour hauteur commune 1^{m},58?

1344. Trouver la hauteur de parallélépipèdes rectangles ayant :

6 907^{dm3} de volume et   2^{m2},25 de surface de base.

5^{dm3},67 de volume et   12^{dm2},6 de surface de base.

671^{m3},832 de volume et 2^{dam2},709 de surface de base.

242^{m3},165 de volume et 8^{m},5   sur 7^{m} comme dimensions de base.

378^{cm3} de volume et 0^{m},27 sur 4^{cm} comme dimensions de base.

1345. Un entrepreneur achète 3 tas de pierres : le 1er de 18^{m3},5, le 2e de 20^{m3} 80^{dm3} et le 3e de 16^{m3} 7^{dm3}, au prix de 4^{fr},25 le mètre cube. Que doit-il payer?

1346. D'un tas de sable de 270 mètres cubes on a enlevé une 1re fois 58^{m3},75, et une autre fois 60^{m3} 38^{dm3}. Combien reste-t-il de mètres cubes de sable ?

1347. Un bloc de pierre de taille brut avait 3^{m3} 28^{dm3}. En le taillant on lui enlève 590 décimètres cubes. Quel est maintenant son volume ?

1348. Combien peut-on remplir de pots à fleur d'une contenance de 1^{dm3},04 avec un tas de terreau de 0^{m3},13?

1349. Combien faut-il faire de voyages avec un tombereau pouvant contenir 975 décimètres cubes de terre pour transporter un tas de terre dont le volume est de 39 mètres cubes ?

1350. Un bloc de pierre parfaitement cubique a 1^{m},50 d'arête. Quel en est le volume?

1351. Une pièce de bois a 3^{m},6 de longueur, 0^{m},7 de largeur et 2 centimètres d'épaisseur. Quel est son volume ?

1352. On creuse un fossé de 18 mètres de long, $1^m,85$ de large et $1^m,60$ de profondeur. Quel sera le volume de la terre à enlever?

1353. Un réservoir de 4 mètres de long, $3^m,50$ de large et $5^m,20$ de profondeur, contient de l'eau jusqu'à une hauteur de $1^m,80$. Combien renferme-t-il de décimètres cubes d'eau. Combien faut-il ajouter de mètres cubes pour le remplir complètement?

1354. On veut transporter un tas de pierres de 12 mètres de long, 9 mètres de large et $2^m,10$ de hauteur, avec un tombereau qui peut contenir $1^{mc},8$. Combien faudra-t-il payer pour le transport, si le charretier prend $0^{fr},50$ par voyage?

1355. Notre salle de classe a $7^m,50$ de long, $6^m,80$ de large et $3^m,40$ de hauteur de plafond. Quel volume d'air est réservé à chaque élève quand il y en a 30 de présents?

1356. Un bec de gaz brûle environ 120 décimètres cubes à l'heure. Quelle sera la dépense pour l'éclairage d'un mois de 30 jours, avec un bec qui brûle 3 heures chaque soir, si le mètre cube de gaz coûte $0^{fr},20$?

1357. En construisant un mur de 28 mètres de long, $2^m,50$ de haut et $0^m,30$ d'épaisseur, on y a établi 3 ouvertures de chacune 1 mètre de large, sur $1^m,95$ de haut. Quel est le volume exact de la maçonnerie? A combien revient le mur si le mètre cube est évalué à 20 francs?

1358. Quel est le prix d'une poutre de $4^m,50$ de longueur et $0^m,48$ d'épaisseur sur toutes ses faces, si on la paye 64 francs le mètre cube?

1359. Que vaut un tas de fumier de $8^m,20$ de long, $7^m,45$ de large et $1^m,95$ de haut, à 6 francs le mètre cube?

1360. Combien est-il entré de briques dans la construction d'un mur de 24 mètres de long, $1^m,20$ de haut et $0^m,30$ d'épaisseur, si chaque brique mesure 2 décimètres sur 10 centimètres et 5 centimètres d'épaisseur, le mortier pour les joindre occupant 640 décimètres cubes?

1361. Sous un hangar de 20 mètres de long et $12^m,50$ de large, on a entassé 100 000 briquettes de charbon, mesurant chacune 28 centimètres sur 15 centimètres et 4 centimètres d'épaisseur. A quelle hauteur s'élève le tas?

1362. Pendant une pluie d'orage, on a recueilli, dans un bassin en plein air, une hauteur de 6 centimètres d'eau. Quelle est la quantité d'eau tombée sur un terain de $2^{ha}5^{ca}$?

1363. On veut faire des balles de plomb pesant 30 grammes, avec un morceau de plomb cubique ayant 3 décimètres de côté. Combien pourra-t-on faire de ces balles, sachant qu'un décimètre cube de plomb pèse environ $11^{kr},4$?

1364. Combien faut-il de briques pour faire une cloison longue de $5^m,40$ sur $2^m,80$ de hauteur et $0^m,11$ d'épaisseur, sachant qu'il faut 480 briques par mètre cube de maçonnerie?

1365. On veut sabler sur une épaisseur de $0^m,15$ une terrasse circulaire ayant 25 mètres de diamètre. Combien faudra-t-il de mètres cubes de sable?

1366. Un seau cylindrique a 40 centimètres de diamètre et $0^m,5$ de hauteur. Quel volume d'eau peut-il contenir?

1367. Quel est le volume d'une pièce de 20 francs en or qui a 21 millimètres de diamètre et 1^{mm},25 d'épaisseur ?

1368. Quel était le volume d'un bloc de fer avec lequel on a pu obtenir à la filière 4 000 mètres de fil de fer ayant 5 millimètres de diamètre ?

1369. Au centre d'un bassin circulaire de 9 mètres de rayon, se trouve un jet d'eau qui débite 1 mètre cube d'eau à l'heure. A quelle hauteur s'élèvera l'eau dans le bassin au bout de 24 heures ?

1370. Autour d'un bassin circulaire de 15 mètres de rayon, on a tracé une allée de 2^m,50 de largeur; on veut recouvrir cette allée avec du gravier, à raison de 2 mètres cubes pour 5 mètres carrés. Combien faudra-t-il de gravier ?

1371. Une feuille de plomb a 1 mètre de large, 1^m,75 de long et elle pèse 19 775 grammes. Quelle est son épaisseur, sachant qu'un décimètre cube de plomb pèse 11^{kg},3 ?

1372. Une barre de fer plate a 4^m,20 de long, 7 centimètres de large et 2 centimètres et demi d'épaisseur. Quel est son poids, si le décimètre cube de fer pèse 7^{kg},78 ?

1373. Un bloc de pierre de taille de 2^{mc},15 a coûté 64^{fr},50. Quel est le prix d'un autre bloc qui a pour dimensions 1^m,90, 1^m,76 et 1^m,08 ?

1374. Une charrue retourne la terre jusqu'à une profondeur de 25 centimètres. Quel est le volume de la terre labourée dans un hectare ?

1375. Trouvez le volume des 4 murs qui entourent un jardin rectangulaire de 35 mètres de long et 29 mètres de large, si les murs sont construits à la limite intérieure du jardin avec une hauteur de 2 mètres et une largeur de 0^m,20.

1376. On achète 25 madriers de chacun 5 mètres de long, 2 décimètres de large et 12 centimètres d'épaisseur, à raison de 76 francs le mètre cube. Que doit-on en tout ? A combien revient le madrier ?

1377. Pour faire un mur de 30 centimètres d'épaisseur et 3 mètres de haut on a employé 35 100 briques qui occupent chacune 1^{dmc},05, jointures comprises. Trouver la longueur du mur.

1378. Avec une pièce de bois équarrie mesurant 4^m,25 de long, 0^m,54 de large et 0^m,50 d'épaisseur, combien pourra-t-on faire de planches ayant chacune un volume de 22^{dmc},95 en ne tenant pas compte du déchet produit par les traits de scie ?

1379. Quel est le chargement d'une charrette qui transporte 2 blocs de pierre de taille mesurant : le 1er 3^m,10 sur 2^m,60 et 1^m,95, et le 2e 2^m,95 sur 2^m,48 et 2^m,06, si chaque mètre cube pèse 2150 kilogrammes ?

1380. On recouvre une route de 6 décamètres de long et de 8 mètres de large, d'une couche de pierre concassée de 10 centimètres d'épaisseur. Quelle sera la dépense totale si la pierre est vendue 5 francs le mètre cube et si la main-d'œuvre revient à 280 francs ?

1381. Un tas de fumier a 8 mètres de long, 7^m,25 de large et 2^m,10 de haut. Quelle hauteur de fumier faudra-t-il ajouter si on veut que le tas ait en tout 174 mètres cubes ?

1382. Sur la cour d'un lycée qui a 50 mètres de long sur 45 mètres de large, on répand 90 mètres cubes de sable. Quelle est l'épaisseur de la couche ?

1383. Quel est le volume de la neige tombée sur un champ qui a 3^ha 8^a 45^ca de superficie, si la couche de neige atteint une épaisseur de 15 centimètres ?

1384. Un propriétaire fait creuser un fossé de 50 mètres de long, 1^m,20 de large et 0^m,80 de profondeur, puis il répand uniformément la terre sur un champ de 9^a,6. Quelle sera l'épaisseur de la couche répandue ?

1385. En 54 jours, 5 carriers ont extrait un tas de pierres de 18 mètres de long, 6 mètres de large et 2 mètres de haut, payé 5^fr,25 le mètre cube. Combien chaque ouvrier a-t-il gagné par jour ?

1386. Un entrepreneur a construit un mur de 35 mètres de longueur, 1^m,50 de hauteur et 0^m,28 d'épaisseur pour lequel il présente un mémoire s'élevant à 244^fr,75. A combien revient réellement le mètre cube de maçonnerie, si on obtient un rabais de 20 %.

1387. Un robinet qui fournit 250 décimètres cubes d'eau par minute a rempli un bassin en 3^h12^m. Quelle est la profondeur de ce bassin, si sa longueur est de 3^m,20 et sa largeur 2^m,50 ?

1388. Un tas de charbon qui a 5^m,20 de long, 4^m,50 de large et 2 mètres de haut, est vendu au poids à raison de 4 francs le quintal. Quelle en est la valeur totale si un dixième de mètre cube pèse 83 kilogrammes ?

1389. A combien revient un bloc cubique de pierre de taille de 1^m,25 de côté, si la pierre coûte 25 francs le mètre cube et la taille 1^fr,50 le mètre carré ?

1390. Un bassin circulaire a 2 mètres de rayon et 5 mètres de profondeur. A quelle distance du bord est la surface de l'eau quand il y a 47 124 décimètres cubes d'eau dans le bassin ?

1391. Dans une caserne on veut construire un dortoir de 40 mètres de long et 15 mètres de large, pouvant abriter 200 soldats. Quelle hauteur de plafond devra-t-on donner à ce dortoir si l'on veut réserver 15 mètres cubes d'air à chaque homme ?

EXERCICES SUR LES MESURES DE BOIS DE CHAUFFAGE

LEURS RAPPORTS AVEC LES MESURES DE VOLUME

EXERCICES ORAUX ET CALCUL MENTAL

1392. Comment s'appelle le multiple du stère ? Combien vaut-il de stères ?

1393. Comment s'appelle le sous-multiple du stère ? Combien en faut-il pour faire un stère ?

1394 Quand le stère est pris pour unité, quel rang occupent les décastères ? les décistères ?

1395. Combien le décastère vaut-il de décistères ? de stères ? de demi-stères ? de doubles stères ?

1396. Combien y a-t-il de décistères dans : un demi-stère ; un stère ; 3 stères ; 25 stères, un double stère ; un demi-décastère, un décastère ; un double décastère, 4 décastères ; 10 décastères, 58 décastères ?

1397. Quelle est la mesure de chauffage 10 dix fois plus grande que le stère ? 10 fois plus petite ? 100 fois plus grande que le décistère ? 100 fois plus petite que le décastère ?

1398. Quand un nombre exprime des stères, que représente le chiffre des dizaines ? des centaines ? des mille ? des dixièmes ? des centièmes ?

1399 Combien de stères font : 9 décastères ; 32 décastères : 0^{das},5 : 3^{das},47 ; 280 décistères ; 36 décistères ; 9 décistères ?

1400. Combien de décastères font : 370 stères ; 2 900 décistères ; 349 stères ; 27 stères, 895 décistères ; 16 décistères ; 930 décistères ; 23^s,8 ?

1401. Combien de décistères font : 7 stères ; 295 stères ; 18 stères ; 3^s,7 ; 0^{s}8 ; 6 décastères ; 39 décastères ; 5^{das},38 ; 0^{das}4 ?

1402. Qu'est-ce que 5 décistères par rapport au demi-stère, au double stère, au demi-décastère, au décastère ?

1403. Convertir 3758 décistères, en stères, en décastères.

1404. Convertir 28 décastères en décistères, en stères.

1405. Lisez les nombres suivants en disant ce que représente le dernier chiffre à droite : 3^s,2 ; 2^{das},7 ; 18^{das},29 ; 0^{das},6 ; 9^s,35 ; 285^{das},482 ; 23^{ds},7 ?

1406. Quel rapport y a-t-il entre le décistère et le mètre cube ? entre le décastère et le mètre cube ; entre le décistère et le décimètre cube ?

1407. Quelle différence y a-t-il entre le décistère et le dixième de mètre cube ? le centième de mètre cube ? entre 300 décimètres cubes et un stère ? entre 5 mètres cubes et un décastère ?

1408. Dans 3 décastères, combien de mètres cubes ? de décimètres cubes ?

1409. Dans 25 600 décimètres cubes combien y a-t-il de stères ? de décistères ? de décastères ?

1410. Combien 20 mètres cubes font-ils de stères ? de doubles stères ? de demi-décastères ? de décastères ? de demi-stères ? de décistères.

1411. Combien de décimètres cubes dans un décistère ? dans un stère ? dans un décastère ?

1412. Combien faut-il de décistères pour faire 3 mètres cubes ; 25 mètres cubes ; 3^{mc},5 ; 0^{mc},4 ?

1413. A 16 francs le stère de bois de chauffage, quel est le prix du décistère ; du décastère, du demi-décastère ; du demi-stère ; du double décastère, du double décistère ; de 3 mètres cubes ; de 0^{mc},5 ; 0^{mc},1 ? Quel est e prix d'une corde (4 stères) ? d'une voie ou demi-corde ?

1414. Si un stère de bois pèse 850 kilogrammes. Que pèsent : un décastère ? un décistère ? un décimètre cube ?

1415. Quand un décistère de bois coûte $1^{fr},40$, que valent : le décastère? le mètre cube? le demi-stère? 2 décastères? 4 mètres cubes? $0^{m^3},2$?

1416. On devait me fournir un demi-décastère de bois. Une 1re fois on m'en a apporté 1 mètre cube et une autre fois 2 stères et demi. Combien de stères doit-on me fournir encore?

1417. Pour se chauffer pendant un hiver une famille achète 2 tas de bois, l'un de 8 mètres cubes et l'autre de $7^{m^3},5$ à raison de 10^{fr} le stère. Quelle somme dépense-t-elle ainsi?

1418. A un tas de bois de $3^{m^3},4$ j'ajoute un demi-décastère. Combien ai-je de décistères de bois? Quelle en est la valeur, à 100 francs le décastère?

1419. On me fournit dans un tombereau qui peut transporter $1^{m^3},5$ du bois qui coûte 20 francs le stère. Quelle somme dois-je si on a fait 4 voyages?

1420. Si on entasse des bûches de $1^{m},25$ de longueur entre deux montants espacés de 5 mètres et élevés de 2 mètres. Quelle quantité obtient-on : en mètres cubes; en décastères; en décistères?

1421. Combien de stères de bois dans un tas qui mesure 20 mètres de long, 15 mètres de large et 10 mètres de haut. Quelle en est la valeur à 120 francs le décastère?

EXERCICES ÉCRITS ET PROBLÈMES

1422. Écrire les nombres suivants en prenant comme unité le stère : $28^{das} 9^{s} 7^{ds}$; $3^{das} 5^{ds}$; $495^{das} 23^{ds}$; $0^{das},3$; $6^{das},42$; 295 décistères; 3 décistères; 3 649 décistères; $1^{das},5$.

1423. Convertir les nombres suivants en stères, puis les additionner : $54^{m^3} + 3 185^{dm^3} + 0^{m^3},8 + 5^{m^3},47 + 7^{dm^3} + 450 078^{cm^3} + 34^{dm^3},29$.

Exprimer ensuite le total en décastères, en décistères.

1424. Convertir les nombres suivants en mètres cubes, puis les additionner :

35 décastères; $549^{s},76$; 649 décistères; $3^{s},7$; $24^{das},39$; $0^{s},12$; $604^{ds},8$; $54 906^{ds},2$.

Exprimer ensuite le résultat en décimètres cubes, en centimètres cubes.

1425. Faire les additions suivantes et donner les totaux en stères, puis en décistères, en décastères :

1° $3^{das} 7^{ds} + 649^{s} 2^{ds} + 85^{ds} + 19^{das} 5^{s} 6^{ds} + 506^{das} 14^{ds}$.

2° $6^{m^3} 37^{dm^3} + 49^{dm^3} + 47^{m^3} 9^{dm^3} + 0^{m^3},8 + 3^{m^3},45$.

3° $39^{m^3},6 + 58^{ds},4 + 18^{dm^3} + 5^{das} 8^{s} 3^{ds} + 0^{m^3},79$.

1426. Faire les soustractions suivantes et exprimer les résultats en décimètres cubes :

$13^{das} 8^{s} 5^{ds} - 896^{ds}$; $48^{m^3} 76^{dm^3} - 2^{das},92$; $3 065^{ds} - 42^{m^3},37$;
$$18^{s} 9^{ds} - 9 376^{dm^3}.$$

1427. Multiplier le nombre $8^{das} 9^{ds}$ par 8, par 59, par 6 094, par 1 000 et donner les produits en mètres cubes, en décimètres cubes, en centimètres cubes.

1428. Multiplier 639 décimètres cubes par 12, par 937, par 100, par 10 000 et exprimer les produits en décastères, en stères, en décistères.

1429. Un marchand de bois a acheté 9^{dms},4 de bois qui lui revient 1128 francs. Quel sera son bénéfice s'il revend ce bois 14 francs le stère ?

1430. On entasse des bûches de 1^{m},25 de longueur entre 2 piquets distants de 1 mètre. Quelle hauteur aura le tas quand on aura 1 stère ? Si les piquets étaient à une distance de 5 mètres, quelle serait la hauteur d'un double décastère de ces bûches ?

1431. On achète deux tas de bois, le 1er de 8^{dms},965 et le 2me de 3 stères et demi de plus que le 1er. Quelle est leur valeur si on les vend ensemble 1^{fr},50 le décistère ?

1432. Si un double décastère de bois de chauffage a été payé 249 francs, quel est à ce prix la valeur : du stère ? du demi-décastère ? du double-stère ? de 3 mètres cubes ?

1433. Quand le demi-décastère de bois vaut 76 francs. Trouver le prix du mètre cube ? de 10 stères ? de 8^{dms}4^{ds} ?

1434. Un tas de bois vendu à raison de 8 francs le demi-stère a été payé 616 francs. Combien contient-il de décistères ? de décimètres cubes ?

1435. Une pile de bois contenant 6 stères a été vendue au prix de 8^{fr},25 le mètre cube. Quel en est le prix ?

1436. Avec 117 francs on a eu 9 stères de bois. Combien aurait-on pu avoir de décistères avec 349^{fr},70 ?

1437. Quel est le prix, à raison de 0^{fr},95 le décistère, d'une pile de bois ayant 4^{m},25 de longueur, 1^{m},33 d'épaisseur et 2^{m},60 de hauteur ?

1438. Une solive qui a 6^{m},25 de long, 0^{m},12 de large et 0^{m},18 d'épaisseur vaut 11^{fr},34. Quel est le prix du décistère de bois ?

1439. Un marchand de bois a dans son chantier 2486 mètres cubes de bois à brûler qu'il a acheté à raison de 12^{fr},35 le stère. Combien doit-il revendre en détail le décistère pour gagner 5800 francs sur le tout ?

1440. Le stère de bois coûte 18^{fr},50 et une mesure de 100 décimètres cubes de charbon coûte 3^{fr},25. Quelle sera la dépense annuelle d'une personne qui brûle par mois 0^{mc},2 de charbon et par an 45 décistères de bois ?

1441. On empile des bûches de 1^{m},15 de long et on en fait un tas de 1 mètre de large. Quelle hauteur faut-il donner à ce tas pour avoir 2 stères de bois ?

1442. Une poutre vendue à 50 francs le stère a été payée 154^{fr},50. Quel est son volume en stères ? en décistères ? en décimètres cubes ?

1443. Un négociant achète 30^{mc},4 de bois à raison de 18 francs le stère ; 5^{dms}9^{ds} à 21 francs le mètre cube et 7 doubles stères à 100 francs le demi-décastère. Combien devra-t-il revendre le stère de ce bois s'il veut faire un bénéfice total de 677 francs ?

1444. Un marchand achète un tas de bois de 8^{m},5 de long, 6^{m},40 de large et 3^{m},25 de haut à raison de 17 francs le stère. Il revend ce bois au détail à 5 francs les 100 kilogrammes. Quel bénéfice pourra-t-il réaliser si le mètre cube de ce bois pèse 520 kilogrammes ?

1445. On divise un tas de bois de 180ˢ,5, estimé 3 249 francs, en deux tas dont l'un vaut 261 francs de plus que l'autre. Trouver : 1° en stères le volume de chaque tas; 2° sa valeur?

1446. Quelle est la valeur d'un chargement de bois de chêne pesant 63 000 kilogrammes vendu 45 francs le stère, si le décimètre cube de ce bois pèse 0ᵏᵍ,84?

1447. Un marchand achète 8 stères de bois pesant chacun 625 kilogrammes à raison de 4 francs les 100 kilogrammes. Quel sera son bénéfice s'il revend ce bois à raison de 27ᶠ,50 le stère?

1448. Un négociant achète 3 tas de bois. Le 1ᵉʳ a 3ᵈᵉᶜ,8, le 2ᵉ a 8 stères de moins que le 1ᵉʳ et le 3ᵉ équivaut au quart des deux premiers réunis. Il paie le tout 1 904 francs. Combien devra-t-il revendre le stère s'il veut gagner 25 % sur le prix d'achat?

1449. On entasse des bûches de 1ᵐ,20 de long entre deux piquets espacés de 8 mètres, vendues 15 francs le stère. Quelle hauteur devra-t-on donner au tas de bois si on veut que sa valeur atteigne 360 francs?

1450. Un charbonnier construit une meule de 6 mètres cubes de bois pesant 620 kilogrammes le stère pour faire du charbon de bois. Quel poids de charbon obtiendra-t-il, si le bois perd 80 % de son poids dans sa transformation?

1451. Quel est le prix de 50 madriers mesurant chacun 6 mètres de long, 2 décimètres et demi de large et 12 centimètres d'épaisseur à 2ᶠ,50 le décistère?

1452. Quel est le plus avantageux d'acheter du bois à 114 francs le demi-décastère ou à 4 francs le quintal si ce bois pèse 580 kilogrammes le mètre cube?

1453. Pendant un hiver de 120 jours une famille a brûlé 28 décistères de bois à 52 francs le double stère. L'année suivante elle préfère le chauffage au charbon qui lui revient à 0ᶠ,45 par jour. Quelle économie a-t-elle faite en adoptant ce dernier mode de chauffage?

EXERCICES SUR LES MESURES DE CAPACITÉ

EXERCICES ORAUX ET CALCUL MENTAL

1454. Quels sont les multiples du litre? les sous-multiples?

1455. Combien faut-il de litres pour faire un décalitre? un hectolitre? un kilolitre?

1456. Qu'est-ce que le litre par rapport au décalitre? à l'hectolitre? au kilolitre?

1457. Combien le litre vaut-il de décilitres? de centilitres? de millilitres?

1458. Quand un nombre exprime des litres que représentent : les dizaines? les dixièmes? les centaines? les centièmes? les unités de mille? les millièmes?

1459. Combien le décalitre vaut-il de litres? de décilitres? de centilitres? de millilitres? de doubles litres? de demi-litres? de doubles décilitres? de doubles centilitres?

1460. Combien l'hectolitre vaut-il de décalitres? de décilitres? de centilitres? de doubles décalitres? de demi-décalitres? de doubles litres?

1461. Combien le kilolitre vaut-il de litres? de décalitres? de décilitres? d'hectolitres? de centilitres? de doubles hectolitres? de doubles décalitres? de doubles litres? de demi-hectolitres? de demi-décalitres?

1462. Combien faut-il de décilitres? de centilitres? pour faire : un décalitre? un hectolitre? un kilolitre? un double litre? un demi-litre?

1463. Qu'est-ce que le centilitre? le décilitre? par rapport au décalitre? à l'hectolitre? au kilolitre?

1464. Quelle est l'unité de capacité 100 fois plus grande que le centilitre? que le millilitre? que le décalitre? que le décilitre?

1465. Quelle est l'unité 100 fois plus petite que l'hectolitre? que le décilitre? le décalitre? le kilolitre?

1466. Quelle est l'unité 1 000 fois plus grande que le millilitre? le décilitre? le centilitre? — 1 000 fois plus petite que le kilolitre? le décalitre? l'hectolitre?

1467. Quand un nombre exprime des kilolitres, des décalitres; que représentent : le chiffre des centièmes? des dixièmes? des millièmes? des dix-millièmes?

1468. Si un nombre exprime des décilitres, des centilitres, que représentent avant la virgule : le 3e chiffre? le 2e? le 1er? le 4e?

1469. Lire les nombres suivants en indiquant ce que représente chaque chiffre :

1 345^l,5287 ; 60^{dal},783 ; 1 638^{dl},09 ; 45^{hl},038 ; 0^{kl},3 492 ; 39 207^{cl},7.

1470. Combien de litres dans 5 décalitres; 9 hectolitres; 2 kilolitres; 30 décilitres: 5 600 centilitres: 800 centilitres; 28 décalitres; 37 hectolitres; 0^{dal},3 ; 6^{hl},29 ; 0^{kl},037 ; 1 décalitre et demi; 47 hectolitres et quart?

1471. Combien de décalitres dans 60 litres; 7 000 litres; 2 hectolitres; 384 hectolitres; 500 décilitres; 9 kilolitres; 6^{hl},3 ; 0^{hl},29: 7^{kl},8; 2 hectolitres et demi; un double hectolitre; un demi-hectolitre?

1472. Combien d'hectolitres dans 3 200 litres : 4 kilolitres ; 0^{kl},7; 80 décalitres; 16^{hl},3 ; 25 décalitres; 365 litres; 5 doubles décalitres?

1473. Combien de décilitres font : 13 litres; 9 décalitres; 40 centilitres; 2 hectolitres; 4 litres; 358 litres ; 9^{dal},75 ; 0^{dal},8; 6^l,2?

1474. Combien de centilitres font : 4 décalitres; 28 décilitres; 3^{dal},9; 24 litres; 0^l,17; 5 hectolitres; un demi-litre; un double décalitre; 3 litres et demi; 60 millilitres ?

1475. Dans le nombre 503 927 centilitres, que représentent le 3, le 2, le 0, le 9, le 5 ?
Si on multiplie ce nombre par 10, que représentent alors chacun des chiffres?

1476. Quelles sont les mesures effectives qui valent 2 litres: 5 litres; 20 litres; 50 litres: 5 décilitres; 200 litres; 20 décilitres; 200 décilitres; 20 centilitres. 200 centilitres: 40 demi-litres; 40 demi-centilitres, 40 demi-décalitres ; 10 doubles décilitres; 100 doubles décilitres; 1 000 doubles décalitres?

1477. Quelle est la mesure effective 5 fois plus grande que le litre? 5 fois plus petite? 20 fois plus grande? 20 fois plus petite? 50 fois plus grande? 50 fois plus petite? 200 fois plus grande?

1478. Combien faut-il de doubles litres pour faire un décalitre? un hectolitre? un demi-hectolitre? un double décalitre? un double hectolitre? un demi-décalitre?

1479. Combien faut-il de doubles décilitres pour faire un litre; un décalitre; un hectolitre; un demi-litre; un demi-décalitre; un demi-hectolitre? un double décalitre; un double litre?

1480. Dans un demi-hectolitre, combien de litres? de décalitres? de décilitres? de doubles décalitres? de doubles litres? de demi-décalitres? de demi-litres?

1481. Si un litre de vin coûte 0^{fr},75, que coûtent un décalitre? un hectolitre? un décilitre? 10 hectolitres? un double litre? un demi-hectolitre?

1482. Si un centilitre de liqueur coûte 0^{fr},05, que valent le litre? l'hectolitre? le décilitre? le décalitre? 5 décilitres? 40 litres? 2 décilitres? 25 centilitres?

1483. Quand l'hectolitre de vin est vendu 40 francs, à combien reviennent 5 hectolitres? un décalitre? un litre? 5 décalitres? un demi-décalitre? 2 litres et demi? 40 litres?

1484. Une pièce de vin contient en moyenne 2^{hl},2. Combien de litres dans 10 pièces? 5 pièces? 100 pièces? 2 pièces? une demi-pièce? une pièce et demie? un quart de pièce?

1485. Le litre d'eau-de-vie valant 4 francs, quelle quantité aura-t-on pour 40 francs? 400 francs? 8 francs? 20 francs? 80 francs? 2 francs? 0^{fr},40? 1 franc? 80 centimes? 20 centimes?

1486. Avec un litre d'eau de Cologne valant 3 francs, combien pourrait-on emplir de petits flacons contenant un double décilitre? un demi-décilitre? 20 centilitres? 25 centilitres? Quelle serait la valeur de chacun de ces flacons?

1487. Que valent 2 hectolitres et demi de vin à 0^{fr},50 le litre?

1488. Une fontaine donne 12 litres d'eau à la minute. Combien fournit-elle de décalitres dans un quart d'heure? dans une heure? dans une heure et demie?

1489. On verse dans un tonneau 1 hectolitre et demi de vin, à 60 francs l'hectolitre, et on achève de le remplir avec 6 décalitres de vin à 50 centimes le litre. Trouver la contenance du tonneau; la valeur de chaque sorte de vin; la valeur du mélange.

1490. 3 fontaines alimentent un bassin. La 1re donne 10 litres par minute, le 2e, 8 litres et la 3e, 7 litres. Si on les laisse couler ensemble, combien d'hectolitres versent-elles en 1 heure 40 minutes? en une heure? en 10 minutes? Combien seront-elles de temps pour fournir un hectolitre? 10 hectolitres? 5 hectolitres? un demi-hectolitre?

1491. Dans un réservoir contenant 15 hectolitres d'eau, un jardinier puise à chaque voyage qu'il fait un arrosoir de 1^{dl},2 et un seau de 8 litres. Combien restera-t-il d'eau dans le réservoir quand il aura fait 20 voyages?

1492. Un vigneron avait récolté 35 hectolitres de vin. Il en vend

3o5 décalitres et garde le reste pour sa consommation personnelle. Combien a-t-il encore de litres?

1493. Combien peut-on remplir de bouteilles contenant chacune $0^l,8$ avec 2 doubles décalitres de vinaigre?

1494. Deux tonneaux contiennent l'un $2^{hl},25$ et l'autre 4 litres de moins. Quelle est leur valeur totale à 10 francs le décalitre?

1495. Un cultivateur mélange 15 doubles décalitres de blé avec 3 demi-hectolitres d'une autre sorte. Combien obtient-il de litres de mélange?

1496. Une fermière a 20 vaches qui lui donnent en moyenne chacune 1 décalitre de lait par jour. Combien peut-elle vendre de litres de lait par semaine? par mois de 3o jours? Quelle est sa recette quotidienne si elle vend ce lait 25 centimes le litre?

1497. Pour remplir une bouteille on y a versé d'abord 4 doubles décilitres de liquide, puis un demi-décilitre et enfin un double centilitre. Quelle est sa contenance en centilitres?

1498. Un marchand verse dans un tonneau 2 hectolitres de vin à 55 francs l'hectolitre et il achève de le remplir avec 2 décalitres d'eau. A combien lui revient le litre de mélange?

EXERCICES ÉCRITS ET PROBLÈMES

1499. Écrire les nombres suivants en prenant comme unité le litre: $4^{hl}25^{dal}$; $8^{dal}95^{dl}$; $28^{hl}9^l$; $13^{kl}6^{dal}$; $2^{hl}48^l$; 3^l25^{ml}; $8^{hl}9^{dal}4^{dl}$; $84^{dal}17^{dl}3^{cl}$; $9^{kl}38^l16^{ml}$; $42^{hl}385^{cl}$; $6^{cal}28^{cl}$; $1^{kl}28^{dal}9^{cl}$.

1500. Convertir les nombres suivants en litres puis les additionner: 1° 4089^{cl}; 976^{dl}; 6974^{ml}; $18^{dal},3$; $187^{dl},5$. 2° $9^{hl},675$; $8^{dal},037$; $8^{hl},43$; 628^{dl}; 7039^{cl}.

1501. Exprimer en hectolitres le total des nombres suivants: $36^{kl}85^l + 4^{kl}7^{dal} + 39^{dal}8^{dl} + o^{hl},037 + 64^l$;

1502. Exprimer en centilitres le total des nombres suivants: $3^l18^{ml} + 4^{dal}7^{dl} + 28^{dl},7 + 6^l,485 + 9^{dl},63$.

1503. Effectuer les soustractions suivantes et donner les restes en litres, puis en hectolitres, en centilitres: $3075^{dl} - 9^{dal}37^{cl}$; $6^l,487 - 29^{hl},5$; $8^{hl}7^l3^{cl} - 983^{dl}$; $285^{dal} - 19^{hl}25^{cl}$; $1^{hl},4 - 3749^{cl}$.

1504. Multiplier le nombre $4^{hl}9^l27^{cl}$ par 57, par 396, par 100 et donner le résultat, 1° en décalitres, 2° en décilitres.

1505. Multiplier $95^{dal},78$ par 94, par 786 et donner le produit en litres, en centilitres, en kilolitres?

1506. Diviser $1539^l,27$ par 45 et exprimer le quotient en hectolitres, en décalitres, en décilitres, en millilitres.

1507. J'avais $2^{hl},27$ de vin dans une barrique. Après en avoir retiré $1^{dal},9$ j'ajoute au reste $12^l,5$ d'eau. Combien ai-je encore de litres de mélange?

1508. Un bassin contenait $38^{hl},625$ d'eau. Quelle quantité contient-il après qu'on a retiré la quantité nécessaire pour remplir 3 fois un tonneau d'arrosage de $27^{dal},4$?

1509. Un marchand avait acheté 375 litres de vin à raison de 54 francs l'hectolitre. Il en revend d'abord 2 hectolitres et quart à

60 centimes le litre et le reste à 50 centimes. Quel sera son bénéfice?

1510. A combien revient le litre de liqueur si une bouteille de 4 décilitres a été payée 3 francs?

1511. Trois tonneaux d'huile contiennent : le premier 3hl,75; le deuxième 220 litres; le troisième 2816 décilitres. On en tire 950 centilitres. Combien reste-t-il de décalitres?

1512. L'hectolitre de froment coûtant 21fr,50, à combien revient le double décalitre?

1513. L'hectolitre de vin coûtant 28fr,75, combien aura-t-on de décalitres pour 166fr,75?

1514. Pour ensemencer un champ, on a dépensé 30 francs de labour, puis on a semé 2 hectolitres de grain à 0fr,95 le décalitre. Quelle est la dépense totale?

1515. Combien peut-on remplir de verres contenant chacun un décilitre avec le contenu d'une bouteille de 80 centilitres?

1516. Un carafon contient pour 0fr,75 d'alcool à 3 francs le litre. Quelle est la capacité de ce flacon?

1517. On veut mettre en bouteilles une pièce de vin de 225 litres; on en a déjà tiré 181 de 75 centilitres. Combien pourra-t-on encore remplir de bouteilles de 85 centilitres?

1518. On paie à l'entrée d'une ville 6fr,50 de droit d'octroi pour un hectolitre d'alcool. Combien paiera-t-on pour l'entrée de 6 pièces d'alcool de chacune 280 litres?

1519. On a récolté 35 hectolitres de blé dans un hectare; combien aurait-on récolté de décalitres dans 96 ares?

1520. Il faut 225 litres de grain pour ensemencer un hectare de terrain. Combien faudra-t-il de doubles décalitres de semence pour un champ de 35a,4?

1521. On revend 32fr,50 les 100 kilogrammes du blé qui a coûté 22 francs l'hectolitre. Que gagne-t-on par décalitre sachant que le décalitre de blé pèse 8 kilogrammes?

1522. On a récolté 1225 gerbes de blé sur un champ de 3hª 50ª de superficie qu'on avait ensemencé avec 7hl,70 de grain. Sachant que 100 gerbes produisent 70dal,5 de blé, quel est le rendement d'un litre de semence?

1523. Un réservoir contenait 18hl,4 d'eau. On en a retiré 35 arrosoirs contenant chacun 1dal,2 puis on y a fait couler pendant 25 minutes un robinet qui donne 18 litres en 4 minutes. Combien ce réservoir contient-il maintenant de litres d'eau?

1524. Avec un petit fût de cognac on a rempli d'abord 25 bouteilles de 75 centilitres, puis 12 bouteilles contenant chacune 25 millilitres de moins que les premières et enfin 3 bouteilles de 8 décilitres et demi. Quelle était la contenance du fût en litres?

1525. Une bonne vache laitière donne en moyenne 25 hectolitres de lait par an. Sur quelle recette annuelle peut compter un fermier qui possède 18 vaches et qui vend son lait à raison de 3 francs le décalitre?

1526. Dans un tonneau de 2hl,2 on verse d'abord 15 décalitres de vin à 58 francs l'hectolitre et on achève de le remplir avec du vin qui vaut 65 centimes le litre. Quelle est la valeur du vin contenu dans le tonneau?

1527. Combien a coûté une pièce de vin avec laquelle on a pu remplir 312 bouteilles de 0ˡ,72, si ce vin a été acheté à 75 francs l'hectolitre?

1528. Pour entretenir de combustible un poêle à feu continu on le charge chaque jour avec un seau de charbon contenant 22 litres. Si on allume ce poêle depuis le 1ᵉʳ décembre jusqu'au 1ᵉʳ avril, calculer la dépense du chauffage de l'hiver sachant que le charbon coûte 2ᶠʳ,75 l'hectolitre?

1529. Un cultivateur échange 85 doubles décalitres de blé vendu 15 francs l'hectolitre contre de l'avoine qui vaut 4ᶠʳ,25 le demi-hectolitre. Combien recevra-t-il de décalitres d'avoine?

1530. Deux fûts de vin vendus 45 francs l'hectolitre ont été payés ensemble 200ᶠʳ,70. Si l'un contient 2ʰˡ,21, trouver combien l'autre contient de litres?

1531. Un débitant revend 0ᶠʳ,15 le petit verre de cognac mesurant 16 millilitres qui lui coûte 4 francs le litre. Combien pourra-t-il vendre de petits verres avec 10 litres de cognac. Quel sera son bénéfice?

1532. Deux ménagères achètent ensemble un sac d'oignons de 15ᵈᵃˡ,8 pour 23ᶠʳ,70. Mais l'une ne veut dépenser que 9 francs. Combien reviendra-t-il de litres à chacune d'elles?

1533. Un négociant m'offre du vin à raison de 135 francs la pièce de 225 litres ou à 77 francs la demi-barrique de 12 décalitres. Quel bénéfice obtiendrait-on par hectolitre en choisissant le mode de vente le plus avantageux?

1534. Une pièce de vin de Bourgogne de 220 litres a été achetée à raison de 65 francs l'hectolitre prise chez le vigneron. Les droits d'octroi ont été de 25 francs et les frais de transport de 8ᶠʳ,50. On met ce vin dans des bouteilles de 0ˡ,80 qui coûtent 18 francs le 100. A combien reviendra chaque bouteille de vin verre compris si les bouchons ont coûté 2 francs le 100 et la mise en bouteilles 5 francs?

1535. Un négociant achète aux halles 258 hectolitres de blé à raison de 15ᶠʳ,50 l'hectolitre et 125 hectolitres à 15ᶠʳ,60. Il mélange le tout et veut faire un bénéfice total de 378 francs. Quel devra être le prix de vente du double décalitre?

1536. Combien faut-il de bouteilles de 0ˡ,75 pour contenir 3 pièces de vin de Bordeaux de chacune 220 litres? Et à combien reviendra la bouteille si le vin a été payé 120 francs l'hectolitre?

1537. Un cultivateur refuse de livrer à 0ᶠʳ,70 le double décalitre sa récolte de 48 hectolitres de pommes de terre. trois mois plus tard il réussit à la vendre 4 francs l'hectolitre ; mais 25 décalitres de pommes se sont gâtées et n'ont pu être vendues. A-t-il gagné ou perdu à attendre, et combien?

1538. Dans un champ de 2 hectares et demi et planté de 200 pommiers, un cultivateur a récolté 680 hectolitres de pommes à cidre. Sachant qu'un hectolitre de pommes donne en moyenne 30 litres de cidre vendu 0ᶠʳ,50 le double litre, calculer la valeur du rendement moyen : 1° par are ; 2° par pommier?

1539. Un épicier achète 5 bonbonnes de chacune 32 litres d'huile d'olives à raison de 30 francs le décalitre. Il met cette huile en bouteilles de un demi-litre qu'il revend 1^{fr},60 chacune. Quel sera son bénéfice ?

1540. Dans une année un limonadier a acheté 100 fûts de bière de chacun 56 litres à raison de 25 francs l'hectolitre. Il a revendu cette bière en bouteilles de 0^l,70 à 40 centimes la bouteille. Quel a été son gain total ?

1541. Un champ de 605 ares ensemencé en blé a produit 105^{hl},40 de grain ; la paille est estimée 150 francs ; les frais de culture se sont élevés à 1120 francs. Combien le propriétaire de ce champ doit-il vendre le double décalitre de blé pour que l'hectare lui rapporte un bénéfice net de 210 francs ?

1542. Trouver : 1° la valeur du blé que peut contenir chacune des mesures effectives en bois à raison de 16 francs l'hectolitre ; 2° la valeur du lait contenu dans chacune des mesures en fer blanc, à raison de 30 centimes le litre.

1543. Un fût de 672 décilitres de cognac a été payé 319^{fr},20. On met ce cognac dans des bouteilles de 7 décilitres, que l'on revend 5 francs. Quel sera le bénéfice sur chaque bouteille ? sur le fût entier ?

1544. Deux tonneaux de vin achetés ensemble, à raison de 60 francs l'hectolitre, ont été payés 267 francs. Quelle est la contenance de chaque tonneau si l'un des deux vaut 3 francs de plus que l'autre ?

1545. Un tas de blé pèse 1033 kilogrammes et demi. Combien contient-il de litres si l'hectolitre pèse 78 kilogrammes ?

1546. Un épicier achète un fût de 2 hectolitres d'huile à 1^{fr},25 le litre. Il revend l'huile au détail à 1^{fr},70 le demi-kilogramme. Que gagnera-t-il si le litre d'huile pèse 0^{kr},9 ?

1547. Un champ de 36 décamètres de long et 195 mètres de large a produit 25 hectolitres de blé par hectare. Calculer la valeur de la récolte de ce champ si le blé est vendu 8 francs le demi-hectolitre ?

1548. Un cultivateur exploite 10 hectares de terre de labour. Il cultive la moitié en blé, le quart en avoine et le reste en sarrasin. Trouver la valeur totale de sa récolte, sachant que l'hectare de terrain produit 25 hectolitres en blé valant 17 francs l'hectolitre, 40 hectolitres en avoine valant 4 francs le demi-hectolitre, et 25 hectolitres de sarrasin valant 1 franc le décalitre.

1549. Si on ajoute 25 litres d'eau à 2 hectolitres de vin, combien y a-t-il de centilitres d'eau dans un litre de mélange ?

1550. Un jardin de 24^a,3 est cultivé en pommes de terre. Avec la récolte de 2 rangées occupant une surface de 45 mètres de long sur 1^m,20 de large, on a pu remplir 8 fois un décalitre. Quelle sera la contenance de la récolte probable de tout le jardin ? Trouver sa valeur à raison de 1^{fr},40 le double décalitre.

1551. Il faut environ 2^{hl},4 d'avoine pour ensemencer un hectare de terrain. Combien coûtera la semence d'un champ de 306 mètres de long et 245 mètres de large si le décalitre d'avoine vaut 1 franc ?

1552. J'ai acheté 3^{hl},5 de cidre à 60 centimes le double litre. Combien devrai-je ajouter d'eau pour que le litre de mélange me revienne à 25 centimes ?

1553. Un cultivateur devait 28 jours de travail à un journalier qui gagne 4^{fr},50 par jour. Celui-ci accepte en paiement du blé estimé 15 francs l'hectolitre. Combien le cultivateur devra-t-il lui donner de doubles décalitres de blé ?

1554. Dans un champ de 95 ares on a récolté 171 décalitres de seigle. Quel est, en hectolitres, le rendement par hectare ?

1555. Un marchand de vin mélange 15 décalitres de vin à 60 francs l'hectolitre avec 225 litres à 4 francs le décalitre. Combien devra-t-il vendre le litre de mélange pour faire un bénéfice de 25 o/o sur le prix d'achat ?

EXERCICES SUR LES RAPPORTS
ENTRE LES MESURES DE VOLUME ET LES MESURES DE CAPACITÉ

EXERCICES ÉCRITS ET PROBLÈMES

1556. A quelle unité ou partie décimale d'unité de volume équivalent : le litre ; le décalitre ; l'hectolitre ; le kilolitre ; le décilitre ; le centilitre ; le millilitre ?

1557. Combien le mètre cube vaut-il de litres ? de décalitres? d'hectolitres ? de kilolitres ?

1558. Combien le litre vaut-il de décimètres cubes? de centimètres cubes? de millimètres cubes?

1559. Combien y a-t-il de litres, de décalitres, d'hectolitres, dans : 3 mètres cubes; 215 mètres cubes; 4 dixièmes de mètres cubes; 8 centièmes de mètres cubes; 16 décimètres cubes; 375 décimètres cubes?

1560. Convertir en mètres cubes, puis en décimètres cubes les nombres : 5 hectolitres; 18 hectolitres; 4600 décalitres; 50 000 litres; 630 hectolitres; 3298 décalitres; 6^{hl},39; 7 décalitres; 0^{kl},3 ; 0^{kl},85; 124^{dal},7.

1561. Combien y a-t-il de décilitres, de centilitres, de millilitres, dans : 3 décimètres cubes; 248 centimètres cubes; 28 décimètres cubes; 5947 centimètres cubes; 2^{dm3},64 ; 0^{dm3},5 ; 6^{dm3},348 ?

1562. Convertir en centimètres cubes, puis en millimètres cubes : 45 décilitres; 648 centilitres; 29 millilitres; 0^l,37; 6^{dl},54 ; 6^l,989; 2^l,4; 5^{dl},8; 35 049 millilitres.

1563. Exprimer en unités équivalentes de volume les mesures effectives suivantes :

un double hectolitre,	un demi-litre.
un demi-hectolitre,	un double décilitre,
un double décalitre,	un demi-décilitre,
un demi-décalitre.	un double centilitre,
un double litre,	un centilitre.

1564. A quelles mesures de capacité équivalent les volumes suivants : 2 mètres cubes; 1 mètre cube; 0^{m3},5; 0^{m3},2 : 0^{m3},1; 0^{m3},01; 0^{m3},02;

$0^{m^3},05$; 2 décimètres cubes; $0^{dm^3},5$; $0^{dm^3},2$; $0^{dm^3},1$; $0^{dm^3},01$: $0^{dm^3},02$; $0^{dm^3},05$.

1565. Additionner les nombres suivants et donner le résultat en mètres cubes, puis en décimètres cubes :

$$5849^l + 69^{dal} + 372^{hl} + 3^{hl},29 + 285^l,4 + 64^{dal},38 + 0^{hl},7 + 309^{dal}.$$

1566. Additionner les nombres suivants et donner le résultat en décimètres cubes, en centimètres cubes, en millimètres cubes.

$$394^{dl} + 54^l + 6429^{cl} + 287^{ml} + 5^l,378 + 29^{cl},34 + 0^{cl},8$$
$$+ 9^{dal},3485 + 25^{ml}.$$

1567. Faire les soustractions suivantes et donner les restes en litres, puis en hectolitres, en décalitres :

$$3^{m^3}\,7^{dm^3} - 2^{m^3},49 \qquad 12^{m^3},87 - 5907^{dm^3}$$
$$5876^{dm^3},8 - 0^{m^3},958 \qquad 316^{hl},7 - 9^{m^3}\,17^{dm^3}.$$

1568. Faire les soustractions suivantes et exprimer les restes en décilitres, en centilitres, en millilitres :

$$2856^{cm^3} - 0^{dm^3},97 \qquad 285^{dm^3},7 - 9^{dal}\,18^{dl}$$
$$18^{dm^3},49 - 9^{dm^3}\,37^{cm^3} \qquad 39^{dl},87 - 392^{cm^3}$$

1569. Multiplier $9^{hl}\,5^l\,18^{cl}$ par 795 et écrire le produit en mètres cubes, en décimètres cubes, en centimètres cubes.

1570. Multiplier $7039^{dm^3},8$ par 864 et exprimer le produit en hectolitres, en décalitres, en litres, en décilitres.

1571. Diviser 295^{dal} en deux parts, de manière que l'une ait $15^{dm^3},4$ de plus que l'autre.

1572. Combien une cuve de $1^{m^3},76$ de capacité peut-elle contenir d'hectolitres de vin ? Combien de bouteilles de 75 centilitres ?

1573. Un bassin dont la capacité est de 3 mètres cubes est alimenté par une source qui donne $12^l,5$ par minute. Au bout de combien de temps sera-t-il rempli ?

1574. On verse dans un réservoir de $10^{m^3},5$ le contenu de 42 tonneaux de 228 litres. Si le réservoir n'est pas plein, combien faut-il encore verser de décalitres ?

1575. Un tas de blé de $1^{m^3},85$ a été payé 444 francs. Combien coûteraient 7 doubles décalitres de ce blé ?

1576. Un coffre dont le volume est de $1^{m^3},152$ est rempli de blé qui vaut $4^{fr},20$ le double décalitre. Quel est le prix total de ce blé ?

1577. Pour remplir un réservoir, on a dû y verser le contenu de 75 tonneaux de chacun $2^{hl}\,25^l$. Quelle est en mètres cubes la capacité du réservoir ?

1578. Un réservoir d'eau a $3^m,25$ de long, $2^m,15$ de large et $0^m,95$ de profondeur. Quelle est sa capacité en litres ?

1579. Un réservoir occupe un emplacement rectangulaire de $2^m,80$ de longueur sur $1^m,50$ de largeur. Quelle hauteur faut-il lui donner pour qu'il puisse contenir 4 000 litres ?

1580. Dans un bassin à base rectangulaire, ayant 3 mètres de long et 2 mètres de large, on verse 15 hectolitres d'eau. A quelle hauteur s'élèvera l'eau dans ce bassin ?

1581. Une citerne circulaire a $2^m,75$ de rayon et lorsqu'elle est pleine d'eau, elle contient 560 hectolitres. Quelle en est la hauteur ?

1582. Un gazomètre renferme 28 000 mètres cubes de gaz d'éclairage ; combien peut-on avec cette quantité, alimenter de becs de gaz pendant 5 heures, sachant qu'un bec brûle 125 litres à l'heure ?

1583. Un champ rectangulaire a 250 mètres de longueur et 175 mètres de largeur. On veut répandre sur le sol de l'engrais à raison de 350 litres par are ; cet engrais coûtant 8^{fr},75 le mètre cube, quelle sera la dépense totale ?

1584. Dans une cuve dont le volume intérieur est de 1 mètre cube on verse 38 seaux d'eau contenant chacun 125 décilitres. Combien manque-t-il de litres pour que cette cuve soit remplie ?

1585. Un réservoir à base rectangulaire de 5 mètres de long, 3 mètres de large et 2 mètres de profondeur a été rempli par une fontaine en 4 heures 10 minutes. Combien de litres cette fontaine fournit-elle par minute ? Combien y a-t-il de décalitres d'eau au bout d'une heure ? Quelle est alors la hauteur de l'eau dans le réservoir ?

1586. Un jardinier fait établir dans son jardin un bassin pouvant contenir 400 arrosoirs d'une contenance de 12 litres. Quelle profondeur devra-t-on donner à ce bassin s'il a 2 mètres de long et 1^m,50 de large ?

1587. Quel est le poids de l'air contenu dans une salle de 7^m,25 de long, 6^m,80 de large et 3^m,70 de haut si un litre d'air pèse 1^{fr},3 ?

1588. Un grenier de 6 mètres de long, 4 mètres de large et 1^m,50 de hauteur est rempli à moitié de blé valant 16^{fr},50 l'hectolitre. Trouver la valeur du blé ?

1589. L'eau augmente des 75 millièmes de son volume en se congelant. Combien de décimètres cubes de glace fourniront 5 hectolitres d'eau ?

1590. On veut construire une citerne pouvant contenir 35 hectolitres d'eau. Si la maçonnerie intérieure doit occuper 2^{mᶜ},45, combien faudra-t-il enlever de décimètres cubes de terre ?

1591. Une voiture mesurant 2^m,25 de long, 1^m,30 de large et 1^m,15 de profondeur transporte du coke qui pèse 40 kilogrammes l'hectolitre. Quel poids de coke peut-elle contenir quand elle est pleine ?

1592. Une citerne a 4^m,25 de long, 3^m,50 de large et 2 mètres de profondeur. Combien de temps durera la provision d'eau qu'elle peut contenir si on enlève 125 litres par jour ?

1593. Un coffre à blé a 2 mètres de long et 0^m,80 de large. A quelle hauteur s'élèvera le grain quand on y aura versé le contenu de 8 sacs de blé mesurant chacun 1^{hl},28 ?

1594. Dans un vase plein d'eau contenant 2 litres on jette une pierre. L'eau déborde et le vase ne contient plus alors que 1362 millilitres. Quel est le volume de la pierre en centimètres cubes ?

1595. Un réservoir qui peut contenir 35 hectolitres a une profondeur de 1^m,75. Quelle hauteur atteint l'eau quand on a versé dans ce réservoir 16 hectolitres ?

1596. Deux fontaines donnant l'une 32 litres à la minute et l'autre 33 coulent ensemble dans un bassin de 13^{mᶜ},65. Combien seront-elles de temps à le remplir ?

1597. Dans un baquet, qui contient 2 décalitres d'eau quand il est plein, on jette 3 briques mesurant chacune 21 centimètres de long,

12 centimètres et demi de large et 6 centimètres d'épaisseur. Combien restera-t-il de décilitres d'eau dans le baquet?

1598. Pour vider une citerne pleine d'eau un robinet placé à sa base a mis 3 heures 20 minutes à le vider en laissant écouler 120 litres à la minute. Trouver la profondeur de cette citerne si elle mesure à sa base 3^m,20 sur 2^m,50?

1599. Une auge rectangulaire mesure extérieurement 2^m,20 de long, 1^m,85 de large et 0^m,80 de hauteur. Trouver sa capacité intérieure, en litres, si les parois latérales et le fond ont 12 centimètres d'épaisseur?

MESURES DE POIDS

332. — **Le gramme.** — *L'unité principale de poids est le* **kilogramme** *dont le prototype est déposé aux archives nationales.*

Le **gramme** *est la millième partie du kilogramme.*

Un centimètre cube d'eau pure pèse **1** *gramme.*

On désigne en abrégé le gramme par *g*.

333. — **Multiples et sous-multiples.** — Les multiples et sous-multiples du gramme sont :

le *décagramme*	*dag*	qui vaut	**10** grammes
l hectogramme	*hg*	—	**100** —
le *kilogramme*	*kg*	—	**1000** —

Les sous-multiples du gramme sont :

le *décigramme*	*dg*	un *dixième* de gramme,
le *centigramme*	*cg*	un *centième* de gramme,
le *milligramme*	*mg*	un *millième* de gramme.

334. — Dans le commerce, on emploie souvent :

la *livre*		qui vaut	**500** grammes,
la *tonne*	*t*	—	**1000** kilogrammes,
le *quintal*	*q*	—	**100** kilogrammes.

335. — Relations entre les diverses unités. — De ce qui précède il résulte que :

dans un kilogramme	il y a	**10**	hectogrammes,
dans un hectogramme	—	**10**	décagrammes,
dans un décagramme	—	**10**	grammes,
dans un gramme	—	**10**	décigrammes,
dans un décigramme	—	**10**	centigrammes,
dans un centigramme	—	**10**	milligrammes.

Dans *un kilogramme* il y a : **10** hectogrammes
ou 10 fois 10 décagrammes = **100** décagrammes
ou 100 fois 10 grammes = **1000** grammes.

Dans *un hectogramme* il y a : **10** décagrammes
ou 10 fois 10 grammes = **100** grammes.

Dans *un décagramme* il y a **10** grammes.

Dans *un gramme* il y a : **10** décigrammes
ou 10 fois 10 centigrammes = **100** centigrammes
10 fois 100 milligrammes = **1000** milligrammes.

Dans *un décigramme* il y a : **10** centigrammes
ou 10 fois 10 milligrammes = **100** milligrammes.

Dans *un centigramme* il y a **10** milligrammes.

336. — Écriture d'un nombre de grammes. — On écrit un nombre de grammes comme un nombre de mètres ou de litres. On place :

le **kilogramme**	au rang des *mille*	4^e	rang,
l'**hectogramme**	au rang des *centaines*	3^e	rang,
le **décagramme**	au rang des *dizaines*	2^e	rang,
le **gramme**	au rang des *unités*	1er	rang,
le **décigramme**	au rang des *dixièmes*		

1er rang à droite du gramme,

le **centigramme** au rang des *centièmes*

2ᵉ rang à droite du gramme,

le **milligramme** au rang des *millièmes*

3ᵉ rang à droite du gramme,

EXEMPLE. — Soit : $8^{kg}\ 7^{hg}\ 5^{dag}\ 9^{g}\ 3^{dg}\ 8^{cg}\ 4^{mg}$.

On écrit : **8759ᵍ,384.**

On lit : **8759** grammes **374** milligrammes.

337. — On peut changer l'unité d'un nombre exprimant des grammes en déplaçant la virgule.

On peut écrire $8^{kg}3^{dag}7^{g}5^{dg}8^{mg}$ de la façon suivante :

$$8^{kg}0^{hg}3^{dag}7^{g}5^{dg}0^{cg}8^{mg}$$

$$8\ \ 0\ \ 3\ \ 7^{g}{,}5\ \ 0\ \ 8$$
$$8\ \ 0\ \ 3^{dag}{,}7\ \ 5\ \ 0\ \ 8$$
$$8\ \ 0^{hg}{,}3\ \ 7\ \ 5\ \ 0\ \ 8$$
$$8^{kg}{,}0\ \ 3\ \ 7\ \ 5\ \ 0\ \ 8$$
$$8\ \ 0\ \ 3\ \ 7\ \ 5^{dg}{,}0\ \ 8$$
$$8\ \ 0\ \ 3\ \ 7\ \ 5\ \ 0^{cg}{,}8$$
$$8\ \ 0\ \ 3\ \ 7\ \ 5\ \ 0\ \ 8^{mg}.$$

338. — **Mesures effectives.** — On emploie trois sortes de poids, pour faire des pesées.

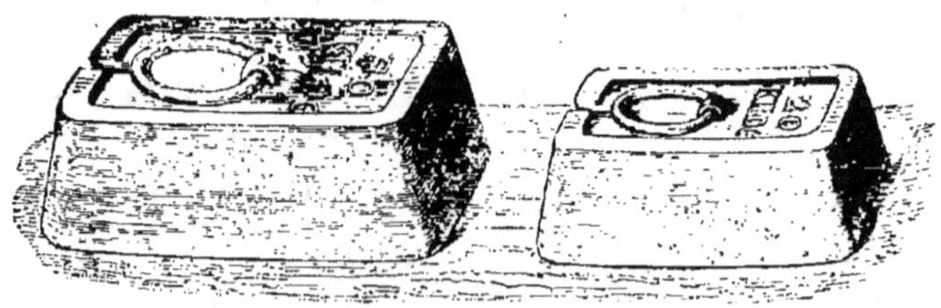

Poids lourds.

Les **poids lourds** de **50** kilogrammes et **20** kilogrammes *en fonte.*

Les *poids moyens* *en fonte*, qui sont :

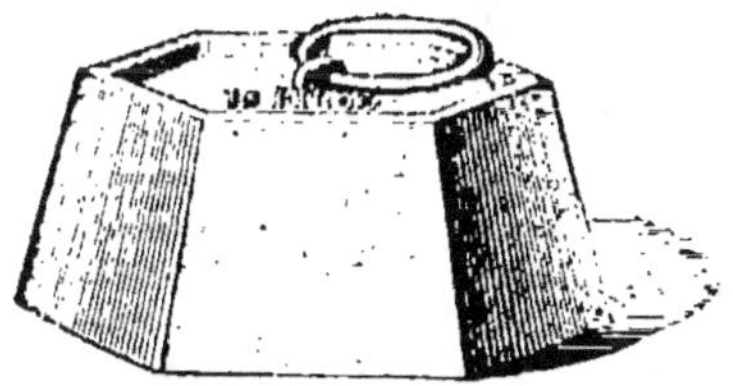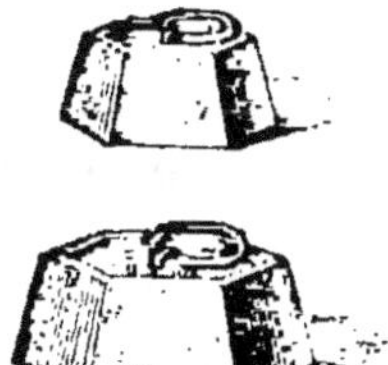

Poids moyens.

(Voir la figure du kilogramme en fonte, page 35.)

dix kilogrammes. . . . .   10^{k}
cinq kilogrammes . . . .   5^{k}
le double kilogramme.. . . . .   2^{k}
le kilogramme. . . . .   1^{k}
le demi-kilogramme.. . . . .   0^{k},5
le double hectogramme.. . . . .   0^{k},2
l'hectogramme. . . . .   0^{k},1
le demi-hectogramme. . . . .   0^{k},05

Les *petits poids* *en cuivre*, qui sont :

(Voir la forme des poids en cuivre, page 34.)

cinq kilogrammes . . . .   5^{k}
le double kilogramme . . . .   2^{k}
le kilogramme. . . . .   1^{k}
le demi-kilogramme . . . .   500^{g}
le double hectogramme . . . .   200^{g}
l'hectogramme. . . . .   100^{g}
le demi-hectogramme . . . .   50^{g}
le double décagramme. . . . .   20^{g}
le décagramme. . . . .   10^{g}
le demi-décagramme . . . .   5^{g}
le double gramme . . . .   2^{g}
le gramme.   1^{g}

Les poids inférieurs au gramme ne sont employés
que pour les pesées qui exigent une grande exactitude, ils ont la forme de petites lames en cuivre.

339. — **Relations entre les poids et les volumes.** — Il est *très important* de se rappeler les relations suivantes entre les volumes et les poids d'eau pure.

1^{cm^3} ou *millilitre*   d'eau pèse **1** *gramme*;
1^{dm^3} ou *un litre*   d'eau pèse **1** *kilogramme*;
1 *hectolitre*   d'eau pèse **1** *quintal*;
1^{m^3} ou *kilolitre*   d'eau pèse **1** *tonne*.

A cause de cela :

le *centimètre cube*   et le *gramme ;*
le *décimètre cube* ou *litre* et le *kilogramme ;*
le *mètre cube* ou *kilolitre* et la *tonne ;*

sont appelés *unités correspondantes.*

EXEMPLES. —

25^l d'eau pèsent 25^{kg} ;
6^{hl} — 6^q ou 600^{kg} ;
4^{cl} — 40^g ;
322^{m^3} — 322^l ou $322\,000^{kg}$.

340. — **Densités.** — *On appelle* **densité** *ou* **poids spécifique** *d'une substance le poids de l'unité de volume de cette substance, les poids et les volumes étant exprimés en unités correspondantes.*

EXEMPLE. — Dire que la densité du mercure est **13,6**, c'est dire que :

1 litre de mercure pèse $13^{kg},6$;
1^{cm^3} —   — $13^g,6$;
1^{m^3} —   — $13^l,6$.

341. — Il résulte de là que :

Pour avoir le poids d'un certain volume d'une

substance, il faut multiplier le volume par la densité.

Si le volume est exprimé en *centimètres cubes*, le poids sera exprimé en *grammes* ;

Si le volume est exprimé en *litres* ou *décimètres cubes*, le poids sera exprimé en *kilogrammes* ;

Si le volume est exprimé en *mètres cubes*, le poids sera exprimé en *tonnes*.

EXEMPLE. — *Une barre de fer a* **2ᵐ** *de longueur et* **3ᶜᵐ** *de diamètre ; quel est son poids, sachant que la densité du fer est* **7,7** ?

La barre est un cylindre. L'aire de la base est :

$$3,1416 \times 1,5 \times 1,5 = 7^{cm^2},0686.$$

La hauteur du cylindre est de **2ᵐ** ou **200ᶜᵐ**. Le volume de la barre est donc :

$$7,0686 \times 200 = 1413^{cm^3},72 ;$$

Son poids est donc :

$$1413,72 \times 7,6 = 10885^{g},644.$$

Comme le volume est en centimètres cubes, le poids est exprimé en grammes. Le poids cherché est de

$$10885^{g} \quad 644^{mg}$$

ou

$$10^{kg} \quad 885^{g} \quad 644^{mg}.$$

EXERCICES

SUR LES MESURES DE POIDS

EXERCICES ORAUX ET CALCUL MENTAL.

1600. Comment nomme-t-on : les multiples du gramme qui valent 1 000 grammes ; 100 grammes ; 10 grammes ? les mesures de poids qui valent 100 kilogrammes ; 1 000 kilogrammes ?

1601. Combien faut-il de grammes pour faire un décagramme ; un hectogramme ; un kilogramme ; un quintal ; une tonne ?

1602. Combien de grammes font : 5 kilogrammes ; 3 décagrammes ; 7 hectogrammes ; 8 tonnes ; 4 quintaux ?

1603. Comment nomme-t-on les sous-multiples du gramme qui représentent les millièmes; les centièmes; les dixièmes?

1604. Combien le gramme vaut-il de décigrammes; de centigrammes; de milligrammes?

1605. Quand un nombre exprime des grammes, que représentent les dizaines, les dixièmes, les centaines, les centièmes, les mille, les millièmes, les centaines de mille, les millions?

1606. Quelle est l'unité de poids qui vaut : une centaine de milligrammes, de décigrammes, de centigrammes, de grammes, de décagrammes, de kilogrammes? un centième de quintal, de kilogramme, de décagramme, de décigramme, d'hectogramme?

1607. Quelle est l'unité de poids 1 000 fois plus grande que le gramme, le milligramme, le décigramme, le centigramme, l'hectogramme? 1 000 plus petite que la tonne, le quintal, le décagramme, l'hectogramme?

1608. Combien le décagramme vaut-il de décigrammes, de centigrammes, de milligrammes, de doubles grammes, de demi-grammes?

1609. Combien l'hectogramme vaut-il de décagrammes, de décigrammes, de centigrammes, de doubles décagrammes, de demi-décagrammes?

1610. Combien le kilogramme vaut-il de décigrammes, de décagrammes, d'hectogrammes, de doubles hectogrammes, de doubles décagrammes, de demi-hectogrammes?

1611. Qu'est-ce que le kilogramme, le décagramme, l'hectogramme par rapport au quintal? à la tonne?

1612. Qu'est-ce que le décigramme, le centigramme, le milligramme par rapport au décagramme, à l'hectogramme, au kilogramme?

1613. Combien faut-il de décigrammes, de centigrammes, de milligrammes pour faire un demi-gramme, 2 grammes; un demi-décagramme, un double décagramme, un demi-kilogramme, 2 hectogrammes?

1614. Si un nombre exprime des kilogrammes, que valent les centaines, les mille, les millièmes, les centièmes, les dixièmes?

Si un nombre exprime des décagrammes, des hectogrammes, des décigrammes, que représentent les dizaines, les dixièmes, les centaines, les centièmes?

1615. Si un nombre représente des grammes, quelle sera la nouvelle unité si on transporte la virgule d'un rang, de 2 rangs, de 3 rangs vers la droite? de 1, de 2, de 3 rangs vers la gauche?

1616. Quand un nombre exprime des kilogrammes, quelle sera la nouvelle unité si on transporte la virgule de 2, de 3 rangs vers la gauche? de 1, de 2, de 3, de 4, de 5 rangs vers la droite?

1617. Lire les nombres suivants en nommant chaque multiple et sous-multiple : 100^{kg},7^{g}9; 18^g,067; 385^{dmg},6729; 28^{dgr},47; 3^t,605; 289.659^{hg},703g; 36 748^{cg},5.

1618. Convertir en kilogrammes : 3 quintaux; 6 tonnes; 360 hectogrammes; 7 000 grammes; 2 800 décigrammes; 4^q,09; 16^t,508; 0^t,8; 0^q,67; 39 hectogrammes; 638 décagrammes.

1619. Convertir en grammes : 6 hectogrammes; 7 kilogrammes;

9 décagrammes ; 50 décigrammes ; 13 800 centigrammes ; $19^{kg},8$;
$0^{hg},27$; $123^{kg},079$; $9^{hg},18$; $0^{hg},6$; $13^{dag},4$.

1620. Combien de quintaux, de tonnes dans 5 800 kilogrammes ;
6 000 kilogrammes ; 490 000 hectogrammes ; 720 000 kilogrammes ;
405 kilogrammes ; 5 638 kilogrammes ?

1621. Combien d'hectogrammes, de décagrammes dans $15^{kg},28$?

1622. Combien de décigrammes dans $19^{hg},07$?

1623. Combien de centigrammes, de milligrammes dans $12^{g},5$?

1624. Quelles sont les mesures effectives de poids qui valent $0^{kg},02$;
$0^{kg},05$; $0^{kg},2$; $0^{kg},5$; 2 000 grammes ; $0^{g},5$; $0^{g},2$; $0^{g},05$; $0^{g},02$;
$0^{g},005$; $0^{g},002$?

1625. Quelles sont les mesures effectives qui valent : 20 milligrammes ; 200 milligrammes ; 2 000 milligrammes ; 500 grammes ;
5 millièmes de kilogramme ; 2 millièmes de kilogramme ?

1626. Quelle est la mesure effective 5 fois plus grande que le
gramme ? 5 fois plus petite ? 20 fois plus grande ? 20 fois plus petite ?
50 fois plus grande ? 50 fois plus petite ? 200 fois plus grande ? 500
fois ? 2 000 fois ?

1627. Combien faut-il de doubles décagrammes, de demi-décagrammes pour faire 1 hectogramme ; 1 kilogramme ; 1 quintal ;
1 tonne ; un demi-hectogramme ; un double hectogramme ; un demi-
kilogramme ; un double kilogramme ?

1628. Combien 2 hectogrammes ; 1 demi-hectogramme ; 2 kilogrammes ; 1 demi-kilogramme valent-ils de grammes ; de décagrammes ; de doubles-décagrammes ; de demi-décagrammes ; de doubles
grammes ?

1629. Dans le nombre 6 903 584 milligrammes, que représentent
le 3, le 8, le 0, le 5, le 9, le 6 ?

1630. Si l'on fait exprimer des décigrammes au chiffre 4, que
représenteront alors chacun des autres chiffres ?

1631. La *livre vaut un demi-kilogramme.* Combien de livres font :
3 kilogrammes ; $1^{kg},5$; $5^{kg},5$; 20 kilogrammes ; 40 hectogrammes ?

1632. Combien de demi-livres font 25 décagrammes ; 5 hectogrammes ; 2 kilogrammes ; $3^{kg},25$; 750 grammes ? Combien de quarts
de livre font : 125 grammes ; 375 grammes ; 250 grammes ; 500
grammes ?

1633. Combien de kilogrammes font : 10 livres ; 12 livres ;
3 livres ; 5 livres ; 25 livres ?

1634. Combien de grammes font : une demi-livre ; une livre et
demie ; 1 quart de livre ; 3 demi-livres ; 3 quarts de livre ; une livre
et quart ; 4 livres et demie ?

1635. Qu'est-ce que 45 décagrammes par rapport au kilogramme ?
Combien faut-il ajouter à ce poids pour faire un kilogramme ? un
demi-kilogramme ?

1636. Qu'est-ce que 85 centigrammes par rapport au gramme ?
Que manque-t-il à ce poids pour faire un gramme ? un décagramme ?
2 grammes ?

1637. Que faut-il ajouter à 6 décagrammes pour faire un hectogramme ? à 3 hectogrammes pour faire un demi-kilogramme ? à 65
kilogrammes pour faire un quintal ? à 3 centigrammes pour faire un

décigramme? au double hectogramme pour faire un demi-kilogramme?

1638. Si l'on a à sa disposition les poids ordinaires et en double les poids de 2 grammes, 2 décagrammes, 2 hectogrammes, 2 kilogrammes, quel poids faudra-t-il employer pour faire les pesées suivantes : 13 grammes; 67 grammes; 144 grammes; $4^{hg} 17^g$; $7^{hg},9$; 659 grammes; $3^{kg},98.$; $4^{kg} 89^g$; $9^{hg} 9^{dag}$?

1639. Si le kilogramme de sucre vaut $0^{fr},65$, quel est le prix de l'hectogramme; de 10 kilogrammes; du quintal; d'une tonne?

1640. Le kilogramme de tabac coûtant 16 francs que valent l'hectogramme; le décagramme; le double hectogramme; le demi-hectogramme; le double décagramme? Quel poids aura-t-on pour 8 francs; pour 4 francs; pour 2 francs; pour $1^{fr},60$; pour $3^{fr},20$?

1641. Si une demi-livre de chocolat est vendue $0^{fr},80$ quel est le prix d'une livre; d'un quart de livre; de 3 livres; de 5 livres; du kilogramme; de l'hectogramme?

1642. Quand la viande est vendue $1^{fr},20$ la livre, que coûtent : le kilogramme; l'hectogramme; 200 grammes; 500 grammes; une livre et demie; une demi-livre; un quart de livre; 3 livres et quart; $2^{kg},5$?

1643. Le bon café grillé vaut 6 centimes le décagramme. Trouver le prix du kilogramme; de l'hectogramme; de 3 hectogrammes; de 5 décagrammes; de 8 kilogrammes; d'une livre; d'une demi-livre; d'un quart de livre; d'une livre et demie? Combien de grammes aura-t-on pour 60 centimes; pour 6 francs; pour 3 francs; $1^{fr},50$; pour $0^{fr},75$?

1644. La valeur d'un gramme d'argent monnayé est de $0^{fr},20$ et celle d'un gramme d'or $3^{fr},10$. Trouver la valeur en argent et en or de : 2 grammes, 1 décigramme, 1 hectogramme, 1 décagramme, 1 kilogramme, 2 hectogrammes, 10 hectogrammes.

1645. Quand le quintal de blé est vendu 20 francs, à combien reviennent : 50 kilogrammes; 25 kilogrammes; un hectolitre pesant 75 kilogrammes; une tonne; 12 sacs pesant chacun 100 kilogrammes?

1646. Un litre d'huile pèse $0^{kg},9$. Quel est le poids du décalitre, de l'hectolitre, du décilitre, de 2 litres, d'un demi-litre?

1647. Une lampe brûle 25 grammes d'huile par heure. Quelle sera la dépense de l'éclairage avec cette lampe pendant une semaine si on l'allume 4 heures par jour et si l'huile à brûler coûte 1 franc le demi-kilogramme?

1648. Combien coûte un gigot de mouton pesant $4^{kg},5$ à $1^{fr},50$ la livre?

1649. Un boulanger a fourni dans un hôtel 200 pains de 250 grammes. Que lui doit-on si le pain est vendu 40 centimes le kilogramme?

1650. Un meunier gagne 2 centimes par kilogramme de farine qu'il vend. Quel sera son bénéfice sur 5 sacs pesant chacun 1 quintal et demi?

1651. Un cultivateur a vendu 4 sacs d'avoine pesant chacun 75 kilogrammes à raison de 18 francs le quintal. Combien a-t-il reçu?

1652. Une caisse de café pèse vide $4^{kg},5$ et pleine 295 hectogrammes. Quel est le poids du café? Trouver sa valeur à 6 francs le kilogramme.

1653. Une crémière a payé une motte de 10 kilogrammes de beurre 3^{fr},45 le kilogramme. Quel sera son bénéfice si elle le revend 2 francs la livre ?

1654. Pour faire un matelas j'achète 25 kilogrammes de laine à 2 francs le demi-kilogramme et 5 mètres de toile à 2^{fr},50 le mètre. A combien revient ce matelas si la façon a coûté 7^{fr},50 ?

1655. Un train de 25 wagons, pouvant transporter 8 tonnes, est chargé de charbon qui vaut 3 francs le quintal. Trouver la valeur du charbon transporté par ce train ?

1656. Quel est le prix de 10 000 bottes de foin pesant chacune 5 kilogrammes à 7 francs le quintal ?

1657. Pour 80 centimes on a eu 125 grammes de café. A combien revient la demi-livre ? la livre ? le kilogramme ?

1658. Si 3 décagrammes de marchandises ont coûté 2^{fr},10. Que vaut le kilogramme ?

EXERCICES ÉCRITS ET PROBLÈMES

1659. Écrire les nombres suivants, en prenant le gramme comme unité : 3^{kg} 45^{dag} ; 46^{hg} 7^{g} ; 1^{kg} 8^{dag} ; 345^{dag} 6^{dg} ; 7^{hg} 295^{cg} ; 8^{kg}, 9^{g} 38^{mg} ; 3^{kg} 5^{dg}, 8^{mg} ; 19^{kg} 38^{dag} 63^{cg} ; 37^{hg} 28^{dg} 9^{mg} ; 49^{hg} 5876^{mg}.

1660. Additionner les nombres suivants, en prenant le kilogramme pour unité : 348^{hg} + 938^{gr} + 475^{dag} + 3^{q},76 + 0^{q},345.

Donner ensuite le résultat en quintaux, en hectogrammes, en décagrammes, en grammes.

1661. Écrire en lettres les nombres suivants : 19^{kg},07 ; 0^{kg},3467 ; 17^{hg},4 ; 0^{kg},053 ; 285^{dag},69 ; 184^{dg},5. Faire l'addition de ces nombres en prenant le gramme pour unité. Donner ensuite le total en décagrammes, en hectogrammes, en kilogrammes, en grammes, en décigrammes, en centigrammes.

1662. Faire l'addition suivante et exprimer le résultat en centigrammes : 3^{dag} 75^{mg} + 8^{g} 9^{mg} + 58^{dg},4 + 0^{g},387 + 9^{hg},024 + 96^{mg}.

Exprimer ensuite le total de cette addition en milligrammes, en décigrammes, en grammes, en décagrammes.

1663. Faire les soustractions suivantes et donner les résultats : 1° en kilogrammes, 2° en grammes, 3° en centigrammes :

9^{kg} 7^{dag} — 86^{hg} 54^{dg} ; 438^{dag},2 — 1^{kg} 96^{g} ; 0^{kg},0378 — 28^{g} 5^{cg} ;

538^{dg},18 — 4^{cag},035 ; 17^{kg} 9^{dag} 18^{dg} — 0^{kg},0749 ;

647^{dag},384 — 5^{kg} 83^{g} 47^{mg} ; 28^{dag} 16^{dg} 24^{mg} — 13479^{cg} ;

395^{t},45 — 6378^{kg}.

1664. Pour peser un morceau de viande le boucher a mis dans un des plateaux de la balance 1 poids de 1 kilogramme, 2 poids de 2 hectogrammes et un poids d'un demi-kilogramme. Combien le vendra-t-il à raison de 1^{fr},40 le demi-kilogramme ?

1665. Un cultivateur a récolté 19 quintaux de blé. Il en vend 15 hectolitres, pesant chacun 78 kilogrammes, à 16^{fr},20 l'hectolitre et le reste à 21 francs le quintal. Combien a-t-il reçu ?

1666. Un cheval mange 75 hectogrammes de foin par jour. Pour

quelle somme doit-on en acheter pour sa consommation pendant une
année, à 8 francs le quintal? Combien de jours durera une provision
de $9^q,6$?

1667. Un paquet de bougies pèse 460 grammes et coûte $1^{fr},40$.
Quel est le prix du kilogramme?

1668. Lorsque la livre ou 500 grammes de sucre coûtent $0^{fr},55$,
quel est le prix d'un pain de sucre pesant $9^{kg},75$?

1669. Un fromage de gruyère du poids de $18^{kg},57$ a été vendu au
détail à raison de $0^{fr},85$ la livre ou 500 grammes. Quel est le produit
total de la vente?

1670. Un pain de sucre qui pesait $9^{kg},235$ a été cassé en plusieurs
morceaux. Il reste trois de ces morceaux qui pèsent, l'un $2^{kg},28$, le
deuxième 825 grammes et le troisième $7^{hg},39$. Quel poids de sucre
a-t-on vendu?

1671. Lequel est préférable : d'acheter de l'huile à 3 francs le
kilogramme ou à raison $1^{fr},40$ le demi-litre, si un litre pèse $0^{kg},9$?

1672. Une ménagère achète chaque jour un pain de 3 livres. Combien doit-elle à la fin de la semaine au boulanger si le pain lui est
vendu 35 centimes le kilogramme?

1673. Un stère de bois donne environ 65 kilogrammes de charbon
de bois. Quel poids de charbon obtiendra un charbonnier qui a dis-
posé 5 meules de chacune 14 décastères?

1674. Quel poids de raisin faudra-t-il pour obtenir $2^{hl},16$ de vin,
sachant qu'un kilogramme de raisin donne environ 6 décilitres de
vin?

1675. Quel est le rapport d'une mine de charbon qui a fourni dans
une année 56 800 quintaux de charbon vendu $27^{fr},50$ la tonne?

1676. Un cultivateur du midi a récolté $3^q,6$ d'olives. Combien de
litres d'huile pourra-t-il retirer de sa récolte si l'huile pèse $0^{kg},9$ le
litre et si 3 kilogrammes d'olives produisent 24 décagrammes d'huile?

1677. Quand le quart de livre de beurre est vendu $0^{fr},55$ quel
serait le prix de $3^{kg},4$?

1678. Un fermier a vendu 46 quintaux de paille de blé à 2 francs
les 50 kilogrammes et 125 kilogrammes de paille d'avoine à $3^{fr},60$ le
quintal. Combien a-t-il reçu?

1679. J'ai acheté une provision de 24 kilogrammes de beurre frais
à raison de $1^{fr},45$ le demi-kilogramme et, pour le conserver, je
mélange 1 hectogramme de sel par chaque kilogramme de beurre.
Trouver : 1° le poids du beurre salé? 2° son prix total si le sel coûte
$0^{fr},25$ le kilogramme?

1680. Un meunier paie le loyer de son moulin en vendant
20 sacs de farine pesant chacun 150 kilogrammes à raison de 30 francs
le quintal. Combien loue-t-il son moulin?

1681. Une cuisinière a payé $2^{fr},60$ pour $1^{kg}4^{dag}$ de viande. A combien revient le demi-kilogramme?

1682. Une barrique d'huile d'olives pèse 1034 hectogrammes quand
elle est pleine et $11^{kg},4$ quand elle est vide. Que vaut cette barrique,
fût compris, si l'huile est vendue $2^{fr},25$ le litre. Le fût est estimé
5 francs et l'hectolitre d'huile pèse 92 kilogrammes?

1683. Une charrette pèse vide 320 kilogrammes et 16 quintaux quand elle est chargée de paille. Combien transporte-t-elle de bottes de 7^{kg},5? Quelle est la valeur de cette paille à 3^{fr},80 le quintal?

1684. Si 72 quintaux de foin ont été payés 540 francs. Trouver, à ce prix, la valeur d'une botte de 5 kilogrammes?

1685. A combien revient la charge d'un coup de fusil si on fait 6 cartouches avec 25 grammes de poudre et si cette poudre coûte 12 francs le kilogramme?

1686. Un berger a 35 moutons qui lui donnent en moyenne chacun 375 décagrammes de laine par an. Quelle somme retirera-t-il de la vente de toute la laine de son troupeau s'il vend cette laine 2^{fr},80 le kilogramme?

1687. Une gerbe de blé donne en moyenne 7 kilogrammes et demi de paille et 3^{kg},2 de grain. Quelle est la valeur de la récolte d'un champ qui a produit 3500 gerbes, si le blé est vendu 22 francs le quintal et la paille 5 francs?

1688. Une personne a récolté 555 litres de noix. Combien de litres d'huile pourra-t-elle obtenir avec cette récolte si le décalitre de noix fournit 1^{kg},5 d'huile et si cette huile pèse 0^{kg},925 le litre?

1689. Quelle quantité de pain fait un boulanger qui emploie 3 sacs de farine de chacun 149 kilogrammes, si 3 kilogrammes de farine fournissent 4 kilogrammes de pain?

1690. Combien de quintaux de farine faudra-t-il acheter pour nourrir pendant une année une garnison de 1500 hommes si on donne à chaque homme une ration quotidienne de 8 hectogrammes de pain. On sait que 4 kilogrammes de pain sont fournis par 3 kilogrammes de farine. Quel sera le prix de cette farine à 21^{fr},50 le quintal?

1691. Un cultivateur échange 4 pièces de vin de 225 litres à 50 francs l'hectolitre contre du blé qui vaut 20 francs le quintal. Combien recevra-t-il de décalitres de blé qui pèse 7^{kg},5 le décalitre?

1692. Une cuisinière achète chez l'épicier une demi-livre de café à 5 francs le kilogramme, 3^{kg},5 de sucre à 0^{fr},35 la livre et 15 hectogrammes de sel à 30 centimes le kilogramme. Quelle somme lui rendra-t-on si elle donne à la caisse une pièce de 20 francs?

1693. Un épicier achète 25 kilogrammes de café vert à raison de 4 francs le kilogramme. Le café perd un cinquième de son poids par la torréfaction. Combien devra-t-il revendre le demi-kilogramme de café brûlé s'il veut faire un bénéfice de 10 % sur le prix de revient?

1694. Cent litres de lait donnent 12 litres de crème et 4 litres de crème fournissent 1 kilogramme de beurre. D'après cela, trouver le prix du beurre qu'une fermière retirera de la traite de ses 20 vaches pendant une semaine, si chaque vache donne 12 litres de lait par jour et si le beurre est vendu 2 francs le demi-kilogramme?

1695. Un fermier vend 42 sacs de blé contenant chacun 15 décalitres à raison de 21^{fr},50 le quintal métrique. Combien doit-il recevoir si l'hectolitre de blé pèse en moyenne 78 kilogrammes?

1696. Un marchand de grains a vendu pour 9000^{fr},50 du blé qu'il avait acheté 8045 francs. Combien avait-il d'hectolitres, s'il a gagné 3^{fr},25 par 100 kilogrammes et si l'hectolitre de ce blé pesait 75 kilogrammes?

EXERCICES

SUR LES RAPPORTS DES MESURES DE POIDS
AVEC LES MESURES DE VOLUME ET LES MESURES DE CAPACITÉ. DENSITÉS.

EXERCICES ORAUX.

1697. Quel est le poids d'eau pure contenue dans 5 litres; 9 hecto-litres; 7 décalitres; 8 kilolitres; 2 décilitres; 6 centilitres; 1 millilitre? Dans $8^{hl},7$; $24^{dal},375$; $9^{kl},47$; 5684 décilitres; $29^{cl},4$; $5^{dl},92$; 65 049 millilitres?

1698. Quelle est la mesure de poids qui correspond à 1 centimètre cube d'eau; 2 centimètres cubes; 5 centimètres cubes; 10 centi-mètres cubes; 20 centimètres cubes? 50 centimètres cubes? 100 cen-timètres cubes; 1 millimètre cube; 10 millimètres cubes; 100 milli-mètres cubes; 500 millimètres cubes; 1 décimètre cube; 1 mètre cube; 10 décimètres cubes; 1 centième de mètre cube; 1 dixième de mètre cube: 20 décimètres cubes; 2 décimètres cubes?

Quel est 1° en kilogrammes le poids des volumes d'eau suivants : 5 mètres cubes; $0^{m^3},8$; $2^{m^3},17$; $0^{m^3},09$: $6^{m^3},135$; 28^{ddm^3}; $9^{m^2},47$; $39^{dm^3},07$? 2° en grammes le poids de $0^{dm^3},347$ d'eau; de $6^{dm^3},9$; $8^{dm^3},17$; 28 cen-timètres cubes; $3^{cm^3},15$: 4629^{mm^3}; $12^{cm^3},08$?

1699. Quel est le volume d'eau qui pèse 1 tonne; 50 kilo-grammes; un demi-kilogramme; 2 kilogrammes; un double hecto-gramme; un demi-hectogramme; 2 décagrammes; 2 grammes; un demi-décagramme; un demi-gramme?

1700. Quelle est la mesure de capacité qui contient 5 grammes d'eau; 2 décagrammes; un demi-hectogramme; 2 hectogrammes; 5 hectogrammes; 2 kilogrammes; 5 kilogrammes; 20 kilogrammes; 500 kilogrammes?

1701. Quelle est la mesure de poids qui correspond à 20 litres; à 10 litres; à 5 litres; à 2 litres; à 5 décilitres; à 2 décilitres; à 2 cen-tilitres; à 10 centilitres; à 1 centilitre?

1702. Rapporter d'abord au décimètre cube, puis au litre les poids suivants : 5 kilogrammes; $18^{kg},7$; 25 hectogrammes; $3^{hg},85$; 628 hec-togrammes; 9 décagrammes, $32^{dag},7$; 538 grammes.

1703. Combien faut-il de litres d'eau pour faire équilibre à 3 quin-taux? de décilitres pour faire équilibre à $3^{kg},7$? de centilitres pour faire équilibre à $12^{hg} 8^{g}$?

1704. Combien faut-il ajouter à 85 centilitres d'eau pure pour faire un poids de 1 kilogramme? de 2 kilogrammes? A 2 hectolitres pour faire une tonne?

1705. Quel volume d'eau est occupé par 14 quintaux; 3 tonnes; 284 tonnes?

1706. Combien faut-il ajouter de centimètres cubes d'eau à 99 cen-tilitres pour faire un poids de 1 kilogramme?

1707. Dans un vase qui pèse vide 6 décagrammes on verse $3^{dl},4$ d'eau. Que pèse alors le vase?

1708. Une bouteille pèse 1ᵏᵍ,25 quand elle est pleine d'eau et 2 hectogrammes quand elle est vide. Quelle est sa capacité en litres; en centilitres; en décilitres?

1709. Un vase a une capacité de 3ˡ,72. Quel poids d'eau faut-il pour le remplir?

1710. Un réservoir qui a un volume de 12ᵐ³,4 est à demi rempli d'eau. Combien contient-il de litres d'eau? Quel est le poids de cette eau

1711. Un vase d'un litre de contenance renferme 938 centimètres cubes d'eau. Quel poids d'eau faudra-t-il ajouter pour le remplir?

1712. Dans un vase plein d'eau qui contient 2 litres et demi, on plonge un petit cube de bois de 2 centimètres de côté. Trouver le poids de l'eau qui reste dans le vase.

PROBLÈMES.

1713. Quel est le poids d'une barrique de vin contenant 224 litres qui pèse vide 15 kilogrammes, si la densité du vin est 0,99?

1714. Trouver le poids d'un madrier de chêne mesurant 5ᵐ,40 de long, 35 centimètres de large et 18 centimètres d'épaisseur; la densité de ce bois étant 0,6.

1715. Un bloc de glace pèse 15 kilogrammes. Quel est son volume en décimètres cubes si chaque décimètre cube pèse 92 décagrammes?

1716. La fonte pèse 7 fois plus que l'eau à volume égal. Trouver le poids d'un bloc de fonte de 34ᵈᵐ³,28.

1717. Quel est le poids de 2 litres et demi de mercure si la densité de ce corps est 13,6?

1718. En pesant un vase vide, on trouve comme poids 0ᵏᵍ,54. Si on le remplit d'eau il pèse 314 décagrammes et si on le remplit de lait il pèse 3ᵏᵍ,92. Trouver d'après cela : 1° la capacité du vase ; 2° le poids du lait ; 3° le poids d'un décimètre cube de lait.

1719. Deux bouteilles vides pèsent chacune 250 grammes et pleines d'eau elles pèsent ensemble 2ᵏᵍ,75. Combien chacune d'elles contient-elle de centilitres si l'une contient 1ᵈˡ,5 de plus que l'autre?

1720. Un couvreur achète 12 plaques de plomb de chacune 3 mètres de long, 1ᵐ,50 de large et 3 centimètres d'épaisseur à raison de 40 francs le quintal. Que doit-il payer si la densité du plomb est 11,5?

1721. Un hectolitre de charbon pèse 83 kilogrammes. Combien y a-t-il de mètres cubes dans 360 quintaux de charbon?

1722. Un vase plein d'eau pèse 450 décagrammes; le vase seul pèse 1030 grammes. Quelle est, en litres, la capacité du vase?

1723. Quel est le volume de l'eau pure qui pèse autant que 17 pièces de 5 francs en argent?

1724. Quelle est la différence de poids entre 6ʰˡ,56 d'eau et la même quantité d'huile qui ne pèse que 915 grammes le litre?

1725. Un vase rempli d'eau de mer pèse 23 kilogrammes; vide il pèse 5301ᵍʳ,5. Quelle est sa contenance si le litre d'eau de mer pèse 10ᵏᵍ,26?

1726. Un flacon vide pèse 0ᵏᵍ,985; en y versant de l'huile de façon qu'il soit à moitié plein, il pèse 1556^{gr}.875. Quelle est la capacité de ce vase si le litre d'huile pèse 91^{dag},5?

1727. Un vase contient 1^{lit}53^{di} d'un liquide qui coûte 2^{fr},35 le kilogramme. Combien coûte le contenu de ce vase sachant qu'un centimètre cube de ce liquide pèse 915 milligrammes?

1728. Un vase vide dont la capacité est de 267 centilitres pèse 1929 grammes; plein de lait il pèse 54 hectogrammes. Quel est le poids d'un décimètre cube de lait?

1729. Une feuille d'étain qui enveloppe du chocolat a 0^{m},28 de long sur 0^{m},25 de large et pèse 4^{gr},9. Quelle en est l'épaisseur, sachant que l'étain pèse 7 fois autant que l'eau sous le même volume?

1730. Quand on entasse du bois entre les deux montants d'un stère le quart du volume environ reste vide. Que pèsera un stère de bûches si la densité du bois est 0,45?

1731. Un vase a un volume intérieur de 25 décimètres cubes. On y verse d'abord 8^{l}5^{cl} d'eau, puis 3^{dm3},68 d'eau et enfin 75 hectogrammes. Combien manque-t-il de centilitres d'eau pour le remplir.

1732. D'un tonneau qui pèse 18^{kg}25^{gr} quand il est vide et 685^{kg}9^{dag} quand il est plein d'eau, on a laissé écouler une certaine quantité d'eau. On trouve qu'il pèse alors 6196 hectogrammes. Combien de litres a-t-on laissé écouler? Combien en reste-t-il dans le tonneau?

1733. Une carafe pèse vide 540 grammes et pleine d'eau 2^{kg},58. Combien pèse-t-elle si on la remplit de vin dont la densité est 0,965?

1734. Quel est le prix d'une barre de fer cylindrique mesurant 8 mètres de long et 3 centimètres de diamètre si la densité du fer est 7,78 et si le quintal coûte 15 francs? Quelle quantité d'eau ferait équilibre à cette barre de fer?

1735. Combien coûtent 8 tonneaux d'huile contenant chacun 1^{hl},15 vendus 285 francs le quintal. La densité de cette huile est 0,923?

1736. Un bloc de glace mesure 0^{m},85 de long, 0^{m},56 de large et 28 centimètres d'épaisseur. Combien fournira-t-il de litres d'eau en fondant si la densité de la glace est 0,92?

1737. On veut mettre dans des bouteilles qui en contiendront chacune 500 grammes une barrique de 225 litres d'huile. Combien faudra-t-il de bouteilles, la densité de l'huile étant 0,9?

1738. Une cuve pleine de vin a une contenance de 3^{m3},285. On met ce vin dans des fûts qui pèsent 14^{kg},4 quand ils sont vides et 2334 hectogrammes quand ils sont pleins d'eau. Combien pourra-t-on remplir de ces fûts?

1739. Un épicier achète en gros 25 barils d'huile de 2 hectolitres à 215 francs l'hectolitre. Il revend cette huile, au poids, à raison de 1^{fr},40 le demi-kilogramme. Quel sera son bénéfice si la densité de l'huile est de 0,92?

1740. Que coûtera le transport d'un tas de bois de 15 mètres de long, 12^{m},60 de large et 1^{m},80 de haut, à 3^{fr},50 la tonne, si la densité de ce bois est 0,45?

1741. Quand une bouteille est pleine d'eau elle pèse 1158 grammes et si on retire la moitié de l'eau elle ne pèse plus que 648 grammes. Trouver 1° le poids de la bouteille vide; 2° sa capacité?

1742. Un marchand a acheté un tas de bois dont la densité est 0,64 à raison de 19^{fr},5o le stère. Quel bénéfice pourra-t-il réaliser s'il revend ce bois 5 francs le quintal, le tas de bois contenant 7^{d.t},85 ?

1743. Au lieu de vendre son blé à 21^{fr},5o le quintal un cultivateur préfère le vendre 17 francs l'hectolitre pesant 78 kilogrammes, car il réalise ainsi un bénéfice de 57^{fr},5o sur la vente de sa récolte. Combien a-t-il vendu de décalitres de blé ?

1744. Une citerne a 3 mètres de profondeur, 2^m,8o de long et 2^m,75 de large. Combien contient-elle d'arrosoirs d'eau qui pèsent 4 hectogrammes quand ils sont vides et 14^{kg},4 quand ils sont pleins ?

1745. Dans une plaque de liège on a pu découper pour fabriquer des bouchons 12 580 petits morceaux ayant chacun 1^{cm},5 sur 1^{cm},5 et 3 centimètres de long. Quel était le poids de cette plaque si la densité du liège est de 0,24 ?

1746. Combien de centilitres contient une carafe qui pèse vide 123 décagrammes et pleine de vin 3 601 grammes ? Le litre de vin pèse 98 décagrammes.

1747. Une cruche qui contient 4^l,8 pèse 7^{kg},48 quand elle est pleine de lait et 154 décagrammes quand elle est vide. Quel est le poids du décimètre cube de lait ?

1748. La densité du marbre étant 2,7, que coûtera un bloc de marbre taillé ayant 2^m,15 de long, 1^m,45 de large et 0^m,84 de hauteur, il est vendu 3o francs la tonne ?

1749. Une bouteille vide pèse 55 décagrammes et pleine d'eau 1^{kg},75. Quelle différence de poids obtiendra-t-on en remplissant cette bouteille d'abord avec du lait dont la densité est 1,3 et ensuite avec de l'alcool dont la densité est 0,8 ?

1750. Quel est le poids d'un morceau de craie de 1 décimètre de long, 1 centimètre de large et 1 centimètre d'épaisseur si la densité de la craie est de 2,1. Combien pèse une boîte qui renfermerait 15o bâtons semblables si la boîte pèse seule 2 hectogrammes ?

1751. La densité de l'eau de mer est environ 1,027, sachant que cette eau renferme la quarantième partie de son poids en sel, trouver le poids du sel marin que l'on pourra retirer de l'eau de mer contenue dans un bassin de marais salant qui mesure 14o mètres de long, 9o mètres de large et 0^m,75 de profondeur ?

1752. Une auge en bois, à base rectangulaire, mesure 0^m,54 sur 0^m,25. Elle pèse 5^{kg},o8 quand elle est vide et 26^{kg},68 quand on y a versé de l'eau jusqu'à une certaine hauteur. A quelle hauteur s'élève l'eau ? Combien y a-t-il de litres ?

1753. Un radeau formé de poutres reliées mesure 7 mètres de large, 12 mètres de long et 35 centimètres d'épaisseur. Le bois de ces poutres a une densité de 0,62. Pour le faire enfoncer sous l'eau il faudrait le charger d'un poids égal à la différence qu'il y a entre son poids réel et le poids d'un égal volume d'eau. Quelle charge peut-il supporter ?

1754. La densité du lait est 1,3. Quel poids doit peser un décalitre de lait ? Si en le pesant on trouve seulement 12^{kg},4, quelle quantité d'eau a-t-on ajoutée ?

LES MONNAIES

342. — **Le Franc.** — *L'unité principale de monnaie est le* **franc.**

Le franc est une pièce d'argent qui pèse **cinq** *grammes.*

On le désigne en abrégé par *fr.*

343. — **Sous-multiples.** — Le franc n'a pas de multiples.

Les sous-multiples du franc sont le *décime* et le *centime.*

Le *décime* est la *dixième* partie du franc,
le *centime* est la *centième* partie du franc.
Le décime est peu employé.

Un *franc* vaut **10** *décimes,*
un *décime* vaut **10** *centimes.*

Un *franc* vaut **10** fois **10** centimes ou **100** *centimes.*

344. — **Écriture.** — On écrit un nombre de francs comme un nombre de mètres ou de litres.

EXEMPLE. — 4fr,**75** représentent 4 francs **75** centimes.

345. — **Monnaies françaises.** — Il y a en France trois sortes de monnaies : les monnaies d'*or*, les monnaies d'*argent* et les monnaies de *billon.*

346. — **Titre d'un alliage.** — Pour fabriquer une monnaie on n'emploie jamais le métal fin pur, car les pièces obtenues ne seraient pas assez dures et se déformeraient facilement. Pour augmenter la résistance des monnaies on ajoute du cuivre au métal fin.

Fondre ainsi plusieurs métaux c'est ce qu'on appelle *faire un alliage*.

Le titre *d'un alliage est le poids de métal fin contenu dans 1 gramme d'alliage.*

347. — **Monnaies d'or**. — Voici le tableau des monnaies d'or en cours :

PIÈCES	TITRE	POIDS
100 francs.	0,900	$32^g,258$
50 —	0,900	$16^g,129$
20 —	0,900	$6^g,451$
10 —	0,900	$3^g,225$
5 —	0,900	$1^g,612$

20 francs.

10 francs.

Les pièces de **100** francs, **50** francs et **5** francs en or sont très rares, seules la pièce de **20** francs, appelée communément *louis*, et celle de **10** francs, appelée *demi-louis*, sont courantes.

1 gramme d'or monnayé vaut $3^{fr},10$.

348. — Monnaies d'argent. — Voici le tableau des monnaies d'argent en cours :

5 francs.

2 francs.

1 franc.

50 centimes.

PIÈCES	TITRE	POIDS
5 francs.	0,900	25 grammes
2 —	0,835	10 —
1 —	0,835	5 —
0^{fr},50	0,835	2^{g},5

1 gramme d'argent monnayé vaut 0^{fr},20.

349. — Monnaies de billon. — Les monnaies de billon comprennent quatre pièces de cuivre de **10, 5, 2** et **1** centimes, et une pièce de nickel de **25** centimes. En voici le tableau :

25 centimes
(type 1904).

25 centimes
(type 1903).

10 centimes.

5 centimes

2 centimes.

1 centime.

NATURE	PIÈCES	POIDS
Nickel. . . .	0^{fr},25	7 grammes
Alliage de	0^{fr},10	10 —
0^{g},95 cuivre	0^{fr},05	5 —
0^{g},04 étain .	0^{fr},02	2 —
0^{g},01 zinc. .	0^{fr},01	1 —

1 gramme de cuivre monnayé vaut 1 centime.

On a émis en 1903 des pièces de **25** centimes rondes, le nouveau type de 1904 a la forme d'un polygone de vingt-deux côtés.

350. — Sous. — On donne communément le nom de *sou* à la pièce de **5** centimes.

D'après cela,

$$1 \text{ franc vaut } \mathbf{20} \text{ sous.}$$

la pièce de **0^{fr},25** — 5 —
— **0^{fr},10** — 2 —
— **0^{fr},05** — 1 —

351. — Papier-monnaie. — On emploie en France des papiers-monnaie. Ces papiers sont les *billets de banque.*

Il y a des billets de banque de **1000** francs.
— — 500 —
— — 100 —
— — 50 —

352. — **Résumé important**. — *Toutes les mesures du système métrique dérivent du mètre.*

Le mètre carré est un carré qui a *un mètre de* côté.

L'are est un carré qui a **10** *mètres de* côté.

Le mètre cube est un cube qui a *un mètre de* côté.

Le stère est un *mètre* cube.

Le litre est un *décimètre* cube.

Le gramme est le poids d'un *centimètre* cube d'eau pure.

Le franc est une pièce d'argent qui pèse **5** grammes ; c'est-à-dire qui pèse autant que **5** *centimètres* cubes d'eau pure.

EXERCICES

SUR LES MONNAIES

EXERCICES ORAUX ET CALCUL MENTAL.

1755. Comment se nomme la dixième partie du franc? la centième partie?

1756. Combien 2 francs valent-ils de décimes? de centimes?

1757. A quel rang se placent les décimes? les centimes?

1758. Combien faut-il de décimes, de centimes pour faire 2 francs, 5 francs, 12 francs, 50 francs, 100 francs?

1759. Combien de centimes dans 3 décimes, 5 décimes, 4 décimes, 2 décimes et demi ?

1760. Combien y a-t-il de francs dans 20 décimes ; 50 décimes ; 360 décimes ; 45 décimes ; 4 592 décimes ; 100 centimes ; 1 300 centimes ; 560 centimes ; 2 000 centimes ; 425 centimes?

1761 Combien de centimes font 12^{fr},8 ; 0^{fr},5 ; 3^{fr},07 ; 0^{fr},18 ; 15 décimes?

1762. Convertir en francs 54 décimes; 648 décimes; 375 centimes; 28 704 centimes; 36 082 décimes.

1763. Combien de décimes, de centimes, valent 5 francs, 48 francs, 4^{fr},6, 0^{fr},85, 7^{fr},125, 48^{fr},07?

1764. Quelle somme obtient-on avec :

3 pièces de 20 francs? 7 pièces, 15 pièces, 25 pièces 600 pièces, 5 000 pièces?

9 pièces de 10 francs, 5 pièces, 342 pièces, 804 pièces, 2 000 pièces?

4 pièces de 5 francs, 8 pièces, 12 pièces, 25 pièces, 50 pièces, 100 pièces?

2 pièces de 0^{fr},50, 4 pièces, 20 pièces, 80 pièces, 1 000 pièces, 3 pièces, 15 pièces, 25 pièces?

3 pièces 0^{fr},25, 5 pièces, 4 pièces, 6 pièces, 10 pièces, 20 pièces, 50 pièces?

1765. Combien faut-il de pièces de 20 francs, de 10 francs, de 5 francs, de 2 francs, de 0^{fr},50 pour faire : 40 francs, 160 francs, 80 francs, 100 francs, 220 francs, 500 francs, 1 000 francs?

1766. Combien faut-il de pièces 0^{fr},25, de 10 centimes, de 5 centimes pour faire : 5 francs, 10 francs, 20 francs, 4 francs, 1^{fr},50, 2 francs, 3^{fr},50, 50 centimes, 7^{fr},50?

1767. Combien de sous font les sommes suivantes : 2 francs, 3 francs, 5 francs, 10 francs, 0^{fr},20, 0^{fr},45, 0^{fr},60, 75 centimes, 25 centimes, 95 centimes, 2^{fr},10, 0^{fr},85, 1^{fr},35, 2^{fr},55, 7^{fr},05, 4^{fr},80?

1768. Convertir en francs et en centimes : 3 sous, 9 sous, 15 sous, 25 sous, 19 sous, 27 sous, 11 sous, 34 sous, 81 sous, 56 sous, 75 sous, 99 sous?

1769. Quelle monnaie doit rendre un marchand qui prend 2^{fr},15 sur 3 francs qu'on lui verse? 0^{fr},55 sur 1 franc? 13 sous sur 2 francs? 29 sous sur 5 francs? 4^{fr},30 sur 10 francs? 13^{fr},25 sur 20 francs? 18^{fr},75 sur 20 francs? 5^{fr},35 sur 50 francs? 65^{fr},40 sur 100 francs? 340 francs sur 500 francs? 378 francs sur 1 000 francs?

1770. Quel est le poids d'une somme en argent valant 2 francs, 10 francs, 5 francs, 100 francs, 300 francs, 500 francs, 1 000 francs, 25 francs, 55 francs, 750 francs, 50 centimes, 1^{fr},50, 20 centimes, 3^{fr},20, 6^{fr},50.

1771. Quelle est la valeur d'une somme en argent qui pèse 25 grammes, 5 décagrammes, 1 hectogramme, 12 décagrammes, 150 grammes, 2 hectogrammes, 3^{hg}5^{g}, 2 kilogrammes, 5^{hg},5, 3^{kg},4?

1772. Quel est le poids de : 20 pièces de 5 francs, 12 pièces, 6 pièces, 50 pièces?

4 pièces de 2 francs, 15 pièces, 58 pièces, 29 pièces?

3 pièces de 50 centimes, de 8 pièces, de 5 pièces, de 12 pièces?

1773. Quel est 1° le poids ; 2° la valeur en francs et centimes de 3 sous, de 7 sous, de 15 sous, de 18 sous, de 25 sous, de 42 sous, de 63 sous?

1774. Quel est la valeur de la monnaie de bronze qui pèse : 1 kilogramme, 3 hectogrammes, 25 décagrammes, 375 grammes, 5 kilogrammes, 3^{hg},28, 0^{hg},4, 6^{hg},35, 28^{dag},7?

1775. Quand une marchandise coûte 28 sous la livre. Combien de francs et centimes coûtent : le kilogramme, l'hectogramme, le décagramme, 250 grammes, 125 grammes?

1776. Même question si la marchandise est vendue 12 sous la livre, 18 sous, 21 sous, 4 sous?

1777. Combien faut-il de pièces de 5 francs, de 2 francs, de 1 franc en argent pour faire équilibre à 1 hectogramme, 5 décagrammes, 2 kilogrammes, 5 hectogrammes, 750 grammes?

Combien faudrait-il de pièces de 10 centimes, de 5 centimes en bronze pour faire équilibre aux poids ci-dessus?

1778. Puisque : 1 gramme d'or   monnayé vaut 3^{fr},10

     1   —   d'argent   — 0^{fr},20

     1   —   de bronze   — 0^{fr},01 .

on en conclut qu'*à poids égal*

l'or vaut 15 fois et demi plus que l'argent (15,5). En effet 3,10 : 0,20 $=$ 15,5,

et que l'argent vaut 20 fois plus que le bronze (0,20 : 0,01 $=$ 20).

Réciproquement : *à valeur égale* on peut dire que l'or pèse 15 fois et demi moins que l'argent,

et le bronze pèse 20 fois plus que l'argent.

D'après cela trouvez quelle somme de bronze fait équilibre à 5 francs en argent, à 10 francs, à 25 francs, à 50 francs, à 20 francs, à 100 francs?

1779. Quelle somme en argent ferait équilibre à 3 pièces d'un sou? 20 pièces de 2 centimes, 15 pièces de 1 centime, 4 pièces de 2 sous, 7 pièces de 2 sous, 9 pièces de 2 sous, 3us,7 de sous?

1780. Quelle est la valeur d'un décagramme d'or monnayé de 2 hectogrammes, de 1 kilogramme; de 2 kilogrammes, d'un demi-kilogramme?

1781. Quelle est la valeur de l'or monnayé qui ferait équilibre à 50 grammes d'argent, à 100 grammes? à 20 pièces de 2 francs? à 40 pièces de 5 francs?

1782. Combien pèsent 1° en argent, 2° en bronze: 20 francs, 5 francs, 4^{fr},50, 0^{fr},50, 3^{fr},20, 2^{fr},40, 1^{fr},70, 50 francs.

1783. Quelle est : 1° en centimètres cubes, 2° en centilitres la quantité d'eau pure qui ferait équilibre à 3 pièces de 5 francs en argent? 12 pièces de 2 francs, 7 pièces de 1 franc, 20 pièces de 0^{fr},50, à 3^{fr},75 en bronze, à 0^{fr},80, à 155 francs en or?

1784. Quelle valeur en argent, en bronze, en or faudrait-il pour faire équilibre à un litre d'eau? Quelle valeur représente 2 kilogrammes d'or, d'argent, de billon?

1785. A quelles mesures de poids et de capacité correspondent la pièce de 2 francs, la pièce de 1 franc, la pièce de 2 sous, la pièce de 2 centimes, de 1 centime, 2 pièces de 5 francs?

1786. L'épaisseur d'une pièce de 5 francs est de 2 millimètres et demi. Quelle somme obtiendrait-on avec une pile formant une hauteur de 25 centimètres? de 5 décimètres? de 1 mètre? Quelle hauteur atteindrait une somme de 50 francs, de 100 francs, de 1000 francs?

1787. A défaut de poids un marchand met dans sa balance pour faire équilibre à une marchandise 6 pièces de 5 francs en argent, 3 pièces de 2 francs et 7 pièces de 1 franc. Combien de grammes pèse cette marchandise? Combien de décagrammes? d'hectogrammes?

1788. On distribue une somme de 2 francs en sous à 8 enfants pauvres. Combien chacun aura-t-il de sous? de centimes?

1789. Une personne achète 12 mètres d'étoffe à 2^{fr},50 le mètre et paie avec 2 pièces de 20 francs. Combien le marchand doit-il lui rendre?

1790. Un marchand a égaré son poids de 2 hectogrammes. Par quelles pièces de monnaie peut-il le remplacer?

1791. Dans une bourse qui pèse vide 3 décagrammes on place 6 pièces de 5 francs, 3 pièces de 2 francs et 8 gros sous. Quel est le poids de la bourse?

1792. Une bourse pleine de monnaie d'argent pèse 6^{kr},5 et 25 grammes quand elle est vide. Quelle somme renfermait-elle?

1793. Que valent en monnaie française :

20 schillings (1^{fr},25) monnaie anglaise.

50 thalers (3^{fr},75) Allemagne.

100 florins (2^{fr},45) Autriche.

25 roubles (4 francs) Russie.

40 piastres (0^{fr},20) Turquie.

1794. Un sac renfermait 500 grammes de monnaie d'argent. On en retire la somme nécessaire pour payer à un ouvrier 30 journées de travail à 2^{fr},50. Quelle somme reste-t-il? Combien pèse-t-elle?

1795. Une bourse qui renferme 100 grammes de monnaie renferme un poids égal de bronze et d'argent. Quelle somme renferme-t-elle?

1796. On paie une somme de 30 francs avec un nombre égal de pièces de 2 francs et de 1 franc. Combien donne-t-on de pièces de chaque sorte? Qu'arriverait-il si on payait avec un nombre égal de pièces de 0^{fr},50 et de 1 franc?

1797. En supposant qu'un enfant de 11 ans puisse soulever un poids de 40 kilogrammes, quelle somme pourrait-il porter en argent? en bronze?

PROBLÈMES

1798. Quel est le poids de 379 pièces de 5 francs en argent?

1799. Quel est le poids d'une marchandise qu'on a pesée, faute de poids, avec 37 pièces de 5 francs en argent, 18 pièces de 2 francs; 3 pièces de 1 franc et 15 pièces de 0^{fr},10?

1800. Quelle somme en bronze faut-il placer dans l'un des plateaux d'une balance pour faire équilibre à 77 francs en argent?

1801. Un sac rempli de pièces d'argent pèse 21^{kr},5; vide il pèse 600 grammes. Quelle somme renferme-t-il?

1802. Quelle est la valeur de la monnaie d'argent qu'il faut mettre dans le plateau d'une balance pour faire équilibre à un poids de 2^{kr},45?

1803. On a payé une somme de 35 francs en deux paiements égaux; l'un a été effectué en monnaie d'argent et l'autre en monnaie de bronze. Quel est le poids total de la somme ainsi payée?

1804. On a payé une somme de 51^{fr},45 en deux paiements égaux en poids, l'un en monnaie d'argent, l'autre en monnaie de bronze. Quel est le montant de chaque paiement?

1805. Sachant qu'un sou pèse 5 grammes; quelle a été la recette d'un épicier qui a reçu dans sa journée en monnaie de bronze un poids de 7^{kr},825?

1806. Une personne possède 825 francs; elle donne aux pauvres autant de centimes qu'elle a de francs. Combien lui reste-t-il?

1807. Une cuve rectangulaire a pour dimensions : longueur $0^m,52$; largeur $0^m,45$; profondeur $0^m,15$. Elle est remplie d'eau; quel est son poids, sachant que vide elle pèse 4900 grammes? Combien faudrait-il de pièces de 5 francs en argent pour lui faire équilibre dans une balance?

1808. Calculer le poids d'une somme de $1077^{fr},75$ formée de 780 francs en monnaie d'or, 258 francs en monnaie d'argent et le reste en monnaie de bronze?

1809. Si on échange 13 pièces de 5 francs contre des pièces de 25 centimes en nickel, combien aura-t-on de ces dernières pièces?

1810. On fait un paiement en versant une somme d'argent qui pèse $3^{hg}25^{dg}$ et une somme de monnaie de billon pesant $18^{hg}15^{g}$. Quelle est la valeur de ce paiement?

1811. Un caissier pèse sa recette qui se compose de 6 rouleaux d'or pesant chacun $322^{gr},58$, de 15 rouleaux d'argent de chacun 5 décagrammes et de 25 rouleaux de sous pesant chacun 125 grammes. Quelle somme a-t-il reçue?

1812. Après la guerre de 1870, la France a dû verser à la Prusse une indemnité de 5 milliards de francs. Quel serait le poids de cette somme en argent? en bronze? en or? Si un homme de force moyenne peut transporter un poids de 50 kilogrammes, combien faudrait-il d'hommes pour porter cette somme en monnaie de chaque sorte?

1813. Dans un des plateaux d'une balance on met un flacon qui pèse 125 grammes et dans l'autre plateau on met 12 pièces de 5 francs, 15 pièces de 1 franc, 5 pièces de $0^{fr},50$ et 17 pièces d'un sou. Combien faudra-t-il verser de centimètres cubes d'eau dans le flacon pour faire équilibre à cette somme? de centilitres?

1814. Une personne a payé $12^m,40$ d'étoffe à 15 francs le mètre avec 26 pièces de 5 francs et le reste en pièces de 2 francs. Combien a-t-elle donné de pièces de 2 francs?

1815. Quelle est la somme en bronze, en argent, qui pèse autant que 25000 francs en or?

1816. On s'est acquitté d'une dette de 10000 francs en versant la moitié en billets de 50 francs; le quart en or, le cinquième en argent et le reste en monnaie de billon. Combien a-t-on donné de billets? Que pèsent ensemble l'or, l'argent et les sous?

1817. Pour faire équilibre à un vase vide il faut placer dans un plateau d'une balance 9 pièces de 5 francs et une pièce de 2 francs. Ce vase rempli d'eau pèse autant que $12^{fr},60$ en bronze. Quelle est sa contenance?

1818. Quels sont le poids et le volume d'eau qui font équilibre à 40 francs en or?

1819. Quelle est la valeur exacte d'une pièce de 5 francs qui a perdu par le frottement un poids de $1^{gr},25$?

1820. Un commerçant a dans sa caisse 78 pièces de 5 francs en argent, 48 pièces de 2 francs et 34 pièces de 1 franc. Quelle somme possède-t-il? Combien pèse-t-elle? Trouver le poids d'une somme égale en or, en bronze?

1821. On paie une somme de $498^{fr},35$ en donnant d'abord le plus possible de monnaie d'or, puis on s'acquitte du reste en donnant le plus possible de monnaie d'argent et le moins de sous possible. Combien pèse la somme qu'on a ainsi versée?

1822. Une personne échange une somme de 925 francs en argent et une de 25 francs en bronze contre des pièces d'or. Quel poids a-t-elle à porter en moins?

1823. Un vase vide pèse autant que 500 francs en or; plein d'eau il pèse autant que la même somme en argent. Quelle est sa contenance en centilitres?

1824. Combien faudrait-il de pièces d'un sou? de pièces de 50 centimes? de pièces de 5 francs en argent pour faire équilibre à un litre d'huile dont la densité est 0,925?

1825. Une somme pesant 210 grammes est formée d'un nombre égal de pièces de 50 centimes, de pièces d'un franc et de pièces de 2 francs. Trouver la valeur de cette somme?

1826. Puisque le titre d'un alliage est le poids du métal fin contenu dans un gramme d'alliage, trouver d'après cela le poids de l'argent pur contenu dans chacune des monnaies d'argent? de l'or pur contenu dans chacune des monnaies d'or? Dire ensuite le poids du cuivre contenu dans chacune de ces pièces.

1827. Quel est le poids de l'argent pur contenu dans 258 pièces de 50 centimes?

1828. Après avoir calculé le poids de l'argent pur contenu dans une pièce de 5 francs en argent, dire combien on pourrait fabriquer de ces pièces avec un lingot de $4^{kr},5$ d'argent pur.

1829. Quel est le poids de l'argent pur contenu dans 1125 grammes d'alliage au titre $0^r,8$?

1830. Quel est le poids de 2500 francs en or. Combien cette somme renferme-t-elle d'or pur? de cuivre?

1831. Quel est le poids du cuivre, de l'étain, du zinc contenu dans 25 francs en bronze?

1832. On demande le poids de l'argent pur contenu dans une somme de 500 francs dont la moitié est formée de pièces de 5 francs et le reste de monnaie divisionnaire?

1833. On a un lingot de $290^r,295$ d'or pur. Combien de pièces de 20 francs pourra-t-on faire avec ce lingot? Quelle sera la valeur de ces pièces? Quel poids de cuivre faudra-t-il ajouter pour obtenir cette monnaie?

FRACTIONS

PREMIÈRES NOTIONS

353. — Définition. — Prenons une bande de papier et découpons-la en **5** parties *égales*.

Chacune des parties est ce qu'on appelle *un cinquième* de la bande.

La bande entière contient donc *cinq* cinquièmes.

Prenons seulement *trois* de ces morceaux et plaçons-les bout à bout, nous obtiendrons une bande plus courte que la bande entière et que nous nommerons les *trois cinquièmes* de la première.

Une bande entière ou 5 cinquièmes.

1 cinquième.

3 cinquièmes.

7 cinquièmes.

Au contraire, si nous prenons *sept* de ces morceaux et que nous les plaçons bout à bout, nous obtenons une bande plus longue que la bande entière et qui contiendra *sept cinquièmes* de la bande.

Nous avons ainsi formé des *fractions* de la bande.

Chaque fois qu'on partage un objet en plusieurs parties égales et que l'on prend une ou plusieurs de ces parties on forme une **fraction** *de cet objet.*

Le nombre entier qui indique en combien de parties on a partagé l'objet se nomme le **dénominateur.**

Le nombre entier qui indique combien on a pris de ces parties pour former la fraction se nomme le **numérateur.**

Le numérateur et le dénominateur sont appelés les deux **termes** *de la fraction.*

Ainsi, dans la fraction *trois cinquièmes*, le dénominateur est **5**; le numérateur est **3**.

354. — Manière d'énoncer une fraction.

— Pour *énoncer* une fraction, on énonce d'abord le numérateur et ensuite le dénominateur que l'on fait suivre de *ième*.

Ainsi *cinq huitièmes* est la fraction obtenue en partageant un objet en **8** parties égales et prenant **5** de ces parties.

Il y exception pour les fractions dont les dénominateurs sont **2**, **3** et **4**, pour lesquelles on dit :

> *demi* au lieu de deuxième,
>
> *tiers* au lieu de troisième,
>
> *quart* au lieu de quatrième.

Ainsi prendre la *demie* ou *moitié* d'un gâteau, c'est partager ce gâteau en **2** parts égales et prendre *une* des deux parts.

Prendre les *deux tiers* d'une tarte, c'est partager cette tarte en **3** parts égales et prendre **2** de ces parts.

355. — Manière d'écrire une fraction. —

Pour écrire une fraction, on écrit le numérateur *au-dessus* du dénominateur, en les séparant par un trait horizontal.

Ainsi :

Trois cinquièmes, s'écrit $\frac{3}{5}$,   *Une demie*, s'écrit $\frac{1}{2}$,

Sept cinquièmes,	—	$\dfrac{7}{5}$,	*Deux tiers,*	— $\dfrac{2}{3}$,
Cinq huitièmes,	—	$\dfrac{5}{8}$,	*Neuf quarts,*	— $\dfrac{9}{4}$.

356. — Comparaison d'une fraction avec l'unité. — Si nous partageons un objet, une bande de papier par exemple, en **5** parties égales et que nous réunissons ces **5** parties, nous reformons l'objet, la bande entière.

Les *cinq cinquièmes* d'un objet forment donc cet objet tout entier ou *un* objet et on a :

$$\frac{5}{5} = 1.$$

Une fraction dont les deux termes sont égaux est égale à 1.

Ainsi on a :

$$\frac{3}{3} = 1, \qquad \frac{7}{7} = 1, \qquad \frac{125}{125} = 1.$$

357. — Si, après avoir partagé une bande en **5** parties égales, nous prenons *moins* de **5** parties, **3** par exemple, nous obtenons une bande plus petite que la bande entière.

Les *trois cinquièmes* d'une bande forment une bande plus petite que la bande entière qui est l'*unité*. On a donc :

$$\frac{3}{5} \ \textit{plus petit que } 1 ;$$

ce qui s'écrit :

$$\frac{3}{5} < 1,$$

le signe $<$ signifiant *plus petit que*.

Une fraction dont le numérateur est plus petit que le dénominateur est plus petite que 1.

Ainsi on a :

$$\frac{3}{5} < 1, \qquad \frac{4}{7} < 1, \qquad \frac{95}{100} < 1.$$

358. — Si, au contraire, on prend plus de **5** cinquièmes de bande, **7** par exemple, et si on les réunit, on obtient une bande plus grande que la bande entière.

Les *sept cinquièmes* d'une bande forment une bande plus grande que la bande entière qui est l'*unité*. On a donc :

$$\frac{7}{5} \text{ plus grand que } 1 ;$$

ce qui s'écrit :

$$\frac{7}{5} > 1,$$

le signe $>$ signifiant *plus grand que*.

Une fraction dont le numérateur est plus grand que le dénominateur est plus grande que 1.

Ainsi on a :

$$\frac{9}{8} > 1, \qquad \frac{3}{2} > 1, \qquad \frac{45}{32} > 1.$$

359. — **Nombres fractionnaires.** — Supposons qu'on mesure une longueur avec un mètre, il peut arriver que la longueur ne contienne pas un nombre *exact* de mètres. Par exemple elle peut contenir **4** *mètres* plus $\frac{2}{3}$ de mètre. La *mesure* de la longueur est alors de **4** mètres plus $\frac{2}{3}$ ou $4 + \frac{2}{3}$.

On a ainsi ce qu'on appelle un *nombre fractionnaire*.

On appelle **nombre fractionnaire** *la réunion d'un nombre entier et d'une fraction plus petite que 1.*

Ainsi :

$$5 + \frac{1}{2}, \qquad 7 + \frac{3}{4}, \qquad 134 + \frac{4}{25}$$

sont des nombres fractionnaires.

360. — Pour énoncer un nombre fractionnaire on énonce d'abord la partie entière et ensuite la fraction.

Ainsi on dit : *quatre mètres deux tiers, cinq entiers et demi, sept litres trois quarts.*

361. — Pour écrire un nombre fractionnaire on écrit d'abord la partie entière et ensuite la fraction, en les séparant par le signe + ou sans les séparer par aucun signe.

Ainsi on écrira à volonté :

$$5 + \frac{1}{2} \qquad \text{ou} \qquad 5\frac{1}{2},$$

$$134 + \frac{4}{25} \qquad \text{ou} \qquad 134\,\frac{4}{25}.$$

362. — **Transformation d'un nombre fractionnaire en fraction.** — Supposons que nous ayons $3\frac{2}{5}$. Comme **1** litre contient **5** cinquièmes de litre, **3** litres contiennent 5×3 ou **15** cinquièmes de litre. Les $3\frac{2}{5}$ contiennent donc **15** cinquièmes de litre plus **2** cinquièmes de litre, en tout $15 + 2$ ou **17** cinquièmes de litre. On a donc :

$$3\frac{2}{5} = \frac{17}{5} \text{ de litre.}$$

363. — Règle. — *Pour transformer un nombre fractionnaire en fraction, on ajoute au numérateur de la partie fractionnaire le produit de la partie entière par le dénominateur de la fraction.*

Ainsi :

$$5 + \frac{1}{2} = \frac{11}{2}, \qquad 7 + \frac{3}{4} = \frac{31}{4}.$$

Il faut remarquer que la fraction ainsi obtenue est toujours plus grande que l'unité.

364. — **Extraction des entiers contenus dans une fraction plus grande que l'unité.** — Supposons qu'on ait trouvé qu'un tonneau contient $\frac{23}{7}$ d'hectolitre. Comme *un* hectolitre contient **7** *septièmes* d'hectolitre, il y aura dans ce tonneau autant d'hectolitres qu'il contient de fois **7** *septièmes* d'hectolitre. Or **23** contient **3** fois **7** et il reste **2**, donc **23** septièmes contiennent **3** fois **7** *septièmes* d'hectolitre ou **3** hectolitres, et il reste **2** septièmes.

Par suite,

$$\frac{23}{7} \, d'\text{hectolitre} = 3^{\text{hl}} \frac{2}{7}.$$

Nous avons ainsi *extrait les entiers de la fraction* $\frac{23}{7}$.

365. — Règle. — *Pour extraire les entiers contenus dans une fraction plus grande que 1, on divise le numérateur par le dénominateur.*

La partie entière est le quotient du numérateur par le dénominateur.

La partie fractionnaire a pour numérateur le reste de cette division.

366. — Lorsqu'il n'y a pas de reste, c'est-à-dire lorsque le numérateur est *divisible* par le dénominateur, la fraction est égale à un *nombre entier*.

Exemples :

$$\frac{42}{5} = 8 + \frac{2}{5}, \qquad \frac{25}{15} = 1 + \frac{10}{15},$$

$$\frac{27}{9} = 3, \qquad \frac{125}{25} = 5.$$

EXERCICES

SUR LA NOTION DE LA FRACTION ; COMPARAISON DES FRACTIONS AVEC L'UNITÉ
NOMBRES FRACTIONNAIRES ; EXTRACTION DES ENTIERS.

EXERCICES ORAUX.

1834. Si on divise une pomme en 3 parties égales, comment nomme-t-on chaque partie? Comment appelle-t-on chaque portion d'une pomme si on la divise en 2 parties égales? en 5, en 4, en 7, en 15 parties égales?

1835. Un ouvrier a fait un travail en 6 jours : quelle fraction de ce travail a-t-il faite par jour?

1836. Si on distribue le contenu d'une boîte de plumes à plusieurs élèves. Quelle fraction de la boîte recevra chaque enfant : s'il y a 5 élèves? s'il y en a 12? s'il y en a 7? s'il y en a 24?

1837. Quand on a divisé une feuille de papier en 4 parties égales, quelle fraction de la feuille obtient-on en réunissant 2 morceaux? 3 morceaux?

1838. Un coupon d'étoffe a 8 mètres de long; quelle fraction du coupon représente 1 mètre, 3 mètres, 5 mètres?

1839. Si on coupe une bande de toile de 5 mètres de long en 8 parties égales, quelle fraction de la bande représente chaque morceau? quelle fraction de mètre?

1840. Une barrique contient 225 litres de vin; quelle fraction de la barrique représentent : 1 litre, 15 litres, 50 litres, 138 litres?

1841. Combien y a-t-il de cinquièmes d'orange dans une orange; de tiers, de quarts, de douzièmes?

1842. Combien y a-t-il de demis, de tiers, de quarts dans 2 entiers, 3 entiers, 5 entiers?

1843. Un robinet vide un bassin en 8 heures; quelle fraction du bassin vide-t-il en 5 heures?

1844. Quelle fraction de pomme reste-t-il quand on en a enlevé le tiers, les 2 tiers, les 3 quarts, le quart, la moitié, les 2 cinquièmes, les 5 neuvièmes, les 11 douzièmes?

1845. Paul a reçu 5 francs pour ses étrennes et son frère André a reçu 8 francs. Quelle fraction de la part de chaque enfant représente 1 franc, 3 francs, 2 francs? — Si André dépense 5 francs, quelle fraction de sa part lui restera-t-il?

1846. Dans la fraction $\dfrac{5}{8}$ qu'indique le chiffre 8, le chiffre 5?

1847. Lisez les fraction suivantes :

$$\frac{1}{2}, \quad \frac{2}{3}, \quad \frac{3}{4}, \quad \frac{5}{7}, \quad \frac{1}{6}, \quad \frac{4}{9}, \quad \frac{12}{13}, \quad \frac{39}{65}, \quad \frac{13}{45}, \quad \frac{60}{219}, \quad \frac{25}{400}.$$

Dire ce qu'indique chacun des nombres qui les forment.

1848. Que manque-t-il pour valoir l'unité :

$$\text{à } \frac{3}{4}, \quad \text{à } \frac{5}{8}, \quad \text{à } \frac{7}{12}, \quad \text{à } \frac{25}{31}?$$

1849. Que manque-t-il : 1° à $\dfrac{2}{3}$; 2° à $\dfrac{3}{4}$ pour valoir l'unité? Laquelle des deux fractions est la plus grande? Pourquoi?

1850. Quelle est la plus petite des deux fractions : $\dfrac{5}{8}$ ou $\dfrac{4}{7}$?

1851. Comparez de la même façon, et deux par deux, les fractions suivantes et dites quelle est la plus grande :

$$\frac{3}{7} \text{ et } \frac{5}{9}; \quad \frac{7}{12} \text{ et } \frac{14}{19}; \quad \frac{5}{11} \text{ et } \frac{1}{7}; \quad \frac{3}{19} \text{ et } \frac{15}{31}?$$

1852. Lisez les fractions suivantes et dites quelle fraction il faut en retrancher pour obtenir l'unité :

$$\frac{5}{4} \quad \frac{3}{2} \quad \frac{13}{7} \quad \frac{18}{17} \quad \frac{5}{3} \quad \frac{11}{9} \quad \frac{35}{27} \quad \frac{63}{52}.$$

1853. Comparez les fractions suivantes deux par deux et dites quelle est la plus petite :

$$\frac{5}{3} \text{ et } \frac{7}{5}; \quad \frac{11}{6} \text{ et } \frac{18}{13}; \quad \frac{19}{12} \text{ et } \frac{22}{15}; \quad \frac{26}{17}; \quad \frac{51}{42}.$$

1854. Parmi les fractions suivantes dire celles qui sont plus petites que l'unité, plus grandes que l'unité ou égales à l'unité?

$$\frac{5}{8} \quad \frac{4}{3} \quad \frac{3}{2} \quad \frac{6}{7} \quad \frac{2}{2} \quad \frac{7}{12} \quad \frac{13}{11} \quad \frac{12}{12} \quad \frac{3}{8} \quad \frac{8}{3} \quad \frac{3}{3}.$$

1855. Réduire en fractions les nombres entiers suivants : 3 unités en quarts; 5 unités en septièmes; 4 unités en neuvièmes; 7 unités en tiers; 9 unités en demis; 12 unités en cinquièmes.

1856. A quel nombre entier équivalent :

$$\frac{12}{3} \quad \frac{15}{5} \quad \frac{49}{7} \quad \frac{56}{8} \quad \frac{6}{2} \quad \frac{24}{4} \quad \frac{27}{9} \quad \frac{24}{12} \quad \frac{7}{7} \quad \frac{13}{13}?$$

1857. Lire les nombres fractionnaires suivants :

$$2\tfrac{3}{4}, \quad 7\tfrac{11}{12}, \quad 13\tfrac{1}{2}, \quad 8\tfrac{7}{9}, \quad 1\tfrac{2}{3}, \quad 15\tfrac{37}{59} ?$$

1858. Combien y a-t-il de tiers dans 5 entiers, dans 25, dans 12 ?

1859. Combien de quarts valent 1 entier, 4 entiers, 7 entiers, 15 entiers ?

1860. Combien de douzièmes dans 2 unités, dans 5 unités, dans 4 unités, dans 7 unités, dans 12 unités ?

1861. Combien y a-t-il de tiers dans $3\tfrac{2}{3}$, de quarts dans $5\tfrac{1}{4}$, de demis dans $7\tfrac{1}{2}$, de cinquièmes dans $8\tfrac{4}{5}$; de neuvièmes dans $1\tfrac{7}{9}$; de septièmes dans $9\tfrac{6}{7}$.

1862. Transformer en fractions les nombres fractionnaires suivants :

$$2\tfrac{1}{3} \quad 5\tfrac{3}{8} \quad 4\tfrac{6}{7} \quad 3\tfrac{7}{9} \quad 12\tfrac{1}{5} \quad 11\tfrac{3}{4} \quad 25\tfrac{1}{2} \quad 7\tfrac{6}{7} \quad 1\tfrac{8}{9} \quad 20\tfrac{5}{12} \quad 4\tfrac{3}{50} \quad 2\tfrac{6}{47}.$$

1863. Extraire les entiers des fractions suivantes :

$$\frac{13}{4} \quad \frac{3}{2} \quad \frac{15}{2} \quad \frac{8}{5} \quad \frac{25}{3} \quad \frac{7}{3} \quad \frac{38}{7} \quad \frac{46}{5} \quad \frac{17}{12} \quad \frac{25}{13} \quad \frac{64}{9} \quad \frac{29}{15} \quad \frac{97}{12};$$

EXERCICES ÉCRITS

1864. — Tracez une ligne droite et partagez-la en 8 parties égales ; puis tracez au dessous une ligne qui soit le $\frac{1}{8}$ de la 1re, une autre qui égale les $\frac{3}{8}$, une 3e qui en soit les $\frac{7}{8}$, et enfin une 4e qui égale les $\frac{10}{8}$.

1865. — Écrire, en chiffres, les fractions suivantes :

deux *tiers* ; cinq *huitièmes* ; dix-sept *soixante-cinquièmes* ; six *dix-neuvièmes* ; treize *soixante-douzièmes* : trente-sept *six centièmes* ; quarante-trois *six cent quinzièmes* ; quatre-vingts *deux mille vingt-huitièmes* ; quatre cent sept *six millièmes*.

1866. — Ranger par ordre de grandeur croissante les fractions suivantes :

$$\frac{3}{25}, \quad \frac{7}{25}, \quad \frac{2}{25}, \quad \frac{11}{25}, \quad \frac{5}{25}, \quad \frac{18}{25}.$$

1867. — Ranger par ordre de grandeur décroissante :

$$\frac{17}{19}, \quad \frac{5}{19}, \quad \frac{13}{19}, \quad \frac{18}{19}, \quad \frac{3}{19}, \quad \frac{7}{19}, \quad \frac{15}{19}.$$

1868. — Ranger par ordre de grandeur croissante :

$$\frac{19}{4}, \quad \frac{19}{15}, \quad \frac{19}{7}, \quad \frac{19}{11}, \quad \frac{19}{3}, \quad \frac{19}{8}, \quad \frac{19}{13}.$$

1869. — Ranger par ordre de grandeur décroissante :

$$\frac{31}{27}, \quad \frac{31}{5}, \quad \frac{31}{18}, \quad \frac{31}{24}, \quad \frac{31}{7}, \quad \frac{31}{3}, \quad \frac{31}{25}.$$

1870. — Ranger par ordre de grandeur croissante :

1° $$\frac{3}{7}, \quad \frac{5}{9}, \quad \frac{17}{21}, \quad \frac{9}{13}, \quad \frac{7}{11}, \quad \frac{21}{25},$$

2° $$\frac{31}{25}, \quad \frac{13}{7}, \quad \frac{19}{13}, \quad \frac{17}{11}, \quad \frac{23}{17}, \quad \frac{35}{29}.$$

après les avoir comparées à l'unité ;

1871. — Ranger par ordre de grandeur décroissante, après les avoir comparées à l'unité :

1° $$\frac{3}{10}, \quad \frac{11}{18}, \quad \frac{2}{9}, \quad \frac{15}{22}, \quad \frac{5}{12}, \quad \frac{17}{24}, \quad \frac{4}{11};$$

2° $$\frac{13}{11}, \quad \frac{7}{5}, \quad \frac{25}{23}, \quad \frac{9}{7}, \quad \frac{15}{13}, \quad \frac{21}{19}.$$

1872. — Extraire les entiers des fractions suivantes :

$$\frac{53}{3}, \quad \frac{193}{5}, \quad \frac{555}{7}, \quad \frac{2167}{4}, \quad \frac{6115}{9}, \quad \frac{750}{8}, \quad \frac{3237}{6}, \quad \frac{2563}{12},$$

$$\frac{407}{21}, \quad \frac{5386}{17}, \quad \frac{4899}{83}, \quad \frac{357372}{517}$$

1873. — Faire les divisions suivantes et donner le quotient exact en le complétant par une fraction :

$$2765 : 8, \qquad 8823 : 29, \qquad 56060 : 11,$$
$$900 : 13, \qquad 39407 : 58, \qquad 8695 : 19.$$
$$4521 : 7, \qquad 82549 : 85.$$

SIMPLIFICATIONS
RÉDUCTIONS AU MÊME DÉNOMINATEUR

367. — Transformation d'une fraction.

Supposons que nous ayons un gâteau. Coupons-le en deux parties égales. Chaque partie est un *demi-gâteau*.

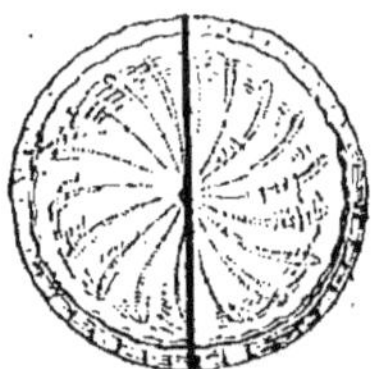

Un gâteau.

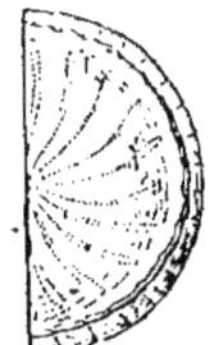

Un demi-gâteau.

Partageons maintenant chacune des deux moitiés du gâteau en **3** parts égales. Le gâteau tout entier sera partagé en **6** parts et chacune des parts sera **1** *sixième* du

6 sixièmes de gâteau.

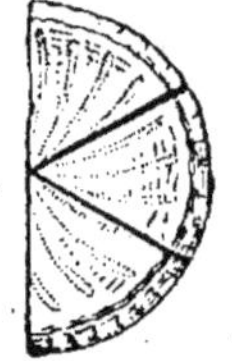

3 sixièmes de gâteau.

gâteau. Il en résulte que chaque *demi-gâteau* contient *trois sixièmes* du gâteau. On peut donc écrire :

$$\frac{1}{2} = \frac{3}{6}.$$

Comme second exemple, considérons une bande A de papier, partagée en **5** parties égales. En prenant **3** de ces parties nous avons formé une nouvelle bande C qui est

les $\frac{3}{5}$ de la bande A. Partageons, à la fois, dans la bande A et dans la bande C chacun des *cinquièmes* en **7** parties égales.

A
Une bande, ou 5 cinquièmes, ou 35 trente cinquièmes

B
1 cinquième ou 7 trente cinquièmes.   1 trente cinquième

C
3 cinquièmes ou 3 × 7 = 21 trente cinquièmes

La bande entière A contiendra alors **5 × 7 = 35** de ces morceaux et, par suite, chacun d'eux sera **1** *trente-cinquième* de la bande entière.

Chaque *cinquième* de la bande contient **7** *trente-cinquiè-mes*. On peut donc dire que

$$\frac{1}{5} = \frac{7}{35}.$$

La bande C qui contient **3** *cinquièmes* contiendra donc **3** fois **7** *trente-cinquièmes* ou **21** *trente-cinquièmes*. Cette bande est donc, à la fois, les $\frac{3}{5}$ et les $\frac{21}{35}$ de la bande A. On a donc :

$$\frac{3}{5} = \frac{3 \times 7}{5 \times 7} = \frac{21}{35}.$$

368. — Chaque fois qu'on a partagé l'unité en un certain nombre de parties et que l'on a pris de ces parties pour former une fraction, si on partage de nouveau chacune de ces parties en **7** parties égales plus petites, les nombres des parties contenues dans l'*unité* et dans la *fraction* sont tous deux multipliés à la fois par **7**.

En d'autres termes, le dénominateur et le numérateur sont multipliés tous deux, à la fois, par le même nombre **7**.

On en conclut que:

Une fraction ne change pas de valeur lorsqu'on

multiplie ses deux termes par le même nombre entier.

EXEMPLES. — Considérons la fraction $\frac{1}{2}$, nous obtiendrons des fractions égales en multipliant les deux termes par **3, 7, 25**, etc....

$$\frac{1}{2} = \frac{3}{6} = \frac{7}{14} = \frac{25}{50} = \text{etc....}$$

De même, si nous multiplions les deux termes de la fraction $\frac{3}{5}$ par **7, 10, 13**, etc., nous obtenons des fractions égales :

$$\frac{3}{5} = \frac{21}{35} = \frac{30}{50} = \frac{39}{65} = \text{etc....}$$

369. — Simplification d'une fraction. — Considérons la fraction $\frac{15}{24}$. Nous remarquons que :

$$15 = 5 \times 3, \quad \text{et} \quad 24 = 8 \times 3,$$

on voit donc que la fraction $\frac{15}{24}$ se déduit de la fraction $\frac{5}{8}$ en multipliant les deux termes par **3**. Les deux fractions sont donc *égales.*

$$\frac{15}{24} = \frac{5}{8}.$$

Les deux termes de $\frac{15}{24}$ sont divisibles *exactement,* sans reste, par **3**. En faisant ces divisions, on obtient la fraction égale $\frac{5}{8}$. On en conclut que :

Lorsque les deux termes d'une fraction sont divisibles exactement par le même nombre, on ne change pas la valeur de la fraction en divisant les deux termes par ce nombre.

On simplifie *de la sorte la fraction.*

370. — Il résulte de là que, pour simplifier une fraction, on cherchera à voir si les deux termes sont divisibles par un même nombre.

EXEMPLES. — Les deux termes de la fraction $\frac{300}{700}$ sont divisibles par **100**. Donc :

$$\frac{300}{700} = \frac{3}{7}.$$

Les deux termes de la fraction $\frac{16}{24}$ sont divibles par **8**; car :

$$16 = 2 \times 8, \quad \text{et} \quad 24 = 3 \times 8.$$

Donc :
$$\frac{16}{24} = \frac{2}{3}.$$

371. — **Exercice I.** — *Lorsque les deux termes d'une fraction sont terminés par des zéros, on peut supprimer, haut et bas, le même nombre de zéros.*

Car supprimer **1, 2, 3** zéros, c'est diviser par **10, 100, 1000**.

Ainsi on a :

$$\frac{40}{50} = \frac{4}{5}, \qquad \frac{800}{1500} = \frac{8}{15}.$$

372. — **Exercice II.** — *Lorsque les deux termes d'une fraction sont des nombres pairs, on peut la simplifier en divisant les deux termes par **2**.*

Ainsi on a :

$$\frac{4}{6} = \frac{2}{3}; \qquad \frac{16}{100} = \frac{8}{50} = \frac{4}{25}.$$

373. — **Exercice III.** — *Lorsque les deux termes d'une fraction sont terminés par* **5** *ou* **0**, *on peut la simplifier en divisant les deux termes par* **5**.

Ainsi on a :

$$\frac{25}{15} = \frac{5}{3}; \qquad \frac{60}{145} = \frac{12}{29}.$$

374. — **Réduction des fractions au même dénominateur.** — Considérons, par exemple, les trois fractions.

$$\frac{2}{3}, \quad \frac{4}{5}, \quad \frac{1}{2}.$$

Multiplions les deux termes de chacune d'elles par le produit des dénominateurs des deux autres.

Nous obtenons ainsi les fractions suivantes :

$$\frac{2}{3} = \frac{2 \times 5 \times 2}{3 \times 5 \times 2} = \frac{20}{30},$$

$$\frac{4}{5} = \frac{4 \times 3 \times 2}{5 \times 3 \times 2} = \frac{24}{30},$$

$$\frac{1}{2} = \frac{1 \times 3 \times 5}{2 \times 3 \times 5} = \frac{15}{30}.$$

qui ont toutes *même dénominateur*.

375. — Règle. — *Pour* **réduire** *plusieurs fractions au* **même dénominateur**, *il suffit de multiplier les deux termes de chacune d'elles par le produit des dénominateurs différents de toutes les autres.*

Bien entendu, on cherchera auparavant à *simplifier* les fractions, si c'est possible.

Exemple. — *Réduire au même dénominateur les fractions* :

$$\frac{50}{70}, \quad \frac{2}{8}, \quad \frac{15}{35}, \quad \frac{1}{3}.$$

Simplifions-les d'abord

$$\frac{50}{70} = \frac{5}{7}, \qquad \frac{2}{8} = \frac{1}{4}, \qquad \frac{15}{35} = \frac{3}{7};$$

nous aurons donc les fractions

$$\frac{5}{7}, \quad \frac{1}{4}, \quad \frac{3}{7}, \quad \frac{1}{3}$$

qui, en appliquant la règle, donnent :

$$\frac{5}{7} = \frac{5 \times 4 \times 3}{7 \times 4 \times 3} = \frac{60}{84},$$

$$\frac{1}{4} = \frac{1 \times 7 \times 3}{4 \times 7 \times 3} = \frac{21}{84},$$

$$\frac{3}{7} = \frac{3 \times 4 \times 3}{4 \times 7 \times 3} = \frac{36}{84},$$

$$\frac{1}{3} = \frac{1 \times 4 \times 7}{3 \times 4 \times 7} = \frac{28}{84}.$$

Il faut faire bien attention de ne multiplier les deux termes de chaque fraction que par les dénominateurs *différents*, chacun n'étant pris qu'une fois.

EXERCICES

SUR LA SIMPLIFICATION DES FRACTIONS ET LEUR RÉDUCTION AU MÊME DÉNOMINATEUR

EXERCICES ORAUX ET ÉCRITS.

1874. Trouver une fraction égale à $\frac{3}{4}$ dont le dénominateur soit 12, dont le dénominateur soit 8, soit 16, soit 20.

1875. Trouver une fraction égale à $\frac{3}{5}$ dont le numérateur soit 9, soit 6, soit 15, soit 18.

1876. Simplifier le plus possible les fractions suivantes en divisant les deux termes par 10, par 5, 2, 8, 4, 6, 3, 7 ou 9.

$$\frac{4}{10} \quad \frac{3}{6} \quad \frac{2}{4} \quad \frac{5}{20} \quad \frac{12}{15} \quad \frac{11}{22} \quad \frac{8}{32} \quad \frac{12}{60} \quad \frac{18}{30} \quad \frac{14}{84} \quad \frac{50}{60}$$

$$\frac{8}{88} \quad \frac{27}{99} \quad \frac{12}{48} \quad \frac{15}{90} \quad \frac{180}{270} \quad \frac{365}{680} \quad \frac{342}{720} \quad \frac{300}{1200} \quad \frac{750}{800}.$$

1877. Simplifier le plus possible les fractions suivantes, puis en extraire les entiers :

$$\frac{24}{18} \quad \frac{120}{25} \quad \frac{18}{8} \quad \frac{312}{6} \quad \frac{48}{15} \quad \frac{84}{21}.$$

1878. Simplifier le plus possible les fractions contenues dans les nombres fractionnaires suivants; puis transformer en fractions le nombre fractionnaire ainsi simplifié :

$$5\frac{3}{12} \quad 7\frac{9}{15} \quad 12\frac{5}{30} \quad 18\frac{12}{36} \quad 9\frac{75}{120} \quad 15\frac{16}{64}.$$

1879. Réduisez les fractions suivantes au même dénominateur :

1° $\dfrac{2}{3}$ et $\dfrac{3}{4}$; $\dfrac{3}{7}$ et $\dfrac{5}{8}$; $\dfrac{2}{5}$ et $\dfrac{5}{9}$; $\dfrac{3}{11}$ et $\dfrac{8}{13}$; $\dfrac{5}{7}$ et $\dfrac{7}{9}$;

$\dfrac{8}{15}$ et $\dfrac{6}{17}$; $\dfrac{5}{19}$ et $\dfrac{17}{21}$; $\dfrac{23}{47}$ et $\dfrac{31}{58}$.

2° $\dfrac{3}{5}$, $\dfrac{1}{8}$ et $\dfrac{2}{7}$; $\dfrac{1}{2}$, $\dfrac{3}{5}$ et $\dfrac{4}{9}$; $\dfrac{2}{5}$, $\dfrac{7}{9}$ et $\dfrac{1}{7}$; $\dfrac{1}{4}$, $\dfrac{2}{3}$ et $\dfrac{3}{11}$;

$\dfrac{7}{11}$, $\dfrac{8}{9}$ et $\dfrac{3}{14}$; $\dfrac{5}{12}$, $\dfrac{2}{13}$ et $\dfrac{3}{7}$; $\dfrac{5}{17}$, $\dfrac{2}{9}$ et $\dfrac{6}{5}$.

1880. Simplifiez le plus possible les fractions suivantes, puis réduisez-les au même dénominateur :

$\dfrac{6}{15}$ et $\dfrac{3}{12}$; $\dfrac{4}{16}$ et $\dfrac{3}{9}$; $\dfrac{5}{20}$ et $\dfrac{7}{49}$; $\dfrac{8}{20}$ et $\dfrac{15}{65}$; $\dfrac{9}{36}$ et $\dfrac{12}{54}$;

$\dfrac{35}{60}$ et $\dfrac{5}{25}$; $\dfrac{16}{64}$ et $\dfrac{9}{24}$; $\dfrac{4}{20}$, $\dfrac{2}{6}$ et $\dfrac{5}{45}$; $\dfrac{6}{12}$, $\dfrac{8}{32}$ et $\dfrac{18}{42}$.

1881. Remarque importante. — Quand un des dénominateurs peut être divisé exactement par l'autre, il est plus simple de multiplier les 2 termes de la fraction qui a le plus petit dénominateur par le quotient exact des 2 dénominateurs.

Exemple : $\dfrac{3}{4}$ et $\dfrac{5}{12}$. On dit 12 contient 3 fois 4 ; on multiplie les

deux termes de $\dfrac{3}{4}$ par 3 et on obtient $\dfrac{9}{12}$.

Réduire au même dénominateur par cette méthode les fractions suivantes :

$\dfrac{1}{3}$ et $\dfrac{5}{6}$; $\dfrac{3}{4}$ et $\dfrac{7}{12}$; $\dfrac{1}{2}$ et $\dfrac{3}{8}$; $\dfrac{2}{5}$ et $\dfrac{7}{30}$; $\dfrac{7}{16}$ et $\dfrac{1}{4}$;

$\dfrac{8}{9}$ et $\dfrac{7}{18}$; $\dfrac{11}{48}$ et $\dfrac{1}{6}$; $\dfrac{7}{12}$ et $\dfrac{27}{48}$.

1882. Réduire au même dénominateur $\dfrac{3}{4}$ et $\dfrac{5}{7}$ et dire quelle est la plus grande fraction.

1883. Ranger par ordre de grandeur croissante après les avoir réduites au même dénominateur :

$$1° \quad \frac{5}{6}, \ \frac{3}{8}, \ \frac{7}{11}; \qquad 2° \quad \frac{6}{11}, \ \frac{3}{7}, \ \frac{8}{13}; \qquad 3° \quad \frac{7}{9}, \ \frac{3}{4}, \ \frac{2}{5}.$$

1884. Une roue fait 3 tours en 5 secondes; une autre fait 7 tours en 9 secondes. Quelle est celle qui va le plus vite?

ADDITION DES FRACTIONS

376. — **Fractions de même dénominateur.** — En partageant une pomme en quatre, nous obtenons **4** *quarts* de pomme. Si nous faisons de même pour un grand nombre de pommes, nous pouvons avoir autant de *quarts* de pomme que nous voudrons.

Supposons, alors, que nous ayons **3** paniers. Dans le premier panier, il y a **15** *quarts*; dans le second panier il y a **7** *quarts* et dans le troisième panier, il y a **13** *quarts*. Vidons les trois paniers dans un seul. Nous aurons alors dans ce panier : **15 + 7 + 13**, ou **35** *quarts*.

Nous avons ainsi fait la *somme* de trois fractions :

15 *quarts* **+ 7** *quarts* **+ 13** *quarts* = **35** *quarts*

ou

$$\mathbf{\frac{15}{4} + \frac{7}{4} + \frac{13}{4} = \frac{35}{4}};$$

d'où la Règle suivante :

377. — Règle. — *La* **somme** *de plusieurs fractions ayant toutes même dénominateur est une fraction ayant pour numérateur la somme des* *numérateurs, et, pour dénominateur, le dénominateur commun.*

EXEMPLES. — Effectuons les additions suivantes :

$$\frac{1}{13} + \frac{2}{13} + \frac{5}{13} = \frac{8}{13},$$

$$\frac{4}{5} + \frac{1}{5} + \frac{2}{5} = \frac{7}{5} = 1 + \frac{2}{5},$$

$$\frac{17}{20} + \frac{23}{20} + \frac{4}{20} + \frac{5}{20} = \frac{49}{20} = 2 + \frac{9}{20}.$$

Lorsque la fraction obtenue est plus grande que **1**, on peut extraire la partie entière, comme nous l'avons fait dans ces exemples.

378. — **Fractions quelconques**. — Supposons que nous voulions faire la somme :

$$\frac{1}{5} + \frac{2}{3} + \frac{3}{2}.$$

Nous pouvons *réduire ces fractions au même dénominateur*, comme nous avons appris à le faire (n° 375).

Or, on a :

$$\frac{1}{5} = \frac{6}{30}, \qquad \frac{2}{3} = \frac{20}{30}, \qquad \frac{3}{2} = \frac{45}{30},$$

par suite :

$$\frac{1}{5} + \frac{2}{3} + \frac{3}{2} = \frac{6}{30} + \frac{20}{30} + \frac{45}{30}.$$

On est ramené au cas précédent ; la somme est :

$$\frac{2 + 20 + 45}{30} = \frac{71}{30} = 2 + \frac{11}{30}.$$

On en conclut que :

379. — *Pour faire la somme de plusieurs fractions, on les réduit au même dénominateur et on est ramené au cas précédent.*

EXEMPLES :

$$\frac{1}{3} + \frac{5}{6} = \frac{2}{6} + \frac{5}{6} = \frac{7}{6};$$

$$\frac{1}{5} + \frac{3}{10} + \frac{2}{25} = \frac{10}{50} + \frac{15}{50} + \frac{4}{50} = \frac{29}{50};$$

$$\frac{4}{7} + \frac{1}{4} = \frac{16}{28} + \frac{7}{28} = \frac{23}{28}.$$

380. — Nombres fractionnaires. — Dans un panier, il y a **15** pommes entières et **1** *quart* de pomme. Dans un second panier, il y a **7** pommes entières et **3** *quarts* de pomme. Enfin, dans un troisième panier, il y a **8** pommes et **2** *quarts* de pomme.

On vide les trois paniers dans un seul, qui contient alors **15 + 7 + 8**, ou **30** pommes entières, plus **1 + 3 + 2** ou **6** *quarts* de pomme.

Ceci peut s'écrire :

$$15 + \frac{1}{4} + 7 + \frac{3}{4} + 8 + \frac{2}{4} = 30 + \frac{6}{4}.$$

Or

$$\frac{6}{4} \text{ valent } 1 + \frac{2}{4},$$

on a donc :

$$30 + \frac{6}{4} = 30 + 1 + \frac{2}{4} = 31 + \frac{2}{4};$$

381. — RÈGLE. — *Pour faire la somme de plusieurs nombres fractionnaires, on fait la somme des entiers et la somme des fractions.*

Si la fraction obtenue est plus grande que 1, on peut en extraire la partie entière, qu'on ajoute à la somme des entiers.

EXEMPLES :

$$\left(3\frac{1}{3}\right) + \left(2\frac{4}{3}\right) + \left(5\frac{2}{3}\right) = 10\frac{7}{3} = 10 + 2 + \frac{1}{3} = 12\frac{1}{3};$$

$$2 + \frac{1}{5} + 3 + \frac{2}{3} + 6 = 11 + \frac{13}{15};$$

EXERCICES

SUR L'ADDITION DES FRACTIONS

EXERCICES ORAUX ET CALCUL MENTAL

1885. Combien font $\dfrac{3}{4}$ et $\dfrac{1}{4}$; $\dfrac{1}{5}$ et $\dfrac{3}{5}$; $\dfrac{5}{11}$ et $\dfrac{3}{11}$;

$\dfrac{6}{13}$ et $\dfrac{5}{13}$; $\dfrac{2}{7}, \dfrac{3}{7}$ et $\dfrac{1}{7}$; $\dfrac{4}{9}, \dfrac{2}{9}$ et $\dfrac{5}{9}$;

$\dfrac{5}{12}, \dfrac{1}{12}, \dfrac{7}{12}$ et $\dfrac{11}{12}$; $\dfrac{16}{21}, \dfrac{8}{21}, \dfrac{4}{21}$ et $\dfrac{13}{21}$;

$\dfrac{25}{31}$ et $\dfrac{12}{31}$?

1886. Combien font $2+\dfrac{1}{3}$; $5+\dfrac{3}{7}$; $\dfrac{5}{12}+3+2$;

$4+\dfrac{2}{7}+\dfrac{5}{7}+9$; $15+\dfrac{2}{9}+7+\dfrac{5}{9}$; $7+\dfrac{4}{15}+3+12$?

1887. Réduire les fractions suivantes au même dénominateur en remarquant que l'un des dénominateurs est divisible par l'autre; additionner ensuite les deux fractions :

$\dfrac{1}{4}+\dfrac{5}{8}$; $\dfrac{3}{5}+\dfrac{7}{15}$; $\dfrac{5}{6}+\dfrac{1}{24}$; $\dfrac{7}{36}+\dfrac{2}{9}$; $\dfrac{1}{24}+\dfrac{3}{4}$.

1888. Ajouter les nombres fractionnaires suivants :

$6\dfrac{3}{5}$ et $2\dfrac{1}{5}$; $1\dfrac{1}{2}$ et $2\dfrac{1}{2}$; $3\dfrac{4}{7}$ et $12\dfrac{2}{7}$;

$7\dfrac{5}{9}$, $3\dfrac{2}{9}$ et $9\dfrac{1}{9}$; $3\dfrac{2}{11}$, $15\dfrac{7}{11}$ et $3\dfrac{2}{11}$.

1889. Additionner puis extraire les entiers : $\dfrac{13}{4}$ et $\dfrac{9}{4}$; $\dfrac{11}{3}$ et $\dfrac{8}{3}$;

$\dfrac{13}{6}$ et $\dfrac{11}{6}$; $\dfrac{9}{7}, \dfrac{11}{7}$ et $\dfrac{15}{7}$; $\dfrac{3}{11}, \dfrac{15}{11}$ et $\dfrac{8}{11}$.

1890. Combien de mètres d'étoffe font 13 mètres et $2^m\dfrac{3}{4}$?

1891. Un cultivateur a d'abord vendu les $\dfrac{2}{9}$ de sa récolte, puis les $\dfrac{6}{9}$; quelle fraction totale a-t-il vendue?

1892. Dans un coupon d'étoffe de 15 mètres, on a coupé d'abord 3 mètres, puis 8 mètres. Quelle fraction du coupon a-t-on retirée?

1893. Si on ajoute les $\frac{4}{9}$ d'un nombre à ses $\frac{3}{9}$, quelle fraction du nombre obtient-on?

1894. Après avoir retiré $2^m\frac{4}{7}$ d'un coupon d'étoffe, il en reste encore $9^m\frac{3}{7}$. Quelle était la longueur du coupon?

1895. Trois paquets pèsent : l'un $7^{kg}\frac{3}{10}$, le second $2^{kg}\frac{1}{10}$ et le troisième $4^{kg}\frac{7}{10}$. Combien pèsent-ils ensemble?

1896. Le reste d'une soustraction est $13\frac{2}{5}$ et le plus petit nombre est $8\frac{1}{5}$. Trouver le plus grand nombre.

1897. Un ouvrier a fait le 1er jour les $\frac{2}{9}$ de son travail et le jour suivant il en fait les $\frac{5}{18}$. Quelle fraction de son travail a-t-il faite dans ces 2 jours?

1898. Deux ménagères se partagent un pain de sucre; l'une en prend $4^{kg}\frac{3}{8}$ et l'autre a le reste ou $7^{kg}\frac{5}{8}$. Combien de kilogrammes pesait le pain de sucre?

1899. On verse d'abord $40^l\frac{1}{3}$ dans un tonneau, et on achève de le remplir avec $90^l\frac{1}{6}$. Quelle est, en litres, la contenance du tonneau?

1900. Un tailleur fait 4 coupons dans le $\frac{1}{5}$ d'une pièce de drap. Combien pourrait-il faire de coupons semblables dans la pièce entière?

EXERCICES ÉCRITS ET PROBLÈMES

1901. Faire la somme des fractions suivantes :

$$\frac{2}{7}+\frac{5}{11} \quad ; \quad \frac{4}{13}+\frac{7}{15} \quad ; \quad \frac{9}{25}+\frac{2}{21} \quad ; \quad \frac{17}{28}+\frac{19}{31};$$

$$\frac{5}{6}+\frac{3}{7}+\frac{1}{5} \quad ; \quad \frac{3}{11}+\frac{5}{7}+\frac{7}{8} \quad ; \quad \frac{17}{25}+\frac{13}{37}+\frac{8}{13} \quad ;$$

$$\frac{28}{31}+\frac{17}{29}+\frac{13}{24} \quad ;$$

$$\frac{1}{2} + \frac{1}{3} + \frac{1}{4} + \frac{1}{5} \ ; \ \frac{2}{3} + \frac{5}{7} + \frac{2}{5} + \frac{3}{8} \ ; \ \frac{5}{9} + \frac{2}{11} + \frac{7}{8} + \frac{6}{7} \ ;$$

$$\frac{7}{13} + \frac{3}{4} + \frac{8}{15} + \frac{2}{9}.$$

1902. Faire les additions suivantes et extraire les entiers, s'il y a lieu :

$$5\frac{3}{7} + 8\frac{1}{5} \ ; \quad 12\frac{4}{9} + 2\frac{5}{7} \ ; \quad 3\frac{1}{2} + 2\frac{3}{8} \ ; \quad 4\frac{13}{18} + \frac{15}{29} \ ;$$

$$5\frac{3}{4} + 6\frac{1}{3} + 9\frac{2}{5} \ ; \quad 11\frac{5}{8} + 26\frac{1}{5} + 30\frac{2}{3} \ ;$$

$$17\frac{8}{9} + 2\frac{3}{5} + 8\frac{13}{17} \ ; \quad 2\frac{7}{11} + 17\frac{2}{7} + 9\frac{4}{9}.$$

1903. Une personne achète 2 pièces de toile; l'une de ces pièces a $58^m\frac{2}{5}$ et l'autre a $64^m\frac{3}{4}$. Combien la personne a-t-elle de mètres de toile en tout?

1904. On retire d'un tonneau d'abord $67^l\frac{3}{4}$ de vin, puis $58^l\frac{1}{3}$; combien contenait-il de litres s'il en reste encore $97^l\frac{2}{5}$?

1905. Une fontaine verse $12^l\frac{1}{4}$ par minute; une autre en donne $15^l\frac{1}{3}$. Si on les fait couler ensemble, combien donneront-elles de litres par minute?

1906. Un ouvrier a fait le $\frac{1}{3}$ d'un ouvrage, un second ouvrier en a fait les $\frac{2}{5}$. Quelle fraction de l'ouvrage ont-ils faite en travaillant ensemble?

1907. Quelle fraction d'un nombre obtient-on en ajoutant les $\frac{4}{5}$ de ce nombre aux $\frac{2}{13}$ du même nombre?

1908. Un ouvrier a fait $7^m\frac{3}{4}$ d'ouvrage, puis $8^m\frac{2}{5}$. Combien a-t-il fait en tout?

1909. Un bassin est alimenté par 3 robinets qui le rempliraient, si chacun d'eux coulait seul, le premier en 10 heures, le second en 9 heures, le troisième en 12 heures. Quelle fraction du bassin ces 3 robinets, coulant ensemble, remplissent-ils en une heure?

1910. Sur une voiture on place 3 caisses pesant l'une $5^q\frac{3}{4}$, la seconde $4^q \frac{1}{6}$, et la troisième $7^q \frac{5}{8}$. Quelle est, en quintaux, la charge de cette voiture?

1911. Un fût de cognac contenait $15^l \frac{1}{4}$ et un autre contenait $2^l \frac{1}{2}$ de plus. On verse leur contenu dans un troisième fût qui se trouve ainsi rempli à moitié. Quelle est la contenance de ce troisième fût?

1912. Un touriste a parcouru $19^{km} \frac{1}{3}$ le 1er jour; le lendemain il a pu faire $2^{km} \frac{3}{4}$ de plus que la veille. Quel chemin a-t-il parcouru dans ces 2 jours?

1913. Une personne va dans un magasin de nouveautés où on lui offre de la soie qui vaut 36 francs les 5 mètres, puis une autre sorte qui coûte 45 francs les 6 mètres. Que doit-elle payer si elle prend un mètre de chaque sorte?

1914. Un ouvrier pourrait faire un travail en 8 jours, son fils pourrait faire le même travail en 10 jours. Quelle portion de travail feraient-ils en 2 jours s'ils travaillaient ensemble?

1915. Une fontaine remplirait un réservoir en 9 heures, une 2e le remplirait en 12 heures, une 3e en 14 heures et une 4e en 7 heures. Quelle fraction du réservoir pourra être remplie en une heure si on les fait couler en même temps?

1916. Un jardin rectangulaire a $28^m \frac{3}{4}$ de long et $17^m \frac{1}{3}$ de large. Quel est son pourtour?

1917. Un frère a reçu les $\frac{2}{7}$ d'un héritage; sa sœur en a reçu les $\frac{5}{8}$. Lequel des deux a eu la meilleure part? Quelle fraction de l'héritage ont-ils reçue ensemble?

1918. Un ouvrier fait 27 mètres d'ouvrage en 50 heures; un autre fait 32 mètres du même travail en 58 heures. Quel est celui qui travaille le plus vite? Quelle fraction de mètre font-ils ensemble par heure?

1919. On a rempli un tonneau en y versant d'abord 150 litres de vin d'une sorte, puis $47^l \frac{2}{5}$ de vin d'une autre sorte, et enfin $23^l \frac{3}{10}$ d'eau. Quelle est la contenance de ce tonneau?

1920. Deux robinets fournissent l'un 32 litres en 7 minutes, l'autre 27 litres en 5 minutes. Combien donnent-ils ensemble de litres par minute?

SOUSTRACTION DES FRACTIONS

382. — **Fractions de même dénominateur.** — Dans un panier il y a **25** *quarts* de pommes. J'en prends **13** *quarts*. Il en reste évidemment **25** — **13** ou **12** *quarts*. On peut donc écrire.

$$\frac{25}{4} - \frac{13}{4} = \frac{25 - 13}{4} = \frac{12}{4}.$$

383. — RÈGLE. — *La* **différence** *de deux fractions de même dénominateur a pour numérateur la différence des numérateurs et, pour dénominateur, le dénominateur commun.*

EXEMPLES. —

$$\frac{13}{5} - \frac{6}{5} = \frac{7}{5} = 1 + \frac{2}{5} \; ; \; \frac{6}{7} - \frac{2}{7} = \frac{4}{7}.$$

384. Fractions quelconques. — Supposons que nous voulions retrancher $\frac{3}{5}$ de $\frac{2}{3}$. Pour cela, réduisons les deux fractions au même dénominateur :

$$\frac{3}{5} = \frac{3 \cdot 3}{5 \cdot 3} = \frac{9}{15},$$
$$\frac{2}{3} = \frac{2 \cdot 5}{3 \cdot 5} = \frac{10}{15}.$$

On a donc :

$$\frac{2}{3} - \frac{3}{5} = \frac{10}{15} - \frac{9}{15} = \frac{1}{15}.$$

385. — *Pour faire la différence de deux fractions quelconques, on les réduit au même dénominateur et on est ramené au cas précédent.*

Exemples :

$$\frac{1}{2} - \frac{1}{3} = \frac{3}{6} - \frac{2}{6} = \frac{1}{6};$$

$$\frac{7}{5} - \frac{1}{2} = \frac{14}{10} - \frac{5}{10} = \frac{9}{10}.$$

386. — **Nombres fractionnaires**. — Une pièce de drap a $6^m \frac{1}{5}$ de longueur, on veut en retrancher $4^m \frac{1}{3}$. Que reste-t-il ? Or, $6^m \frac{1}{5}$ valent $\frac{31}{5}$ de mètres ; et $4^m \frac{1}{3}$ valent $\frac{13}{3}$ de *mètres*. Il faut donc retrancher $\frac{13}{3}$ de $\frac{31}{5}$, ce qui fait :

$$\frac{31}{5} - \frac{13}{3} = \frac{93}{15} - \frac{65}{15} = \frac{28}{15} = 1 + \frac{13}{15}.$$

Il reste donc : $1^m \frac{13}{15}$.

387. — *Pour faire la différence de deux nombres fractionnaires on les réduit tous deux en fractions et on fait la différence de ces deux fractions.*

Exemples :

$$\left(14\frac{1}{3}\right) - \left(6\frac{3}{4}\right) = \frac{43}{3} - \frac{27}{4} = \frac{172}{12} - \frac{81}{12}$$

$$= \frac{91}{12} = 7 + \frac{7}{12};$$

$$\left(25 + \frac{4}{7}\right) - \left(22 + \frac{1}{2}\right) = \frac{179}{7} - \frac{45}{2}$$

$$= \frac{358}{14} - \frac{315}{14} = \frac{43}{14} = 3 + \frac{1}{14}.$$

EXERCICES

SUR LA SOUSTRACTION DES FRACTIONS

EXERCICES ORAUX ET CALCUL MENTAL

1921. Effectuer oralement les soustractions suivantes :

1° $\dfrac{5}{9} - \dfrac{3}{9}$; $\dfrac{9}{11} - \dfrac{3}{11}$; $\dfrac{16}{23} - \dfrac{15}{23}$; $\dfrac{37}{47} - \dfrac{21}{47}$; $\dfrac{205}{319} - \dfrac{154}{319}$.

2° $1 - \dfrac{1}{3}$; $1 - \dfrac{3}{5}$; $2 - \dfrac{3}{4}$; $5 - \dfrac{2}{3}$; $8 - \dfrac{3}{19}$; $3 - \dfrac{5}{21}$.

3° $5\dfrac{6}{7} - 3$; $18\dfrac{4}{13} - 7$; $7\dfrac{8}{25} - 6$; $25\dfrac{9}{17} - 8$; $12\dfrac{1}{2} - 5\dfrac{1}{2}$.

4° $3 - 1\dfrac{1}{4}$; $7 - 2\dfrac{3}{4}$; $4 - 3\dfrac{2}{7}$; $25 - 21\dfrac{8}{9}$; $32 - 12\dfrac{4}{17}$.

5° $3\dfrac{5}{7} - 2\dfrac{3}{7}$; $6\dfrac{4}{9} - 5\dfrac{2}{9}$; $15\dfrac{9}{11} - 7\dfrac{8}{11}$; $8\dfrac{12}{13} - 2\dfrac{4}{13}$;

$$20\dfrac{7}{22} - 13\dfrac{5}{22}.$$

6° $\dfrac{11}{12} - \dfrac{3}{4}$; $\dfrac{8}{15} - \dfrac{1}{3}$; $\dfrac{17}{20} - \dfrac{4}{5}$; $\dfrac{21}{32} - \dfrac{3}{8}$; $\dfrac{9}{14} - \dfrac{2}{7}$.

1922. Un petit garçon a perdu les $\dfrac{5}{8}$ des billes qu'il possédait, quelle fraction de ce qu'il avait lui reste-t-il?

1923. J'ai appris les $\dfrac{2}{5}$ de ma fable; quelle partie en ai-je encore à étudier?

1924. Un employé veut économiser les $\dfrac{2}{15}$ de ce qu'il gagne; quelle fraction de son traitement pourra-t-il dépenser?

1925. Deux ouvriers travaillent ensemble; l'un a fait les $\dfrac{8}{21}$ du travail et l'autre le reste. Quelle partie du travail ce dernier a-t-il faite? Qu'a-t-il fait de plus que le premier?

1926. On verse $\dfrac{7}{20}$ de litre dans une bouteille de 1 litre. Quelle fraction de litre faut-il pour la remplir?

1927. Un ouvrier demande 15 jours pour achever un travail. Quelle fraction du travail doit-il faire par jour. Que lui restera-t-il à faire après le 1er jour, après le 2e, après le 5e?

1928. Un broc contient $7^l \frac{3}{8}$ d'eau. Combien faut-il y verser de litres pour achever de le remplir s'il a une capacité de 12 litres?

1929. Il manque $\frac{11}{20}$ de mètre à une pièce d'étoffe pour qu'elle ait 25 mètres. Quelle longueur a-t-elle?

1930. Deux objets pèsent ensemble $12^{kg} \frac{3}{4}$. Trouver le poids de l'un si l'autre pèse $7^{kg} \frac{1}{2}$?

1931. Paul a 8 ans $\frac{2}{3}$; son camarade Charles a 9 ans $\frac{5}{6}$. De combien l'âge de Charles surpasse-t-il celui de Paul? Dans combien d'années auront-ils chacun 21 ans?

1932. Quelle différence y a-t-il entre les $\frac{5}{6}$ d'un nombre et sa moitié?

1933. Je partage un gâteau en 8 parts égales et je donne 1 part à chacun de mes 3 enfants. Quelle part du gâteau reste-t-il?

1934. Quelle fraction faut-il ajouter à $\frac{3}{4}$ pour obtenir 3 unités? à $\frac{2}{7}$ pour avoir 2 unités?

1935. La somme de 2 nombres est 50 et l'un de ces nombres est $18 \frac{3}{7}$ quel est l'autre?

1936. Un train part à 6 heures $\frac{3}{4}$ du matin et arrive à 11 heures $\frac{1}{2}$ du matin. Combien d'heures a duré le trajet?

1937. Une caisse de marchandises pèse $34^{kg} \frac{3}{4}$; après plusieurs ventes, elle pèse $8^{kg} \frac{1}{2}$. Quel poids de marchandises a-t-on vendu?

EXERCICES ÉCRITS ET PROBLÈMES.

1938. Effectuer les soustractions suivantes :

1° $\frac{5}{7} - \frac{5}{9}$; $\frac{7}{18} - \frac{3}{11}$; $\frac{14}{15} - \frac{1}{4}$; $\frac{17}{23} - \frac{8}{21}$; $\frac{13}{20} - \frac{5}{13}$.

2° $5\frac{7}{15} - \frac{3}{7}$; $16\frac{1}{2} - \frac{8}{9}$; $2\frac{8}{11} - \frac{2}{15}$; $38\frac{2}{3} - \frac{1}{4}$; $7\frac{4}{35} - \frac{7}{42}$.

3° $3\frac{1}{3} - 2\frac{5}{7}$; $8\frac{3}{4} - 7\frac{2}{5}$; $15\frac{6}{25} - 3\frac{13}{21}$; $29\frac{2}{9} - 15\frac{13}{28}$;

$$100\frac{3}{5} - 99\frac{2}{7}.$$

1939. Soustraire et extraire ensuite les entiers ?

$$\frac{35}{4} - \frac{12}{3} \; ; \; \frac{19}{5} - \frac{15}{7} \; ; \; \frac{12}{5} - \frac{3}{2} \; ; \; \frac{39}{7} - \frac{19}{8} \; ; \; \frac{23}{6} - \frac{17}{5}.$$

1940. Une personne doit recevoir les $\frac{11}{15}$ d'une somme. Que lui doit-on encore si on ne lui verse que les $\frac{5}{7}$ de cette somme ?

1941. Quelle est la fraction à laquelle il manque $\frac{2}{7}$ pour égaler $\frac{7}{9}$?

1942. Un marchand devait me fournir 15 stères $\frac{1}{2}$ de bois. Il m'en apporte une première fois 9 stères $\frac{3}{5}$. Combien de stères doit-il encore me donner ?

1943. Une ménagère achète $18^{k}\frac{3}{4}$ de beurre et en cède $3^{k}\frac{2}{5}$ à une voisine. Combien a-t-elle encore de kilogrammes de beurre ?

1944. Dans un jardin de 28 ares $\frac{1}{3}$ on a élevé une construction qui a $\frac{11}{20}$ d'are de surface. Quelle est maintenant la superficie du jardin ?

1945. Le reste d'une soustraction est $8\frac{3}{7}$. Que devient ce reste si on augmente le petit nombre de $2\frac{2}{5}$?

1946. Un ouvrier qui travaille habituellement 8 heures $\frac{1}{2}$ par jour n'a pu faire que 6 heures $\frac{2}{3}$ de travail. Combien d'heures a-t-il perdues ?

1947. Le plus grand nombre d'une soustraction est $15\frac{2}{9}$ et le reste est $8\frac{5}{7}$. Trouver le plus petit nombre.

1948. Un piéton fait 404 mètres en 5 minutes; un autre fait 455 mètres en 7 minutes. Quel est celui qui marche le plus vite. Combien fait-il de plus que l'autre par minute ?

1949. Une caisse de savon pèse $48^{k}\frac{2}{5}$ quand elle est pleine et $5^{k}\frac{3}{4}$ quand elle est vide. Trouver le poids du savon ?

1950. Dans une pièce de drap qui mesurait $42^m \frac{2}{5}$ on coupe $3^m \frac{1}{4}$ d'étoffe pour faire un habit. Combien de mètres reste-t-il?

1951. En mélangeant une certaine quantité d'eau à $198^l \frac{1}{2}$ de vin on a rempli une barrique qui contient $221^l \frac{2}{5}$. Combien a-t-on ajouté d'eau?

1952. Une ménagère achète un rôti de veau pesant $3^{kg} \frac{1}{4}$ viande et os compris. Quel est le poids exact de la viande si le morceau a $\frac{7}{10}$ de kilogramme d'os?

1953. Un élève joue aux billes. A la première partie il perd les $\frac{3}{8}$ de ce qu'il avait; à la 2ᵉ, il perd encore les $\frac{2}{9}$ de ce qu'il avait. Quelle fraction de toutes ses billes possédait-il encore; 1° après la 1ʳᵉ partie, 2° après la 2ᵉ?

1954. D'un tonneau qui contenait $221^l \frac{1}{4}$ de vin on retire $112^l \frac{3}{5}$ et d'un autre tonneau qui contenait $225^l \frac{3}{10}$ on a retiré $115^l \frac{1}{2}$. Quel est celui des deux qui contient maintenant le plus de vin? De combien sa contenance surpasse-t-elle celle de l'autre?

1955. Un cycliste a parcouru pendant la 1ʳᵉ heure $38^{km} \frac{1}{4}$; pendant la 2ᵉ heure il a fait $3^{km} \frac{2}{5}$ de moins et ainsi de suite pendant les 4 heures qu'il a couru. Calculer le trajet fait pendant chacune de ces 4 heures.

EXERCICES ÉCRITS ET PROBLÈMES COMBINÉS SUR L'ADDITION
ET LA SOUSTRACTION DES FRACTIONS.

1956. Effectuer les soustractions suivantes :

$$\left(6 + 6 + \frac{4}{7}\right) - \left(3 + 7 + \frac{2}{3}\right)$$

$$\left(\frac{5}{9} + \frac{10}{11}\right) - \left(\frac{1}{5} + \frac{3}{13}\right) \; ; \; \left(5 + \frac{3}{7} + \frac{2}{9}\right) - \left(\frac{4}{15} + \frac{3}{4}\right) ;$$

$$\left(6\frac{5}{13} + 9\frac{4}{9}\right) - 13\frac{3}{7} \; ; \; \left(7\frac{3}{4} + \frac{25}{9}\right) - \left(\frac{37}{12} + \frac{12}{5}\right)$$

$$29\frac{4}{5} - \left(3\frac{5}{6} + 8\frac{3}{4} + 9\frac{2}{3}\right).$$

1957. On a tiré d'un tonneau le tiers de son contenu, puis le cinquième. Quelle fraction du contenu reste-t-il dans ce tonneau ?

1958. Un ouvrier a fait les $\frac{3}{7}$ puis les $\frac{2}{5}$ d'un ouvrage. Quelle fraction lui reste-il à faire ?

1859. Dans un flacon de $\frac{3}{4}$ de litre, on a versé $\frac{2}{3}$ de litre de vin et on l'a rempli avec de l'eau. Combien a-t-on mis d'eau ?

1960. Une personne a dans son porte-monnaie une certaine somme dont les $\frac{2}{3}$ sont en argent, les $\frac{2}{7}$ en or et le reste en bronze. Quelle fraction de la somme a-t-elle en monnaie ?

1961. D'un coupon de $15^m\frac{1}{2}$ de drap un tailleur enlève d'abord $2^m\frac{3}{4}$ pour faire un habit, puis $\frac{4}{5}$ de mètre pour faire un gilet et enfin $1^m\frac{3}{10}$ pour faire un pantalon. Combien a-t-il pris de mètres ? Quelle est maintenant la longueur du coupon ?

1962. Un élève fait le matin les $\frac{2}{3}$ de son devoir et l'après-midi les $\frac{2}{7}$. Quelle partie de son devoir a-t-il encore à faire ?

1963. Une personne dépense le quart de son gain pour sa nourriture, les $\frac{2}{9}$ pour son logement, le $\frac{1}{7}$ pour son habillement et les $\frac{3}{8}$ pour les autres dépenses. Quelle fraction de son gain peut-elle économiser ?

1964. Trois personnes se partagent une somme. La 1re en prend les $\frac{2}{7}$, la 2e les $\frac{3}{8}$. Quelle est la part de la troisième ?

1965. Pour m'acquitter d'une dette je dois faire 3 paiements. Je verse d'abord les $\frac{3}{9}$ de ma dette puis les $\frac{4}{15}$. A quelle fraction de ma dette se montera le dernier paiement ?

1966. Quatre enfants se partagent un sac de bonbons ; l'un prend le quart du sac, un autre le $\frac{1}{5}$, le 3e prend le $\frac{1}{3}$. Quelle part ont-ils ensemble ? Quelle fraction du sac aura le dernier ?

1967. Un enfant joue aux billes et perd dès la 1re partie les $\frac{3}{7}$ de ce qu'il avait ; à la 2e partie il gagne les $\frac{4}{9}$ de ce qu'il avait avant de jouer. Quelle portion de ses billes lui reste-t-il ?

1968. Trois ouvriers devaient creuser un fossé long de $62^m\frac{3}{4}$. Le 1er en a fait $19^m \dfrac{2}{3}$, le 2e a creusé $2^m \dfrac{6}{25}$ de plus que le 1er et le 3e le reste. Trouver : 1° ce que les 2 premiers ont fait ensemble, 2° la longueur du fossé creusée par le troisième ouvrier.

1969. Avant la distribution des prix Charles avait dans son porte-monnaie $17^{fr} \dfrac{3}{5}$ de plus que son frère Louis. Pour les récompenser de leur bon travail pendant l'année scolaire on donne 25 francs à Charles et $18^{fr} \dfrac{3}{4}$ à son frère. Combien Charles possède-t-il maintenant de plus que Louis?

1970. On verse dans un grand tonneau le contenu de 3 fûts. Le 1er contient $58^l \dfrac{3}{4}$, le 2e a $5^l \dfrac{7}{10}$ de moins que le 1er et le 3e contient $3^l \dfrac{2}{5}$ de plus que le second. Combien y a-t-il de litres dans le tonneau?

1971. Le réservoir d'un jardin contenait $32^{hl} \dfrac{5}{6}$ d'eau. Après avoir enlevé $12^{hl} \dfrac{3}{20}$ pour l'arrosage on ouvre un robinet qui verse dans le réservoir $17^{hl} \dfrac{11}{25}$. Combien contient-il maintenant d'hectolitres?

1972. Un oncle partage sa fortune de la manière suivante : chacun de ses 2 neveux doit recevoir les $\dfrac{6}{25}$ de sa fortune, une nièce reçoit les $\dfrac{9}{20}$ et le reste est donné aux pauvres. Quelle part de l'héritage auront ceux-ci?

1973. Quelle fraction d'un ouvrage reste-t-il à faire quand on en a déjà fait les $\dfrac{3}{7}$, les $\dfrac{2}{9}$ et le $\dfrac{1}{8}$?

1974. Sur $198^l \dfrac{7}{20}$ de vin j'ai mis $6^l \dfrac{3}{4}$ d'eau. Combien me reste-t-il de litres de mélange lorsque j'en ai consommé $50^l \dfrac{1}{2}$?

1975. Un ouvrier a travaillé d'abord $\dfrac{2}{3}$ de jour, puis $\dfrac{3}{4}$ de jour et enfin $\dfrac{5}{6}$ de jour à un ouvrage qui demande 3 jours complets de travail. Combien de jours devra-t-il travailler encore pour achever son ouvrage?

1976. Un voyageur veut parcourir $156^{km} \dfrac{1}{2}$ en 3 jours. Le 1er jour il fait $40^{km} \dfrac{1}{4}$ le 2e jour $3^{km} \dfrac{2}{5}$ de moins. Que doit-il parcourir le 3e jour?

1977. Un promeneur est parti le matin à $5^h \frac{1}{4}$ et est arrivé au but de son excursion à $10^h \frac{2}{3}$. Combien a-t-il marché d'heures s'il a fait une halte de $\frac{1}{2}$ heure ?

1978. Une maison a 3 étages ; le rez-de-chaussée a $4^m \frac{3}{10}$ de hauteur, le 1er étage a $3^m \frac{2}{5}$ et le 2e étage a $3^m \frac{1}{4}$. Quelle est la hauteur du 3e étage si la hauteur totale est $13^m \frac{7}{10}$?

1979. Deux robinets sont placés à la base d'un réservoir. L'un pourrait le vider en 12 heures et l'autre en 15 heures. En supposant qu'on ouvre les 2 robinets ensemble lorsque le réservoir est plein, quelle fraction de sa contenance restera-t-il au bout d'une heure ?

1980. Un moissonneur a commencé sa journée à $4^h \frac{1}{4}$ du matin et l'a terminée à $7^h \frac{2}{3}$ du soir. Combien a-t-il travaillé d'heures s'il s'est reposé $1^h \frac{5}{6}$ au milieu de la journée et si les repas lui ont pris $2^h \frac{3}{10}$?

MULTIPLICATION DES FRACTIONS

388. — Produit d'une fraction par un nombre entier. — Supposons que nous ayons partagé plusieurs gâteaux pareils chacun en

1 gâteau.    1 cinquième de gâteau.

5 parts égales, nous aurons ainsi des *cinquièmes* de gâteau.

Formons **4** tas de **3** *cinquièmes* de gâteau chacun.
Nous aurons *en tout* **4** fois **3** *cinquièmes*, et, par suite, **12** *cinquièmes*.

3 cinquièmes.   3 cinquièmes.   3 cinquièmes.   3 cinquièmes.

en tout 4 fois 3 cinquièmes ou 12 cinquièmes.

On peut donc dire que :

$$4 \text{ fois } \frac{3}{5} \text{ font } \frac{12}{5}$$

ou

$$\frac{3}{5} \times 4 = \frac{3 \times 4}{5} = \frac{12}{5}.$$

D'où la règle suivante :

389. — RÈGLE. — *Pour multiplier une fraction par un nombre entier, on multiplie le numérateur de la fraction par ce nombre entier.*

EXEMPLES.

$$\frac{13}{25} \times 6 = \frac{78}{25} \quad ; \quad \frac{25}{117} \times 4 = \frac{100}{117}.$$

Il peut arriver qu'on puisse *simplifier* le résultat. Ainsi :

$$\frac{13}{25} \times 5 = \frac{13 \times 5}{25} = \frac{13}{5},$$

car les deux termes de la fraction peuvent être divisés par **5**. De même :

$$\frac{5}{6} \times 2 = \frac{5 \times 2}{6} = \frac{5}{3}.$$

en divisant les deux termes de la fraction par **2**.

390. — **Produit de deux fractions.**

Multiplier $\dfrac{3}{4}$ *par* $\dfrac{5}{7}$ *c'est prendre les* $\dfrac{5}{7}$ *de* $\dfrac{3}{4}$.

Expliquons ceci.

Prenons une bande de papier, partageons-la en **4** parties égales et prenons **3** de ces parties. Nous obtenons les $\dfrac{3}{4}$ de la bande.

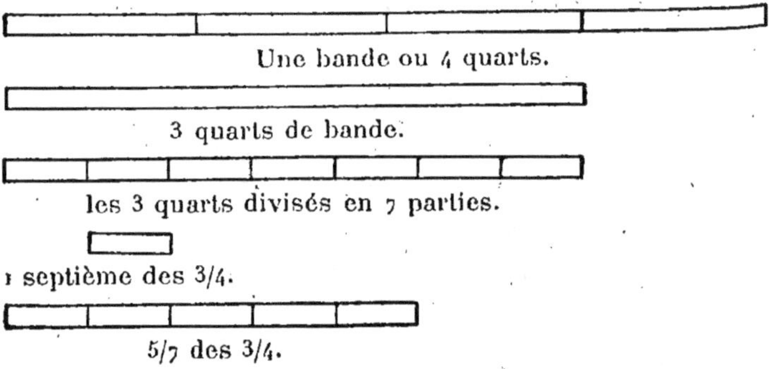

Pour prendre les $\dfrac{5}{7}$ de cette nouvelle bande, partageons-la en **7** parties égales; chacune de ces parties sera **1** septième des $\dfrac{3}{4}$ de bande et **5** de ces parties forment les $\dfrac{5}{7}$ des $\dfrac{3}{4}$ de la bande.

Ainsi, pour prendre les $\dfrac{5}{7}$ des $\dfrac{3}{4}$ c'est-à-dire pour *multiplier* $\dfrac{3}{4}$ par $\dfrac{5}{7}$ nous devons :

D'abord prendre le septième de $\dfrac{3}{4}$, c'est-à-dire *diviser* $\dfrac{3}{4}$ par **7**, ce qui donne $\dfrac{3}{4 \times 7}$ ou $\dfrac{3}{28}$.

Ensuite prendre **5** fois le résultat, c'est-à-dire multiplier $\dfrac{3}{28}$ par **5**, ce qui donne $\dfrac{3\times5}{28}$ ou $\dfrac{15}{28}$.

On a donc :

$$\frac{3}{4}\times\frac{5}{7}=\frac{15}{28}.$$

391. — RÈGLE. — *Le produit d'une fraction par une fraction est la fraction qui a pour numérateur le produit des numérateurs et pour dénominateur le produit des dénominateurs.*

EXEMPLES :

$$\frac{13}{25}\times\frac{7}{4}=\frac{91}{100};$$

$$\frac{4}{5}\times\frac{7}{8}=\frac{4\times7}{5\times8}=\frac{7}{5\times2}=\frac{7}{10};$$

$$\frac{7}{6}\times\frac{2}{5}=\frac{7\times2}{6\times5}=\frac{7}{3\times5}=\frac{7}{15}.$$

392. — PROBLÈME. — *Un bassin est rempli d'eau aux $\dfrac{2}{3}$.* On puise les $\dfrac{4}{5}$ *de l'eau qu'il contient. Combien d'eau a-t-on puisée ?*

On a puisé les $\dfrac{4}{5}$ des $\dfrac{2}{3}$ ou $\dfrac{2}{3}\times\dfrac{4}{5}=\dfrac{8}{15}$.

On a donc puisé les $\dfrac{8}{15}$ du bassin.

Combien reste-t-il d'eau dans le bassin ?
Il reste

$$\frac{2}{3}-\frac{8}{15}=\frac{10}{15}-\frac{8}{15}=\frac{2}{15}$$

Il reste donc les $\dfrac{2}{15}$ du bassin.

393. — RÈGLE. — *Pour multiplier un nombre entier par une fraction, on multiplie la fraction par le nombre entier.*

EXEMPLES :

$$4 \times \frac{2}{5} = \frac{2}{5} \times 4 = \frac{8}{5} \quad ; \quad 7 \times \frac{3}{4} = \frac{21}{4}.$$

EXERCICES

SUR LA MULTIPLICATION DES FRACTIONS

EXERCICES ORAUX ET CALCUL MENTAL.

1981. Effectuer les multiplications suivantes et extraire les entiers chaque fois qu'il y aura lieu :

1° $\frac{2}{3} \times 3$; $\frac{4}{5} \times 5$; $\frac{7}{12} \times 12$; $\frac{3}{4} \times 4$; $\frac{8}{21} \times 21$.

2° $\frac{1}{3} \times 6$; $\frac{3}{4} \times 7$; $\frac{2}{9} \times 4$; $\frac{5}{7} \times 3$; $\frac{5}{6} \times 5$.

3° $1\frac{2}{3} \times 2$; $2\frac{3}{5} \times 3$; $4\frac{1}{2} \times 5$; $1\frac{3}{4} \times 5$; $3\frac{2}{7} \times 2$.

1982. REMARQUE. — Au lieu de multiplier le numérateur par l'entier, on peut, quand cela est possible, diviser le dénominateur par l'entier : le résultat est le même.

EXEMPLE. Au lieu de dire $\frac{5}{6} \times 2 = \frac{10}{6} = \frac{5}{3}$ $\left.\right\}$

On dit $\frac{5}{6} \times 2 = \frac{5}{3}$ $\left.\right\} = 1\frac{2}{3}.$

Effectuer, par cette méthode, les multiplications suivantes :

$$\frac{3}{4} \times 2; \quad \frac{5}{12} \times 4; \quad \frac{9}{80} \times 20; \quad \frac{7}{20} \times 5; \quad \frac{11}{32} \times 8.$$

1983. Combien de litres dans 6 bouteilles de chacune $\frac{3}{4}$ de litre?

1984. Combien pèsent 9 paquets de chacun $\frac{5}{8}$ de kilogramme?

1985. Rendre 5 fois plus grande la fraction $\frac{5}{8}.$

1986. Rendre 2 fois plus grand le nombre $1\frac{3}{4}$.

1987. Une fontaine remplirait un bassin en 15 heures. Quelle fraction de ce bassin remplit-elle en 1 heure, en 2 heures, en 7 heures, en 9 heures ?

1988. Combien doit-on pour 4 mètres de toile qui valent 12 francs les 5 mètres ? 10 francs es 8 mètres ?

1989. Un ouvrier fait 2 mètres $\frac{1}{4}$ de travail par jour. Combien de mètres fait-il en 5 jours ?

1990. Une famille consomme 2 kilogrammes $\frac{1}{2}$ de pain par jour. Combien de kilogrammes de pain achète-t-elle par semaine? par mois de 30 jours ?

1991. Faire oralement les multiplications suivantes et extraire les entiers.

$1°$ $2 \times \frac{1}{2}$; $5 \times \frac{4}{5}$; $4 \times \frac{3}{4}$; $7 \times \frac{5}{7}$; $9 \times \frac{8}{9}$.

$2°$ $6 \times \frac{5}{7}$; $4 \times \frac{3}{5}$; $9 \times \frac{1}{2}$; $5 \times \frac{2}{9}$; $12 \times \frac{1}{4}$.

$3°$ $2 \times 1\frac{1}{2}$; $5 \times 2\frac{3}{4}$; $4 \times 4\frac{1}{3}$; $3 \times 2\frac{1}{5}$; $2 \times 3\frac{1}{7}$.

$4°$ $\frac{2}{3} \times \frac{1}{2}$; $\frac{4}{5} \times \frac{5}{7}$; $\frac{2}{9} \times \frac{3}{4}$; $\frac{7}{12} \times \frac{2}{3}$; $\frac{5}{6} \times \frac{4}{9}$.

1992. Trouver les $\frac{2}{3}$, les $\frac{3}{4}$, les $\frac{5}{6}$, les $\frac{7}{12}$ de 24 francs.

1993. Quels sont les $\frac{4}{5}$, les $\frac{5}{8}$, les $\frac{3}{20}$ de 40 ?

1994. Combien de minutes dans les $\frac{5}{12}$, les $\frac{3}{10}$, les $\frac{2}{3}$, les $\frac{7}{20}$ de 60 minutes ?

1995. Combien d'heures dans le $\frac{1}{3}$, les $\frac{3}{4}$, les $\frac{5}{12}$ d'un jour ?

1996. Prendre les $\frac{3}{4}$, les $\frac{2}{5}$, les $\frac{6}{25}$ de 100 francs.

1997. Combien de centilitres peut-on verser dans une bouteille qui contient les $\frac{4}{5}$ d'un litre? les $\frac{7}{10}$, les $\frac{17}{20}$, les $\frac{3}{4}$?

1998. J'achète les $\frac{5}{8}$ d'un terrain qui vaut en tout 8000 francs. Que dois-je payer ?

1999. Quel est le prix de $\frac{7}{10}$ de mètre d'étoffe à 12 francs le mètre?

2000. Je paye une somme de 120 francs en versant les $\frac{3}{4}$ en or et le reste en argent. Quelle valeur ai-je donnée en monnaie de chaque sorte?

2001. Un enfant avait vingt sous. Il en dépense les $\frac{2}{5}$ pour acheter des gâteaux. Combien a-t-il dépensé? Que lui reste-t-il?

2002. Une fontaine verse $\frac{3}{4}$ d'hectolitre par heure. Combien donne-t-elle d'hectolitres en $3^h\frac{1}{2}$?

2003. Un train fait 60 kilomètres à l'heure. Quel parcours fait-il en $\frac{1}{4}$ d'heure? en $\frac{3}{4}$ d'heure? en $\frac{2}{3}$ d'heure?

2004. Quand un kilogramme de café coûte 6 francs, que payera-t-on pour $\frac{1}{2}$ kilogramme, pour $\frac{1}{4}$ de kilogramme, pour $\frac{1}{8}$ de kilogramme; pour $\frac{4}{5}$, pour $\frac{3}{4}$ de kilogramme?

2005. Combien coûtent $3^m\frac{1}{2}$ d'étoffe à 5 francs le mètre?

2006. Deux élèves se partagent une boîte de 20 plumes. L'un en prend les $\frac{3}{5}$ et l'autre le reste. Combien de plumes a chacun d'eux?

2007. Un joueur a perdu d'abord les $\frac{3}{4}$ de ce qu'il avait, puis la moitié du reste. Quelle fraction de ce qu'il possédait avant de jouer a-t-il encore?

2008. Que valent les $\frac{3}{4}$ des $\frac{5}{8}$ d'un nombre?

2009. Une personne a perdu les $\frac{2}{3}$ de sa fortune, qui s'élevait à 12 000 francs. Combien possède-t-elle encore?

2010. On avait promis 80 francs à un ouvrier pour faire un travail. Combien lui doit-on s'il n'a pu faire que les $\frac{7}{8}$ de sa besogne?

2011. Un père a 42 ans; l'âge de son fils aîné est les $\frac{2}{7}$ du sien et celui de son plus jeune fils en est le $\frac{1}{6}$. Trouver l'âge des deux frères.

2012. A poids égal, on sait que l'or vaut 15 fois $\frac{1}{2}$ plus que l'argent.

Quelle est la valeur d'une somme en or qui pèse autant que 100 francs en argent?

2013. Un robinet pourrait remplir un bassin en 5 heures. Quelle fraction du bassin peut-il remplir en 1 heure? en $\frac{3}{4}$ d'heure? en $1^h\frac{1}{2}$?

2014. Quand la viande coûte 2 francs le kilogramme, combien paye-t-on pour un morceau qui pèse $3^{kg}\frac{4}{5}$?

EXERCICES ÉCRITS ET PROBLÈMES.

2015. Faire les multiplications suivantes, extraire les entiers et simplifier s'il y a lieu :

1° $\frac{4}{19}\times 7$; $\frac{5}{13}\times 4$; $\frac{11}{12}\times 9$; $\frac{19}{20}\times 5$; $\frac{4}{21}\times 8$.

2° $7\frac{5}{8}\times 12$; $12\frac{1}{4}\times 10$; $9\frac{8}{17}\times 25$; $4\frac{7}{25}\times 5$;

$$13\frac{7}{12}\times 21 .$$

2016. Que valent 25 mètres de toile à 6 francs les 7 mètres?

2017. Combien de litres peut fournir, dans une heure, une fontaine qui donne 12 litres $\frac{5}{8}$ par minute?

2018. Calculer le prix de 1000 bottes de foin à 40 francs les 104 bottes?

2019. Un entrepreneur a employé 25 ouvriers pendant $\frac{7}{8}$ de jour. Quel temps leur doit-il?

2020. Effectuer les multiplications suivantes, extraire les entiers et simplifier la fraction obtenue s'il y a lieu :

1° $5\times\frac{7}{9}$; $8\times\frac{15}{17}$; $45\times\frac{3}{7}$; $9\times\frac{14}{15}$; $17\times\frac{5}{12}$.

2° $8\times 3\frac{5}{7}$; $13\times 2\frac{8}{9}$; $7\times 8\frac{3}{4}$; $41\times 15\frac{2}{3}$;

$$52\times 17\frac{5}{12} .$$

3° $\frac{3}{7}\times\frac{5}{9}$; $\frac{3}{19}\times\frac{7}{12}$; $\frac{6}{23}\times\frac{5}{8}$; $\frac{11}{14}\times\frac{9}{13}$; $\frac{12}{17}\times\frac{5}{21}$.

4° $5\frac{1}{2}\times 7\frac{3}{4}$; $9\frac{5}{12}\times 3\frac{7}{24}$; $8\frac{2}{3}\times 12\frac{3}{4}$;

$$15\frac{1}{7}\times 20\frac{2}{5} ; 21\frac{4}{11}\times 45\frac{7}{9}$$

2021. Quel est le prix des $\frac{3}{4}$ d'une pièce de drap qui a coûté 72 francs?

2022. Une heure contient 60 minutes; combien y a-t-il de minutes dans $2^h \frac{3}{4}$?

2023. Un ouvrier payé à raison de **8** francs par jour a travaillé $5^j \frac{3}{4}$. Que lui doit-on?

2024. On a pris les $\frac{5}{6}$ du contenu d'un sac de blé qui en renfermait $8^{dal} \frac{3}{4}$. Combien en reste-t-il?

2025. On a bu les $\frac{2}{5}$ du contenu d'un flacon de $\frac{3}{4}$ de litres de capacité. Quelle quantité de liquide reste-t-il?

2026. Un litre de lait donne 125 grammes de crème, et la crème donne les $\frac{4}{10}$ de son poids de beurre. Quel poids de beurre donnent 20 litres de lait?

2027. Un piéton fait $5^{km} \frac{3}{4}$ en une heure. Quel chemin peut-il parcourir en $3^h \frac{2}{3}$?

2028. Un ouvrier a fait $1^m \frac{3}{8}$ de travail dans une heure. Combien pourrait-il faire de mètres en 3 jours de $8^h \frac{1}{2}$?

2029. J'ai récolté $5^{hl} \frac{2}{5}$ de pommes de terre. Combien dois-je fournir d'hectolitres à un acquéreur qui m'en demande les $\frac{3}{4}$?

2030. J'ai dépensé les $\frac{7}{8}$ de ce que je possède et il me reste 15 francs. Combien avais-je? Combien ai-je dépensé?

2031. Un ouvrier est payé $0^{fr},45$ de l'heure. Que lui doit-on pour $6^j \frac{1}{4}$ de travail de chacun $7^h \frac{1}{2}$?

2032. On a vendu un terrain pour 2 600 francs. Quelle est la valeur d'un terrain contigu de même qualité dont l'étendue est les $\frac{7}{13}$ de l'autre?

2033. Un robinet remplirait un bassin en 12 heures. Quelle fraction de bassin pourrait-il remplir en $4^h \frac{3}{4}$?

2034. Combien font les $\frac{2}{3}$ des $\frac{3}{4}$ de 60?

2035. D'une barrique qui contenait 225 litres de vin on a retiré les $\frac{4}{5}$ de son contenu. Combien de litres a-t-on retirés? Combien en contient-elle encore?

2036. Après avoir rempli les $\frac{7}{8}$ d'un tonneau avec du vin, il s'en faut encore de 30 litres pour qu'il soit plein tout à fait. Quelle est la capacité de ce tonneau?

2037. On distribue à des élèves une boîte de 144 plumes; 10 d'entre eux se partagent en parties égales les $\frac{5}{9}$ de la boîte et 8 autres se partagent le reste de la même façon. Combien chacun des élèves a-t-il reçu de plumes?

2038. Combien doit-on revendre une marchandise qui a coûté 500 francs, si on veut gagner les $\frac{3}{20}$ du prix d'achat?

2039. Trois personnes se partagent une somme. La 1re reçoit 150 francs, la 2e a une part égale aux $\frac{5}{6}$ de la part de la 1re, et la 3e a les $\frac{4}{5}$ de la part de la 2e. Combien ont reçu la 2e et la 3e personne? Quelle est la somme partagée?

2040. Il a fallu 17^{h} $\frac{2}{3}$ à un paysan pour labourer un champ. Combien mettrait-il d'heures pour labourer un autre champ dont la superficie est les $\frac{9}{16}$ du premier?

2041. Une locomotive parcourt 1^{km} $\frac{1}{6}$ par minute. Combien fait-elle en 15 minutes $\frac{2}{3}$?

2042. Un hectolitre de blé pèse environ 75 kilogrammes. Sachant que le blé donne les $\frac{13}{15}$ de son poids en farine et que la farine donne les $\frac{7}{5}$ de son poids en pain, trouver combien on peut faire de kilogrammes de pain avec chaque hectolitre de blé.

2043. Sur les 80 candidats qui se sont présentés à un examen, les $\frac{3}{5}$ ont été d'abord admissibles pour l'oral, et les $\frac{5}{12}$ de ceux-ci seulement ont été admis définitivement. Combien de candidats ont été reçus?

2044. J'achète 2 coupons d'étoffe, l'un de 18^{m} $\frac{3}{4}$ à 2^{fr},75 le mètre et l'autre de $19^m\frac{2}{5}$ à $1^{fr},95$ le mètre Combien ai-je payé chacun des coupons ?

2045. Un commerçant achète $34^m\frac{7}{10}$ d'étoffe à $3^{fr},15$ le mètre et la revend avec un bénéfice égal aux $\frac{3}{25}$ du prix d'achat. Trouver 1° le prix d'achat de l'étoffe, 2° le bénéfice, 3° le prix de vente.

2046. Combien de minutes dans les $\frac{5}{9}$ d'un jour ?

2047. Calculer la superficie d'un champ qui a $215^m\frac{4}{5}$ de long et $192^m\frac{3}{4}$ de large.

DIVISION DES FRACTIONS

394. — Définition générale. — Diviser exactement un nombre appelé **dividende** par un autre appelé **diviseur,** *c'est trouver un troisième nombre appelé* **quotient,** *dont le produit par le diviseur soit égal au dividende.*

Ainsi : **5** est le *quotient* de **15** par **3**, car $5\times3=15$. **8** est le *quotient* de **32** par **4**, parce que $8\times4=32$. **25** est le quotient de **75** par **3**, parce que $25\times3=75$.

On a donc :

DIVIDENDE	DIVISEUR	QUOTIENT	PRODUIT DU QUOTIENT PAR LE DIVISEUR
15	3	5	15
32	4	8	32
75	3	25	75

395. — Application. — Multiplions la fraction $\frac{5}{7}$ par **7**. Le produit est $\dfrac{5\times7}{7}$.

Or, comme **7** septièmes font **1** *entier*, 5×7 *septièmes* font **5** *entiers.*

On a donc : $\dfrac{5}{7} \times 7 = 5.$

D'où le résultat important :

Le produit d'une fraction par son dénominateur est égal à son numérateur.

EXEMPLES.

$$\dfrac{4}{3} \times 3 = 4, \qquad \dfrac{7}{25} \times 25 = 7.$$

396. — **Conséquence importante.** — *Une fraction est le quotient exact de son numérateur par son dénominateur.*

Car, le produit de la fraction par son dénominateur est égal à son numérateur.

Ainsi :

$$\dfrac{5}{7} \times 7 = 5,$$

donc **5** étant le *dividende*, **7** le *diviseur*, $\dfrac{5}{7}$ est le *quotient*.

En d'autres termes :

Division exacte $\begin{cases} dividende = numérateur. \\ diviseur = dénominateur. \\ quotient = fraction. \end{cases}$

EXEMPLES. — Le *quotient exact* de **2** par **3** est $\dfrac{2}{3}$; le *quotient exact* de **7** par **5** est $\dfrac{7}{5}.$

397. — **Quotient d'une fraction par un nombre entier.** — Soit à diviser $\dfrac{5}{7}$ par **3**. C'est trouver une fraction qui, multipliée par **3**, donne pour produit $\dfrac{5}{7}.$

Cette fraction est $\dfrac{5}{7\times3}$, obtenue en multipliant le dénominateur par 3; car en la multipliant par le diviseur 3, on obtient :

$$\dfrac{5}{7\times3}\times3=\dfrac{5\times3}{7\times3}=\dfrac{5}{7},$$

en simplifiant.

398. — RÈGLE. — *Pour diviser une fraction par un nombre entier, on multiplie le dénominateur par ce nombre entier.*

EXEMPLES :

$$\dfrac{4}{5}:7=\dfrac{4}{35} \quad ; \quad \dfrac{6}{7}:2=\dfrac{6}{14}=\dfrac{3}{7};$$

$$\dfrac{10}{13}:5=\dfrac{10}{65}=\dfrac{2}{13}.$$

399. — Quotient d'un nombre par une fraction. — Soit à diviser $\dfrac{4}{5}$ par $\dfrac{3}{7}$. C'est trouver une troisième fraction qui, multipliée par $\dfrac{3}{7}$, donne pour produit $\dfrac{4}{5}$. Cette fraction est :

$$\dfrac{4\times7}{5\times3}=\dfrac{28}{15}$$

obtenue en multipliant le dividende $\dfrac{4}{5}$ par le diviseur *renversé* $\dfrac{7}{3}$. Car, on a :

$$\dfrac{28}{15}\times\dfrac{3}{7}=\dfrac{4\times7}{5\times3}\times\dfrac{3}{7}=\dfrac{4\times7\times3}{5\times3\times7}.$$

On peut diviser les deux termes par 7×3 et on a bien comme produit $\dfrac{4}{5}$.

400. — RÈGLE. — *Pour diviser un nombre par une fraction, on multiplie ce nombre par la fraction diviseur renversée.*

EXEMPLES :

$$\frac{3}{25} : \frac{13}{4} = \frac{3}{25} \times \frac{4}{13} = \frac{12}{325} \quad ; \quad \frac{6}{7} : \frac{3}{5} = \frac{6}{7} \times \frac{5}{3} = \frac{10}{7} ;$$

$$4 : \frac{5}{2} = 4 \times \frac{2}{5} = \frac{8}{5} \quad ; \quad 16 : \frac{4}{3} = 16 \times \frac{3}{4} = 12.$$

401. — Nombres fractionnaires. — *Pour multiplier ou diviser des nombres fractionnaires, on les convertit en fractions.*

EXEMPLES :

$$\left(4 + \frac{1}{3}\right) \times \left(5 + \frac{3}{4}\right) = \frac{13}{3} \times \frac{23}{4} = \frac{299}{12} = 24 + \frac{11}{12} ;$$

$$\left(2 + \frac{1}{4}\right) : \left(3 + \frac{2}{7}\right) = \frac{9}{4} : \frac{23}{7} = \frac{63}{92}.$$

EXERCICES

SUR LA DIVISION DES FRACTIONS.

EXERCICES ORAUX ET CALCUL MENTAL.

2048. Effectuer oralement les divisions suivantes :

$$1° \quad \frac{5}{8} : 3 ; \quad \frac{4}{7} : 5 ; \quad \frac{3}{4} : 6 ; \quad \frac{5}{9} : 4 ; \quad \frac{6}{11} : 7.$$

$$2° \quad 3\frac{1}{4} : 4 ; \quad 1\frac{2}{7} : 3 ; \quad 2\frac{2}{3} : 2 ; \quad 4\frac{2}{5} : 6 ; \quad 5\frac{2}{7} : 9.$$

2049. REMARQUE. — Au lieu de multiplier le dénominateur par l'entier on peut, quand cela est possible, diviser le numérateur par l'entier.

$$\text{Ainsi} \quad \frac{6}{7} : 3 = \frac{6}{21} = \frac{2}{7}.$$

Mais on peut dire $\frac{6}{7} : 3 = \frac{2}{7}$ puisque $\frac{2}{7}$ est exactement 3 fois plus petit que $\frac{6}{7}$.

Employer ce moyen pour les divisions suivantes :

$$\frac{4}{9} : 2 ; \qquad \frac{8}{11} : 4 ; \qquad \frac{9}{16} : 3 ; \qquad \frac{21}{25} : 7 ; \qquad \frac{15}{17} : 5.$$

2050. Cinq ouvriers ont fait ensemble les $\frac{5}{8}$ d'un travail. Combien chaque ouvrier a-t-il fait ?

2051. Trois personnes se partagent les $\frac{4}{5}$ d'une somme. Quelle part de la somme chaque personne reçoit-elle ?

2052. Un piéton a fait $\frac{7}{12}$ de kilomètre en 6 minutes. Quel trajet a-t-il fait par minute ?

2053. Les $\frac{4}{5}$ d'un bassin peuvent être remplis par un robinet en 8 heures. Quelle fraction du bassin est remplie en une heure ?

2054. Un ouvrier a fait 2 mètres $\frac{2}{5}$ de travail en 4 heures. Combien de mètres fait-il par heure ?

2055. Rendre 5 fois plus petites les fractions $\frac{2}{3}$, $\frac{3}{5}$, $\frac{10}{7}$.

2056. Effectuer oralement les divisions suivantes :

$1°$ $\dfrac{1}{2} : \dfrac{1}{4} ; \qquad \dfrac{2}{3} : \dfrac{3}{4} ; \qquad \dfrac{4}{7} : \dfrac{2}{5} ; \qquad \dfrac{5}{9} : \dfrac{3}{7} ; \qquad \dfrac{7}{8} : \dfrac{1}{2}.$

$2°$ $5 : \dfrac{1}{3} ; \qquad 7 : \dfrac{1}{4} ; \qquad 1 : \dfrac{2}{3} ; \qquad 2 : \dfrac{3}{4} ; \qquad 4 : \dfrac{3}{5}.$

$3°$ $2 : 1\dfrac{1}{2} ; \qquad 3 : 2\dfrac{1}{4} ; \qquad 1 : 3\dfrac{1}{3} ; \qquad 5 : 3\dfrac{2}{5} ; \qquad 4 : 2\dfrac{1}{2}.$

2057. Une couturière partage un coupon de 12 mètres d'étoffe en morceaux égaux mesurant chacun $\frac{3}{4}$ de mètre. Combien en aura-t-elle ?

2058. En $\frac{5}{6}$ d'heure un train a fait 50 kilomètres. Combien a-t-il parcouru dans $\frac{1}{6}$ d'heure ? dans $\frac{2}{6}$? dans $\frac{4}{6}$? dans une heure entière ?

2059. Les $\frac{3}{4}$ d'un litre de liqueur ont coûté 6 francs. Quel est le prix de $\frac{1}{4}$ de litre ? d'un litre entier ? de $2^{\text{lit}}\frac{1}{2}$?

2060. — Une fontaine a mis 4 heures pour remplir les $\frac{5}{8}$ d'un bassin. Combien mettrait-elle de temps pour le remplir en entier ?

2061. J'ai donné 3 francs à un ouvrier qui n'a pu faire que les $\frac{4}{5}$ de sa journée. Combien lui aurais-je donné s'il avait pu faire la journée entière ?

2062. Les $\frac{3}{4}$ d'une somme valent 9 francs. Quelle est cette somme ?

2063. Un élève a gagné 10 bons points, et cette récompense n'est que les $\frac{2}{3}$ de celle qu'a méritée son camarade. Combien celui-ci a-t-il eu de bons points ?

2064. Quel est le nombre qui, augmenté de son quart vaut 15 ?

2065. Un cultivateur a vendu un bœuf pour 600 francs et dit qu'il gagne ainsi le $\frac{1}{5}$ du prix d'achat. Combien l'avait-il payé ?

2066. Lorsqu'un mètre de ruban vaut $\frac{3}{5}$ de franc, combien aura-t-on de mètres pour 6 francs ?

2067. Un litre de vin est vendu $\frac{3}{4}$ de franc. Combien a-t-on eu de litres si on a payé 15 francs ?

2068. En $\frac{2}{3}$ d'heure j'ai fait les $\frac{4}{5}$ de mon devoir. Combien de temps me faut-il pour le faire en entier ?

2069. Pour faire les $\frac{3}{4}$ d'un travail on a mis $\frac{5}{6}$ d'heure. Quelle fraction de travail peut-on faire en une heure ?

2070. Le produit de deux nombres est 12 et l'un de ces nombres est $2\frac{2}{5}$. Quel est l'autre ?

2071. Un piéton fait 4 lieues en 3 heures. Combien mettrait-il de temps à faire 6 lieues ?

EXERCICES ÉCRITS ET PROBLÈMES.

2072. Effectuer les divisions suivantes :

1° $\frac{4}{7} : 5;$ $\frac{13}{15} : 3;$ $\frac{7}{21} : 9;$ $\frac{8}{11} : 7;$ $\frac{9}{17} : 4.$

2° $13\frac{1}{4} : 2;$ $29\frac{2}{3} : 7;$ $8\frac{5}{11} : 3;$ $19\frac{4}{5} : 5;$ $32\frac{8}{15} : 9.$

2073. Rendre 12 fois plus petites les fractions suivantes :

$$\frac{48}{51}, \quad \frac{7}{30}, \quad \frac{24}{7}, \quad 3\frac{2}{7}.$$

2074. Une personne lègue les $\frac{6}{9}$ de sa fortune à ses 4 neveux et le reste doit être partagé également entre 50 familles pauvres. Quelle sera la part de chaque neveu ? de chaque famille ?

2075. Une couturière a pu faire 6 chemises avec 20 mètres $\frac{2}{5}$ de toile. Quelle longueur a-t-elle employée par chemise ?

2076. En 9 heures, 8 ouvriers ont fait 28 mètres $\frac{4}{5}$ de travail. Combien chaque ouvrier a-t-il fait par heure ?

2077. Un tas de bois de 8 stères pèse 43 quintaux $\frac{1}{5}$. Quel est le poids d'un stère ?

2078. Diviser la fraction $\frac{124}{25}$ par 4 en employant les 2 manières ?

2079. Effectuer les divisions suivantes :

1° $\quad 7 : \frac{3}{11}$; $\quad 18 : \frac{5}{9}$; $\quad 27 : \frac{4}{5}$; $\quad 32 : \frac{5}{8}$; $\quad 45 : \frac{2}{3}$.

2° $\quad 18 : 2\frac{5}{9}$; $\quad 29 : 4\frac{3}{4}$; $\quad 54 : 8\frac{2}{3}$; $\quad 63 : 12\frac{7}{9}$;

$$98 : 10\frac{4}{7}.$$

3° $\quad \frac{3}{9} : \frac{5}{7}$; $\quad \frac{4}{15} : \frac{2}{9}$; $\quad \frac{13}{8} : \frac{5}{7}$; $\quad \frac{8}{23} : \frac{3}{15}$; $\quad \frac{35}{7} : \frac{3}{5}$.

4° $\quad 3\frac{2}{9} : 1\frac{3}{4}$; $\quad 6\frac{5}{12} : 3\frac{2}{3}$; $\quad 25\frac{1}{4} : 12\frac{5}{7}$; $\quad 9\frac{3}{16} : 5\frac{8}{9}$;

$$42\frac{1}{3} : 9\frac{4}{15}.$$

5° $\quad 16\frac{1}{2} : \frac{3}{4}$; $\quad 12\frac{5}{7} : \frac{3}{8}$; $\quad 7\frac{7}{9} : \frac{2}{3}$; $\quad 9\frac{3}{4} : \frac{8}{11}$; $\quad 25\frac{7}{16} : \frac{5}{8}$.

6° $\quad \frac{5}{8} : 2\frac{1}{2}$; $\quad \frac{12}{7} : 3\frac{7}{8}$; $\quad \frac{25}{4} : 4\frac{2}{3}$; $\quad \frac{32}{56} : 3\frac{2}{7}$; $\quad \frac{12}{25} : 1\frac{1}{2}$.

2080. Une ménagère achète $5^m\frac{1}{2}$ d'étoffe qu'elle paie $26^{fr}\frac{3}{4}$. A combien lui revient le mètre ? Le lendemain elle remarque qu'il lui manque $\frac{4}{5}$ de mètre. Combien devra-t-elle payer pour ce supplément ?

2081. En $3^h\frac{2}{3}$, j'ai parcouru $19^{km}\frac{1}{2}$. Quel trajet ai-je fait en une heure ?

2082. Combien faut-il de bouteilles de $\frac{3}{4}$ de litre pour vider le contenu d'un tonneau de 228 litres ?

2083. Quel est le nombre dont les $\frac{7}{5}$ font 42?

2084. Un ouvrier a pu faire $\frac{1}{12}$ de son ouvrage en une heure. Quel temps emploiera-t-il pour en faire les $\frac{3}{4}$?

2085. Les $\frac{5}{8}$ d'un nombre valent ce nombre diminué de 321. Quel est ce nombre?

2086. Un négociant gagne $\frac{1}{4}$ du prix d'achat en vendant une marchandise 228 francs. Combien l'a-t-il achetée?

2087. Il a fallu $2^{\text{lit}}\frac{4}{5}$ de seigle pour ensemencer 56 ares de terrain. Combien faut-il de litres de seigle par mètre carré?

2088. Une vis avance de $\frac{3}{4}$ de millimètre par tour. Combien faut-il lui faire faire de tours pour qu'elle avance de $13^{mm}\frac{1}{2}$?

2089. En $\frac{3}{4}$ d'heure on a fait $\frac{2}{5}$ de mètre d'ouvrage. Combien fait-on de mètres en une heure? Combien de temps met-on pour faire un mètre d'ouvrage?

2090. Une fontaine a rempli les $\frac{2}{15}$ d'un bassin en 1 heure. Combien mettra-t-elle d'heures pour le remplir entièrement?

2091. J'ai mis $2^{\text{h}}\frac{5}{6}$ pour faire les $\frac{3}{7}$ d'un travail. Combien de temps m'est-il nécessaire pour le faire en entier?

2092. Un ouvrier peut faire un travail en 7 heures; son compagnon peut le faire en 8 heures. Si on les met à travailler ensemble, au bout de combien de temps le travail pourra-t-il être achevé?

2093. Quand on a versé $450^{\text{l}}\frac{2}{3}$ dans un tonneau, il n'est rempli qu'aux $\frac{3}{5}$. Combien de litres contient : 1° $\frac{1}{5}$ du tonneau? 2° le tonneau entier?

2094. La largeur d'un jardin qui mesure 28 mètres de long n'est que les $\frac{4}{7}$ de sa longueur. Trouver la surface de ce jardin.

2095. Combien faut-il de bouteilles contenant $\frac{4}{5}$ de litre pour contenir le vin contenu dans une pièce de 220 litres?

2096. Les roues d'une voiture ont $2^m \frac{7}{8}$ de circonférence; combien feront-elles de tours sur un trajet de $718^m \frac{3}{4}$?

2097. Un vase vide pèse 4 kilogrammes; rempli aux $\frac{3}{5}$ avec de l'eau pure il pèse 76 kilogrammes. Quelle est sa contenance?

2098. Quand un mètre de ruban vaut $\frac{7}{10}$ de franc, combien de mètres aura-t-on pour $29^{fr} \frac{3}{4}$?

2099. Un litre d'huile pèse $\frac{9}{10}$ de kilogramme. Quelle est la capacité d'un tonneau qui pèse vide $12^{kr} \frac{1}{2}$ et plein d'huile 125 kilogrammes?

2100. Le dividende d'une division est $972 \frac{1}{8}$ et le quotient exact est $38 \frac{1}{2}$. Quel est le diviseur?

2101. En $1^h \frac{2}{3}$ on a fait le $\frac{1}{4}$ d'un travail. Quelle fraction de ce travail fait-on par heure?

2102. Une source donne $15^l \frac{2}{3}$ d'eau minérale par minute. Combien mettra-t-elle de temps à remplir un bassin de $70^{hl} \frac{1}{2}$?

2103. On a un lingot d'argent pur qui pèse 54 hectogrammes avec lequel on veut faire des pièces de 5 francs qui renferment les $\frac{9}{10}$ de métal fin. Quel sera le poids de l'alliage nécessaire? Combien pourra-t-on faire de pièces?

CONVERSION DES FRACTIONS ORDINAIRES
EN FRACTIONS DÉCIMALES

402. — Conversion. — Nous avons vu que :

Une fraction est le quotient du numérateur par le dénominateur.

Donc, par exemple, $\frac{4}{5}$ est le *quotient* de **4** par **5**.

Effectuons la division :

$$\begin{array}{c|c} 40 & 5 \\ 0 & 0{,}8 \end{array}$$

le quotient est **0,8**.

On peut donc écrire

$$\frac{4}{5} = 0{,}8.$$

403. — RÈGLE. — *On convertit une fraction ordinaire en fraction décimale, en divisant le numérateur par le dénominateur.*

Il peut arriver deux cas :

1° *La division se fait exactement*, dans ce cas on dit que la conversion se fait *exactement*;

2° *La division ne se fait pas exactement*, dans ce cas on dit que la conversion est *approchée*.

EXEMPLES. — *Convertir en décimales les fractions :*

$$\frac{5}{2}, \quad \frac{6}{15}, \quad \frac{13}{7}, \quad \frac{2}{3}.$$

$$\begin{array}{c|c} 5 & 2 \\ 10 & 2{,}5 \end{array} \qquad \frac{5}{2} = 2{,}5 \ \text{(conversion exacte)}.$$

$$\begin{array}{c|c} 6 & 15 \\ & 0{,}4 \end{array} \qquad \frac{6}{15} = 0{,}4 \ \text{(conversion exacte)}.$$

$$\begin{array}{c|c} 13 & 7 \\ 60 & 1{,}857 \\ 40 & \\ 50 & \end{array} \qquad \frac{13}{7} = 1{,}857 \ \text{(conversion approchée)}.$$

$$\begin{array}{c|c} 20 & 3 \\ 20 & 0{,}666 \\ 20 & \end{array} \qquad \frac{2}{3} = 0{,}666 \ \text{(conversion approchée)}.$$

404. — **Conversion d'une fraction décimale en fraction ordinaire.** — Considérons la fraction décimale **0,12**, elle s'énonce **12** *centièmes*. C'est donc $\dfrac{12}{100} = \dfrac{3}{25}$.

405. — RÈGLE. — *Pour mettre une fraction décimale sous forme de fraction ordinaire, il suffit d'énoncer la fraction décimale et de l'écrire comme une fraction ordinaire.*

On simplifie lorsque c'est possible.

EXEMPLES.

$$0,03 = 3 \text{ centièmes} = \frac{3}{100};$$

$$0,402 = 402 \text{ millièmes} = \frac{402}{1000} = \frac{201}{500};$$

$$2,8 = 28 \text{ dixièmes} = \frac{28}{10} = \frac{14}{5}$$

ou encore :

$$2,8 = 2 + 8 \text{ dixièmes} = 2 + \frac{8}{10} = 2 + \frac{4}{5}.$$

EXERCICES

SUR LA CONVERSION DES FRACTIONS ORDINAIRES EN FRACTIONS DÉCIMALES

EXERCICES ÉCRITS

2104. Écrire sous la forme de fractions ordinaires les nombres décimaux suivants :

0,6 ; 0,17 ; 0,05 ; 0,189 ; 0,035 ; 0,008 ; 0,9107 ; 8,3 ; 3,05 ; 18,35 ; 9,005.

2105. Écrire sous la forme de fractions décimales les fractions suivantes :

$$\frac{3}{10} \; ; \; \frac{18}{100} \; ; \; \frac{596}{1000} \; ; \; \frac{19}{10} \; ; \; \frac{3}{100} \; ; \; \frac{156}{100} \; ; \; \frac{25}{10} \; ; \; \frac{38}{10000} \; ; \; \frac{326}{10} \; ; \; \frac{604}{100} \; ; \; \frac{39}{1000}$$

2106. Convertir exactement en décimales les fractions suivantes :

$$\frac{1}{5} \; ; \; \frac{1}{4} \; ; \; \frac{2}{5} \; ; \; \frac{1}{8} \; ; \; \frac{5}{8} \; ; \; \frac{8}{25} \; ; \; \frac{3}{16} \; ; \; \frac{9}{12} \; ; \; \frac{7}{8} \; ; \; \frac{19}{80} \; ; \; \frac{6}{15}$$

2107. Convertir en décimales, jusqu'aux dix-millièmes, les fractions suivantes :

$$\frac{2}{3} \;\; ; \;\; \frac{3}{7} \;\; ; \;\; \frac{1}{6} \;\; ; \;\; \frac{5}{15} \;\; ; \;\; \frac{3}{11} \;\; ; \;\; \frac{4}{7} \;\; ; \;\; \frac{11}{12} \;\; ; \;\; \frac{3}{14} \;\; ; \;\; \frac{5}{26}.$$

2108. Combien y a-t-il de centimètres dans $\frac{3}{5}$ de mètre?

2109. Que valent, en centimes, les $\frac{2}{5}$ de 1 franc? En centimètres, les $\frac{3}{4}$ de 9 mètres? En litres, les $\frac{5}{8}$ de 2 hectolitres?

PROBLÈMES COMBINÉS
SUR LES QUATRE OPÉRATIONS DES FRACTIONS

2110. On a vendu une première fois les $\frac{3}{8}$ d'une pièce de drap et une autre fois les $\frac{4}{5}$ du reste. Sachant que le coupon restant mesure $7^{m},25$, quelle était la longueur de la pièce?

2111. Une somme a été partagée entre 3 personnes. La première a eu les $\frac{3}{4}$ de 600 francs; la deuxième a reçu les $\frac{4}{9}$ de la première et la troisième les $\frac{7}{5}$ de la seconde. Trouver la somme partagée.

2112. Une personne me devait 4860 francs. Elle m'a déjà versé un premier acompte se montant aux $\frac{5}{9}$ de sa dette et un deuxième valant les $\frac{2}{3}$ du reste. Combien doit-elle encore?

2113. Un marchand achète de l'étoffe à 29 francs les 8 mètres et la revend 4 francs le mètre. Combien gagne-t-il quand il a vendu $35^{m}\frac{1}{2}$?

2114. Une fontaine fournit $7^{l}\frac{3}{5}$ d'eau dans $\frac{1}{3}$ de minute. Combien donne-t-elle en $8^{m}\frac{5}{6}$?

2115. J'achète 2 terrains à raison de 560 francs l'hectare. L'un a $8^{ha}\frac{3}{8}$ et l'autre $1^{ha}\frac{3}{4}$ de plus. Combien dois-je payer en tout?

2116. Quel est le nombre dont la différence entre le $\frac{1}{3}$ et le $\frac{1}{4}$ est 5?

2117. La somme de 2 nombres est $12\frac{1}{2}$ et leur différence est $\frac{3}{8}$. Quels sont ces nombres?

2118. Partager 28 noix entre 2 enfants de manière que la part de l'un soit les $\frac{2}{5}$ de la part de l'autre.

2119. Un marchand a acheté $7^m\frac{3}{5}$ d'étoffe, puis $9^m\frac{1}{4}$ puis $18^m\frac{2}{3}$. Il en a revendu $20^m\frac{1}{2}$. Combien lui en reste-t-il?

2120. Partager une somme de 10 000 francs entre deux personnes de façon que la part de la première soit les $\frac{3}{7}$ de celle de la seconde.

2121. Quel est le nombre dont les $\frac{2}{3}$ augmentés des $\frac{3}{4}$ de ce nombre font 51?

2122. Quel est le nombre dont les $\frac{2}{3}$ des $\frac{3}{4}$ valent 51?

2123. La différence entre la moitié et le tiers d'un nombre est 50. Quel est ce nombre?

2124. Deux personnes, se partageant une certaine somme, ont eu, la première le $\frac{1}{4}$ et la seconde le $\frac{1}{5}$ de cette somme; la première a eu ainsi 528 francs de plus que la seconde. Quelle est la part de chacune?

2125. En versant dans un réservoir $2^{m3},56$ d'eau; il se trouve qu'il est rempli aux $\frac{2}{3}$. Quelle est, en litres, la capacité de ce réservoir?

2126. Combien a-t-on vendu une marchandise qui avait coûté 972 francs sachant qu'on a réalisé un bénéfice égal au $\frac{1}{9}$ du prix d'achat?

2127. Il faut 6 jours $\frac{1}{2}$ pour faire les $\frac{2}{3}$ d'un ouvrage; Combien faudra-t-il de jours pour faire l'ouvrage entier?

2128. Une personne qui devait toucher la moitié des $\frac{3}{4}$ d'un héritage a reçu 15 000 francs pour sa part. Quel était le montant de l'héritage?

2129. Un alliage de plomb et d'étain renferme 300 grammes de plomb pour 200 grammes d'étain. Quelle quantité de chacun de ces métaux entre-t-il dans la composition de $1^k,8$ de cet alliage?

2130. Une pièce d'étoffe de 85 mètres de longueur a été découpée en morceaux de $2^m\frac{3}{7}$. Combien a-t-on eu de ces coupons?

2131. Un tonneau renferme 228 litres de vin; combien de litres en a-t-on tiré, sachant qu'il ne contient plus que les $\frac{7}{19}$ de ce qu'il contenait primitivement ?

2132. Une personne augmente son revenu, chaque année, de $\frac{1}{10}$ de ce qu'il était au commencement de l'année. En 1900, ce revenu était de 4785 francs ; quel a été le revenu pendant l'année 1902 ?

2133. Après avoir vendu $\frac{1}{4}$ puis $\frac{1}{3}$ d'une pièce de terre, on a vendu le reste au même prix, à raison de 2^{fr},50 le mètre carré, pour 12500 francs. Quelle était la contenance de la pièce de terre ?

2134. En payant 385 francs, on acquitte les $\frac{5}{8}$ d'une dette. Quel était le montant total de cette dette et que reste-t-il encore à payer ?

2135. Un tisserand fait $\frac{4}{7}$ de mètre de toile par heure et son camarade en fait $\frac{5}{8}$. Lequel des deux travaille le plus vite et combien en fait-il de plus que l'autre en 6 jours $\frac{1}{2}$, la journée de travail étant de 8 heures ?

2136. La circonférence des roues de devant d'une voiture est les $\frac{167}{278}$ de la circonférence des roues de derrière ; ces dernières ont fait 8684 tours. Combien de tours ont fait les premières ?

2137. Un pieu d'une longueur de 4^m,50 est enfoncé de 1 mètre dans le fond d'une rivière et il dépasse alors le niveau de l'eau du tiers de sa longueur totale. Quelle est la profondeur de l'eau à cet endroit de la rivière ?

2138. Un marchand a vendu $\frac{1}{5}$ d'une pièce de drap à un premier acheteur, puis la moitié du reste à un second acheteur et enfin le coupon restant, dont la longueur était de 17^m,50, à un troisième acheteur. Quelle est la longueur vendue à chaque acheteur ?

2139. Un ouvrier ferait un certain ouvrage en 4 jours ; un second ouvrier achèverait le même ouvrage en 6 jours et un troisième en 3 jours. Quelle fraction de l'ouvrage ces 3 ouvriers pouvant travailler ensemble feront-ils en un jour ? Combien de jours mettront-ils pour terminer l'ouvrage ?

2140. Un propriétaire a les $\frac{3}{5}$ de sa propriété ensemencés en blé ; la moitié du reste est en vigne et le reste en prairie. La superficie de la prairie étant de 2^{ha},5, trouver, en ares, l'étendue de chacune des parties.

2141. Quatre enfants se partagent le contenu d'un sac de billes : le premier en prend le $\frac{1}{5}$, le deuxième $\frac{1}{4}$, le troisième $\frac{2}{7}$ et le quatrième qui prend le reste a 37 billes. Quelle fraction celui-ci a-t-il du contenu du sac et quelle est la part de chacun?

2142. Un épicier achète $35^{kg}\frac{1}{2}$ de café à 6 francs le kilogramme et $32^{kg}\frac{4}{5}$ d'une autre sorte dont le kilogramme vaut les $\frac{5}{6}$ du premier. Il mélange le tout. Combien a-t-il de kilogrammes du mélange? Combien a-t-il payé? A combien revient le kilogramme du mélange?

2143. Un marchand avait acheté $65^{m}\frac{1}{2}$ d'étoffe à 9 francs le mètre. Il en revend le $\frac{1}{5}$ à $9^{fr},50$ le mètre, puis les $\frac{7}{20}$ à 10 francs le mètre. Combien doit-il revendre le mètre du reste pour réaliser un bénéfice total égal au $\frac{1}{5}$ du prix d'achat?

2144. Deux ouvriers ont fait ensemble un travail. L'un en fait les $\frac{3}{5}$ et l'autre le reste. Combien ce travail leur a-t-il été payé si le salaire du premier dépasse de 25 francs celui du second? Combien chacun a-t-il reçu?

2145. Une fontaine donne $\frac{3}{4}$ d'hectolitre par minute, et une autre donne $\frac{3}{5}$ d'hectolitre. Si on les fait couler ensemble dans un bassin qui contient $6^{m5},75$, combien mettront-elles de temps à le remplir?

2146. Une personne achète $12^{m}\frac{1}{2}$ d'étoffe et paie $17^{fr},85$ de plus qu'une autre personne qui a acheté $10^{m}\frac{2}{5}$ de la même étoffe. Combien coûte le mètre. Combien chaque personne a-t-elle dépensé?

2147. En revendant 15 francs les 8 mètres d'une étoffe qui avait coûté 5 francs les 3 mètres, on a réalisé un bénéfice de 12 francs. Quelle était la longueur de l'étoffe?

2148. Un marchand achète 20 mètres de toile à 12 francs les 5 mètres et 25 mètres d'une autre sorte de toile à 15 francs les 6 mètres. Quel est son bénéfice s'il revend le tout 130 francs?

2149. Un tas de blé couvre le fond d'un grenier de 5 mètres de long et $4^{m},20$ de large sur une épaisseur de 45 centimètres. On propose alors au propriétaire de lui acheter son blé à raison de 16 francs l'hectolitre; il refuse et le vend, 6 mois plus tard, à raison de 17 francs l'hectolitre, mais le blé a perdu les $\frac{3}{20}$ de son volume en se desséchant. Le cultivateur a-t-il perdu ou gagné à attendre et combien?

2150. Un ouvrier peut faire seul un travail en 12 jours, un deuxième le ferait en 15 jours et un troisième le ferait en 20 jours. En combien de temps ce travail pourra-t-il être achevé si on les emploie tous les trois ensemble?

RÈGLE DE TROIS

INTÉRÊT

GRANDEURS
DIRECTEMENT PROPORTIONNELLES

406. — Grandeurs. — On donne le nom de *grandeur* à tout ce qui peut être *compté* ou *mesuré*.

Ainsi, un tas de pommes, la longueur d'une pièce de drap, une certaine quantité de liquide, un poids de viande, etc., sont des *grandeurs*.

407. — Grandeurs directement proportionnelles. — Nous avons vu (n° 198) que le prix d'une marchandise s'obtenait en multipliant le prix de l'unité par le nombre des unités. Il en résulte que, lorsque le nombre des unités devient **2, 3, 4** fois plus grand, le prix devient également **2, 3, 4** fois plus grand.

Ainsi, si **3** kilogrammes de pain coûtent **1^{fr},20** ; **2** fois **3** kilogrammes ou **6** kilogrammes coûteront **2** fois **1^{fr},20** ou **2^{fr},40** ; **3** fois **3** kilogrammes ou **9** kilogrammes coûteront **3** fois **1^{fr},20** ou **3^{fr},60**, etc.

De même, si **4** mètres de drap coûtent **7** francs, **2** fois **4** mètres ou **8** mètres coûteront **2** fois **7** francs ou **14** francs, **3** fois **4** mètres ou **12** mètres coûteront **3** fois **7** francs ou **21** francs, etc.

Nous avons là des exemples de grandeurs qui sont en *raison directe* ou qui varient *proportionnellement*.

408. — Définition. — *Deux grandeurs sont* **directement proportionnelles** *lorsque l'une d'elles devenant 2, 3, 4 fois plus grande, l'autre devient également 2, 3, 4 fois plus grande.*

Les exemples les plus fréquents de grandeurs directement proportionnelles sont :

Le *prix* d'une marchandise et son *poids*, si elle se vend au poids (n° 198);

Le *prix* d'une marchandise et son *volume*, si elle se vend au litre (n° 198);

Le *prix* d'une marchandise et sa *longueur*, si elle se vend au mètre (n° 198);

Le *salaire* d'un ouvrier et le *temps* pendant lequel il a travaillé, s'il est payé à la journée, à la semaine ou au mois (n° 201);

Le *salaire* d'un ouvrier et la *quantité de travail* qu'il a produit, s'il est payé à la tâche (n° 201);

La *quantité de travail* et le *nombre des ouvriers* employés ;

Le *chemin parcouru* dans un mouvement uniforme et le *temps* du parcours (n° 206);

Le *poids* et le *volume* d'un corps.

409. — Comme conséquence de ce qui précède, lorsque deux grandeurs sont directement proportionnelles et que l'une d'elles devient **2, 3, 4** fois plus *petite*, l'autre devient évidemment **2, 3, 4** fois plus *petite* :

Ainsi, si dans **1** heure un train a fait **50** kilomètres, dans $\frac{1}{2}$ heure il fera $\frac{50}{2}$ ou **25** kilomètres. Dans $\frac{1}{4}$ d'heure il fera $\frac{50}{4}$ ou **12**^{km},**5**, etc.

De même, si **1** kilogramme de farine coûte **0**^{fr},**20**,

$\dfrac{1}{2}$ kilogramme ou **500** grammes coûteront $\dfrac{0^{fr},20}{2}$ ou $0^{fr},10$,

$\dfrac{1}{4}$ de kilogramme ou **250** grammes coûteront $\dfrac{0^{fr},20}{4}$ ou

$0^{fr},05$, etc.

RÈGLE DE TROIS SIMPLE ET DIRECTE

410. — **Problème I.** — **15** *kilogrammes de pain ont coûté* **4**^fr^**,50,** *que coûteront* **7** *kilogrammes?*

1° Cherchons *d'abord* ce que coûte *un* kilogramme de pain.

Puisque **15** kilogrammes coûtent **4**^fr^**,50,** on obtiendra (n° **199**) le prix de **1** kilogramme en divisant **4**^fr^**,50** par **15.**

1 kilogramme coûte donc $\dfrac{4^{fr},50}{15} = 0^{fr},30.$

2° Maintenant que nous savons le prix d'*un* kilogramme nous aurons le prix de **7** kilogrammes en multipliant ce prix par **7** (n° **198**).

7 kilogrammes coûtent donc : $0^{fr},30 \times 7 = 2^{fr},10.$

411. — **Problème II.** — *Combien coûte une douzaine de pommes à* **4** *francs le cent?*

1° Cherchons *d'abord* ce que coûte *une* pomme (n° **199**). Puisque **100** pommes coûtent **4** francs,

$$1 \text{ pomme coûtera } \dfrac{4 \text{ francs}}{100} = 0^{fr},04.$$

2° Dès que nous connaissons le prix d'*une* pomme nous avons (n° **198**) le prix de **12** pommes en multipliant ce prix par **12.**

12 pommes coûtent donc : $0^{fr},04 \times 12 = 0^{fr},48.$

412. — **Problème III.** — *Un ouvrier a reçu* **49**^fr^**,50** *pour* **11** *journées de travail. Combien reçoit-il pour une semaine de* **6** *jours?*

1° Cherchons le salaire d'*une* journée.

Le salaire de **11** journées est de **49^{fr},50**,

le salaire de **1** journée est donc de $\dfrac{49^{fr},50}{11} = 4^{fr},50$.

2° Il suffit maintenant de multiplier le salaire d'une journée par **6**.

Le salaire d'une semaine est donc : **4^{fr},50 × 6 = 27** francs.

413. — Problème IV. — *Un cycliste a fait une course de* **42** *kilomètres en* **2^{h}20^m**. *Combien de temps lui faudra-t-il pour faire, à la même allure, une course de* **25** *kilomètres?*

Convertissons d'abord le temps en *minutes*.

Une heure contient **60** minutes. Donc **2^{h}20^m** contiennent   **2 × 60 + 20 = 140** minutes.

1° Cherchons le temps que met le cycliste à faire *un* kilomètre.

Puisqu'il fait **42** kilomètres en **140** minutes,

il fera **1** kilomètre en $\dfrac{140}{42} = \dfrac{70}{21} = \dfrac{10}{3} = 3^{min},33$.

2° Il suffit maintenant de multiplier le temps nécessaire pour faire **1** kilomètre par **25**.

Le cycliste fait les **25** kilomètres en **3,33 × 25 = 83^{min},25**.

Comme **60** minutes font **1** heure, le temps est ainsi de

1 heure **23** minutes et **25** centièmes de minute.

414. — Les problèmes qui précèdent sont des exemples d'application de *Règle de trois simple et directe.*

D'une façon générale, dans un problème de *Règle de trois simple et directe* il s'agit de *deux* grandeurs *directement proportionnelles.*

On connaît *deux* valeurs de l'une des grandeurs et *une* des valeurs correspondantes de l'autre grandeur (en tout *trois* valeurs connues).

Il s'agit de calculer la valeur inconnue de la seconde grandeur.

Ainsi dans le PROBLÈME I (n° **410**), il s'agit de *kilogrammes de pain* et du *prix*. Les deux valeurs de la première grandeur sont **15** kilogrammes et **7** kilogrammes. La valeur connue de la seconde grandeur est **4^{fr},50**.

KILOGRAMMES DE PAIN   PRIX

15 kilogrammes. . . . . . **4^{fr},50**

7 —   . . . . . .   ?

De même dans le PROBLÈME III (n° **412**), il s'agit de *journées de travail* et du *salaire* de ces journées. On a, alors :

JOURNÉES   SALAIRE

11 journées . . . . **49^{fr},50**

6 —   . . . .   ?

Le point d'interrogation (?) indique la quantité inconnue.

415. — Le nom de *Règle de trois* provient de ce qu'on connaît *trois* quantités. Il faut en calculer une quatrième.

416. — De ce qui précède résulte la règle suivante :

RÈGLE. — *Pour résoudre un problème de règle de trois simple et directe :*

1° *On calcule la valeur de la grandeur inconnue correspondante à* **l'unité** *de la grandeur connue (division) ;*

2° *Connaissant la valeur qui correspond à l'unité, il suffit de la multiplier par le nombre des unités de la grandeur connue (multiplication).*

Cette méthode est appelée *méthode de réduction à l'unité.*

On voit qu'un tel problème est au fond la combinaison de *deux* problèmes traités précédemment.

1° Il s'agit de calculer le prix de *l'unité*, le poids, ou la longueur reçus pour *un* franc, le salaire de *un* jour, etc... (n°ˢ **198** et **201**).

2° Connaissant le prix de l'unité, on calcule le prix de plusieurs unités, ou connaissant le salaire d'un jour, on calcule le salaire de plusieurs jours, etc... (n°ˢ **199** et **201**).

417. — **Simplification**. — Il y a quelquefois avantage au point de vue de la simplicité et de l'exactitude des calculs, à ne pas effectuer de suite ces opérations.

Reprenons le problème I, on peut le faire ainsi :

15 kilogr. de pain coûtent **4ᶠʳ,50**,

$$1 \quad — \quad — \quad \frac{4,50}{15}$$

$$7 \quad — \quad — \quad \frac{4,50}{15} \times 7 = \frac{4,50 \times 7}{15}.$$

On peut alors multiplier d'abord **4,50** par **7**, ce qui donne : **31,50**, puis diviser le résultat par **15**, ce qui donne : **2,10**.

Il y a donc quelquefois avantage à faire *d'abord* la multiplication et ensuite seulement la division.

Cependant nous *conseillons vivement* aux jeunes élèves de ne pas procéder ainsi. Il faut éviter l'application machinale du raisonnement type précédent, et il vaut mieux *raisonner* dans chaque cas et effectuer d'abord la division pour *bien comprendre* ce qu'on fait.

D'ailleurs, dans les applications *pratiques* de la vie, on procède toujours ainsi.

EXERCICES

SUR LA RÈGLE DE TROIS SIMPLE ET DIRECTE.

EXERCICES ORAUX.

2151. 12 mètres de toile ont coûté 36 francs; dites le prix de 5 mètres?

2152. Un train a parcouru 36 kilomètres en 3 heures. Quel trajet ferait-il en 5 heures?

2153. En 15 jours un tisserand a fait 60 mètres de toile. Combien de mètres a-t-il pu faire dans une semaine de 6 jours de travail?

2154. Un robinet verse 8 litres d'eau en 2 minutes. Combien de litres peut-il fournir en 1ʰ 40 minutes?

2155. Une fermière a vendu 10 douzaines d'œufs pour 16 francs. Quel est le prix de 4 douzaines?

2156. J'ai eu 8 plumes pour 2 sous. Combien aurais-je pu en acheter pour 1 franc?

2157. Si 3 chapeaux valent 45 francs. Quel est le prix de la douzaine?

2158. En 6 heures une montre avance de 3 minutes. De combien de minutes avance-t-elle par jour?

2159. Une cuisinière a payé 4ᶠʳ,60 pour 2 kilogrammes de viande. Quel serait le prix de 10 kilogrammes de même qualité?

2160. Pour une semaine de 7 jours de travail un ouvrier a reçu 21 francs. Combien aurait-il reçu s'il n'avait travaillé que 5 jours?

2161. Un employé qui a 3600 francs d'appointements par an n'a pu se rendre à son bureau pendant 2 mois par suite de maladie. Qu'a-t-il gagné?

2162. Si pour 2ᶠʳ,50 on a eu 25 oranges. Combien en aurait-on pour 1 franc? Quel est le prix de la douzaine?

2163. 24 ouvriers ont reçu ensemble 480 francs. Quel a été le salaire de 5 ouvriers?

2164. 36 mètres de ruban ont été payés 18 francs. Combien aurait-on eu de mètres pour 25 francs?

2165. Un élève a fait 30 lignes de copie en 15 minutes. Combien mettra-t-il de temps pour copier 80 lignes? Combien fait-il de lignes en 20 minutes?

2166. Un villageois a porté au marché 60 poires qu'il a vendues 1ᶠʳ,20 la douzaine. Combien a-t-il reçu?

2167. En revendant une marchandise qui lui avait coûté 20 francs un marchand a fait un bénéfice de 4 francs. Quel bénéfice pourra-t-il réaliser sur la totalité de cette marchandise qu'il a payée 5000 francs?

2168. 30 litres de vin ont été payés 15 francs. Que valent 7 décalitres? 1 hectolitre? 5 hectolitres?

2169. 4 hectares de terre ont produit 100 hectolitres de grain. Quel est le rendement d'un are?

2170. Un fumeur dépense un paquet de tabac de 0^{fr},80 tous les 4 jours. Combien dépense-t-il ainsi par semaine? par mois de 30 jours? en 12 mois?

PROBLÈMES A FAIRE PAR ÉCRIT

2171. On achète 100 oranges pour 7^{fr},50. A combien revient la douzaine?

2172. L'hectolitre de vin ayant coûté 65 francs, quel est le prix d'une barrique de 228 litres?

2173. 100 kilogrammes de blé donnent 72 kilogrammes de farine; combien de kilogrammes de farine aura-t-on avec 9 sacs de blé de chacun 75 kilogrammes?

2174. Un litre d'eau de mer renferme 25^{g},5 de sel; combien faut-il évaporer d'eau de mer pour obtenir 1 kilogramme de sel?

2175. On a payé 125 francs une pièce de vin de 220 litres. Quel aurait été le prix de la pièce si elle avait contenu 5 litres de plus?

2176. Un coupon d'étoffe de 3^{m},40, prélevé sur une pièce de 60 mètres a été payée 21 francs. Quelle était la valeur de la pièce entière?

2177. Une personne a acheté des huîtres à 0^{fr},90 la douzaine; combien vaut le cent d'huîtres, et combien aura-t-on d'huîtres pour 2 francs?

2178. 8 ouvriers ont fait 40 mètres d'un certain ouvrage. Combien dans le même temps, en auraient fait 9 ouvriers?

2179. Un ouvrier fait 9^{m},90 d'un ouvrage en 2$^{h}\frac{3}{4}$; combien en fait-il en une demi-heure?

2180. Une fontaine débite 3 mètres cubes d'eau en 3$^{h}\frac{1}{4}$. Combien de litres d'eau débite-t-elle en 26 minutes?

2181. On a payé 168 francs pour l'achat de 24 mètres de toile. Combien aurait-on eu de mètres de cette toile pour 245 francs?

2182. Un négociant a payé 251^{fr},75 pour 12 coupons $\frac{4}{5}$ d'une étoffe. Combien lui vendra-t-on 7 coupons $\frac{2}{3}$ de la même étoffe?

2183. A 0^{fr},50 le paquet de 40 grammes de tabac, combien aura-t-on de tabac pour 4 sous?

2184. Une usine a consommé 17 000 kilogrammes de charbon pour produire 6285 kilogrammes de fonte. Quelle quantité de charbon doit-elle utiliser pour produire, dans les mêmes conditions, 11 812 kilogrammes de fonte?

2185. En 450 heures de travail, 20 ouvriers ont enlevé 6000 mètres cubes de terre. Combien de jours ces 20 ouvriers, travaillant 8 heures par jour, auraient-ils mis pour enlever 2580 mètres cubes de terre?

2186. Une personne a acheté 11^{m},25 de ruban pour 6^{fr},20; le marchand, s'étant trompé en mesurant a donné 0^{m},25 en moins. Quelle somme doit-il rendre à la personne?

2187. Une famille consomme en moyenne 16 kilogrammes de pain par semaine. Quelle quantité de blé faut-il pour la nourrir pendant une année, sachant que 25 kilogrammes de blé donnent 32 kilogrammes de pain et qu'un hectolitre de blé pèse 78 kilogrammes?

2188. Le volant d'une machine fait 182 tours en $1^{sec}\frac{1}{4}$. Combien fera-t-il de tours en $5^h\frac{3}{4}$?

2189. On a deux pièces de drap de même qualité qui ont coûté l'une $726^{fr},80$, l'autre 598 francs. La première ayant 14 mètres de plus que la seconde, quelle est la longueur de chaque pièce?

2190. L'hectare de terre produit 21 hectolitres de blé; l'hectolitre de ce blé pèse 76 kilogrammes. Quelle surface faut-il cultiver en blé pour en récolter 100 quintaux?

2191. On a échangé du blé qui vaut $27^{fr},60$ les 100 kilogrammes contre du vin estimé 95 francs la barrique de 228 litres. Combien recevra-t-on de litres de vin pour 20 hectolitres de blé pesant chacun 75 kilogrammes?

2192. Il a fallu 3810 kilogrammes de pain pour nourrir une garnison pendant 27 jours. Combien faudrait-il de kilogrammes de pain pour nourrir cette garnison pendant 90 jours?

2193. Il faut 230 litres de blé pour ensemencer 1 hectare de terre. Combien en faudra-t-il pour ensemencer un champ rectangulaire de 250 mètres de long sur 70 mètres de large?

2194. Un marchand a acheté une pièce d'étoffe pour 72 francs; il en a revendu les $\frac{3}{8}$ à une première personne et le reste, au même prix par mètre, à une seconde personne en réalisant ainsi sur le tout un bénéfice de 50 francs. Combien chaque personne a-t-elle payé au marchand?

2195. Un voyageur a mis 7 jours $\frac{1}{2}$ pour faire les $\frac{3}{4}$ de sa route; combien de temps mettra-t-il pour en faire les $\frac{5}{6}$?

GRANDEURS INVERSEMENT
PROPORTIONNELLES

418. — EXEMPLE I. — *Avec une somme de* **100** *francs combien peut-on acheter de mètres de drap à* **20** *francs le mètre? Combien à* **10** *francs le mètre? Combien à* **5** *francs le mètre?*

Avec **100** francs on peut acheter autant de mètres de drap à **20** francs le mètre que **20** est contenu de fois dans **100**.

On peut acheter $\dfrac{100}{20}$ ou **5** mètres, à **20** francs le mètre.

— — $\dfrac{100}{10}$ ou **10** mètres, à **10** francs le mètre.

— — $\dfrac{100}{5}$ ou **20** mètres, à **5** francs le mètre.

On voit que, quand le prix du mètre de drap devient **2** fois *plus grand*, le nombre des mètres qu'on peut acheter avec la même somme d'argent devient **2** fois *plus petit*.

419. — EXEMPLE II. — **15** *ouvriers ont fait un travail en* **21** *jours. Combien de jours faudra-t-il à* **5** *ouvriers pour faire le même travail?*

Chaque ouvrier a fait **21** journées de travail. Les **15** ouvriers ensemble ont donc fait **21** × **15** = **315** journées. Il faut donc **315** journées pour faire le travail entier.

Pour savoir combien de temps mettent **5** ouvriers il suffit de partager les **315** journées en **5** parties égales, c'est-à-dire diviser **315** par **5**.

Ce qui fait $\dfrac{315}{5} = $ **63** jours.

Remarquons encore ici que lorsque le nombre des ouvriers est devenu **3** fois *plus petit*, le nombre des jours de travail est devenu **3** fois *plus grand*.

Les exemples précédents nous montrent des grandeurs

qui varient en *raison inverse* ou qui sont *inversement pro-portionnelles.*

420. — Définition. — *Deux grandeurs sont inversement proportionnelles* lorsque l'une d'elles devenant 2, 3, 4 fois plus grande, l'autre devient 2, 3, 4 fois plus petite.

Les cas les plus fréquents de grandeurs *inversement proportionnelles* sont :

Le *poids*, le *volume*, ou la *longueur* d'une marchandise qu'on peut acheter pour une certaine somme d'argent et le *prix* de cette marchandise;

Le *temps* qu'il faut pour faire un travail et le *nombre* des ouvriers employés à ce travail;

Le *temps* d'un parcours dans un mouvement uniforme et la *vitesse* du mouvement.

RÈGLE DE TROIS SIMPLE ET INVERSE

421. — Problème I. - *Une personne a acheté* **15** *mètres de drap à* **6** *francs le mètre. Combien aurait-elle pu acheter de mètres de drap à* **10** *francs le mètre avec la même somme d'argent?*

1° Calculons la *somme déboursée.*

15 mètres de drap à **6** francs le mètre coûtent $6^{fr} \times 15 = 90^{fr}$.

2° Il nous reste à chercher combien on a de mètres de drap à **10** francs le mètre pour **90** francs. On en a autant que **10** est contenu de fois dans **90**.

On a donc $\dfrac{90}{10}$ ou **9** mètres.

422. — Problème II. — 25 *ouvriers ont mis* **13** *jours* *pour faire un certain travail; combien de temps faut-il à 5 ouvriers pour faire le même travail?*

1° Calculons le nombre *total de journées* nécessaires pour faire le travail.

25 ouvriers en travaillant pendant **13** jours, ont fait **13** $\times$ **25** = **325** *journées.*

2° Il nous reste à chercher combien de jours il faudra à **5** ouvriers pour faire ces **325** journées. Il faudra pour cela partager **325** en **5** parties égales. Le nombre des journées est $\dfrac{325}{5} = 65$.

423. — PROBLÈME III. — *Un cycliste, en marchant à la vitesse de* **16** *kilomètres à l'heure, a fait un certain trajet en* **8** *heures. En combien de temps ferait-il le même trajet en marchant à la vitesse de* **20** *kilomètres à l'heure?*

1° Calculons la *longueur du trajet.*

En **8** heures, en faisant **16** kilomètres par heure, le cycliste a parcouru **16** $\times$ **8** = **128**^{km}.

2° Il nous reste à chercher en combien de temps le cycliste fera **128** kilomètres à la vitesse de **20** kilomètres. Il suffit pour cela de diviser **128** par **20**.

Le temps est donc : $\dfrac{128}{20} = \dfrac{64}{10} = 6^h,4$.

Comme **1** heure contient **60** minutes, **1** dixième d'heure contient $\dfrac{60}{10}$ ou **6** minutes **4** dixièmes d'heure contiennent donc **6** $\times$ **4** = **24** minutes.

Le temps est donc de **6** heures et **24** minutes.

424. — Les problèmes qui précèdent sont des exemples d'application de *Règle de trois simple et inverse.*

D'une façon générale, dans un problème de *règle de trois simple et inverse*, il s'agit de deux grandeurs *inversement proportionnelles.*

On connaît *deux* valeurs de l'une des grandeurs

et *une* des valeurs correspondantes de l'autre grandeur (en tout *trois* valeurs connues).

Il s'agit de calculer la seconde valeur inconnue de la seconde grandeur.

Ainsi dans le *Problème I* (n° **421**) il s'agit de *mètres de drap* et du *prix de ces mètres* pour une *même somme* déboursée. On a donc :

PRIX	MÈTRES DE DRAP
6 francs.	**15** mètres
10 francs.	?

425. — Ce qui précède suffit pour montrer comment il faut procéder pour résoudre un tel problème.

Il faut avant tout remarquer qu'il y a toujours une quantité qui conserve la même valeur.

Ainsi, dans le *Problème I* (n° **421**), c'est la *somme d'argent déboursée* qui reste la même.

Dans le *Problème II* (n° **422**), c'est le *temps total* nécessaire pour faire le travail qui reste le même.

Dans le *Problème III* (n° **423**), c'est le *trajet parcouru* qui est le même.

426. — RÈGLE. — *Pour résoudre un problème de règle de trois simple et inverse :*

*1° On calcule la valeur de la quantité qui reste la **même** (multiplication).*

2° On obtient ensuite la valeur inconnue par une division.

On voit qu'un tel problème est la combinaison de deux problèmes :

1° On calcule une somme déboursée, un temps pour faire un travail, un trajet.

2° On calcule ce qu'on peut obtenir de marchandises d'un prix donné pour une somme déboursée, ou le temps que mettent des ouvriers à faire un travail total, ou le temps pour parcourir un trajet connu à une certaine vitesse.

EXERCICES

SUR LA RÈGLE DE TROIS SIMPLE ET INVERSE

EXERCICES ORAUX

2196. En travaillant 8 heures par jour un ouvrier a mis 6 jours pour faire un travail. En combien de jours aurait-il pu le terminer s'il avait travaillé 12 heures par jour?

2197. Un travail a été fait en 5 heures par 6 ouvriers. Combien aurait-on dû employer d'ouvriers pour terminer le même travail en 3 heures?

2198. Si 15 ouvriers ont mis 15 jours pour construire un mur, combien de temps auraient mis 20 ouvriers pour faire le même travail?

2199. Pour tapisser un appartement il a fallu 10 rouleaux de papier de 4 décimètres de large. Combien aurait-on employé de rouleaux de 5 décimètres de largeur?

2200. On a pavé une cuisine avec 600 carreaux de chacun 2 décimètres carrés de surface. Si les carreaux avaient 3 décimètres carrés, combien en aurait-il fallu?

2201. Un fermier calcule que, pour faire sa récolte en 8 jours, il lui faut occuper 9 moissonneurs. Comme il désire que sa récolte soit achevée en 6 jours, combien de moissonneurs devra-t-il employer?

2202. 12 terrassiers devaient creuser un fossé en 10 jours; mais, au moment de commencer le travail, 4 ouvriers font défaut. Combien de jours les autres ouvriers mettront-ils à creuser ce fossé?

2203. Pour nourrir ses 6 chevaux pendant une semaine, un cultivateur achète une provision d'avoine. Combien durera la même provision s'il a un cheval de plus à nourrir?

2204. Pour recouvrir un parquet il a fallu 50 mètres de tapis de 10 centimètres de large. Quelle longueur de tapis eût-il fallu acheter s'il avait eu 1 mètre de large?

2205. Un ouvrier a mis 8 jours pour faire un travail. Combien de temps aurait-il mis s'il n'avait pu consacrer par jour à ce travail que les $\frac{4}{5}$ des heures qu'il y a employées?

2206. Pour parqueter une chambre il a fallu acheter 300 planches de 1 mètre de long sur 1 décimètre de large. Combien aurait-on dû acheter de planches de même longueur, mais ayant 15 centimètres de largeur, pour parqueter cette chambre?

2207. Une garnison assiégée dans une forteresse a des vivres pour 8 mois. Quelle fraction de la ration habituelle devra-t-on donner à chaque soldat si on veut que les vivres durent 2 mois de plus?

PROBLÈMES ÉCRITS

2208. En travaillant 9 heures par jour, une équipe d'ouvriers a pu terminer un travail en 24 jours. Combien ces ouvriers auraient-ils mis de jours pour terminer ce même travail s'ils n'avaient travaillé que 8 heures par jour?

2209. Un tonneau renferme 300 bouteilles de 75 centilitres. Combien faudra-t-il de bouteilles de 60 centilitres pour contenir le vin d'un tonneau de même capacité que le premier?

2210. En battant 36 gerbes par jour, un paysan a mis 25 jours pour battre toute sa récolte. Combien aurait-il mis de jours s'il avait pu battre 9 gerbes de plus par jour?

2211. Un train qui fait 60 kilomètres à l'heure met 9 heures pour franchir la distance qui sépare deux villes. S'il part avec 1 heure de retard, combien devra-t-il faire de kilomètres à l'heure pour arriver à l'heure réglementaire?

2212. Pour tapisser une chambre on a employé 12 rouleaux de papier ayant 8 mètres de long et 0^m,55 de large. Combien aurait-il fallu employer de rouleaux de même longueur mais ayant 0^m,60 de large?

2213. Un robinet qui verse 45 litres par minute a mis 6 heures pour remplir un bassin. Combien de temps aurait mis un autre robinet versant 27 litres par minute?

2214. Un entrepreneur estime qu'en employant ses 60 ouvriers il pourra faire une construction en 24 jours. Combien devra-t-il employer d'ouvriers en plus s'il veut que le travail soit achevé en 18 jours?

2215. Une garnison de 2000 hommes a des vivres pour 3 mois. Combien devra-t-on faire sortir d'hommes si l'on veut que la même quantité de vivres dure 5 mois?

2216. Pour faire un tapis on a employé 12 mètres d'étoffe ayant 1^m,50 de large. Si on veut doubler ce tapis avec de l'étoffe qui n'a que 0^m,90, combien devra-t-on acheter de mètres de doublure?

2217. Avec ce qu'il possédait, un petit garçon a pu acheter 8 gâteaux de 15 centimes. Si les gâteaux avaient coûté 20 centimes, combien en aurait-il eu?

2218. Avec un tas de gravier on a pu recouvrir uniformément une cour de 2000 mètres carrés d'une couche ayant 4 centimètres $\frac{1}{2}$ d'épaisseur. Quelle épaisseur aurait-on obtenue en répandant ce même tas sur une cour mesurant 80 mètres de long et 37^m,50 de large?

INTÉRÊT SIMPLE

427. — Capital et intérêt. —

Chaque fois qu'une personne qui possède un objet le prête à une autre, la personne qui emprunte paye à celle qui prête une certaine somme pour la récompenser, la rémunérer du prêt consenti.

Ainsi, quand un propriétaire d'une maison loue cette maison, le locataire paye, tous les ans, une certaine somme au propriétaire pour le *loyer* de la maison.

De même, lorsque le possesseur d'une certaine somme d'argent prête cette somme, il reçoit de la personne qui l'a empruntée, régulièrement tous les ans ou tous les mois, une certaine somme d'argent comme loyer.

La personne qui prête est appelée le *prêteur* ou *créancier*.

La somme prêtée est appelée le *capital*.

La personne qui emprunte est appelée l'*emprunteur* ou *débiteur*.

L'argent versé régulièrement comme loyer du capital est appelé l'*intérêt*.

On dit encore que le capital est *placé* par le prêteur entre les mains de l'emprunteur, et qu'il *rapporte* intérêt.

428. — Taux. — D'après une convention adoptée partout :

L'intérêt est proportionnel au capital et à la durée du placement.

On appelle **taux** *du placement l'intérêt de 100 francs pendant 1 an.*

Ainsi, dire que l'intérêt est de **5** *pour cent*, ce qui s'écrit **5** %, cela veut dire que l'emprunteur paye **5** francs par an au prêteur pour **100** francs de capital prêté. On dit encore que **100** francs *rapportent* **5** francs d'intérêt en un an.

429. — Calcul de l'intérêt au bout d'un an. —

PROBLÈME. — *Quel est l'intérêt rapporté par un capital de* **45 000** *francs, placé à* **4** % *pendant un an?*

Appliquons la règle de trois directe : **100** francs rapportent **4** francs, donc **1** franc rapporte $\dfrac{4}{100} = 0^{fr},04$,

45 000 francs rapportent $0^{fr},04 \times 45\,000 = 1\,800$ francs.

D'après cela, on voit que :

L'intérêt rapporté par un capital au bout d'un an s'obtient en multipliant le capital par la centième partie du taux.

430. — Rentes. — On donne le nom de *rente* à l'intérêt rapporté par un capital pendant *un an.*

Le problème que nous avons traité précédemment n'est donc autre chose qu'un calcul de rente.

CALCUL D'UNE RENTE. — *Calculer la rente d'un capital de* **534 000** *francs au taux* **3** ½ %.

La rente de **100** francs est $3^{fr},50$,

celle de **1** franc est $\dfrac{3,50}{100} = 0^{fr},035$,

celle de **534 000** fr. est $0^{fr},035 \times 534\,000 = 18\,690$ fr.

431. — CALCUL DU CAPITAL D'UNE RENTE. — *Quel est le capital qu'il faut débourser pour avoir* **1 200** *francs de rente au taux* **3** %?

Le capital de $\quad$ **3**^{fr} de rente est **100**^{fr},

$\qquad\qquad$ — $\qquad$ **1**^{fr} $\qquad$ — $\quad \dfrac{100^{fr}}{3}$,

$\qquad$ — $\qquad$ **1 200**^{fr} $\qquad$ — $\quad \dfrac{100}{3} \times 1\,200 = 40\,000^{fr}$.

Pour avoir le capital d'une rente, on multiplie la rente par 100 et on divise le produit par le taux.

432. — CALCUL DU TAUX D'UNE RENTE. — *A quel taux faut-il placer un capital de* **120 000** *francs pour qu'il produise* **4 000** *francs de rente?*

Le taux c'est la rente de **100** francs. Il n'y a qu'à appliquer la règle de trois :

La rente de **120 000**^{fr} est **4 000**^{fr},

$$— \quad 1^{\text{fr}} \text{ est } \frac{4\,000}{120\,000} = \frac{1}{30} = 0^{\text{fr}},0333,$$

$$— \quad 100^{\text{fr}} \text{ est } 0^{\text{fr}},033 \times 100 = 3^{\text{fr}},33.$$

Le taux est donc **3,33** %.

Pour avoir le taux, connaissant le capital et la rente, on multiplie la rente par 100 et on divise le produit par le capital.

433. — **Calcul de l'intérêt au bout d'un mois.** — Comme l'intérêt est proportionnel à la durée du placement, pour avoir l'intérêt d'un capital placé pendant un mois, il suffit de diviser l'intérêt de ce capital, au bout d'un an, par **12**.

EXEMPLE. — *Quel est l'intérêt produit au bout d'un mois par un capital de* **540 000** *francs placé à* **4** $^1/_2$ *%?*

Je calcule d'abord l'intérêt du capital pendant *un an*, cet intérêt est **0,045** × **540 000** = **24 300** francs. L'intérêt pour un mois de placement est alors :

$$\frac{24\,300}{12} = 2\,025 \text{ francs.}$$

434. — **Calcul de l'intérêt au bout d'un jour.** — Dans les calculs d'intérêt on admet que tous les mois ont **30** jours, et, par suite, que l'année a **360** jours.

Pour avoir l'intérêt d'un capital placé pendant *un* jour, il suffit de diviser l'intérêt au bout d'*un an* par **360**, ou de diviser l'intérêt au bout d'*un mois* par **30**.

Exemple. — Nous avons vu que l'intérêt produit par un capital de **540 000** francs au bout d'un mois est de **2025** francs.

L'intérêt produit par ce capital au bout d'*un jour* est donc :

$$\frac{2025}{30} = 67^{fr},50.$$

435. — Calcul de l'intérêt — cas général.

— Pour calculer l'intérêt produit par un capital pendant un temps quelconque, on calcule l'intérêt produit au bout d'un an, au bout d'un mois, et au bout d'un jour. On calcule alors séparément les intérêts produits pendant les années, les mois et les jours, et on additionne.

Exemple. — *Quel est l'intérêt produit par un capital de* **639 000** *francs placé à* **3** 1/2 **0/0** *pendant* **2** *ans* **4** *mois* **13** *jours ?*

L'intérêt de **639 000** francs pendant *un an* est :

$$0^{fr},035 \times 639\,000 = 22\,365 \text{ francs.}$$

L'intérêt pendant *un mois* est :

$$\frac{22\,365}{12} = 1863^{fr},75.$$

L'intérêt pendant *un jour* est :

$$\frac{1863^{fr},75}{30} = 62^{fr},125.$$

Par suite :

En **2** ans,

    639 000 produisent $22\,365 \times 2 = 44\,730$ francs

En **4** mois,

    639 000 produisent $1863^{fr},75 \times 4 = 7455$ francs

En **13** jours,

    639 000 produisent $62^{fr},125 \times 13 = 807^{fr},625$

    L'intérêt total est donc . . . . . . $52\,992^{fr},625$

EXERCICES

SUR LES INTÉRÊTS ET RENTES.

EXERCICES ORAUX ET CALCUL MENTAL

2219. Quel est, à 5 %, l'intérêt annuel de 50 francs; de 400 francs; de 500 francs; de 900 francs; de 1 000 francs; de 6 000 francs; de 20 000 francs; de 500 000 francs; de 1 million?

2220. Trouver, à 3 %, l'intérêt par an de 300 francs; de 60 francs; de 900 francs; de 1 200 francs; de 15 000 francs; de 30 000 francs.

2221. Quand l'intérêt est 4 % l'an, à combien se montent les intérêts annuels de 40 francs; de 120 francs; de 800 francs; de 2 400 francs; de 40 000 francs; de 200 000 francs?

2222. Quelle est la rente annuelle produite par un capital de 700 francs à 3 %? de 900 francs à 4 1/2 %? de 5 000 francs à 2 1/2 %?

2223. Trouver les intérêts produits par un capital de 25 000 francs à 5 %; à 3 %; à 2 % pendant 2 ans? pendant 10 ans? 4 ans? 12 ans? pendant 6 mois? pendant 3 mois?

2224. Quel est le capital qu'il faut débourser pour avoir annuellement, au taux de 5 %, une rente de 50 francs; de 100 francs; de 200 francs; de 1 500 francs; de 10 000 francs?

2225. Quel est le capital qui, placé à 4 %, donne une rente annuelle de 80 francs; de 120 francs; de 360 francs; de 1 600 francs; de 2 000 francs; de 4 800 francs?

2226. Quel capital faut-il placer pour avoir un intérêt annuel de 700 francs à 3 1/2 %; de 1 500 francs à 3 %; de 5 000 francs à 2 1/2 %?

2227. Si l'on veut jouir d'une rente trimestrielle de 600 francs, quel sera le capital nécessaire à 3 %; à 5 %; à 2 %?

2228. A quel taux faut-il placer un capital de 100 000 francs pour qu'il puisse donner 5 000 francs de rente; 4 000 francs; 3 000 francs; 4 600 francs; 3 200 francs; 2 400 francs; 2 500 francs?

EXERCICES ÉCRITS ET PROBLÈMES

Calculer l'intérêt de :

2229. 1 850 francs à 2 o/o pendant 1 an;
2230. De 8 500 francs à 5 % pendant 6 ans;
2231. De 12 000 francs à 4 % pendant 1 mois;
2232. De 4 680 francs à 3 % pendant 5 mois;
2233. De 10 000 francs à 2 3/4 % pendant 4 ans et 3 mois;
2234. De 675 francs à 3 1/2 % pendant 18 mois;

2235. De 2400 francs à 4 % pendant 1 jour ;
2236. De 9000 francs à 3 % pendant 70 jours ;
2237. De 26100 francs à 2 1/2 % pendant 3 mois et 25 jours ;
2238. De 25000 francs à 2 % pendant 4 ans 8 mois et 10 jours ?

Quel capital faut-il débourser pour avoir une rente de :

2239. 50 francs par an au taux de 4 % ;
2240. De 60 francs par mois au taux de 3 % ;
2241. De 350 francs par trimestre au taux de 5 % ;
2242. De 8 fr. par jour au taux de 2 1/2 % ;
2243. De 675 francs au bout de 3 ans et 4 mois au taux de 3 % ;
2244. De 62fr,50 au bout de 45 jours à 2 1/2 % ;
2245. De 580 francs au bout de 3 ans 2 mois et 20 jours au taux de 3 1/2 % ?

A quel taux faut-il placer :

2246. 3800 francs pendant 1 an pour obtenir 133 francs d'intérêt ;
2247. 4680 francs pendant 3 ans pour obtenir 351 francs d'intérêt ;
2248. 5000 francs pendant 6 mois pour obtenir 80 francs d'intérêt ;
2249. 9600 francs pendant 45 jours pour obtenir 43fr,50 d'intérêt ;
2250. 24000 francs pendant 3 ans 2 mois 10 jours pour obtenir 2300 francs d'intérêt ?

2251. Quel est l'intérêt produit par une somme de 45000 francs à 3 % pendant 3 ans 7 mois et 12 jours ?

2252. Une personne gagne un lot de 100000 francs à l'un des tirages des obligations de la Ville de Paris, et place cette somme à 2 1/2 % l'an. Quelle rente annuelle lui produira son capital ?

2253. Une personne emprunte le 1er janvier une somme de 5000 francs qu'elle devra rendre le 1er avril. Quelle somme devra-t-elle rembourser à cette époque, si les intérêts sont fixés à 4 1/2 % ?

2254. Un rentier place le tiers de sa fortune qui s'élève à 120000 francs à 3 % et le reste à 2 1/4 %. Calculer la rente mensuelle qu'il retire de sa fortune ?

2255. Un cultivateur vend 34 hectolitres de blé à 16fr,50 l'hectolitre et place le produit de sa vente chez un banquier qui lui donne un intérêt annuel de 4 3/4 %. Au bout de 5 ans et 4 mois il retire capital et intérêts. Quelle somme recevra-t-il ?

2256. Vaut-il mieux acheter au prix de 25000 francs une maison qui rapporte 1312fr,50 par an que de placer son argent à 3,75 % ?

2257. Que rapporte par an un capital de 10000 francs dont les 2/5 sont placés à 3 % et le reste à 3,5 % ?

2258. Une personne a emprunté une somme de 3425 francs qu'elle doit rendre au bout de 2 ans avec les intérêts à 5 %. Quelle somme doit-elle rendre au bout de ce temps ?

2259. Quel est le capital qui, placé à 5 % pendant un an, a rapporté 48fr,80 d'intérêt ?

2260. Quelle somme doit-on placer au taux 3 % pendant 9 mois pour avoir au bout de ce temps 72fr,90 d'intérêt ?

2261. Quel est le capital qui, placé à 5 % pendant 125 jours, a produit 113^{fr},75 d'intérêt?

2262. Une personne achète pour 200 francs de rente 3 % au cours de 98^{fr},25, c'est-à-dire qu'elle paye 98^{fr},25 un titre de rente de 3 francs. Quelle somme a-t-elle à débourser, sans compter les frais?

2263. Une somme de 9400 francs rapporte 423 francs de rente. Quel est le taux du placement?

2264. Un commerçant revend 918^{fr},75 des marchandises qui lui avaient coûté 875 francs. Combien gagne-t-il pour cent?

2265. En revendant 540 francs une pièce de drap, un marchand gagne 15 % sur le prix d'achat. Quel était ce prix d'achat?

2266. Un marchand a acheté 275 mètres de drap pour 4675 francs. Il veut le revendre en gagnant 15 %. Combien devra-t-il vendre un coupon de 36 mètres?

2267. Un terrain a été payé, tous frais compris, 5580 francs. On paye 28^{fr},65 d'impôt et on le loue 210 francs par an. A quel taux place-t-on ainsi son argent?

2268. Un champ de 54^a,75 a donné un produit net de 124 francs par hectare. Sachant qu'il avait coûté 1508^{fr},67, quel est le taux de rapport de ce champ?

2269. Une personne prête 50 francs à condition qu'on lui rende 50^{fr},50 dans un mois. A quel taux place-t-elle ainsi son argent?

2270. Le 3 % étant au cours de 98^{fr},25, cela veut dire que pour avoir 3 francs de rente, il faut verser 98^{fr},25. A quel taux place-t-on son argent en achetant de cette rente?

2271. Que vaudra au bout de 8 ans 5 mois et 25 jours, capital et intérêts compris, une somme de 5000 francs placée à 4 % l'an?

2272. Une personne achète un terrain rectangulaire de 148 mètres de long et 76 mètres de large à 80 francs l'are. Elle ne peut disposer de son argent avant 9 mois; mais elle s'engage à donner d'ici là un intérêt de 5 % au vendeur. Quelle somme devra-t-elle verser?

2273. Une personne âgée désire avoir une rente mensuelle de 150 francs. Quel capital devra-t-elle placer à 2 1/2 % pour avoir ce revenu?

2274. Je possède une prairie louée à un fermier pour une somme annuelle de 750 francs. Quelle est la valeur de cette propriété en supposant qu'elle rapporte un intérêt de 5 %?

2275. Quel capital faut-il placer, moitié à 3 % et moitié à 4 % pour avoir une rente annuelle de 1400 francs?

2276. J'avais placé une certaine somme au taux de 4 %. Au bout de 6 ans je possède, capital et intérêts compris, 11160 francs. Quelle était cette somme?

2277. Une propriété qui a coûté 12000 francs d'achat est louée 510 francs. Quel est le taux du placement?

2278. Après avoir placé 5000 francs pendant 8 ans, on retire, capital et intérêts réunis, 6800 francs. A quel taux cette somme a-t-elle été placée?

2279. Une personne qui possédait 20000 francs place cette somme chez un banquier qui lui donne $2\frac{1}{4}$ % d'intérêts. Mais au bout de

9 mois, cette personne est obligée de retirer 8 000 francs. Quels intérêts le banquier devra-t-il lui donner à la fin de l'année?

2280. J'achète une vigne de 3 hectares, à raison de 125 francs l'are. Si cette propriété m'a fourni un produit net de 1 950 francs, combien mon argent me rapporte-t-il pour 100?

2281. Les $\frac{3}{4}$ d'une somme placée à 3 1/2 % ont fourni au bout d'un an 525 francs d'intérêts. Quelle est cette somme?

2282. Un ouvrier économe a pu déposer dans une Compagnie d'assurances un capital qui lui produit une rente viagère annuelle de 450 francs au taux de 9 %. Combien cet ouvrier avait-il économisé?

2283. Un propriétaire achète une maison pour 35 000 francs. Il paye $\frac{1}{4}$ comptant et le reste au bout de 6 mois avec les intérêts de la somme qu'il doit encore à 4 1/2 %. A combien lui revient cette maison?

2284. Un fermier a vendu sa récolte de blé, à raison de 21 francs le quintal et, avec le produit de sa vente, placé à 4 %, il reçoit un revenu annuel de 56^r,70. Combien avait-il récolté de quintaux de blé?

2285. Un propriétaire achète un champ carré de 2 hectomètres de côté, à raison de 30 francs l'are. Les frais d'achat, se montant à 9 %, sont à sa charge. A quel taux a-t-il placé son argent, s'il loue son terrain 125 francs l'hectare?

2286. Quel capital faut-il placer pour s'assurer une rente quotidienne de 5 francs par jour, au taux de 2 1/2 %?

2287. Deux sommes égales sont placées, l'une à 4 % et l'autre à 3 $\frac{1}{4}$ %. Quelles sont ces sommes, si les intérêts de celle qui est placée à 4 % rapportent chaque année 30 francs de plus que l'autre?

2288. Une personne possède un capital de 150 000 francs, placé dans une société industrielle, qui lui donnait 5 $\frac{1}{2}$ % d'intérêts. Elle retire cette somme et achète une maison qu'elle loue 8 000 francs. De combien a-t-elle augmenté ou diminué son revenu?

2289. J'ai acheté une maison pour 30 000 francs. J'ai payé en outre 11 % pour frais d'achat et j'ai dû faire pour 2 700 francs de réparation. Combien dois-je louer cette maison pour que mon argent me rapporte 5 %?

2290. Un rentier a placé le $\frac{1}{3}$ de sa fortune à 5 %, le $\frac{1}{4}$ à 4 % et le reste, qui vaut 15 000 francs, à 3 1/2 %. Quelle rente annuelle sa fortune lui procure-t-elle?

Problèmes de récapitulation générale

donnés dans les examens du certificat d'études primaires
et dans les concours pour les bourses des lycées.

QUATRE OPÉRATIONS

2291. Un ouvrier ne travaille que 24 jours par mois et gagne 3^{fr},75 par jour. Il veut économiser 300 francs par an. Combien peut-il dépenser par jour? *(C. É., Eure.)*

2292. Un employé gagne 1200 francs par an. On lui fait, pour la retraite, une retenue de $\frac{1}{20}$ sur ses appointements. Combien reçoit-il par mois et combien peut-il dépenser en moyenne par jour s'il veut économiser 100 francs par année? *(C. É., Côte-d'Or.)*

2293. Le boucher fait payer 3^{fr},85 un morceau de viande qui pèse 2^{k},75. Quel est le prix du demi-kilogramme? *(C. É., Vosges.)*

2294. — On a compté 16 battements d'une montre de l'instant où l'on a aperçu la lueur d'un éclair à celui où l'on a entendu le tonnerre. A quelle distance se trouve-t-on du nuage orageux, sachant que le son parcourt 348 mètres par seconde, que la montre fait 120 battements par minute et que l'éclair se produit au moment où on l'aperçoit? *(C. É., Vienne.)*

2295. Je multiplie un nombre par 7, puis par 13. La différence des 2 produits est 390 : quel est ce nombre? *(C. É., Ardennes.)*

2296. Si je dépensais 138^{fr},45 par mois, il me manquerait 25^{fr},40 à la fin de l'année. Combien dois-je dépenser par mois pour économiser 250 francs par an? *(C. É., Marne.)*

2297. Un ouvrier gagne 6^{fr},25 par jour et dépense 19^{fr},60 par semaine non compris un loyer de 80 francs par trimestre. Quelle économie aura-t-il fait au bout de 18 mois? On suppose qu'il ne travaille pas le dimanche. *(C. É., Sarthe.)*

2298. Dans une famille le père gagne 113^{fr},25 par mois, la mère 9^{fr},50 par semaine et chacun des deux enfants 10^{fr},80 par quinzaine. Combien cette famille gagne-t-elle par an? *(C. É., Loire.)*

2299. Une fermière a fait 45 kilogrammes de beurre qu'elle revend 97^{fr},20. Si elle était arrivée plus tôt elle aurait vendu 1^{fr},25 les 500 grammes. Quelle perte lui a causée son retard? *(C. É., Sarthe.)*

2300. On verse dans un fût, contenant 315 litres, 258 litres de vin qui coûtent 180 francs et on achève de remplir le fût avec de l'eau. Combien gagne le marchand qui revend ce mélange 0^{fr},60 la bouteille de 0^{l},75? *(C. É., Sarthe.)*

2301. Deux personnes achètent ensemble 350 fagots à raison de 25 francs le cent : l'une prend 60 fagots de plus que l'autre. Combien chacune d'elles doit-elle payer?   (*C. E., Ille-et-Vilaine.*)

2302. Un épicier a acheté 10 kilogrammes de sucre pour 8^{fr},75. Il veut gagner 0^{fr},70 sur son achat. Combien devra-t-il donner de grammes de sucre pour 0^{fr},15?   (*C. E., Yonne.*)

2003. Une ménagère achète chez un épicier 18 kilogrammes de sucre à 1^{fr},10 le kilogramme; 3^{kg},500 de café à 2^{fr},75 le $\frac{1}{2}$ kilogramme et 7 paquets de bougies de 500 grammes à 2^{fr},20 le kilogramme; 16^{kg},900 de savon à 0^{fr},68 le kilogramme. Elle paye comptant et l'épicier lui fait une remise de 4 %. Faites la facture.
                    (*C. E., Basses-Pyrénées.*)

2304. Une pièce de drap achetée 240 francs a été vendue avec un bénéfice de 0^{fr},75 par mètre. Quel est le prix de vente d'un mètre, sachant que la pièce a 25 mètres de long?   (*C. E., Guadeloupe.*)

2305. Un ouvrier qui dépense 4^{fr},50 par jour gagne 6 francs par jour de travail. Il économise 157^{fr},50 dans l'année. Combien a-t-il travaillé de jours?   (*C. E., Meuse.*)

2306. Un jardinier commence sa journée à 7 heures du matin et la finit à 6 heures du soir. Il prend 2 heures pour ses repas. Combien gagne-t-il par semaine si le prix de l'heure de travail est fixé à 0^{fr},45?
                    (*C. E., Mayenne.*)

2307. J'avais 20 francs dans ma poche; j'ai acheté un livre de 3 francs et deux paires de gants dont l'une coûte 2 francs de plus que l'autre. Il me reste 9 francs. Quel est le prix de chaque paire de gants?   (*Bourses des Lycées.*)

2308. Un propriétaire a fabriqué du cidre. Il en vend 490 litres à 15 francs l'hectolitre; avec le produit de cette vente il achète du vin qui lui revient à 0^{fr},55 le litre. Il veut mettre ce vin dans des bouteilles de 0^{l},75. Combien lui en faudra-t-il?   (*C. E., Aude.*)

2309. Une famille de 7 personnes qui travaillent 305 jours par an gagne 16^{fr},25 par jour. Elle fait 1080 francs d'économies au bout de l'année. Combien chaque personne dépense-t-elle par jour?
                    (*C. E., Côtes-du-Nord.*)

2310. Un épicier a échangé 112 litres d'huile contre 105 kilogrammes de sucre. En revendant ce sucre à raison de 0^{fr},65 le demi-kilogramme, il fait un bénéfice de 16^{fr},10. A quel prix a-t-on estimé l'huile?   (*C. E., Ain.*)

2311. Un ouvrier dépense par mois 45 francs pour sa nourriture et 10 francs pour son entretien. Il dépense par trimestre 30 francs pour son loyer et 20 francs pour autres frais. Il place encore 120 francs par trimestre à la caisse d'épargne. Combien gagne-t-il par an?
                    (*C. E., Côtes-du-Nord.*)

2312. Une petite fille voulait acheter 25 oranges, mais il lui manquait 0^{fr},15. Alors elle n'en prend que 20, et il lui reste ainsi 0^{fr},35. Quel est le prix d'une orange? Combien la petite fille a-t-elle dans sa bourse?   (*Bourses des Lycées.*)

2313. Un libraire reçoit d'un éditeur 104 volumes marqués 1^{fr},50;

le $\frac{1}{13}$ de ce nombre est gratis et l'éditeur fait encore une remise de 25 %. Combien doit le libraire? *(C. E., Sarthe.)*

2314. J'ai acheté du drap à 12^{fr},50 le mètre; il me reste 1^{fr},75. Si j'en avais pris à 13^{fr},75 le mètre, il m'aurait manqué 1^{fr},25 pour le payer. Combien ai-je acheté de mètres? *(C. E., Deux-Sèvres.)*

2315. On verse, dans un tonneau, 153 litres de vin à 39 francs l'hectolitre, 12 décalitres d'un autre vin à 0^{fr},49 le litre, et on achève de remplir avec de l'eau. En supposant que la boisson ainsi obtenue ne revienne qu'à 0^{fr},17 le litre, quelle est la capacité du tonneau?
(C. E., Sarthe.)

2316. 2300 litres de vin sont mis en bouteilles de 0^l,75. Ce vin coûte 12 francs le double décalitre; les bouteilles, 15 francs le 100; et les bouchons 20 francs le 1000. A combien revient chaque bouteille de vin, le tonnelier réclamant 4 francs pour son travail?
(C. E., Lot-et-Garonne.)

2317. On achète du blé à 15 francs l'hectolitre et de l'orge à 0^{fr},90 le décalitre. On fait un mélange de 85 hectolitres de blé et de 42 hectolitres d'orge. Combien devra-t-on revendre l'hectolitre de ce mélange pour gagner 200 francs? *(C. E., Seine-et-Marne.)*

2318. Un marchand achète 2400 assiettes pour 560 francs, et il dépense 31 francs de transport. Quel sera son bénéfice s'il les vend 28 francs le cent? *(C. E., Charente.)*

2319. Combien faut-il ajouter d'eau à 560 litres de vin valant 0^{fr},17 le 1/2 litre pour que le mélange puisse être vendu, sans perte ni gain, 0^{fr},25 le litre? *(C. E., Basses-Pyrénées.)*

2320. Lorsque le kilogramme de café coûte 4^{fr},80, combien en aura-t-on pour 0^{fr},60? Combien paiera-t-on pour 375 grammes? Trouvez la 2e réponse : 1° en vous servant de l'énoncé; 2° en vous servant de la 1re réponse? *(C. E., Meuse.)*

2321. En une semaine un fumeur consomme $\frac{1}{4}$ de kilogramme de tabac valant 12 francs le kilogramme. On demande : 1° ce que cette habitude coûte par an à celui qui l'a contractée? 2° Combien ce fumeur pourrait acheter de pains valant 0^{fr},30 le kilogramme avec l'argent employé inutilement? *(C. E., Loire-Inférieure.)*

2322. Un ouvrier gagne 6^{fr},75 par jour; il se repose 52 dimanches et 4 jours de fêtes : il a économisé 300 francs au bout de l'année; combien a-t-il dépensé en moyenne par jour? *(C. E., Gard).*

2323. Pour chauffer un appartement, une personne a brûlé 754 kilogrammes de houille, à 48 francs la tonne, 2 stères de bois, à 11^{fr},50 le stère, et pour 3^{fr},60 de fagots. Sachant qu'elle fait du feu pendant 130 jours, quelle a été sa dépense par jour pour le chauffage?
(C. E., Ille-et-Vilaine.)

2324. On a payé 127 francs pour 35 mètres de calicot et 65 mètres de toile. Sachant que le mètre de toile coûte 1^{fr},20 de plus que le mètre de calicot, trouvez le prix du mètre de chaque étoffe?
(C. E., Meurthe-et-Moselle.)

2325. On a acheté une pièce de drap de 45^m,20 pour 576^{fr},30;

mais, plus tard, on s'aperçoit qu'il en manque 14 décimètres. Combien a-t-on payé en trop et combien doit-on revendre le mètre d'étoffe, si l'on veut gagner 102^{fr},60 ?   (*Bourses de lycée.*)

2326. Quel prix un marchand doit-il vendre le mètre d'une étoffe qui lui a coûté 114^{fr},75 les 67^m,50 pour gagner 15 pour 100 sur le tout ?   (*C. E., Côte-d'Or.*)

2327. Un ouvrier achetait 15 décalitres de vin pour la consommation de sa famille. Maintenant, il achète son vin par barrique de 228 litres, qu'il paye rendue à sa cave 88^{fr},50. Quel avantage trouve-t-il, dans une année, à ce mode d'achat, sachant qu'il payait le vin au détail à 0^{fr},50 le litre?   (*C. E., Gironde.*)

2328. Un marchand achète 172 moutons pour 3 870 francs ; six ont péri et après cette perte il a encore réalisé un bénéfice de 6 pour 100, sur le prix total d'achat. Combien a-t-il vendu chaque mouton?   (*C. E., Aube.*)

2329. Un père et son fils ont reçu en avril 190^{fr},25 pour 23 journées de travail du premier et 24 journées du second. En mai, on leur a donné 207^{fr}50 pour 26 journées du premier et encore 24 du second. Quel est le gain journalier de chacun ?   (*C. E., Ardèche.*)

2330. Une ménagère achète 35 mètres de toile à 1^{fr},95 le mètre et 44 mètres de calicot à 0^{fr},75. Elle paye comptant et on lui fait une remise de 2^{fr},50 pour 100 sur la toile, et 3^{fr},35 pour 100 sur le calicot. Quelle somme débourse-t-elle en réalité?   (*C. E., Aube.*)

2331. Une servante porte 15 douzaines d'œufs au marché avec ordre de les vendre 0^{fr},80 la douzaine. Elle en a déjà vendu 3 douzaines à ce prix, lorsqu'elle casse 16 œufs. Combien doit-elle vendre la douzaine de ce qui reste pour réparer sa perte ?   (*C. E., Aube.*)

2332. Un bœuf pèse 460 kilogrammes brut. Le boucher l'achète 560 francs. Le déchet qui représente 1/3 du poids brut ne peut être vendu en moyenne que 0^{fr},40 le kilogramme. A quel prix le boucher devra-t-il vendre le kilogramme de viande de ce bœuf, sachant qu'il désire faire un bénéfice total de 95 francs ?   (*C. E., Haute-Vienne.*)

2333. On met en des bouteilles de 0^l,75 l'huile d'un fût qui pèse net 91^{kr},08. Combien faudra-t-il de bouteilles, si un litre d'huile pèse 0^{kr},92?   (*C. E., Morbihan.*)

2334 Un ouvrier fume un paquet de tabac de 0^{fr},50 tous les 4 jours. Combien aurait-il pu, avec l'argent dépensé en tabac pendant l'année, acheter de pains de 3 kilog., sachant que le kilogramme de pain vaut 0^{fr},35?   (*C. E., Seine.*)

2335. Deux ouvriers ont fait ensemble un travail pour lequel on leur a donné 2 638 francs. Le 1er a travaillé 325 jours et 9 heures par jour ; le 2e, 246 jours et 12 heures par jour. Que revient-il à chacun ?   (*C. E., Paris.*)

2336. Un écolier dépense en moyenne 0^{fr},65 par jour pour sa nourriture, 55 francs par an pour ses vêtements, 1^{fr},50 par mois de classe pour ses fournitures scolaires. Combien a-t-il coûté à ses parents pendant sa scolarité de 6 à 13 ans. On compte en moyenne 2 mois de vacances par an?   (*C. E., Meurthe-et-Moselle.*)

2337. Un ouvrier gagne 3^{fr},75 par jour et dépense 14^{fr},50 par semaine. Combien d'années mettra-t-il à économiser 1855 francs, s'il travaille en moyenne 300 jours par an ? (*C. E., Seine-Inférieure.*)

2338. Une maison d'Espagne, établie à Nantes, vend 0^{fr},10 la pièce des oranges qu'elle paie 65 francs le mille. Dans une journée elle a fait un bénéfice de 3^{fr},50 sur les oranges vendues. Quel était le nombre de celles-ci ? (*C. E., Loire-Inférieure.*)

2339. Un négociant mélange 7 hectolitres de vin valant 23 francs l'hectolitre, avec 12 hectolitres de vin, à 38^{fr},50 l'hectolitre. Combien devra-t-il revendre l'hectolitre du mélange pour gagner 24 pour 100 sur son marché ? (*C. E., Ardèche.*)

2340. Un marchand de drap avait en magasin 75 mètres de drap qu'il avait achetés 975 francs : il en a vendu d'abord 49 mètres à 15 francs le mètre. Combien a-t-il vendu le mètre du reste sachant qu'il a gagné 124 francs sur le tout ? (*Bourses de Lycée.*)

2341. Une femme tricote des bas de laine qu'elle vend au prix de 1^{fr},80 la paire. La laine lui coûte 3^{fr},20 le kilogramme, et 8 paires pèsent 1^{kg},05. On demande le gain réalisé par cette femme : 1° sur une paire de bas ; 2° au bout d'une année, si elle fait 5 bas par semaine ? (*C. E., Nord.*)

2342. J'achète 24 mètres de drap pour 378 francs ; j'en revends 1/4 en faisant une perte de 15 francs. Combien faut-il revendre le mètre de ce qui me reste pour gagner 48 francs sur le tout ? (*C. E., Jura.*)

2343. On multiplie 4675 par 397 (effectuer l'opération). On s'aperçoit alors que le multiplicateur n'est que 387. Comment peut-on rectifier rapidement sans recommencer entièrement l'opération ? (*C. E., Calvados.*)

2344. On a 115 litres de vin qui coûte 0^{fr},55 le litre. Combien faudra-t-il ajouter d'eau à ce vin pour obtenir une boisson qui ne revienne qu'à 0^{fr},30 le litre ? (*C. E., Loire-Inférieure.*)

2345. Un libraire achète 6 douzaines de volumes à raison de 8^{fr},40 la douzaine. On lui donne 13 volumes pour 12. Il revend chaque volume 0^{fr},85. Quel est son bénéfice total ? (*C. E., Var.*)

2346. Une boîte de plumes, qui en contient 144, coûte 0^{fr},80. On revend ces plumes à raison de 6 pour 0^{fr}10. Combien faut-il vendre de boîtes pour faire un bénéfice de 5 francs ? (*C. E., Guadeloupe.*)

2347. En donnant son linge à une blanchisseuse, une ménagère dépense 2^{fr},90 par semaine ; en le faisant laver chez elle, elle prend une ouvrière 3 jours par mois et la paye 2^{fr},20 par jour. Les frais s'élèvent, en outre, à 13^{fr},80 par an. Quel est le procédé le plus avantageux et quelle serait l'économie annuelle ? (*C. E., Yonne.*)

2348. Un marchand de drap avait en magasin 2800 mètres de drap, qu'il a payés 35200 francs. Il en a vendu 1750 mètres, à 14^{fr},75 le mètre. Combien doit-il revendre le mètre de ce qu'il lui reste pour gagner 5875 francs sur le tout ? (*C. E., Seine-Inférieure.*)

2349. Un vigneron a employé deux ouvriers pendant tout le mois de septembre et les a payés au même prix. A la fin du mois il a donné à l'un 4 hectolitres de vin et 53 francs ; l'autre a reçu 2 hectolitres de vin et 77 francs. Trouver le salaire journalier de ces ouvriers sachant qu'ils se sont reposés 4 jours dans le mois.

(*C. E., Haute-Garonne.*)

2350. Un marchand achète 12 pièces de vin contenant chacune 215 litres pour 1128^{fr},60. A combien revient le litre de ce vin si cháque pièce contient 6 litres de lie? Quel bénéfice réalisera le marchand en vendant ce vin 62 francs l'hectolitre? (*C. E. Aube.*)

2351. Un fermier mène 25 moutons au marché, et emporte une somme de 180 francs. Il vend d'abord ses moutons, puis il achète un cheval de 475 francs. Il fait ensuite diverses dépenses s'élevant à 26^{fr},40 et il rapporte à la maison 478^{fr},60. Combien a-t-il vendu chaque mouton? (*C. E., Mayenne.*)

2352. On a mélangé 50 litres de vin à 0^{fr},40 le litre et 70 litres de vin à 0^{fr},30. Combien faut-il ajouter de litres d'eau pour que le mélange revienne à 0^{fr},33 le litre? (*C. E., Tarn-et-Garonne.*)

2353. Une couturière gagne 2^{fr},25 par journée de 8 heures du matin à 7 heures du soir. On lui accorde une heure pour son repas.

Pour terminer une robe, elle travaille la 2e journée 2^h $\frac{1}{2}$ en plus.

Combien a-t-elle à recevoir pour le travail de cette robe?

(*C. E., Pas-de-Calais.*)

2354. Partager 648^{fr},50 entre deux personnes de façon que l'une ait 125^{fr},75 de plus que l'autre? (*C. E., Finistère.*)

2355. Un ouvrier qui gagne 3^{fr},25 par jour de travail dépense en moyenne 2^{fr},10 par jour. Combien peut-il économiser dans une année de 365 jours, s'il s'abstient de travailler les 52 dimanches et les 4 jours de fêtes réservées? (*C. E., Meurthe-et-Moselle.*)

2356. Deux ouvriers gagnent le même salaire par jour, l'un a reçu pour sa paie 66 francs, et l'autre qui a travaillé 4 jours de moins a reçu 44 francs. Combien chacun de ces ouvriers gagnait-il par jour et combien a-t-il travaillé de jours? (*C. E., Tarn.*)

2357. Quel est le prix d'une chemise, sachant qu'il faut 2^m,5 de calicot à 1^{fr},10 le mètre et que la façon, fournitures comprises, se paye à raison de 15 francs la douzaine, si le chemisier prend un bénéfice de $\frac{1}{5}$ sur le prix de revient? (*C. E., Bouches-du-Rhône.*)

2358. Trois ouvriers ont reçu 162^{fr},40 pour un ouvrage fait en commun. Le 1er y a travaillé 13 jours de 11 heures, le 2e 15 jours de 9 heures et le 3e 16 jours de 8 heures. Combien revient-il à chacun? (*C. E., Pont-à-Mousson.*)

2359. Je ne gagne pas assez pour dépenser 138^{fr},45 par mois; il me manquerait 24^{fr},50 à la fin de l'année. Je veux au contraire économiser 250 francs par an. Combien pourrais-je dépenser par mois? (*C. E., Côte-d'Or.*)

2360. On mélange 3^{hl} $\frac{1}{2}$ de vin à 42 francs l'hectolitre avec 2^{hl} $\frac{1}{2}$ à 0^{fr},38 le litre. Combien faudra-t-il vendre l'hectolitre du mélange pour faire un bénéfice de 10%. (*C. E., Côte-d'Or.*)

2361. Un tonneau d'huile d'olive pesant brut 10 kilogrammes coûte

20 francs. Sachant qu'il faut déduire 1^{kg},20 pour le poids du récipient, et que le litre d'huile pèse 0^{kg},910, on demande si on aurait avantage à acheter l'huile au litre, à raison de 2^{fr},10? (*C. E., Deux-Sèvres.*)

2362. Un train part de Lille à 7^h55^{min} et arrive à Paris à 11^h40^{min}. La distance est de 247 kilomètres. Ce train parcourt les 100 premiers kilomètres en 5 quarts d'heure. Quelle est, en mètres, sa vitesse moyenne par minute pendant le reste du voyage?
(*C. E., Pas-de-Calais.*)

2363. Un père et son fils ont gagné ensemble 144 francs dans un mois de 24 jours; le salaire du fils est la moitié de celui du père. Trouver le prix de la journée de chacun d'eux. (*C. E., Tarn.*)

2364. Une personne a acheté une demi-pièce de vin de 114 litres pour 102^{fr},60. Elle a mis ce vin dans des bouteilles dont 65 contiennent 1 litre chacune et les autres 0^{lit},70. Trouver le nombre de ces dernières et dire à combien revient 1° le litre; 2° la bouteille de 0^{lit},70.
(*C. E., Côte-d'Or.*)

2365. Une pièce de 228 litres pèse 264 kilogrammes et coûte 127^{fr},50 d'achat, 6^{fr},75 de transport par 100 kilogrammes et 7^{fr},50 d'entrée par 100 litres. Le fût est revendu par l'acheteur 7^{fr},25. A combien revient le litre?
(*C. E., Vosges.*)

2366. On partage 20^{fr},40 entre 3 ouvrières; la première a travaillé 5 jours et 10 heures par jour, la deuxième 3 jours et 12 heures par jour, et la troisième 2 jours et 8 heures par jour. Combien revient-il à chacune?
(*C. E., Vosges.*)

2367. On achète une barrique de vin de 228 litres pour la somme de 240 francs. On met le vin dans des bouteilles de 0^{lit},75 qui coûtent 16^{fr},50 le cent. On paye en plus 1^{fr},50 les 100 bouchons. Combien aura-t-on de bouteilles et à combien revendra-t-on la bouteille de vin, verre et bouchons compris, si on paie 1^{fr},50 pour la mise en bouteilles?
(*C. E., Sarthe.*)

2368. Une famille dépense, du 1er janvier au 15 juin, 929^{fr},60; de combien faut-il réduire la dépense journalière pour que la dépense totale de l'année ne dépasse pas 1800 francs? (*C. E., Manche.*)

2369. On mélange 95 kilogrammes de café valant 5^{fr},80 le kilogramme, 115 kilogrammes d'un autre café valant 4^{fr},80 le kilogramme et 140 kilogrammes valant 6^{fr},30 le kilogramme. On veut gagner 20%. Combien devra-t-on vendre le kilogramme du mélange?
(*C. E., Hérault.*)

2370. Un père laisse à ses trois fils 6^{ha} 7^a de terre et une maison. L'aîné prend les terres et donne 4650 francs au plus jeune. Le cadet prend la maison et donne aussi 1420 francs. Quelle est la part du plus jeune? Quelle est la valeur de la maison? Quelle est la valeur de l'hectare de terre?
(*C. E., Ardennes.*)

SYSTÈME MÉTRIQUE

2371. Un navire marche avec une vitesse de 18 nœuds par demi-minute. Calculer son parcours en mètres pendant une heure sachant que le nœud est la 120° partie du mille et que 60 milles valent 111 111 mètres? *(C. E., Pas-de-Calais.)*

2372. Le terrain d'une place circulaire de 64 mètres de diamètre a coûté 2325 francs. Cette place a été entourée d'une clôture qui revient à 3^{fr},25 le mètre courant. Quelle a été la dépense totale? *(C. E., Pas-de-Calais.)*

2373. Pour 75 pièces de 0^{fr},10 on a reçu 6 mètres de toile. Combien aura-t-on de décamètres de la même toile pour 2 pièces de 20 francs plus une pièce de 5 francs et une de 1 franc? *(C. E., Nord.)*

2374. Un terrain triangulaire de 160 mètres de base a été vendu 1910 francs à raison de 32 francs l'are. Quelle en est la hauteur? *(C. E., Doubs.)*

2375. Pour recouvrir le parquet d'une chambre rectangulaire, on achète un tapis à raison de 12^{fr},50 le mètre carré. On le double ensuite avec une étoffe ayant 1^m,20 de largeur et coûtant 1^{fr},40 le mètre. Le tapis ainsi doublé revient à 393^{fr},60. On sait que la chambre a 6 mètres de long. Quelle est sa largeur? *(Bourses des Lycées.)*

2376. Un champ de forme rectangulaire a une superficie de 1^{ha},36. On enlève dans le sens de la largeur, pour faire un chemin, une bande de 8 mètres. Sa surface se trouve ainsi diminuée de 1/17. Quelles étaient la longueur et la largeur du champ? *(C. E., Aude.)*

2377. Une chambre a 5^m,40 de long, 4^m,20 de large et 2^m,50 de haut. On veut la tapisser de cretonne ayant 8 décimètres de large et valant 0^{fr},95 le mètre. A combien s'élèvera la dépense? *(Bourses des Lycées.)*

2378. On veut entourer un champ rectangulaire d'une palissade qui coûte 2^{fr},75 le mètre linéaire. Le champ a une surface de 16^a,25. Sa largeur est de 32^m,50. Quelle est sa longueur et que coûtera la palissade? *(C. E., Haute-Savoie.)*

2379. Dans une chambre de 4^m,75 de long sur 4^m,25 de large on veut poser une boiserie de 1^m,15 de hauteur. Le menuisier qui prépare la boiserie demande 4^{fr},50 par mètre carré, et l'ouvrier qui la pose doit mettre trois jours et demi à raison de 3^{fr},50 par jour. On demande : 1° le prix de la boiserie toute posée, sachant qu'il faut déduire deux portes larges chacune de 1^m,20; 2° la somme à payer comptant si le menuisier fait un rabais de 3 %? *(C. E., Calvados.)*

2380 Pour faire une robe il a fallu une étoffe qui avait 0^m,75 de largeur et 18^m,40 de long, on l'a doublée avec de la percaline qui a 0^m,60 de large. Combien de mètres en a-t-il fallu? *(C. E., Hautes-Alpes.)*

2381. Une vigne de forme carrée qui a 260^m,40 de contour a coûté 1600 francs. A combien revient l'are? *(C. E., Pyrénées-Orientales.)*

2382. Une salle mesure 7^m,50 de long et 6^m,50 de large. Le parquet est formé de planches de 3^m,75 de long sur 0^m,13 de large. On a payé ces planches 30 francs la douzaine. Quelle a été la dépense faite pour parqueter cette salle, si la main-d'œuvre a coûté 18 francs?
(*C. E., Gironde.*)

2383. Un terrain rectangulaire a 32 décamètres de pourtour. Si la longueur est le triple de la largeur, calculez la superficie de ce terrain?
(*C. E., Vosges.*

2384. J'ai un jardin long de 127^m,50 et large de 73^m,75; si je le faisais entourer d'un mur de 3^m,75 de haut, combien cela me coûterait-il si le maçon prend 4^{fr},25 du mètre carré? (*C. E., Isère.*)

2385. Une salle a 9^m,75 de long, 9^m,25 de large et 3^m,25 de haut; elle a 3 fenêtres et 2 portes ayant ensemble une surface de 18 mètres carrés. Que coûterait la peinture des 4 murs intérieurs à raison de 2^{fr},60 le mètre carré? (*C. E., Loire-Inférieure.*)

2386. Pour border sur les 4 côtés un tapis rectangulaire, on a employé pour 3^{fr},60 de galon à 0^{fr},40 le mètre. Sachant que la longueur du tapis surpasse de 0^m,50 la largeur, on demande les 2 dimensions du tapis? (*C. E., Oran.*)

2387. Un propriétaire possède un terrain rectangulaire de 17 mètres de long sur 14 mètres de large. Il veut en faire un jardin, et il trace tout autour (à l'intérieur) une allée de 0^m,80 de large; il trace en outre deux allées larges de 1 mètre perpendiculaires l'une à l'autre et perpendiculaires aux côtés du rectangle en leur milieu. Dites quelle surface cultivable il lui restera dans son jardin?
(*C. E., Basses-Alpes.*)

2388. On veut entourer un jardin qui a 6^{dam},5 de long sur 48^m,20 de large avec un treillage en fil de fer qui a 8 décimètres de haut. Ce treillage est vendu 38^{fr},50 le quintal et pèse 3 kilogrammes et demi par mètre carré. Quelle sera la dépense?
(*Bourses des Lycées.*)

2389. Un jardin carré a 1 hectare de superficie. On l'entoure d'un treillage qui vaut 2 francs le mètre courant. Quelle sera la dépense?
(*Bourses des Lycées.*)

2390. Autour d'une salle rectangulaire de 9^m,75 de long sur 7^m,20 de large, on fait poser une boiserie de 1^m,20 de haut. Quel en sera le prix à raison de 6^{fr},25 le mètre carré? On déduira deux portes de 0^m,90 de largeur chacune? (*C. E., Paris.*)

2391. On veut peindre complètement, à 2 couches, une poutre de bois qui a 4^m,28 de longueur et dont la base est un carré de 0^m,25 de côté. La 1re couche de peinture est payée 0^{fr},60 et la 2e 0^{fr},45 le mètre carré. A combien reviendra ce travail? (*C. E., Paris.*)

2392. On a un tapis de 3^m,15 de long sur 2^m,60 de large; on le borde avec une frange qui a coûté 1^{fr},35 le mètre. Combien faudra-t-il de frange pour faire le tapis et combien vaudra-t-elle?
(*C. E., Isère.*)

2393. Un jardin rectangulaire a 65 mètres de long sur 42 mètres de large. On établit tout autour une allée de 0^m,80 de large, puis on partage le reste en quatre rectangles égaux par deux allées de 1 mètre

de large perpendiculaires entre elles. Quelle surface reste-t-il à cultiver?
(*C. E., Pas-de-Calais.*)

2394. On a pavé une rue ayant 112 mètres de long et 4^m,80 de large avec des pavés carrés ayant 0^m,22 de côté et qui reviennent tout posés à 0^{fr},46 la pièce. A combien revient : 1° la dépense du pavage de cette rue; 2° le prix du mètre courant?
(*C. E., Côtes-du-Nord.*)

2395. Combien coûtera le blanchissage des 4 murs et du plafond d'une salle de classe rectangulaire mesurant 8^m,50 de long, 7^m,25 de large et 4 mètres de haut? On déduit 12 mètres carrés pour les ouvertures et on paye 0^{fr},35 par mètre carré.
(*C. E., Mayenne.*)

2396. Une chambre a 6 mètres de long, 4 mètres de large et 3^m,20 de hauteur. Combien paiera-t-on pour faire peindre les murs si on donne 2^{fr},85 par mètre carré et s'il y a une surface de 8 mètres carrés occupée par les ouvertures?
(*C. E., Côte-d'Or.*)

2397. Le périmètre d'un champ est de 806^m,4. La largeur est de 142 mètres. Quelle en est la surface?
(*C. E., Isère.*)

2398. Un champ rectangulaire mesure 400 mètres de tour. Sa longueur mesure 50 mètres de plus que sa largeur. Quelles sont ses dimensions? Quelle est sa surface?
(*C. E., Meuse.*)

2399. Une salle de classe a 8^m,25 de long, 7 mètres de large et 4 mètres de hauteur. Quelle est sa surface totale (en y comprenant le plafond et le plancher)? On fait blanchir à la chaux les murs et le plafond ; quelle sera la dépense, à 0^{fr},30 le mètre carré, si on défalque 3 fenêtres de 1^m,20 sur 1^m,60, et une porte de 1 mètre sur 2^m,10?
(*C. E., Hautes-Pyrénées.*)

2400. Sur un côté d'une cour carrée, on établit un trottoir ayant une surface de 66^{m2},60 avec 2^m,40 de large. Quelle est la longueur de ce trottoir? Quelle est la surface de ce qui reste de la cour?
(*C. E., Pas-de-Calais.*)

2401. Deux terrains ont la même surface et sont tous deux rectangulaires. Le premier a 154^m,20 de long, 116^m,70 de large ; le second n'a que 107^m,80 de large. Quelle est la longueur de ce dernier?
(*C. E., Seine-Inférieure.*)

2402. Un champ rectangulaire de 135 mètres de long sur 82 mètres de large a été ensemencé le 1/3 en pommes de terre et le reste en avoine. L'are de pommes de terre a donné un bénéfice de 12^{fr},60 et l'are d'avoine de 4^{fr},10. Quelle a été le bénéfice total?
(*C. E., Dordogne.*)

2403. Une pièce de terre de 476 mètres de long, sur 281 mètres de large, a été achetée 1500 francs l'hectare. Elle doit être partagée entre 3 acquéreurs ; le premier a fourni 1250 francs ; le deuxième 1800 francs ; le troisième le reste. Combien chacun aura-t-il d'ares de terrain?
(*C. E., Sarthe.*)

2404. Pour défoncer un terrain rectangulaire de 235 mètres de long sur 29^m,60 de large, on a employé d'abord pendant 5 jours une équipe de 8 ouvriers, puis après ce temps une deuxième équipe de 12 ouvriers qui a achevé l'ouvrage. Sachant qu'un ouvrier de l'une ou de l'autre équipe fait 40 mètres carrés par jour et que le travail total a été payé 407 francs, on demande ce qu'a reçu un ouvrier de chacune des équipes? *(C. E., Cantal.)*

2405. Avec un tas de fumier de 6 mètres de long, $3^m,5$ de large et $1^m,20$ de hauteur, un cultivateur a fumé un champ rectangulaire de 175 mètres de long sur 48 mètres de large. A combien revient la fumure de 1 hectare de terrain si le mètre cube de fumier vaut $12^{fr},50$? *(C. E., Loire.)*

2406. Un mur a $10^m,75$ de long, 3 mètres de hauteur, et $0^m,52$ d'épaisseur. On y ménage 4 ouvertures de $1^m,20$ de large sur $1^m,80$ de hauteur. Le mètre cube de maçonnerie est payé 15 francs. Quelle est la dépense de la construction? *(C. E., Mayenne.)*

2407. L'adjudicataire d'une coupe de bois se propose de couper des rondins de $0^m,78$ et de les disposer en tas de $1^m,80$ de haut. Quelle sera la longueur: 1° d'un tas de bois d'un double stère; 2° d'un tas de bois d'un demi-décastère? *(C. E., Basses-Pyrénées.)*

2408. Combien faudrait-il de mètres cubes de gravier pour exhausser de $0^m,08$ le sol d'une cour qui a $12^m,40$ sur $18^m,80$, en tenant compte de $0^m,02$ de tassement? *(C. E., Puy-de-Dôme.)*

2409. Les bûches de bois achetées au stère ont $1^m,10$ de longueur. Quelle hauteur faut-il donner aux montants du stère pour avoir 1 mètre cube de bois? *(C. E., Sarthe.)*

2410. Quelle quantité de terreau faudrait-il pour répandre une couche de 4 millimètres sur un champ de $1^{ha},80^a 95^{ca}$? *(C. E., Indre.)*

2411. Une cour rectangulaire a $28^m,50$ de longueur sur 10 mètres de largeur. On répand dans cette cour 17 mètres cubes 100 de gravier. Quelle est l'épaisseur de la couche de gravier? *(C. E., Loir-et-Cher.)*

2412. On veut placer un tas de bois de 4 stères et demi entre deux piquets éloignés de $3^m,15$. Les morceaux de bois ont $1^m,25$ de long. Quelle hauteur aura le tas de bois? *(C. E., Jura.)*

2413. Un marchand a acheté, à raison de $11^{fr},75$ le stère, un tas de bois ayant 7 mètres de long, $1^m,33$ de large et $1^m,25$ de hauteur. Il le revend au prix de 3 francs les 100 kilogrammes. Quel est son bénéfice? La densité du bois est 0,65. *(C. E., Haute-Saône.)*

2414. Un tas de bois a 12 mètres de long, $1^m,30$ de large et 2 mètres de haut. Il est vendu 16 francs le mètre cube. Quel est le volume de ce tas de bois? A combien revient: le stère? le décastère? le double décastère? le demi-décastère? *(C. E., Haute-Saône.)*

2415. Quelle différence y a-t-il entre le centimètre cube et le centième du mètre cube? Combien faut-il de centimètres cubes pour égaler 12 centièmes de mètre cube; pour égaler 3 décistères? *(C. E., Ardennes.)*

2416. 3 ouvriers ont creusé un fossé de 135 mètres de longueur sur $0^m,75$ de profondeur et $0^m,40$ de largeur; l'un a extrait $14^{m3},025$; le deuxième 2675 décimètres cubes de moins que le premier. Quelle est la quantité extraite par le troisième? *(C. E., Vienne.)*

2417. Pour confectionner un plancher, il faut 45 poutrelles de 8 mètres de long sur $0^m,18$ de large et $0^m,08$ d'épaisseur et 106 planches de $5^m,20$ de long sur $0^m,35$ de large. Les poutrelles coûtent

80 francs le mètre cube, les planches $1^{fr},50$ le mètre carré et la main-d'œuvre 14 francs. A combien revient le plancher?

2418. Une laitière, voulant vérifier si le lait qu'on lui vend contient de l'eau, en achète 807 décilitres; elle le pèse et trouve que le poids est de 827 hectogrammes. Combien ce lait contient-il de litres d'eau, sachant qu'un litre de lait pèse 1 030 grammes?

(C. E., Aveyron.)

2419. Un litre de lait pèse $1^{kg},33$ grammes. Une ménagère en achète 12 litres. Elle les pèse pour savoir s'il n'y a point d'eau, et elle trouve $12^{kg},346$. Dites ce qu'elle a découvert.

(C. E., Ardennes.)

2420. Un are de terrain produit $22^{l},5$ de blé. Une pièce de terre de forme carrée a $27^{dam},5$ de côté. Quel sera son produit moyen en blé? Quelle sera la valeur de ce blé à $24^{fr},50$ le quintal si l'hectolitre de blé pèse $76^{kg},5$? (C. E., Seine-Inférieure.)

2421. J'ai acheté 30 litres de lait. Pour savoir si ce lait n'a pas été additionné d'eau, je pèse mon achat et je trouve $30^{kg},594$. Or, je sais qu'un litre pur pèse $1^{kg},033$. A-t-on ajouté de l'eau dans le lait que j'ai acheté et combien de litres? (C. E., Somme.)

2422. Dans un bassin dont le fond est un carré de $1^{m},60$ de côté, on verse $19^{hl},20$ d'eau. A quelle hauteur s'élèvera le liquide?

(C. E., Côte-d'Or).

2423. Un grainetier a acheté 25 hectolitres de pommes de terre à $2^{fr},50$ le décalitre; 175 litres de haricots à 28 francs l'hectolitre et 352 décalitres d'oignons à $0^{fr},15$ le litre. Quelle somme doit-il?

(C. E., Eure.)

2424. Un réservoir peut contenir 54 seaux de 12 litres 8 centilitres et 45 décilitres en plus. De combien s'en faut-il que son volume intérieur soit égal à 1 mètre cube? (C. E., Calvados.)

2425. Combien vaut un tas de blé de $6^{m},25$ de long, $3^{m},75$ de large, $1^{m},20$ de hauteur, à raison de $1^{fr},70$ le décalitre?

(C. E., Somme.)

2426. Une fontaine donnant $4^{l},25$ d'eau à la minute coule pendant $6^{h},18$ minutes dans un bassin cubique de $1^{m},50$ d'arête. A quelle hauteur s'élèvera l'eau et combien faudrait-il encore de décalitres pour achever de le remplir? (C. E., Pont-à-Mousson.)

2427. Une fontaine fournit 240 mètres cubes d'eau par heure. Combien donne-t-elle d'hectolitres par minute. Quel est le poids en kilogrammes de l'eau fournie en 30 minutes?

(C. E., Puy-de-Dôme.)

2428. Un tonneau vide pèse 18 kilogrammes; plein de vin, il pèse $144^{kg},75$. Un litre de ce vin pèse les 975 millièmes du poids d'un litre d'eau: quelle est la contenance du tonneau? (C. E., Sarthe.)

2429. Dans un champ de pommes de terre de $2^{ha} 26^{a} 80^{ca}$, on a arraché une rangée de 42 mètres de long sur $1^{m},35$ de large et on a obtenu $8^{dal},5$. Combien peut-il y avoir d'hectolitres de pommes de terre dans le champ entier et quel serait le prix de la récolte à raison de $5^{fr},90$ l'hectolitre? (C. E., Guadeloupe.)

2430. Un bec de gaz consomme un hectolitre de gaz par heure. Si le mètre cube de gaz coûte $0^{fr},30$, quelle sera la dépense annuelle de 4 becs allumés en moyenne 3 heures et demie par jour?

(C. E., Yonne.)

2431. On a taxé le pain dans une ville à $0^{fr},35$ le kilogramme. On sait que 100 kilogrammes de blé donnent 85 kilogrammes de farine nette, et on sait aussi que 100 kilogrammes de farine font 125 kilogrammes de pain. Combien gagne par jour, dans ces conditions, un boulanger qui transforme en pain 9 sacs de blé de chacun 1 quintal, sachant que le blé vaut 20 francs l'hectolitre et que l'hectolitre pèse 80 kilogrammes? On suppose que le son paie les frais de mouture et de transport.

(C. E., Alger.)

2432. Quel est le poids d'un bidon d'huile dont la contenance est de $12^l \frac{1}{2}$. On sait que le litre d'huile pèse 91 décagrammes et le bidon vide 850 grammes. Quel poids devra-t-on mettre sur le plateau de la balance pour le peser?

(C. E., Côte-d'Or.)

2433. Un marchand achète, à raison de 12 francs le stère, un lot de bois de chauffage formant un tas long de 8 mètres, large de $2^m,25$, haut de $1^m,50$. Il le revend au prix de 3 francs les 100 kilogrammes. La densité de ce bois est 0,68. Quel est le bénéfice du marchand?

(C. E., Deux-Sèvres.)

2434. Dans un tonneau, qui pèse vide $20^{kg},500$, on verse 224 litres de vin dont la densité est 0,980. Quel est le poids du tonneau plein?

(C. E., Eure.)

2435. Un petit tonneau pèse vide $7^{kg}\,2^{hg}$. Pour le remplir d'eau, il faut y verser deux fois un double décalitre, trois fois un double litre, une fois un demi-litre, en deux fois un double décilitre. Combien pèse-t-il ainsi rempli d'eau?

(C. E., Vaucluse.)

2436. Un marchand achète, à raison de $12^{fr},5$ le stère, un lot de bois de chauffage dont les dimensions sont les suivantes : $12^m,5$, $1^m,4$, 1 mètre. Quel est le montant de son achat? Quel est son bénéfice, s'il revend son bois à raison de $38^{fr},75$ la tonne. On sait que le stère de bois pèse 725 kilogrammes.

(C. E., Seine-Inférieure.)

2437. Un are de terrain produit $22^l,5$ de blé. Quel sera le produit en blé d'une pièce de forme carrée de $24^{dam},5$ de côté? Quelle sera la valeur de ce blé à $24^{fr},50$ le quintal, si l'hectolitre de blé pèse $76^{kg},500$?

(C. E., Seine-Inférieure.)

2438. Une pièce de fer mesure $2^m,75$ de long, $0^m,17$ de large et $0^m,15$ d'épaisseur. La densité du fer étant 7,8, l'on demande le prix d'acquisition de cette pièce de fer, à raison de 12 francs le quintal?

(C. E., Côte-d'Or.)

2439. Un médicament est acheté à raison de $0^{fr},35$ les $9^{de} \frac{1}{2}$. Évaluer le prix du kilogramme de ce médicament. (C. E. Côte-d'Or.)

2440. La farine d'un litre de blé donne 1 kilogramme de pain. L'hectolitre et demi de blé pesant 120 kilogrammes coûte 24 francs. Les frais de mouture et de fabrication du pain sont de $5^{fr},75$ par quintal. Quel est le prix du kilogramme de pain?

(C. E., Dordogne.)

2441. Quels seront le poids et la valeur du fil de fer posé sur piquet autour d'un herbage dont les dimensions de pourtour ont $15^{dam},165$, $0^{hm},15$, $360^{m},15$ et 1752 décimètres, sachant que 1 kilomètre de ce fil pèse $32^{kr},75$ et est vendu $0^{fr},555$ l'hectogramme.

(C. E., Calvados.)

2442. Un ménage brûlait chaque année $5^{st}\frac{1}{2}$ de bois à $21^{fr},50$ le stère. Il remplace le bois par de la houille à 32 francs la tonne. Sachant que 540 kilogrammes de houille chauffent autant qu'un stère de bois, on demande l'économie que ce ménage réalisera dans un an?

(C. E., Pas-de-Calais.)

2443. Un limonadier paye le café en grains $3^{fr},70$ le kilogramme. Le café brûlé et moulu perd $20\ \%$ de son poids primitif. Sachant que sur une tasse de café qu'il vend $0^{fr},40$ et pour laquelle il fournit $0^{fr},06$ de sucre, le limonadier gagne $0^{fr},26$, on demande le poids du café qu'il emploie pour une tasse?

(C. E., Eure.)

2444. Un marchand vend 34 sacs de blé de 120 litres chacun à raison de $21^{fr},80$ le quintal. Le montant de sa recette s'est élevé à $680^{fr},45$. On demande le poids de l'hectolitre de blé?

(C. E., Isère.)

2445. Un marchand achète au comptant 84 kilogrammes de sucre à 50 francs les 100 kilogrammes, et 45 kilogrammes de café vert à 150 francs le demi-quintal. Combien doit-il payer si on lui fait une remise de $5\ \%$?

(C. E., Guadeloupe.)

2446. Un épicier achète le quintal de café 256 francs. Il fait griller ou torréfier ce café et perd ainsi $\frac{1}{5}$ du poids de la denrée achetée. Il gagne $0^{fr},85$ par kilogramme de café grillé vendu. Dites quelle somme il retirera de la vente d'un quintal de café?

(C. E., Paris.)

2447. La densité de l'huile est de $0,915$. Est-il plus avantageux d'acheter cette huile à 2 francs le litre, ou $2^{fr},15$ le kilogramme. Si on l'achète d'après le mode le plus avantageux, combien gagnera-t-on sur une bonbonne d'huile de $12^l\frac{1}{2}$?

(C. E., Jura.)

2448. En 75 jours un ménage a brûlé 10 quintaux de coke qui avaient été payés à raison de $1^{fr},80$ les 45 kilogrammes. Combien ce ménage a-t-il dépensé par jour pour se chauffer?

(C. E., Meurthe-et-Moselle.)

2449. Un propriétaire a 4 vaches laitières qui fournissent en moyenne 13 litres de lait chacune par jour. Sachant que la densité du lait est de $1,03$ et que le lait donne $4\ \%$ de son poids en beurre, on demande combien ce propriétaire peut fabriquer de beurre chaque semaine?

(C. E., Hautes-Pyrénées.)

2450. Un marchand achète 715 stères de bois à raison de 12 francs le stère. Il paie pour le transport et le sciage 3840 francs. Il revend ce bois à raison de $3^{fr},50$ les 100 kilogrammes. On demande quel est son bénéfice sachant que le stère de ce bois pèse 820 kilogrammes?

(C. E., Charente-Inférieure.)

2451. A lumière égale, on réalise, avec l'éclairage à l'alcool, une économie de $\frac{1}{2}$ centime par heure sur l'emploi du pétrole. On transforme une lampe ordinaire pour brûler de l'alcool, au moyen d'un bec spécial coûtant 5^{fr},40 et d'un manchon de 0^{fr},45. Au bout de combien de temps cette lampe, qui brûle en moyenne 3 heures par jour, permettra-t-elle de regagner la somme dépensée pour la transformation? (C. E., *Meurthe-et-Moselle*.)

2452. A défaut de poids réels on met 2^{fr},40 dans le plateau d'une balance. Cette somme est composée : moitié en argent, moitié en billon. Dites le poids de la marchandise. Quelle somme en or aurait-il fallu pour la peser? (C. E., *Isère*.)

2453. L'eau qui remplit un vase pèse autant que 600 pièces de 50 centimes. Quelle est la capacité du vase? (C. E., *Aude*.)

2454. Quel est le poids de l'argent pur contenu dans la somme de 1 050 francs : 1° en pièces de 5 francs; 2° en pièces de 2 francs? (C. E., *Eure*.)

2455. Une somme en monnaie d'argent pèse 2^{kg},100. On demande : 1° quelle est cette somme; 2° quel poids de cuivre elle contient, sachant qu'elle est formée en nombre égal de pièces de 5 francs et de pièces de 2 francs? (C. E., *Ain*.)

2456. Quel est le poids des métaux contenus dans une pièce de 5 francs en argent et dans une pièce de 20 francs? (C. E., *Ardennes*.)

2457. On a mis 6 200 francs en or dans le plateau d'une balance. Dans l'autre plateau on met un vase qui pèse 1 120 grammes. On achève d'établir l'équilibre avec de la monnaie d'argent : quelle somme faudra-t-il y placer? (C. E., *Eure*.)

2458. A défaut de poids, on m'a pesé un pain de beurre avec de la monnaie de billon représentant une somme de 32^{fr},50. Quelle en est la valeur à 0^{fr},95 le $\frac{1}{2}$ kilogramme? (C. E., *Côtes-du-Nord*.)

2459. Quelle est la somme d'argent qui pèse autant que 8 décilitres d'eau pure? (C. E., *Marne*.)

2460. A défaut de poids réels, on met 20^{fr},80 dans le plateau d'une balance. Cette somme comprend 14 francs en argent et le reste en monnaie de billon. Quelle somme en or aurait-il fallu pour la peser? (C. E., *Isère*.)

2461. Un vase vide pèse autant que 53 francs en argent : plein d'eau, il pèse autant que 13^{fr},75 en monnaie de bronze. Quelle est la capacité du vase? (C. E., *Sarthe*.)

2462. Trouver le poids d'une somme composée de 30 pièces de 20 francs en or et de 27 pièces de 5 francs en argent. (C. E., *Loire-Inférieure*.)

2463. Quelle somme faudrait-il pour payer 10 barriques de vin de 225 litres chacune, achetées sur le pied de 33^{fr},60 l'hectolitre? Quel serait le poids de cette somme, si elle était entièrement en argent? Quelle quantité d'eau pure pèserait autant que ladite somme? (C. E., *Sarthe*.)

2464. Combien peut-on obtenir de pièces de 2 francs en argent avec un lingot d'argent au titre de 0,9, pesant 3^{kg},250? (C. E., *Mayenne*.)

2465. Un coffre à avoine a 1^m,50 de longueur, 0^m,60 de largeur et 1^m,20 de profondeur. On y verse 50 doubles décalitres d'avoine. A quelle distance du bord sera le niveau du grain ?   *(C. E., Jura.)*

2466. On remplit de haricots une caisse cubique qui mesure 1^m,25 le côté. Que valent ces haricots à raison de 30 francs l'hectolitre ?
(C. E., Guadeloupe.)

2467. Une propriété de 3 hectares est plantée en pommes à cidre, à raison de 80 pieds à l'hectare. Cette année les arbres ont donné en moyenne chacun 4 hectolitres et demi de pommes vendues à raison de 5^{fr},25 le double hectolitre. Qu'a produit la récolte?
(C. E., Meurthe-et-Moselle.)

2468. Une laitière a vendu 32 litres de lait pesant 32^{kg},780. Sachant que le litre de bon lait pèse 1030 grammes, on demande : 1° si la laitière a ajouté de l'eau ; 2° quelle quantité ?
(C. E., Paris.)

2469. On a acheté 6 doubles décalitres de vin à 0^{fr},85 le litre. Combien doit-on ajouter d'eau pour que le litre de vin du mélange revienne à 0^{fr},70 ?
(C. E., Côtes-du-Nord.)

2470. Un vase vide pèse 124 décagrammes; plein d'eau il pèse 33 hectogrammes. Combien pèserait-il rempli d'un liquide dont la densité est de 0,725?
(C. E., Aube.)

2471. Un marchand achète un tonneau d'huile d'olive de 240 litres à raison de 1^{fr},75 le kilogramme. Il revend cette huile 1^{fr},80 le litre. Combien gagne-t-il sur le tout sachant qu'il y a eu 6 litres de perte et que le décilitre de cette huile pèse 91^g,5 ? *(Bourses des Lycées.)*

2472. Un pain de sucre pèse 637 décagrammes. On demande : 1° quels poids il a fallu mettre dans la balance pour le peser ; 2° quel serait le volume de l'eau qui ferait équilibre à ce pain de sucre?
(C. E., Lozère.)

2473. Un vase vide pèse 0^{kg},950 ; plein d'eau, 2^{kg},06. Combien pèse-t-il après en avoir retiré la moitié de l'eau ? Quelle est sa capacité ?
(C. E., Lozère.)

2474. Un are de terrain produit 2^l,5 de blé. Une pièce de terrain de forme carrée a 27^{dam},5 de côté. Quel sera son produit moyen en blé? Quelle sera la valeur de ce blé à 24^{fr},50 le quintal métrique si l'hectolitre de blé pèse 79^{kg},5?
(C. E., Gironde.)

2475. Un vase vide pèse 206 décigrammes ; à moitié plein d'eau, il pèse 620^{gr},6. Quelle est la capacité du vase ?   *(C. E., Lozère.)*

2476. Combien vaut un morceau de viande de 350 décagrammes à raison de 0^{fr},85 le demi-kilogramme ?   *(C. E., Indre-et-Loire.)*

2477. On veut clore un jardin de 60 mètres de longueur sur 30 mètres de largeur avec un treillage en fil de fer de 1^m,20 de hauteur. Combien coûtera cette clôture, sachant que le treillage pèse 3^{kg},750 le mètre carré, et revient à 38^{fr},50 le quintal?
(C. E., Vienne.)

2478. On sait qu'il faut 10 litres de neige pour faire 1 litre d'eau. D'après cela, on demande de calculer le poids supporté par la toiture d'un bâtiment qui a 12^m,10 de long, 4^m,80 de large, sur laquelle il est tombé une couche de neige de 0^m,08 d'épaisseur.
(C. E., Eure.)

FRACTIONS

2479. $\frac{3}{4}$ de mètre d'étoffe coûtent 12 francs. Quel est le prix : 1° du mètre ; 2° du décimètre ; 3° du demi-décimètre ; 4° du demi-mètre ?
(*C. E,, Doubs.*)

2480. Un cultivateur a vendu les $\frac{2}{5}$ de sa récolte pour 3 260 francs. Pour combien avait-il récolté ?
(*C. E., Doubs.*)

2481. Un premier acheteur a pris les $\frac{3}{4}$ d'une pièce d'étoffe, un dernier a pris le reste qui contenait 2ᵐ,45 et vaut 35 francs. Dites quelle est la longueur de la pièce et quelle en est la valeur ?
(*C. E., Isère.*)

2482. Un moulin fournit 12 hectolitres de blé en 8 heures ; un autre fournit 6 hectolitres en 3 heures. Combien de temps les deux moulins, marchant ensemble, mettront-ils pour fournir 14 hectolitres ?
(*C. E., Rhône.*)

2483. Avec les $\frac{5}{8}$ de ce qu'elle avait dans sa bourse, une personne a acheté 7ᵐ,50 de drap à 13ᶠʳ,80 le mètre. Quelle somme avait-elle avant cet achat et combien lui reste-t-il ?
(*C. E., Charente-Inférieure.*)

2484. J'achète 37 mètres de soie à 7ᶠʳ,50 le mètre. Je paie les 0,24 du prix d'achat avec du drap à 18 francs le mètre et le reste en argent. Combien ai-je donné de mètres de drap et quel est le prix de la somme payée en argent ?
(*C. E., Vosges.*)

2485. Un tonneau rempli aux $\frac{3}{4}$ contient 1ʰˡ 8ˡ 5ᵈˡ. Combien pèse le vin que renferme ce tonneau quand il est plein ; la densité de ce vin est 0,991 ?
(*C. E., Maine-et-Loire.*)

2486. Un ouvrier a mis 2ʰ15ᵐⁱⁿ pour faire les $\frac{3}{7}$ d'un ouvrage ; combien mettra-t-il pour faire le tout ?
(*C. E., Nevers.*)

2487. Une ouvrière gagne 65 francs par mois. Elle dépense les $\frac{3}{5}$ de son gain et envoie le quart à ses parents. Combien aura-t-elle économisé à la fin de l'année ?
(*C. E., Nord.*)

2488. Un ouvrier dépense pour son entretien les $\frac{5}{6}$ de ce qu'il gagne. À la fin de l'année, il se trouve avoir mis à la caisse d'épargne 450 francs. Quel est son gain par jour, en supposant qu'il chôme 65 jours par an ?
(*C. E., Loir-et-Cher.*)

2489. Un marchand a un troupeau de 65 moutons qui lui coûtent en moyenne 36 francs par tête. Il vend les $\frac{3}{5}$ de son troupeau à raison

de 39 francs le mouton; s'il veut réaliser un bénéfice total de 5 pour 100 sur le prix d'achat, combien doit-il vendre chacun des moutons qui lui restent? *(C. E., Haute-Vienne.)*

2490. Un réservoir de forme cubique plein d'eau a 3^m,20 de dimension. Combien faut-il enlever de seaux contenant chacun les $\frac{3}{5}$ d'un double décalitre pour vider ce réservoir? *(C. E., Hautes-Pyrénées.)*

2491. En admettant que le litre de lait pèse 1^{kr},0324 et qu'il contienne $\frac{1}{10}$ de son poids de crème et que cette crème renferme les $\frac{4}{7}$ de son poids de beurre, dire combien une fermière qui a 4 vaches donnant chacune 9^l $\frac{1}{4}$ de lait par jour peut faire de beurre par semaine. *(C. E., Sarthe.)*

2492. Un jardin rectangulaire de 250 mètres de contour a été vendu à raison de 28 francs l'are. On demande le prix de la vente, sachant que la largeur est les $\frac{2}{3}$ de la longueur. *(C. E., Côte-d'Or.)*

2493. Deux personnes se sont partagé un tas de bois de 6 mètres de long sur 0^m,88 de large et 1^m,50 de haut. La 1re en a pris les $\frac{5}{8}$ et la 2e le reste. Combien chacune a-t-elle dû payer, ce bois étant vendu 8^{fr},75 le stère? *(C. E., Nièvre.)*

2494. Deux compagnies d'ouvriers pourraient faire un travail, l'une en 9 jours, l'autre en 12 jours. On prend le quart des ouvriers de la 1re compagnie et la moitié de ceux de la seconde, et on leur confie le travail. En combien de jours ce travail sera-t-il terminé? *(C. E. Sarthe.)*

2495. Une fermière possède 54 poules, pondant chacune en moyenne 90 œufs par an. Le $\frac{1}{5}$ des œufs est employé pour la nourriture du personnel de la ferme. Le reste est vendu au prix de 0^{fr},75 la douzaine. Quelle est la recette totale? Avec cet argent combien la fermière pourrait-elle avoir de pain, de viande, de beurre, si le pain vaut 0^{fr},15 le demi-kilogramme; la viande 0^{fr},20 l'hectogramme; le beurre 0^{fr},35 le double hectogramme? *(C. E., Morbihan.)*

2496. Une famille qui consomme 2^{kr} $\frac{3}{4}$ de pain par jour a payé au boulanger 305^{fr},25 pour une année de 365 jours. Elle a payé 0^{fr},28 le kilogramme pendant les 145 premiers jours. Combien a-t-elle payé le kilogramme pendant le reste de l'année? *(C. E., Pas-de-Calais.)*

2497. Un marchand a acheté 8500 kilogrammes de pommes de terre à raison de 7^{fr},20 le quintal métrique. Par suite de la gelée il en a perdu $\frac{1}{5}$. Il a revendu le reste à 8^{fr},35 le quintal. A-t-il gagné ou perdu? Combien? *(C. E., Calvados.)*

2498. Le poids de l'hectolitre de bon blé est de 80 kilogrammes; on demande quel sera le poids du blé récolté dans un champ qui a produit 3 954 gerbes, si 18 gerbes fournissent $\frac{5}{9}$ d'hectolitre de blé?

(C. E., Sarthe.)

2499. Un marchand de biens achète un champ de forme rectangulaire de 125 mètres de long sur 84 mètres de large. Il en revend les $\frac{5}{6}$ à raison de 0^{fr},42 le mètre carré et reçoit ainsi exactement la somme qu'il a déboursée pour payer le champ tout entier. On demande : 1° la surface du champ; 2° le prix d'achat de l'are?

(C. E., Ain.)

2500. Un chêne mesure 3 stères de bois. Quelle est la quantité de planches qu'on peut en tirer sachant qu'elles ont chacune 2^m,25 de long, 0^m,26 de large et 2^{cm}$\frac{1}{2}$ d'épaisseur. On sait qu'il y a $\frac{1}{35}$ de déchet pour l'équarrissage et le sciage. (C. E., Seine-et-Oise.)

2501. On a acheté 8^m$\frac{4}{5}$ d'une certaine étoffe; si on en avait acheté 2^m$\frac{5}{6}$ de plus, on aurait déboursé une somme de 11^{fr},90 supérieure à la première. Quel est le prix du mètre de cette étoffe? A combien s'élevait le premier achat?

(C. E., Jura.)

2502. Une personne vend 624 œufs, savoir : la $\frac{1}{2}$ à raison de 6 francs le cent; le $\frac{1}{4}$ à raison de 0^{fr},80 la douzaine, et le reste au détail, à 0^{fr},15 les deux. Quel bénéfice a-t-elle réalisé, sachan que ses poules ont consommé, pendant la ponte, 1^{hl}$\frac{1}{2}$ de sarrasin valant 1^{fr},25 le décalitre. (C. E., Pas-de-Calais.)

2503. Un métier à tisser peut tisser 8 mètres d'étoffe en 5 heures. Un autre peut tisser 9 mètres de la même étoffe en 6 heures. Combien faudra-t-il les faire fonctionner de temps pour qu'ils fournissent ensemble 50 mètres. Donner la réponse en heures et en minutes.

(C. E., Calvados.)

2504. Un premier acheteur a pris les $\frac{3}{4}$ d'une pièce d'étoffe. Un dernier a pris le reste qui est 2^m,50 et vaut 35 francs. Dites quelle en est la longueur et quelle en est la valeur? (C. E., Isère.)

2505. Une fabrique occupe 567 ouvriers divisés en 3 catégories. La première est formée des $\frac{2}{9}$ des ouvriers, la deuxième du $\frac{1}{3}$ et la troisième du reste. Les ouvriers de la première catégorie gagnent 5^{fr},25 par jour, ceux de la deuxième 4^{fr},75 et ceux de la troisième 4 francs. Quelle somme faut-il pour payer tous ces ouvriers pendant une année si l'usine reste fermée tous les dimanches et jours de fêtes?

(C. E., Marne.)

2506. En divisant un certain nombre par $\frac{2}{5}$ et en multipliant le quotient obtenu par $\frac{3}{4}$, on trouve 75. Quel est le nombre en question?

(*C. E., Yonne.*)

2507. Un fermier a récolté 320 hectolitres de blé. Il en garde $\frac{1}{16}$ pour la nourriture du personnel de la ferme, plus $\frac{1}{8}$ pour la semence. Il vend le reste à raison de $3^{fr},75$ le quintal. Combien doit-il recevoir si l'hectolitre pèse $78^{kr},5$?

(*C. E., Seine-et-Marne.*)

2508. On vend un champ rectangulaire, dont l'un des côtés est les $\frac{4}{5}$ de l'autre; leur somme est 216 mètres. On demande : 1° quelle est la surface du champ; 2° quel est le prix de vente sachant qu'il vaut 4 500 francs l'hectare?

(*C. E., Calvados.*)

2509. Trois personnes ont un héritage à se partager dans les conditions suivantes : la première doit avoir $\frac{1}{3}$, la deuxième les $\frac{3}{7}$ et la troisième qui a le reste a 4 000 francs. Quelle est la valeur du legs et la part des deux premiers héritiers?

(*C. E., Mayenne.*)

2510. Un terrassier pourrait faire en une heure le $\frac{1}{5}$ d'un travail commandé; un autre n'en ferait que le $\frac{1}{7}$ dans le même temps. Les deux ouvriers ayant travaillé ensemble pendant deux heures, quelle fraction de travail reste-t-il encore à faire?

(*C. E., Loire-Inférieure.*)

2511. Une personne achète, pour faire une robe, $8^m,25$ d'une étoffe qui coûte $2^{fr},75$ le mètre; il se trouve qu'elle n'a que les $\frac{4}{5}$ de ce qui lui faudrait. Combien doit-elle encore acheter de mètres et quel sera le prix total de son étoffe?

(*C. E., Sarthe.*)

2512. Un ouvrier gagne 4 francs par jour et devrait travailler 300 jours par an, mais il perd $\frac{3}{25}$ de son temps au cabaret et dépense en boissons spiritueuses les $\frac{32}{85}$ de son gain. On demande : combien il gagne par an, combien il dépense en boissons alcooliques.

(*C. E., Vosges.*)

2513. Deux objets coûtent ensemble $4^{fr},20$. Le quart du prix du premier est égal au tiers du prix de l'autre. On demande : 1° quelle fraction du deuxième vaut le premier; 2° quel est le prix de chaque objet.

(*C. E., Pas-de-Calais.*)

2514. Un $\frac{1}{2}$ kilogramme de viande coûte $0^{fr},90$. Il y a dans cette viande $\frac{2}{7}$ d'os. A combien exactement revient le kilogramme de viande désossée? (*C. E., Jura.*)

2515. Une personne achète les $\frac{5}{8}$ d'une récolte de vin à raison de 540 francs. Une autre personne prend, au même prix, les $\frac{3}{4}$ du reste. Quelle somme doit-elle verser? (*C. E., Jura.*)

2516. Un ouvrier dépense $\frac{1}{2}$ de son salaire pour sa nourriture, $\frac{1}{5}$ pour son logement, $\frac{2}{7}$ pour les autres frais, et met les 26^f,75 qui lui restent à la caisse d'épargne. Combien gagne-t-il par an? (*C. E., Aveyron.*)

2517. Un cultivateur vend une paire de bœufs et un cheval pour la somme totale de 1440 francs. Sachant que le prix de vente du cheval est les $\frac{3}{5}$ de celui de la paire de bœufs, calculer quel avait été le prix d'achat du cheval si, en le revendant, le cultivateur a fait un bénéfice de 85 francs. (*C. E., Haute-Marne.*)

2518. J'ai acheté 10 caisses de savon de 100 kilogrammes chacune pour 650 francs; il se trouve 120 kilogrammes avariés qui ne seront vendus que les $\frac{3}{4}$ de ce qu'ils ont coûté. Combien dois-je revendre le kilogramme du reste pour faire néanmoins un bénéfice de 10 pour 100 sur mes déboursés? (*C. E., Nord.*)

2519. J'ai acheté les $\frac{5}{6}$ d'un coupon de drap valant 70 francs. Je cède à un ami les $\frac{3}{4}$ de mon achat. Que me reste-t-il et combien mon ami doit-il me rembourser? (*C. E., Meurthe-et-Moselle.*)

2520. Un bidon rempli d'huile au $\frac{11}{15}$ de la capacité pèse 3355 grammes de plus que s'il était vide. Quelle est sa contenance sachant que la densité de l'huile est 0,915? (*C. E., Marne.*)

2521. En tirant 40^l $\frac{3}{4}$ d'une pièce de vin, on en réduit le contenu à ses $\frac{2}{5}$. Quelle est la contenance de cette pièce de vin?

(*C. E., Maine-et-Loire.*)

2522. Combien y a-t-il de décilitres d'eau dans un petit bassin ayant 1^m,65 de longueur, 0^m,85 de largeur et 0^m,18 de profondeur? Dites le poids des $\frac{3}{4}$ de cette eau supposée pure.

(*C. E., Tarn-et-Garonne.*)

2523. Quatre héritiers se partagent inégalement la fortune d'une parente défunte. L'un d'eux a le $\frac{1}{3}$, un autre le $\frac{1}{4}$, le 3e le $\frac{1}{5}$ et le 4e 1300 francs. On demande le montant de l'héritage et la part de chacun. *(C. E., Haute-Savoie.)*

2524. À volume égal, le poids du liège est les $\frac{24}{100}$ du poids de l'eau. Quel est le poids d'un millier de bouchons de 6 centimètres cubes chacun? *(C. E., Deux-Sèvres.)*

2525. Dans un jour, un ouvrier a fait le $\frac{1}{3}$ d'un ouvrage. Dans un autre jour, il a fait le $\frac{1}{4}$ du reste. Quelle fraction de l'ouvrage lui reste-t-il encore à faire? Combien l'ouvrage entier sera-t-il payé, si l'ouvrier a reçu 4 francs dans la seconde journée? *(C. E., Deux-Sèvres.)*

2526. Le prix de la doublure d'une étoffe est les $\frac{2}{7}$ de celui de l'étoffe. 18 mètres d'étoffe doublée valent 178fr,20. Quelle est la valeur d'un mètre d'étoffe non doublée? *(C. E., Paris.)*

2527. On vend un champ rectangulaire dont un des côtés est les $\frac{4}{5}$ de l'autre; leur somme est 216 mètres. On demande : 1° quelle est la surface du champ; 2° quel est le prix de vente, sachant qu'il vaut 4500 francs l'hectare. *(C. E., Nord.)*

2528. L'hectolitre de blé pèse environ 78 kilogrammes; le blé donne les $\frac{12}{13}$ de son poids de farine et la farine les $\frac{13}{10}$ de son poids de pain. On demande combien l'hectolitre de blé donne de kilogrammes de pain. *(C. E., Meurthe-et-Moselle.)*

2529. Un marchand drapier a acheté 216 mètres de drap; il en a payé le $\frac{1}{3}$ à 15 francs le mètre, le $\frac{1}{4}$ à 12 francs le mètre et le reste à 18 francs le mètre. Il a revendu le tout 3850fr,20. Quel est son bénéfice pour 100 sur le prix d'achat? *(C. E., Charente.)*

2530. Un négociant vend une marchandise détériorée avec une perte de 15 pour 100 sur le prix d'achat. Il reçoit ainsi une somme de 816 francs. Combien avait-il payé la marchandise? *(C. E., Aude.)*

2531. Quelle est la capacité d'un vase dont les $\frac{3}{4}$ sont remplis par une quantité d'huile dont le poids est égal à celui d'une somme de 385fr,50 en argent? L'hectolitre d'huile pèse 90 kilogrammes. *(C. E., Charente.)*

RÈGLE DE TROIS — INTÉRÊT ET RENTES

2532. Une marchande achète des oranges qu'elle vend $0^{fr},15$ la pièce. Elle gagne 30 %, sur le prix de vente. Combien lui coûtent 100 oranges? Combien doit-elle vendre d'oranges pour avoir des journées de $3^{fr},60$ de bénéfice?   (*C. E., Oran.*)

2533. Un ouvrier devait recevoir une somme de 144 francs pour un travail qui demande 3 semaines de 6 jours de travail; il n'y a été occupé que 6 jours, 5 heures. Combien recevra-t-il, la journée étant de 10 heures?   (*C. E., Nord.*)

2534. L'hectolitre de blé pèse 72 kilogrammes et fournit les $\frac{5}{6}$ de son poids en farine; 3 kilogrammes de farine donnent 4 kilogrammes de pain. Combien de litres de blé faut-il dans une année de 365 jours à une personne qui mange en moyenne 580 grammes de pain par jour?   (*C. E., Isère.*)

2535. Un stère de bois pèse 850 kilogrammes et coûte $11^{fr},50$ au marchand. Combien doit-il revendre 1 000 kilogrammes de ce bois pour gagner $2^{fr},25$ par stère?   (*C. E., Aube.*)

2536. Le lait donne $15,\%$ de crème et la crème 30 % de beurre. Combien faudra-t-il de litres de lait pour donner un kilogramme de beurre si le litre de lait pèse $1^{kg},030$? (*C. E., Meurthe-et-Moselle.*)

2537. Le litre de lait donne 15 centilitres de crème et un litre de crème donne 25 décagrammes de beurre. On demande le nombre de kilogrammes de beurre contenus dans 100 litres de lait.
                    (*C. E., Nord.*)

2538. Avec $36^{m},40$ d'étoffe ayant $0^{m},75$ de large on a fait 8 robes d'enfant. Combien faudrait-il de mètres d'une autre étoffe, n'ayant que $0^{m},70$ de large pour faire 12 robes semblables?   (*C. E., Eure.*)

2539. Un hectare de terre peut donner une récolte de 6 500 kilogrammes de trèfle vert. Le trèfle vert en séchant perd 66 % de son poids. Quel poids de trèfle sec récoltera-t-on dans un champ de 23 ares?   (*C. E., Sarthe.*)

2540. Pour 100 kilogrammes de blé, un meunier rend 80 kilogrammes de farine. On sait qu'avec 100 kilogrammes de farine on fait 136 kilogrammes de pain. Combien pourra-t-on faire de kilogrammes de pain avec 6 hectolitres de blé pesant chacun 82 kilogrammes?
                    (*C. E., Sarthe.*)

2541. On vend $26^{hec}\frac{1}{2}$ de blé pesant chacun 75 kilogrammes à $31^{fr},36$ le quintal. On gagne ainsi 12 % sur le prix d'achat. Combien avait-on payé les $26^{hec}\frac{1}{2}$ de blé?   (*C. E., Nièvre.*)

2542. Le quintal de blé se vend 32 francs et produit $\frac{1}{5}$ de son poids de son. Sachant que le son vaut 15 francs les 100 kilogrammes, à combien revient le kilogramme de farine?   (*C. E., Paris.*)

2543. Pour faire 1 kilogramme de beurre, il faut 4 litres de crème, et pour faire 1 litre de crème il faut 7 litres de lait. D'après cela, combien faut-il de lait pour faire 15 kilogrammes de beurre et que vaudra ce beurre à raison de $1^{fr},60$ le $\frac{1}{2}$ kilogramme?

(*C. E., Seine.*)

2544. Une canne de jonc de $0^m,95$ donne $0^m,45$ d'ombre auprès d'un arbre qui donne $6^m,80$ d'ombre. Quelle est la longueur de cet arbre?   (*C. E., Rhône.*)

2545. Trois personnes se sont associées pour une entreprise. La première a fourni 6000 francs, la deuxième 4000 francs, et la troisième 3200 francs. Elles ont réalisé un bénéfice de 3300 francs. Combien revient-il à chacune d'elles?   (*C. E., Charente.*)

2546. Une machine à vapeur brûle $148^{k},770$ de charbon en 6 heures; elle fonctionne 15 heures par jour. Combien brûlera-t-elle de charbon en 80 jours et quelle sera la dépense, le charbon coûtant $31^{fr},50$ la tonne?   (*C. E., Paris.*)

2547. Une vigne de $36^a,60$ a été achetée au prix de 158 francs l'are. Elle produit en moyenne 64 hectolitres de vin par an. Ce vin se vend $0^{fr},35$ le litre. Les dépenses annuelles et les contributions s'élèvent à 1240 francs. Combien rapporte pour 100 le prix d'achat de cette vigne?   (*C. E., Aude.*)

2548. Un propriétaire a deux terres de même qualité, l'une de $32^{ha}8^a7^{ca}$, l'autre de $7^{ha}15^a25^{ca}$ et paye $232^{fr},50$ de contributions. Il vend la deuxième terre et on demande ce qui lui restera à payer de contributions.   (*C. E., Vaucluse.*)

2549. Lorsque la farine coûte 81 francs les 150 kilogrammes, que doit coûter le kilogramme de pain? On sait que 5 kilogrammes de farine donnent 6 kilogrammes de pain et que le boulanger gagne 9 francs par quintal de farine.   (*C. E., Aveyron.*)

2550. Un marchand a acheté 95 kilogrammes de sucre à 120 francs le quintal et 60 kilogrammes de savon à 42 francs les 50 kilogrammes. Il paye comptant et donne $158^{fr},40$. Quelle remise a-t-on fait pour 100?   (*C. E., Sarthe.*)

2551. Un voyageur parcourt $1^{km}8^m$ en 12 minutes. On demande quelle distance il aura parcourue en marchant de 8 heures du matin à 5 heures du soir, sachant qu'il s'est arrêté $1^h 3/4$ pour déjeuner.   (*C. E., Ain.*)

2552. Un double décalitre d'olives donne $3^{k}100^g$ d'huile et vaut $2^{fr},90$. Quel est le nombre de doubles décalitres d'olives qu'il faut acheter pour avoir 60 kilogrammes d'huile? Quelle dépense occasionnera cet achat?   (*C. E., Vaucluse.*)

2553. Un marchand achète une pièce d'étoffe de 75 mètres qu'il revend $0^{fr},90$ le mètre. Il réalise un bénéfice de 20 % sur le prix d'achat. Combien lui coûtaient $5^m,15$ de cette étoffe?   (*C. E., Haute-Marne.*)

2554 Combien pourrait dépenser par jour un rentier dont le capital est de 150 000 francs, placé à 3,50 %, s'il ne dépense que les 5/7 de son revenu? *(C. E., Sarthe.)*

2555. Une personne emprunte 18 600 francs à 5 % par an, pour 2 ans et 6 mois. Quelle somme totale devra-t-elle payer à l'échéance, capital et intérêts compris? *(C. E., Seine-Inférieure.)*

2556. Le 1er février dernier, on a prêté une somme de 625 francs au taux de 4,5 % par an. On a retiré cette somme le 15 juin. Combien a-t-on reçu en tout, capital et intérêts? *(C. E., Aude.)*

2557. Une personne doit 250 francs depuis 1 an et 3 mois. On lui fait payer les intérêts à 4 %. Cette personne s'acquitte en donnant 200 francs en or et le reste en argent. Quel est : 1° le poids de la somme en or; 2° le poids de la somme en argent?
(C. E., Loir-et-Cher.)

2558. Une personne vend 6000 francs l'hectare une propriété dont elle place le prix à 4,50 %. Dire quelle en est la superficie, sachant que l'intérêt annuel produit par ce placement s'élève à 123fr,50?
(C. E., Alger.)

2559. Un particulier vend à 52fr,50 l'are un terrain rectangulaire de 260 mètres de long et 145 de large; il place l'argent qu'il en retire à 4,50 %. Quel est son revenu annuel?
(C. E., Pyrénées-Orientales.)

2560. Un propriétaire a un champ rectangulaire de 225m,40 de long sur 128m,50 de large, qu'il loue annuellement 475 francs. Il le vend à raison de 45 francs l'are et place son argent à 4,25 %. Quel est son nouveau revenu et combien a-t-il gagné ou perdu chaque année à cette opération? *(C. E., Loire-Inférieure.)*

2561. Un propriétaire a acheté à raison de 45 francs l'are un terrain de forme rectangulaire ayant 160 mètres de long et 85m,40 de large. Il propose de payer la moitié comptant, et le reste dans un an avec les intérêts à 4 %. Dire le montant des deux payements.
(C. E., Sarthe.)

2562. Un ouvrier a des économies qui lui rapportent 1fr,75 de rente chaque jour. Quel est le montant de ces économies, sachant qu'elles sont placées à 3,75 %? *(C. E., Loire-Inférieure.)*

2563. Un fermier vend 18 hectolitres de blé à 18fr,25 l'hectolitre. Il prête à un ami pour 8 mois et à 4 % l'argent qu'il retire de cette vente. Combien cet ami devra-t-il lui rendre?
(C. E., Morbihan.)

2564. On achète un champ rectangulaire de 130 mètres de long sur 75 mètres de large, à 52 francs l'are. On paye le 1/4 du prix de suite, un autre 1/4 dans 6 mois et le reste dans 18 mois. L'intérêt est fixé à 4 % par an. Quel sera le montant de chacun des trois payements? *(C. E., Côte-d'Or.)*

2565. Un cultivateur achète un terrain rectangulaire de 66 mètres de longueur sur 46 mètres de largeur, à raison de 240 francs les 5 ares 28 centiares. Il a la faculté de s'acquitter à l'époque qui lui conviendra, à condition de payer l'intérêt du prix de vente au taux de 4 %. Quelle somme totale devra-t-il verser au vendeur six mois après la vente? *(C. E., Vienne.)*

2566. On a emprunté le 1er juillet 1899 au taux de 3,5 %, une somme de 3580 francs. On l'a remboursée avec l'intérêt qu'elle a produit le 1er décembre 1902. Quelle somme a-t-on versée? (*C. E., Vienne.*)

2567. Un ouvrier consomme chaque jour deux verres d'eau-de-vie à 0^{fr},10 le verre, et il achète un paquet de tabac à 0^{fr},50 tous les 4 jours. S'il s'abstenait de ces dépenses pendant 24 ans, quel capital économiserait-il? En plaçant son argent à 4 %, quel revenu s'assurerait-il? (*C. E., Somme.*)

2568. Une somme d'argent a été placée pendant 2 ans à 3 % l'an. Si elle avait été placée pendant 3 ans à 2 1/2 % l'an, elle eût rapporté 615 francs de plus. Quelle est cette somme? (*C. E., Isère.*)

2569. Un bienfaiteur a laissé aux écoliers de sa ville natale une somme de 10 000 francs. Cette somme a été placée en rentes sur l'État au taux de 3,05 %. La rente provenant de cette somme doit être partagée de la manière suivante : un tiers aux enfants du cours élémentaire, et le reste à ceux du cours moyen. Quelle somme aura chaque cours? (*C. E., Cantal.*)

2570. Un propriétaire a acheté, à raison de 42^{fr},50 l'are, un terrain de 184 mètres de long sur 65 mètres de large. Il propose de payer la moitié au comptant et le reste dans un an avec les intérêts à 5 %. Quels sont les deux payements? (*C. E., Seine-Inférieure.*)

2571. Une personne possède une propriété de 746 ares qu'elle loue à 75 francs l'hectare, avec une maison qui lui rapporte 237 francs par trimestre et un capital de 3 260 francs placé à 3,25 % l'an. Elle paye 98 francs d'impôts. Combien a-t-elle à dépenser par jour? (*C. E., Maine-et-Loire.*)

2572. Un fermier a vendu 74 sacs de blé pesant chacun 142 kilos au prix moyen de 25^{fr},75 le quintal métrique, et placé l'argent à 2,50 %. Les intérêts lui sont payés tous les trimestres. Combien touche-t-il chaque fois? (*C. E., Aube.*)

2573. Un fumeur consomme 1 hectogramme de tabac de 0^{fr},30 tous les 4 jours. Quelle dépense fait-il par semaine? par mois? En supposant qu'il a commencé à l'âge de 18 ans, combien aura-t-il dépensé pour son tabac à 50 ans? (*C. E., Haute-Savoie.*)

2574. Un agriculteur achète, à raison de 0^{fr},70 le mètre carré, un terrain de 4 ares et demi et ne paie qu'au bout de 8 mois capital et intérêts réunis à 6 % par an. Quelle somme doit-il verser? (*C. E., Nord.*)

2575. Une somme de 14 830 francs a été placée, à intérêts simples, pendant 2 ans 5 mois au taux de 4,50 %. Dites ce qu'elle est devenue. (*C. E., Ardennes.*)

2576. Un intempérant dépense chaque jour 0^{fr},10 pour un verre d'eau-de-vie et 0^{fr},30 pour un apéritif. Quel est à 3 % l'intérêt du capital qu'il aurait pu économiser en 20 ans? (*C. E., Paris.*)

2577. On place 1750 francs à 4 %. Quel intérêt doit-on toucher chaque année? Si on reste 6 ans et 5 mois sans rien toucher et qu'au bout de ce temps l'emprunteur rembourse le capital en même temps que les intérêts, quelle somme touchera-t-on? (*C. E., Isère.*)

2578. Un cultivateur trouve à vendre 200 quintaux de blé à 20^{fr},75 le quintal. Au bout de 6 mois, il le vend 21^{fr},50. Combien a-t-il gagné ou perdu? On supposera que son argent aurait pu être placé au taux de 3 1/2 %.   (*C. E., Haute-Marne.*)

2579. Combien pourrait dépenser par jour un rentier dont le capital est de 150 000 francs, placé à 3 1/2 %, s'il ne dépense que les 5/7 de son revenu?   (*C. E., Sarthe.*)

2580. Avec l'intérêt d'une somme de 671 francs, placée à 5 % pendant 6 mois on a acheté, à raison de 3ᶠ,50 le mètre carré, un tapis de forme rectangulaire ayant 3ᵐ,20 de long. Quelle est la largeur de ce tapis?   (*C. E., Meurthe-et-Moselle.*)

2581. On vend un champ rectangulaire qui a 128ᵐ,60 de long et 84ᵐ,50 de large à raison de 36ᶠ,50 l'are, et on place l'argent retiré de cette vente à intérêts simples au taux de 4 1/2 %. Quel intérêt sera-t-il dû au bout de 2 ans et 3 mois?   (*C. E., Finistère.*)

2582. On achète un champ de forme rectangulaire ayant 65 mètres de largeur sur 128 de longueur à raison de 45 francs l'are. On convient de payer 1/3 du prix de suite, un autre tiers dans 6 mois et le dernier tiers dans un an. L'intérêt est fixé au taux de 4 %. Quel sera le montant de chacun des 3 payements? (*C. E., Hautes-Pyrénées.*)

2583. Tous les matins un ouvrier boit un petit verre d'eau-de-vie à 0ᶠ,10. Tous les dimanches il dépense en outre, au café, 1ᶠ,25. Quel est le capital qui à 4 % par an produirait la somme que cet ouvrier dépense dans une année au détriment de sa santé?

(*C. E., Yonne.*)

2584. Un cultivateur possédait un champ rectangulaire de 295 mètres de long sur 220 mètres de large. Il le louait 12 francs l'are. Sachant qu'il l'a vendu 5000 francs l'hectare et qu il a placé le montant de la vente à 4 %, on demande s'il a augmenté ou diminué son revenu.   (*C. E., Loiret.*)

2585. Trouver, par le calcul mental, quel capital il faut placer à 4 % pour avoir à dépenser 2 francs par jour tout en payant 30 francs de contributions par an.   (*C. E., Ardennes.*)

2586. Un propriétaire achète au prix de 55 francs l'are, un terrain rectangulaire ayant 115 mètres de long et 75 mètres de large ; il paye 1/3 comptant et il doit donner le reste dans 15 mois avec les intérêts à 4 %. Quel est le montant de chaque payement?

(*C. E., Haute-Vienne.*)

2587. Une propriété de 9 hectares, 7 ares est louée à raison de 1ᶠ,80 l'are, et paye 105 francs d'impôts par an. On la vend 3815 fr. l'hectare et on place le produit de la vente au taux de 3,75 %. A-t-on gagné ou perdu en vendant la propriété?   (*C. E., Ardennes.*)

2588. Une prairie a rapporté dans une année 100 quintaux de fourrage qui ont été vendus 28 francs les 500 kilogrammes. On pense que ce rapport équivaut à un placement qui donnerait 8 % d'intérêt. Quelle est la valeur de la prairie?   (*C. E., Somme.*)

2589. Quel est le capital qui placé à 3 % pendant 2 ans 7 mois et 20 jours, donne 1800 francs d'intérêts?   (*C. E., Cher*).

TABLE DES MATIÈRES

PREMIÈRE PARTIE

71 667. — Paris. Imprimerie Laure, 9, rue de Fleurus.